全国高等学校自动化专业系列教材

教育部高等学校自动化专业教学指导分委员会牵头规划

普通高等教育“十一五”国家级规划教材

国家精品课程教材

Sensors and Measurement Technologies

传感器与检测技术

东南大学 周杏鹏 主编
Zhou Xingpeng

南京航空航天大学 孙永荣 副主编
Sun Yongrong

南京理工大学 仇国富 副主编
Qiu Guofu

西安交通大学 韩九强 主审
Han Jiuqiang

清华大学出版社
北京

内 容 简 介

本书是普通高等教育"十一五"国家级规划教材、全国高等学校自动化专业系列教材。全书按基础知识篇、传感器技术篇和检测技术篇顺序编排，三者篇幅比例大体为 2∶5∶7。三部分既相对独立，又紧密衔接，前后呼应、循序渐进。本书传感器技术与检测技术两大部分内容所占比例大体平衡，把传感器技术和检测技术融合和有机组合，便于教师组织教学和学生连贯、系统地学习。

本书包含的传感器种类多、检测参量广。书中将经典技术与当前成熟新技术相结合、理论与实际工程应用相结合，注重知识纵向联系与横向比较，能较好地满足多专业类的宽口径素质教学需要并为从事各类自动化工程方面的技术人员提供参考。

图书在版编目(CIP)数据

传感器与检测技术/周杏鹏主编. —北京：清华大学出版社，2010.9(2022.7重印)
(全国高等学校自动化专业系列教材)
ISBN 978-7-302-23044-1

Ⅰ. ①传… Ⅱ. ①周… Ⅲ. ①传感器—检测—高等学校—教材 Ⅳ. ①TP212

中国版本图书馆 CIP 数据核字(2010)第 113363 号

责任编辑：王一玲　文　怡
责任校对：时翠兰
责任印制：杨　艳

出版发行：清华大学出版社
　　网　　址：http://www.tup.com.cn，http://www.wqbook.com
　　地　　址：北京清华大学学研大厦 A 座　　**邮　　编**：100084
　　社 总 机：010-83470000　　**邮　　购**：010-62786544
　　投稿与读者服务：010-62776969，c-service@tup.tsinghua.edu.cn
　　质 量 反 馈：010-62772015，zhiliang@tup.tsinghua.edu.cn
印 装 者：三河市金元印装有限公司
经　　销：全国新华书店
开　　本：175mm×245mm　　**印　　张**：28　　**字　　数**：585 千字
版　　次：2010 年 9 月第 1 版　　**印　　次**：2022 年 7 月第 16 次印刷
定　　价：79.00 元

产品编号：020841-05

出版说明

《全国高等学校自动化专业系列教材》

为适应我国对高等学校自动化专业人才培养的需要，配合各高校教学改革的进程，创建一套符合自动化专业培养目标和教学改革要求的新型自动化专业系列教材，"教育部高等学校自动化专业教学指导分委员会"（简称"教指委"）联合了"中国自动化学会教育工作委员会"、"中国电工技术学会高校工业自动化教育专业委员会"、"中国系统仿真学会教育工作委员会"和"中国机械工业教育协会电气工程及自动化学科委员会"四个委员会，以教学创新为指导思想，以教材带动教学改革为方针，设立专项资助基金，采用全国公开招标方式，组织编写出版了一套自动化专业系列教材——《全国高等学校自动化专业系列教材》。

本系列教材主要面向本科生，同时兼顾研究生；覆盖面包括专业基础课、专业核心课、专业选修课、实践环节课和专业综合训练课；重点突出自动化专业基础理论和前沿技术；以文字教材为主，适当包括多媒体教材；以主教材为主，适当包括习题集、实验指导书、教师参考书、多媒体课件、网络课程脚本等辅助教材；力求做到符合自动化专业培养目标、反映自动化专业教育改革方向、满足自动化专业教学需要；努力创造使之成为具有先进性、创新性、适用性和系统性的特色品牌教材。

本系列教材在"教指委"的领导下，从2004年起，通过招标机制，计划用3～4年时间出版50本左右教材，2006年开始陆续出版问世。为满足多层面、多类型的教学需求，同类教材可能出版多种版本。

本系列教材的主要读者群是自动化专业及相关专业的大学生和研究生，以及相关领域和部门的科学工作者和工程技术人员。我们希望本系列教材既能为在校大学生和研究生的学习提供内容先进、论述系统和适于教学的教材或参考书，也能为广大科学工作者和工程技术人员的知识更新与继续学习提供适合的参考资料。感谢使用本系列教材的广大教师、学生和科技工作者的热情支持，并欢迎提出批评和意见。

《全国高等学校自动化专业系列教材》编审委员会

2005年10月于北京

《全国高等学校自动化专业系列教材》编审委员会

序

FOREWORD

自动化学科有着光荣的历史和重要的地位,20 世纪 50 年代我国政府就十分重视自动化学科的发展和自动化专业人才的培养。五十多年来,自动化科学技术在众多领域发挥了重大作用,如航空、航天等,“两弹一星”的伟大工程就包含了许多自动化科学技术的成果。自动化科学技术也改变了我国工业整体的面貌,不论是石油化工、电力、钢铁,还是轻工、建材、医药等领域都要用到自动化手段,在国防工业中自动化的作用更是巨大的。现在,世界上有很多非常活跃的领域都离不开自动化技术,比如机器人、月球车等。另外,自动化学科对一些交叉学科的发展同样起到了积极的促进作用,例如网络控制、量子控制、流媒体控制、生物信息学、系统生物学等学科就是在系统论、控制论、信息论的影响下得到不断的发展。在整个世界已经进入信息时代的背景下,中国要完成工业化的任务还很重,或者说我们正处在后工业化的阶段。因此,国家提出走新型工业化的道路和“信息化带动工业化,工业化促进信息化”的科学发展观,这对自动化科学技术的发展是一个前所未有的战略机遇。

机遇难得,人才更难得。要发展自动化学科,人才是基础、是关键。高等学校是人才培养的基地,或者说人才培养是高等学校的根本。作为高等学校的领导和教师始终要把人才培养放在第一位,具体对自动化系或自动化学院的领导和教师来说,要时刻想着为国家关键行业和战线培养和输送优秀的自动化技术人才。

影响人才培养的因素很多,涉及教学改革的方方面面,包括如何拓宽专业口径、优化教学计划、增强教学柔性、强化通识教育、提高知识起点、降低专业重心、加强基础知识、强调专业实践等,其中构建融会贯通、紧密配合、有机联系的课程体系,编写有利于促进学生个性发展、培养学生创新能力的教材尤为重要。清华大学吴澄院士领导的《全国高等学校自动化专业系列教材》编审委员会,根据自动化学科对自动化技术人才素质与能力的需求,充分吸取国外自动化教材的优势与特点,在全国范围内,以招标方式,组织编写了这套自动化专业系列教材,这对推动高等学校自动化专业发展与人才培养具有重要的意义。这套系列教材的建设有新思路、新机制,适应了高等学校教学改革与发展的新形势,立足创建精品教材,重视实践性环节在人才培养中的作用，采用了竞争机制，以激励和推动教材建设。在此，我谨向参与本系列教材规划、组织、编写的老师致以诚挚的感谢，并希望该系列教材在全国高等学校自动化专业人才培养中发挥应有的作用。

吴启迪 教授

2005年10月于教育部

序

FOREWORD

《全国高等学校自动化专业系列教材》编审委员会在对国内外部分大学有关自动化专业的教材做深入调研的基础上，广泛听取了各方面的意见，以招标方式，组织编写了一套面向全国本科生（兼顾研究生）、体现自动化专业教材整体规划和课程体系、强调专业基础和理论联系实际的系列教材，自2006年起将陆续面世。全套系列教材共50多本，涵盖了自动化学科的主要知识领域，大部分教材都配置了包括电子教案、多媒体课件、习题辅导、课程实验指导书等立体化教材配件。此外，为强调落实“加强实践教育，培养创新人才”的教学改革思想，还特别规划了一组专业实验教程，包括《自动控制原理实验教程》、《运动控制实验教程》、《过程控制实验教程》、《检测技术实验教程》和《计算机控制系统实验教程》等。

自动化科学技术是一门应用性很强的学科，面对的是各种各样错综复杂的系统，控制对象可能是确定性的，也可能是随机性的；控制方法可能是常规控制，也可能需要优化控制。这样的学科专业人才应该具有什么样的知识结构，又应该如何通过专业教材来体现，这正是“系列教材编审委员会”规划系列教材时所面临的问题。为此，设立了《自动化专业课程体系结构研究》专项研究课题，成立了由清华大学萧德云教授负责，包括清华大学、上海交通大学、西安交通大学和东北大学等多所院校参与的联合研究小组，对自动化专业课程体系结构进行深入的研究，提出了按“控制理论与工程、控制系统与技术、系统理论与工程、信息处理与分析、计算机与网络、软件基础与工程、专业课程实验”等知识板块构建的课程体系结构。以此为基础，组织规划了一套涵盖几十门自动化专业基础课程和专业课程的系列教材。从基础理论到控制技术，从系统理论到工程实践，从计算机技术到信号处理，从设计分析到课程实验，涉及的知识单元多达数百个、知识点几千个，介入的学校50多所，参与的教授120多人，是一项庞大的系统工程。从编制招标要求、公布招标公告，到组织投标和评审，最后商定教材大纲，凝聚着全国百余名教授的心血，为的是编写出版一套具有一定规模、富有特色的、既考虑研究型大学又考虑应用型大学的自动化专业创新型系列教材。

然而，如何进一步构建完善的自动化专业教材体系结构？如何建设基础知识与最新知识有机融合的教材？如何充分利用现代技术，适应现代大学生的接受习惯，改变教材单一形态，建设数字化、电子化、网络化等多元形态、开放性的“广义教材”？等等，这些都还有待我们进行更深入的研究。

本套系列教材的出版，对更新自动化专业的知识体系、改善教学条件、创造个性化的教学环境，一定会起到积极的作用。但是由于受各方面条件所限，本套教材从整体结构到每本书的知识组成都可能存在许多不当甚至谬误之处，还望使用本套教材的广大教师、学生及各界人士不吝批评指正。

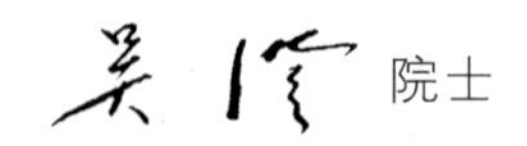院士

2005年10月于清华大学

前言

PREFACE 

本书按48课内学时编写；按基础知识篇、传感器技术篇和检测技术篇顺序编排，篇幅比例大体为2：5：7。三部分既相对独立，又紧密衔接，前后呼应、循序渐进。本书传感器技术与检测技术两大部分篇幅上大体平衡，编排上把传感器技术和检测技术相融合和有机组合，便于教师组织教学，有利于学生连贯、系统地学习及应用。

基础知识篇，作为传感器技术篇和检测技术篇的必备基础知识，包括绪论、误差理论、传感器与检测技术静态、动态特性等内容。设置"误差理论与数据处理"课程的专业，这部分内容可略讲或不讲，作为学生自主学习参考的资料。

传感器技术篇，着重于各种传感器的测量原理、结构特征、影响性能的误差因素和误差特性、测量电路信号处理和传感器的应用介绍。在内容编排上，摒弃了将各种测量原理的传感器独立成章的做法，根据传感器的测量机理进行了分类，按结构型、物性型、固态型、其他类型进行全新的编排和组织。教材理论与实际工程应用紧密结合，注重提高传感器精度以及实际应用时该注意问题的分析。

检测技术篇，重点介绍同一被测物理(或成分)参量常用及新颖有效的检测方法及它们的适用范围或局限性、传感器的选用、检测仪器及系统组成原理等。这样就从根本上克服以往传感技术类教材难以从工程和科研需测参量出发全方位分析和研讨检测方案可行性、适用性与优化的问题；同时也较好地解决了检测技术类教材往往难以从传感器机理、结构特点出发深入讨论不同传感(检测)方案的可行性与局限性的问题；本书这样编排将有利于培养自动化类专业的学生的实际工程应用能力和创新能力。

本书注重理论紧密联系工程实践，突出应用。基础知识篇有序插入一些工程实用性强的例题，各章均有丰富的综合应用性习题与思考题；传感器技术篇各章都有各类传感器常用信号调理电路设计方面的内容；检测技术篇各章均有应用实例，并注意同一参量采用不同检测方案的可行性讨论，每章结尾提供本章检测参量常用测量方法及相应测量仪器应用特点的汇总表，可节省检索时间、提高学习效率和方便读者比较选用。

本书基础知识篇及检测技术篇中第9章、第11章由东南大学周杏鹏执笔(其中，东南大学王晓俊执笔编写了3.6节和第9、11章中一些应用实例，东南大学路小波参加了第11章部分小节编写，东南大学牛丹负责基础知识篇中部分插图)；传感器技术篇，由南京航空航天大学孙永荣执笔；检测技术篇中第8章、第10章、第12章由南京理工大学仇国富执笔；第13章由东南大学邵云执笔。本书由周杏鹏任主编，孙永荣、仇国富任副主编。

全书承蒙西安交通大学韩九强教授拨冗审阅，在此表示诚挚的谢意。

在本书编写过程中，参考了许多有关的教材、专业期刊、产品样本、技术手册，在此对本书引用文献的有关作者一并表示感谢。

由于作者水平与能力有限，本书难免有不足或不当之处，恳请广大读者批评指正。

作者

2010年5月于南京

目录

CONTENTS

第一篇　基础知识篇

第三篇 检测技术篇

第一篇　基础知识篇

第1章 绪　论

1.1 传感器与检测技术的定义与作用

1.1.1 传感器的定义

传感器是能以一定精确度把某种被测量(主要为各种非电的物理量、化学量、生物量等)按一定规律转换为(便于人们应用、处理的)另一参量(通常为电参量)的器件或测量装置。这一定义表明:

① 传感器是一种实物测量装置,可用于对指定被测量进行检测;

② 它能感受某种被测量(此谓传感器的输入量),如某种非电的物理量、化学量、生物量的大小,并把被测量按一定规律转换成便于人们应用、处理的另一参量(此谓传感器的输出量),这另一参量,通常为电参量;

③ 在其规定的精确度范围内,传感器的输出量与输入量具有对应关系。

传感器通常由敏感器件和转换器件组合而成。敏感器件是指传感器中直接感受被测量的部分,转换器件通常是指将敏感器件在传感器内部输出转换为便于人们应用、处理外部输出(通常为电参量)信号的部分。但是传感器种类繁多,复杂性差异很大,并不是所有的传感器都能从其内部明显分出敏感器件和转换器件两部分,有的是合二为一,如Pt100热电阻传感器、电容式物位传感器等,它们的敏感器件输出已是电参量,因此可以不配转换器件直接将敏感器件输出的电参量作为传感器的输出。

在一些国家和有些学科领域,将传感器称为检测器、探测器、转换器等。这些不同叫法其内容和含义都相同或相似。

1.1.2 检测的定义

检测是指在生产、科研、试验及服务等各个领域,为及时获得被测、被控对象的有关信息而实时或非实时地对一些参量进行定性检查和定量测量。

就现代工业生产而言，采用各种先进的检测技术与装置对生产全过程进行检查、监测，是确保安全生产，保证产品质量，提高产品合格率，降低能源和原材料消耗，提高企业的劳动生产率和经济效益所必不可少的。

中国有句古话："工欲善其事，必先利其器"，用这句话来说明检测技术在我国现代化建设中的重要性是非常恰当的。今天我们所进行的"事"就是现代化建设大业，而"器"则是先进的检测手段。科学技术的进步、制造业和服务业的发展、军队现代化建设的大量需求，促进了检测技术的发展，而先进的检测手段也可提高制造业、服务业的自动化、信息化水平和劳动生产率，促进科学研究和国防建设的进步，提高人民的生活水平。

"检测"是测量，"计量"也是测量，两者有什么区别？一般说来，"计量"是指用精度等级更高的标准量具、器具或标准仪器，对被测样品、样机进行考核性质的测量。这种测量通常具有非实时及离线和标定的性质，一般在规定的具有良好环境条件的计量室、实验室采用比被测样品、样机更高精度的并按有关计量法规和定期校准的标准量具、器具或标准仪器进行。而"检测"通常是指在生产、实验等现场，利用某种合适的检测仪器或综合测试系统对被测对象进行在线、连续的测量。

1.1.3 传感器与检测技术的地位与作用

人类社会已进入信息化时代，工农业生产、交通、物流、社会服务等方方面面都需要实时获取各种信息，而各类传感器通常是各种信息源头，是检测与自动化系统、智能化系统的"感觉器官"。

当今社会，科学技术发达，信息化、自动化程度高的国家和地区，对传感器的依赖性和需求量更大。从20世纪80年代以来，世界许多发达和发展中国家都将传感器技术列为重点发展的高技术予以支持。

检测技术是自动化和信息化的基础与前提。如在石化行业，为了保证化工生产过程正常、高效、经济地运行，需要对生产过程中的温度、压力、流量等重要工艺参数进行在线优化控制，而实现优化控制必须配置比控制精确度更高的温度、压力、流量检测系统。

例如，城镇生活污水处理厂需要根据通过污水管网收集的污水量和污染情况，对污水处理的主要工艺环节进行优化控制，做到既经济又能保证处理后的中水达标排放。为此，需在污水的收集、提升、处理、排放等生产过程中在线检测液位、流量、温度、浊度、泥位(泥、水分界面位置)、酸碱度(pH)、污水中溶解氧含量(DO)、化学需氧量(COD)等多种物理和化学成分参量；再由监控计算机(或嵌入式控制器)根据这些实测物理、化学成分参量大小与变化趋势，对加药(剂)量、曝气量及排泥量进行实时优化控制；同时为保证设备完好及安全生产，需同时对污水处理所需的提升水泵、鼓风机等机电动力设备的温度、工作电压、电流、阻抗进行安全监测，这样才能实现污水处理高效、低成本和安全运行。

据了解，目前国内外一些城市污水处理厂由于在污水的收集、提升、处理及排放的各环节均实现自动检测与优化控制，大大降低生活污水的处理成本、实现节（电）能降（药）耗，使城镇生活污水处理的平均运行费用降低到0.5元/立方米以下的水平。而我国许多城镇污水处理厂基本上靠人工操作，其污水处理的平均运行费用目前为1.2～1.6元/立方米。城镇污水处理自动检测及控制与手工凭经验控制相比，平均运行成本差距十分明显。

在新型武器、装备研制过程中对现代检测技术的需求更多，要求更高。研制任何一种新武器，从设计到零部件制造、装配再到样机试验，都要经过成百上千次严格的试验，每次试验需要同时高速、高精度地检测多种物理参量，测量点经常多达上千个。

对于飞机、潜艇等大型装备，在正常使用时都需装备几百个各类传感器，组成十几至几十种检测系统，实时监测和指示各部位的工作状况。至于在新机型设计、试验过程中需要检测的物理量更多，全部检测点通常需要同时安装5000个以上的各类传感器。在火箭、导弹和卫星的发射过程中，需动态高速、高精度地检测许多参量。没有高精确度、高可靠性的各类传感器和检测系统，要使导弹精确命中目标、使卫星准确入轨是根本不可能的。

用各种先进的医疗检测仪器可大大提高疾病的检查、诊断速度和准确性，有利于争取时间，对症治疗，增加患者战胜疾病的机会。

随着生活水平的提高，检测技术与人们日常生活的关系也愈来愈密切。例如，新型建筑材料的物理、化学性能检测，装饰材料有害成分是否超标检测等，都需要高精确度的专用检测系统；而城镇居民家庭室内的温度、湿度、防火、防盗及家用电器的安全监测等均需要大量价廉物美的传感器和检测仪表，从这些不难看出检测技术在现代社会中的重要地位与作用。

1.2　检测系统的组成

尽管现代检测仪器和检测系统的种类、型号繁多，用途、性能千差万别，但都是用于各种物理或化学成分等参量的检测，其组成单元按信号传递的流程来区分。首先由各种传感器将非电被测物理或化学成分参量转换成电参量信号，然后经信号调理（包括信号转换、信号检波、信号滤波、信号放大等）、数据采集、信号处理后，进行显示、输出，加上系统所需的交、直流稳压电源和必要的输入设备，便构成了一个完整的自动检测（仪器）系统。其组成框图如图1-1所示。

1. 传感器

传感器作为检测系统的信号源，是检测系统中十分重要的环节，其性能的好坏将直接影响检测系统的精度和其他指标。对传感器通常有如下要求：

① 准确性：传感器的输出信号必须准确地反映其输入量，即被测量的变化。因

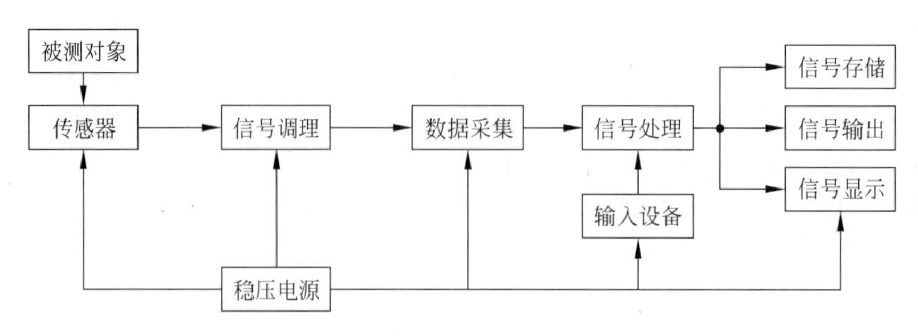

图 1-1 典型自动检测系统的组成框图

此，传感器的输出与输入关系必须是严格的单值函数关系，最好是线性关系。

② 稳定性：传感器的输入、输出的单值函数关系最好不随时间和温度而变化，受外界其他因素的干扰影响亦应很小，重复性要好。

③ 灵敏度：即被测参量较小的变化就可使传感器获得较大的输出信号。

④ 其他：如耐腐蚀性、功耗、输出信号形式、体积、售价等。

2. 信号调理

信号调理在检测系统中的作用是对传感器输出的微弱信号进行检波、转换、滤波、放大等，以方便检测系统后续处理或显示。例如，工程上常见的热电阻型数字温度检测(控制)仪表，其传感器 Pt100 的输出信号为热电阻值的变化。为便于后续处理，通常需设计一个四臂电桥，把随被测温度变化的热电阻阻值转换成电压信号；由于信号中往往夹杂着 50Hz 工频等噪声电压，故其信号调理电路通常包括滤波、放大、线性化等环节。传感器和检测系统种类繁多，复杂程度、精度、性能指标要求等往往差异很大，因此它们所配置的信号调理电路的多寡也不尽一致。对信号调理电路的一般要求是：

① 能准确转换、稳定放大、可靠地传输信号；

② 信噪比高，抗干扰性能好。

3. 数据采集

数据采集(系统)在检测系统中的作用是对信号调理后的连续模拟信号进行离散化并转换成与模拟信号电压幅度相对应的一系列数值信息，同时以一定的方式把这些转换数据及时传递给微处理器或依次自动存储。数据采集系统通常以各类模/数(A/D)转换器为核心，辅以模拟多路开关、采样/保持器、输入缓冲器、输出锁存器等。数据采集系统的主要性能指标是：

① 输入模拟电压信号范围，单位：V；

② 转换速度(率)，单位：次/s；

③ 分辨力，通常以模拟信号输入为满度时的转换值的倒数来表征；

④ 转换误差，通常指实际转换数值与理想 A/D 转换器理论转换值之差。

4. 信号处理

信号处理模块是自动检测仪表、检测系统进行数据处理和各种控制的中枢环节，其作用和人的大脑相类似。现代检测仪表、检测系统中的信号处理模块通常以各种型号的嵌入式微控制器、专用高速数据处理器(DSP)和大规模可编程集成电路，或直接采用工业控制计算机来构建。

对检测仪表、检测系统的信号处理环节来说，只要能满足用户对信号处理的要求，则愈简单愈可靠，成本愈低愈好。由于大规模集成电路设计、制造和封装技术的迅速发展，嵌入式微控制器、专用高速数据处理器和大规模可编程集成电路性能不断提升，而芯片价格不断降低，稍复杂一点的检测系统(仪器)的信号处理环节都应优先考虑选用合适型号的微控制器或 DSP 来设计和构建，从而使该检测系统具有更高的性能价格比。

5. 信号显示

通常人们都希望及时知道被测参量的瞬时值、累积值或其随时间的变化情况，因此，各类检测仪表和检测系统在信号处理器计算出被测参量的当前值后通常均需送至各自的显示器作实时显示。显示器是检测系统与人联系的主要环节之一，显示器一般可分为指示式、数字式和屏幕式三种。

① 指示式显示，又称模拟式显示。被测参量数值大小由光指示器或指针在标尺上的相对位置来表示。用有形的指针位移模拟无形的被测量是较方便、直观的。指示式仪表有动圈式和动磁式等多种形式，但均有结构简单、价格低廉、显示直观的特点，在检测精度要求不高的单参量测量显示场合应用较多。指针式仪表存在指针驱动误差和标尺刻度误差，这种仪表的读数精度和仪器的灵敏度受标尺最小分度的限制，如果操作者读仪表示值时，站位不当就会引入主观读数误差。

② 数字式显示。以数字形式直接显示出被测参量数值的大小。数字式显示没有转换误差、显示驱动误差，能有效地克服读数的主观误差(相对指示式仪表)，还能方便地与智能化终端连接并进行数据传输。因此，各类检测仪表和检测系统越来越多地采用数字式显示方式。

③ 屏幕显示。实际上是一种类似电视的点阵式显示方法。具有形象性和易于读数的优点，能在同一屏幕上显示一个被测量或多个被测量的变化曲线或图表，显示信息量大、方便灵活。屏幕显示器一般体积较大，对环境温度、湿度等要求较高，在仪表控制室、监控中心等环境条件较好的场合使用较多。

6. 信号输出

在许多情况下，检测仪表和检测系统在信号处理器计算出被测参量的瞬时值后除送显示器进行实时显示外，通常还需把测量值及时传送给监控计算机、可编程控制器(PLC)或其他智能化终端。检测仪表和检测系统的输出信号通常有 4～20mA

的电流模拟信号和脉宽调制 PWM 信号及串行数字通信信号等多种形式，需根据系统的具体要求确定。

7. 输入设备

输入设备是操作人员和检测仪表或检测系统联系的另一主要环节，用于输入设置参数，下达有关命令等。最常用的输入设备是各种键盘、拨码盘、条码阅读器等。近年来，随着工业自动化、办公自动化和信息化程度的不断提高，通过网络或各种通信总线利用其他计算机或数字化智能终端，实现远程信息和数据输入的方式愈来愈普遍。

8. 稳压电源

由于工业现场通常只能提供交流 220V 工频电源或＋24V 直流电源，传感器和检测系统通常不经降压、稳压就无法直接使用；因此需根据传感器和检测系统内部电路实际需要，自行设计稳压电源。

最后，值得一提的是，以上部分不是所有的检测系统（仪表）都具备的，对有些简单的检测系统，其各环节之间的界线也不是十分清楚，需根据具体情况进行分析。

1.3 传感器与检测系统的分类

1.3.1 传感器的分类

传感器种类繁多，其分类方法也较多。传感器常见的分类方法如表 1-1 所示。

表 1-1 传感器的分类

分类方法	传感器的种类	说明
按传感器输入参量分类	位移传感器、压力传感器、温度传感器、一氧化碳传感器等	传感器以被测参量命名
按传感器转换机理（工作原理）分类	电阻式、电容式、电感式、压电式、超声波式、霍尔式等	以传感器转换机理命名
按物理现象分类	结构型传感器	传感器依赖其结构参数的变化实现信息转换
	物性型传感器	传感器依赖其敏感器件物理特性的变化实现信息转换
按能量关系分类	能量转换型传感器	传感器直接将被测对象的能量转换为输出能量
	能量控制型传感器	由外部供给传感器能量，由被测量大小比例控制传感器的输出能量
按输出信号分类	模拟式传感器	传感器输出为模拟量
	数字式传感器	传感器输出为数字量

通常,采用按传感器输入参量分类法有利于人们按照目标对象的检测要求选用传感器,而采用按传感器转换机理分类法有利于对传感器开展研究和试验。

1.3.2　检测系统的分类

随着科技和生产的迅速发展,检测系统(仪表)的种类不断增加,其分类方法也很多,工程上常用的几种分类法如下。

1. 按被测参量分类

常见的被测参量可分为以下几类:

① 电工量:电压、电流、电功率、电阻、电容、频率、磁场强度、磁通密度等;

② 热工量:温度、热量、比热、热流、热分布、压力、压差、真空度、流量、流速、物位、液位、界面等;

③ 机械量:位移、形状、力、应力、力矩、重量、质量、转速、线速度、振动、加速度、噪声等;

④ 物性和成分量:气体成分、液体成分、固体成分、酸碱度、盐度、浓度、黏度、粒度、密度等;

⑤ 光学量:光强、光通量、光照度、辐射能量等;

⑥ 状态量:颜色、透明度、磨损量、裂纹、缺陷、泄漏、表面质量等。

严格地说,状态量范围更广,但是有些状态量由于已习惯归入热工量、机械量、成分量中,因此,在这里不再重复列出。

2. 按被测参量的检测转换方法分类

被测参量通常是非电物理或化学成分量,通常需用某种传感器把被测参量转换成电量,以便于作后续处理。被测量转换成电量的方法很多,最主要的有下列几类:

① 电磁转换:电阻式、应变式、压阻式、热阻式、电感式、互感式(差动变压器)、电容式、阻抗式(电涡流式)、磁电式、热电式、压电式、霍尔式、振频式、感应同步器、磁栅等;

② 光电转换:光电式、激光式、红外式、光栅、光导纤维式等;

③ 其他能/电转换:声/电转换(超声波式)、辐射能/电转换(X 射线式、β 射线式、γ 射线式)、化学能/电转换(各种电化学转换)等。

3. 按使用性质分类

按使用性质检测仪表通常可分为标准表、实验室表和工业用表等三类。“标准表”是各级计量部门专门用于精确计量、校准送检样品和样机的标准仪表。标准表的精度等级必须高于被测样品、样机所标称的精度等级,而其本身又根据量值传递的规定,必须经过更高一级法定计量部门的定期检定、校准,由更高精度等级的标准表检定，并出具该标准表重新核定的合格证书，方可依法使用。

"实验室表"多用于各类实验室中，它的使用环境条件较好，往往无特殊的防水、防尘措施。对于温度、相对湿度、机械振动等的允许范围也较小。这类检测仪表的精度等级虽较工业用表为高，但使用条件要求较严，只适于实验室条件下的测量与读数，不适于远距离观察及传送信号。

"工业用表"是长期使用于实际工业生产现场的检测仪表与检测系统。这类仪表为数最多，根据安装地点的不同，又有现场安装及控制室安装之分。前者应有可靠的防护，能抵御恶劣的环境条件，其显示也应醒目。工业用表的精度一般不很高，但要求能长期连续工作，并具有足够的可靠性。在某些场合下使用时，还必须保证不因仪表引起事故，如在易燃、易爆环境条件下使用时，各种检测仪表都应有很好的防爆性能。

此外，按检测系统的显示方式可分为指示式(主要是指针式)系统、数字式系统和屏幕式系统等。

1.4 传感器与检测技术的发展趋势

1.4.1 传感器的发展方向

传感器技术涉及多个学科领域，它是利用物理定律和物质的物理、化学和生物特性，将非电量转换成电量。所以努力探索新现象、新理论，采用新技术、新工艺、新材料以研发新型传感器，或提高现有传感器的转换效能、转换范围或某些技术性能指标和经济指标，将是传感器总的发展方向。

当前，传感器技术的主要发展动向，一是深入开展基础和应用研究，探索新现象、研发新型传感器；二是研究和开发新材料、新工艺，实现传感器的集成化、微型化与智能化。

1. 探索新现象，研发新型传感器

利用物理现象、化学反应和生物效应是各种传感器工作的基本原理，因而探索和发现新现象与新效应是研制新型传感器的最重要的工作，也是研制新型传感器的前提与技术基础。例如，目前世界主要发达经济体均有不少科研机构、高技术企业投入大量人力、物力，在大力开展仿生技术研究和高灵敏度仿生传感器研发。可以预见，这类仿生传感器将不断问世，而这类仿生传感器一旦大量成功应用，其意义和影响将十分深远。

2. 采用新技术、新工艺、新材料，提高现有传感器的性能

由于材料科学的进步，传感器材料有更多更好的选择。采用新技术、新工艺、新材料，可提高现有传感器的性能。例如采用新型的半导体氧化物可以制造各种气体

传感器；而用特种陶瓷材料制作的压电加速度传感器，其工作温度可远高于半导体晶体制作的同类传感器。传感器制造新工艺的发明与应用往往将催生新型传感器诞生，或相对原有同类传感器可大幅度提高某些指标，如采用薄膜工艺可制造出远比干湿球、氯化锂等常用湿度传感器响应速度快的湿敏传感器。

3. 研究和开发集成化、微型化与智能化传感器

传感器集成化主要指：

① 把同一功能敏感器件微型化、实现多敏感器件阵列化，同一类、同规格的众多敏感元件排成阵列型组合传感器，排成一维的构成线型阵列传感器（如线型压阻传感器），排成二维的构成面型阵列传感器（如CCD图像传感器）；

② 把传感器的功能延伸至信号放大、滤波、线性化、电压/电流信号转换电路等，诸如在工业自动化领域广泛使用的压力、温度、流量等变送器，就是典型的集成化传感器，它们内部除有敏感器件外，还同时集成了信号转换、信号放大、滤波、线性化、电压/电流信号转换等电路，最终输出均为抗干扰能力强、适合远距离传输的4～20mA标准电流信号；

③ 通过把不同功能敏感器件微型化后再组合、集成在一起、构成能检测两个以上参量的集成传感器，此类集成传感器特别适合于需要大量应用的场合和空间狭小的特殊场合，例如将热敏元件和湿敏元件及信号调理电路集成在一起的温、湿度传感器，一个传感器可同时完成温度和湿度的测量。

微米/纳米技术和微机械加工技术，特别是LIGA（深层同步辐射X射线光刻、电铸成型及铸塑）技术与工艺的问世与应用，为微型传感器研制奠定了坚实的基础。微型传感器的敏感元件尺寸通常为微米级，其显著特征就是"微小"，通常其体积、质量仅为传统传感器的几十分之一、几百分之一。微型传感器对航空、航天、武器装备、侦察和医疗等领域检测技术的进步和影响巨大，意义深远。

智能传感器是一种带微处理器、具有双向通信功能的传感器（系统），它除具有被测参量检测、转换和信息处理功能外，还具有存储、记忆、自补偿、自诊断和双向通信功能。在21世纪初美国人率先提出"数字地球"概念，到2009年温家宝总理倡导开展"感知中国"行动，促进"无线传感网络技术"研究，这些均是对智能传感器发展方向的肯定与推动。

1.4.2 检测技术的发展趋势

随着世界各国现代化步伐的加快，对检测技术的需求与日俱增。而大规模集成电路技术、微型计算机技术、机电一体化技术、微机械和新材料技术的不断进步，则大大促进了检测技术的发展。目前，现代检测技术发展的总趋势大体有以下几个方面。

1. 不断拓展测量范围，努力提高检测精度和可靠性

随着科学技术的发展，对检测仪器和检测系统的性能要求，尤其是精度、测量范围、可靠性指标的要求愈来愈高。以温度为例，为满足某些科学实验的需求，不仅要求研制测温下限接近0K(－273.15℃)，且测温范围尽可能达到15K(约－258℃)的高精度超低温检测仪表。同时，某些场合需连续测量液态金属的温度或长时间连续测量2500～3000℃的高温介质温度，目前虽然已能研制和生产最高上限超过2800℃的钨铼系列热电偶，但测温范围一旦超过2300℃，其准确度将下降，而且极易氧化从而严重影响其使用寿命与可靠性。因此，寻找能长时间连续准确检测上限超过2300℃被测介质温度的新方法、新材料和研制(尤其是适合低成本大批量生产)出相应的测温传感器是各国科技工作者多年来一直努力要解决的课题。目前，非接触式辐射型温度检测仪表的测温上限，理论上最高可达100000℃以上，但与聚核反应优化控制理想温度约10^8℃相比还相差3个数量级，这就说明超高温检测的需求远远高于当前温度检测技术所能达到的技术水平。

随着微米/纳米技术和微机械加工技术研究与应用，对微机电系统、超精细加工高精度在线检测技术和检测系统需求十分强劲，缺少在线检测技术和检测系统业已成为各种微机电系统制作成品率十分低下、难以批量生产的根本原因。

目前，除了超高温、超低温度检测仍有待突破外，诸如混相流量、脉动流量的实时检测，微差压(几十帕)、超高压在线检测、高温高压下物质成分的实时检测等都是亟须攻克的检测技术难题。

随着我国工业化、信息化步伐加快，各行各业高效率的生产更依赖于各种可靠的在线检测设备。努力研制在复杂和恶劣测量环境下能满足用户所需精度要求且能长期稳定工作的各种高可靠性检测仪器和检测系统将是检测技术的一个长期发展方向。

2. 重视非接触式检测技术研究

在检测过程中，把传感器置于被测对象上，灵敏地感知被测参量的变化，这种接触式检测方法通常比较直接、可靠，测量精度较高，但在某些情况下，因传感器的加入会对被测对象的工作状态产生干扰，而影响测量的精度。而在有些被测对象上，根本不允许或不可能安装传感器，例如测量高速旋转轴的振动、转矩等。因此，各种可行的非接触式检测技术的研究愈来愈受到重视，目前已商品化的光电式传感器、电涡流式传感器、超声波检测仪表、核辐射检测仪表、红外检测与红外成像仪器等正是在这些背景下不断发展起来的。今后不仅需要继续改进和克服非接触式(传感器)检测仪器易受外界干扰及绝对精度较低等问题，而且相信对一些难以采用接触式检测或无法采用接触方式进行检测的，尤其是那些具有重大军事、经济或其他应用价值的非接触检测技术课题的研究投入会不断增加，非接触检测技术的研究、发展和应用步伐将会明显加快。

3. 检测系统智能化

近十年来，由于包括微处理器、微控制器在内的大规模集成电路的成本和价格不断降低，功能和集成度不断提高，使得许许多多以微处理器、微控制器或微型计算机为核心的现代检测仪器(系统)实现了智能化，这些现代检测仪器通常具有系统故障自测、自诊断、自调零、自校准、自选量程、自动测试和自动分选功能，强大数据处理和统计功能，远距离数据通信和输入、输出功能，可配置各种数字通信接口，传递检测数据和各种操作命令等，还可方便地接入不同规模的自动检测、控制与管理信息网络系统。与传统检测系统相比，智能化的现代检测系统具有更高的精度和性能/价格比。

随着现代三大信息技术(现代传感技术、通信技术和计算机技术)的日益融合，各种最新的检测方法与成果不断应用到实际检测系统中来，如基于机器视觉的检测技术、基于雷达的检测技术、基于无线通信的检测技术，以及基于虚拟仪器的检测技术等，这些都给检测技术的发展注入了新的活力。

习题与思考题

1.1　综述并举例说明传感器与检测技术在现代化建设中的作用。

1.2　自动检测系统通常由哪几个部分组成？其中对传感器的一般要求是什么？

1.3　试述信号调理和信号处理的主要功能和区别，并说明信号调理单元和信号处理单元通常由哪些部分组成。

1.4　传感器有哪些分类方法？各包含哪些传感器种类？

1.5　根据被检测参量的不同，检测系统通常可分成哪几类？

1.6　传感器与检测技术的主要发展趋势有哪些？

第2章 检测技术基础知识

测量精度(高、低)从概念上与测量误差(小、大)相对应,目前误差理论已发展成为一门专门学科,涉及内容很多。为适应不同的读者需要并便于后面各章的介绍,下面对测量误差的一些术语、概念、常用误差处理方法和检测系统的一般静态、动态特性及主要性能指标做一扼要的介绍。

2.1 检测系统误差分析基础

2.1.1 误差的基本概念

1. 测量误差的定义

测量是变换、放大、比较、显示、读数等环节的综合。由于检测系统(仪表)不可能绝对精确,测量原理的局限、测量方法的不尽完善、环境因素和外界干扰的存在以及测量过程中被测对象的原有状态可能会被影响等因素,也使得测量结果不能准确地反映被测量的真值而存在一定的偏差,这个偏差就是测量误差。

2. 真值

一个量具有的严格定义的理论值通常称为理论真值,如三角形三内角和为180°等。许多量由于理论真值在实际工作中难以获得,常采用约定真值或相对真值来代替理论真值。

(1) 约定真值

根据国际计量委员会通过并发布的各种物理参量单位的定义,利用当今最先进科学技术复现这些实物单位基准,其值被公认为国际或国家基准,称为约定真值。例如,保存在国际计量局的1kg铂铱合金原器就是1kg质量的约定真值。在各地的实践中通常用约定真值代替真值进行量值传递,也可对低一等级标准量值(标准器)或标准仪器进行比对、计量和校准。各地可用经过上级法定计量部门按规定定期送检、校验过的标准器或标准仪器及其修正值作为当地相应物理参量单位的约定真值。

(2) 相对真值

如果高一级检测仪器(计量器具)的误差小于低一级检测仪器误差的 1/3,则可认为前者是后者的相对真值。例如,高精度石英钟的计时误差通常比普通机械闹钟的计时误差小 1～2 个数量级以上,因此高精度的石英钟可视为普通机械闹钟的相对真值。

3. 标称值

计量或测量器具上标注的量值,称为标称值。如天平的砝码上标注的 1g、精密电阻器上标注的 100Ω 等。制造的不完备或环境条件发生变化,使这些计量或测量器具的实际值与其标称值之间存在一定的误差,使计量或测量器具的标称值存在不确定度(相关概念详见 2.5 节),通常需要根据精度等级或误差范围进行估计。

4. 示值

检测仪器(或系统)指示或显示(被测参量)的数值称为示值,又称测量值或读数。由于传感器不可能绝对精确,信号调理、模数转换不可避免地存在误差,加上测量时环境因素和外界干扰的存在以及测量过程可能会影响被测对象的原有状态等,都可使得示值与实际值存在偏差。

2.1.2 误差的表示方法

检测系统(仪器)的基本误差通常有以下几种表示形式。

1. 绝对误差

检测系统的测量值(即示值)X 与被测量的真值 X_0 之间的代数差值 Δx 称为检测系统测量值的绝对误差,即

$$\Delta x = X - X_0 \tag{2-1}$$

式中,真值 X_0 可为约定真值,也可为由高精度标准器所测得的相对真值;绝对误差 Δx 说明了系统示值偏离真值的大小,其值可正可负,具有和被测量相同的量纲。

在标定或校准检测系统样机时,常采用比较法:即对于同一被测量,将标准仪器(比检测系统样机具有更高的精度)的测量值作为近似真值 X_0 与被校检测系统的测量值 X 进行比较,其差值就是被校检测系统测量值的绝对误差。如果该差值是一恒定值,即为检测系统的“系统误差”。该误差可能是系统在非正常工作条件下使用而产生的,也可能是其他原因所造成的附加误差。此时对检测仪表的测量值应加以修正,修正后才可得到被测量的实际值 X_0:

$$X_0 = X - \Delta x = X + C \tag{2-2}$$

式中,数值 C 称为修正值或校正量。修正值与示值的绝对误差数值相等,但符号相反,即

$$C = -\Delta x = X_0 - X \tag{2-3}$$

计量室用的标准器常由高一级的标准器定期校准，检定结果附带有示值修正表，或修正曲线 $C=f(x)$。

2. 相对误差

检测系统测量值(即示值)的绝对误差 Δx 与被测参量真值 X_0 的比值，称为检测系统测量(示值)的相对误差 δ，常用百分数表示，即

$$\delta = \frac{\Delta x}{X_0} \times 100\% = \frac{X - X_0}{X_0} \times 100\% \tag{2-4}$$

这里的真值可以是约定真值，也可以是相对真值(工程上，在无法得到本次测量的约定真值和相对真值时，常在被测参量没有发生变化的条件下重复多次测量，用多次测量的平均值代替相对真值，以消除系统误差)。用相对误差通常比用绝对误差更能说明不同测量的精确程度，一般来说相对误差值小，其测量精度就高。相对误差是一个量纲为一的量。

在评价检测系统的精度或测量质量时，有时利用相对误差作为衡量标准也不很准确。例如，用任一确定精度等级的检测仪表测量一个靠近测量范围下限的小量，计算得到的相对误差通常总比测量接近上限的大量(如 2/3 量程处)得到的相对误差大得多，故引入引用误差的概念。

3. 引用误差

检测系统测量值的绝对误差 Δx 与系统量程 L 之比值，称为检测系统测量值的引用误差 γ。引用误差 γ 通常仍以百分数表示，即

$$\gamma = \frac{\Delta x}{L} \times 100\% \tag{2-5}$$

比较式(2-4)和式(2-5)可知：在 γ 的表示式中用量程 L 代替了真值 X_0，使用起来虽然更为方便，但引用误差的分子仍为绝对误差 Δx；当测量值为检测系统测量范围的不同数值时，各示值的绝对误差 Δx 也可能不同。因此，即使是同一检测系统，其测量范围内的不同示值处的引用误差也不一定相同。为此，可以取引用误差的最大值，既能克服上述的不足，又更好地说明了检测系统的测量精度。

4. 最大引用误差(或满度最大引用误差)

在规定的工作条件下，当被测量平稳增加或减少时，在检测系统全量程所有测量值引用误差(绝对值)的最大者，或者说所有测量值中最大绝对误差(绝对值)与量程的比值的百分数，称为该系统的最大引用误差，用符号 γ_{max} 表示

$$\gamma_{max} = \frac{|\Delta x|}{L} \times 100\% \tag{2-6}$$

最大引用误差是检测系统基本误差的主要形式，故也常称其为检测系统的基本误差。它是检测系统最主要的质量指标，能很好地表征检测系统的测量精确度。

2.1.3　检测仪器的精度等级与工作误差

1. 精度等级

工业检测仪器(系统)常以最大引用误差作为判断其准确度等级的尺度。仪表准确度习惯上称为精度,准确度等级习惯上称为精度等级。人为规定:取最大引用误差百分数的分子作为检测仪器(系统)精度等级的标志,即用最大引用误差去掉正负号和百分号后的数字来表示精度等级,精度等级常用符号 G 表示。0.1、0.2、0.5、1.0、1.5、2.5、5.0 七个等级是我国工业检测仪器(系统)常用精度等级。检测仪器(系统)的精度等级由生产厂商根据其最大引用误差的大小并以选大不选小的原则就近套用上述精度等级得到。

例如,量程为 0～1000V 的数字电压表,如果其整个量程中最大绝对误差为 1.05V,则有

$$\gamma_{\max} = \frac{|\Delta x|}{L} \times 100\% = \frac{1.05}{1000} \times 100\% = 0.105\%$$

由于 0.105 不是标准化精度等级值,因此该仪器需要就近套用标准化精度等级值。0.105 位于 0.1 级和 0.2 级之间,尽管该值与 0.1 更为接近,但按选大不选小的原则该数字电压表的精度等级 G 应为 0.2 级。因此,任何符合计量规范的检测仪器(系统)都满足

$$|\gamma_{\max}| \leqslant G \tag{2-7}$$

由此可见,仪表的精度等级是反映仪表性能的最主要的质量指标,它充分地说明了仪表的测量精度,可较好地用于评估检测仪表在正常工作时(单次)测量的测量误差范围。

2. 工作误差

工作误差是指检测仪器在额定工作下可能产生的最大误差范围,它也是衡量检测仪器的最重要的质量指标之一。检测仪器的准确度、稳定度等指标都可用工作误差来表征。按照 GB/T 6592—1996《电工和电子测量设备性能表示》的规定,工作误差通常直接用绝对误差表示。

一般情况下,仪表精度等级的数字愈小,仪表的精度愈高。如 0.5 级的仪表精度优于 1.0 级仪表,而劣于 0.2 级仪表。工程上,单次测量值的误差通常就是用检测仪表的精度等级来估计的。但值得注意的是:精度等级高低仅说明该检测仪表的引用误差最大值的大小,它绝不意味着该仪表某次实际测量中出现的具体误差值是多少。

例 2.1　被测电压实际值约为 21.7V,现有四种电压表:1.5 级、量程为 0～30V 的 A 表,1.5 级、量程为 0～50V 的 B 表,1.0 级、量程为 0～50V 的 C 表,0.2 级、量程为 0～360V 的 D 表。请问选用哪种规格的电压表进行测量所产生的测量误差较小?

解 根据式(2-6),分别用四种表进行测量可能产生的最大绝对误差如下:

A表

$$|\Delta x_{max}| = |\gamma_{max}| \times L = 1.5\% \times 30V = 0.45V$$

B表

$$|\Delta x_{max}| = |\gamma_{max}| \times L = 1.5\% \times 50V = 0.75V$$

C表

$$|\Delta x_{max}| = |\gamma_{max}| \times L = 1.0\% \times 50V = 0.50V$$

D表

$$|\Delta x_{max}| = |\gamma_{max}| \times L = 0.2\% \times 360V = 0.72V$$

四者比较,通常选用A表进行测量所产生的测量误差较小。

由上例不难看出,检测仪表产生的测量误差不仅与所选仪表精度等级G有关,而且与所选仪表的量程有关。通常量程L和测量值X相差愈小,测量准确度愈高。所以,在选择仪表时,应选择测量值尽可能接近的仪表量程。

2.1.4 测量误差的分类

从不同的角度,测量误差可有不同的分类方法。

1. 按误差的性质分类

根据误差的性质(或出现的规律),测量误差可分为系统误差、随机误差和粗大误差三类。

(1) 系统误差

在相同条件下,多次重复测量同一被测参量时,其测量误差的大小和符号保持不变,或在条件改变时,误差按某一确定的规律变化,这种测量误差称为系统误差。误差值恒定不变的系统误差又称为定值系统误差,误差值变化的系统误差则称为变值系统误差。变值系统误差又可分为累进性的、周期性的以及按复杂规律变化的系统误差。

系统误差产生的原因大体上有:测量所用的工具(仪器、量具等)本身性能不完善或安装、布置、调整不当;在测量过程中温度、湿度、气压、电磁干扰等环境条件发生变化;测量方法不完善、或者测量所依据的理论本身不完善;操作人员视读方式不当等。总之,系统误差的特征是测量误差出现的有规律性和产生原因的可知性。系统误差产生的原因和变化规律一般可以通过实验和分析查出。因此,系统误差可被设法确定并消除。

(2) 随机误差

在相同条件下多次重复测量同一被测参量时,测量误差的大小与符号均无规律变化,这类误差称为随机误差。随机误差主要是由于检测仪器或测量过程中某些未知或无法控制的随机因素(如仪器某些元器件性能不稳定,外界温度、湿度变化,空中电磁波扰动，电网的畸变与波动等）综合作用的结果。随机误差的变化通常难以预测，因此也无法通过实验方法确定、修正和消除。但是通过足够多的测量比较可以发现随机误差服从某种统计规律（如正态分布、均匀分布、泊松分布等）。

通常用精密度表征随机误差的大小。精密度越低，随机误差越大；反之，精密度越高，随机误差越小。

（3）粗大误差

粗大误差是指明显超出规定条件下预期的误差。其特点是误差数值大，明显歪曲了测量结果。粗大误差一般由外界重大干扰或仪器故障或不正确的操作等引起。存在粗大误差的测量值称为异常值或坏值，一般容易发现，发现后应立即剔除。也就是说，正常的测量数据应是剔除了粗大误差的数据，所以通常研究的测量结果误差中仅包含系统和随机两类误差。

系统误差和随机误差虽然是两类性质不同的误差，但两者并不是彼此孤立的。它们总是同时存在并对测量结果产生影响。许多情况下，很难把它们严格区分开来，有时不得不把并没有完全掌握或者分析起来过于复杂的系统误差当作随机误差来处理。例如，生产一批应变片，就每一只应变片而言，它的性能、误差是完全可以确定的，属于系统误差；但是由于应变片生产批量大和误差测定方法的限制，不允许逐只进行测定，而只能在同一批产品中按一定比例抽测，其余未测的只能按抽测误差来估计。这一估计具有随机误差的特点，是按随机误差方法来处理的。

同样，某些（如环境温度、电源电压波动等所引起的）随机误差，当掌握它的确切规律后，就可视为系统误差并设法修正。

由于在任何一次测量中，系统误差与随机误差一般都同时存在，所以常按其对测量结果的影响程度分三种情况来处理：系统误差远大于随机误差时，此时仅按系统误差处理；系统误差很小，已经校正，则可仅按随机误差处理；系统误差和随机误差不多时应分别按不同方法来处理。

精度是反映检测仪器的综合指标，精度高必须做到系统误差和随机误差都小。

2. 按被测参量与时间的关系分类

按被测参量与时间的关系，测量误差可分为静态误差和动态误差两大类。习惯上，将被测参量不随时间变化时所测得的误差称为静态误差；被测参量随时间变化过程中进行测量时所产生的附加误差称为动态误差。动态误差是由于检测系统对输入信号变化响应上的滞后或输入信号中不同频率成分通过检测系统时受到不同的衰减和延迟而造成的误差。动态误差的大小为动态时测量和静态时测量所得误差值的差值。

3. 按产生误差的原因分类

按产生误差的原因，把误差分为原理性误差、构造误差等。由于测量原理、方法的不完善，或对理论特性方程中的某些参数作了近似或略去了高次项而引起的误差称为原理性误差(又称方法误差);因检测仪器(系统)在结构上、在制造调试工艺上不尽合理、不尽完善而引起的误差称为构造误差(又称工具误差)。

2.2 系统误差处理

在一般工程测量中,系统误差与随机误差总是同时存在,尤其对装配刚结束可正常运行的检测仪器,在出厂前进行的对比测试、校准过程中,反映出的系统误差往往比随机误差大得多;而新购检测仪器尽管在出厂前,生产厂家已经对仪器的系统误差进行过良好的校正,但一旦安装到用户使用现场,也会因仪器的工况改变产生新的、甚至是很大的系统误差,为此需要进行现场调试和校正;在检测仪器使用过程中还会因仪器元器件老化、线路板及元器件上积尘、外部环境发生某种变化等原因而造成检测仪器系统误差的变化,因此需对检测仪器定期检定与校准。

不难看出,为保证和提高测量精度,需要研究发现系统误差、进而设法校正和消除系统误差。

2.2.1 系统误差的特点及常见变化规律

系统误差的特点是其出现有规律性,系统误差的产生原因一般可通过实验和分析研究确定与消除。由于检测仪器种类和型号繁多,使用环境往往差异很大,产生系统误差的因素众多,因此系统误差所表现的特征,即变化规律往往也不尽一致。

系统误差(这里用 Δx 表示)随测量时间变化的几种常见关系曲线如图 2-1 所示。

曲线 1 表示测量误差的大小与方向不随时间变化的恒差型系统误差;曲线 2 表示测量误差随时间以某种斜率呈线性变化的线性变差型系统误差;曲线 3 表示测量误差随时间作某种周期性变化的周期变差型系统误差;曲线 4 为上述三种关系曲线的某种组合形态,表示呈现复杂规律变化的复杂变差型系统误差。

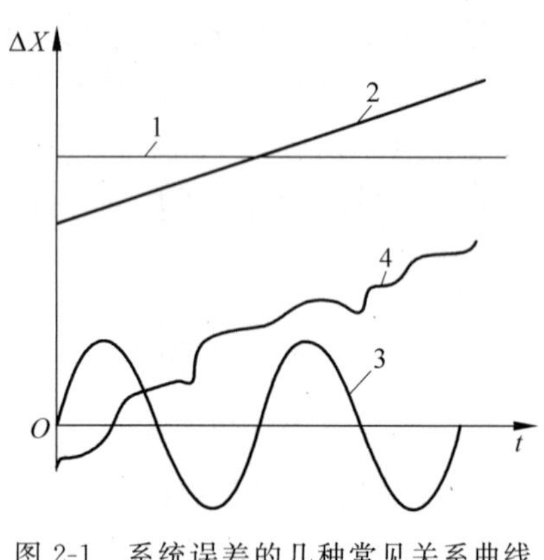

图 2-1 系统误差的几种常见关系曲线

2.2.2 系统误差的判别和确定

1. 恒差系统误差的确定

(1) 实验比对

对于不随时间变化的恒差型系统误差,通常可以采用通过实验比对的方法发现和确定。实验比对的方法又可分为标准器件法(简称标准件法)和标准仪器法(简称标准表法)两种。以电阻测量为例,标准件法就是检测仪器对高精度精密标准电阻器(其值作为约定真值)进行重复多次测量,如果测量值与标准电阻器的阻值的差值大小均稳定不变,该差值即可作为此检测仪器在该示值点的系统误差值,其相反数即为此测量点的修正值。标准表法是把精度等级高于被检定仪器两档以上的同类高精度仪器作为近似没有误差的标准表,与被检定检测仪器同时、或依次对被测对象(例如在被检定检测仪器测量范围内的电阻器)进行重复测量,把标准表示值视为相对真值,如果被检定检测仪器示值与标准表示值之差大小稳定不变,就可将该差值作为此检测仪器在该示值点的系统误差,该差值的相反数即为此检测仪器在此点的修正值。

当不能获得高精度的标准件或标准仪器时,可用多台同类或类似仪器进行重复测量、比对,把多台仪器重复测量的平均值近似作为相对真值,仔细观察和分析测量结果,亦可粗略地发现和确定被检仪器的系统误差。此方法只能判别被检仪器个体与其他群体间存在系统误差的情况。

(2) 原理分析与理论计算

对一些因转换原理、检测方法或设计制造方面存在不足而产生的恒差型系统误差,可通过原理分析与理论计算来加以修正。这类“不足”,经常表现为在传感器转换过程中存在零位,传感器输出信号与被测参量间存在非线性,传感器内阻大而信号调理电路输入阻抗不够高,信号处理时采用的是略去高次项的近似经验公式或经简化的电路模型等。对此需要针对性地仔细研究和计算、评估实际值与理想(或理论)值之间的恒定误差,然后设法校正、补偿和消除。

(3) 改变外界测量条件

有些检测系统一旦工作环境条件或被测参量数值发生改变,其测量系统误差往往也从一个固定值变化成另一个确定值。对这类检测系统需要通过逐个改变外界测量条件,来发现和确定仪器在其允许的不同工况条件下的系统误差。

2. 变差系统误差的确定

变差系统误差是指按某种确定规律变化的测量系统误差。对此可采用残差观察法或利用某些判断准则来发现并确定是否存在变差系统误差。

(1) 残差观察法

当系统误差比随机误差大时,通过观察和分析测量数据及各测量值与全部测量数据算术平均值之差,即剩余偏差(又称残差),常常能发现该误差是否为按某种规律变化的变差系统误差。通常的做法是把一系列等精度重复测量值及其残差按测量时的先后次序分别列表,仔细观察和分析各测量数据残差值的大小和符号的变化情况,如果发现残差序列呈有规律递增或递减,且残差序列减去其中值后的新数列在以中值为原点的数轴上呈正负对称分布,则说明测量存在累进性的线性系统误差;如果发现偏差序列呈有规律交替重复变化,则说明测量存在周期性系统误差。

当系统误差比随机误差小时,就不能通过观察来发现系统误差,只能通过专门的判断准则才能较好地发现和确定。这些判断准则实质上是检验误差的分布是否偏离正态分布,常用的有马利科夫准则和阿贝-赫梅特准则等。

(2) 马利科夫准则

马利科夫准则适用于判断、发现和确定线性系统误差。此准则的实际操作方法是将在同一条件下顺序重复测量得到的一组测量值 X_1、X_2、…、X_i、…、X_n 按序排列,并求出它们相应的残差 v_1、v_2、…、v_i、…、v_n。

$$v_i = X_i - \frac{1}{n}\sum_{i=1}^{n} X_i = X_i - \overline{X} \tag{2-8}$$

式中,X_i 为第 i 次测量值;n 为测量次数;$\overline{X}$ 为全部 n 次测量值的算术平均值,简称测量均值;v_i 为第 i 次测量的残差。

将残差序列以中间值 v_k 为界分为前后两组,分别求和,然后把两组残差和相减,即

$$D = \sum_{i=1}^{k} v_i - \sum_{i=s}^{n} v_i \tag{2-9}$$

当 n 为偶数时,取 $k=n/2$、$s=n/2+1$;当 n 为奇数时,取 $k=(n+1)/2=s$。

若 D 近似等于零,说明测量中不含线性系统误差;若 D 明显不为零(且大于 v_i),则表明这组测量中存在线性系统误差。

(3) 阿贝-赫梅特准则

阿贝-赫梅特准则适用于判断、发现和确定周期性系统误差。此准则的实际操作方法也是将在同一条件下重复测量得到的一组测量值 X_1、X_2、…、X_n 按序排列,并根据式(2-8)求出它们相应的残差 v_1、v_2、…、v_n,然后计算

$$A = \left|\sum_{i=1}^{n-1} v_i v_{i+1}\right| = |v_1 v_2 + v_2 v_3 + \cdots + v_{n-1} v_n| \tag{2-10}$$

如果式(2-10)中 $A > \sigma^2 \sqrt{n-1}$ 成立(σ^2 为本测量数据序列的方差),则表明测量值中存在周期性系统误差。

2.2.3 减小和消除系统误差的方法

在测量过程中,若发现测量数据中存在系统误差,则需要做进一步的分析比较,找出产生该系统误差的主要原因以及相应减小系统误差的方法。由于产生系统误差的因素众多,且经常是若干因素共同作用,因而显得更加复杂,难以找到一种普遍有效的方法来减小和消除系统误差。下面几种是最常用的减小系统误差的方法。

1. 针对产生系统误差的主要原因采取相应措施

对测量过程中可能产生系统误差的环节做仔细分析,找出产生系统误差的主要原因,并采取相应措施是减小和消除系统误差最基本和最常用的方法。例如,如果

发现测量数据中存在的系统误差原因主要是传感器转换过程中存在零位或传感器输出信号与被测参量间存在非线性，则可采取相应措施调整传感器零位，仔细测量出传感器非线性误差，并据此调整线性化电路或用软件补偿的方法校正和消除此非线性误差。如果发现测量数据中存在的系统误差主要是因为信号处理时采用近似经验公式（如略去高次项等），则可考虑用改进算法、多保留高次项的措施来减小和消除系统误差。

2. 采用修正方法减小恒差系统误差

利用修正值来减小和消除系统误差是常用的、非常有效的方法之一，在高精度测量、计量与校准时被广泛采用。

通常的做法是在测量前预先通过标准器件法或标准仪器法比对（计算），得到该检测仪器系统误差的修正值，制成系统误差修正表；然后用该检测仪器进行具体测量时可人工或由仪器自动地将测量值与修正值相加，从而大大减小或基本消除该检测仪器原先存在的系统误差。

除通过标准器件法或标准仪器法获取该检测仪器系统误差的修正值外，还可对各种影响因素，如温度、湿度、电源电压等变化引起的系统误差，通过反复实验绘制出相应的修正曲线或制成相应表格，供测量时使用。对随时间或温度不断变化的系统误差，如仪器的零点误差、增益误差等可采取定期测量和修正的方法解决。智能化检测仪器通常可对仪器的零点误差、增益误差间隔一定时间自动进行采样并自动实时修正处理，这也是智能化仪器能获得较高测量精度的主要原因。

3. 采用交叉读数法减小线性系统误差

交叉读数法也称对称测量法，是减小线性系统误差的有效方法。如果检测仪器在测量过程中存在线性系统误差，那么在被测参量保持不变的情况下其重复测量值也会随时间的变化而呈线性增加或减小。若选定整个测量时间范围内的某时刻为中点，则对称于此点的各对测量值的和都相同。根据这一特点，可在时间上将测量顺序等间隔对称安排，取各对称点两次交叉读入测量值，然后取其算术平均值作为测量值，即可有效地减小测量的线性系统误差。

4. 采用半周期法减小周期性系统误差

对周期性系统误差，可以相隔半个周期进行一次测量，如图 2-2 所示。

取两次读数的算术平均值，即可有效地减小周期性系统误差。因为相差半周期的两次测量，其误差在理论上具有大小相等、符号相反的特征，所以这种方法在理论上能很好地减小和消除周期性系统误差。

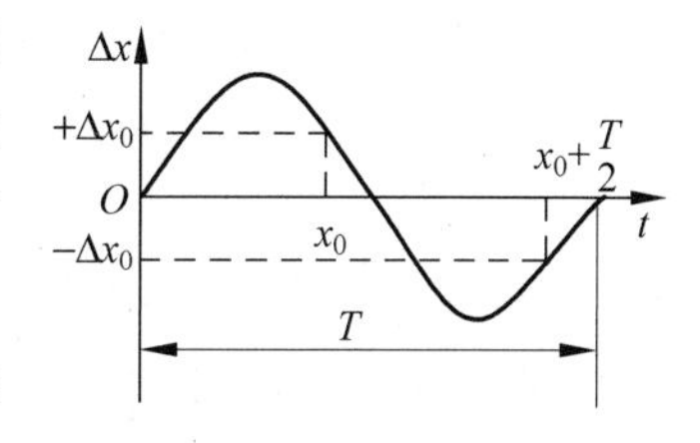

图 2-2　半周期法读数示意图

以上几种方法在具体实施时，由于种种原因都难以完全消除所有的系统误差，而只能将系统误差减小到对测量结果影响最小以至可以忽略不计的程度。

如果测量系统误差或残余系统误差代数和的绝对值不超过测量结果扩展不确定度(有关内容详见 2.5 节)的最后一位有效数字的一半,通常就认为测量系统误差已经很小,可忽略不计了。

2.3 随机误差处理

系统误差的特点是测量误差出现的有规律性,其产生原因一般可通过实验和分析研究确定,并采取相应措施把其减小到一定的程度。为方便起见,本节对随机误差的分析讨论中都假定系统误差已被减小到可忽略不计的程度。

由于随机误差是由没有规律的大量微小因素共同作用所产生的结果,因而不易掌握,也难以消除。但是,随机误差具有随机变量的一切特点,它的概率分布通常服从一定的统计规律。这样,就可以用数理统计的方法,对其分布范围做出估计,得到随机影响的不确定度。

2.3.1 随机误差的分布规律

假定对某个被测参量进行等精度(各种测量因素相同)重复测量 n 次,其测量值分别为 X_1、X_2、…、X_i、…、X_n,则各次测量的测量误差,即随机误差(假定已消除系统误差 x_i)分别为

$$
\begin{aligned}
x_1 &= X_1 - X_0 \\
x_2 &= X_2 - X_0 \\
&\vdots \\
x_i &= X_i - X_0 \\
&\vdots \\
x_n &= X_n - X_0
\end{aligned}
\tag{2-11}
$$

式中,X_0 为真值。

大量的试验结果还表明:当没有起决定性影响的误差源(项)存在时,随机误差的分布规律多数都服从正态分布。如果以偏差幅值(有正负)为横坐标、以偏差出现的次数为纵坐标作图,可以看出满足正态分布的随机误差整体上具有下列统计特性:

① 有界性:即各个随机误差的绝对值(幅度)均不超过一定的界限;

② 单峰性:即绝对值(幅度)小的随机误差总要比绝对值(幅度)大的随机误差出现的概率大;

③ 对称性:(幅度)等值而符号相反的随机误差出现的概率接近相等;

④ 抵偿性:当等精度重复测量次数 $n \to \infty$ 时,所有测量值的随机误差的代数和为零,即

$$\lim_{n \to \infty} \sum_{i=1}^{n} x_i = 0$$

所以,在等精度重复测量次数足够大时,其算术平均值 $\overline{X}$ 就是其真值 X_0 较理想的替代值。

当有起决定性影响的误差源存在,还会出现诸如:均匀分布、三角分布、梯形分布、C 分布等。下面对正态分布和均匀分布做简要介绍。

1. 正态分布

高斯于 1795 年提出的连续型正态分布随机变量 x 的概率密度函数表达式为

$$p(x) = \frac{1}{\sqrt{2\pi}\sigma} e^{\frac{-(x-\mu)^2}{2\sigma^2}} \tag{2-12}$$

式中,μ 为随机变量的数学期望值;e 为自然对数的底;σ 为随机变量 x 的均方根差或称标准偏差(简称标准差),即

$$\sigma = \lim_{n \to \infty} \sqrt{\frac{\sum_{i=1}^{n} (x_i - \mu)^2}{n}} \tag{2-13}$$

σ^2 为随机变量的方差,数学上通常用 D 表示;n 为随机变量的个数。

正态分布中,μ 和 σ 是决定正态分布曲线的两个特征参数。μ 影响随机变量分布的集中位置,称其为正态分布的位置特征参数;σ 表征随机变量的分散程度,称为正态分布的离散特征参数。μ 值改变,σ 值保持不变,正态分布曲线的形状保持不变而位置根据 μ 值改变而沿横坐标移动,如图 2-3 所示。当 μ 值不变,σ 值改变,则正态分布曲线的位置不变,但形状改变,如图 2-4 所示。

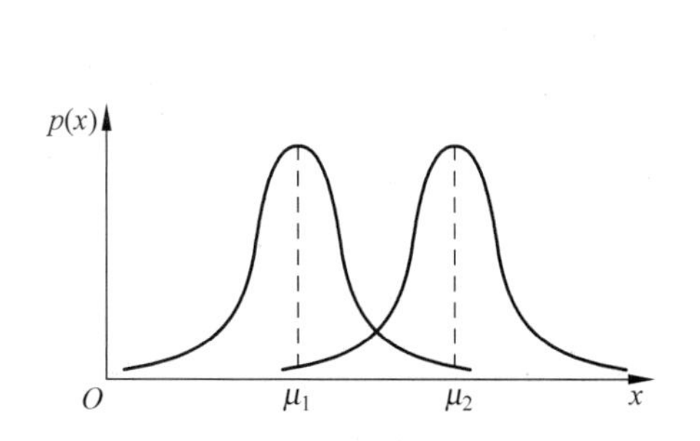

图 2-3　μ 对正态分布的影响示意图

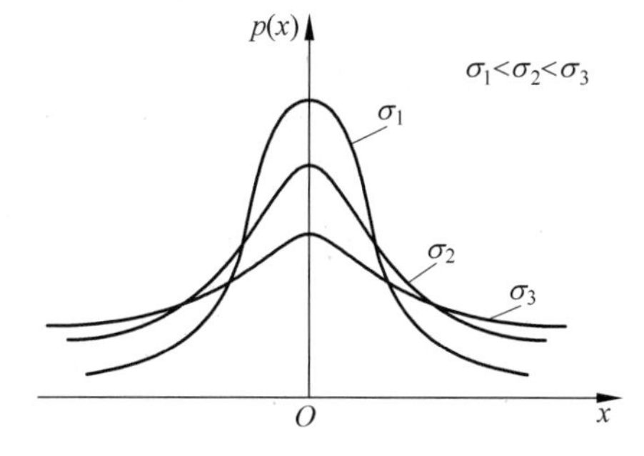

图 2-4　σ 对正态分布的影响示意图

σ 值变小,则正态分布曲线变得尖锐,表示随机变量的离散性变小;σ 值变大,则正态分布曲线变平缓,表示随机变量的离散性变大。

在已经消除系统误差条件下的等精度重复测量中,当测量数据足够多时,测量的随机误差大都呈正态分布,因而完全可以参照式(2-12)的高斯方程对测量随机误差进行比较分析。

分析测量随机误差时,标准差 σ 表征测量数据离散程度。σ 值愈小,测量数据愈

集中，概率密度曲线愈陡峭，测量数据的精密度越高；反之，σ 值愈大，测量数据愈分散，概率密度曲线愈平坦，测量数据的精密度越低。

2. 均匀分布

在测试和计量中随机误差有时还会服从非正态的均匀分布等。从误差分布图上看，均匀分布的特点是：在某一区域内，随机误差出现的概率处处相等，而在该区域外随机误差出现的概率为零。均匀分布的概率密度函数 $\varphi(x)$ 为

$$\varphi(x)=\begin{cases}\dfrac{1}{2a} & (-a\leqslant x\leqslant a)\\ 0 & |x|>a\end{cases} \tag{2-14}$$

式中，a 为随机误差 x 的极限值。

均匀分布的随机误差概率密度函数的图形呈直线，如图 2-5 所示。

较常见的均匀分布随机误差通常是因指示式仪器度盘、标尺刻度误差造成的误差，检测仪器最小分辨力限制引起的误差，数字仪表或屏幕显示测量系统产生的量化(±1)误差，智能化检测仪器在数字信号处理中存在的舍入误差等。此外，对于一些只知道误差出现的大致范围，而难以确切知道其分布规律的误差，在处理时亦经常按均匀分布误差对待。

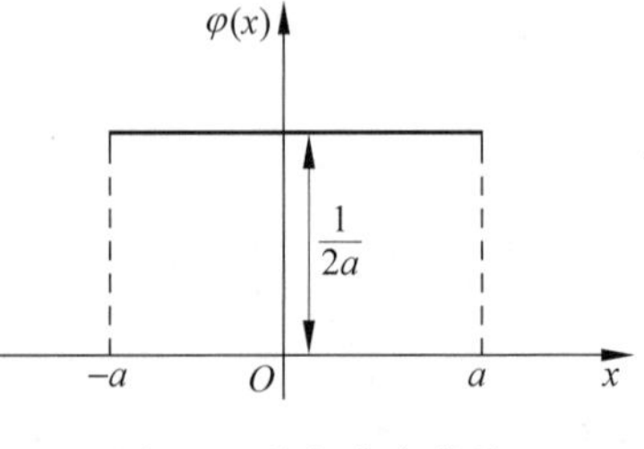

图 2-5 均匀分布曲线

2.3.2 测量数据的随机误差估计

1. 测量真值估计

在实际工程测量中，测量次数 n 不可能无穷大，而测量真值 X_0 通常也不可能已知。根据对已消除系统误差的有限次等精度测量数据样本 X_1、X_2、…、X_i、…、X_n，求其算术平均值 $\overline{X}$，即

$$\overline{X}=\frac{1}{n}\sum_{i=1}^{n}X_i \tag{2-15}$$

式中，$\overline{X}$ 是被测参量真值 X_0(或数学期望 μ)的最佳估计值，也是实际测量中比较容易得到的真值近似值。

2. 测量值的均方根误差估计

对已消除系统误差的一组 n 个(有限次)等精度测量数据 X_1、X_2、…、X_i、…、X_n，采用其算术平均值 $\overline{X}$ 近似代替测量真值 X_0 后，总会有偏差，偏差的大小，目前常使用贝塞尔(Bessel)公式来计算

$$\hat{\sigma}=\sqrt{\frac{\sum_{i=1}^{n}(X_i-\overline{X})^2}{n-1}}=\sqrt{\frac{\sum_{i=1}^{n}v_i^2}{n-1}} \tag{2-16}$$

式中，X_i 为第 i 次测量值；n 为测量次数，这里为一有限值；$\overline{X}$ 为全部 n 次测量值的算术平均值，简称测量均值；v_i 为第 i 次测量的残差；$\hat{\sigma}$ 为标准偏差 σ 的估计值，亦称实验标准偏差。

3. 算术平均值的标准差

严格地讲，当 $n\to\infty$ 时，$\hat{\sigma}=\sigma$，$\overline{X}=X_0=\mu$ 才成立。

可以证明(详细证明参阅概率论或误差理论中的相关部分)算术平均值的标准差为

$$\sigma(\overline{X})=\frac{1}{\sqrt{n}}\sigma(X) \tag{2-17}$$

在实际工作中，测量次数 n 只能是一个有限值，为了不产生误解，建议用算术平均值 $\overline{X}$ 的标准差和方差的估计值 $\hat{\sigma}(\overline{X})$ 与 $\hat{\sigma}^2(\overline{X})$ 代替式(2-17)中的 $\sigma(\overline{X})$ 与 $\sigma^2(\overline{X})$。

以上分析表明，算术平均值 $\overline{X}$ 的方差仅为单次测量值 X_i 方差的 $1/n$，也就是说，算术平均值 $\overline{X}$ 的离散度比测量数据 X_i 的离散度要小。所以，在有限次等精度重复测量中，用算术平均值估计被测量值要比用测量数据序列中任何一个都更为合理和可靠。

式(2-17)还表明，在 n 较小时，增加测量次数 n，可明显减小测量结果的标准偏差，提高测量的精密度。但随着 n 的增大，减小的程度愈来愈小；当 n 大到一定数值时 $\hat{\sigma}(\overline{X})$ 就几乎不变了。另外，增加测量次数 n 不仅使数据采集和数据处理的工作量迅速增加，而且因测量时间不断增大而使“等精度”的测量条件无法保持，由此产生新的误差。所以，在实际测量中，对普通被测参量，测量次数 n 一般取 4～24 次。若要进一步提高测量精密度，通常需要从选择精度等级更高的测量仪器、采用更为科学的测量方案、改善外部测量环境等方面入手。

4.（正态分布时）测量结果的置信度

由上述可知，可用测量值 X_i 的算术平均值 $\overline{X}$ 作为数学期望 μ 的估计值，即真值 X_0 的近似值。$\overline{X}$ 的分布离散程度可用贝塞尔公式等方法求出的重复性标准差 $\hat{\sigma}$(标准偏差的估计值)来表征，但仅知道这些还是不够的，还需要知道真值 X_0 落在某一数值区间的“肯定程度”，即估计真值 X_0 能以多大的概率落在某一数值区间。

以上就是数理统计学中数值区间估计问题。该数值区间称为置信区间，其界限称为置信限。该置信区间包含真值的概率称为置信概率，也可称为置信水平。这里置信限和置信概率综合体现测量结果的可靠程度，称为测量结果的置信度。显然，对同一测量结果而言，置信限愈大，置信概率就愈大；反之亦然。

对于正态分布，由于测量值在某一区间出现的概率与标准差 σ 的大小密切相关，

故一般把测量值 x_i 与真值 X_0(或数学期望 μ)的偏差 Δx 的置信区间取为 σ 的若干倍，即

$$\Delta x = \pm k\sigma \tag{2-18}$$

式中，k 为置信系数(或称置信因子)，可被看做是在某一个置信概率情况下，标准偏差 σ 与误差限之间的一个系数。它的大小不但与概率有关，而且与概率分布有关。

对于正态分布，测量偏差 Δx 落在某区间的概率表达式为

$$P\{|x-\mu|\leqslant k\sigma\} = \int_{\mu-k\sigma}^{\mu+k\sigma} \frac{1}{\sqrt{2\pi}\sigma} e^{\frac{-(x-\mu)^2}{2\sigma^2}} dx \tag{2-19}$$

为表示方便，这里令 $\delta = x-\mu$ 则有

$$P(|\delta| < k\sigma) = \int_{-k\sigma}^{+k\sigma} \frac{1}{\sqrt{2\pi}\sigma} e^{\frac{-\delta^2}{2\sigma^2}} d\delta = \int_{-k\sigma}^{+k\sigma} p(\delta) d\delta \tag{2-20}$$

置信系数 k 值确定之后，则置信概率便可确定。对于式(2-20)，当 k 分别取 1、2、3 时，即测量误差 Δx 分别落入正态分布置信区间 $\pm\sigma$、$\pm 2\sigma$、$\pm 3\sigma$ 的概率值分别如下

$$P\{|\delta|\leqslant\sigma\} = \int_{-\sigma}^{+\sigma} p(\delta) d\delta = 0.6827$$

$$P\{|\delta|\leqslant 2\sigma\} = \int_{-2\sigma}^{+2\sigma} P(\delta) d\delta = 0.9545$$

$$P\{|\delta|\leqslant 3\sigma\} = \int_{-3\sigma}^{+3\sigma} P(\delta) d\delta = 0.9973$$

图 2-6 为上述不同置信区间的概率分布示意图。

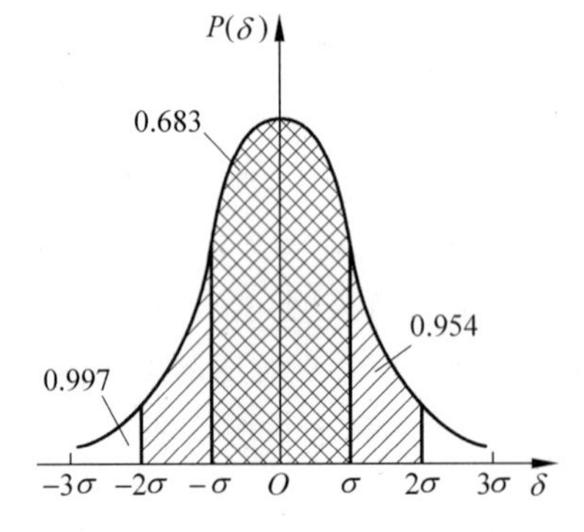

图 2-6 不同置信区间的概率分布示意图

2.4 粗大误差处理

上节关于随机误差的讨论是假设等精度测量已消除系统误差的情况下进行的，但是没有排除测量数据中存在粗大误差的可能性。当在测量数据中发现某个数据可能是异常数据时，一般不要不加分析就轻易将该数据直接从测量记录中删除，最好能分析出该数据出现的主客观原因。判断粗大误差可从定性分析和定量判断两方面来考虑。

定性分析就是对测量环境、测量条件、测量设备、测量步骤进行分析，看是否有某种外部条件或测量设备本身存在突变而瞬时破坏；测量操作是否有差错或等精度测量过程中是否存在其他可能引发粗大误差的因素；也可由同一操作者或另换有经验操作者再次重复进行前面的(等精度)测量，然后再将两组测量数据进行分析比较，或再与由不同测量仪器在同等条件下获得的结果进行对比，以分析该异常数据出现是否“异常”，进而判定该数据是否为粗大误差。这种判断属于定性判断，无严格的规则，应细致和谨慎地实施。

定量判断，就是以统计学原理和误差理论等相关专业知识为依据，对测量数据

中的异常值的“异常程度”进行定量计算，以确定该异常值是否为应剔除的坏值。这里所谓的定量计算是相对上面的定性分析而言，它是建立在等精度测量符合一定的分布规律和置信概率基础上的，因此并不是绝对的。

下面介绍两种工程上常用的粗大误差判断准则。

1. 拉伊达准则

拉伊达准则是依据对于服从正态分布的等精度测量，其某次测量误差$|X_i - X_0|$大于3σ的可能性仅为0.27%。因此，把测量误差大于标准误差σ(或其估计值$\hat{\sigma}$)的3倍测量值作为测量坏值予以舍弃。由于等精度测量次数不可能无限多，因此，工程上实际应用的拉伊达准则表达式为

$$|\Delta X_k| = |X_k - \overline{X}| > 3\hat{\sigma} = K_L \tag{2-21}$$

式中，X_k为被疑为坏值的异常测量值；$\overline{X}$为包括此异常测量值在内的所有测量值的算术平均值；$\hat{\sigma}$为包括此异常测量值在内的所有测量值的标准误差估计值；$K_L(=3\hat{\sigma})$为拉伊达准则的鉴别值。

当某个可疑数据X_k的$|\Delta X_k|>3\hat{\sigma}$时，则认为该测量数据是坏值，应予剔除。剔除该坏值后，剩余测量数据还应继续计算$3\hat{\sigma}$和$\overline{X}$，并按式(2-21)继续计算、判断和剔除其他坏值，直至不再有符合式(2-21)的坏值为止。

拉伊达准则是以测量误差符合正态分布为依据的，值得注意的是一般实际工程等精度测量次数大都较少，测量误差分布往往和标准正态分布相差较大；因此，在实际工程应用中当等精度测量次数较少(例如$n\leqslant 20$)时，仍然采用基于正态分布的拉伊达准则，其可靠性将变差，且容易造成$3\hat{\sigma}$鉴别值界限太宽而无法发现测量数据中应剔除的坏值。可以证明，当测量次数$n<10$时，X_k的$|\Delta X_k|$总是小于$3\hat{\sigma}$。因此，当测量次数$n<10$时，拉伊达准则将彻底失效，不能判别任何粗大误差。即拉伊达准则只适用于测量次数较多(例如$n>25$以上)，测量误差分布接近正态分布的情况。

2. 格拉布斯(Grubbs)准则

格拉布斯准则是以小样本测量数据，以t分布(详见概率论或误差理论有关书籍)为基础用数理统计方法推导得出的。理论上比较严谨，具有明确的概率意义，通常被认为是实际工程应用中判断粗大误差比较好的准则。

格拉布斯准则是指小样本测量数据中，满足表达式为

$$|\Delta X_k| = |X_k - \overline{X}| > K_G(n,\alpha)\hat{\sigma}(x) \tag{2-22}$$

式中，X_k为被疑为坏值的异常测量值；$\overline{X}$为包括此异常测量值在内的所有测量值的算术平均值；$\hat{\sigma}(x)$为包括此异常测量值在内的所有测量值的标准误差估计值；$K_G(n,a)$为格拉布斯准则的鉴别值；n为测量次数；a为危险概率，又称超差概率，它与置信概率P的关系为$a=1-P$。

当某个可疑数据X_k的$|X_k|>K_G(n,a)\hat{\sigma}(x)$时，则认为该测量数据是含有粗大误差的异常测量值，应予以剔除。

格拉布斯准则的鉴别值 $K_G(n,a)$ 是和测量次数 n、危险概率 a 相关的数值，可通过查相应的数表获得。表 2-1 是工程常用 $a=0.05$ 和 $a=0.01$ 在不同测量次数 n 时，对应的格拉布斯准则鉴别值 $K_G(n,a)$ 表。

表 2-1 $K_G(n,a)$ 数值表

n \ a	0.01	0.05	n \ a	0.01	0.05	n \ a	0.01	0.05
3	1.16	1.15	12	2.55	2.29	21	2.91	2.58
4	1.49	1.46	13	2.61	2.33	22	2.94	2.60
5	1.75	1.67	14	2.66	2.37	23	2.96	2.62
6	1.91	1.82	15	2.70	2.41	24	2.99	2.64
7	2.10	1.94	16	2.74	2.44	25	3.01	2.66
8	2.22	2.03	17	2.78	2.47	30	3.10	2.74
9	2.32	2.11	18	2.82	2.50	35	3.18	2.81
10	2.41	2.18	19	2.85	2.53	40	3.24	2.87
11	2.48	2.23	20	2.88	2.56	50	3.34	2.96

当 $a=0.05$ 或 0.01 时，按测量数据个数 n 查表 2-1 得到格拉布斯准则作为粗大误差判别的鉴别值 $K_G(n,a)$ 的置信概率 P 分别为 0.95 和 0.99。即按式(2-22)得出的测量值大于按表 2-1 查得的鉴别值 $K_G(n,a)$ 的可能性仅分别为 0.5%和 1%，这说明该数据是正常数据的概率已很小，可以认定该测量值为含有粗大误差的坏值并予以剔除。

应注意的是，若按式(2-22)和表 2-1 查出多个可疑测量数据时，不能将它们都作为坏值一并剔除，每次只能舍弃误差最大的那个可疑测量数据，如误差超过鉴别值 $K_G(n,a)$ 最大的两个可疑测量数据数值相等，也只能先剔除一个，然后按剔除后的测量数据序列重新计算 $\overline{X}$、$\hat{\sigma}(x)$ 并查表获得新的鉴别值 $K_G(n-1,a)$，重复进行以上判别，直到判明无坏值为止。

格拉布斯准则是建立在统计理论基础上，对 $n<30$ 的小样本测量较为科学、合理判断粗大误差的方法。因此，目前国内外普遍推荐使用此法处理小样本测量数据中的粗大误差。

如果发现在某个测量数据序列中，先后查出的坏值比例太大，则说明这批测量数据极不正常，应查找和消除故障后重新进行测量和处理。

2.5 测量不确定度的评定

在工程现场或实验室里对某一被测参量进行多次重复测量时，通常会因测量仪器精度不够高、测量方法不完善，测量过程中某些或某种环境条件有变化或测量数据记录发生差错等原因影响和造成测量结果不准确，测量数据之间存在离散性。尽管经前几节所介绍的方法或其他方法对测量数据进行了处理，但最终也只能得到被测参量在该时刻的近似值。实践证明，测量误差总是客观存在的，由于真值一般无法准确获得，因此也就不可能确切地知道测量误差的准确值。由此引出了测量不确定度概念。

测量不确定度是误差理论发展和完善的产物，是建立在概率论和统计学基础上的新概念。它表示由于测量误差的影响而对测量结果的不可信程度或不能肯定的程度。测量不确定度和测量精度均是描述测量结果可靠性的参数。但是，它们的区别是明显的，测量精度因涉及到一般无法获知的"真值"而只能是一个无法真正定量表示的定性概念；而测量不确定度的评定和计算只涉及到已知量，所以，它是一个可以定量表示的确定数值。因此，在实际工程测量中，"精度"只能对测量结果或测量设备的可靠性作相对的定性描述，而作定量描述必须用"不确定度"。所以，测量不确定度才是定量表示在某个区域内以一定的概率分布的测量数据的质量或离散性的参数，但它并不是说明测量结果与真值是否接近的参数。

许多年来，世界各国对测量数据不确定度的定义和表达方式等存在一些差异和分歧，因此影响了国家间计量和测量成果的相互交流。为此，1993 年国际不确定度工作组制定的测量不确定度表达导则（Guide to the Expression of Uncertainty in Measurement），经国际计量局等国际组织批准执行，由国际标准化组织（ISO）公布。本书亦采用符合国际和国家标准的对误差理论和测量不确定度的表示方法。

2.5.1　测量不确定度的主要术语

1. 测量不确定度

测量不确定度表示测量结果（测量值）不能肯定的程度，是可定量地用于表达被测参量测量结果分散程度的参数。这个参数可以用标准偏差表示，也可以用标准偏差的倍数或置信区间的半宽度表示。

2. 标准不确定度

用被测参量测量结果概率分布的标准偏差表示的不确定度称为标准不确定度，用符号 u 表示。测量结果通常由多个测量数据子样组成，对表示各个测量数据子样不确定度的标准偏差，称为标准不确定度分量，用 u_i 表示。标准不确定度有 A 类和 B 类两类评定方法。A 类标准不确定度是指用统计方法得到的不确定度，用符号 u_A 表示。B 类标准不确定度是指用非统计方法得到的不确定度，即用根据资料或假定的概率分布估计的标准偏差表示的不确定度，称为 B 类标准不确定度，用符号 u_B 表示。A 类标准不确定度和 B 类标准不确定度仅评定方法不同。

3. 合成标准不确定度

由各不确定度分量合成的标准不确定度，称为合成标准不确定度。当间接测量时，即测量结果是由若干其他量求得的情况下，测量结果的标准不确定度等于各其他量的方差和协方差相应和的正平方根,用符号 u_C 表示。合成标准不确定度仍然是标准(偏)差,表示测量结果的分散性。这种合成方法,通常被称为“不确定度传播律”(过去有的也称其为“误差传播定律”,其实所传播的并不是误差,而是不确定度。现在均改称为“不确定度传播定律”)。

4. 扩展不确定度

扩展不确定度是由合成标准不确定度的倍数表示的测量不确定度。它用覆盖因子 k 乘以合成标准不确定度得到以一个区间的半宽度来表示的测量不确定度。覆盖因子 k 是为获得扩展不确定度,而与合成标准不确定度相乘的数字因子,它的取值决定了扩展不确定度的置信水平。通常 k 取 2～3 之间的某个值,类似于前面误差理论中的置信因子。扩展不确定度是测量结果附近的一个置信区间,被测量的值以较高的概率落在该区间内,用符号 U 表示。通常测量结果的不确定度都用扩展不确定度 U 表示。

当说明具有置信概率为 P 的扩展不确定度时,可以用 U_P 表示,此时覆盖因子也相应地以 k_P 表示。例如,$U_{0.99}$ 表示测量结果落在以 U 为半宽度区间的概率为 0.99。

U 和 u_C 作单独定量表示时,数值前可不加正负号。注意测量不确定度也可以用相对形式表示。

2.5.2 不确定度的评定

在分析和确定测量结果不确定度时,应使测量数据序列中不包括异常数据。即应先对测量数据进行异常判别,一旦发现有异常数据就应剔除。因此,在不确定度的评定前均要首先剔除测量数据序列中的坏值。

1. A 类标准不确定度的评定

A 类标准不确定度的评定通常可以采用下述统计与计算方法。在同一条件下对被测参量 X 进行 n 次等精度测量,测量值为 $X_i(i=1,2,\cdots,n)$。该样本数据的算术平均值为

$$\overline{X}=\frac{1}{n}\sum_{i=1}^{n}X_i$$

X 的实验标准偏差(标准偏差的估计值)可用贝塞尔公式计算

$$\hat{\sigma}(x)=\sqrt{\frac{\sum_{i=1}^{n}(X_i-\overline{X})^2}{d}}=\sqrt{\frac{\sum_{i=1}^{n}v_i^2}{d}}$$

式中,自由度 $d=n-1$。

用 $\overline{X}$ 作为被测量 X 测量结果的估计值,则 A 类标准不确定度 u_A 为

$$u_A=\hat{\sigma}(\overline{x})=\frac{1}{\sqrt{n}}\hat{\sigma}(x) \tag{2-23}$$

2. 标准不确定度的 B 类评定方法

当测量次数较少，不能用统计方法计算测量结果不确定度时，就需用 B 类方法评定。对某一被测参量只测一次，甚至不测量（各种标准器）就可获得测量结果，则该被测参量所对应的不确定度属于 B 类标准不确定度，记为 u_B。

B 类标准不确定度评定方法的主要信息来源是以前测量的数据、生产厂的产品技术说明书、仪器的鉴定证书或校准证书等。它通常不是利用直接测量获得数据，而是依据查证已有信息获得。例如：

① 最近之前进行类似测试的大量测量数据与统计规律；

② 本检测仪器近期性能指标的测量和校准报告；

③ 对新购检测设备可参考厂商的技术说明书中的指标；

④ 查询与被测数值相近的标准器件对比测量时获得的数据和误差。

应说明的是，B 类标准不确定度 u_B 与 A 类标准不确定度 u_A 同样可靠，特别是当测量自由度较小时，u_A 反而不如 u_B 可靠。

B 类标准不确定度是根据不同的信息来源，按照一定的换算关系进行评定的。例如，根据检测仪器近期性能指标的测量和校准报告等，并按某置信概率 P 评估该检测仪器的扩展不确定度 U_P，求得 U_P 的覆盖因子 k，则 B 类标准不确定度 u_B 等于扩展不确定度 U_P 除以覆盖因子 k，即

$$u_B(x) = U_P(x)/k \tag{2-24}$$

例 2.2　公称值为 100g 的标准砝码 M，其检定证书上给出的实际值是 100.000234g，并说明这一值的置信概率为 0.99 的扩展不确定度是 0.00012g，假定测量数据符合正态分布。求这一标准砝码的 B 类标准不确定度 u_B 和相对不确定度。

解　由于假定测量数据符合正态分布，因此，根据置信概率为 0.99 查《数学手册》概率论正态分布表可得 $k=2.576$；代入式(2-24)得 M 的 B 类标准不确定度为

$$u_B(x) = U_P(x)/k = 0.00012\text{g}/2.576 = 46.58\mu\text{g}$$

其相对标准不确定度为

$$\frac{u_B(x)}{M} = \frac{46.58\mu\text{g}}{100\text{g}} = 4.66 \times 10^{-7}$$

在某些情况下，根据已有资料及现有信息只能估计被测参量 X_i 的上限 X_{max} 和下限 X_{min}，而落在$[X_{max}, X_{min}]$范围内的概率是 1，对 X_i 在该范围内的分布并不清楚，此时只能认为是均匀分布。对于均匀分布，其覆盖（即置信）因子 $k=\sqrt{3}$，数学期望值为该分布范围的中值点，则其 B 类标准不确定度

$$u_B(x) = \mu/\sqrt{3} = \frac{X_{max} - X_{min}}{2\sqrt{3}} = \frac{\sqrt{3}}{6}(X_{max} - X_{min}) \tag{2-25}$$

3. 合成标准不确定度的评定方法

当测量结果有多个分量，则合成标准不确定度可用各分量的标准不确定度的合

成得到。计算合成标准不确定度的公式称为测量不确定度传播率。合成标准不确定度仍然表示测量结果的分散性。当影响测量结果的几个不确定度分量彼此独立，即被测量 X 是由 n 个输入分量 $x_1,x_2,\cdots,x_n$ 的函数关系确定，且各分量不相关，根据国际标准化组织(ISO)1992 年公布的《测量不确定度表达指南》的规定，在不必区分各分量不确定度是由 A 类评定方法还是 B 类评定方法获得的情况下，测量结果的合成标准不确定度 u_C 可简化为各分量标准不确定度 u_i 平方和的正算术平方根，由下式表示

$$u_C(X)=\sqrt{\sum_{i=1}^{n}\left(\frac{\partial f}{\partial x_i}\right)^2 u^2(x_i)} \tag{2-26}$$

式中，f 为被测量与各直接测量分量的函数关系表达式；n 为各直接测量分量的个数；$u(x_i)$为各直接测量分量的 A 类或 B 类标准不确定度分量；$\frac{\partial f}{\partial x_i}$为被测量 X(与各直接测量分量的函数关系表达式)对某分量 x_i 的偏导数，通常称为灵敏系数，又称传播系数。

为表示与书写方便用 C_i 代表$\frac{\partial f}{\partial x_i}$，则式(2-26)可改写成

$$u_C(X)=\sqrt{\sum_{i=1}^{n}C_i^2u^2(x_i)}=\sqrt{\sum_{i=1}^{n}u_i^2(X)} \tag{2-27}$$

这里应指出，式(2-26)或式(2-27)仅适用于影响测量结果的各分量彼此独立的场合。对各分量不独立的测量情况，在求测量结果合成标准不确定度或不确定度合成时，还需考虑协方差项的影响。因篇幅有限，关于考虑协方差的合成标准不确定度计算与合成不再深入讨论，有兴趣的读者可参阅相关资料。

4. 扩展不确定度的评定方法

根据扩展不确定度的定义，测量结果 X 的扩展不确定度 U 等于覆盖因子 k 与合成不确度 u_C 的乘积，即

$$U=ku_C \tag{2-28}$$

测量结果可表示为 $X=x\pm U$，x 是被测量 X 的最佳估计值，被测量 X 的可能值以较高的概率落在 $x-U\leqslant X\leqslant x+U$ 区间内。覆盖因子 k 要根据测量结果所确定区间需要的置信概率进行选取。工程上，常用下述方法选取覆盖因子 k。

① 在无法得到合成标准不确定度的自由度，测量次数多且接近正态分布时，一般 k 取典型值为 2 或 3。在工程应用时，通常取 $k=2$(相当于置信概率为 0.95)。

② 根据测量值的分布规律和所要求的置信概率，选取 k 值。

例如，假设为均匀分布时，置信概率 $P=0.99$，查表 2-2 得 $k=1.71$。

表 2-2　均匀分布时置信概率 P 与覆盖因子 k 的关系

P	k	P	k
0.5774	1	0.99	1.71
0.95	1.65	1.0	1.73

③ 如果 $u_C(X)$的自由度较小，并要求区间具有规定的置信水平时，求覆盖因子 k 的方法如下：

设被测量 $X = f(x_1, x_2, \cdots, x_i, \cdots, x_n)$，先求出其合成标准不确定度 $u_C(X)$，再根据下式计算 $u_C(X)$的有效自由度

$$d_e = \frac{u_C^4(X)}{\sum_{i=1}^{N} \frac{C_i^4 u^4(X_i)}{d_i}} \tag{2-29}$$

式中，N 为各直接测量分量的个数；d_i 为 $u_C(X_i)$的自由度数；$C_i = \frac{\partial f}{\partial X_i}$为被测量 X 对某分量 X_i 的偏导数；$u_C(X_i)$为各直接测量分量的标准不确定度。

覆盖因子 k 的选择取决于测量结果 X 的置信度，即希望 X 以多大的置信概率(置信水平)落入 $x-U$ 至 $x+U$ 的区间，这要求有丰富的实践经验和扎实的专业知识。对测量结果 X 的分布不甚清楚的情况下，覆盖因子 k 的选择将更加困难。这时最简单的做法是在测量结果的置信水平要求很高时规定 $k=3$(相当于正态分布时的置信概率 0.997，对近似为正态的 t 分布的置信概率也可认为 0.99 或 99%)。在一般工程应用中习惯取 $k=2$(相应的置信概率近似为 0.95 或 95%)。

2.5.3　测量结果的表示和处理方法

在任何一个完整的测量过程结束时，都必须对测量结果进行报告，即给出被测量的估计值以及该估计值的不确定度。

设被测量 X 的估计值为 x，估计值所包含的已确定系统误差分量为 ε_x，估计值的不确定度为 U，则被测量 X 的测量结果可表示为

$$X = x - \varepsilon_x \pm U \tag{2-30}$$

或者

$$x - \varepsilon_x - U \leqslant X \leqslant x - \varepsilon_x + U \tag{2-31}$$

如果对已确定测量系统误差分量为 $\varepsilon_x = 0$，也就是说测量结果的估计值 X 不再含有可修正的系统误差，而仅含有不确定的误差分量，此时，测量结果可表示为

$$X = x \pm U \tag{2-32}$$

或者

$$x - U \leqslant X \leqslant x + U \tag{2-33}$$

用上述两种形式给出测量结果时，通常应同时指明 k 的大小或测量结果的概率分布及置信概率等。

在工程测量实践中，常见的测量结果的表达形式有

$$X = x \pm U \quad (P = 0.90)$$

$$X = x \pm U \quad (P = 0.95)$$

$$X = x + U \quad (P = 0.99)$$

其中，$P=0.95$，k 近似为 2 为工程习惯常用值可缺省，不必注明 P 值而其余 P 值均应标注。

测量结果有时也以相对不确定度表示，例如

$$X = x(1 \pm U_{R}) \quad (P = 0.99)$$

式中，$U_{R}=U/x$ 为相对扩展不确定度。

值得一提的是，测量结果无论采用何种形式，最后都应给出测量单位(且只能出现一次)。

对送检样机或样品按一定步骤进行测量和校准等检定工作后，要对测量数据进行统计、分析处理，最后给出校准或检定证书。对某个重要被测参量进行测量后也要给出测量结果，并评估该测量结果的测量不确定度。对测量结果测量不确定度处理的一般过程如下：

① 根据被测量的定义和送检样机或样品所要求的测量条件，明确测量原理、测量标准，选择相应的测量方法、测量设备，建立被测量的数学模型等；

② 分析并列出对测量结果有较为明显影响的不确定度来源，每个来源为一个标准不确定度分量；

③ 定量评定各不确定度分量，并特别注意采用 A 类评定方法时要先用恰当的方法依次剔除坏值；

④ 计算测量结果合成标准不确定度和扩展不确定度；

⑤ 完成测量结果报告。

虽然测量不确定度表达法则由国际标准化组织公布之日起至今已有 20 余年，我国也已建立严格的配套法规，但由于历史和习惯原因，目前国内绝大多数传感器和检测仪器制造企业和应用单位对检测、计量仪器产品仍沿用以往有关的测量误差与测量精度的习惯标注方法。故测量不确定度的推广还有一个循序渐进的过程。

习题与思考题

2.1 随机误差、系统误差、粗大误差产生的原因是什么？对测量结果的影响有什么不同？从提高测量准确度看，应如何处理这些误差？

2.2 工业仪表常用的精度等级是如何定义的？精度等级与测量误差是什么关系？

2.3 已知被测电压范围为 0～5V，现有(满量程)20V、0.5 级和 150V、0.1 级两只电压表，应选用哪只电表进行测量？

2.4 对某电阻两端电压等精度测量 10 次，其值分别为 28.03V、28.01V、27.98V、27.94V、27.96V、28.02V、28.00V、27.93V、27.95V、27.90V。分别用阿贝-赫梅特和马利科夫准则检验该测量中有无系统误差。

2.5 对某个电阻作已消除系统误差的等精度测量，已知测得的一系列测量数据 R_i 服从正态分布，①如果标准差为 1.5，试求被测量电阻的真值 R_0 落在区间

$[R_i-2.8,R_i+2.8]$的概率是多少？②如果被测量电阻的真值 $R_0=510$，标准差为2.4，按照 95%的可能性估计测量值分布区间。

2.6　下列 10 个测量值中的粗大误差可疑值 243 是否应该剔除？如果要剔除，求剔除前后的平均值和标准偏差。

$$\{160,171,243,192,153,186,163,189,195,178\}$$

2.7　在等精度和已消除系统误差的条件下，对某一电阻进行 10 次相对独立的测量，其测量结果如表 2-3 所示，试求被测电阻的估计值和当 $P=0.98$ 时被测电阻真值的置信区间。

表 2-3　测量结果

测量	1	2	3	4	5	6	7	8	9	10
阻值	905	908	914	918	910	908	906	905	913	911

2.8　简述测量不确定度和误差的关系。

2.9　测量不确定度 A 类评定方法和 B 类评定方法分别依据什么？

2.10　用一把卡尺来测量一个工件的长度，在相同的条件下重复进行了 9 次测量，测量值如下：18.3、18.2、17.9、17.8、18.0、19.2、18.1、18.4、17.7(单位：cm)

卡尺检定证书上给出此卡尺经检定合格，其最大允许误差为 0.1cm。要求报告该工件长度及其扩展不确定度。

第3章 传感器与检测系统特性分析基础

在设计或选用传感器、检测系统(包括传感器、简易的检测仪器和复杂的综合测量系统或装置)时,要综合考虑诸如被测参量变化的特点、变化范围、测量精度要求、测量速度要求、使用环境条件、传感器和检测系统本身的稳定性和售价等多种因素。其中,最主要的因素是传感器和检测系统本身的基本特性能否实现及时、真实地(达到所需的精度要求)反映被测参量(在其变化范围内)的变化。只有这样,该传感器和检测系统才具备对此被测参量实施测量的基本条件。

3.1 概述

传感器和检测系统的基本特性一般分为两类:静态特性和动态特性。这是因为被测参量的变化大致可分为两种情况,一种是被测参量基本不变或变化很缓慢的情况,即所谓“准静态量”。此时,可用检测系统的一系列静态参数(静态特性)来对这类“准静态量”的测量结果进行表示、分析和处理。另一种是被测参量变化很快的情况,它必然要求检测系统的响应更为迅速,此时,应用检测系统的一系列动态参数(动态特性)来对这类“动态量”测量结果进行表示、分析和处理。

研究和分析检测系统的基本特性,主要有以下三个方面的用途。

第一,通过传感器或检测系统的已知基本特性,由测量结果推知被测参量的准确值。这也是传感器和检测系统对被测参量进行通常测量的过程。

第二,对多环节构成的较复杂的检测系统进行测量结果及(综合)不确定度的分析,即根据该传感器或检测系统各组成环节的已知基本特性,按照已知输入信号的流向,逐级推断和分析各环节输出信号及其不确定度。

第三,根据测量得到的(输出)结果和已知输入信号,推断和分析出传感器和检测系统的基本特性。这主要用于检测系统的设计、研制和改进、优化,以及对无法获得更好性能的同类传感器和检测系统和未完全达到所需测量精度的重要检测项目进行深入分析、研究。

通常把被测参量称为传感器和检测系统的输入(亦称为激励)信号,而把传感器和检测系统的输出信号称为响应。由此,可以把整个检测系统看成一个信息通道来进行分析。理想的信息通道应能不失真地传输各种激励信号。通过对检测系统在各种激励信号下响应的分析,可以推断、评价检测系统的基本特性与主要技术指标。

一般情况下,传感器和检测系统的静态特性与动态特性是相互关联的,传感器和检测系统的静态特性也会影响到动态条件下的测量。但为叙述方便和使问题简化,便于分析讨论,通常把静态特性与动态特性分开讨论,把造成动态误差的非线性因素作为静态特性处理,而在列运动方程时,忽略非线性因素,简化为线性微分方程。这样可使许多非常复杂的非线性工程测量问题大大简化,虽然会因此而增加一定的误差,但是绝大多数情况下此项误差与测量结果中含有的其他误差相比都是可以忽略的。

下面介绍的传感器和检测系统基本特性不仅适用于整个系统,也适用于组成检测系统的信号放大、信号滤波、数据采集、显示等环节。

3.2　传感器和检测系统静态特性方程与特性曲线

一般传感器或检测系统的静态特性均可用一个统一(但具体系数各异)的代数方程,即静态特性方程来描述及表示传感器或检测系统对被测参量的输出与输入间的关系,即

$$y(x) = a_0 + a_1 x + a_2 x^2 + \cdots + a_i x^i + \cdots + a_n x^n \tag{3-1}$$

式中,x 为输入量;$y(x)$为输出量;$a_0, a_1, a_2, \cdots, a_i, \cdots, a_n$ 为常系数。

如果式(3-1)中除 a_0、a_1 不为零外,其余各项常数均为零,这时式(3-1)就成为一个线性方程,对应的传感器或检测系统就是一个线性系统。以输入量为横坐标,输出量为纵坐标,在直角平面坐标系中画出的静态特性曲线是一条直线。如果式(3-1)右边仅有一次项的系数 a_1 不为零而其余各项系数均为零,这时传感器或检测系统的静态特性曲线就成为过坐标原点的一条直线,对应的传感器或检测系统成为没有零位误差的理想测量系统。但实际上检测系统难以做到除一次项系数外,二次以上高次项系数均绝对为零。由此可见,式(3-1)通常总是一个非线性方程,式中各常系数决定输出特性曲线的形状。

通常,传感器或检测系统的设计者和使用者都希望传感器或检测系统输出和输入能保持这种较理想的线性关系,因为线性特性不仅能使系统设计简化,而且也有利于提高传感器或检测系统的测量精度。

当 $a_0 \neq 0$ 时,表示即使输入信号为 0,传感器或检测系统也仍有输出,该输出值工程上通常称为零位误差或零点偏移。对于相对固定的零位输出,可当作简单的系统误差进行处理。

传感器或检测系统的实际静态特性曲线是在静态标准条件下,采用更高精度等

级(其测量允许误差小于被测传感器或检测系统允许误差的 1/3)的标准设备,同时对同一输入量进行对比测量,重复多次(不少于 3 次)进行全量程逐级地加载和卸载测量,全量程的逐级加载是指输入值从最小值逐渐等间隔地加大到满量程值;逐级卸载是指输入值从满量程值逐渐等间隔地减小到最小值。加载测量又称正行程或进程,卸载测量称为反行程或回程。进行一次逐级加载和卸载就可以得到一条与输入值相对应的输出信号的记录曲线,此曲线即为测量或校准曲线。一般用多次校准曲线的平均值作为其静态特性曲线。将校准所得的一系列输入 x_i、输出 $y(x_i)$数据分别代入式(3-1),可得到以待定系数 $a_0,a_1,a_2,\cdots,a_i,\cdots,a_n$ 为变量的 n 元一次线性方程组,求解后将 $a_0,a_1,a_2,\cdots,a_i,\cdots,a_n$ 的具体值代入式(3-1),就得到了该被校传感器或检测系统的具体静态特性方程。同时也可根据校准所得的一系列输入 x_i、输出 $y(x_i)$数据,采用规定的方法(如工程上常用的最小二乘法)计算,拟合得到一个直线方程,由此方程得到的直线称为该传感器或检测系统的理想静态特性直线,又称拟合直线或工作直线。经处理后获得被校传感器或检测系统全量程的一系列输入、输出数据,并据此绘制出的曲线称为传感器或检测系统的实际静态校准曲线,又称实际静态特性曲线。由实测确定传感器或检测系统输入和输出关系的过程称为静态校准或静态标定。在对传感器或检测系统进行静态特性检定、测量时应满足一般静态校准的环境条件:环境温度(20±5)℃,湿度不大于 85%,大气压力为(101.3±8)kPa,没有振动和冲击等,否则将影响测量或校准的准确度。

3.3 传感器和检测系统静态特性的主要参数

静态特性表征传感器或检测系统在被测参量处于稳定状态时的输出-输入关系。衡量传感器或检测系统静态特性的主要参数有测量范围、精度等级、灵敏度、线性度、滞环、重复性、分辨力、灵敏限、可靠性等。

1. 测量范围

每个用于测量的传感器或检测仪器都有其确定的测量范围,它是传感器或检测仪器按规定的精度对被测变量进行测量的允许范围。测量范围的最小值和最大值分别称为测量下限和测量上限,简称下限和上限。量程可以用来表示其测量范围的大小,用其测量上限值与下限值的代数差来表示,即

$$量程 = |测量上限值 - 测量下限值| \tag{3-2}$$

用下限与上限可完全表示传感器或检测仪器的测量范围,也可确定其量程。如一个温度测量仪表的下限值是 −50℃,上限值是 150℃,则其测量范围(量程)可表示为

$$量程 = |150℃ - (-50℃)| = 200℃$$

由此可见,给出传感器或检测仪器的测量范围便知其测量上下限及量程,反之只给出传感器或检测仪器的量程,却无法确定其上下限及测量范围。

2. 精度等级

传感器或检测仪器精度等级，在2.1.3节中已描述，这里不再重述。

3. 灵敏度

灵敏度是指测量系统在静态测量时，输出量的增量与输入量的增量之比。即

$$S=\lim_{\Delta x\to 0}\left(\frac{\Delta y}{\Delta x}\right)=\frac{\mathrm{d}y}{\mathrm{d}x} \tag{3-3}$$

对线性测量系统来说，灵敏度为

$$S=\frac{y}{x}=K=\frac{m_y}{m_x}\tan\theta \tag{3-4}$$

式中，m_y、m_x 为 y 轴和 x 轴的比例尺；θ 为相应点切线与 x 轴间的夹角。也就是说线性测量系统的灵敏度是常数，可由静态特性曲线(直线)的斜率来求得，如图3-1(a)所示。

非线性测量系统的灵敏度是变化的，如图3-1(b)所示。对非线性测量系统来说，其灵敏度由静态特性曲线上各点的斜率来决定。

灵敏度的量纲是输出量的量纲和输入量的量纲之比。

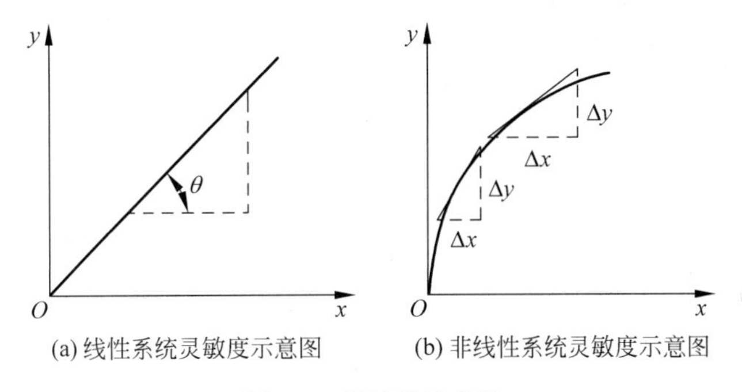

图3-1　灵敏度示意图

4. 线性度

线性度通常也称为非线性。理想的测量系统，其静态特性曲线是一条直线。但实际测量系统的输入与输出曲线并不是一条理想的直线。线性度就是反映测量系统实际输出、输入关系曲线与据此拟合的理想直线 $y(x)=a_0+a_1x$ 的偏离程度。通常用最大非线性引用误差来表示。即

$$\delta_L=\frac{|\Delta L_{\max}|}{Y_{\mathrm{FS}}}\times 100\% \tag{3-5}$$

式中，δ_L 为线性度；$\Delta L_{\max}$ 为校准曲线与拟合直线之间的最大偏差；Y_{FS} 为以拟合直线方程计算得到的满量程输出值。

由于最大偏差 $\Delta L_{\max}$ 是以拟合直线为基准计算的，因此拟合直线确定的方法不同，则 $\Delta L_{\max}$ 不同，测量系统线性度 δ_L 也不同。所以，在表示线性度时应注意要同时

说明具体采用的拟合方法。选择拟合直线，通常以全量程多数测量点的非线性误差都相对较小的为佳。常用的拟合直线方法有理论直线法、端基线法和最小二乘法等，与之相对应的是理论线性度、端基线性度和最小二乘法线性度等。实际工程中多采用理论线性度和最小二乘法线性度。

(1) 理论线性度及其拟合直线

理论线性度又称绝对线性度。它以测量系统静态理想特性 $y(x)=kx$ 作为拟合直线，如图 3-2 中的直线 1(曲线 2 为系统全量程多次重复测量平均后获得的实际输出-输入关系曲线；曲线 3 为系统全量程多次重复测量平均后获得的实际测量数据，采用最小二乘法方法拟合得到的直线)。此方法优点是简单、方便和直观；缺点是多数测量点的非线性误差相对都较大(ΔL_1 为该直线与实际曲线在某点偏差值，ΔL_2 为最小二乘拟合曲线与实际曲线在某点的偏差值)。

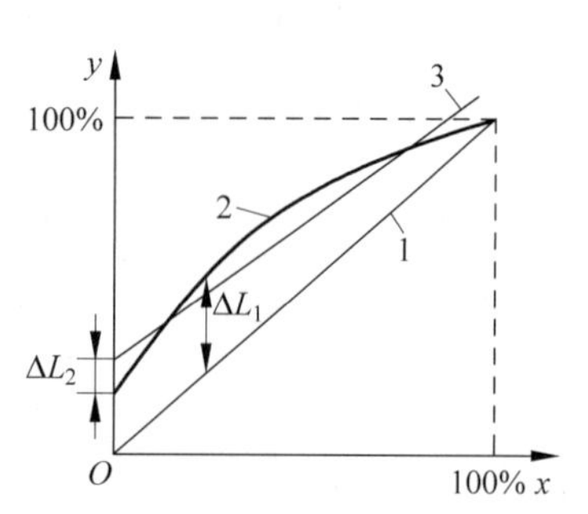

图 3-2 最小二乘和理论线性度及其拟合直线

(2) 最小二乘线性度及其拟合直线

最小二乘法方法拟合直线方程为 $y(x)=a_0+a_1x$。如何科学、合理地确定系数 a_0 和 a_1 是解决问题的关键。设测量系统实际输出-输入关系曲线上某点的输入、输出分别为 x_i、y_i，在输入同为 x_i 的情况下，最小二乘法拟合直线上得到输出值为 $y(x_i)=a_0+a_1x_i$，两者的偏差为

$$\Delta L_i = y(x_i) - y_i = (a_0 + a_1 x) - y_i \tag{3-6}$$

最小二乘拟合直线的原则是使确定的 N 个特征测量点的均方差为最小值，因

$$\frac{1}{N}\sum_{i=1}^{N}\Delta L_i^2 = \frac{1}{N}\sum_{i=1}^{N}[(a_0 + a_1 x_i) - y_i]^2 = f(a_0, a_1)$$

为此必有 $f(a_0,a_1)$对 a_0 和 a_1 的偏导数为零，即

$$\frac{\partial f(a_0,a_1)}{\partial a_0} = 0$$

$$\frac{\partial f(a_0,a_1)}{\partial a_1} = 0$$

把 $f(a_0,a_1)$的表达式代入上述两方程，整理可得到关于最小二乘拟合直线的待定系数 a_0 和 a_1 的两个表达式

$$a_0 = \frac{\left(\sum_{i=1}^{N} x_i^2\right)\left(\sum_{i=1}^{N} y_i\right) - \left(\sum_{i=1}^{N} x_i\right)\left(\sum_{i=1}^{N} x_i y_i\right)}{N\sum_{i=1}^{N} x_i^2 - \left(\sum_{i=1}^{N} x_i\right)^2} \tag{3-7}$$

$$a_1 = \frac{N\sum_{i=1}^{N} x_i y_i - \left(\sum_{i=1}^{N} x_i\right)\left(\sum_{i=1}^{N} y_i\right)}{N\sum_{i=1}^{N} x_i^2 - \left(\sum_{i=1}^{N} x_i\right)^2}$$

5. 迟滞

迟滞，又称滞环，它说明传感器或检测系统的正向（输入量增大）和反向（输入量减少）输入时输出特性的不一致程度，亦即对应于同一大小的输入信号，传感器或检测系统在正、反行程时的输出信号的数值不相等，如图 3-3 所示。

迟滞误差通常用最大迟滞引用误差来表示，即

$$\delta_H = \frac{\Delta H_{\max}}{Y_{FS}} \times 100\% \tag{3-8}$$

式中，δ_H 为最大迟滞引用误差；$\Delta H_{\max}$ 为（输入量相同时）正反行程输出之间的最大绝对偏差；Y_{FS} 为测量系统满量程值。

在多次重复测量时，应以正反程输出量平均值间的最大迟滞差值来计算。迟滞误差通常是由于弹性元件、磁性元件以及摩擦、间隙等原因所引起的，一般需通过具体实测才能确定。

6. 重复性

重复性表示传感器或检测系统在输入量按同一方向（同为正行程或同为反行程）做全量程连续多次变动时所得特性曲线的不一致程度，如图 3-4 所示。

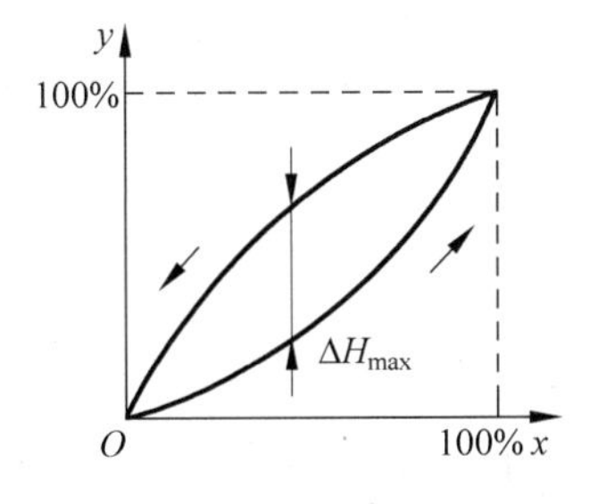

图 3-3　迟滞特性示意图

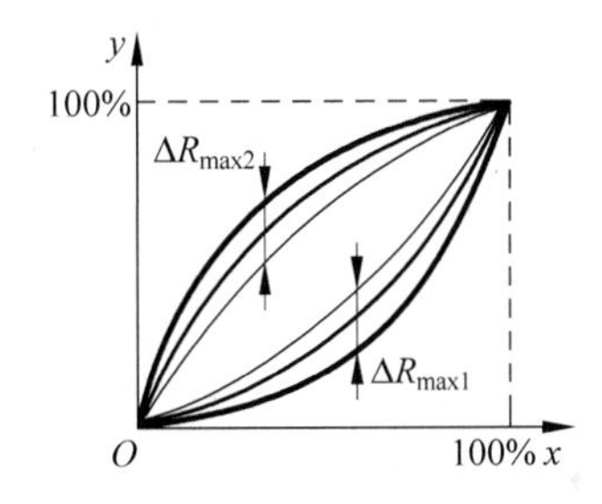

图 3-4　检测系统重复性示意图

特性曲线一致性好，重复性就好，误差也小。重复性误差是属于随机误差性质的，测量数据的离散程度是与随机误差的精密度相关的，因此应该根据标准偏差来计算重复性指标。重复性误差 δ_R 可按下式计算

$$\delta_R = \frac{Z\sigma_{\max}}{Y_{FS}} \times 100\% \tag{3-9}$$

式中，δ_R 为重复性误差；Z 为置信系数，对正态分布，当 Z 取 2 时，置信概率为 95%，Z 取 3 时，概率为 99.73%；当测量点和样本数较少时，可按 t 分布表选取所需置信概率所对应的置信系数。$\sigma_{\max}$ 为正、反向各测量点标准偏差的最大值；Y_{FS} 为测量系统满量程值。

式(3-9)中标准偏差 $\sigma_{\max}$ 的计算方法可按贝塞尔公式计算。按贝塞尔公式计算，通常应先算出各个校准级上的正、反行程的子样标准偏差，即

$$\sigma_{Zj} = \sqrt{\frac{1}{n-1}\sum_{i=1}^{n}(y_{Zi} - y_{Zj})^2} \tag{3-10}$$

$$\sigma_{Fj} = \sqrt{\frac{1}{n-1}\sum_{i=1}^{n}(y_{Fi} - \bar{y}_{Fj})^2}$$

式中 σ_{Zj}、σ_{Fj} 为第 j 次测量正行程和反行程测量数据的子样标准偏差($j=1,2,\cdots,M$)；y_{Zi}、y_{Fi} 为第 j 次测量正行程和反行程的第 i 个测量数据($i=1,2,\cdots,n$)；$\bar{y}_{Zj}$、$\bar{y}_{Fj}$ 为第 j 次测量正行程和反行程测量数据的算术平均值。

取上述 σ_{Zj}、σ_{Fj}(正反行程 σ 共 $2M$ 个测量点)中的最大值 σ_{max} 及所选置信系数和量程，便可按式(3-10)计算，得到测量系统的重复性误差 δ_R。

计算标准偏差还有一种较常见的方法——极差(测量数据最大值与最小值之差)法，它是以正、反行程极差平均值和极差系数来计算标准偏差。限于篇幅，这里从略。

7. 分辨力

能引起输出量发生变化时输入量的最小变化量称为传感器或检测系统的分辨力。例如，线绕电位器的电刷在同一匝导线上滑动时，其输出电阻值不发生变化，因此能引起线绕电位器输出电阻值发生变化的(电刷)最小位移 ΔX 为电位器所用的导线直径，导线直径越细，其分辨力就愈高。许多测量系统在全量程范围内各测量点的分辨力并不相同，为统一，常用全量程中能引起输出变化的各点最小输入量中的最大值 ΔX_{max} 相对满量程输出值的百分数来表示系统的分辨力。即

$$k = \frac{\Delta X_{max}}{Y_{FS}} \tag{3-11}$$

8. 死区

死区又称失灵区、钝感区、阈值等，它指检测系统在量程零点(或起始点)处能引起输出量发生变化的最小输入量。通常均希望减小失灵区，对数字仪表来说失灵区应小于数字仪表最低位的二分之一。

3.4 传感器或检测系统的动态特性

当被测量(输入量、激励)随时间变化时，因系统总是存在着机械的、电气的和磁的各种惯性，而使传感器或检测系统(仪器)不能实时无失真地反映被测量值，这时的测量过程就称为动态测量。传感器或检测系统的动态特性是指在动态测量时，输出量与随时间变化的输入量之间的关系。而研究动态特性时必须建立测量系统的动态数学模型。

3.4.1 传感器或检测系统的(动态)数学模型

传感器或检测系统动态特性的数学模型主要有三种形式：时域分析用的微分方程，频域分析用的频率特性，复频域用的传递函数。测量系统动态特性由其本身各

个环节的物理特性决定，因此如果知道上述三种数学模型中的任一种，都可推导出另外两种形式的数学模型。

1. 微分方程

对于线性时不变的传感器或检测系统来说，表征其动态特性的常系数线性微分方程式为

$$a_n \frac{\mathrm{d}^n Y(t)}{\mathrm{d}t^n} + a_{n-1} \frac{\mathrm{d}^{n-1} Y(t)}{\mathrm{d}t^{n-1}} + \cdots + a_1 \frac{\mathrm{d}Y(t)}{\mathrm{d}t} + a_0 Y(t)$$

$$= b_m \frac{\mathrm{d}^m X(t)}{\mathrm{d}t^m} + b_{m-1} \frac{\mathrm{d}^{m-1} X(t)}{\mathrm{d}t^{m-1}} + \cdots + b_1 \frac{\mathrm{d}X(t)}{\mathrm{d}t} + b_0 X(t) \tag{3-12}$$

式中，$Y(t)$为输出量或响应；$X(t)$为输入量或激励；$a_0, a_1, \cdots, a_n, b_0, b_1, \cdots, b_m$ 为与传感器或检测系统结构的物理参数有关的系数；$\frac{\mathrm{d}^n Y(t)}{\mathrm{d}t^n}$ 为输出量 Y 对时间 t 的 n 阶导数；$\frac{\mathrm{d}^m X(t)}{\mathrm{d}t^m}$为输入量 X 对时间 t 的 m 阶导数。

由式(3-12)可以求出在某一输入量作用下传感器或检测系统的动态特性。但是对一个复杂的传感器或检测系统和复杂的被测信号，求该方程的通解和特解颇为困难，往往采用传递函数和频率响应函数更为方便。

2. 传递函数

若传感器或检测系统的初始条件为零，则把传感器或检测系统输出（响应函数）$Y(t)$的拉普拉斯变换 $Y(s)$与传感器或检测系统输入（激励函数）$X(t)$的拉普拉斯变换 $X(s)$之比称为传感器或检测系统的传递函数 $H(s)$。

假定在初始 $t=0$ 时，满足输出 $Y(t)=0$，输入 $X(t)=0$，$X(t)$和 $Y(t)$对时间的各阶导数的初始值均为零的初始条件，这时 $Y(t)$ 和 $X(t)$ 的拉普拉斯变换 $Y(s)$和 $X(s)$计算公式为

$$Y(s) = \int_0^{\infty} y(t) \mathrm{e}^{-st} \mathrm{d}t \tag{3-13}$$

$$X(s) = \int_0^{\infty} x(t) \mathrm{e}^{-st} \mathrm{d}t$$

满足上述初始条件时，对式(3-12)两边取拉普拉斯变换，就得测量系统的传递函数

$$H(s) = \frac{Y(s)}{X(s)} = \frac{b_m s^m + b_{m-1} s^{m-1} + \cdots + b_1 s + b_0}{a_n s^n + a_{n-1} s^{n-1} + \cdots + a_1 s + a_0} \tag{3-14}$$

式中，分母中 s 的最高指数 n 即代表微分方程的阶数，相应地当 $n=1$，$n=2$ 则称为一阶系统传递函数和二阶系统传递函数。由式(3-14)可得

$$Y(s) = H(s) X(s) \tag{3-15}$$

知道传感器或检测系统传递函数和输入函数即可得到输出（测量结果）函数 $Y(s)$，然后利用拉普拉斯反变换，求出 $Y(s)$的原函数，即瞬态输出响应为

$$y(t) = L^{-1}[Y(s)] \tag{3-16}$$

传递函数具有以下特点：

(1) 传递函数是传感器或检测系统本身各环节固有特性的反映，它不受输入信号影响，但包含瞬态、稳态时间和频率响应的全部信息；

(2) 传递函数 $H(s)$是通过把实际传感器或检测系统抽象成数学模型后经过拉普拉斯变换得到的，它只反映测量系统的响应特性；

(3) 同一传递函数可能表征多个响应特性相似，但具体物理结构和形式却完全不同的设备，例如一个 RC 滤波电路与有阻尼弹簧的响应特性就类似，它们同为一阶系统。

3. 频率(响应)特性

在初始条件为零的条件下，传感器或检测系统的输出 $Y(t)$的傅里叶变换 $Y(\mathrm{j}\omega)$与输入 $X(t)$的傅里叶变换 $X(\mathrm{j}\omega)$之比称为传感器或检测系统的频率响应特性，简称频率特性。通常用 $H(\mathrm{j}\omega)$来表示。

对稳定的常系数线性测量系统，可取 $s=\mathrm{j}\omega$，即令其实部为零，这样式(3-13)就变为

$$Y(\mathrm{j}\omega) = \int_0^{\infty} y(t)\mathrm{e}^{-\mathrm{j}\omega t}\,\mathrm{d}t \tag{3-17}$$

$$X(\mathrm{j}\omega) = \int_0^{\infty} x(t)\mathrm{e}^{-\mathrm{j}\omega t}\,\mathrm{d}t$$

根据式(3-17)或直接由式(3-13)转换得到测量系统的频率特性 $H(\mathrm{j}\omega)$

$$H(\mathrm{j}\omega) = \frac{Y(\mathrm{j}\omega)}{X(\mathrm{j}\omega)} = \frac{b_m(\mathrm{j}\omega)^m + b_{m-1}(\mathrm{j}\omega)^{m-1} + \cdots + b_1(\mathrm{j}\omega) + b_0}{a_n(\mathrm{j}\omega)^n + a_{n-1}(\mathrm{j}\omega)^{n-1} + \cdots + a_1(\mathrm{j}\omega) + a_0} \tag{3-18}$$

从物理意义上说，通过傅里叶变换可将满足一定初始条件的任意信号分解成一系列不同频率的正弦信号之和(叠加)，从而将信号由时域变换至频域来分析。因此频率响应函数是在频域中反映测量系统对正弦输入信号的稳态响应，也被称为正弦传递函数。

传递函数表达式(3-14)和频率特性表达式(3-18)形式相似，但前者是传感器或检测系统输出与输入信号的拉普拉斯变换式之比，其输入并不限于正弦信号，所反映的系统特性不仅有稳态也包含瞬态；后者仅反映测量系统对正弦输入信号的稳态响应。

对线性测量系统其稳态响应(输出)是与输入(激励)同频率的正弦信号。对同一正弦输入，不同传感器或检测系统稳态响应的频率虽相同，但幅度和相位角通常不同。同一传感器或检测系统当输入正弦信号的频率改变时，系统输出与输入正弦信号幅值之比随(输入信号)频率变化关系称为传感器或检测系统的幅频特性，通常用 $A(\omega)$表示；系统输出与输入正弦信号相位差随(输入信号)频率变化的关系称为传感器或检测系统的相频特性，通常用 $\Phi(\omega)$表示。幅频特性和相频特性合起来统称为传感器或检测系统的频率(响应)特性。根据得到的频率特性可以方便地在频域

直观、形象和定量地分析研究传感器或检测系统的动态特性。

3.4.2　一阶和二阶系统的数学模型

如果知道传感器或检测系统的数学模型，经过适当的运算，通常都可以推算得到该传感器或检测系统对任何输入的动态输出响应。但是传感器或检测系统的数学模型中的具体参数确定通常需经实验测定，又称动态标定。工程上常用阶跃和正弦两种形式的信号作为标定信号。阶跃输入信号的函数表达式为

$$x(t)=\begin{cases}0 & (t\leqslant 0)\\ A & (t>0)\end{cases}$$

式中，A 为阶跃输入信号幅值。

采用阶跃输入信号具有适用性广、实施简单、易于操作等特点。采用正弦输入信号对分析传感器或检测系统频率特性十分方便，但在压力、流量、温度、物位等传感器或检测系统的实际应用中一般难以碰到被测参量以正弦方式变化的情况，这时可把被测参量随时间变化看做是在不同时刻一系列阶跃输入的叠加。工程上常见的传感器或检测系统的动态响应特性大都与理想的一阶或二阶系统相近，少数复杂系统也可近似地看做两个或多个二阶系统的串并联。

1. 一阶系统的标准微分方程

通常一阶系统的运动微分方程最终都可化成如下通式表示

$$\tau\frac{\mathrm{d}y(t)}{\mathrm{d}x(t)}+y(t)=kx(t)\tag{3-19}$$

式中，$y(t)$为系统的输出函数；$x(t)$为系统的输入函数；τ 为系统的时间常数；k 为系统的放大倍数。

上述一阶系统的传递函数表达式为

$$H(s)=\frac{Y(s)}{X(s)}=\frac{k}{1+\tau s}\tag{3-20}$$

上述一阶系统的频率特性表达式为

$$H(\mathrm{j}\omega)=\frac{Y(\mathrm{j}\omega)}{X(\mathrm{j}\omega)}=\frac{k}{1+\mathrm{j}\omega\tau}\tag{3-21}$$

其幅频特性表达式为

$$A(\omega)=|H(\mathrm{j}\omega)|=\frac{k}{\sqrt{1+(\omega\tau)^2}}\tag{3-22}$$

其相频特性表达式为

$$\phi(\omega)=-\arctan\omega\tau\tag{3-23}$$

2. 二阶系统的标准微分方程

二阶系统的运动微分方程最终都可化成如下通式

$$\frac{1}{\omega_n^2}\frac{\mathrm{d}^2 y(t)}{\mathrm{d}t^2}+\frac{2\zeta}{\omega_n}\frac{\mathrm{d}y(t)}{\mathrm{d}t}+y(t)=kx(t) \tag{3-24}$$

式中，ω_n 为二阶系统的无阻尼固有角频率；ζ 为二阶系统的阻尼比；k 为二阶系统的放大倍数或称系统静态灵敏度。

上述二阶系统的传递函数表达式为

$$H(s)=\frac{Y(s)}{X(s)}=\frac{k}{\frac{1}{\omega_n^2}s^2+2\frac{\zeta}{\omega_n}s+1} \tag{3-25}$$

上述二阶系统的频率特性表达式为

$$H(\mathrm{j}\omega)=\frac{Y(\mathrm{j}\omega)}{X(\mathrm{j}\omega)}=\frac{k}{\left[1-\left(\frac{\omega}{\omega_n}\right)^2\right]+2\mathrm{j}\zeta\frac{\omega}{\omega_n}} \tag{3-26}$$

其幅频特性表达式为

$$A(\omega)=|H(\mathrm{j}\omega)|=\frac{k}{\sqrt{\left[1-\left(\frac{\omega}{\omega_n}\right)^2\right]^2+\left[2\zeta\left(\frac{\omega}{\omega_n}\right)\right]^2}} \tag{3-27}$$

其相频特性表达式为

$$\phi(\omega)=-\arctan\frac{2\zeta\frac{\omega}{\omega_n}}{1-\left(\frac{\omega}{\omega_n}\right)^2} \tag{3-28}$$

下面着重介绍一阶和二阶系统的动态特性参数。

3.4.3 一阶和二阶系统的动态特性参数

传感器或检测系统的时域动态性能指标一般都是用阶跃输入时系统的输出响应，即过渡过程曲线上的特性参数来表示。

1. 一阶系统的时域动态特性参数

一阶系统时域动态特性参数主要是时间常数及与之相关的输出响应时间。

(1) 时间常数 τ

时间常数是一阶系统的最重要的动态性能指标，一阶系统为阶跃输入时，其输出量上升到稳态值的 63.2%所需的时间，就为时间常数 τ。一阶系统为阶跃输入时响应曲线的初始斜率为 $1/\tau$。

(2) 响应时间 t_s

当系统阶跃输入的幅值为 A 时，对一阶测量系统传递函数式(3-20)进行拉普拉斯反变换，得一阶系统对阶跃输入的输出响应表达式为

$$y(t)=kA\left(1-\mathrm{e}^{-\frac{t}{\tau}}\right) \tag{3-29}$$

其输出响曲线如图 3-5 所示。

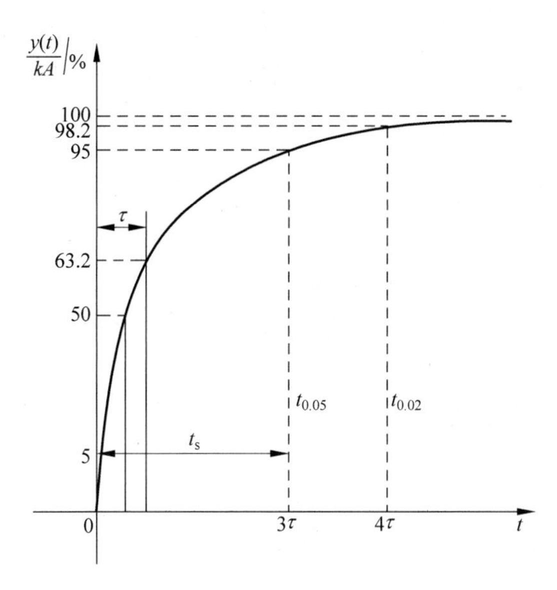

图 3-5　一阶系统对阶跃输入的响应

从式(3-29)和图 3-5,可知一阶系统响应 $y(t)$随时间 t 增加而增大,当 $t=\infty$时趋于最终稳态值,即 $y(\infty)=kA$。理论上,在阶跃输入后的任何具体时刻都不能得到系统的最终稳态值,即总是 $y(t<\infty)<kA$。因而工程上通常把 $t_s=4\tau$(这时有一阶系统的输出 $y(4\tau)\approx y(\infty)\times 98.2\%=0.982kA$)当作一阶测量系统对阶跃输入的输出响应时间。一阶系统的时间常数越小,其系统输出的响应就越快。顺便指出,在某些实际工程应用中根据具体测量和试验需要,也有把 $t_s=5\tau$ 或 $t_s=3\tau$ 作为一阶系统对阶跃输入输出响应时间的情况。

2. 二阶系统的时域动态特性参数和性能指标

对二阶系统,当输入信号 $x(t)$为幅值等于 A 的阶跃信号时,通过对二阶系统传递函数式(3-29)进行拉普拉斯反变换,可得常见二阶系统(通常有 $0<\zeta<1$,称为欠阻尼)对阶跃输入的输出响应表达式

$$y(t)=kA\left[1-\frac{e^{-\omega_n\zeta t}}{\sqrt{1-\zeta^2}}\sin\left(\omega_d t+\arctan\frac{\sqrt{1-\zeta^2}}{\zeta}\right)\right] \tag{3-30}$$

式中,右边括号外的系数与一阶系统阶跃输入时的响应相同,其全部输出由二项叠加而成。其中一项为不随时间变化的稳态响应 kA,另一项为幅值随时间变化的阻尼衰减振荡(暂态响应)。暂态响应的振荡角频率 ω_d 称为系统有阻尼自然振荡角频率。暂态响应的幅值按指数 $e^{-\omega_n\zeta t}$规律衰减,阻尼比 ζ 愈大暂态幅值衰减愈快。如果 $\zeta=0$,则二阶测量系统对阶跃输入的响应将为等幅无阻尼振荡;如果 $\zeta=1$,称为临界阻尼,这时二阶测量系统对阶跃输入的响应为稳态响应 kA 叠加上一项幅值随时间作指数减少的暂态项,系统响应无振荡;如果 $\zeta>1$,称为过阻尼,其暂态响应为两个幅值随时间作指数减少的暂态项,且因其中一个衰减很快(通常可忽略其影响),整个

系统响应与一阶系统对阶跃输入响应相近，可把其近似地作为一阶系统分析对待。在阶跃输入下，不同阻尼比对(二阶测量)系统响应的影响如图 3-6 所示。

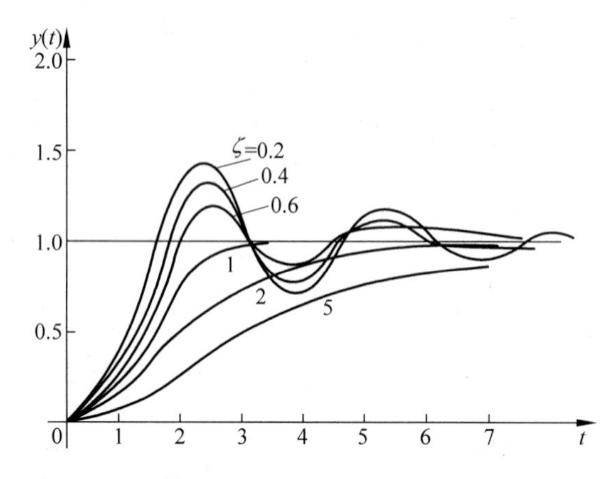

图 3-6 阶跃输入下，二阶测量系统(不同阻尼比)响应

可见，阻尼比 ζ 和系统有阻尼自然振荡角频率 ω_d 是二阶测量系统最主要的动态时域特性参数。常见 $0<\zeta<1$ 衰减振荡型二阶系统的时域动态性能指标示意图如图 3-7 所示。表征二阶系统在阶跃输入作用下时域主要性能指标主要如下。

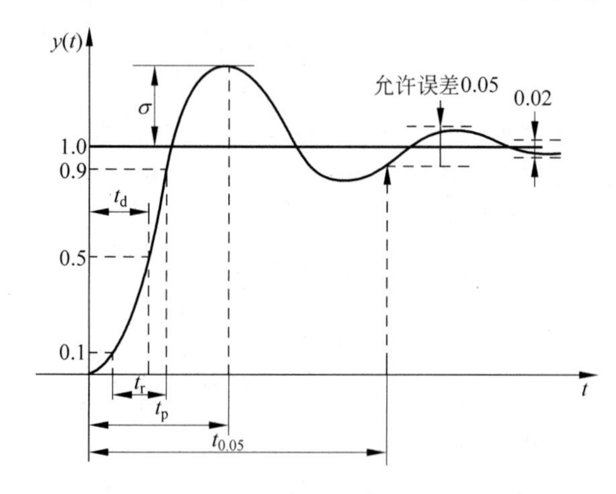

图 3-7 二阶系统的时域动态性能指标示意图

① 延迟时间 t_d：系统输出响应值达到稳态值的 50%所需的时间，称为延迟时间。

② 上升时间 t_r：系统输出响应值从 10%到 90%稳态值所需的时间，称为上升时间。

③ 响应时间 t_s：在响应曲线上，系统输出响应达到一个允许误差范围的稳态值，并永远保持在这一允许误差范围内所需的最小时间，称为响应时间。根据不同的应用要求，允许误差范围取值不相同，对应的响应时间也不同。工程中多数选系统输出响应第一次到达稳态值的 95%或 98%(也即允许误差为±5%或±2%)的时间为

响应时间。

④ 峰值时间 t_p：输出响应曲线达到第一个峰值所需的时间，称为峰值时间。因为峰值时间与超调量相对应，所以峰值时间等于阻尼振荡周期的一半，即 $t_p=T/2$。

⑤ 超调量 σ：超调量为输出响应曲线的最大偏差与稳态值比值的百分数，即

$$\sigma=[y(t_p)-y(\infty)]/y(\infty)\times 100\%$$

⑥ 衰减率 d：衰减振荡型二阶系统过渡过程曲线上相差一个周期 T 的两个峰值之比称为衰减率。

上述衰减振荡型二阶传感器或检测系统的动态性能指标、相互关系及计算公式如表 3-1 所示。

表 3-1　$0<\zeta<1$ 二阶检测系统时域动态性能指标

名　　称	计 算 公 式
振荡周期 T	$T=2\pi/\omega_d$
振荡频率 ω_d	$\omega_d=\omega_n\sqrt{1-\zeta^2}$
峰值时间 t_p	$t_p=\pi/(\omega_n\sqrt{1-\zeta^2})=\pi/\omega_d=T/2$
超调量 σ	$\sigma\%=\exp(-\pi\xi/\sqrt{1-\zeta^2})\times 100\%=\exp(-D/2)\times 100\%$
响应时间 t_s	$t_{0.05}=3/\zeta\omega_n=3T/D$ $t_{0.02}=3.9/\zeta\omega_n=3.9T/D$
上升时间 t_r	$t_r=(1+0.9\zeta+1.6\zeta^2)/\omega_n$
延迟时间 t_d	$t_d=(1+0.6\zeta+0.2\zeta^2)/\omega_n$
衰减率 d	$d=\exp(2\pi\zeta/\sqrt{1-\zeta^2})$
对数衰减率 D	$D=2\pi\zeta/\sqrt{1-\zeta^2}=-2\ln\sigma$

3. 传感器或检测系统的频域动态性能指标

传感器或检测系统的频域动态性能指标由其幅频特性和相频特性的特性参数来表示，主要有通频带与工作频带以及系统固有角频率。

(1) 系统的通频带与工作频带

通频带是指对数幅频特性曲线上衰减 3dB 的频带宽度。对于测试系统而言，实用的是工作频带（幅度误差为 5%或 10%）或其他规定（如要求较高的 1%等）。对相位有要求的检测系统，对相频特性相应地提出一定条件，例如在工作频带内相位变化应小于 5°、10°等。

(2) 系统的固有频率 ω_n

当 $|H(j\omega)|=|H(j\omega)|_{max}$ 时所对应的频率称为系统固有角频率 ω_n。知道和确定了检测系统的固有角频率 ω_n，就可以确定该系统可测信号的频率范围，以及保证测量获得较高的精度，这在设计和选用传感器或检测系统时是非常重要的。

传感器或检测系统的指标与频域指标近似呈反比关系。粗略地说，频域宽几倍，响应速度就快几倍。一般来说，时域的测试(瞬态响应测试)比频域测试(频响测试)要简单些。但是，两者指标比较起来，频域的指标更好些，应用更广泛。

4. 不失真测量对传感器或检测系统动态特性的要求

如果一个传感器或检测系统，其输出 $y(t)$ 与输入 $x(t)$ 之间满足

$$y(t) = A_0 x(t-\tau) \tag{3-31}$$

式中，A_0 和 τ 都是常量。

此式表明系统的输出与输入之间只存在数值为 A_0 的固定放大倍数和相移为 τ 的延时，而两者波形精确地一致。这种传感器或检测系统称为不失真系统。

由式(3-31)可得不失真传感器或检测系统的频率响应为

$$H(\omega) = A(\omega)e^{j\phi(\omega)} = \frac{Y(\omega)}{X(\omega)} = A_0 e^{-j\omega\tau} \tag{3-32}$$

即，满足不失真测量的幅频特性和相频特性分别为

$$A(\omega) = A_0 = \text{常数} \tag{3-33}$$

$$\Phi(\omega) = -\omega\tau \tag{3-34}$$

当 $A(\omega)$ 不等于常数时所引起的失真为幅度失真，$\Phi(\omega)$ 与 ω 之间不满足线性关系所引起的失真为相位失真。

实际不失真传感器或检测系统是不存在的，即使一个相当好的传感器或检测系统也只有在有限的频率范围内有较平坦的频率响应。因此，设计和选择只能在满足精度的某一频率范围内认为系统是不失真的。上述对通频带的定义只考虑了幅度变化，而没有考虑相位关系。一般来说，系统的相频特性的线性段远比幅频特性的平直部分窄。所以在相位滞后有影响的传感器或检测系统中就必须考虑相位的影响。

一阶系统的动态特性参数就是时间常数 τ。如果时间常数 τ 愈小，则装置的响应愈快，近于不失真系统的通频带也愈宽，所以一阶系统的时间常数 τ 原则上愈小愈好。

对于二阶系统，分以下三种情况讨论。

① 在 $\omega<0.3\omega_n$ 范围内，$A(\omega)$ 段变化不超过 10%，但 $\Phi(\omega)$ 随阻尼比的不同剧烈变化。其中当 ζ 接近于零时，相位近似为零，此时可以认为是不失真的，但此时系统容易产生超调和振荡现象，不利于测量；而当 ζ 在 0.6～0.8 范围时，相频特性可近似为一条起自坐标原点的斜线，因此许多测量系统都选择在 $\zeta=0.6\sim0.8$ 的范围内，此时可以得到较好的相位线性特性。

② 在 $\omega>(2.5\sim3)\omega_n$ 范围内，$\Phi(\omega)$ 接近于 180°，且随 ω 变化很小，此时如在后续测试电路或数据处理中减去固定相位差或把测试信号反相，则其相频特性基本满足不失真测量的条件，但是由于高频幅值过小，不利于信号的输出与后续处理。

③ 在 $0.3\omega_n<\omega<2.5\omega_n$ 范围内，系统的频率特性变化很大，需作具体分析。

在设计和选择传感器或检测系统时，应分析并权衡幅度失真和相位失真对测试

的影响，使得上述每个环节都在信号频带内基本上满足不失真测量的要求。

3.5　传感器与检测仪器的校准

传感器或检测仪器在制造、装配完毕后都必须对其功能和技术性能进行全面一系列测试，以确定传感器或检测仪器的实际性能；为使其符合规定的精度等级要求，出厂前通常需经过一一校准。传感器或检测仪器使用一段时间后会因弹性元件疲劳、运动机件磨损及腐蚀、电子元器件的老化等造成误差，所以必须定期进行校准，以保证测量的准确度；此外，新购传感器或检测仪器在安装使用前，为防止运输过程中由于振动或碰撞等原因所造成的误差，也应对其进行校准，以保证检测精度。

通常，利用某种标准器或高精度标准表（这里指其测量误差小于被测传感器或检测仪器容许误差 1/3 的高精度传感器或检测仪器）对被测传感器或检测仪器进行全量程比对性测量称之为标定；将传感器或检测仪器使用一段时间后（可在全量程范围内均匀地选择 5 个以上的校准点，其中应包括起始点和终点）进行的性能复测称之为校准。由于标定与校准的本质相同，下面仅对传感器或检测仪器校准进行介绍。

传感器或检测仪器的校准分为静态校准和动态校准两种。静态校准的目的是确定传感器或检测仪器的静态特性指标，如线性度、灵敏度、滞后和重复性等。动态校准的目的是确定传感器或检测仪器的动态特性参数，如频率响应、时间常数、固有频率和阻尼比等。

3.5.1　传感器或检测仪器的静态校准

1. 静态标准条件

传感器或检测仪器的静态特性是在静态标准条件下进行校准的。所谓静态标准条件是指没有加速度、振动、冲击（除非这些参数本身就是被测物理量）及环境温度一般为室温（20±5）℃，相对湿度不大于 85％，大气压力为（101±7）kPa 的情况。

2. 校准器精度等级的确定

静态校准可分为标准器件法（简称标准件法）和标准仪器法（简称标准表法）两种。以称重传感器或检测仪器校准为例，标准件法就是采用一系列高精度的标准砝码作为称重传感器或检测仪器输入量与其输出进行正、反行程重复比对测量；称重传感器或检测仪器各测量点的测量值与标准砝码平均差值可作为传感器或检测仪器在该示值点的系统误差值。其相反数，即为此测量点的修正值。而标准表法就是把精度等级高于被校准称重传感器或检测仪器一、两个等级（其测量误差至少需小于被校准传感器或检测仪器容许误差 1/3）的高精度传感器或检测仪器作为近似没有误差的标准表，与被称重传感器或检测仪器同时、或依次对被测对象（本例为被校准称重传感器或检测仪器量程范围内重量不等的物质）进行重复测量，把标准表示值视为相对真值，如果被校准称重传感器或检测仪器示值与标准表示值之差大小稳定不变，就可将该差值作为此检测仪器在该示值点的系统误差，该差值的相反数即为此检测仪器在此点的修正值。

3. 静态特性校准的方法

对传感器或检测仪器进行静态特性校准要在静态标准条件下，选择与被校准传感器或检测仪器的规定精度高一、二个等级的标准设备，再对传感器或检测仪器进行静态特性校准。

校准过程步骤如下：

① 根据标准器的情况，将传感器或检测仪器全量程(测量范围)分成若干等间距点(一般至少均匀地选择五个以上的校准点，其中应包括起始点和终点)；

② 然后由小到大逐一增加输入标准量值，并记录下被校准传感器或检测仪器与标准器相对应的输出值；

③ 将输入值由大到小逐一顺序减小，同时记录下与各输入值相对应的输出值；

④ 按②、③所述过程，对传感器进行正、反行程往复循环多次测试，将得到的输出-输入测试数据用表格列出或作出曲线；

⑤ 对测试数据进行必要的处理，根据处理结果就可以确定被校准传感器或检测仪器的线性度、灵敏度、滞后和重复性等静态特性指标。

3.5.2 传感器或检测仪器的动态校准

传感器或检测仪器的动态校准主要是研究传感器或检测仪器的动态响应，而与动态响应有关的参数：一阶系统只有一个时间常数 τ；二阶系统则有固有频率 ω_n 和阻尼比 ζ 两个参数。

对传感器或检测仪器进行动态校准，需要有标准的激励信号源。为了便于比较和评价，通常要求标准的激励信号源能输出阶跃变化和正弦变化信号，即以一个已知的阶跃信号激励传感器或检测仪器，用高速、高精度仪器记录下传感器或检测仪器按自身的固有频率振动的运动状态后，分析、确定其动态参量；或者以一个振幅和频率均为已知、可调的标准正弦信号源激励传感器或检测仪器，并根据高速、高精度仪器记录下的运动状态，确定传感器或检测仪器的动态特性。

对于一阶传感器或检测仪器，外加阶跃信号，测得阶跃响应之后，取输出值达到最终值的63.2%所经历的时间作为时间常数 τ。但这样确定的时间常数实际上没有涉及响应的全过程，测量结果仅取决于个别的瞬时值，可靠性较差。如果用下述方法确定时间常数，可以获得较可靠的结果。

一阶传感器或检测仪器的单位阶跃响应函数为

$$y(t) = 1 - e^{-\frac{t}{\tau}} \tag{3-35}$$

令 $z=\ln[1-y(t)]$，则上式可变为

$$z = -\frac{t}{\tau} \tag{3-36}$$

式(3-36)表明 z 和时间 t 呈线性关系，并且有 $\tau = \Delta\tau/\Delta z$(见图3-8)。因此，可以根据测得的 $y(t)$ 值做出 z-t 曲线，并根据 $\Delta\tau/\Delta z$ 的值获得时间常数 τ，这种方法考虑了瞬态响应的全过程。

二阶系统($\zeta<1$)的单位阶跃响应为

$$y(t) = 1 - \left[\frac{e^{-\zeta\omega_n t}}{\sqrt{1-\zeta^2}}\right]\sin(\sqrt{1-\zeta^2}\,\omega_n t + \arcsin\sqrt{1-\zeta^2}) \tag{3-37}$$

相应的响应曲线如图3-9所示。由式(3-37)可得阶跃响应的峰值 M 为

$$M = e^{-\left(\frac{\zeta\pi}{\sqrt{1-\zeta^2}}\right)} \tag{3-38}$$

由式(3-38)得

$$\zeta = \frac{1}{\sqrt{\left(\frac{\pi}{\ln M}\right)^2 + 1}} \tag{3-39}$$

因此，测得 M 之后，便可按式(3-9)或图3-9求得阻尼比 ζ。

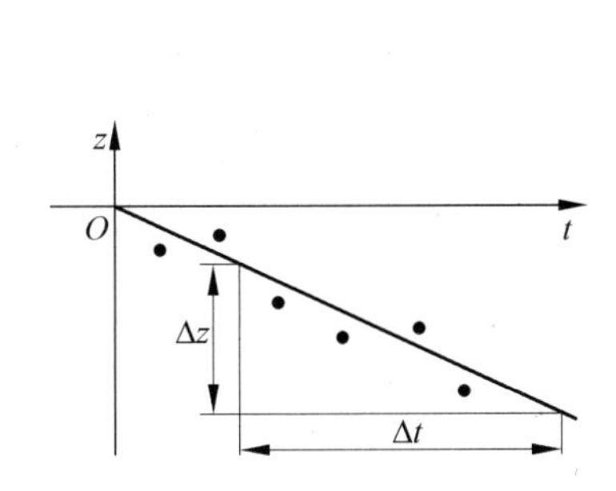

图3-8 一阶系统时间常数的求法

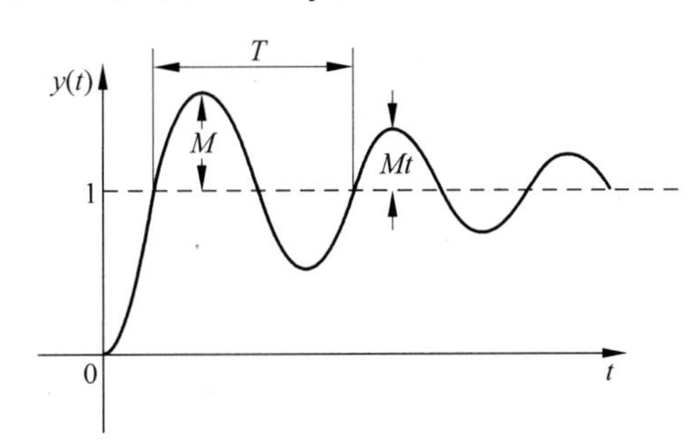

图3-9 二阶系统($\zeta<1$)的阶跃响应

如果测得阶跃响应的较长瞬变过程，则可利用任意两个过冲量 M_i 和 M_{i+n} 按式(3-40)求得阻尼比 ζ。即

$$\zeta = \frac{\delta_n}{\sqrt{\delta_n^2 + 4\pi^2 n^2}} \tag{3-40}$$

式中，n 是该两峰值相隔的周期数(整数)；且

$$\delta_n = \ln\frac{M_i}{M_{i+n}} \tag{3-41}$$

当 $\zeta<0.1$ 时，若考虑以1代替 $\sqrt{1-\zeta^2}$，此时不会产生过大的误差(不大于0.6%)，则可用式(3-42)计算 ζ，即

$$\zeta = \frac{\ln\frac{M_i}{M_{i+n}}}{2n\pi} \tag{3-42}$$

若传感器或检测仪器是精确的二阶系统，则 n 值采用任意正整数所得的 ζ 值不

会有差别。反之，若 n 取不同值获得不同的 ζ 值，则表明该传感器或检测仪器不是线性二阶系统。

根据响应曲线，不难测出振动周期 T，于是有阻尼的振荡频率 ω_d 为

$$\omega_d = 2\pi \frac{1}{T} \tag{3-43}$$

则无阻尼固有频率 ω_n 为

$$\omega_n = \frac{\omega_d}{\sqrt{1-\zeta^2}} \tag{3-44}$$

当然还可以利用正弦输入测定输出和输入的幅值比和相位差以确定传感器或检测仪器的幅频特性和相频特性，然后根据幅频特性，分别按图 3-10 和图 3-11 求得一阶传感器或检测仪器的时间常数 τ 和欠阻尼二阶传感器或检测仪器的固有频率 ω_n 和阻尼比 ζ。

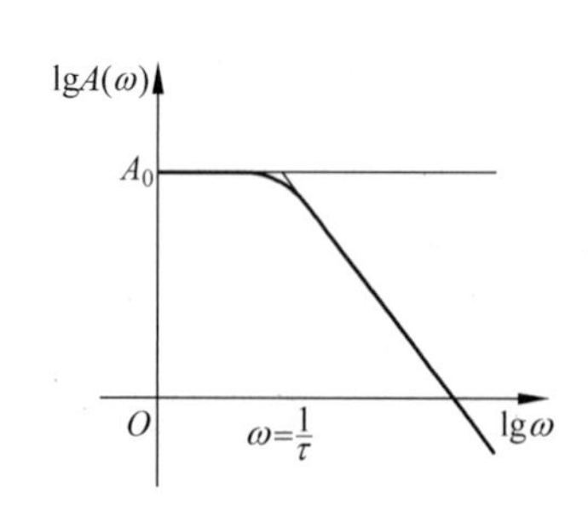

图 3-10　由幅频特性求时间常数 τ

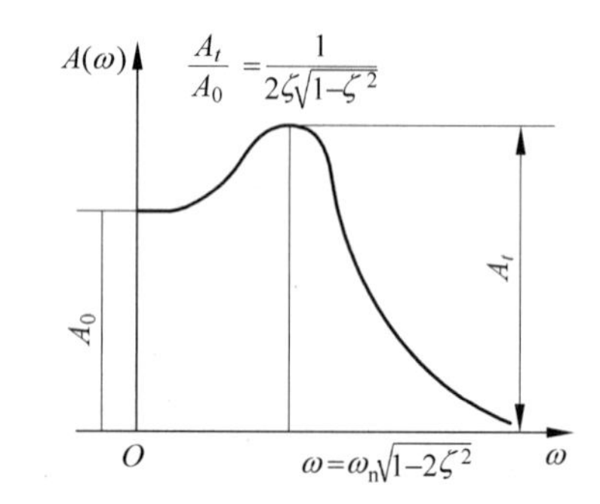

图 3-11　欠阻尼二阶传感器的 ω_n 和 ζ

3.6　传感器与检测系统的可靠性

3.6.1　可靠性基本概念

根据 GB/T 2900.13—2008《电工术语　可信性与服务质量》的定义，可靠性是“产品在规定的条件和规定的时间区间内完成规定功能的能力”。它是描述系统长期稳定、正常运行能力的一个通用概念，也是系统、设备、元器件的功能在时间方面的特征表示。可靠性水平是传感器和检测仪器最重要的指标之一，对于应用在工业现场的传感器和检测仪器而言，若其发生故障，轻则影响产品的质量和产量，重则导致事故，造成重大的经济损失。对于航天、航空和武备系统等特殊用途的传感器与检测仪器尤其如此。因此，提高传感器与检测仪器检测系统的可靠性、安全性已成为人们日益关心的重要课题。

随着各行各业自动化程度的不断提高，传感器与检测系统不仅应用在环境优良的实验室，还广泛应用在工厂、野外、水下、空中等复杂环境，其工作条件往往比较恶劣；同时随着智能化程度的提高，检测系统的组成日趋复杂，所使用的元器件越来越

多,制造、装配的复杂程度也越来越高,这些都使得传感器与检测系统的可靠性问题日益突出。

一般来说,影响传感器与检测系统可靠性的主要因素可分为内部和外部两方面。其中,导致系统运行不稳定的内部因素有:

① 元器件本身的性能和可靠性。元器件是组成检测系统的基本单元,其性能的好坏与稳定性影响整个系统的性能和可靠性。因此,在可靠性设计中,首要的工作是精选元器件,使其在长期稳定性、精度等级方面满足要求。

② 系统结构设计。包括硬件电路结构及其运行软件设计。元器件选定以后,根据系统运行原理与生产工艺要求将其连成整体。电路设计中要求元器件或线路布局合理,以消除元器件之间的电磁耦合相互干扰;优化的电路设计也可以消除或削弱外部干扰对整个系统的影响,如去耦电路、平衡电路等;也可以采用冗余结构,当某些元器件发生故障时也不影响整个系统的运行。软件是智能检测系统区别于其他检测系统的独特之处,通过合理编制软件可以进一步提高系统运行的可靠性。

③ 安装与调试。元器件与整个系统的安装与调试,是保证系统运行和可靠性的重要措施。尽管元件选择严格,系统整体设计合理,但如果安装工艺粗糙,调试不严格,仍然会达不到预期的效果。

外因是传感器和检测仪器所处工作环境中的外部设备或空间条件导致系统运行的不可靠因素,主要包括以下几点:

① 外部电气条件,如电源电压的稳定性、强电场与磁场的影响。

② 外部空间条件,如温度、湿度、空气清洁度等。

③ 外部机械条件,如振动、冲击等。

④ 为了保证传感器和检测仪器工作可靠,必须创造一个良好的外部环境,例如采取屏蔽措施、远离产生强电磁场干扰的设备,加强通风以降低环境温度,安装紧固以防止振动等。

针对上述内外因素,采取有效的措施,是可靠性设计的根本任务。

3.6.2 常用可靠性参数指标

描述可靠性的常用参数指标有:可靠度、失效率、平均寿命。

1. 可靠度(reliability)

可靠度是指产品或系统在规定条件下和规定的时间内完成规定功能的概率。这里的规定条件包括运行的环境条件、使用条件、维修条件和操作水平等。系统在时刻 t 的可靠度用 $R(t)$ 表示,$R(t)$ 也是系统的可靠运行时间变量 T 大于时间 t 的条件概率,即

$$R(t) = P \quad (T > t) \tag{3-45}$$

与可靠度相对应的另一个特征量称为不可靠度,用 $F(t)$ 表示,即

$$F(t) = 1 - R(t) \tag{3-46}$$

$F(t)$又称为到t时刻为止的累计失效率。

例如，设有N个产品，在规定工作条件和规定的时间内有r个失效，其余$N-r$个正常工作，其可靠度为

$$R(t) = (N - r)/N \tag{3-47}$$

2. 失效率(failure rate)

失效率又称故障率，是指系统工作t时间以后，单位时间内发生故障的概率。即某一时刻单位时间内，产品失效的概率记为$\lambda(t)$。

设有N个产品，从$t=0$时刻开始工作，到t时刻已有$n(t)$个失效，此时残存数应为$N-n(t)$，在此后的$(t,t+\Delta t)$时间间隔内失效$\Delta n(t)$个，则根据定义，失效率为

$$\lambda(t) = \frac{\Delta n(t)}{[N - n(t)]\Delta t} = \frac{\Delta n(t)/(N\Delta t)}{[N - n(t)]/N} = -\frac{\mathrm{d}R(t)}{R(t)\mathrm{d}t} \tag{3-48}$$

对于一个系统而言，在其有效寿命期间内，如果它的失效率是由电子元器件、集成电路芯片的故障引起的，则失效率为常数。这是因为电子元器件、集成电路芯片经过老化筛选后，就进入偶发故障期，在这一时期内，它们的故障是随机均匀分布的，故障率为一常数。而电子元器件的平均寿命总是比整机高得多，即整机总比元器件先进入损耗故障期。因此，对检测系统最常用的一种失效率就是$\lambda(t)$为常数的情况。

由式(3-48)可得

$$R(t) = \mathrm{e}^{\int_0^t -\lambda(t)\mathrm{d}t} \tag{3-49}$$

当$\lambda(t)=\lambda_0$，为一常数，则

$$R(t) = \mathrm{e}^{-\lambda_0 t} = 1 - F(t) \tag{3-50}$$

这表明，当失效率为常数时，可靠度为一指数函数，随时间按指数规律变化，满足指数分布。这是电子产品、绝大多数数字设备的可靠度分布规律。

3. 平均寿命(mean life)

对于可修复系统，平均寿命是指从一次故障到下一次故障的平均时间(或工作次数)，又称为平均无故障时间MTBF(mean time between failure)。对于不可修复的系统，平均寿命指从工作开始到发生故障的时间(或工作次数)，又称为平均失效前时间MTTF(mean time to failure)。平均寿命是系统寿命随机变量的数学期望，是描述可靠性的最常用的特征量，它比可靠度、失效率更形象地给出了系统的可靠性。

对于可修复系统，当产品可靠度为$R(t)$时，平均寿命可表示为

$$t_{\mathrm{MTBF}} = \int_0^{\infty} R(t)\mathrm{d}t \tag{3-51}$$

当$R(t)$为指数分布时，则

$$t_{\mathrm{MTBF}} = \int_0^{\infty} \exp\left[\int_0^{\tau} -\lambda(\tau)\mathrm{d}\tau\right]\mathrm{d}t \tag{3-52}$$

当失效率 $\lambda(t) = \lambda$，λ 为一常数时，则

$$t_{\mathrm{MTBF}} = \frac{1}{\lambda} \tag{3-53}$$

$$R(t = t_{\mathrm{MTBF}}) = 0.368$$

这表明，如果系统可靠度满足指数分布，则当系统工作到 t_{MTBF} 时，其可靠度为 0.368。

习题与思考题

3.1　什么是仪表的测量范围、上下限和量程？它们彼此间有什么关系？

3.2　什么是仪表的灵敏度和分辨力？两者间存在什么关系？

3.3　评价线性度的方法有哪几种？哪一种精度最高？哪一种精度最低？

3.4　系统的动态特性决定于哪些参数？如何来评定一个系统的动态性能？

3.5　对于一个二阶检测系统，其固有频率为 1kHz，阻尼比为 0.5，用它来测量频率为 500Hz 的振动，它的幅度测量误差至少是多少？用它来测量 800Hz 的振动，它的幅度测量误差又是多少？

3.6　检测系统不失真测量的条件是什么？

3.7　传感器与检测系统静态校准的条件与步骤是什么？

3.8　试用两种方法测试一阶系统的时间常数 τ，并比较这两种测量方法。

3.9　影响传感器与检测系统可靠性的主要因素有哪些？衡量系统可靠性的参数指标有哪些？

第二篇　传感器技术篇

第4章 结构型传感器

4.1 电阻应变式传感器

通过电阻参数的变化来实现物理量测量的传感器统称为电阻式传感器。各种电阻材料，受被测量（如位移、应变、压力、光和热等）作用转换成电阻参数变化的机理是各不相同的，因而电阻式传感器又分为电位计式、应变计式、压阻式、光电阻式和热电阻式等。本章主要讨论电阻应变式传感器。

电阻应变式传感器是利用电阻应变片将应变转换为电阻的变化，实现电测非电量的传感器。传感器由在不同的弹性元件上粘贴电阻应变敏感元件构成，当被测物理量作用在弹性元件上时，弹性元件的变形引起应变敏感元件的阻值变化，通过转换电路将阻值的变化转变成电量输出，电量变化的大小则反映了被测物理量的大小。应变式电阻传感器是目前在测量力、力矩、压力、加速度、重量等参数中应用最广泛的传感器之一。

4.1.1 工作原理

研究发现，在外界力的作用下，将引起金属或半导体材料发生机械变形，其电阻值将会相应发生变化，这种现象称为“电阻应变效应”。

图4-1所示的一段导体，长为L，截面积为S，电阻率为ρ，未受力时的电阻为

$$R = \rho \frac{L}{S} \tag{4-1}$$

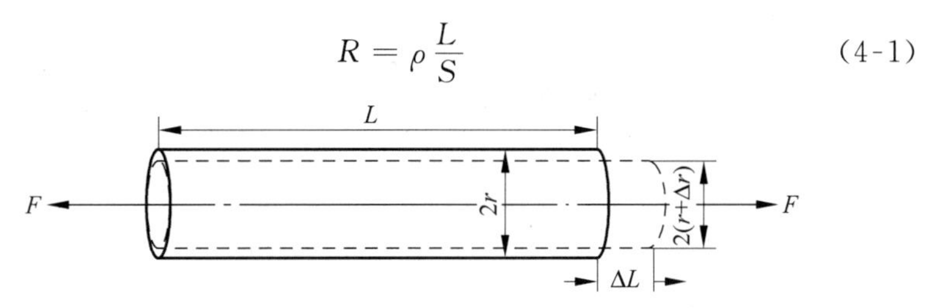

图4-1 导体受力作用后几何尺寸发生变化

电阻丝在外力 F 作用下将会被拉伸或压缩，导体的长度 L、截面积 S 及电阻率 ρ 等均将发生变化，从而导致导体电阻的变化。对式(4-1)进行微分，则有

$$\mathrm{d}R=\frac{\rho}{S}\mathrm{d}L-\frac{\rho L}{S^2}\mathrm{d}S+\frac{L}{S}\mathrm{d}\rho=R\left(\frac{\mathrm{d}L}{L}-\frac{\mathrm{d}S}{S}+\frac{\mathrm{d}\rho}{\rho}\right)\tag{4-2}$$

于是有

$$\frac{\mathrm{d}R}{R}=\frac{\mathrm{d}L}{L}-\frac{\mathrm{d}S}{S}+\frac{\mathrm{d}\rho}{\rho}\tag{4-3}$$

令电阻丝的轴向应变 $\varepsilon=\Delta L/L$，设导体半径为 r，则由材料力学可知 $\mathrm{d}r/r=-\mu(\mathrm{d}L/L)=-\mu\varepsilon$，$\mu$ 为电阻丝材料的泊松系数。因为 $S=\pi r^2$，所以

$$\frac{\mathrm{d}S}{S}=2\,\frac{\mathrm{d}r}{r}=-2\mu\varepsilon\tag{4-4}$$

对式(4-3)经过整理可得

$$\frac{\mathrm{d}R}{R}=(1+2\mu)\varepsilon+\frac{\mathrm{d}\rho}{\rho}\tag{4-5}$$

对于不同的材料，电阻率相对变化的受力效应是不同的。下面对于金属导体和半导体材料分别进行讨论。

1. 金属材料的应变电阻效应

通过研究发现，金属材料的电阻率相对变化正比于体积的相对变化，即有

$$\frac{\mathrm{d}\rho}{\rho}=C\,\frac{\mathrm{d}V}{V}=C\,\frac{\mathrm{d}(LS)}{LS}=C\left(\frac{\mathrm{d}L}{L}-2\mu\,\frac{\mathrm{d}L}{L}\right)=C(1-2\mu)\varepsilon\tag{4-6}$$

式中，C 为由材料及加工方式决定的与金属导体晶格结构相关的比例系数。将式(4-6)代入式(4-5)可有

$$\frac{\mathrm{d}R}{R}=[(1+2\mu)+C(1-2\mu)]\varepsilon=K_{\mathrm{m}}\varepsilon\tag{4-7}$$

式中，$K_{\mathrm{m}}=(1+2\mu)+C(1-2\mu)$ 为金属电阻丝的应变灵敏度系数，它由两部分组成：前半部分为受力后金属丝几何尺寸变化所致，对一般金属而言 $\mu\approx0.3$，$1+2\mu\approx1.6$；后半部分为因应变而发生的电阻率相对变化，以康铜为例，$C\approx1$，$C(1-2\mu)\approx0.4$。显然金属丝材的应变电阻效应以几何尺寸变化为主。

由以上分析可见，金属材料的电阻相对变化与其线应变 ε 成正比。这就是金属材料的应变电阻效应。

2. 半导体材料的应变电阻效应

研究发现，锗、硅等单晶半导体材料具有压阻效应，即

$$\frac{\mathrm{d}\rho}{\rho}=\pi\sigma=\pi E\varepsilon\tag{4-8}$$

式中，σ 为作用于材料上的轴向应力；π 为半导体在受力方向的压阻系数；E 为半导体材料的弹性模量。将式(4-8)代入式(4-5)可得

$$\frac{\mathrm{d}R}{R} = [(1+2\mu)+\pi E]\varepsilon = K_s\varepsilon \tag{4-9}$$

式中，$K_s=(1+2\mu)+\pi E$ 为半导体丝材的应变灵敏度系数。前半部分为几何尺寸变化所致，后半部分为半导体材料的压阻效应所致，而且 $\pi E \gg 1+2\mu$，因而半导体丝材的应变电阻效应以压阻效应为主。对于金属和半导体材料而言，通常 $K_s=(50\sim80)K_m$。

由以上分析可知，外力作用而引起的轴向应变，将导致电阻丝的电阻成比例地变化，通过转换电路可将这种电阻变化转换为电信号输出。这就是应变片测量应变的基本原理。

4.1.2　结构与类型

1. 应变计的结构

利用金属或半导体材料电阻丝（又称应变丝）的应变电阻效应，可以制成测量试件表面应变的敏感元件。为在较小的尺寸范围内敏感应变，并产生较大的电阻变化，通常把应变丝制成栅状的应变敏感元件，即电阻应变计（片），简称应变计（片）。

图 4-2 是应变计的典型结构图，它由敏感栅、基底、盖片、引线和黏结剂等组成。

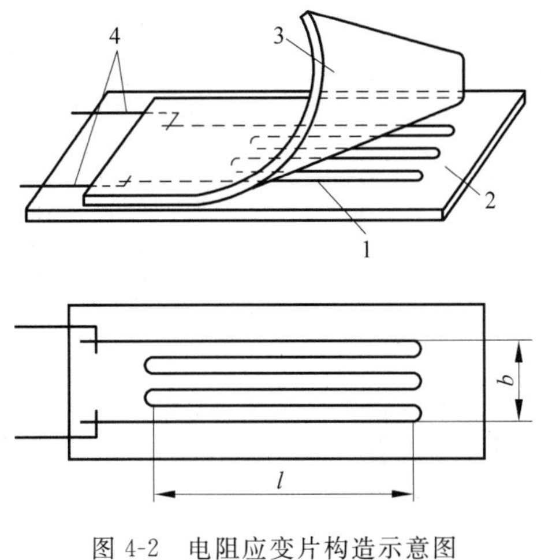

图 4-2　电阻应变片构造示意图

1—敏感栅；2—基底；3—盖片；4—引线

① 敏感栅：应变计中实现“应变-电阻”转换的敏感元件。图 4-2 中 l 表示栅长，b 表示栅宽。敏感栅的电阻值一般在 100Ω 以上，它通常由直径为 0.01～0.05mm 的金属丝绕成栅状，或用金属箔腐蚀成栅状，常见敏感栅的结构形式如图 4-3 所示。

② 基底：为保持敏感栅固定的形状、尺寸和位置，通常用黏结剂将它固结在纸质或胶质的基底上。应变计工作时，基底起着把试件应变准确地传递给敏感栅的作用，故基底必须很薄，一般为 0.02～0.04mm。

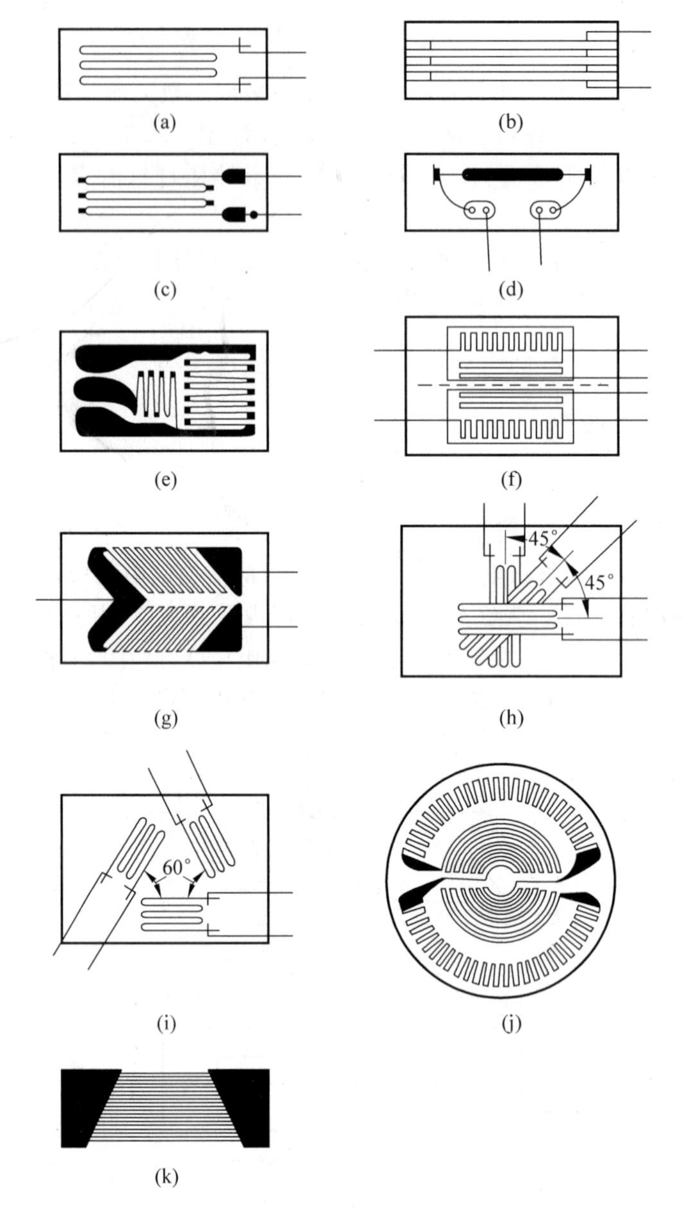

图 4-3　常见敏感栅的结构形式

③ 引线：它起着敏感栅与测量电路之间的过渡连接和引导作用。通常取直径为 0.1～0.15mm 的低阻镀锡铜线，并用钎焊与敏感栅端连接。

④ 盖片：用纸或胶等制作成的、覆盖在敏感栅上的保护层，起着防潮、防蚀、防损等作用。

⑤ 黏结剂：在生产应变计时，用黏结剂分别把盖片和敏感栅固结于基底，使用应变计时，则用黏结剂把应变计基底粘贴在试件表面的被测部位。因此在应变测试过程中，黏结剂也起着传递应变的作用。

2. 应变计的类型

电阻应变片的种类很多，分类方法各异，现从加工方法和材料两个方面，简要介绍几种常见的应变片及其特点。

① 按加工方法，可以将应变片分为以下四种：

丝式应变片：由电阻丝绕制而成，可分为回线式应变片与短接式应变片两种。前者如图 4-3(a)所示，后者如图 4-3(b)所示。

箔式应变片：利用照相制版或光刻腐蚀方法制成，箔材厚度多在 0.001～0.01mm 之间，可以制成任意形状以适应不同的测量要求。如图 4-3(c、e、g)所示。

半导体应变片：基于半导体材料的压阻效应而制成，一般呈单根状，体积小，灵敏度高，机械滞后小，动态性能好。如图 4-3(d)所示。

薄膜应变片：采用真空蒸发或真空沉积等方法将电阻材料在基底上制成各种形式的敏感栅而形成的应变片。如图 4-3(j、k)所示。

② 按敏感栅的材料，可将应变计分为金属应变计和半导体应变计两大类，如表 4-1 所示。

表 4-1　电阻应变计分类表

大类	分类方法	应变计名称
金属应变计	敏感栅结构	单轴应变计、多轴应变计(应变花)、裂纹应变计等
	基底材料	纸质应变计、胶基应变计、金属基应变计、浸胶基应变计
	制栅工艺	丝绕式应变计、短接式应变计、箔式应变计、薄膜式应变计
	使用温度	低温应变计(－30℃以下)、常温应变计(－30～＋60℃)； 中温应变计(＋60～＋350℃)、高温应变计(＋350℃以上)
	安装方式	粘贴式应变计、焊接式应变计、喷涂式应变计、埋入式应变计
	用途	一般用途应变计、特殊用途应变计(水下、疲劳寿命、抗磁感应、裂缝扩展等)
半导体应变计	制造工艺	体型半导体应变计、扩散(含外延)型半导体应变计、薄膜型半导体应变计、N-P 元件半导体型应变计

3. 电阻应变计的材料

为了使应变计具有较好的性能，对制造敏感栅的材料应有下列要求：

① 灵敏度系数和电阻率要尽可能高而稳定，在很大应变范围内 K 和 ρ 为常数；

② 电阻温度系数尽可能小，具有良好的线性关系，重复性好；

③ 具有优良的机械加工性能，机械强度高，辗压及焊接性能好，与其他金属之间接触热电势小；

④ 抗氧化、耐腐蚀性能强，无明显机械滞后。

制作应变片敏感栅常用的金属材料有康铜、镍铬合金、铁铬铝合金、贵金属(铂、铂钨合金等)等，其中康铜是目前应用最广泛的应变丝材料。

除敏感栅以外，对基底材料、黏结剂、引线的材料方面都有要求，可以根据应用对象的不同进行选择。

4. 电阻应变计的选用与粘贴

(1) 应变计的型号定义与选择

在选用应变计之前，应先了解应变计的型号命名方法。应变计的型号命名如图 4-4 所示。应变片的标称电阻值是指未安装的应变片在不受力的情况下于室温条件下测定的电阻值，也称原始阻值。由图 4-4 可见，应变片的标称电阻值可分为 60Ω、120Ω、200Ω、350Ω、500Ω、1000Ω 等多种，其中 120Ω 最常使用。

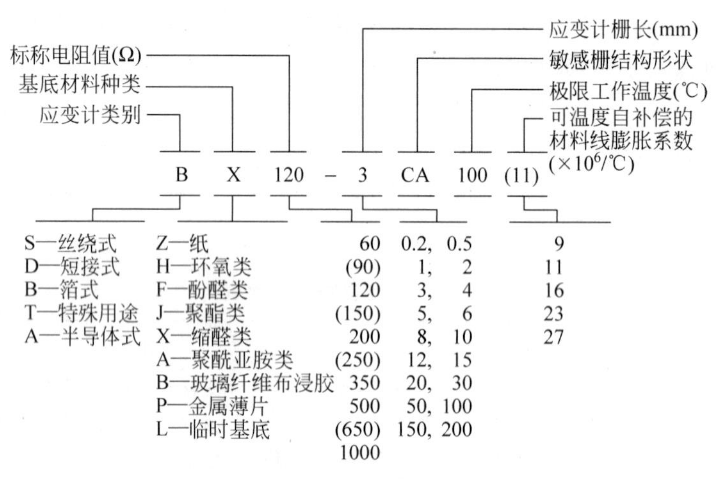

图 4-4 应变计的型号命名图解

选用应变计时，首先应根据使用的目的、要求、对象及环境条件等，对应变计的类型进行选择；然后根据使用温度、时间、最大应变量及精度要求选用合适的敏感栅和基底材料；接着根据测量线路或仪器选择合适的标准阻值；最后还应根据试件表面可贴应变片的面积大小选择合适尺寸的应变计。

(2) 应变片的粘贴

电阻应变片工作时，是用黏结剂粘贴到被测试件或传感器的弹性元件上的。黏结剂形成的胶层必须准确迅速地将被测应变传递到敏感栅上去，所以黏结剂以及粘贴技术对于测量结果有着直接的影响。

通常而言，对黏结剂要求如下：有足够的粘贴强度，弹性模量大，能准确地传递应变，机械滞后小，耐疲劳性能好，长期稳定性好，对被测试件(或弹性元件)和应变片不产生化学腐蚀作用，较好的电绝缘性能，具有较大的使用温度范围。常用的黏结剂有硝化纤维素、氰基丙烯酸、聚酯树脂、环氧树脂以及酚醛树脂等多种。

粘贴应变计时，粘贴工艺包括以下几个方面：试件表面处理、贴片位置确定、涂底胶、贴片、干燥固化、贴片质量检查、引线的焊接与固定、防护与屏蔽等。

4.1.3 主要特性

应变计的工作特性与其结构、材料、工艺、使用条件等多种因素有关，由于应变计均为一次性使用，因此应变计的工作特性指标，是按国家标准规定，从批量生产中按比例进行抽样统计分析而得的。电阻应变计的特性包括静态特性和动态特性两个方面。

1. 静态特性

静态特性是指应变计感受不随时间变化或变化缓慢的应变时的输出特性，表征静态特性的指标主要有：灵敏度系数、横向效应、机械滞后、蠕变、零漂、应变极限、绝缘电阻、最大工作电流等。

(1) 灵敏度系数(K)

将具有初始电阻值 R 的应变计安装于试件表面，在其轴线方向的单向应力作用下，应变计阻值的相对变化与试件表面轴向应变之比称为灵敏度系数。

应变计的电阻-应变特性与单根电阻丝时不同，一般情况下，应变计的灵敏度系数小于相应长度单根应变丝的灵敏度系数。这是因为：在单向应力作用下产生的应变，在传递到敏感栅的过程中会产生失真，而且栅端圆弧部分存在横向效应的影响。因此须用试验方法对应变计的灵敏度系数 K 进行标定。通常采用从批量生产中每批抽样，在规定条件下通过实测来确定，因此应变计的灵敏度系数也称为标称灵敏系数。上述规定条件是：

① 试件材料为泊松系数 $\mu=0.285$ 的钢材；

② 试件单向受力；

③ 应变片轴向与主应力方向一致。

(2) 横向效应

当将图 4-5 所示的应变片粘贴在被测试件上时，由于其敏感栅是由 n 条长度为 l_1 的直线段和栅端部的 $n-1$ 个半径为 r 的半圆弧组成，若该应变片承受轴向应力而产生纵向拉应变 ε_x，则各直线段的电阻将增加，但在半圆弧段则受到从 $+\varepsilon_x$ 到 $-\mu\varepsilon_x$ 之间变化的应变，其电阻的变化将小于沿轴向安放的同样长度电阻丝电阻的变化。最明显的是在 $\theta=\pi/2$ 的圆弧段处，由于单向拉伸，除了沿此轴的拉应变外，按泊松关系同时在垂直方向产生负的压应变 $\varepsilon_y=-\mu\varepsilon_x$，此处电阻不仅不会增加，反而会减小。由此可见，将直的金属丝绕成敏感栅后，虽然长度相同，但应变状态不同，应变片敏感栅的电阻变化比直的金属丝要小，其灵敏系数降低了，这种现象称为应变片的横向效应。

为了减小横向效应带来的测量误差，一般采用短接式或直角式横栅，现在更多的是采用箔式应变片，可有效克服横向效应的影响。

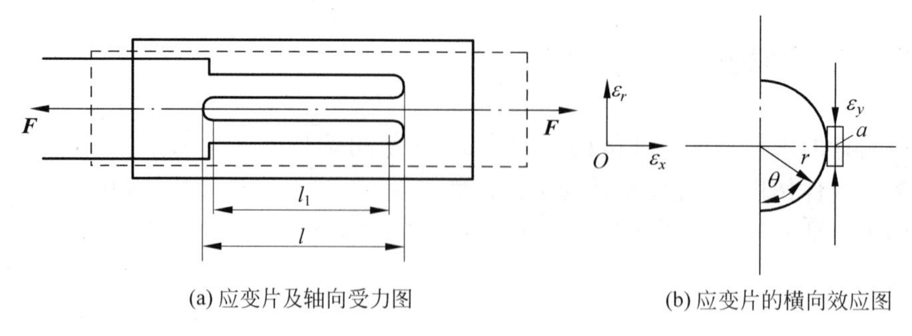

(a) 应变片及轴向受力图　　(b) 应变片的横向效应图

图 4-5　横向效应示意图

(3) 机械滞后

应变计安装在试件上以后，在一定温度下，其$(\Delta R/R)-\varepsilon$的加载特性与卸载特性不重合，这种不重合性用机械滞后来表示。加载特性与卸载特性曲线的最大差值称为机械滞后量。

机械滞后主要是敏感栅、基底和黏结剂在承受机械应变后所留下的残余变形所造成的。为了减小机械滞后，除选用合适的黏结剂外，最好在正式使用之前预先加、卸载若干次再正式测量，以减小机械滞后的影响。

(4) 蠕变和零漂

粘贴在试件上的应变计，在温度保持恒定、不承受机械应变时，其电阻值随时间而变化的特性，称为应变计的零漂。如果在一定温度下，使其承受恒定的机械应变，应变计电阻值随时间而变化的特性，称为应变计的蠕变。一般蠕变的方向与原应变变化的方向相反。

这两项指标都是用来衡量应变计对时间的稳定性，在长时间测量中其意义更为突出。实际上，蠕变值中包含零漂，零漂是不加载情况下的特例。制作应变计时内部产生的内应力和工作中出现的剪应力等，是造成零漂和蠕变的主要原因。选用弹性模量较大的黏结剂和基底材料，有利于蠕变性能的改善。

(5) 应变极限

应变计的线性(灵敏系数为常数)特性，只有在一定的应变限度范围内才能保持。当试件输入的真实应变超过某一极限值时，应变计的输出特性将呈现非线性。在恒温条件下，使非线性误差达到10%时的真实应变值，称为应变极限。应变极限是衡量应变计测量范围和过载能力的指标，影响应变极限的主要因素及改善措施与蠕变基本相同。

(6) 绝缘电阻和最大工作电流

应变片绝缘电阻是指已粘贴的应变片的引线与被测试件之间的电阻值。通常要求为50～100MΩ以上。不影响应变片工作特性的最大电流称为最大工作电流。工作电流大，输出信号就大，灵敏度也就高。但是电流过大时，会使应变片发热、变形，甚至烧坏，零漂、蠕变也会增加。工作电流在静态测量时一般为25mA，在动态测量时可取75～100mA。如果散热条件好，则电流可适当大一些。

2. 动态特性

电阻应变计在测量频率较高的动态应变时，应考虑其动态响应特性。因为在动态测量时，应变以应变波的形式在材料中传播，它的传播速度与声波相同。这里以正弦变化的应变为例，介绍应变计的动态特性。

当应变按正弦规律变化时，应变片反映出来的是应变片敏感栅上各点应变量的平均值，显然与某一"点"的应变值不同，应变片所反映的波幅将低于真实应变波，从而带来一定的误差。显然这种误差将随着应变片基长的增加而增大。

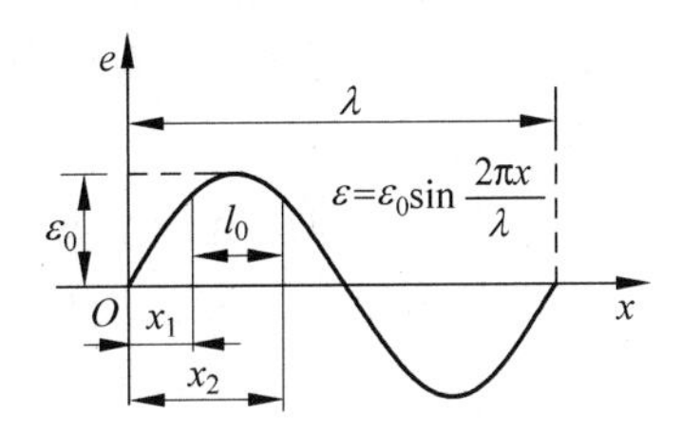

图 4-6　应变片对正弦应变波瞬时响应特性

设有一波长为 λ、频率为 f 的正弦应变波 $\varepsilon=\varepsilon_0\sin(2\pi x/\lambda)$，在试件中以速度 v 沿应变片栅长方向传播，应变片的基长为 l_0。图 4-6 所示为应变片的应变波达到最大幅值时的瞬时关系图。这时应变片两端的坐标为：$x_1=\lambda/4-l_0/2$，$x_2=\lambda/4+l_0/2$，则此时应变计输出的平均应变 ε_p 达到最大值

$$\varepsilon_p=\frac{\int_{x_1}^{x_2}\varepsilon_0\sin\left(\frac{2\pi x}{\lambda}\right)\mathrm{d}x}{x_2-x_1}=-\frac{\lambda\varepsilon_0}{2\pi l}\left(\cos\frac{2\pi}{\lambda}x_2-\cos\frac{2\pi}{\lambda}x_1\right)=\frac{\lambda\varepsilon_0}{\pi l}\sin\frac{\pi l_0}{\lambda}\tag{4-10}$$

则可求出应变波波幅测量相对误差为

$$e=\left|\frac{\varepsilon_p-\varepsilon_0}{\varepsilon_0}\right|=\left|\frac{\lambda}{\pi l_0}\sin\frac{\pi l_0}{\lambda}-1\right|\tag{4-11}$$

由式(4-11)可知，测量误差与应变波波长对基长的比值 $n=\lambda/l_0$ 有关，当 λ/l_0 越大，则误差越小。一般可取 $\lambda/l_0=10\sim20$，这时测量误差为 1.6%～0.4%。

因为 $\lambda=v/f$，且 $\lambda=nl_0$，则应变片可测频率 f、应变波波速 v 以及波长与基长之间的关系为

$$f=\frac{v}{nl_0}\tag{4-12}$$

以钢材为例，$v=5000\mathrm{m/s}$，如取 $n=20$，则利用式(4-12)可算得不同基长时应变片的最高工作频率，如表 4-2 所示。

表 4-2　不同基长应变片的最高工作频率

应变片基长 l_0/mm	1	2	3	5	10	15	20
最高工作频率 f/kHz	250	125	83.3	50	25	16.6	12.5

以上讨论的是应变片的动态响应特性，在动态工作状态下，另一个重要特性指标是疲劳寿命。疲劳寿命是指粘贴在试件上的应变片，在恒幅交变应力作用下，连续工作直至疲劳损坏的循环次数，一般要求为 $10^5\sim10^7$ 次。

4.1.4 温度效应及其补偿

1. 温度效应

用应变计测量时，通常希望工作温度是恒定的，实际应用时工作温度可能偏离或超出常温范围，致使应变计的工作特性改变而影响输出。这种由温度变化引起应变计输出变化的现象，称为应变片的温度效应(也称温度误差)。下面分析温度效应产生的原因。

(1) 温度变化引起应变片敏感栅电阻变化而产生附加应变

应变丝电阻值随着温度而发生变化，电阻与温度的关系可用下式表示

$$R_t = R_0(1 + \alpha\Delta t)$$

定义 $\Delta R_{t\alpha} = R_t - R_0$，则

$$\frac{\Delta R_{t\alpha}}{R_0} = \alpha\Delta t \tag{4-13}$$

式中，R_t 表示温度为 t 时的电阻值；R_0 表示温度为 t_0 时的电阻值；$\Delta t = t - t_0$ 表示温度的变化值；$\Delta R_{t\alpha}$ 表示温度变化 Δt 时电阻值的变化；α 表示应变丝的电阻温度系数。设应变片的灵敏度系数为 K，则可将温度变化 Δt 时电阻的变化 $\Delta R_{t\alpha}$ 折合成拉应变 ε_α，则

$$\varepsilon_\alpha = \frac{\Delta R_{t\alpha}/R_0}{K} = \frac{\alpha\Delta t}{K} \tag{4-14}$$

(2) 试件材料与敏感材料的线膨胀系数不同，使应变片产生附加应变

当试件与应变丝材料的线膨胀系数完全相同时，不论环境温度如何变化，应变丝的变形仍和自由状态一样，不会产生附加变形。当两者线膨胀系数不同时，由于环境温度的变化，电阻丝会产生附加变形，从而产生附加电阻变化。

设粘贴在试件上的应变电阻丝与试件长度都为 l_0，它们的线膨胀系数分别为 β_d 和 β_s，若两者不粘贴，当温度变化 Δt 时，它们的长度分别为

$$l_d = l_0(1 + \beta_d\Delta t) \tag{4-15}$$

$$l_s = l_0(1 + \beta_s\Delta t) \tag{4-16}$$

当两者粘贴在一起时，应变丝将产生附加的拉变形 Δl、附加的拉应变 ε_β，分别为

$$\Delta l = l_s - l_d = l_0(\beta_s - \beta_d)\Delta t \tag{4-17}$$

$$\varepsilon_\beta = \frac{\Delta l}{l_0} = (\beta_s - \beta_d)\Delta t \tag{4-18}$$

综合式(4-14)和式(4-18)，当温度变化 Δt 时引起的应变丝附加应变为

$$\varepsilon_t = \varepsilon_\alpha + \varepsilon_\beta = \frac{1}{K}\alpha\Delta t + (\beta_s - \beta_d)\Delta t = \left(\frac{\alpha}{K} + \beta_s - \beta_d\right)\Delta t \tag{4-19}$$

由式(4-19)可以看出，因环境温度的变化而引起的附加应变，除了与环境温度的变化有关外，还与应变片自身的性能参数(K，α，β_d)以及被测试件材料的线膨胀系

数 β_s 有关。在工作温度变化较大时，必须对这种温度效应带来的测量误差进行补偿。

2. 电阻应变片的温度补偿

电阻应变片的温度补偿方法通常有应变片自补偿法和桥路补偿法两大类。

(1) 应变片自补偿法

这种方法是通过精心选配敏感栅材料与结构参数，使得当温度变化时，产生的附加应变为零或相互抵消。

① 选择式自补偿应变片，也称单丝自补偿应变片。由式(4-19)可知，欲使热输出 $\varepsilon_t=0$，只要满足以下条件即可

$$\alpha = K(\beta_d - \beta_s) \tag{4-20}$$

当被测试件确定以后，通过选择合适的敏感栅材料，使得 K、α、β_d 能与试件材料的 β_s 相匹配，即满足式(4-20)，就能达到温度自补偿的目的。这种自补偿应变计的最大缺点是一种应变片只能用在一种试件材料上，具有很大的局限性。

② 双丝自补偿应变片。这种应变片的敏感栅是由电阻温度系数为一正一负的两种合金丝串接而成，如图4-7所示。两种合金丝的阻值分别为 R_a 和 R_b，则应变片的电阻为 $R=R_a+R_b$。当工作温度变化时，若两段敏感栅产生的电阻变化 ΔR_a、ΔR_b 大小相等(或相近)且符号相反，就可对因阻值随温度变化而引起的附加应变实现温度补偿。

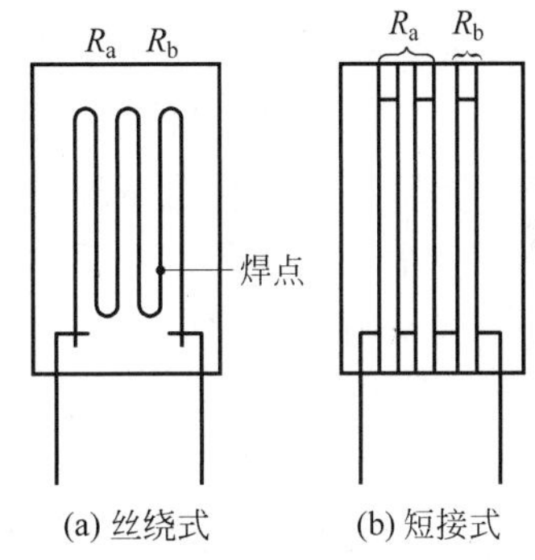

图4-7　双丝自补偿应变计

(2) 桥路补偿法

桥路补偿，也称补偿片法，是最常用而且效果较好的线路补偿方法。其桥路原理参见图4-8(a)所示。应变测量时，工作应变片 R_1 粘贴在被测试件表面上，敏感试件的应变，补偿应变片 R_B 粘贴在一块与试件材料完全相同的补偿块上，不承受应变，自由地放在试件上或附近，R_1、R_B 分别接到电桥的相邻两臂上。当温度发生变化时，工作片 R_1 与补偿片 R_B 的电阻都发生变化，由于温度变化相同，且 R_1、R_B 为相同应变片，又贴在相同的材料上，因此 R_1 与 R_B 的电阻变化相同，即 $\Delta R_1=\Delta R_B$，这时电桥输出不受影响，也即电桥的输出与温度的变化无关，只与被测应变有关，从而起到了温度补偿的作用。

为了提高测量灵敏度，通常将补偿片也粘贴在被测试件上，并使之感受相反的应变，如图4-8(c)所示，当被测试件(悬臂梁)受外力作用而向下弯曲时，工作片 R_1 受拉应变而电阻增加，补偿片 R_B 受压应变而电阻减小，接到电桥的相邻臂上后形成了差动电桥测量电路。由电桥的知识可知，此时电桥的输出电压增加一倍，提高了测试灵敏度，同时实现了温度补偿。

桥路补偿的优点是方法简单，在常温下补偿效果好。但是当温度变化梯度较大

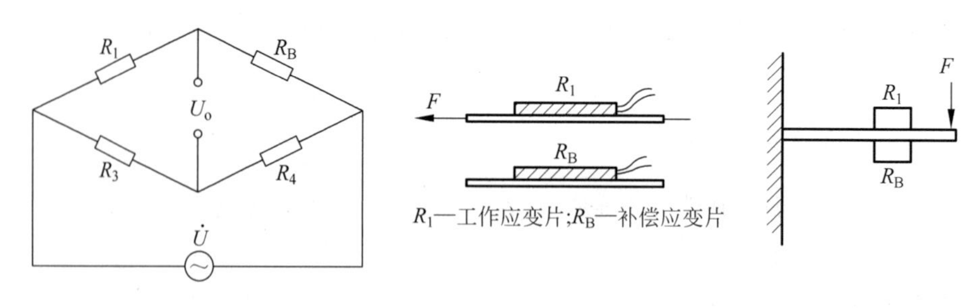

(a) 电桥测量电路原理图　　(b) 补偿应变片贴法　　(c) 差动电桥应变片贴法

图 4-8　桥路补偿法

时,很难做到工作片与补偿片处于温度完全一致的情况,因而会影响补偿效果。

(3) 热敏电阻补偿法

如图 4-9 所示,热敏电阻 R_t 处在与应变片相同的温度条件下,当应变片的灵敏度随温度升高而下降时,热敏电阻 R_t 的阻值也下降,使电桥的输入电压随温度升高而增加,从而提高电桥的输出,以补偿因应变片引起的输出下降。选择分流电阻 R_s 的值,可以得到良好的补偿效果。

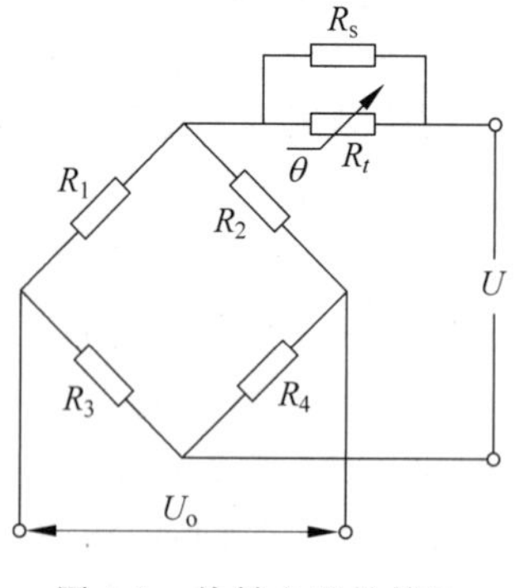

图 4-9　热敏电阻补偿法

4.1.5　电桥测量电路

1. 应变电桥

电阻应变计把机械应变信号转换成电阻变化后,由于应变量及其应变电阻变化一般都很微小,既难以直接精确测量,又不便直接处理。因此,必须采用转换电路或仪器,把应变计的电阻变化转换成电压或电流变化。具有这种转换功能的电路称为测量电路,由其构成的、并能进一步作放大、显示的专用仪器,就是电阻应变仪。电桥电路是目前广泛用作电阻应变仪的测量电路。

典型的阻抗应变电桥如图 4-10 所示,四个桥臂 Z_1、Z_2、Z_3、Z_4 按顺时针为序,a、c 为电源端,b、d 为输出端。当桥臂接入应变计时,即称为应变电桥。当一个臂、二个臂甚至四个臂接入应变计时,就相应构成了单臂、双臂和全臂工作电桥。如按供电电源情况分,可将测量电桥分为直流、交流两种电桥;如按工作方式分,可分为平衡桥式和不平衡桥式两种;如按桥臂关系分,可分为对输出端对称、对电源端对称以及全等臂电桥等结构。

2. 直流电桥

直流电桥的基本形式如图 4-11 所示。电桥各臂的电阻值分别为 R_1、R_2、R_3 和

R_4，U 是直流电源电压，U_o 是输出电压。此时电桥的输出有电流输出和电压输出两种形式，这里主要讨论电压输出形式。

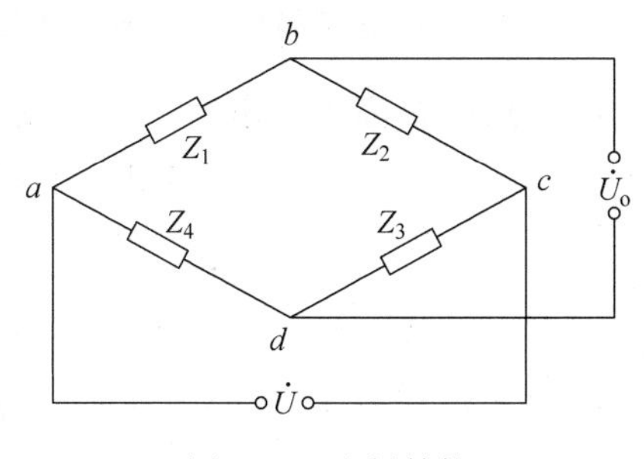

图 4-10　电桥结构

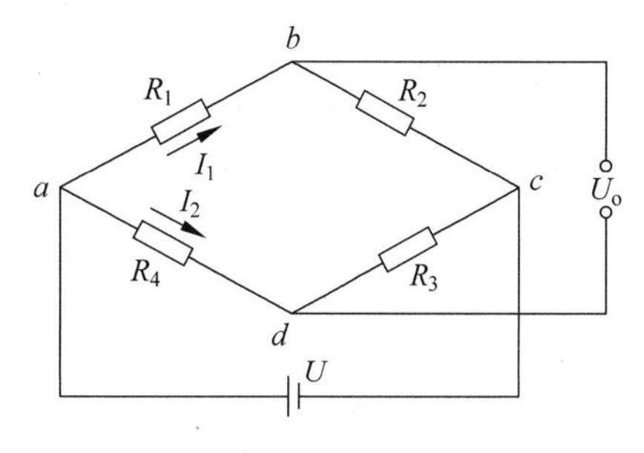

图 4-11　直流电桥

当电桥输出端接有放大器时，由于放大器的输入阻抗很高，所以可以认为电桥的负载电阻为无穷大，这时电桥以电压的形式输出，输出电压即为电桥输出端的开路电压。输出电压为

$$U_o = U_{ab} - U_{ad} = \frac{R_1 R_3 - R_2 R_4}{(R_1 + R_2)(R_3 + R_4)} U \tag{4-21}$$

当 $U_o=0$ 时，电桥处于平衡状态，则由式(4-21)可有 $R_1R_3=R_2R_4$，此即电桥平衡条件。根据此条件可分为以下三种情况：

① 对输出端对称，即 $R_1=R_2$，$R_3=R_4$，这种结构形式也称为第一种对称形式；

② 对电源端对称，即 $R_1=R_4$，$R_2=R_3$，这种结构形式也称为第二种对称形式；

③ 全等臂电桥结构，即 $R_1=R_2=R_3=R_4$。

以上三种形式都是常见的电桥结构。下面分别针对单臂工作电桥、双臂工作电桥和全臂工作电桥进行讨论。

(1) 单臂工作电桥

一个桥臂上为电阻应变片，其他桥臂上为固定电阻，则构成单臂工作电桥，如图 4-12 所示。设 R_1 为电阻应变片，R_2、R_3 和 R_4 为固定电阻。设应变片未承受应变时阻值为 R_1，电桥处于平衡状态，即满足 $R_1R_3=R_2R_4$，电桥输出电压为 0；当承受应变时，应变片产生 ΔR_1 的变化，R_1 的实际阻值变为 $R_1+\Delta R_1$，电桥不平衡，输出电压为

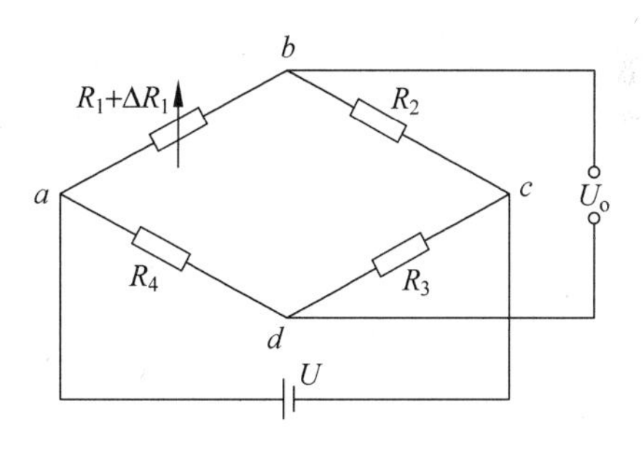

图 4-12　单臂工作电桥

$$U_o = U \cdot \frac{(R_1 + \Delta R_1)R_3 - R_2 R_4}{(R_1 + \Delta R_1 + R_2)(R_3 + R_4)} = U \cdot \frac{\Delta R_1 / R_1}{\left(1 + \frac{\Delta R_1}{R_1} + \frac{R_2}{R_1}\right)\left(1 + \frac{R_4}{R_3}\right)} \tag{4-22}$$

令桥臂比 $\frac{R_2}{R_1}=\frac{R_3}{R_4}=n$，因 $\Delta R_1 \ll R_1$，略去分母中的小项 $\frac{\Delta R_1}{R_1}$，则有

$$U_o = U \cdot \frac{n}{(1+n)^2} \cdot \frac{\Delta R_1}{R_1} = K_u \cdot \frac{\Delta R_1}{R_1} \tag{4-23}$$

式中，$K_u = U\dfrac{n}{(1+n)^2}$称为电桥电压灵敏度。显然，可通过适当提高电源电压$U$(受应变片允许承受的最大电流限制)或调节桥臂比$n$的方式，提高单臂电桥的灵敏度。通过进一步的分析可知，当电源电压一定时，如果$n=1$，则可以有最大的电压灵敏度，即采用第一种对称的电桥结构形式。此时，电压灵敏度为$K_u=U/4$，输出电压为

$$U_o = \frac{U}{4} \cdot \frac{\Delta R_1}{R_1} \tag{4-24}$$

式(4-24)是在假定应变片的电阻变化很小的情况下得到的线性特性，这是一种理想的情况，而实际的输出是非线性的，于是实际的非线性特性曲线与理想的线性特性曲线之间存在着偏差。下面以$R_1=R_2$、$R_3=R_4$为例，分析非线性偏差α的大小。

设理想情况下 $$U_o' = \frac{U}{4} \cdot \frac{\Delta R_1}{R_1}$$

实际情况下 $$U_o = \frac{U}{4} \cdot \frac{\Delta R_1}{R_1} \cdot \frac{1}{1+\dfrac{\Delta R_1}{2R_1}}$$

则

$$\alpha = \frac{U_o - U_o'}{U_o'} \times 100 = \frac{-\dfrac{\Delta R_1}{R_1}}{2+\dfrac{\Delta R_1}{R_1}} \tag{4-25}$$

由以上分析可见，单臂电桥在工作中存在非线性误差，这是因为在工作过程中通过桥臂的电流不恒定导致的。为此有时采用恒流源进行供电，如图4-13所示。供电电流为I，通过各臂的电流分别为I_1、I_2，则有：

$$I_1 = \frac{R_3+R_4}{R_1+R_2+R_3+R_4+\Delta R_1} \cdot I$$

$$I_2 = \frac{R_1+\Delta R_1+R_2}{R_1+R_2+R_3+R_4+\Delta R_1} \cdot I$$

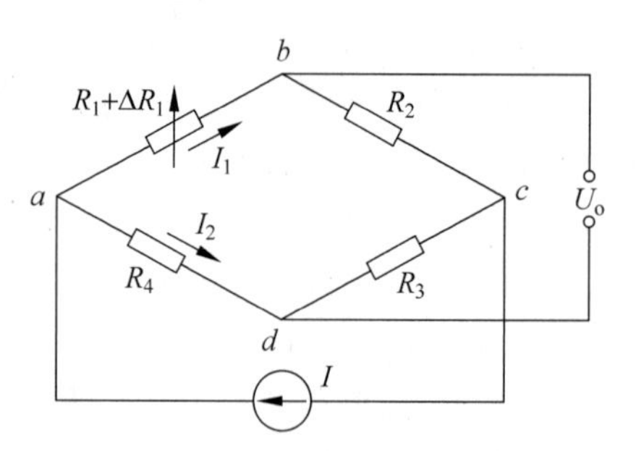

图4-13 恒流源供电的单臂工作电桥

输出电压为

$$U_o = R_3 I_2 - R_2 I_1 = I \cdot \frac{\Delta R_1 R_3}{R_1+R_2+R_3+R_4+\Delta R_1} \tag{4-26}$$

如果忽略分母中的小项ΔR_1，且设$R_1=R_2=R_3=R_4$，则有理想的输出电压为

$$U_o' = I \cdot \frac{\Delta R_1 R_3}{R_1+R_2+R_3+R_4} = \frac{I}{4}\Delta R_1 \tag{4-27}$$

实际输出电压为

$$U_o = I \cdot \frac{\Delta R_1 R_3}{R_1+R_2+R_3+R_4+\Delta R_1} = \frac{I\Delta R_1}{4+\dfrac{\Delta R_1}{R_1}} \tag{4-28}$$

非线性误差为

$$\alpha = \frac{U_o - U'_o}{U'_o} = \frac{-\dfrac{\Delta R_1}{R_1}}{4 + \dfrac{\Delta R_1}{R_1}} \tag{4-29}$$

由式(4-25)和式(4-29)可见，与恒压源供电相比，恒流源供电时非线性误差减小了一半。

(2) 双臂工作电桥

若在两个桥臂上接入电阻应变片，其他桥臂上为固定电阻，则构成双臂工作电桥，如图 4-14 所示。设 R_1、R_2 为电阻应变片，R_3 和 R_4 为固定电阻。设应变片未承受应变时阻值为 R_1、R_2，电桥处于平衡状态，即满足 $R_1R_3 = R_2R_4$，电桥输出电压为 0；当承受应变时，应变片 R_1 的电阻增大 ΔR_1，应变片 R_2 的电阻减小 ΔR_2，且有 $\Delta R_1 = \Delta R_2$，这种电桥也称为差动电桥。这时电桥不再平衡，输出电压为

$$U_o = U \cdot \frac{(R_1 + \Delta R_1)R_3 - (R_2 - \Delta R_2)R_4}{(R_1 + \Delta R_1 + R_2 - \Delta R_2)(R_3 + R_4)} = \frac{U}{2} \cdot \frac{\Delta R_1}{R_1} \tag{4-30}$$

由式(4-30)可知，差动电桥的输出是线性的，没有非线性误差问题。与式(4-24)相比，灵敏度提高了一倍。

(3) 全臂工作电桥

若四个桥臂上全为电阻应变片，则构成全桥工作电桥，如图 4-15 所示。R_1、R_2、R_3 和 R_4 全为电阻应变片。未承受应变时电桥处于平衡状态，即满足 $R_1R_3 = R_2R_4$；当承受应变时，应变计 R_1 的电阻增大 ΔR_1，应变计 R_2 的电阻减小 ΔR_2，R_3 的电阻增大 ΔR_3，R_4 的电阻减小 ΔR_4，且有 $\Delta R_1 = \Delta R_2 = \Delta R_3 = \Delta R_4$，这种电桥也称为差动全桥。这时电桥不再平衡，输出电压为

$$U_o = U \cdot \frac{(R_1 + \Delta R_1)(R_3 + \Delta R_3) - (R_2 - \Delta R_2)(R_4 - \Delta R_4)}{(R_1 + \Delta R_1 + R_2 - \Delta R_2)(R_3 + \Delta R_3 + R_4 - \Delta R_4)} \tag{4-31}$$

设 $R_1 = R_2 = R_3 = R_4$，则

$$U_o = U \cdot \frac{\Delta R_1 R_3 + \Delta R_3 R_1 + \Delta R_2 R_4 + \Delta R_4 R_2}{(R_1 + R_2)(R_3 + R_4)} = U \cdot \frac{\Delta R_1}{R_1} \tag{4-32}$$

由式(4-32)可见，差动全桥的电压输出是线性的，没有非线性误差问题。与式(4-24)、式(4-30)相比，差动全桥的灵敏度是单臂电桥的 4 倍，是双臂差动电桥的 2 倍。

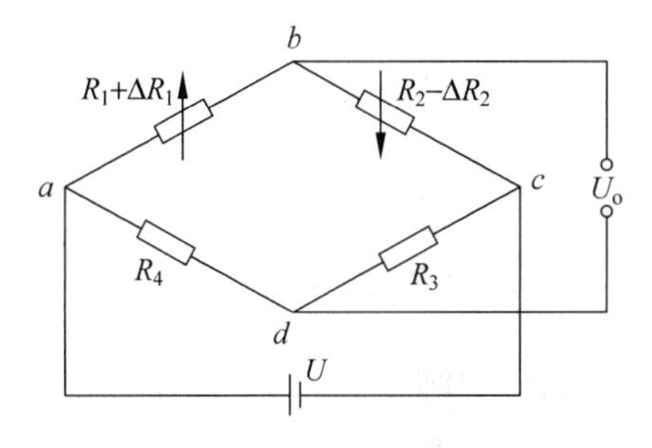

图 4-14　双臂工作电桥

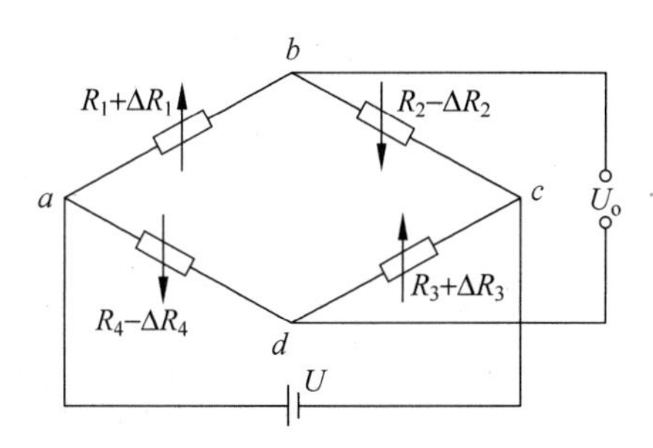

图 4-15　全臂工作电桥

3. 交流电桥

根据直流电桥分析可知，由于应变电桥输出电压很小，一般都要加放大器，而直流放大器易于产生零漂，因此应变电桥多采用交流电桥。图 4-16(a)为交流电桥的一般形式。交流电桥很适合电容式、电感式传感器的测量需要，应用场合较多。交流电桥常采用正弦电压供电，在频率较高的情况下需要考虑分布电感和分布电容的影响。

交流电桥的四个桥臂分别用阻抗 Z_1、Z_2、Z_3 和 Z_4 表示，它们可以为电阻值、电容值或电感值，其输出电压也是交流。设交流电桥的电源电压为

$$u = U_m \sin\omega t \tag{4-33}$$

式中，U_m 为电源电压的幅值，ω 为电源电压的角频率。此时交流电桥的输出电压为

$$\dot{U}_o = \frac{Z_1 Z_3 - Z_2 Z_4}{(Z_1 + Z_2)(Z_3 + Z_4)} \dot{U}' = \frac{Z_1 Z_3 - Z_2 Z_4}{(Z_1 + Z_2)(Z_3 + Z_4)} U_m \sin\omega t \tag{4-34}$$

当电桥平衡时，有$\dot{U}_o = 0$，从而可得交流电桥的平衡条件为

$$Z_1 Z_3 = Z_2 Z_4 \tag{4-35}$$

对于图 4-16 所示的应变电桥而言，由于采用交流电源供电，引线分布电容等使得桥臂应变片呈现复阻抗特性，相当于两只应变片各并联了一只电容，如图 4-17(b)所示，每一桥臂上的复阻抗分别为

$$\left.\begin{aligned} Z_1 &= \frac{R_1}{1 + j\omega R_1 C_1} \\ Z_2 &= \frac{R_2}{1 + j\omega R_2 C_2} \\ Z_3 &= R_3 \\ Z_4 &= R_4 \end{aligned}\right\} \tag{4-36}$$

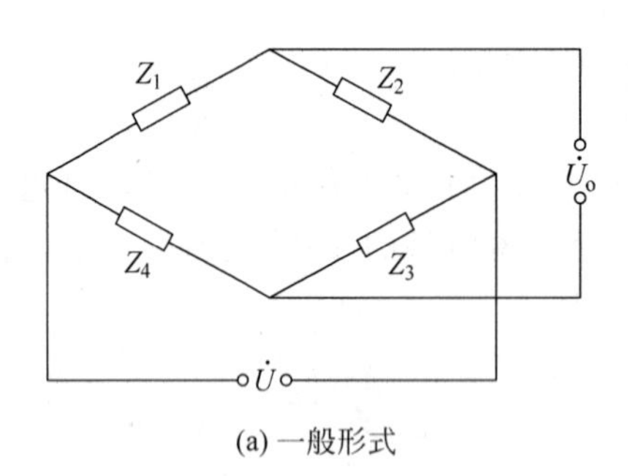

(a) 一般形式

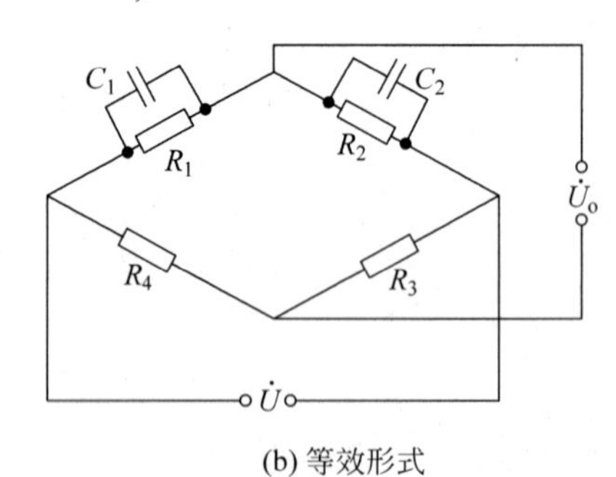

(b) 等效形式

图 4-16　交流应变电桥

式中，C_1、C_2 表示应变片引线分布电容。由式(4-35)可知电桥平衡时有

$$\frac{R_1}{1 + j\omega R_1 C_1} R_3 = \frac{R_2}{1 + j\omega R_2 C_2} R_4 \tag{4-37}$$

进而可知交流应变电桥平衡的条件为

$$\frac{R_1}{R_2}=\frac{R_4}{R_3} \quad 及 \quad \frac{R_1}{R_2}=\frac{C_2}{C_1} \tag{4-38}$$

可见，对于交流电桥而言，除要满足电阻平衡条件外，还必须满足电容平衡条件。为此，在桥路上除设有电阻平衡调节外还设有电容平衡调节。针对电阻调平，常见的有串联电阻调平法[见图 4-17(a)]、并联电阻调平法[见图 4-17(b)]，对于电容调平，有差动电容调平法[见图 4-17(c)]、阻容调平法[见图 4-17(d)]等方法。

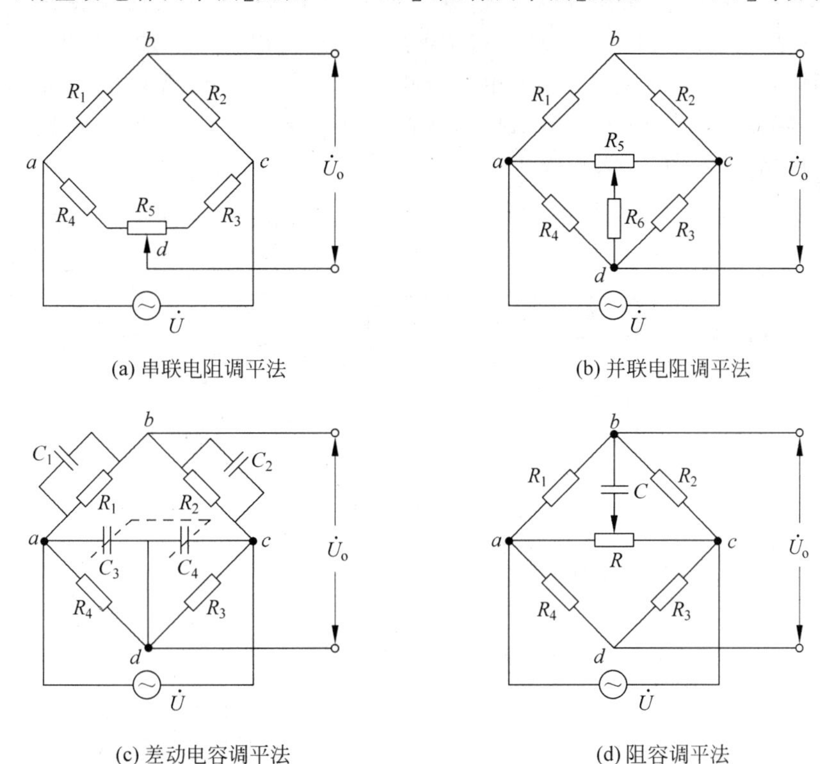

(a) 串联电阻调平法　(b) 并联电阻调平法

(c) 差动电容调平法　(d) 阻容调平法

图 4-17 交流电桥平衡调节电路

对于图 4-12 以及图 4-14，如果供电电源为交流电压，则就构成了交流电阻电桥。参照以上分析，可以得到单臂交流电阻应变电桥的输出电压为

$$\dot{U}_{\mathrm{o}}=\frac{1}{4}\cdot\frac{\Delta Z_1}{Z_1}\dot{U}=\frac{1}{4}\cdot\frac{\Delta Z_1}{Z_1}U_{\mathrm{m}}\sin\omega t \tag{4-39}$$

同样，差动双臂交流电阻电桥的输出电压为

$$\dot{U}_{\mathrm{o}}=\frac{\dot{U}}{2}\cdot\frac{\Delta R_1}{R_1}=\frac{\Delta Z_1}{2Z_1}U_{\mathrm{m}}\sin\omega t \tag{4-40}$$

4. 电阻应变片式传感器及其应用

(1) 弹性敏感元件

物体在外力作用下而改变原来尺寸或形状的现象称为变形，如果外力去掉后物

体又能完全恢复其原来的尺寸和形状，那么这种变形称为弹性变形。具有弹性变形特性的物体称为弹性元件。弹性元件在传感器技术中占有极其重要的地位，它首先把力、力矩或压力变换成相应的应变或位移，然后传递给粘贴在弹性元件上的应变片，通过应变片将力、力矩或压力转换成相应的电阻变化。

根据在传感器中的作用，弹性元件又可以分为两种类型：弹性敏感元件和弹性支承。前者感受力、力矩等被测参数，并通过它将被测量变换为应变、位移等，也就是通过它把被测参数由一种物理状态变换为另一种可以直接测量的物理状态，因此称为弹性敏感元件；后者常常作为传感器中活动部分的支承，起支承导向作用。

在传感器中经常用到的一些弹性敏感元件有：弹性圆柱体（空心或实心）、悬臂梁、各种圆形膜片、膜盒等，如图 4-18 所示。

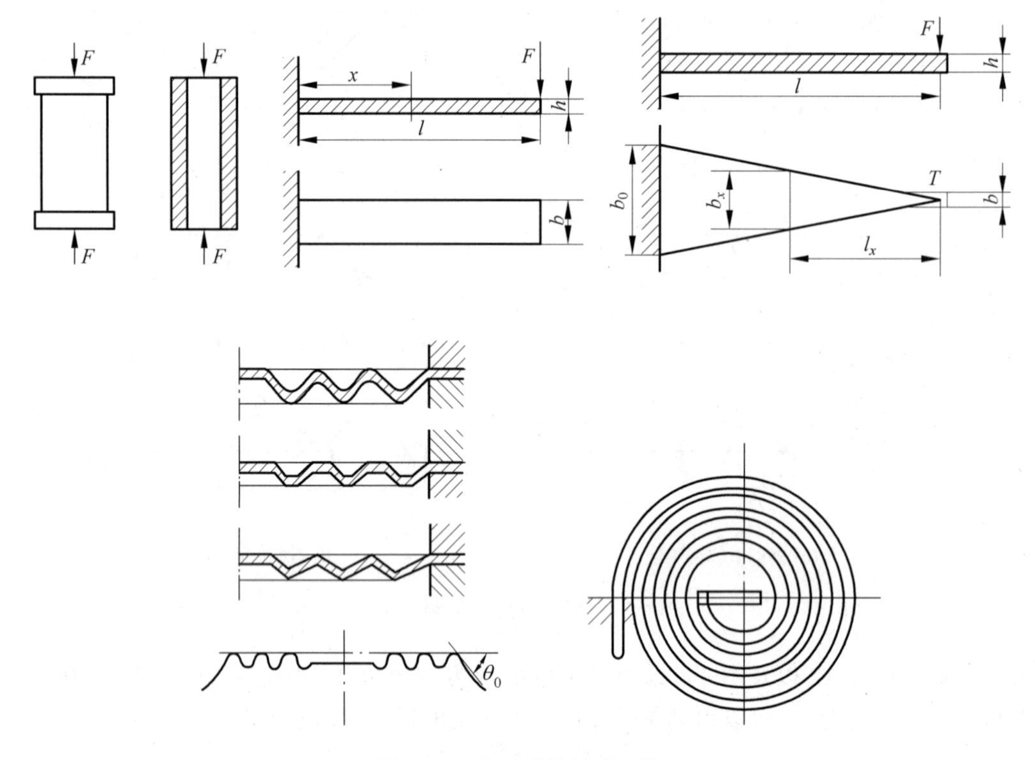

图 4-18　常见弹性敏感元件

弹性敏感元件在传感器中因为直接参与变换或测量，所以在任何情况下它应该具有良好的弹性特性，足够的精度和稳定性，在长时间使用及温度变化时都应保持稳定的特性。通常使用的材料有合金钢、铜合金等，如 35CrMnSiA、40Cr 等都是常用的材料。

（2）电阻应变式传感器

电阻应变式传感器主要有两个方面的应用：一方面是作为敏感元件，直接用于被测试件的应变测量；另一方面则是作为转换元件，通过弹性元件构成传感器，用以对任何能转变成弹性元件应变的其他物理量作间接测量。

与其他类型的传感器相比，电阻应变式传感器具有以下几个方面的特点：

① 应用和测量范围广。用应变片可制成各种机械量传感器，如应变式测力传感器可测 $10^{-2}\sim10^{7}$ N 的力，应变式压力传感器可测 $10^{-1}\sim10^{6}$ Pa 的压力。

② 分辨力、灵敏度和测量精度高。如一般情况下精度达 1%～3%，高精度传感器可达 0.1%甚至更高。

③ 性能稳定，工作可靠。

④ 对复杂环境的适应性强，能在大加速度、振动条件下工作，只要进行适当的结构设计及选用合适的材料，也能在高温或低温、强腐蚀及核辐射条件下可靠工作。

由于以上这些特点，应变式传感器在检测技术中获得了十分广泛的应用。按照其用途的不同可分为：应变式力传感器、应变式位移传感器、应变式压力传感器、应变式加速度传感器、应变式扭矩传感器等；按照应变丝固定方式的不同，可分为粘贴式和非粘贴式两类。下面以应变式力传感器为例，介绍电阻应变式传感器的应用。

应变式传感器最主要的应用领域是称重和测力，这种力传感器由应变片、弹性元件和一些附件所组成。根据弹性元件的结构形式（如柱式、悬臂梁式、环式、轮辐式等）以及受载性质（如拉、压、弯曲和剪切等）的不同，可以构成多种不同的力传感器。这里介绍柱式力传感器的原理及其应用。

圆柱式力传感器的弹性元件分为实心和空心两种，如图 4-19(a)、(b)所示。实心圆柱可以承受较大的负荷，在弹性范围内应力与应变成正比关系

$$\varepsilon=\frac{\Delta l}{l}=\frac{\sigma}{E}=\frac{F}{SE} \tag{4-41}$$

式中，F 为作用在弹性元件上的力；S 为圆柱体的横截面积；E 为弹性体的弹性模量。

由式(4-41)可知，只要测出弹性体的应变就可以计算出作用在弹性元件上的力 F 的大小，而应变大小可以通过在弹性体外壁上粘贴应变片的方法进行测量。当柱体在轴向受拉力或压力作用时，由于作用力不可能正好通过圆柱体的中心轴线，这样柱体除受到拉力或压力作用外，还受到由于载荷偏心带来的弯矩的影响。如何才能克服偏心力的影响而实现应变的测量呢？简单地讲，就是采用“均匀分布，横竖贴法”。如果沿圆柱面展开，应变片如图 4-19(c)所示，桥路连接如图 4-19(d)所示。

首先，应变片应粘贴在弹性体外壁上应力分布均匀的中间部位，且对称地粘贴多片。如图 4-19(c)所示，R_1、R_2、R_3 和 R_4 对称地、均匀地分布于圆柱体外壁四周，其中 R_1 和 R_3 串接，R_2 和 R_4 串接，并置于桥路对臂上，这样便可减小偏心力带来的弯矩的影响。

其次，在 R_1、R_2、R_3 和 R_4 相邻位置处横向粘贴应变片 R_5、R_6、R_7 和 R_8，其中 R_5 和 R_7 串接，R_6 和 R_8 串接，作为温度补偿用，接入桥路的另两个桥臂上。

通过以上“均匀分布，横竖贴法”，可消除偏心力的影响，并进行了温度的有效补偿，从而实现了对作用力 F 的测量。

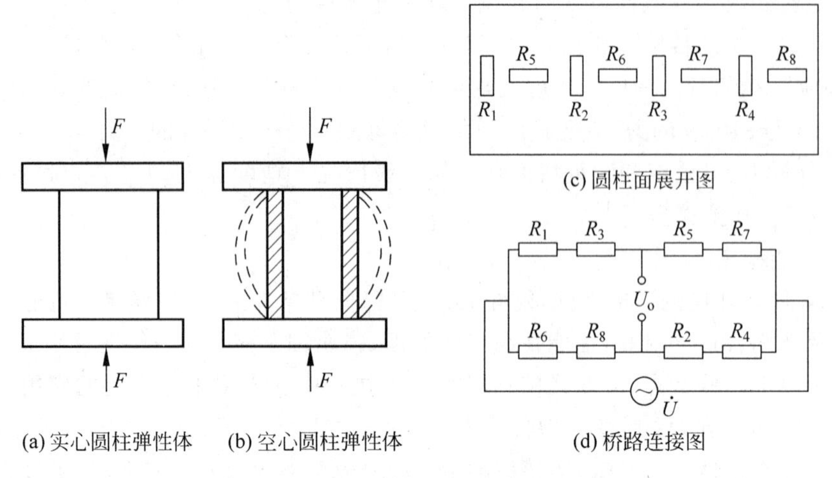

(a) 实心圆柱弹性体 (b) 空心圆柱弹性体 (c) 圆柱面展开图 (d) 桥路连接图

图 4-19 圆柱式力传感器

4.2 电容式传感器

电容式传感器是将被测非电量的变化转换为电容量变化的一种传感器，其具有结构简单、动态响应快、易于实现非接触测量等突出的优点，能够在高温、辐射和强烈振动等恶劣条件下工作。其被广泛应用于压力、压差、液位、振动、位移、加速度、成分含量等物理量的测量中。

4.2.1 工作原理、类型及特性

1. 工作原理

由绝缘介质分开的两个平行金属板组成的平板电容器，如果不考虑边缘效应的影响，其电容量 C 与极板间介质的介电常数 ε、极板间的有效面积 S 以及两极板间的距离 d 有关。

$$C=\frac{\varepsilon S}{d}=\frac{\varepsilon_0\varepsilon_r S}{d} \tag{4-42}$$

式中，S 为两平行极板间相互覆盖的有效面积；d 为两极板间距离；ε 为两极板间介质的介电常数，$\varepsilon=\varepsilon_0\varepsilon_r$，$\varepsilon_0$ 为真空介电常数，$\varepsilon_0=8.854\times10^{-12}\,\mathrm{F/m}$，$\varepsilon_r$ 为介质的相对介电常数，对于空气介质而言 $\varepsilon_r\approx1$。

当被测参数的变化使式(4-42)中 d、S、ε_r 三个参量中任意一个发生变化时，都会引起电容量的变化。如果保持其中两个参数不变，而仅改变其中一个参数时，就可把该参数的变化转换为电容量的变化，通过测量电路就可转换为电量输出。因此，电容式传感器可分为变极距型、变面积型和变介质(变介电常数)型三种。图 4-20 所示为常用电容器的结构形式，其中(a)和(e)为变极距型，(b)、(c)、(d)、(f)、(g)和(h)

为变面积型，而(i)～(l)则为变介电常数型。

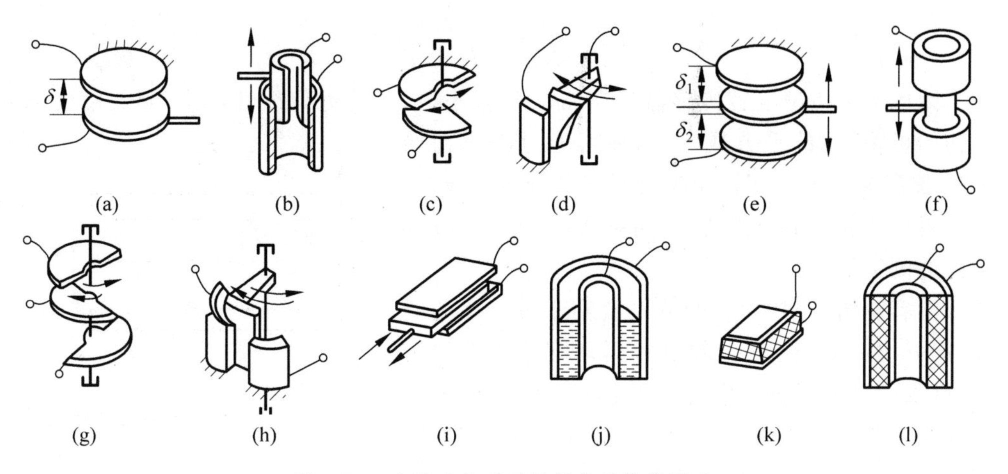

图 4-20　电容式传感元件的各种结构形式

2. 类型和特性

(1) 变极距型电容传感器

图 4-21 为变极距型电容传感器的原理图。传感器两极板间的 ε 和 S 为常数，通过电容极板间距离的变化实现对相关物理量的测量。显然，C-d 并不是线性的关系，其特性曲线如图 4-22 所示。

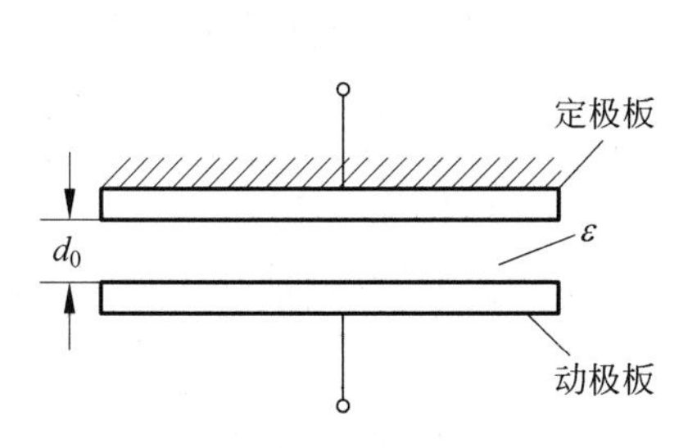

图 4-21　变极距型电容传感器原理图

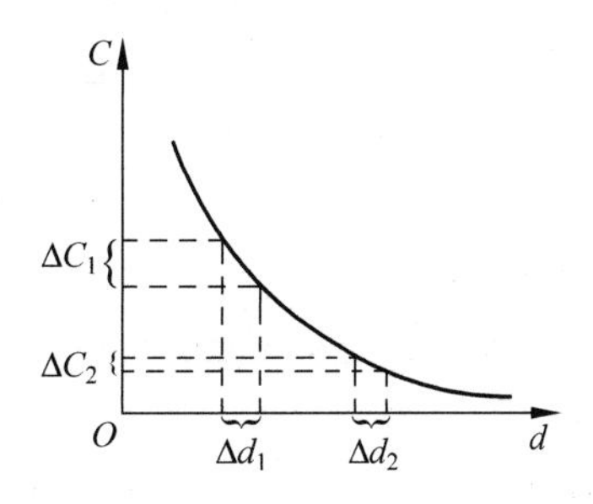

图 4-22　电容量与极板间距离的特性曲线

设初始极距为 d_0，则初始电容量 $C_0=\varepsilon S/d_0$。若电容动极板因被测量变化而向上移动 Δd 时，则极板间距变为 $d=d_0-\Delta d$，电容量为

$$C=\frac{\varepsilon S}{d_0-\Delta d} \tag{4-43}$$

极板移动前后电容的变化量 ΔC 为

$$\Delta C=C-C_0=\frac{\varepsilon S}{d_0-\Delta d}-\frac{\varepsilon S}{d_0}=\frac{\varepsilon S}{d_0}\cdot\frac{\Delta d}{d_0-\Delta d}=C_0\cdot\frac{\Delta d}{d_0-\Delta d} \tag{4-44}$$

上式表明 ΔC 和 Δd 不是线性关系。但当 $\Delta d\ll d_0$(即量程远小于极板间初始距离)时，可以认为 ΔC-Δd 的关系为线性的

$$\Delta C\approx C_0\frac{\Delta d}{d_0} \tag{4-45}$$

则其灵敏度 K 为

$$K=\frac{\Delta C}{\Delta d}=\frac{C_0}{d_0}=\frac{\varepsilon S}{d_0^2} \tag{4-46}$$

因此变极距型电容传感器只在 $\Delta d/d_0$ 很小时，才有近似线性输出，其灵敏度 K 与初始极距 d_0 的平方成反比，故可通过减小初始 d_0 来提高灵敏度。变极距型传感器的分辨力极高，一般用来测量微小变化的量，如对 0.01μm～0.9mm 位移的测量等。

电容初始极间距 d_0 的减小有利于灵敏度的提高，但 d_0 过小可能会引起电容器击穿或短路。为此，极板间可采用高介电常数的材料，如云母、塑料膜等作为介质。如图 4-23 所示。此时电容 C 变为

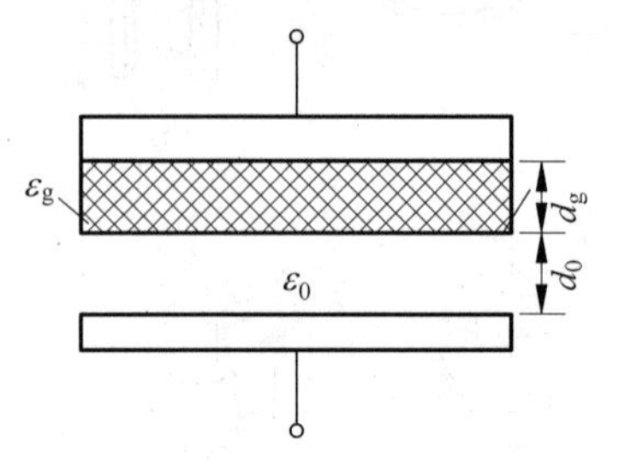

图 4-23　放置介质的电容器结构

$$C=\frac{\varepsilon_0 S}{d_0+\dfrac{d_g}{\varepsilon_{r_2}}} \tag{4-47}$$

式中，d_g、ε_{r_2} 分别为中间介质的厚度、相对介电常数。以云母片为例，相对介电常数是空气的 7 倍，其击穿电压不小于 1000kV/mm，而空气仅为 3kV/mm。因此有了云母片等介质后，极板初始间距可大大减小。

(2) 变面积型电容式传感器

变面积型传感器的原理图如图 4-24 所示。测量中动极板移动时，两极板间的相对有效面积 S 发生变化，引起电容 C 发生变化。当电容两极板间有效覆盖面积由 S_0 变为 S 时，电容的变化量为

$$\Delta C=\frac{\varepsilon S_0}{d}-\frac{\varepsilon S}{d}=\frac{\varepsilon(S_0-S)}{d}=\frac{\varepsilon\cdot\Delta S}{d} \tag{4-48}$$

可见电容的变化量 ΔC 与面积的变化量 ΔS 呈线性关系，其灵敏度 $K=\dfrac{\Delta C}{\Delta S}=\dfrac{\varepsilon}{d}$ 为常数。

对于图 4-24(a)线位移式传感器，设动极板相对定极板沿长度 l_0 方向平移 Δl 时，则 $\Delta S=\Delta l\cdot b_0$，于是式(4-48)变为

$$\Delta C=\frac{\varepsilon\cdot\Delta S}{d}=\frac{\varepsilon b_0}{d}\Delta l=\frac{\varepsilon b_0 l_0}{d}\frac{\Delta l}{l_0}=C_0\frac{\Delta l}{l_0} \tag{4-49}$$

则

$$\frac{\Delta C}{C_0}=\frac{\Delta l}{l_0} \tag{4-50}$$

对于图 4-24(b)角位移式传感器，当动极板有一个角位移 θ 时，与定极板间的有效面积发生改变。设 $\theta=0$ 时极板相对有效面积为 S_0，而转动 θ 后，极板间相对有效面积为

$$S=S_0\left(1-\frac{\theta}{\pi}\right) \tag{4-51}$$

于是，电容为

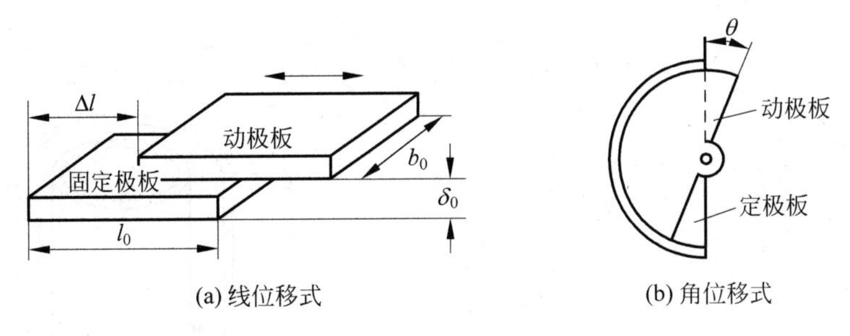

图 4-24　变面积型电容传感器原理图

$$C = \frac{\varepsilon}{d}S = \frac{\varepsilon}{d}S_0\left(1-\frac{\theta}{\pi}\right) = C_0\left(1-\frac{\theta}{\pi}\right) = C_0 - C_0\frac{\theta}{\pi} \tag{4-52}$$

则电容灵敏度 K 为

$$K = \frac{\Delta C}{\theta} = \frac{C_0}{\pi} = \frac{\varepsilon S_0}{d\pi} \tag{4-53}$$

由式(4-52)可以看出，传感器的电容量与角位移 θ 呈线性关系。由式(4-53)可见，增大传感器的初始面积或减小极板间距 d 有利于增大传感器的灵敏度 K。

(3) 变介质型电容传感器

变介质电容传感器的结构形式较多，可以用来测量纸张、绝缘薄膜等的厚度以及液位高低等，也可用来测量粮食、纺织品、木材或煤等非导电固体物质的湿度。

图 4-25 为变介质型电容传感器结构原理图。图中两平行极板固定不动，极距为 d_0，相对介电常数为 ε_{r_2} 的电介质以不同深度插入电容器中。传感器的总电容 C 相当于两个电容 C_1 和 C_2 的并联，即

$$C = C_1 + C_2 = \frac{\varepsilon_0 b_0}{d_0}[\varepsilon_{r_1}(L_0 - L) + \varepsilon_{r_2} L] \tag{4-54}$$

式中，L_0、b_0 为极板的长度和宽度；L 为第二种介质进入极板间的长度。

若电介质 $\varepsilon_{r_1}=1$，当 $L=0$ 时传感器的初始电容为 $C_0=\varepsilon_0 L_0 b_0/d_0$；当被测介质 ε_{r_2} 进入极板间 L 深度后，引起电容相对变化量为

$$\frac{\Delta C}{C_0} = \frac{C - C_0}{C_0} = \frac{\varepsilon_{r_2} - 1}{L_0}L \tag{4-55}$$

由此可见，电容量的变化与被测电介质的移动量 L 呈线性关系。

图 4-26 是变介质电容传感器用于测量液位高低的结构原理图。设被测介质的介电常数为 ε_1，液位高度为 h，传感器变换器高度为 H，内筒外径为 d，外筒内径为 D，此时变换器电容为

$$C = \frac{2\pi\varepsilon_1}{\ln\frac{D}{d}} + \frac{2\pi\varepsilon(H-h)}{\ln\frac{D}{d}} = \frac{2\pi\varepsilon H}{\ln\frac{D}{d}} + \frac{2\pi h(\varepsilon_1 - \varepsilon)}{\ln\frac{D}{d}} = C_0 + \frac{2\pi h(\varepsilon_1 - \varepsilon)}{\ln\frac{D}{d}} \tag{4-56}$$

式中，ε 为空气介电常数；C_0 为由变换器的基本尺寸决定的初始电容值，即 $C_0 = \frac{2\pi\varepsilon H}{\ln\frac{D}{d}}$。由式(4-56)可知，此变换器的电容增量正比于被测液位高度 h。

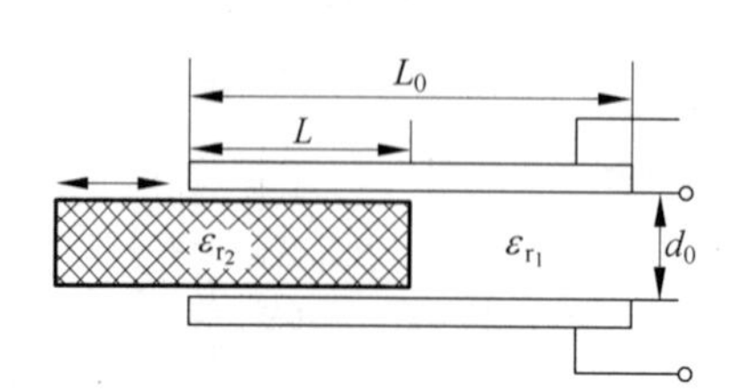

图 4-25 变介质型电容传感器结构图

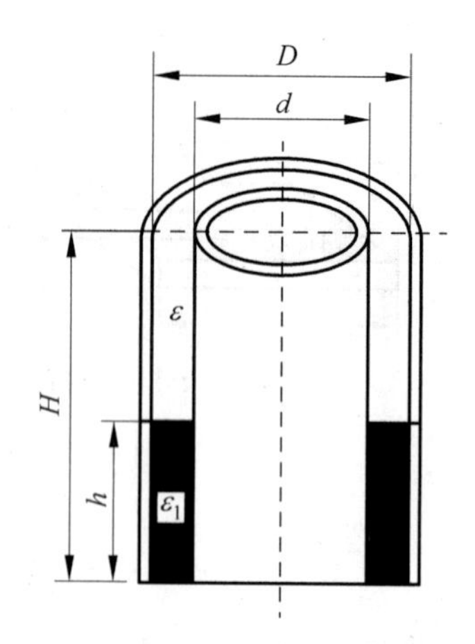

图 4-26 电容式液位变换器结构图

4.2.2 应用注意事项及措施

1. 电容式传感器的灵敏度及非线性

由 4.2.1 节中的分析可知，除变极距型电容传感器外，其他几种形式传感器的输入量与输出电容量之间均为线性的关系，故这里针对变极距型平板电容传感器的灵敏度及非线性问题展开讨论。

由式(4-44)可知，电容的相对变化量为

$$\frac{\Delta C}{C_0}=\frac{\frac{\Delta d}{d_0}}{1-\frac{\Delta d}{d_0}} \tag{4-57}$$

当$|\Delta d/d_0|\ll 1$时，上式按级数展开，可得

$$\frac{\Delta C}{C_0}=\frac{\Delta d}{d_0}\left[1+\frac{\Delta d}{d_0}+\left(\frac{\Delta d}{d_0}\right)^2+\left(\frac{\Delta d}{d_0}\right)^3+\left(\frac{\Delta d}{d_0}\right)^4+\cdots\right] \tag{4-58}$$

可见，输出电容的相对变化量 $\Delta C/C_0$ 与输入位移 Δd 之间呈非线性关系，当$|\Delta d/d_0|\ll 1$时，可略去高次项，得到近似的线性关系，$\Delta C\approx C_0\frac{\Delta d}{d_0}$。

如果考虑式(4-58)中的线性项与二次项，则

$$\frac{\Delta C}{C_0}=\frac{\Delta d}{d_0}\left(1+\frac{\Delta d}{d_0}\right) \tag{4-59}$$

由此可得传感器的相对非线性误差为

$$\alpha=\frac{(\Delta d/d_0)^2}{|\Delta d/d_0|}\times 100\%=|\Delta d/d_0|\times 100\% \tag{4-60}$$

由式(4-46)可知电容传感器的灵敏度为 $K=\varepsilon S/d_0^2$，要提高灵敏度，应减小起始间隙 d_0，而由式(4-60)可知非线性误差随着 d_0 的减小而增大。在实际应用中，为了

提高灵敏度，减小非线性误差，往往采用差动式结构，如图 4-27 所示。动极板置于两定极板之间，设初始位置时 $d_1=d_2=d_0$，上下两边初始电容相等；当动极板向上移动 Δd 时，电容器 C_1、C_2 的间隙分别变为：$d_0-\Delta d$、$d_0+\Delta d$。这时有

$$C_1 = C_0 \frac{1}{1-\Delta d/d_0} \tag{4-61}$$

$$C_2 = C_0 \frac{1}{1+\Delta d/d_0} \tag{4-62}$$

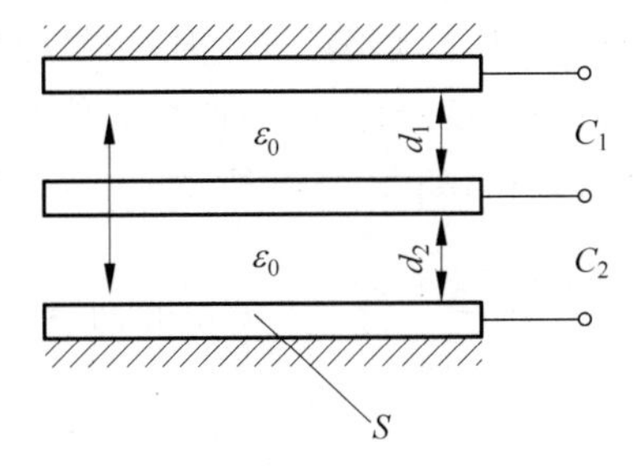

图 4-27　差动平板式电容传感器结构图

当 $|\Delta d/d_0|\ll 1$ 时，进行级数展开，可得

$$C_1 = C_0\left[1+\frac{\Delta d}{d_0}+\left(\frac{\Delta d}{d_0}\right)^2+\left(\frac{\Delta d}{d_0}\right)^3+\left(\frac{\Delta d}{d_0}\right)^4+\cdots\right] \tag{4-63}$$

$$C_2 = C_0\left[1-\frac{\Delta d}{d_0}+\left(\frac{\Delta d}{d_0}\right)^2-\left(\frac{\Delta d}{d_0}\right)^3+\left(\frac{\Delta d}{d_0}\right)^4-\cdots\right] \tag{4-64}$$

电容值总的变化量为

$$\Delta C = C_1 - C_2 = 2C_0\left[\frac{\Delta d}{d_0}+\left(\frac{\Delta d}{d_0}\right)^3+\left(\frac{\Delta d}{d_0}\right)^5+\cdots\right] \tag{4-65}$$

略去高次项，则 $\Delta C/C_0$ 与 $\Delta d/d_0$ 近似成为如下的线性关系，$\Delta C/C_0\approx 2\Delta d/d_0$。如果只考虑式(4-65)中的线性项和三次项，则电容式传感器的相对非线性误差近似为 $\alpha=(\Delta d/d_0)^2\times 100\%$。与式(4-61)相比较，电容传感器做成差动后，灵敏度增加了一倍，而非线性误差则大大降低。另外，差动电容传感器具有如下特性

$$\frac{C_1-C_2}{C_1+C_2} = \frac{\dfrac{\varepsilon S}{d_0-\Delta d}-\dfrac{\varepsilon S}{d_0+\Delta d}}{\dfrac{\varepsilon S}{d_0-\Delta d}+\dfrac{\varepsilon S}{d_0+\Delta d}} = \frac{\Delta d}{d_0} \tag{4-66}$$

2. 等效电路

以上对各种电容传感器的特性分析，都是在纯电容的条件下进行的。若电容传感器工作在高温、高湿及高频激励条件下工作，则电容的附加损耗等影响不可忽视，这时电容传感器的等效电路如图 4-28 所示。

图 4-28 中考虑了电容器的损耗和电感效应。C 为传感器电容，R_p 为低频损耗并联电阻，它包含极板间漏电和介质损耗等影响；R_s 为高湿、高温、高频激励工作时的串联损耗电阻，它包含导线、极板间和金属支座等损耗电阻；L 为电容器及引线电感；C_p 为寄生电容。在实际应用中，特别在高频激励时，尤需考虑 L 的存在，传感器的有效电容为 $C_e=\frac{C}{1-\omega^2 LC}$，传感器的有效灵敏度为 $K_e=\frac{C}{(1-\omega^2 LC)^2}$。可见，每次改变激励频率或更换传输电缆时，都必须对测量系统重新进行标定。

3. 边缘效应

通常在分析各种电容式传感器时忽略了边缘效应的影响。实际上当极板厚度 h

与极距 d 之比相对较大时，边缘效应的影响就不能忽略。边缘效应不仅使电容传感器的灵敏度降低，而且产生非线性。为了消除边缘效应的影响，可以采用带有保护环的结构，如图 4-29 所示。

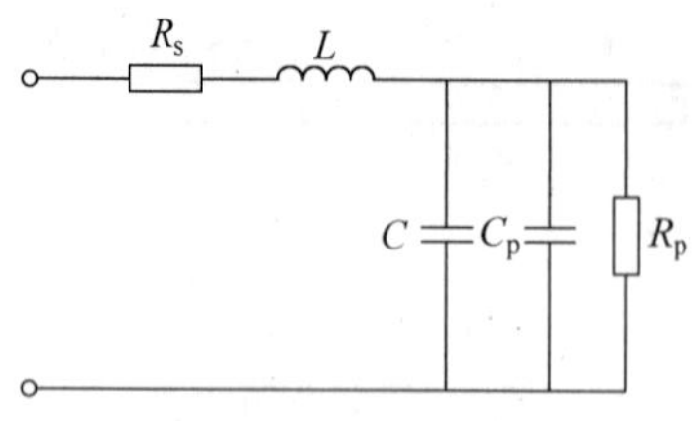

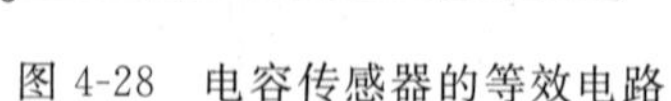
图 4-28 电容传感器的等效电路

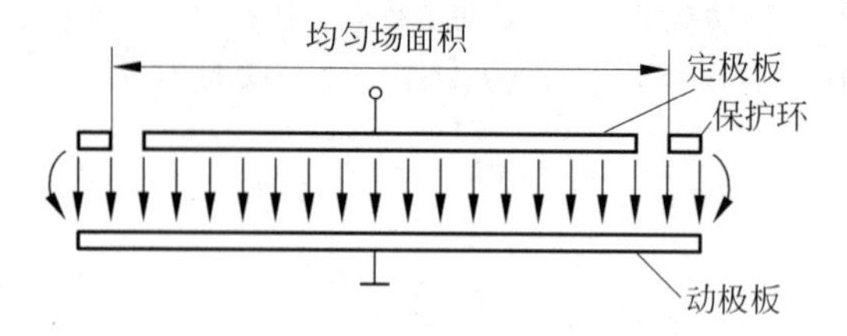

图 4-29 带有保护环的电容传感器原理结构

保护环与定极板同心、电气上绝缘且间隙越小越好，同时始终保持等电位，以保证中间工作区得到均匀的场强分布，从而克服边缘效应的影响。为减小极板厚度，往往不用整块金属板作极板，而用石英或陶瓷等非金属材料，蒸涂一薄层金属作为极板。

4. 静电引力

电容式传感器两极板间因存在静电场，而作用有静电引力或力矩。静电引力的大小与极板间的工作电压、介电常数、极间距离有关。通常这种静电引力很小，但在采用推动力很小的弹性敏感元件的情况下，须考虑因静电引力造成的测量误差。

5. 寄生电容

电容式传感器由于其电容量都很小（几皮法到几十皮法），属于小功率、高阻抗器件，因此极易受外界干扰，尤其是电缆的寄生电容，它与传感器电容相并联（见图 4-28），严重影响传感器的输出特性。消除寄生电容影响，是提高电容式传感器性能的关键。

（1）驱动电缆法

驱动电缆法实际上是一种等电位屏蔽法，如图 4-30 所示。在电容传感器与测量电路的前置级之间采用双层屏蔽电缆，并接入增益为 1 的驱动放大器。这种接线法使内屏蔽层与芯线等电位，消除了芯线对内屏蔽层的容性漏电，克服了寄生电容的影响；而内、外层屏蔽之间的电容变成了驱动放大器的负载。因此驱动放大器是一个输入阻抗很高、具有容性负载、放大倍数为 1 的同相放大器。该方法的难处是：要在很宽的频带上严格实现放大倍数等于 1，且输出与输入的相移为零。

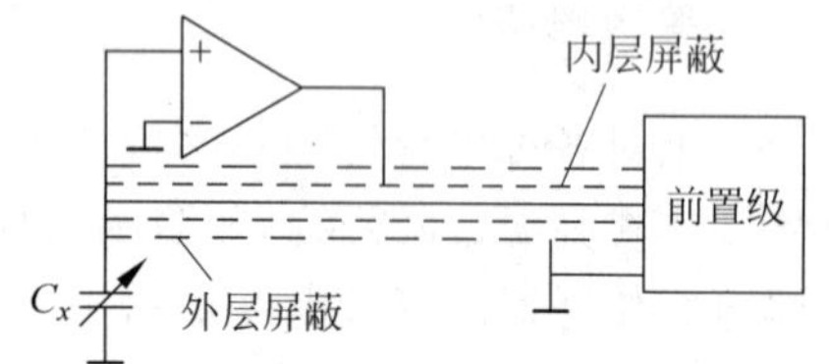

图 4-30 驱动电缆法原理

（2）整体屏蔽法

以差动电容传感器 C_{x_1}、C_{x_2} 配用电桥测量电路为例，如图 4-31 所示；U 为电源电压，K 为不平衡电桥的指示放大器。所谓整体屏蔽就是将整个电桥（包括电源、电缆等)全部屏蔽起来。整体屏蔽的关键在于正确选取接地点，本例中接地点选在两平衡电阻 R_3、R_4 桥臂中间，与整体屏蔽共地。这样传感器公用极板与屏蔽之间的寄生电容 C_1 同测量放大器的输入阻抗相并联，从而可将 C_1 归算到放大器的输入电容中去。由于测量放大器的输入阻抗很大，C_1 的并联也只是影响灵敏度而已。另两个寄生电容 C_3、C_4 是并在桥臂 R_3、R_4 上，这会影响电桥的初始平衡及总体灵敏度，但并不妨碍电桥的正确工作。因此寄生参数对传感器电容的影响基本上被消除。整体屏蔽法是一种较好的方法，但将使总体结构复杂化。

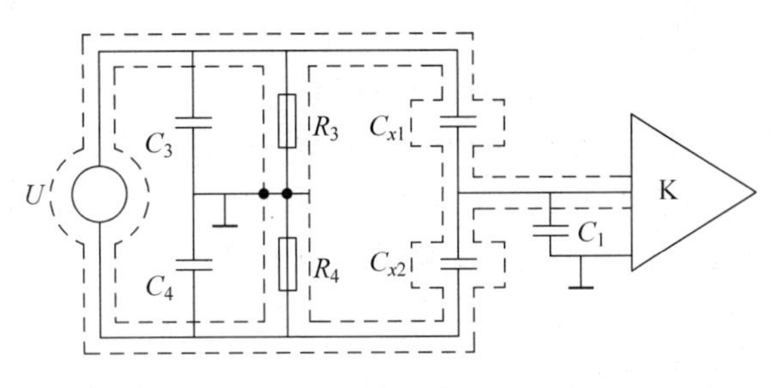

图 4-31　整体屏蔽法原理图

(3) 采用组合式与集成技术

此方法是将测量电路的前置级或全部装在紧靠传感器处，缩短电缆。另一种方法是采用超小型大规模集成电路，将全部测量电路组合在传感器壳体内。更进一步就是利用集成工艺技术，将传感器与调理电路等集成于同一芯片，构成集成电容式传感器。

6. 温度影响

(1) 温度对结构尺寸的影响

电容传感器由于极板间隙很小而对结构尺寸的变化特别敏感。在传感器各零件材料线膨胀系数不匹配的情况下，温度变化将导致极板间隙发生较大的相对变化，从而产生很大的温度误差。在设计电容式传感器时，适当选择材料及有关结构参数，从而实现温度误差的补偿。

(2) 温度对介质的影响

温度对介电常数的影响随介质不同而变化，空气及云母的介电常数温度系数近似为零，而某些液体介质，如硅油、蓖麻油、煤油等，其介电常数的温度系数较大。例如煤油的介电常数的温度系数可达 0.07%/℃，若环境温度变化±50℃，则将带来 7%的温度误差，故采用此类介质时必须注意温度变化造成的误差。

4.2.3　电容式传感器的测量电路

随着电容式传感器测量电路技术的发展，它的应用越来越广泛。电容式传感器具有多个独特的优点：

① 分辨力很高,能测量低达 10^{-7}F 的电容值或 0.01μm 的绝对变化量,或高达 100%～200%的相对变化量($\Delta C/C$),因此适合微信息的检测;

② 动极板质量很轻,自身的功耗、发热和迟滞极小,可获得高的静态精度,并具有很好的动态特性;

③ 结构简单,不含有机材料或磁性材料,对环境(除高湿外)的适应性强;

④ 过载能力强,可实现无接触测量。

下面简要介绍几种典型的结构及应用。

(1) 电容式压力传感器

图 4-32 为差动电容式压力传感器的结构图。图中所示膜片为动极板,两个在凹形玻璃上的金属镀层为固定电极,从而构成了差动电容传感器。

当被测压力或压力差作用于膜片并产生位移时,所形成的两个电容器中一个电容量增大、另一个减小。该电容量的变化经测量电路转换成与压力或压力差相对应的电流或电压的变化,从而实现了对压力或压力差的测量。

(2) 电容式加速度传感器

图 4-33 为差动式电容加速度传感器结构图。它有两个固定极板(与壳体绝缘),中间有一用弹簧片支撑的质量块,此质量块的两个端面经过磨平抛光后作为两个动极板(与壳体电连接)。

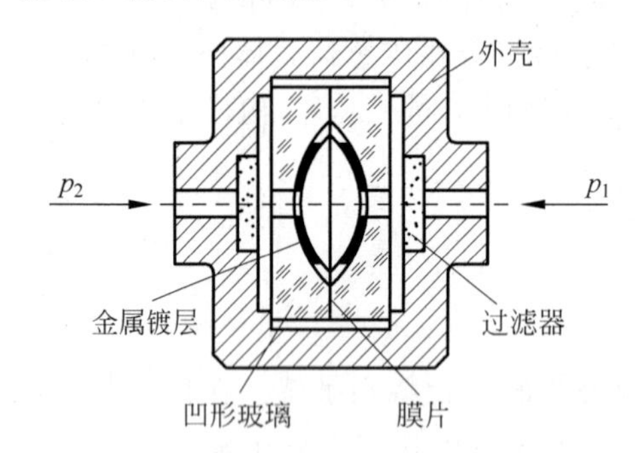

图 4-32 差动式电容压力传感器结构图

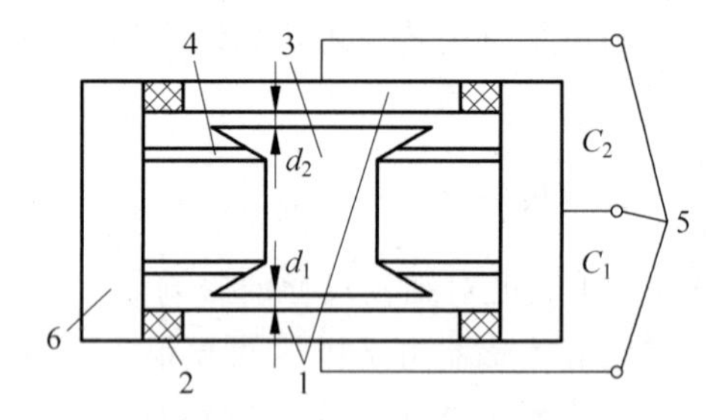

图 4-33 差动式电容加速度传感器结构图

1—固定电极; 2—绝缘垫; 3—质量块;
4—弹簧; 5—输出端; 6—壳体

当传感器壳体随被测对象沿垂直方向作加速运动时,质量块由于惯性作用,相对于壳体作相反方向的运动,从而产生正比于加速度的位移变化。此位移使两个固定电极与两个动极板间的间隙发生变化:一个增加,另一个减小,从而使上下两个电容产生大小相等、符号相反的变化。通过一定的测量电路便可以测量出该加速度的大小。

电容式加速度传感器的主要特点是频率响应快、量程范围大,大多采用空气或其他气体作阻尼物质。

电容式传感器中电容值以及电容变化都十分微小,这样微小的电容量的变化必须借助于一定的测量电路进行检测,将其转换成电压、电流或者频率信号输出。电容转换电路有调频电路、运算放大器式电路、二极管双 T 形电路、脉冲宽度调制电路等,下面分别加以介绍。

1. 调频电路

调频测量电路是把电容式传感器作为振荡器谐振回路的一部分,当输入量导致电容量发生变化时,振荡器的振荡频率就发生变化。调频电路中可以将振荡频率作为输出信号,也可以经过 f/V 转换成电压信号输出,如图 4-34 所示。

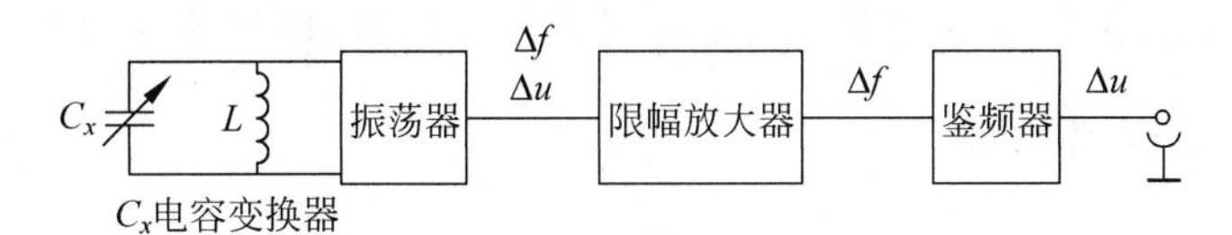

图 4-34　调频式测量电路原理框图

图 4-34 中,LC 谐振回路的振荡频率 $f=\dfrac{1}{2\pi\sqrt{LC}}$,其中,$L$ 为振荡回路的电感;C 为振荡回路的总电容,$C=C_1+C_2+C_x$,C_1 为振荡回路固有电容,C_2 为传感器引线分布电容,$C_x=C_0\pm\Delta C$ 为传感器的实际电容,C_0 为传感器的初始电容值。

当被测信号为零时,$\Delta C=0$,则 $C=C_1+C_2+C_0$,所以振荡器有一个初始振荡频率 f_0

$$f_0=\frac{1}{2\pi\sqrt{L(C_1+C_2+C_0)}} \tag{4-67}$$

当被测信号不为零时,$\Delta C\neq 0$,则振荡器的振荡频率发生变化,此时频率为

$$f=\frac{1}{2\pi\sqrt{L(C_1+C_2+C_0+\Delta C)}}=f_0+\Delta f \tag{4-68}$$

由式(4-68)可知,根据频率的变化 Δf 可以测出电容的变化 ΔC,从而完成对物理量的测量。调频测量电路具有较高的灵敏度,可以测量 0.01μm 级位移变化量。

2. 运算放大器式电路

图 4-35 是运算放大器测量电路原理图。图中 C_x 是传感器的电容,$\dot{U}_i$ 是交流电源电压,$\dot{U}_o$ 是输出电压信号。由运算放大器的工作原理可有

$$\dot{U}_o=-\frac{1/j\omega C_x}{1/j\omega C}\cdot\dot{U}_i=-\frac{C}{C_x}\dot{U}_i \tag{4-69}$$

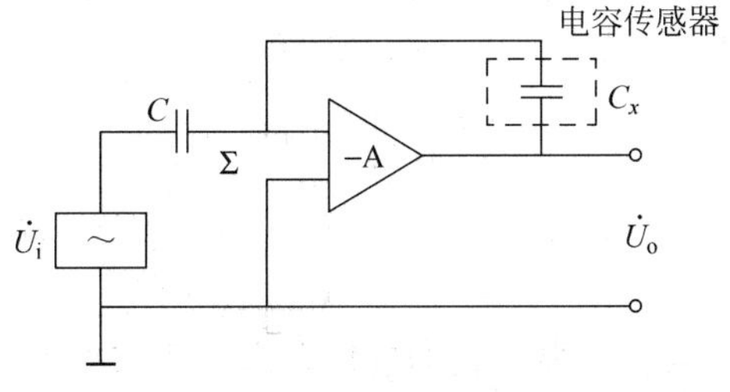

电容传感器

C　Σ　$-A$　C_x

$\dot{U}_i$　$\sim$　$\dot{U}_o$

图 4-35　运算放大器式电路原理图

如果是变极距式的电容传感器，则 $C_x=\varepsilon S/d_x$，代入式(4-69)可有

$$\dot{U}_o=-\dot{U}_i\frac{C}{\varepsilon S}\cdot d_x \tag{4-70}$$

式中，"－"号表示输出电压$\dot{U}_o$与电源电压$\dot{U}_i$反相。

式(4-70)说明运算放大器的输出电压与极板间距离 d_x 呈线性关系，从而克服了变间隙式电容传感器的非线性问题。运算放大器虽解决了单个变极距式电容传感器的非线性问题，但要求放大器具有足够大的放大倍数，而且输入阻抗很高。

3. 双 T 二极管型电路

双 T 二极管型测量电路如图 4-36 所示。$\dot{U}$是高频电源，提供幅值为 U 的对称方波；D_1、D_2 为特性完全相同的两个二极管，$R_1=R_2=R$；C_1、C_2 为传感器的两个差动电容，R_L 为负载电阻。电路的工作原理如下。

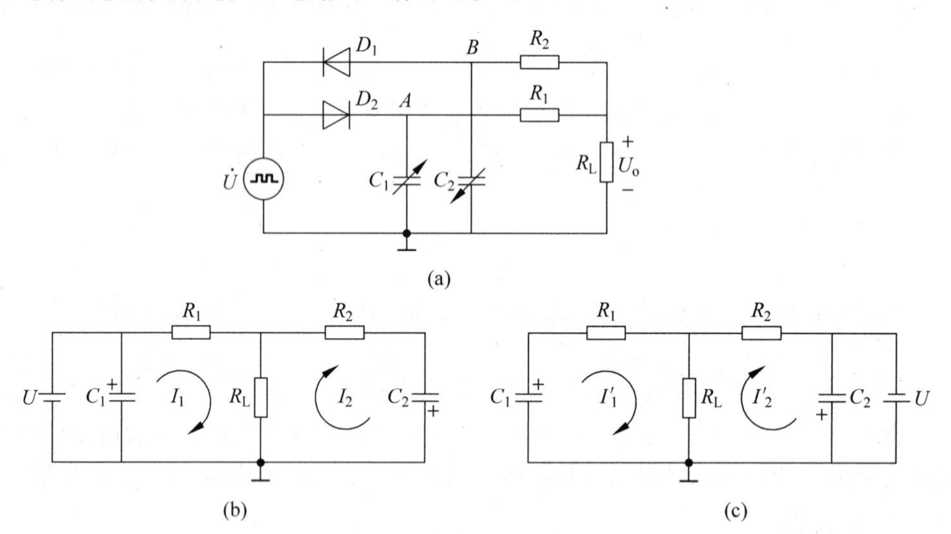

图 4-36　双 T 二极管型电路

线路接通后，在正半周时 D_1 导通，C_1 充电至 U，在负半周 D_1 截止，D_2 导通，C_2 充电至 U，同时 C_1 经 R_1 以电流 I_1 向负载 R_L 供电；第二周期，C_1 充电，C_2 经 R_2 向 R_L 供电，由于 $C_1=C_2$、$R_1=R_2$，通过 R_L 的平均电流为零，R_L 上输出电压平均值为零。当传感器电容变化时，$C_1\neq C_2$，这时负载 R_L 上平均电流 $I_L\neq 0$，就能得到与被测量变化成比例的信号电压，其输出电压的平均值为

$$U_o=\frac{R(R+2R_L)}{(R+R_L)^2}R_LUf(C_1-C_2) \tag{4-71}$$

式中，f 为电源频率。当 R_L 已知时，令 $K=R_LR(R+2R_L)/(R+R_L)^2$ 为常数，则

$$U_o=KUf(C_1-C_2) \tag{4-72}$$

该电路适用于各种电容式传感器。它的应用特点和要求如下：

① 电源、传感器电容、负载均可同时在一点接地；

② 二极管 D_1、D_2 工作于高电平下，因而非线性失真小；

③ 灵敏度与电源频率有关，因此电源频率需要稳定；

④ 将 D_1、D_2、R_1、R_2 安装在 C_1、C_2 附近能消除电缆寄生电容影响，线路简单；

⑤ 输出电压较高；

⑥ 输出阻抗与电容 C_1 和 C_2 无关，而仅与 R_1、R_2 及 R_L 有关；

⑦ 输出信号的上升沿时间取决于负载电阻 R_L，可用于动态测量；

⑧ 传感器的频率响应取决于振荡器的频率。

4. 差动脉冲调宽电路

图 4-37 为一种差动脉冲宽度调制电路。图中 C_1、C_2 为传感器的两个差动电容。线路由两个电压比较器 A_1 和 A_2、一个双稳态触发器以及两个充放电回路 R_1C_1 和 $R_2C_2(R_1=R_2)$所组成；U_r 为参考直流电压，双稳态触发器的两输出端电平由两比较器控制。当接通电源后，若触发器 Q 端为高电平、$\bar{Q}$ 端为低电平，则触发器通过 R_1 对 C_1 充电。当 F 点电位 U_F 升到高于参考电压 U_r 时，比较器 A_1 输出正跳变信号，使触发器翻转，从而使 Q 端为低电平，$\bar{Q}$ 端为高电平；电容 C_1 通过二极管 D_1 迅速放电至零，而触发器 $\bar{Q}$ 端经 R_2 向 C_2 充电，当 G 点电位 U_G 上升并高于参考电压 U_r 时，比较器 A_2 输出正跳变信号，使触发器翻转，从而循环前述过程。

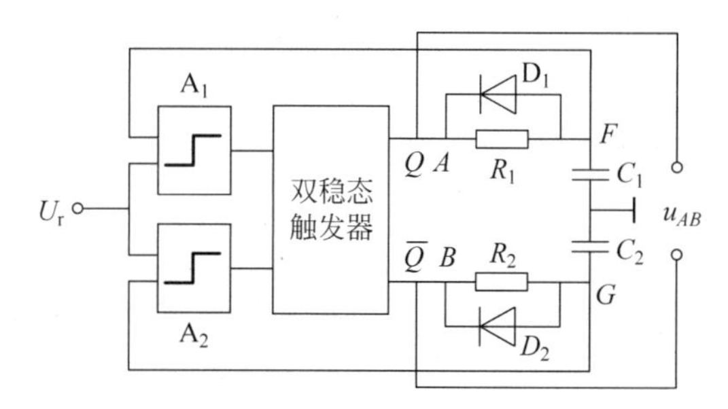

图 4-37　差动脉冲调宽电路原理图

由以上分析可以看出，电路充放电的时间，即触发器输出方波脉冲的宽度受电容 C_1、C_2 调制。当 $C_1=C_2$ 时，各点的电压波形如图 4-38(a)所示，Q 和 $\bar{Q}$ 两端电平的脉冲宽度相等，两端间的平均电压为零。当 $C_1>C_2$ 时，各点的电压波形如图 4-38(b)所示，输出电压 u_{AB} 的平均值不为零。u_{AB} 经低通滤波后，就可得到一直流电压 U_o。

$$U_o=\frac{T_1-T_2}{T_1+T_2}U_1=\frac{C_1-C_2}{C_1+C_2}U_1 \tag{4-73}$$

式中，T_1、T_2 分别为 C_1、C_2 经 R_1、R_2 的充电时间；U_1 为触发器输出的高电位。

当该电路用于差动式变极距型电容传感器时，由前面的讨论可有

$$U_0=\frac{\Delta d}{d_0}U_1 \tag{4-74}$$

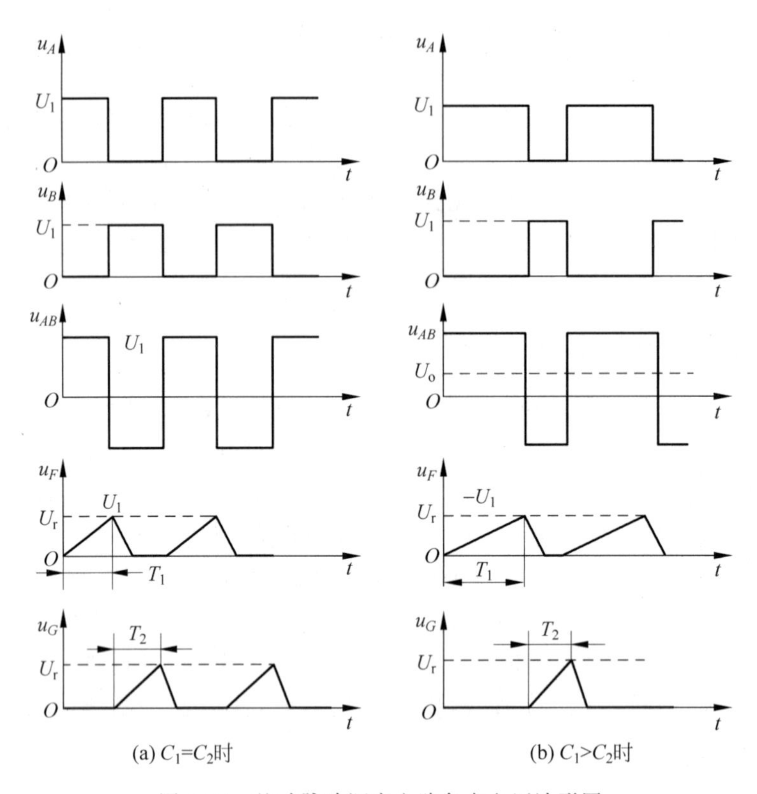

(a) $C_1=C_2$时 (b) $C_1>C_2$时

图 4-38 差动脉冲调宽电路各点电压波形图

同样,对于差动变面积式电容传感器,可有

$$U_o = \frac{\Delta S}{S_0} U_1 \tag{4-75}$$

由此可见,差动脉冲调宽电路不需要载频和附加解调线路,无波形和相移失真,输出信号只需要通过低通滤波器引出,直流信号的极性取决于 C_1 和 C_2;对变极距和变面积的电容传感器均可获得线性输出。这种脉宽调制线路也便于与传感器做在一起,从而使传输误差和干扰大大减小。

4.3 电感式传感器

利用电磁感应原理将被测的非电量,如位移、振动、压力、流量、比重等参数,转换成线圈自感系数 L 或互感系数 M 的变化,再由测量电路转换为电压或电流输出,这种装置称为电感式传感器。

和其他传感器相比,电感式传感器具有结构简单、工作可靠、分辨力高、重复性好等优点。当然,电感式传感器也有不足之处,如存在着交流零位信号,不宜于高频动态测量等。

电感式传感器种类很多,根据转换原理不同,可分为自感式和互感式两种;根据结构形式不同,可分为气隙式和螺管式两种。本节主要介绍自感式、互感式和电涡流式三种。

4.3.1　自感式传感器

1. 工作原理与输出特性

自感式传感器实质上是一个带气隙的铁芯线圈,包括线圈、铁芯和活动衔铁三个基本的组成部分。根据铁芯的形状可以分为 Π 型、E 型和螺管型三种。图 4-39 就是一个最简单的 Π 型电感传感器原理图。铁芯和活动衔铁均由导磁材料制成,铁芯和活动衔铁之间有空气隙。当活动衔铁上下移动时,磁路中气隙的磁阻发生变化,从而引起线圈电感的变化,这种电感的变化与衔铁的位置(即气隙大小)相对应。要测定线圈电感的变化,必须把电感传感器接到一定的测量线路中,使电感的变化进一步转换为电压、电流或频率的变化。所以,电感传感器在使用时都得带有测量线路。图中的电流表就是一个输出显示设备。

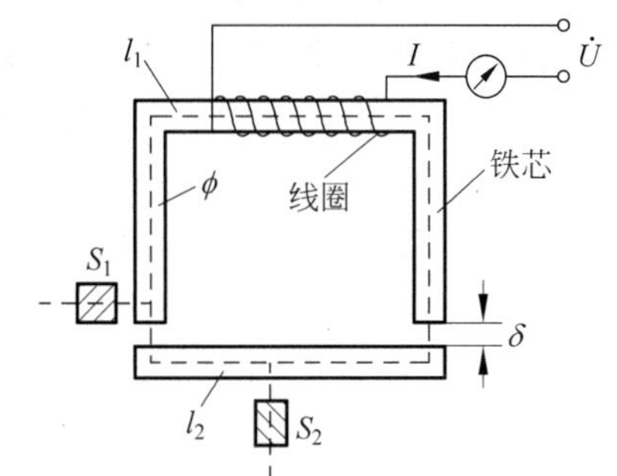

图 4-39　电感传感器原理图

根据对电感的定义,图 4-39 中线圈的电感量可由下式确定

$$L = \frac{\Psi}{I} = \frac{W\Phi}{I} \tag{4-76}$$

式中,Ψ 为线圈总磁链;I 为线圈中通过的电流;W 为线圈的匝数;Φ 为穿过线圈的磁通。

由磁路欧姆定律,可有

$$\Phi = \frac{WI}{R_m} = \frac{WI}{R_\delta + R_F} \tag{4-77}$$

式中,R_δ 为空气隙的磁阻;R_F 为导磁体的磁阻,主要包括铁芯的磁阻和活动衔铁的磁阻。由图 4-39 可见,铁芯的长度为 l_1、截面积为 S_1;活动衔铁的长度为 l_2、截面积为 S_2;空气隙的长度为 δ、有效截面积为 S,且左右两边的气隙是对称的。则导磁体的磁阻 R_F、空气隙的磁阻 R_δ 可以表示为

$$R_F = \frac{l_1}{\mu_1 S_1} + \frac{l_2}{\mu_2 S_2} \tag{4-78}$$

$$R_\delta = \frac{2\delta}{\mu_0 S} \tag{4-79}$$

式中,μ_1、μ_2、μ_0 分别是铁芯、活动衔铁以及空气隙的导磁率。通常情况下,气隙的磁阻远大于铁芯和衔铁的磁阻,即有 $R_\delta \gg R_F$。为了讨论问题方便,可以忽略导磁体的磁阻,即认为磁路的总磁阻为 $R_m = R_\delta$。

综合以上分析,可得

$$L=\frac{W^2}{R_m}=\frac{W^2\mu_0 S}{2\delta} \tag{4-80}$$

式(4-80)表明，当线圈匝数一定时，电感 L 仅仅是磁路中磁阻 R_m 的函数，当改变气隙长度 δ 或气隙面积 S 均可导致电感 L 的变化。相应的，变磁阻式电感传感器可分为变气隙长度和变气隙面积两种类型的传感器，前者用来测量线位移，后者用来测量角位移。

由式(4-80)可知，对于变面积式电感传感器而言，线圈电感 L 与气隙面积 S 是成正比的，而变气隙长度传感器中电感 L 和气隙长度 δ 成反比。下面重点分析变气隙长度的电感传感器的输出特性。

电感 L 和气隙长度 δ 的特性曲线如图 4-40 所示。当衔铁的位移量即气隙的变化量为 $\Delta\delta$ 时，由图可见：当气隙长度增加 $\Delta\delta$ 时，电感变化为 $-\Delta L_1$；当气隙长度减小 $\Delta\delta$ 时，电感的变化量为 $+\Delta L_2$。虽然气隙长度前后两次的变化量相同，但电感的变化量不等。随着 $\Delta\delta$ 越大，ΔL_1、ΔL_2 在数值上相差也越大，这意味着非线性越严重。因此，为了得到较好的线性特性，必须把衔铁的工作位移限制在较小的范围内。一般取 $\Delta\delta=(0.1\sim0.2)\delta_0$，这时 $L=f(\delta)$ 可近似看做一条直线。下面进一步分析 $\Delta L-\Delta\delta$ 的非线性关系。

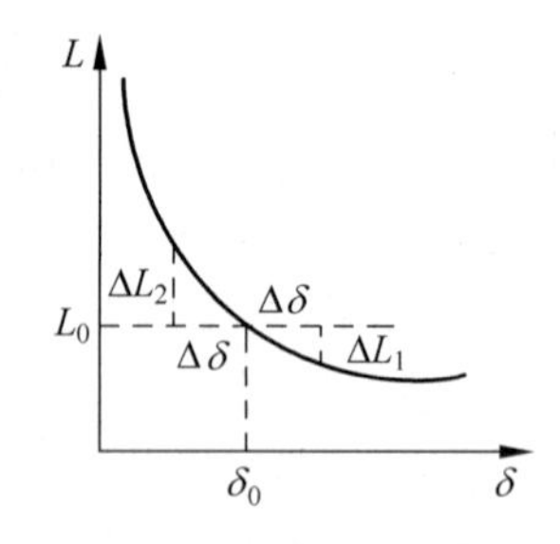

图 4-40 变气隙长度的电感传感器 L-δ 特性曲线

设电感传感器初始气隙长度为 δ_0，初始电感量为 L_0，则

$$L_0=\frac{W^2\mu_0 S}{2\delta_0} \tag{4-81}$$

当衔铁上移 $\Delta\delta$，则气隙长度变为 $\delta_0-\Delta\delta$，此时线圈电感 L 为

$$L=\frac{W^2\mu_0 S}{2(\delta_0-\Delta\delta)} \tag{4-82}$$

线圈电感的变化量 ΔL 为

$$\Delta L=L-L_0=\frac{N^2\mu_0 S}{2(\delta_0-\Delta\delta)}-\frac{W^2\mu_0 S}{2\delta_0}=\frac{\mu_0 SW^2}{2\delta_0}\cdot\frac{\Delta\delta}{\delta_0-\Delta\delta}=L_0\frac{\Delta\delta}{\delta_0-\Delta\delta} \tag{4-83}$$

电感的相对变化为

$$\frac{\Delta L}{L_0}=\frac{\Delta\delta}{\delta_0-\Delta\delta}=\frac{\Delta\delta}{\delta_0}\cdot\frac{1}{1-\dfrac{\Delta\delta}{\delta_0}} \tag{4-84}$$

当 $\frac{\Delta\delta}{\delta_0}\ll1$ 时，可将式(4-84)用泰勒级数展开成如下的级数形式

$$\begin{aligned}\frac{\Delta L}{L_0}&=\frac{\Delta\delta}{\delta_0}\cdot\left[1+\frac{\Delta\delta}{\delta_0}+\left(\frac{\Delta\delta}{\delta_0}\right)^2+\left(\frac{\Delta\delta}{\delta_0}\right)^3+\cdots\right]\\&=\frac{\Delta\delta}{\delta_0}+\left(\frac{\Delta\delta}{\delta_0}\right)^2+\left(\frac{\Delta\delta}{\delta_0}\right)^3+\left(\frac{\Delta\delta}{\delta_0}\right)^4+\cdots\end{aligned} \tag{4-85}$$

同样地，当衔铁下移 $\Delta\delta$，则气隙长度变为 $\delta_0+\Delta\delta$，此时线圈电感的变化量 ΔL 为

$$\Delta L = L_0 \frac{\Delta\delta}{\delta_0+\Delta\delta} \tag{4-86}$$

$$\frac{\Delta L}{L_0} = \frac{\Delta\delta}{\delta_0} - \left(\frac{\Delta\delta}{\delta_0}\right)^2 + \left(\frac{\Delta\delta}{\delta_0}\right)^3 - \left(\frac{\Delta\delta}{\delta_0}\right)^4 + \cdots \tag{4-87}$$

由式(4-85)和式(4-87)可见，衔铁上移和下移时输出特性是不完全相同的。当忽略 2 次以上的高次项而进行线性处理时，可得

$$\Delta L = \frac{L_0}{\delta_0}\Delta\delta \tag{4-88}$$

此时，ΔL 与 $\Delta\delta$ 成比例关系。显然，当 $\Delta\delta/\delta_0$ 越小时，这种线性化处理带来的非线性误差越小，然而，这又会使传感器的测量范围(即衔铁的允许工作位移)变小。通常取 $\Delta\delta=(0.1\sim0.2)\delta_0$。

对于电感传感器而言，线圈不可能是纯电感的，除了线圈本身的电阻 R_c(即线圈的铜电阻)会损耗能量以外，在交变磁场中由于磁通量随时间变化，这时在铁芯及衔铁中产生涡流而引起能量的损耗，这种损耗可以用涡流损耗电阻 R_e(也称为铁损电阻)表示。除此以外，还有磁滞损耗等，在工作中还会受到线圈的寄生电容的影响。

对应于图 4-39 中简单测量线路，这时电流表的指示值可以反映衔铁的位移大小及移动方向。假设 $R_F \ll R_\delta$、$R_c \ll \omega L$，即忽略导磁体的磁阻 R_F 和电感线圈的铜电阻 R_c，也不考虑铁损电阻以及寄生电容的影响，则输出电流与衔铁位移 δ 的关系可表达为

$$\dot{I} = \frac{\dot{U}}{R_c + j\omega L} = \frac{\dot{U}}{j\omega L} = -j\frac{2\dot{U}}{\mu_0 \omega W^2 S}\delta \tag{4-89}$$

显然，测量电路的电流与气隙大小 δ 成比例。I-δ 的关系特性参见图 4-41 虚线所示，这是一种理想的特性曲线，实际测得的特性曲线是一条不过零点的曲线，如图中实线所示。这是因为：

① 当气隙长度 δ 趋于零时，R_δ 趋于零，与 R_δ 相比较，R_F 就不能忽略不计了，这时 $L=W^2/R_F$ 接近于一定值，因而这时有一个起始电流存在。

② 当气隙 δ 很大时，线圈的铜电阻与线圈的感抗相比不能忽略，这时最大电流将趋向于一个稳定值 $\frac{\dot{U}}{R_c}$。

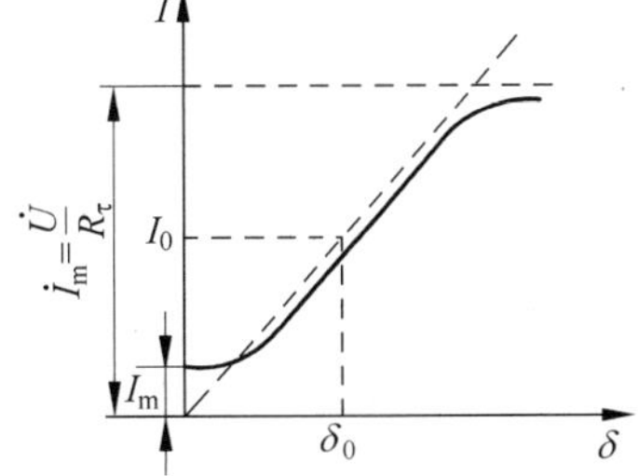

图 4-41　变气隙长度的电感传感器 I-δ 特性

为了减小非线性误差，实际测量中更多的是采用差动式变间隙电感传感器。

2. 差动式电感传感器

图 4-42 所示为 E 型差动电感传感器的原理和测量线路接线图。差动电感传感器是由两个完全相同的电感传感器组成的(两个电感传感器的尺寸、材料以及线圈

的参数完全一致)，上下两个传感器合用一个衔铁和相应的磁路。测量时，衔铁与被测件物体相连，当被测物体上下移动时，带动衔铁以相同的位移量上下移动，使得上下两个传感器的气隙长度发生大小相等、方向相反的变化，从而导致一个线圈的电感量增加，另一个线圈的电感量减小，形成差动。

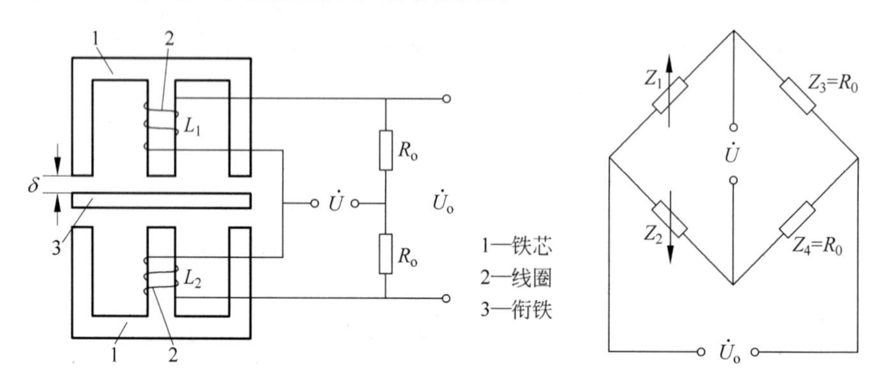

图 4-42 差动变气隙长度式电感传感器原理和测量电路图

根据图 4-42 中的测量接线图，可以求出此时交流电桥的输出电压为

$$\dot{U}_o = \frac{Z_1 Z_4 - Z_2 Z_3}{(Z_1 + Z_2)(Z_3 + Z_4)} \cdot \dot{U} \tag{4-90}$$

设初始位置时衔铁处于中间位置，上下两个线圈的初始阻抗相等，都为 $Z_0 = R_c + j\omega L_0$，R_c 为线圈的铜电阻，L_0 为单个线圈的初始电感量。当衔铁偏离中间位置时，不妨设为向上移动，则上下两个气隙的长度发生变化，两个线圈的阻抗发生变化，上边线圈阻抗增加了 ΔZ_1，下边线圈阻抗减少了 ΔZ_2，即：$Z_1 = Z_0 + \Delta Z_1$，$Z_2 = Z_0 - \Delta Z_2$，$\Delta Z_1 = j\omega\Delta L_1$，$\Delta Z_2 = j\omega\Delta L_2$。电桥的另两臂是电阻，即 $Z_3 = Z_4 = R_0$。这时由式(4-90)可以有

$$\dot{U}_o = \frac{\dot{U}}{2}\,\frac{\Delta Z_1 + \Delta Z_2}{2Z_0 + \Delta Z_1 - \Delta Z_2} \tag{4-91}$$

式(4-91)分母中存在 $\Delta Z_1 - \Delta Z_2$，虽然 $\Delta Z_1 \neq \Delta Z_2$，但在差动电桥的情况下，$\Delta Z_1 - \Delta Z_2 \to 0$，可见差动电桥能使变间隙式电感传感器的非线性大大减小，这是差动电感传感器的优点之一。忽略分母中的 $\Delta Z_1 - \Delta Z_2$ 后便可有

$$\dot{U}_o = \frac{\dot{U}}{4}\,\frac{j\omega}{R_c + j\omega L_0} \cdot (\Delta L_1 + \Delta L_2) \tag{4-92}$$

考虑到式(4-85)以及式(4-87)的分析，并代入式(4-92)，可以有

$$\Delta L_1 + \Delta L_2 = 2L_0\left[\frac{\Delta\delta}{\delta_0} + \left(\frac{\Delta\delta}{\delta_0}\right)^3 + \left(\frac{\Delta\delta}{\delta_0}\right)^5 + \left(\frac{\Delta\delta}{\delta_0}\right)^7 + \cdots\right] \approx 2L_0\frac{\Delta\delta}{\delta_0} \tag{4-93}$$

显然，所有偶次项不存在了，这说明在同样的工作范围内差动电桥的非线性度减小了，忽略三次项以上的高次项后，与式(4-88)相比，灵敏度提高了一倍。这是差动电感传感器的优点之二。

将式(4-93)代入式(4-92)，并进行整理，可有

$$\dot{U}_{o}=\frac{\dot{U}}{2}\cdot\frac{\frac{\Delta\delta}{\delta_{0}}+\mathrm{j}\frac{R_{c}}{\omega L_{0}}\cdot\frac{\Delta\delta}{\delta_{0}}}{1+\left(\frac{R_{c}}{\omega L_{0}}\right)^{2}} \tag{4-94}$$

令 $Q=\frac{\omega L_0}{R_c}$,代入上式,得到

$$\dot{U}_{o}=\frac{\dot{U}}{2}\cdot\frac{\frac{\Delta\delta}{\delta_{0}}+\mathrm{j}\frac{1}{Q}\cdot\frac{\Delta\delta}{\delta_{0}}}{1+\frac{1}{Q^{2}}} \tag{4-95}$$

式中,Q 为电感传感器线圈的品质因数。由式(4-95)可知,电桥输出电压中包含两个分量,一个是与电源电压同相的分量,另一个是与电源电压相位差 90°的正交分量。Q 值越大,正交分量会越小。当 Q 足够大时,式(4-95)可简化为

$$\dot{U}_{o}=\frac{\dot{U}}{2}\cdot\frac{\Delta\delta}{\delta_{0}}=K\Delta\delta \tag{4-96}$$

式中,$K=\frac{\dot{U}}{2\delta_0}$称为差动电感传感器输出电压灵敏度。欲提高 K 值,可以减小初始气隙长度 δ_0 或适当提高电源电压 $\dot{U}$。

另外,组成差动电桥测量电路,补偿了温度对两个线圈参数的影响。这是差动电感传感器的优点之三。

3. 自感式电感传感器主要误差分析

自感式电感传感器在对非电量的测量中产生误差主要有以下几个方面的原因：

(1) 输出特性的非线性

电感传感器输出电压与衔铁位移的关系式(4-96)是在忽略了一系列因素后得到的工作特性。实际上电感传感器输出电压与衔铁位移是非线性的,式(4-93)清楚地说明了这一点。

为了改善输出特性的非线性,除采用差动式电感传感器外,还必须限制衔铁的最大位移量,例如对于 E 型变气隙长度的电感传感器,一般要求 $\Delta\delta=(0.1\sim0.2)\delta_0$。

(2) 电源电压和频率波动的影响

从式(4-96)可见,电源电压波动会直接影响电感传感器的输出电压,另外还会引起传感器铁芯磁感应强度 B 和导磁率 μ 的改变,从而使铁芯磁阻发生变化。一般而言,电源电压波动的允许范围为 5%～10%。

电源频率的波动一般很小。频率的变化会使线圈的感抗发生变化,当然严格对称的交流电桥能够补偿频率波动的影响。

(3) 温度变化的影响

环境温度对自感传感器的影响主要表现在：

① 材料的线膨胀引起零件尺寸的变化；

② 材料的电阻率温度系数变化引起线圈铜电阻的变化；

③ 磁性材料磁导率温度系数、绕组绝缘的介质温度系数和线圈几何尺寸变化引起线圈电感量及寄生电容的改变。上述因素对单电感传感器的影响较大，特别对小气隙电感传感器的影响较大。

为了补偿温度变化的影响，在结构设计时要合理选择零件材料，并使差动电感传感器的两只线圈的电气参数和几何尺寸尽可能一致。这样，在对称的电桥电路中能有效地补偿温度的影响。

(4) 输出电压与电源电压的相位差

由式(4-95)可见，输出电压与电源电压之间存在着一定的相移，也就是存在与电源电压相位差 90°的正交分量，电桥输出电压需要经过放大、整流、滤波，过大的正交分量容易使放大器进入饱和状态，使波形失真。消除或抑制正交分量的方法是采用相敏整流电路，另外，提高传感器的 Q 值有助于减小正交分量。一般要求 Q 值不低于 3～4。

(5) 电桥的不平衡电压——零位误差

差动式自感传感器，当衔铁位于中间位置时，电桥输出理论上应为零，但实际上总存在零位不平衡电压输出(零位电压)，造成零位误差。零位误差会降低测量精度，削弱分辨能力，易使放大器饱和。

产生零位信号的主要原因是：

① 两个差动式线圈的电气参数及导磁体的几何尺寸不可能完全对称；

② 传感器具有铁损，即铁芯磁化曲线的非线性；

③ 电源电压中含有高次谐波；

④ 线圈具有寄生电容，线圈与外壳、铁芯间有分布电容。

可以通过减小电源中的谐波成分，减小电感传感器的激磁电流，使之工作在磁化曲线的线性段等措施减小零位误差。

为了消除电桥的零位不平衡电压，在差动电桥的实际电路中通常再接入两只可调电位器(图 4-43 所示)，通过反复调节这两只电位器，可以减小零位电压，使电桥达到平衡。

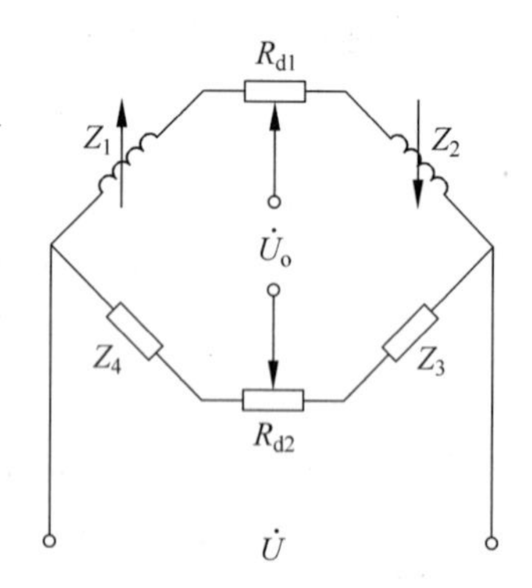

图 4-43 零位电压调整电路

4.3.2 互感式传感器(差动变压器)

把被测的非电量转变为线圈间互感系数变化的传感器称为互感式电感传感器。这种传感器是根据变压器的基本原理制成的。不同的是后者为闭合磁路，前者为开磁路；后者初、次级间的互感为常数，前者初、次级间的互感随衔铁移动而变化，且两个次级绕组用差动形式连接，因此又称为差动变压器式传感器。

在非电量测量中，应用最多的是螺管式差动变压器，它可以测量 1～100mm 的机械位移。本节主要介绍差动变压器的工作原理及输出特性。

1. 工作原理和类型

差动变压器分为变气隙式、变面积式与螺管式三种类型。如图 4-44 所示为常见差动变压器的结构示意图。

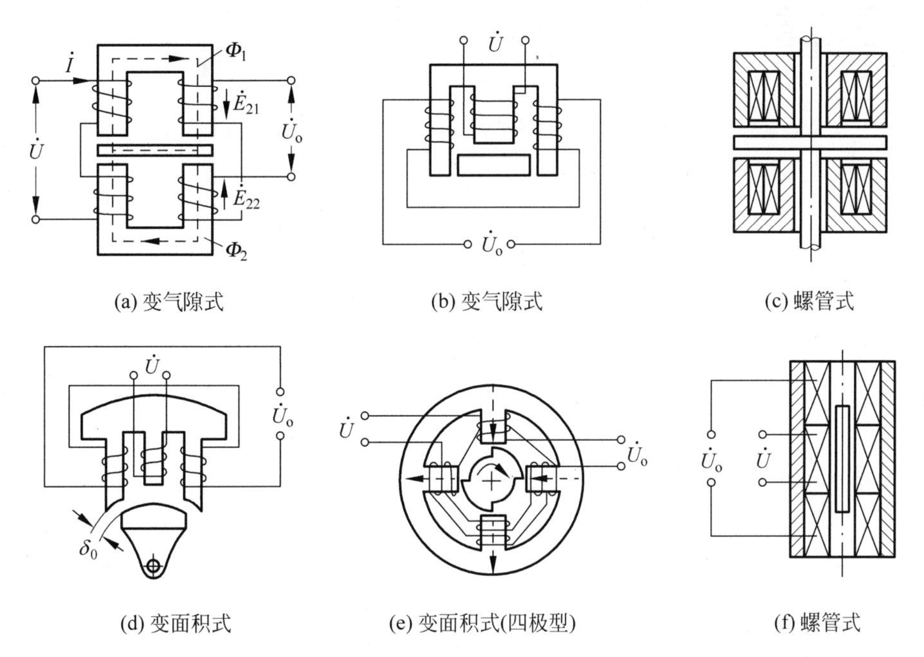

图 4-44　常见差动变压器式电感传感器结构示意图

图 4-44(a)、(b)是变气隙式差动变压器的结构示意图。当被测物体有位移时，与被测体相连的衔铁的位置将发生相应变化，互感系数不再相等，两次级绕组的互感电势不等，差动变压器有电压输出，此电压的大小与极性反映了被测物体位移的大小和移动方向。

图 4-44(d)、(e)是两种变面积式差动变压器的结构示意图，可用于角度的测量。图 4-44(e)是一种四极型同步器，此外常做成八极、十六极型等，一般可分辨零点几角秒以下的微小角位移，线性范围达±10°。

图 4-44(c)、(f)是螺管式差动变压器的结构示意图。它由一个初级线圈、两个或多个次级线圈和插入线圈中的活动衔铁等组成。根据线圈绕组排列方式的不同，螺管式差动变压器可以分为二段型、三段型、四段型、五段型等几种，如图 4-45 所示。

下面以差动螺管式变压器为例，介绍差动变压器的工作原理。

在忽略线圈寄生电容、铁芯损耗、漏磁以及变压器次级开路(或负载阻抗足够大)的情况下，差动变压器的等效电路如图 4-46 所示。图中 r_1 与 L_1、r_{2a}与 L_{2a}、r_{2b}与 L_{2b}分别为初级绕组、两个次级绕组的铜电阻与电感。

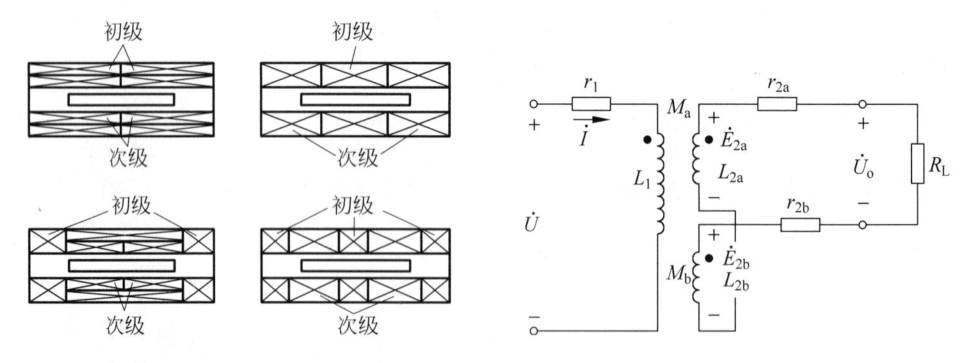

图 4-45 常见差动螺管式变压器线圈的排列方式　　图 4-46 差动变压器等效电路

根据变压器原理,传感器开路输出电压为两次级线圈感应电势之差,即

$$\dot{U}_o = \dot{E}_{2a} - \dot{E}_{2b} = -j\omega(M_a - M_b)\dot{I} \tag{4-97}$$

当衔铁在中间位置时,若两次级线圈参数、磁路尺寸相等,则 $M_a = M_b = M$, $\dot{E}_{2a} = \dot{E}_{2b}$,于是$\dot{U}_o = 0$。

当衔铁偏离中间位置时,$M_a \neq M_b$,由于差动工作,有 $M_a = M + \Delta M_a$, $M_b = M - \Delta M_b$。在一定范围内,$\Delta M_a = \Delta M_b = \Delta M$,差值$(M_a - M_b)$与衔铁位移成比例。于是,输出电压及其有效值分别为

$$\dot{U}_o = -j\omega(M_a - M_b)\dot{I} = -j\omega\frac{2\dot{U}}{r_1 + j\omega L_1}\Delta M \tag{4-98}$$

$$U_o = \frac{2\omega\Delta MU}{\sqrt{r_1^2 + (\omega L_1)^2}} = 2E_{20}\frac{\Delta M}{M} \tag{4-99}$$

式中,E_{20}为衔铁在中间位置时单个次级线圈的感应电势。

$$E_{20} = \omega MU/\sqrt{r_1^2 + (\omega L_1)^2} \tag{4-100}$$

由式(4-99)可知,差动变压器的输出特性与初级线圈对两个次级线圈的互感之差 ΔM 有关。结构形式不同,互感的计算方法也不同。下面以图 4-44(a)所示的 Π 型差动变压器为例来分析其输出特性。

2. 输出特性

在忽略线圈铁损(即涡流与磁滞损耗忽略不计)、漏磁以及变压器开路(或负载阻抗足够大)的条件下,图 4-44(a)的等效电路如图 4-47 所示。

设 Π 型铁芯的截面 S 是均匀的,初始气隙为 δ_0;两初级线圈顺向串接,匝数均为 W_1;两次级线圈反向串接,匝数各为 W_2;电源电压为$\dot{U}_i$。当衔铁上移 $\Delta\delta$,上气隙变为 $\delta_1 = \delta_0 - \Delta\delta$,下气隙变为 $\delta_2 = \delta_0 + \Delta\delta$,上磁路磁阻减小,下磁路磁阻增加。上下两个磁回路的磁通相比,$\Phi_1 > \Phi_2$;两个线圈的感应电势相比,$E_{21} > E_{22}$。输出电压为

$$\dot{U}_o = \dot{E}_{21} - \dot{E}_{22} = -j\omega\dot{I}(M_1 - M_2) \tag{4-101}$$

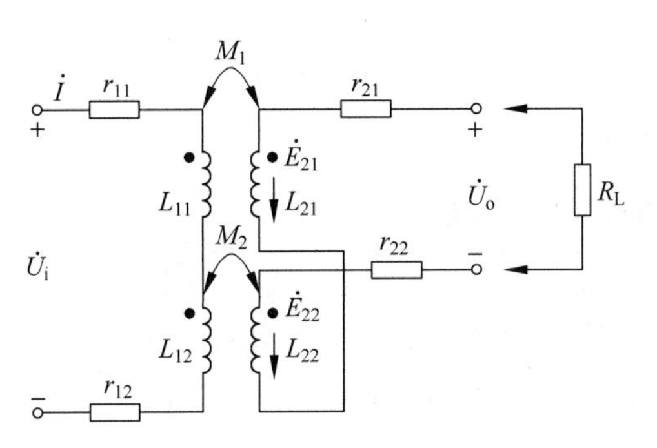

图 4-47　变间隙式差动变压器等效电路

两个初-次级间的互感为

$$M_1 = \frac{\Psi_1}{\dot{I}} = \frac{W_2 \dot{\Phi}_{1m}}{\dot{I}\sqrt{2}}$$

$$M_2 = \frac{\Psi_2}{\dot{I}} = \frac{W_2 \dot{\Phi}_{2m}}{\dot{I}\sqrt{2}} \tag{4-102}$$

式中，Ψ_1、Ψ_2 为上、下铁芯次级线圈中的磁链；$\dot{\Phi}_{1m}$、$\dot{\Phi}_{2m}$ 为上、下铁芯中由激励电流 $\dot{I}$ 产生的幅值磁通。因此可得

$$\dot{U}_o = \frac{-j\omega W_2}{\sqrt{2}}(\dot{\Phi}_{1m} - \dot{\Phi}_{2m}) \tag{4-103}$$

在忽略铁芯磁阻与漏磁通的情况下

$$\dot{\Phi}_{1m} = \sqrt{2}\ \dot{I}W_1/R_{\delta 1}$$

$$\dot{\Phi}_{2m} = \sqrt{2}\ \dot{I}W_1/R_{\delta 2} \tag{4-104}$$

式中，$R_{\delta 1}$、$R_{\delta 2}$ 分别为上下磁回路中总的气隙磁阻。另外，初级线圈电流为

$$\dot{I} = \frac{\dot{U}_i}{Z_{11} + Z_{12}} = \frac{\dot{U}_i}{r_{11} + j\omega L_{11} + r_{12} + j\omega L_{12}} \tag{4-105}$$

式中，r_{11}、L_{11}、Z_{11} 分别为上初级线圈的电阻、电感和复阻抗，$L_{11} = W_1^2 \mu_0 S/(2\delta_1)$；$r_{12}$、$L_{12}$、$Z_{12}$ 分别为下初级线圈的电阻、电感和复阻抗，$L_{12} = W_1^2 \mu_0 S/(2\delta_2)$。进一步分析得

$$\dot{I} = \frac{\dot{U}_i}{r_{11} + r_{12} + j\omega W_1^2 \dfrac{\mu_0 S}{2}\left(\dfrac{2\delta_0}{\delta_0^2 - \Delta\delta^2}\right)} \tag{4-106}$$

将式(4-104)和式(4-106)代入式(4-103)得

$$\dot{U}_o = -j\omega W_1 W_2 \frac{\mu_0 S}{2} \frac{2\Delta\delta}{\delta_0^2 - \Delta\delta^2} \frac{\dot{U}_i}{r_{11} + r_{12} + j\omega W_1^2 \dfrac{\mu_0 S}{2}\left(\dfrac{2\delta_0}{\delta_0^2 - \Delta\delta^2}\right)} \tag{4-107}$$

式中，分母中存在 $\Delta\delta^2$ 项，这是造成非线性的因素。如果忽略 $\Delta\delta^2$ 项，并设 $r_{11} = r_{12} = r_1$，$L_0 = W_1^2 \mu_0 S/(2\delta_0)$，式(4-107)可改写并整理为

$$\dot{U}_o = -\dot{U}_i \frac{W_2}{W_1} \frac{\mathrm{j}\frac{1}{Q}+1}{\frac{1}{Q^2}+1} \frac{\Delta\delta}{\delta_0} \tag{4-108}$$

式中，Q 为线圈的品质因数，$Q=\omega L_0/r_1$。

由式(4-108)可知，输出电压包含两个分量：与电源电压$\dot{U}_i$ 同相的基波分量和正交分量，两分量均与气隙的相对变化 $\Delta\delta/\delta_0$ 有关。Q 值提高，正交分量减小。因此希望差动变压器的品质因数足够高。当 $Q\gg 1$ 时，则有

$$\dot{U}_o = -\dot{U}_i \frac{W_2}{W_1} \frac{\Delta\delta}{\delta_0} \tag{4-109}$$

式(4-109)表明，输出电压$\dot{U}_o$ 与衔铁位移 $\Delta\delta$ 成比例。式中负号表明当衔铁向上移动时，$\Delta\delta$ 为正，输出电压$\dot{U}_o$ 与电源电压$\dot{U}_i$ 反相；当衔铁向下移动时，$\Delta\delta$ 为负，输出电压$\dot{U}_o$ 与电源电压$\dot{U}_i$ 同相。输出特性曲线如图 4-48 所示。

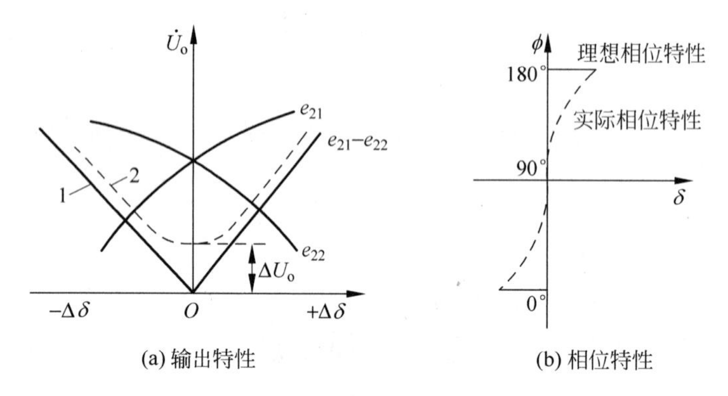

(a) 输出特性 (b) 相位特性

图 4-48 差动变压器的特性

由式(4-109)可得 Π 型差动变压器的灵敏度表达式

$$K = \frac{U_o}{\Delta\delta} = \frac{W_2}{W_1} \frac{U_i}{\delta_0} \tag{4-110}$$

可见传感器的灵敏度随电源电压$\dot{U}_i$ 和变压比 W_2/W_1 的增大而提高，随初始气隙增大而降低。增加次级匝数 W_2、增大激励电压 U 或减小初始气隙 δ_0 将有助于灵敏度的提高。但 W_2 过大，会使传感器体积变大，且使零位电压增大；U_i 过大，易造成发热而影响稳定性，还可能出现磁饱和，因此应以变压器铁芯不饱和以及允许温升为条件，通常取输入激励电压为 0.5～8V，功率限制在 1V · A 以下。

对于图 4-44(f)所示的螺线管式差动变压器，当活动衔铁上、下移动时，变压器输出电压随之变化，电压的大小与活动衔铁的位移 Δx 有关。图 4-49 给出了螺管式差动变压器输出电压与活动衔铁位移 Δx 的关系曲线。

由图 4-48、图 4-49 可见，当衔铁位于中心位置时，差动变压器输出电压并不等于零。这种零位移时的输出电压称为零点残余电压，记作 ΔU_o，它的存在使传感器的

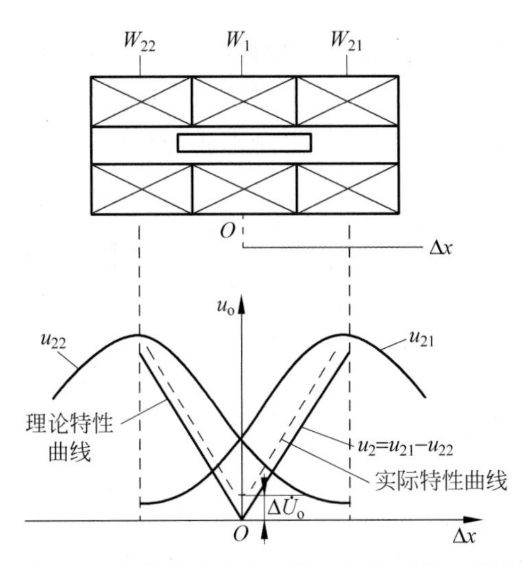

图 4-49　螺管式差动变压器输出电压特性曲线

输出特性不经过零点，造成实际特性与理论特性不完全一致。零点残余电压主要是由传感器的两次级绕组的电气参数和几何尺寸不对称，以及磁性材料的非线性等引起的。

3. 测量电路与误差

由以上分析可知，差动变压器的输出电压是交流调幅电压，若用交流电压表测量，只能反映衔铁位移的大小，不能反映移动的方向。另外，其测量值中包含零点残余电压。为了既能辨别衔铁移动的方向和大小，又能消除零点残余电压，实际测量时，常常采用差动相敏检波电路和差动整流电路。

(1) 差动相敏检波电路

差动相敏检波的形式较多，图 4-50 是两个实例。相敏检波电路要求参考电压与差动变压器次级输出电压频率相同，相位相同或相反，因此常接入移相电路。为了提高检波效率，参考电压的幅值常取为信号电压的 3～5 倍。图中 R_w 是调零电位器。对于测量小位移的差动变压器，若输出信号过小，电路中可接入放大器。

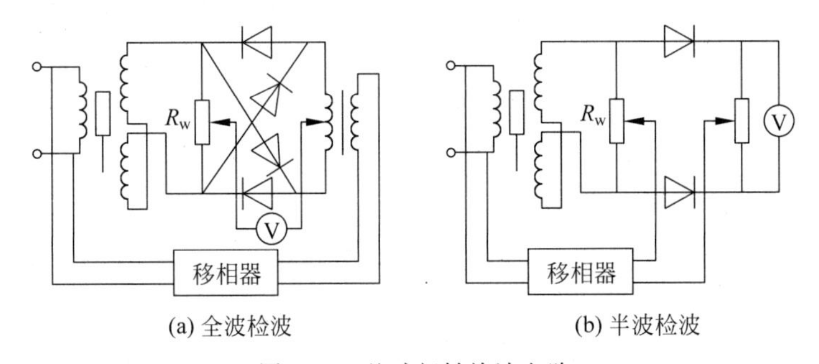

图 4-50　差动相敏检波电路

(2) 差动整流电路

差动整流电路如图 4-51 所示。这种电路简单，不需要参考电压，不需考虑相位调整和零位电压的影响，对感应和分布电容影响不敏感。此外，由于经差动整流后变成直流输出，便于远距离输送，因此应用广泛。且经相敏检波和差动整流输出的信号还必须经低通滤波消除高频分量，才能获得与衔铁运动一致的有用信号。

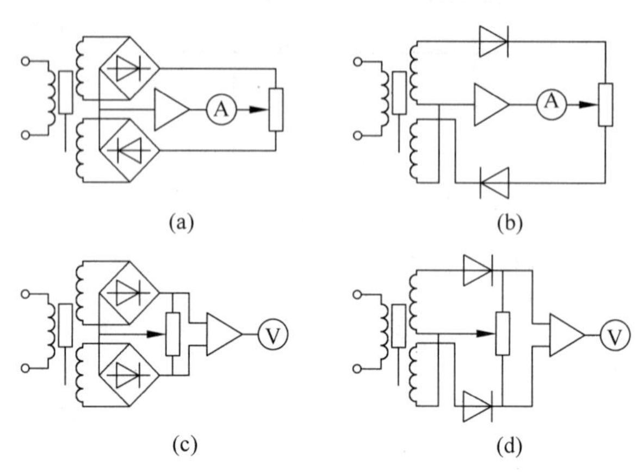

图 4-51　差动整流电路

自感式传感器的误差分析均适用于差动变压器。由于差动变压器多了一个初级线圈，当温度变化时，初级线圈的参数，尤其是铜电阻的变化较大，由此会引起次级输出电压的相对变化而带来测量误差。为了减小温度误差，应对稳定激励电流采取稳定的方法，如串入热敏电阻等，使激励电流保持恒定。

4. 互感式差动变压器传感器的应用

由以上分析可知：差动变压器式传感器可以用于位移的测量，因而一些与位移有关的机械量，如振动、加速度、应变、比重、张力或厚度等都可以用差动变压器进行测量。图 4-52 是测量加速度时的结构原理图。测量时，将悬臂梁底座及差动变压器的线圈骨架固定，而将衔铁的 A 端与被测振动体相连，此时传感器作为加速度测量中的惯性元件，它的位移与被测加速度成正比，使加速度测量转变为位移的测量。当被测体带动衔铁以 $\Delta x(t)$ 振动时，导致差动变压器的输出电压也按相同的规律变化。

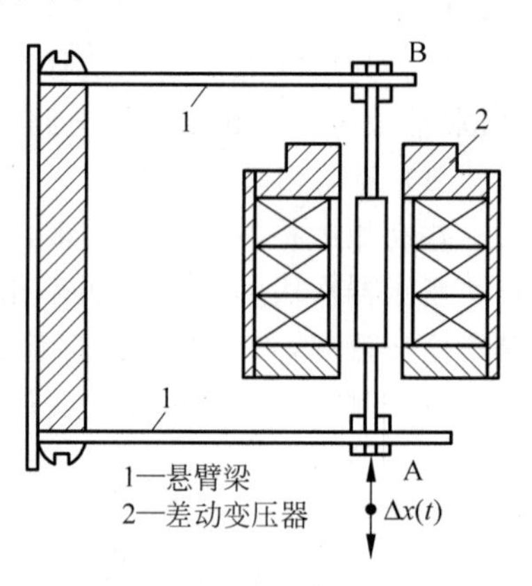

图 4-52　差动变压器式加速度传感器原理图

4.3.3　电涡流式传感器

根据法拉第电磁感应定律，块状金属导体置于变化的磁场中或在磁场中作切割磁力线运动时，导体内将产生漩涡状的感应电流，此电流叫电涡流，以上现象称为电涡流效应。根据电涡流效应制成的传感器称为电涡流式传感器，按照电涡流在导体内的贯穿情况，可以分为高频反射式和低频透射式两类，但从基本工作原理来说，二者是相似的。

从应用来讲,电涡流式传感器最大的特点是能对位移、振动、厚度、转速、表面温度、硬度、材料损伤等进行非接触式连续测量,具有结构简单、体积小、灵敏度高、频响范围宽、不受油污等介质影响的特点。

本节着重介绍电涡流式传感器的基本原理,并简要介绍其典型应用。

1. 工作原理

电涡流式传感器的原理图如图 4-53 所示,传感器线圈中通以交变电流$\dot{I}_1$。由于电流$\dot{I}_1$的存在,线圈周围就产生一个交变磁场 H_1。若被测导体置于该磁场范围内,导体内便产生电涡流$\dot{I}_2$,$\dot{I}_2$也将产生一个新磁场 H_2,H_2 与 H_1 方向相反,力图削弱原磁场 H_1,从而导致线圈的电感量、阻抗和品质因数发生变化。这些参数的变化与导体的几何形状、电导率、磁导率、线圈的几何参数、电流的频率以及线圈到被测导体间的距离有关。假设上述参数中只有一个参数改变,其余参数不变,传感器阻抗就仅仅是该参数的单值函数,通过与传感器配用的测量电路测出阻抗的变化量,即可实现对该参数的测量。

为了分析问题的方便,可以将被测导体上形成的电涡流等效为一个短路环中的电流。这样,线圈与被测导体便等效为相互耦合的两个线圈,如图 4-54 所示。设线圈的电阻为 R_1,电感为 L_1,阻抗为 $Z_1=R_1+\mathrm{j}\omega L_1$,短路环的电阻为 R_2,电感为 L_2,线圈与短路环之间的互感系数为 M,M 随它们之间的距离 x 减小而增大。加在线圈两端的激励电压为$\dot{U}_1$。根据基尔霍夫定律,可列出电压平衡方程组

$$\begin{cases} R_1\dot{I}_1+\mathrm{j}\omega L_1\dot{I}_1-\mathrm{j}\omega M\dot{I}_2=\dot{U}_1 \\ -\mathrm{j}\omega M\dot{I}_1+R_2\dot{I}_2+\mathrm{j}\omega L_2\dot{I}_2=0 \end{cases} \tag{4-111}$$

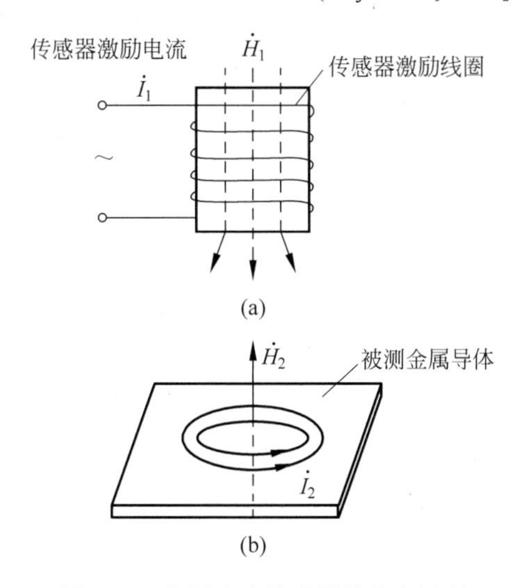

图 4-53　电涡流式传感器的基本原理

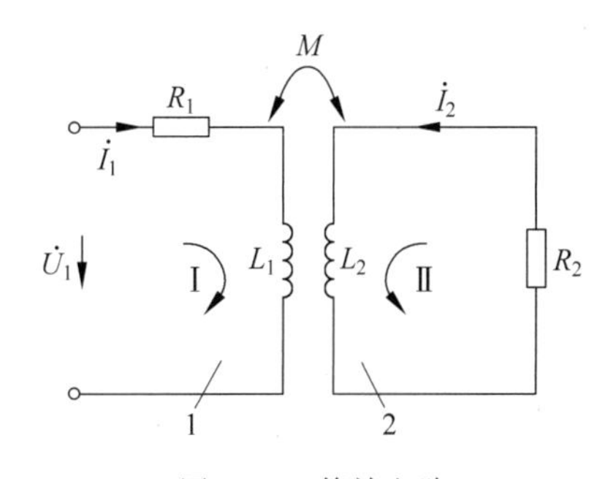

图 4-54　等效电路

1—传感器线圈;2—电涡流短路环

解之得

$$\dot{I}_1 = \frac{\dot{U}_1}{R_1 + \frac{\omega^2 M^2}{R_2^2 + (\omega L_2)^2} R_2 + j\omega\left[L_1 - \frac{\omega^2 M^2}{R_2^2 + (\omega L_2)^2} L_2\right]} \tag{4-112}$$

由此可求得线圈受金属导体涡流影响后的等效阻抗为

$$Z = \frac{\dot{U}_1}{\dot{I}_1} = R_1 + R_2 \frac{\omega^2 M^2}{R_2^2 + \omega^2 L_2^2} + j\omega\left(L_1 - L_2 \frac{\omega^2 M^2}{R_2^2 + \omega^2 L_2^2}\right) \tag{4-113}$$

线圈的等效电阻、等效电感分别为

$$R = R_1 + R_2 \frac{\omega^2 M^2}{R_2^2 + \omega^2 L_2^2} \tag{4-114}$$

$$L = L_1 - L_2 \frac{\omega^2 M^2}{R_2^2 + \omega^2 L_2^2} \tag{4-115}$$

考虑到线圈的初始品质因数 $Q_0 = \omega L_1 / R_1$，则受涡流影响后线圈的等效品质因数 Q 值为

$$Q = \frac{\omega L}{R} = \frac{\omega L_1 - \frac{\omega^2 M^2}{R_2^2 + (\omega L_2)^2} \cdot \omega L_2}{R_1 + R_2 \cdot \frac{\omega^2 M^2}{R_2^2 + \omega^2 L_2^2}} = Q_0 \cdot \frac{1 - \frac{L_2 \omega^2 M^2}{L_1 z_2^2}}{1 + \frac{R_2 \omega^2 M^2}{R_1 z_2^2}} \tag{4-116}$$

综上所述，由于涡流的影响，线圈的等效电阻增大了，等效电感减小了，线圈的品质因数下降。Q 值的下降是由于涡流损耗所引起，并与金属材料的导电性能和距离 x 直接有关。当金属导体是磁性材料时，影响 Q 值的还有磁滞损耗与磁性材料对等效电感的作用。

2. 电涡流形成范围

为了了解电涡流传感器的特性，必须知道在金属导体上形成的电涡流分布情况。电涡流的分布是不均匀的，其密度是线圈与金属导体之间距离 x 的函数。电涡流只能在金属导体的表面薄层内形成，沿半径方向也只能在有限的范围内形成。下面简单介绍激磁线圈与金属导体各参数对电涡流形成范围的影响。

(1) 电涡流的径向形成范围

电涡流密度既是线圈与导体间距离 x 的函数，又是沿线圈半径方向 r 的函数。当 x 一定时，电涡流密度与半径 r 的关系如下：电涡流径向形成范围大约在传感器线圈外半径的 1.8～2.5 倍的范围内，且分布不均匀；当 $r=0$ 时，电涡流密度为零；在线圈外半径附近电涡流密度达到最大。

(2) 电涡流强度与距离的关系

理论分析及实验证明：当线圈与导体间距离 x 改变时，电涡流密度也将发生变化，即电涡流密度随距离 x 的变化而变化。根据线圈与导体间的电磁作用可以得到金属导体表面的电涡流强度为

$$I_2 = I_1\left[1 - \frac{x}{\sqrt{x_2 + r_{as}^2}}\right] \tag{4-117}$$

式中，I_1 为线圈激励电流；I_2 为金属导体中等效电流；x 为线圈到金属导体表面的距离；r_{as} 为线圈外径。

根据式(4-117)作出的归一化曲线如图 4-55 所示。由图可知：电涡流强度与距离 x 成非线性关系，且随着 x/r_{as} 的增加而迅速减小；当利用电涡流式传感器测量位移时，只有在 $x/r_{as} \ll 1$(一般取 0.05～0.15)的条件下才能得到较好的线性和较高的灵敏度。

(3) 电涡流的轴向贯穿深度

由于金属导体的集肤效应，电磁场不能穿过所有厚度的金属导体，仅作用于导体表面薄层和一定的径向范围内，并且导体中产生的电涡流强度是随着导体深度的增加而按指数规律衰减。其按指数衰减分布规律可用下式表示

$$J_d = J_0 e^{-d/t} \tag{4-118}$$

式中，d 为金属导体中某一点与表面的距离；J_d 为沿轴向距离表面 d 处的电涡流密度；J_0 为金属导体表面上的电涡流密度，即一定半径处最大的电涡流密度；t 为电涡流轴向贯穿的深度，也称为集肤深度或趋肤深度，即电涡流强度减小到表面强度的 $1/e$ 处的表面厚度。集肤深度 t 与线圈的激磁频率 f、导体材料的相对磁导率 μ_r、电阻率 ρ 有关，可由下式计算

$$t = \sqrt{\frac{\rho}{\pi \mu_0 \mu_r f}} \tag{4-119}$$

可见，被测导体电阻率越大，相对导磁率越小，线圈的激磁频率越低，则电涡流贯穿深度越大。图 4-56 所示为电涡流密度轴向分布曲线。由图可见，电涡流密度主要分布在表面附近。

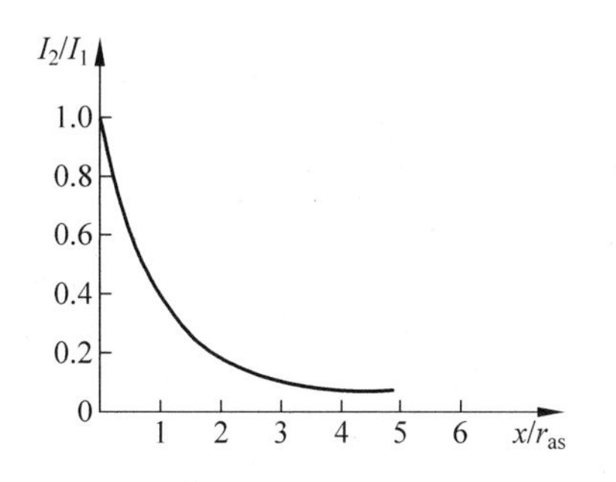

图 4-55　电涡流强度与距离归一化曲线

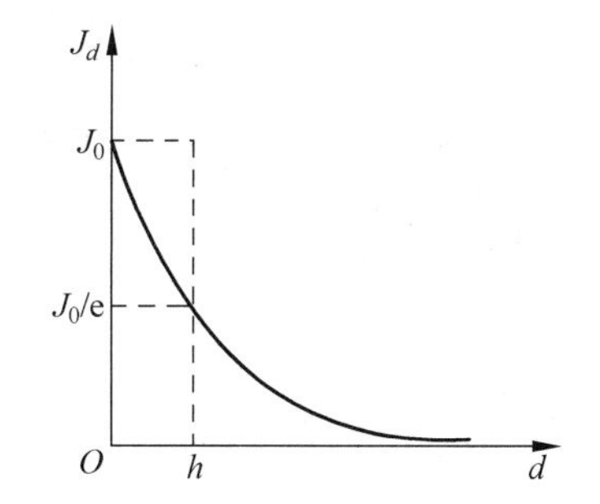

图 4-56　电涡流密度轴向分布曲线

3. 高频反射式电涡流传感器

高频反射式电涡流传感器工作原理如图 4-53 所示，传感器结构如图 4-57 所示，由一个扁平线圈固定在框架上构成。线圈外径大时，线圈磁场的轴向分布范围大，但磁感应强度变化梯度小；线圈外径小时则相反。即线圈外径大，线性范围就大，但灵敏度低；线圈外径小，灵敏度高，但线性范围小。另外，被测导体的电阻率、导磁率对传感器的灵敏度也有影响。一般来说，被测体的电阻率越高，导磁率越低，则灵敏

度越高。

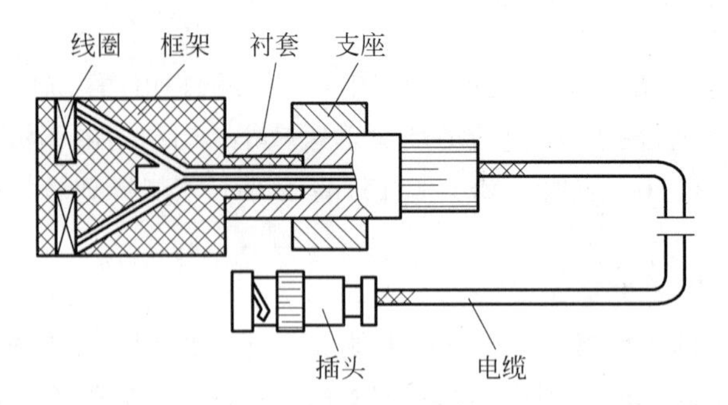

图 4-57 电涡流传感器的结构

根据高频电涡流式传感器的工作原理，将传感器与被测体间的距离变换为传感器的 Q 值、等效阻抗 Z 和等效电感 L 等三个参数，用相应的测量电路来测量。电涡流传感器的测量电路可以归纳为高频载波调幅式和调频式两类，高频载波调幅式又可分为恒定频率的载波调幅与频率变化的载波调幅两种。所以根据测量电路可以把电涡流式传感器分为三种类型，即定频调幅式、变频调幅式和调频式。

(1) 定频调幅电路

图 4-58 为定频调幅电路的原理框图。图中 L 为传感器线圈电感，与电容 C 组成并联谐振回路，晶体振荡器提供高频激励信号。在无被测导体时，LC 并联谐振回路调谐在与晶体振荡器频率一致的谐振状态，这时回路阻抗最大，回路压降最大，参见图 4-59。当传感器接近被测导体时，损耗功率增大，回路失谐，输出电压相应变小。这样，在一定范围内，输出电压幅值与间隙(位移)成近似线性关系。由于输出电压的频率 f_0 始终恒定，因此称为定频调幅电路。

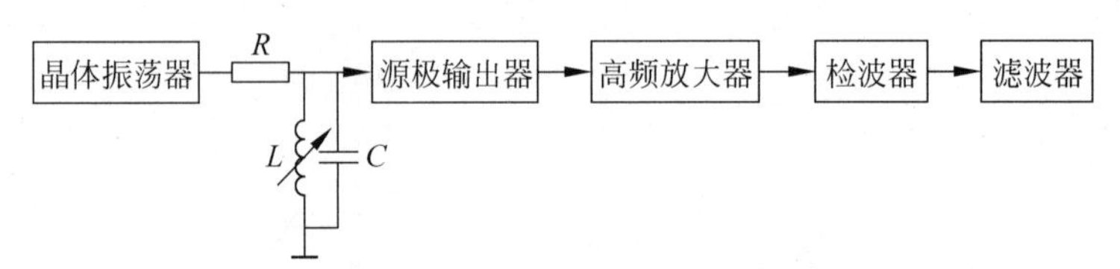

图 4-58 定频调幅电路框图

LC 回路谐振频率的偏移如图 4-59 所示。当被测导体为软磁材料时，由于 L 增大而使谐振频率下降(向左偏移)；当被测导体为非软磁材料时则谐振频率上升(向右偏移)。

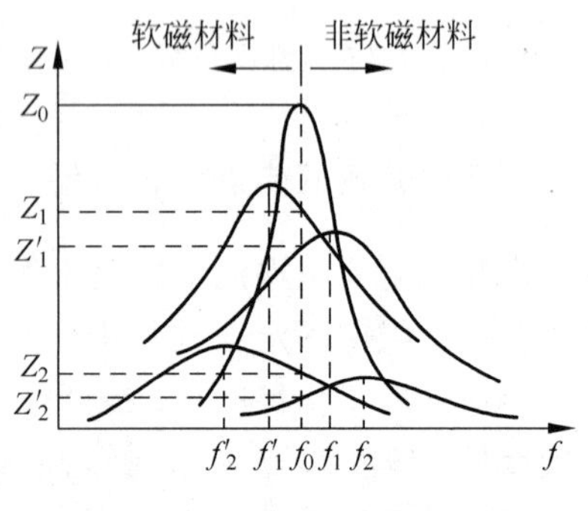

图 4-59 定频调幅谐振曲线

这种电路采用石英晶体振荡器，旨在获得高稳定度频率的高频激励信号，以保证稳定的输出。因为振荡频率若变化 1%，一般将引起输出电压 10%的漂移。图 4-58 中 R 为耦合电阻，用来减小传感器对振荡器的影响，并作为恒流源的内阻。

谐振回路的输出电压为高频载波信号，信号较小，因此设有高频放大、检波和滤波等环节，使输出信号便于传输与测量。源极输出器有利于减小振荡器的负载。

(2) 变频调幅电路

定频调幅电路虽然有很多优点，并获得广泛应用，但线路较复杂，装调较困难，线性范围也不够宽。因此，人们又研究了一种变频调幅电路，原理框图如图4-60所示。

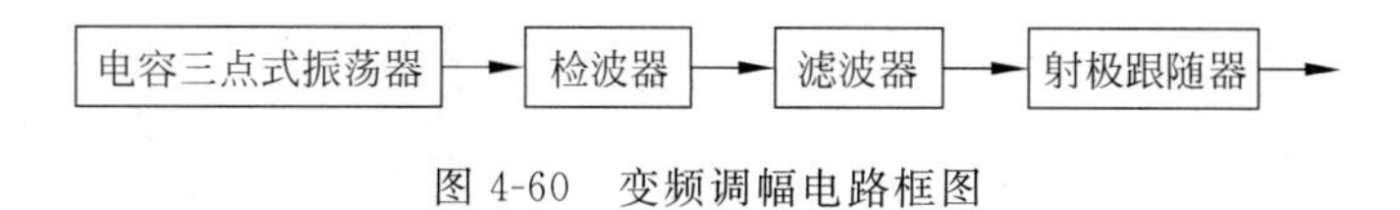

图4-60 变频调幅电路框图

变频调幅电路的基本原理是将传感器线圈直接接入电容三点式振荡回路。当导体接近传感器线圈时，由于涡流效应的作用，振荡器输出电压的幅度和频率都发生变化，利用振荡幅度的变化来检测线圈与导体间的位移变化。变频调幅电路的谐振曲线如图4-61所示。无被测导体时，振荡回路的Q值最高，振荡电压幅值最大，振荡频率为f_0。当有金属导体接近线圈时，涡流效应使回路Q值降低，谐振曲线变钝，振荡幅度降低，振荡频率也发生变化。当被测导体为软磁材料时，由于磁效应的作用，谐振频率降低，曲线左移；被测导体为非软磁材料时，谐振频率升高，曲线右移。所不同的是，振荡器输出电压不是各谐振曲线与f_0的交点，而是各谐振曲线峰点的连线。

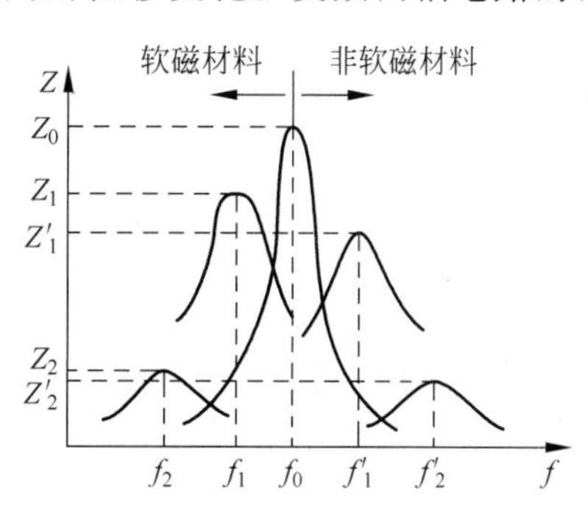

图4-61 变频调幅谐振曲线

变频调幅电路除结构简单、成本较低外，还具有灵敏度高、线性范围宽等优点。

必须指出，变频调幅电路用于被测导体为软磁材料时，虽磁效应的作用使灵敏度有所下降，但磁效应对涡流效应的作用相当于在振荡器中加入负反馈，因而能获得很宽的线性范围。所以如果配用涡流板进行测量，应选用软磁材料。

(3) 调频电路

调频电路与变频调幅电路一样，将传感器线圈接入电容三点式振荡回路如图4-62所示。不同的是，调频电路以振荡频率的变化作为输出信号。如欲以电压作为输出信号，则应后接鉴频器等电路进行处理。

图4-62中，由于采用了有较大电容量的C_1、C_2，使与之并联的晶体管极间电容受温度变化的影响大为减小。同时为了减小电缆电容变动的影响，将谐振回路元件L、C一起做在探头里。这样，电缆的分布电容就并联到大电容C_1、C_2上，从而大大减小了分布电容变化对频率的影响。为了与负载隔离，振荡器可通过射极跟随器输出。

4. 低频透射式电涡流传感器

与高频反射式电涡流传感器相比，低频透射式传感器采用低频激励，贯穿深度大，适用于测量金属材料的厚度。图 4-63 为其工作原理示意图。

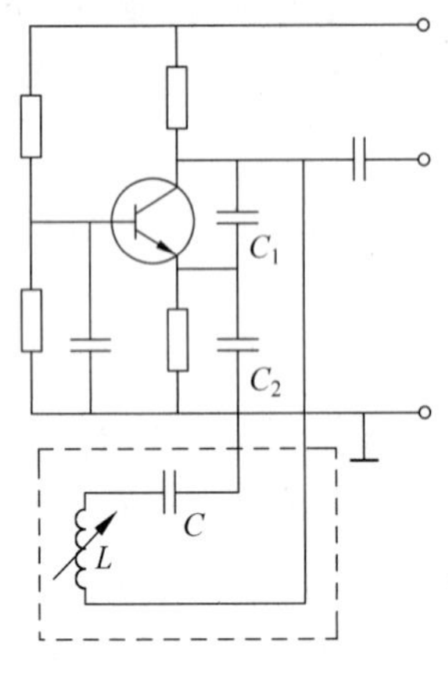

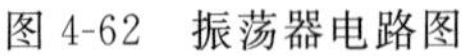

图 4-62　振荡器电路图

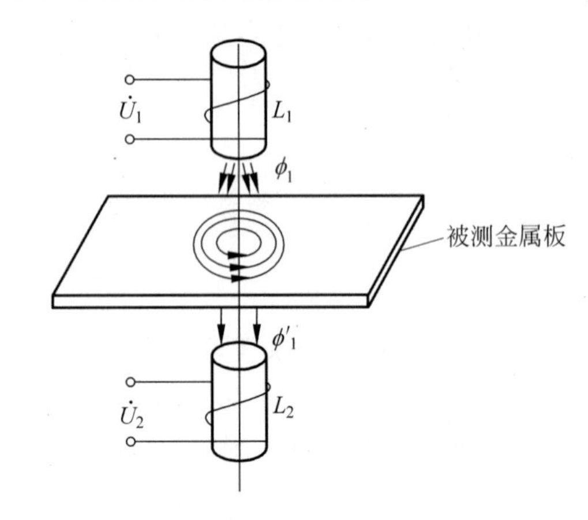

图 4-63　透射式电涡流传感器工作原理

传感器由发射线圈 L_1 和接收线圈 L_2 组成，它们分别位于被测金属板材的两侧。当低频激励电压$\dot{U}_1$ 加到 L_1 的两端时，将在 L_2 的两端产生感应电压$\dot{U}_2$。若两线圈之间无金属导体，L_1 的磁场就能直接贯穿 L_2，这时$\dot{U}_2$ 最大。当有金属板后，其产生的涡流削弱了 L_1 的磁场，造成$\dot{U}_2$ 下降。金属板越厚，涡流损耗越大，$\dot{U}_2$ 就越小。因此可利用$\dot{U}_2$ 的大小来测量金属板的厚度。

5. 电涡流传感器的应用

涡流传感器主要用于位移、振动、转速、距离、厚度等物理参数的测量，测量范围大、灵敏度高、结构简单、抗干扰能力强，而且可以实现非接触测量，在工业生产和科学研究的各个领域中得到了广泛的应用。

(1) 位移测量

涡流式传感器测量位移的范围为 0～5mm，分辨力可达到测量范围的 0.1%，例如可用于测汽轮机立轴的轴向位移、金属试样热膨胀系数等的测量。

(2) 振幅测量

电涡流式传感器可无接触地测量各种机械振动。如对汽轮机、空气压缩机中主轴的径向振动、对发动机涡轮叶片振幅的监控等。测量范围从几十微米到几毫米。

(3) 转速测量

在一个旋转体上开一条或数条槽(图 4-64(a))，或者做成齿(图 4-64(b))，旁边安装一个电涡流传感器。当旋转体转动时，电涡流传感器将输出周期性的电压信号，此电压经过放大、整形，可用频率计指示出频率数值。此值与槽数及被测转速有关。

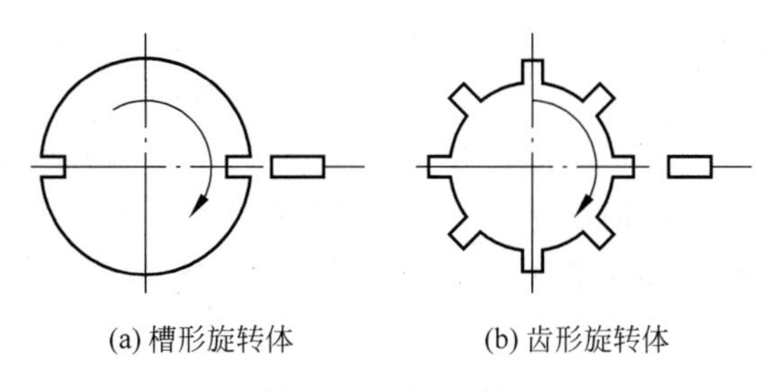

图 4-64 转速测量

(4) 涡流探伤

电涡流式传感器可以用来检查金属的裂纹以及用于焊接部位的探伤等。被测物体表面上的裂纹将会引起金属的电阻率、磁导率发生变化，也会使得电涡流传感器与被测体距离发生变化。这些综合参数(x、ρ、μ)的变化将引起传感器参数的变化，通过测量电路从而达到探伤的目的。

习题与思考题

4.1 什么是金属电阻丝的应变效应和灵敏度系数?

4.2 什么是横向效应? 它对测试有何影响? 如何减小横向应变效应的影响?

4.3 试述电阻应变片温度误差的概念、产生原因和补偿方法。

4.4 什么是直流电桥? 若按不同的桥臂工作方式，可分为哪几种? 各自的输出电压如何计算?

4.5 如果将 100Ω 电阻应变片贴在弹性试件上，若试件受力横截面积 $S=0.5\times10^{-4}\text{m}^2$，弹性模量 $E=0.2\times10^{12}\text{N/m}^2$，若有 $F=0.5\times10^5\text{N}$ 的拉力引起应变电阻变化为 1Ω。试求该应变片的灵敏度系数。

4.6 一台用等强度梁作为弹性元件的电子秤，在梁的上、下面各贴两片相同的电阻应变片($K=2$)，如图 4-65 所示。已知 $l=100\text{mm}$、$b=11\text{mm}$、$t=3\text{mm}$，$E=2\times10^4\text{N/mm}^2$。现将四个应变片接入图(b)直流电桥中，电桥电源电压 $U=6\text{V}$。当力 $F=0.5\text{kg}$ 时，试求电桥输出电压 U_o。

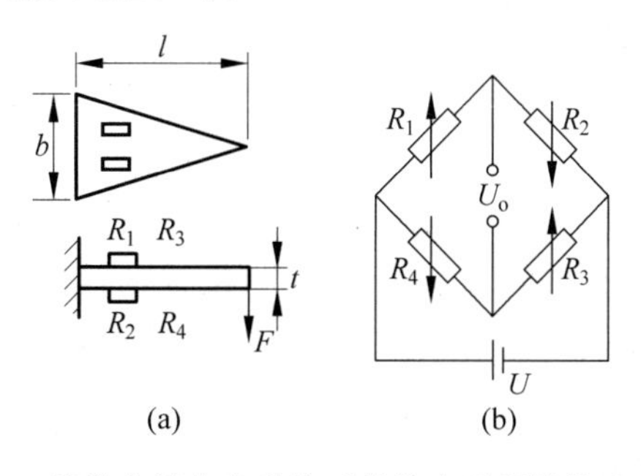

图 4-65 等强度梁作为弹性元件的电子秤结构及电路图

4.7 拟在一个等截面的悬臂梁上粘贴四个完全相同的电阻应变片，并组成差动全桥电路，试问：四个应变片应如何粘贴？试画出相应的电桥电路图，并说明如何克服温度误差？

4.8 根据工作原理可将电容式传感器分为哪几类？各有何特点？

4.9 电容式传感器的测量电路主要有哪几种？各自特点是什么？使用这些测量电路时应注意哪些问题？

4.10 分布和寄生电容的存在对电容传感器有什么影响？一般采取哪些措施可以减小其影响？

4.11 为什么电容式传感器的绝缘、屏蔽和电缆问题特别重要？应用中如何考虑这些问题？

4.12 如何改善单极式变极距型电容传感器的非线性？

4.13 差动脉冲调宽电路用于电容传感器测量电路，试简述其工作原理。

4.14 对于高频工作时的电容式传感器，其连接电缆的长度不能任意变化。为什么？

4.15 变极距型平板电容传感器，当 $d_0=1\text{mm}$ 时，若要求测量线性度为 0.1%，则允许测量的最大位移量是多少？

4.16 如图 4-66 所示平板式电容位移传感器，已知：极板尺寸 $a=b=4\text{mm}$，间隙 $d_0=0.5\text{mm}$，极板间介质为空气，求该传感器静态灵敏度；若极板沿 x 方向移动 2mm，求此时电容量。

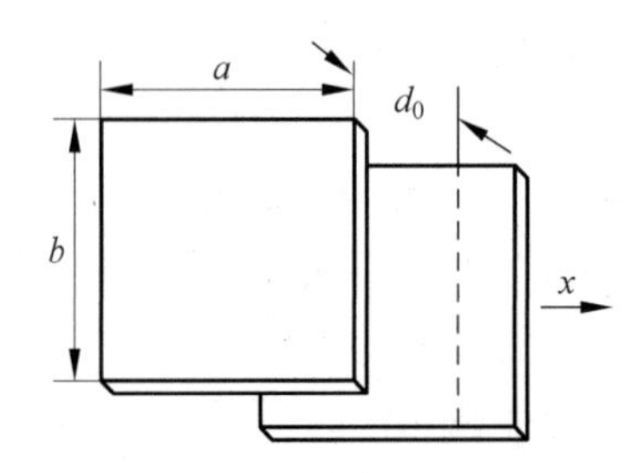

图 4-66 平板式电容位移传感器结构图

4.17 简述差动式电容测厚传感器的工作原理。

4.18 电感式传感器分为哪几类？各有何特点？

4.19 变间隙式电感传感器的输出特性与哪些因素有关？怎样改善其非线性？如何提高其灵敏度？

4.20 比较差动式自感传感器和差动变压器在结构及工作原理上的异同之处。

4.21 如图 4-67 所示气隙式电感传感器，衔铁截面积 $S=4\times4\text{mm}^2$，气隙总长度 $l_\delta=0.8\text{mm}$，衔铁最大位移 $\Delta l_\delta=\pm0.08\text{mm}$，激励线圈匝数 $N=2500$ 匝，导线直径 $d=0.06\text{mm}$，电阻率 $\rho=1.75\times10^{-6}\Omega\cdot\text{cm}$。激励电源频率 $f=4000\text{Hz}$，漏磁及铁损忽略不计。求：(1)线圈电感值；(2)电感的最大变化值；(3)当线圈外截面积为 $11\times11\text{mm}^2$ 时求其直流电阻值；(4)线圈的品质因数；(5)当线圈存在 200pF 分布电

容与之并联后其等效电感值变化多大？

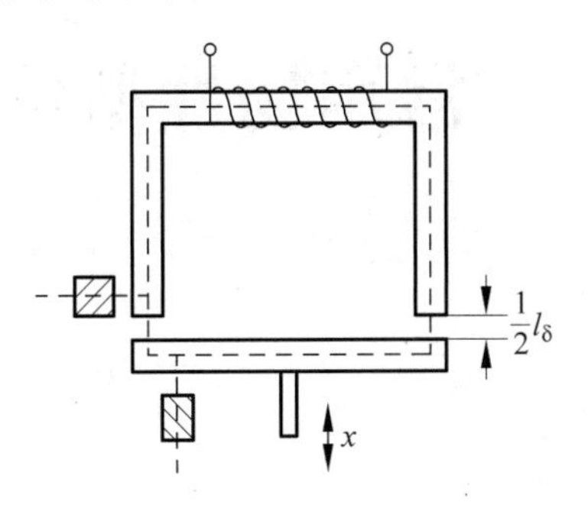

图 4-67　气隙式电感传感器

4.22　什么是涡流效应？试从电涡流式传感器的基本原理分析说明它的应用。

4.23　电涡流式传感器有何特点？画出应用于测板材厚度的原理框图。

第5章 常用物性型传感器

5.1 压阻式传感器

随着半导体技术的发展,压力传感器正向半导体化和集成化方向发展。研究发现,固体受到力作用后电阻率(或电阻)就要发生变化,所有的固体材料都有这个特点,其中以半导体材料最为显著。当半导体材料在某一方向上承受应力时,它的电阻率发生显著变化,这种现象称为半导体压阻效应。

压阻式传感器是利用固体的压阻效应制成的,主要用于测量压力、加速度和载荷等参数。压阻式传感器有两种类型,一种是利用半导体材料的体电阻做成粘贴式的应变片,这在第4章的电阻应变式传感器中已介绍过。另一种是在半导体的基片上用集成电路工艺制成扩散型压敏电阻,用它作为传感元件制成的传感器,称固态压阻式传感器,也叫扩散型压阻式传感器。本节将对扩散型压阻式传感器加以介绍和讨论。

5.1.1 工作原理

1. 半导体压阻效应

在第4章已讲过,任何材料发生变形时电阻的变化率由下式决定

$$\frac{\Delta R}{R}=\frac{\Delta l}{l}-\frac{\Delta S}{S}+\frac{\Delta\rho}{\rho} \tag{5-1}$$

对于金属材料而言,$\Delta R/R=[(1+2\mu)+c(1-2\mu)]\varepsilon$。式(5-1)中,$\Delta l/l$与$\Delta S/S$两项表示应变发生后,引起材料的几何尺寸的变化,从而带来电阻的变化。电阻变化率$\Delta\rho/\rho$较小,有时可忽略不计,而$\Delta l/l$与$\Delta S/S$两项几何尺寸变化带来的影响较大,故金属电阻的变化率主要是由$\Delta l/l$与$\Delta S/S$两项引起的。这是金属材料的应变电阻效应。

对于半导体材料而言,$\Delta R/R=(1+2\mu)\varepsilon+\Delta\rho/\rho=(1+2\mu)\varepsilon+\pi E\varepsilon$,它由两部分组成:前一部分$(1+2\mu)\varepsilon$表示由尺寸变化所致,后一部分$\pi E\varepsilon$表

示由半导体材料的压阻效应所致。实验表明，$\pi E \gg 1+2\mu$，也即半导体材料的电阻值变化主要是由电阻率变化引起的。因此可有

$$\frac{\Delta R}{R} \approx \frac{\Delta \rho}{\rho} = \pi E \varepsilon = \pi \sigma \tag{5-2}$$

式中，π 表示压阻系数。半导体电阻率随应变所引起的变化称为半导体的压阻效应。

半导体电阻材料有结晶的硅和锗，掺入杂质后则分别形成 P 型和 N 型半导体。半导体在外力作用下，原子点阵排列发生变化，导致载流子迁移率及浓度发生变化，从而引起半导体电阻的变化。由于半导体是各向异性材料，因此它的压阻系数不仅与掺杂浓度、温度和材料类型有关，还与晶向有关。

2. 晶向的表示方法

扩散型压阻式传感器的基片是半导体单晶硅，而单晶硅是各向异性材料，取向不同时特性也不一样。取向是用晶向来表示的，所谓晶向就是晶面的法线方向，晶向的表示方法有两种，一种是截距法，另一种是法线法。

对于图 5-1 所示的平面，如果用截距法，可表示为

$$\frac{x}{r} + \frac{y}{s} + \frac{z}{t} = 1 \tag{5-3}$$

式中，r、s、t 分别表示 x、y、z 轴的截距。

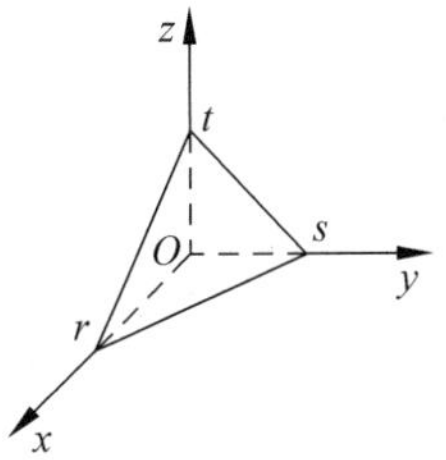

图 5-1　晶向的平面截距表示法

如果用法线法，可表示为

$$x\cos\alpha + y\cos\beta + z\cos\gamma = p \tag{5-4}$$

进一步写为

$$\frac{x}{p}\cos\alpha + \frac{y}{p}\cos\beta + \frac{z}{p}\cos\gamma = 1 \tag{5-5}$$

式中，p 表示法线长度，$\cos\alpha$、$\cos\beta$、$\cos\gamma$ 表示法线的方向余弦。

如果法线的大小与方向(即方向余弦)均为已知，该平面就是确定的。如果只知道方向而不知道大小，则该平面的方位是确定的。由于式(5-3)、式(5-5)表示的是同一平面，因而可有

$$\cos\alpha : \cos\beta : \cos\gamma = \frac{1}{r} : \frac{1}{s} : \frac{1}{t} \tag{5-6}$$

由式(5-6)可知，已知 r、s、t，就可求出 $\cos\alpha$、$\cos\beta$、$\cos\gamma$，法线的方向也就可确定。如果将 $1/r$、$1/s$、$1/t$ 乘上 r、s、t 的最小公倍数化成三个没有公约数的整数 h、k、l，则知道 h、k、l 后就等于知道了三个方向余弦，也就等于知道了晶向。h、k、l 称为密勒指数，晶向就是用它表示的。密勒指数就是截距的倒数化成的三个没有公约数的整数。

知道晶向后，晶面就确定了。我国规定用 $<h\ k\ l>$ 表示晶向，用 $(h\ k\ l)$ 表示晶面，用 $\{h\ k\ l\}$ 表示晶面族。

图 5-2(a)中的平面与 x、y、z 轴的截距为 −2、−2、4，截距的倒数为 −1/2、−1/2、1/4，密勒指数为 2、2、1，故晶向、晶面、晶面族分别为<2 2 1>、(2 2 1)、{2 2 1}。

图 5-2(b)中的平面与 x、y、z 轴的截距为 1、1、1，截距的倒数为 1、1、1，密勒指数为 1、1、1，故晶向、晶面、晶面族分别为<1 1 1>、(1 1 1)、{1 1 1}。

图 5-2(c)中，$ABCD$ 面的截距为 1、∞、∞，密勒指数为 1、0、0，故 $ABCD$ 面的晶向、晶面、晶面族分别为<1 0 0>、(1 0 0)、{1 0 0}。

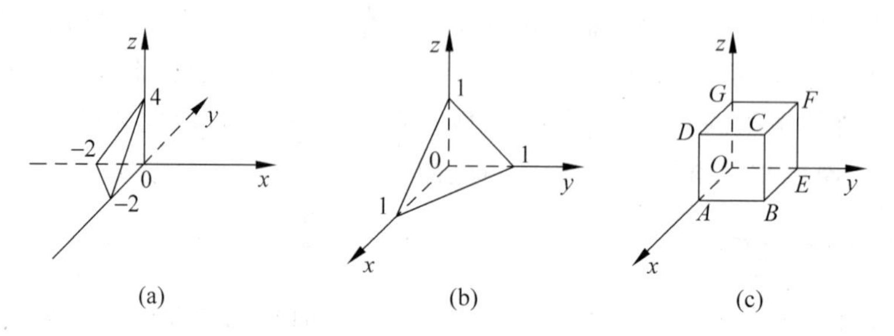

图 5-2　平面的截距表示法

在压阻式传感器的设计中，有时要判断两晶向是否垂直，可将两晶向作为两向量来看待。$\boldsymbol{A}(a_1,a_2,a_3)$、$\boldsymbol{B}(b_1,b_2,b_3)$两向量点乘时，如 $\boldsymbol{A}\perp\boldsymbol{B}$，必有 $a_1b_1+a_2b_2+a_3b_3=0$，因此根据此式可判断两晶向是否垂直。例如对于晶向<1 1 0>、<0 0 1>，由于 $1\times0+1\times0+0\times1=0$，所以可判断两晶向<1 1 0>、<0 0 1>垂直。

3. 压阻系数

半导体材料(一般是单晶硅)，沿三个晶轴方向取出一微元素，单晶硅上受到作用力时，微元素上的应力分量应有 9 个(如图 5-3 所示)，但剪切应力总是两两相等的，即有

$$\sigma_{23}=\sigma_{32},\quad \sigma_{13}=\sigma_{31},\quad \sigma_{12}=\sigma_{21}$$

9 个分量中只有 6 个是独立的，即 σ_{11}、σ_{22}、σ_{33}、σ_{23}、σ_{31}、σ_{12}是独立的，若将下标改用下列方法来表示：

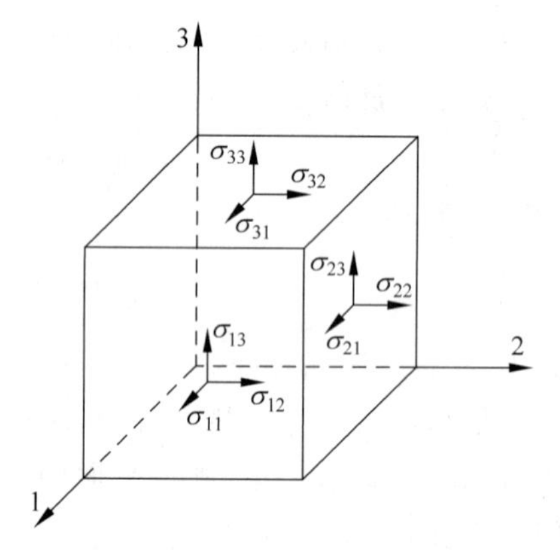

图 5-3　单晶硅微元素上应力分量图

$$11\rightarrow1\qquad 22\rightarrow2\qquad 33\rightarrow3$$
$$23\rightarrow4\qquad 31\rightarrow5\qquad 12\rightarrow6$$

则 6 个独立应力分量可写成：σ_1、σ_2、σ_3、σ_4、σ_5、σ_6。有应力存在就会产生电阻率的变化。6 个独立应力分量分别可在 6 个相应的方向产生独立的电阻率的变化，若电阻率的变化率 $\Delta\rho/\rho$ 用符号 δ 表示，则 6 个独立的电阻率的变化率可写成：δ_1、δ_2、δ_3、δ_4、δ_5、δ_6。

电阻率的变化率与应力之间通过压阻系数 π 相联系，6 个独立的电阻率的变化率与 6 个独立的应力分量之间的压阻系数关系如表 5-1 所示。

表 5-1　单晶硅电阻率的变化率与应力间的压阻系数关系表

电阻率的变化率 \ 应力分量	σ_1	σ_2	σ_3	σ_4	σ_5	σ_6
δ_1	π_{11}	π_{12}	π_{13}	π_{14}	π_{15}	π_{16}
δ_2	π_{21}	π_{22}	π_{23}	π_{24}	π_{25}	π_{26}
δ_3	π_{31}	π_{32}	π_{33}	π_{34}	π_{35}	π_{36}
δ_4	π_{41}	π_{42}	π_{43}	π_{44}	π_{45}	π_{46}
δ_5	π_{51}	π_{52}	π_{53}	π_{54}	π_{55}	π_{56}
δ_6	π_{61}	π_{62}	π_{63}	π_{64}	π_{65}	π_{66}

根据表 5-1 可得下列矩阵方程

$$\begin{bmatrix}\delta_1\\ \delta_2\\ \vdots\\ \delta_6\end{bmatrix}=\begin{bmatrix}\pi_{11} & \pi_{12} & \pi_{13} & \pi_{14} & \pi_{15} & \pi_{16}\\ \pi_{21} & \pi_{22} & \pi_{23} & \pi_{24} & \pi_{25} & \pi_{26}\\ \vdots & \vdots & \vdots & \vdots & \vdots & \vdots\\ \pi_{61} & \pi_{62} & \pi_{63} & \pi_{64} & \pi_{65} & \pi_{66}\end{bmatrix}\begin{bmatrix}\sigma_1\\ \sigma_2\\ \vdots\\ \sigma_6\end{bmatrix} \tag{5-7}$$

由于剪切应力不可能产生正向压阻效应，故有

$$\pi_{14}=\pi_{15}=\pi_{16}=\pi_{24}=\pi_{25}=\pi_{26}=\pi_{34}=\pi_{35}=\pi_{36}=0$$

正向应力不可能产生剪切压阻效应，故有

$$\pi_{41}=\pi_{42}=\pi_{43}=\pi_{51}=\pi_{52}=\pi_{53}=\pi_{61}=\pi_{62}=\pi_{63}=0$$

剪切应力只能在剪切应力平面内产生压阻效应，因此有

$$\pi_{45}=\pi_{46}=\pi_{54}=\pi_{56}=\pi_{64}=\pi_{65}=0$$

由于单晶硅是正立方体晶体，考虑到正立方晶体的对称性，则正向压阻效应相等、横向压阻效应相等、剪切压阻效应相等，因而有

$$\pi_{11}=\pi_{22}=\pi_{33},\pi_{12}=\pi_{21}=\pi_{13}=\pi_{31}=\pi_{23}=\pi_{32},\pi_{44}=\pi_{55}=\pi_{66}$$

基于以上考虑，压阻系数的矩阵为

$$\boldsymbol{\Pi}=\begin{bmatrix}\pi_{11} & \pi_{12} & \pi_{12} & 0 & 0 & 0\\ \pi_{12} & \pi_{11} & \pi_{12} & 0 & 0 & 0\\ \pi_{12} & \pi_{12} & \pi_{11} & 0 & 0 & 0\\ 0 & 0 & 0 & \pi_{44} & 0 & 0\\ 0 & 0 & 0 & 0 & \pi_{44} & 0\\ 0 & 0 & 0 & 0 & 0 & \pi_{44}\end{bmatrix} \tag{5-8}$$

由此可以看出，相对晶轴坐标系得到的压阻系数矩阵中，独立的压阻系数分量仅有 π_{11}、π_{12}、π_{44} 三个，π_{11} 称为纵向压阻系数，π_{12} 称为横向压阻系数，π_{44} 称为剪切压阻系数。

如在晶轴坐标系中欲求任意晶向的压阻系数，可分为两种情况考虑：一是求纵向压阻系数，二是求横向压阻系数。若电流 I 通过单晶硅的方向为 $\boldsymbol{P}$，$\boldsymbol{P}$ 为任意方向，电阻也就沿此方向变化，因此称此方向为纵向，沿此方向作用在单晶硅上的应力为纵向应力 σ_l，可将式(5-8)中各压阻系数分量全部投影到 $\boldsymbol{P}$，即可求得纵向应力 σ_l

在P方向的纵向压阻系数π_l；沿着与P垂直的方向作用在单晶硅上的应力称为横向应力σ_t，同样可以求得横向压阻系数π_t。求得纵向压阻系数、横向压阻系数以后，在纵向应力和横向应力作用下，在此晶向上电阻的变化可按以下公式进行计算

$$\frac{\Delta R}{R}=\pi_l\sigma_l+\pi_t\sigma_t \tag{5-9}$$

影响压阻系数的因素主要是扩散电阻的表面杂质浓度和温度。扩散杂质浓度增加时，压阻系数就会减小。表面杂质浓度低时，温度的升高则压阻系数下降得快；表面杂质浓度高时，温度的升高则压阻系数下降得慢。

5.1.2 结构与类型

1. 压阻式传感器的结构原理

硅压阻式传感器由外壳、硅膜片和引线组成，其结构原理如图5-4所示。其核心部分做成杯状的硅膜片，通常叫做硅杯。外壳则因不同用途而异。在硅膜片上，用半导体工艺中的扩散掺杂法做四个相等的电阻，经蒸镀铝电极及连线，接成惠斯登电桥，再用压焊法与外引线相连。膜片的一侧是和被测系统相连接的高压腔，另一侧是低压腔，通常和大气相通，也有做成真空的。

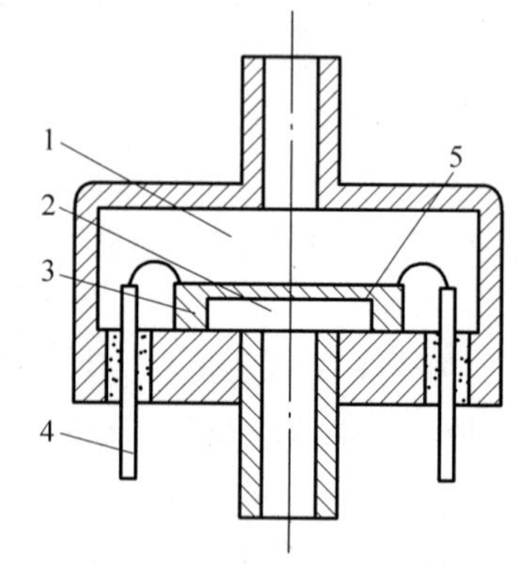

图5-4 压阻式传感器结构图

1—低压腔；2—高压腔；3—硅杯；4—引线；5—硅膜片

当膜片两边存在压力差而发生形变时，膜片各点产生应力，从而使扩散电阻的阻值发生变化，电桥失去平衡，输出相应的电压，其电压大小就反映了膜片所受的压力差值。

对压阻式传感器而言，纵向应力与横向应力应该根据圆形硅膜片上各点的径向应力σ_r与切向应力σ_t来决定。设均布压力为P，则圆形平膜片上各点的径向应力σ_r与切向应力σ_t可用下式表示

$$\sigma_r=\frac{3p}{8h^2}[(1+\mu)r_0^2-(1+3\mu)r^2]\quad(\mathrm{N/m^2}) \tag{5-10}$$

$$\sigma_t=\frac{3p}{8h^2}[(1+\mu)r_0^2-(1+3\mu)r^2]\quad(\mathrm{N/m^2}) \tag{5-11}$$

式(5-10)、式(5-11)中，r_0、r、h分别表示膜片的有效半径、计算点半径、厚度；μ表示膜片的泊松比，对于硅来讲，$\mu=0.35$。

由图5-5可见，均布压力P产生的应力是不均匀的，且有正应力区和负应力区。当$r=0.635r_0$时，$\sigma_r=0$；当$r<0.635r_0$时，$\sigma_r>0$，即为拉应力；当$r>0.635r_0$时，$\sigma_r<0$，即为压应力。当$r=0.812r_0$时，$\sigma_t=0$，仅有σ_r存在，且$\sigma_r<0$，即为压应力。利用这一特性，选择适当的位置布置电阻，使其接入电桥的四臂中，两两电阻在受力时

一增一减，且阻值增加的两个电阻和阻值减小的两个电阻分别对接，形成差动全桥。

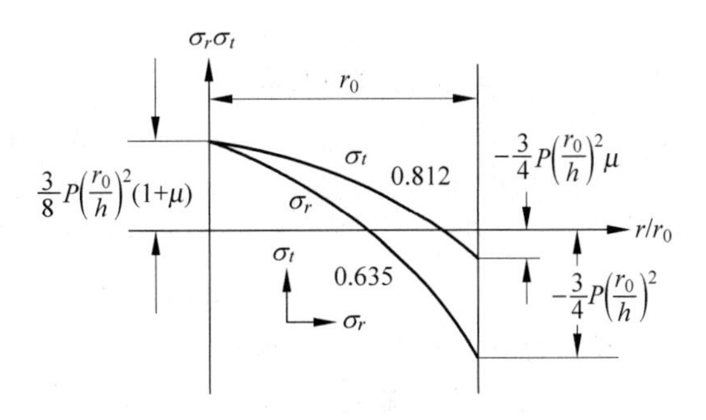

图 5-5 硅膜片的应力分布图

2. 压阻式传感器的基本类型

利用半导体的压阻效应，针对不同的对象可设计成多种类型的传感器。常见的两种基本类型是压阻式压力传感器、压阻式加速度传感器。压阻式压力传感器前面已进行了介绍，这里以压阻式加速度传感器为例加以介绍。

压阻式加速度传感器如图 5-6 所示，它的悬臂梁直接用单晶硅制成，四个扩散电阻扩散在其根部两面（上、下面各两个等值电阻）。当梁自由端的质量块受到加速度作用时，悬臂梁受到弯矩作用而发生变形，产生应力，使电阻值发生变化。由四个电阻组成的电桥产生与加速度成比例的电压输出，从而完成对加速度的测量。

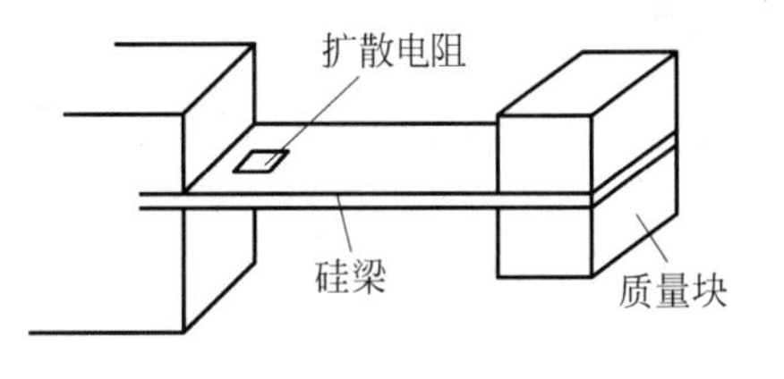

图 5-6 压阻式加速度传感器原理结构

5.1.3 温度补偿原理与方法

由于半导体材料对温度比较敏感，压阻式传感器的电阻值及灵敏度系数随温度变化而改变，将引起零点温度漂移和灵敏度漂移，因此必须采取温度补偿措施。

1. 零点温度补偿

零点温度漂移是由于扩散电阻的阻值及其温度系数不一致造成的。一般用串、并联电阻法补偿，如图 5-7 所示。其中 R_s 是串联电阻，R_p 是并联电阻。串联电阻主要起调零作用，并联电阻主要起补偿作用，可通过计算得出 R_s、R_p 的值。选择该温度系数的电阻接入桥路，便可起到温度补偿的作用。

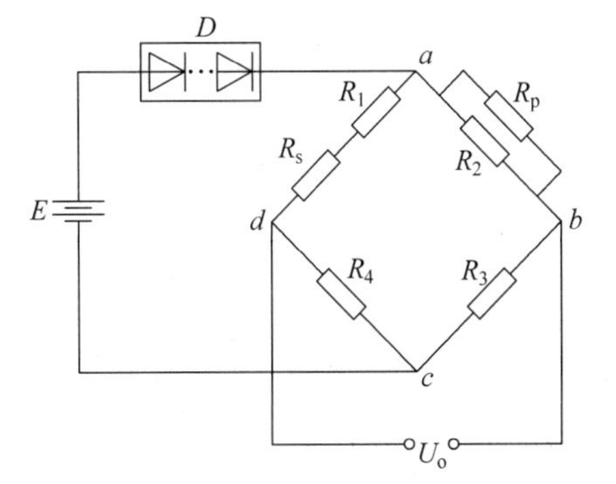

图 5-7 零点输出的补偿

2. 灵敏度温度补偿

灵敏度温度漂移是由于压阻系数随温度变化而引起的。温度升高时，压阻系数变小，温度降低时，压阻系数变大，说明传感器的灵敏度系数为负值。

温度升高时，若提高电桥的电源电压，使电桥的输出适当增大，反之，温度降低时，若使电源电压降低，电桥的输出适当减小，便可以实现对传感器灵敏度的温度补偿。如图 5-7 所示，在电源回路中串联二极管进行温度补偿，电源采用恒压源，当温度升高时，二极管的正向压降减小，于是电桥的桥压增加，使其输出增大。只要计算出所需二极管的个数，将其串入电桥电源回路，便可以达到补偿的目的。

5.2 压电式传感器

某些介质材料在受力作用下，其表面会有电荷产生。根据这种现象制成的压电式传感器，是一种有源的双向机电传感器，具有体积小、重量轻、工作频带宽等特点，用于各种动态力、机械冲击与振动的测量，并在声学、医学、力学、宇航等方面得到了非常广泛的应用。

5.2.1 压电效应及压电材料

1. 压电效应

由物理学知，一些离子型晶体的电介质，如石英、酒石酸钾钠、钛酸钡等，当沿着一定方向施加机械力作用而产生变形时，就会引起它内部正负电荷中心相对位移产生电的极化，从而导致其两个相对表面(极化面)上出现符号相反的电荷；当外力去掉后，又恢复到不带电状态。这种现象称为压电效应，如图 5-8(a)所示。而当作用力方向改变时，电荷的极性也随之改变。这种将机械能转换为电能的现象，也称为“正压电效应”。研究发现，当在电介质方向施加电场时，这些电介质也会产生几何变形，这种现象称为“逆压电效应”，也称为“电致伸缩效应”。具有压电效应的材料称为压电材料，压电材料能够实现“机-电”能量的相互转换，如图 5-8(b)所示。

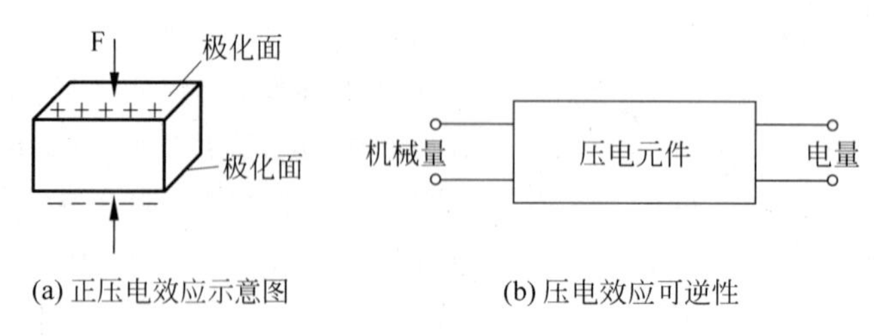

(a) 正压电效应示意图　　(b) 压电效应可逆性

图 5-8　压电效应示意图

2. 压电材料

自然界中大多数晶体都具有压电效应，材料不同，压电效应强、弱也不同。随着对材料的深入研究发现，石英晶体、钛酸钡等材料的压电效应比较明显，是性能优良的压电材料。压电材料可以分为三大类：压电晶体（包括石英晶体和其他单晶体材料等）、压电陶瓷、新型压电材料（如压电半导体、有机高分子材料等）。

选用合适的压电材料是设计高性能传感器的关键，一般应考虑以下几个方面的主要特性参数：

① 压电常数：这是衡量材料压电效应强弱的参数，直接关系到压电输出灵敏度，表征材料"机-电"转换的性能。

② 弹性常数：压电材料的弹性常数、刚度等决定了压电器件的固有频率和动态特性。

③ 介电常数：对于一定形状、尺寸的压电元件，其固有电容与介电常数有关，而固有电容又影响着压电传感器频率下限。希望压电材料具有较大的介电常数，以减小外部分布电容的影响并获得良好的低频特性。

④ 电阻：压电材料的绝缘电阻将减少电荷泄漏，希望具有较高的电阻率，从而改善压电传感器的低频特性。

⑤ 居里点温度：它是指压电材料开始丧失压电特性的温度。希望材料具有较高的居里点，从而具有较宽的工作温度范围。

⑥ 稳定性：压电常数会随着温度、湿度以及时间而发生变化，希望材料的温度和湿度稳定性要好，压电特性不随时间改变。

常用压电材料的性能参数如表 5-2 所示。

表 5-2　常用压电材料的性能参数

性能参数 \ 压电材料	石英	钛酸钡	锆钛酸铅 PZT-4	锆钛酸铅 PZT-5	锆钛酸铅 PZT-8
压电系数/(pC/N)	d11=2.31 d14=0.73	d15=260 d31=−78 d33=190	d15≈410 d31=−100 d33=230	d15≈670 d31=185 d33=600	d15=330 d31=−90 d33=200
相对介电常数	4.5	1200	1050	2100	1000
居里点温度/℃	573	115	310	260	300
密度/(10^3 kg/m^3)	2.65	5.5	7.45	7.5	7.45
弹性模量/(10^9 N/m^2)	80	110	83.3	117	123
机械品质因数	10^5～10^6		≥500	80	≥800
最大安全应力/(10^5 N/m^2)	95～100	81	76	76	83
体积电阻率/(Ω·m)	$>10^{12}$	10^{10}(25℃)	$>10^{10}$	10^{11}(25℃)	
最高允许温度/℃	550	80	250	250	
最高允许湿度/(%)	100	100	100	100	

(1) 压电晶体

具有压电特性的单晶体统称为压电晶体。石英晶体是最典型而常用的压电晶体。下面以石英为例，介绍其压电效应。

石英晶体俗称水晶，有天然和人工之分，化学成分为 SiO_2，图 5-9 表示天然结构的石英晶体，它是一个正六角形的晶柱。按图中所示进行直角坐标定义：纵向轴 z 称为光轴，也称为中性轴，当光线沿此轴通过石英晶体时，无折射；经过六面体棱线并垂直于光轴的 x 轴称为电轴，在垂直于此轴的面上压电效应最强；与 x 轴、z 轴垂直的 y 轴称为机械轴，在电场的作用下，沿该轴方向的机械变形最明显。

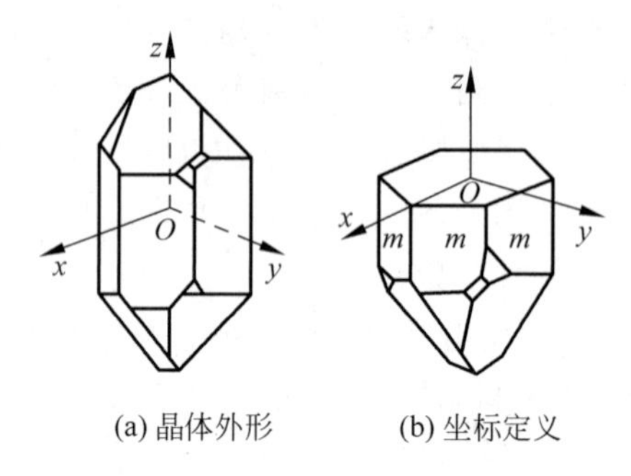

(a) 晶体外形　　(b) 坐标定义

图 5-9　石英晶体及坐标系定义

石英晶体中，硅离子和氧离子在垂直于 z 轴的平面上呈正六边形排列，如图 5-10(a)所示，其中"⊕"代表正的硅离子 Si^{4+}，"⊖"代表负的氧离子 O^{2-}。当石英晶体不受力作用时，正、负离子正好分布在正六边形的顶角上，正负电荷的中心重合，从而呈现电中性状态。

当石英晶体沿 x 轴方向受压力 F_x 作用时，晶体沿 x 方向产生压缩变形，正、负离子的相对位置随之变动，正、负电荷的中心不再重合，如图 5-10(b)所示，在 x 轴的正方向的晶体表面上出现正电荷，负方向的晶体表面上出现负电荷。而在 y 轴和 z 轴方向的分量均为零，不出现电荷。若沿 x 轴受拉力作用，则电荷极性则相反，x 轴正方向的晶体表面上出现负电荷。

当石英晶体沿 y 轴方向受压力 F_y 作用时，晶体沿 y 方向产生压缩变形，正、负离子的相对位置随之变动，正、负电荷的中心不再重合，如图 5-10(c)所示，在 x 轴的正方向的晶体表面上出现负电荷，负方向的晶体表面上出现正电荷。而在 y 轴和 z 轴方向的分量均为零，不出现电荷。

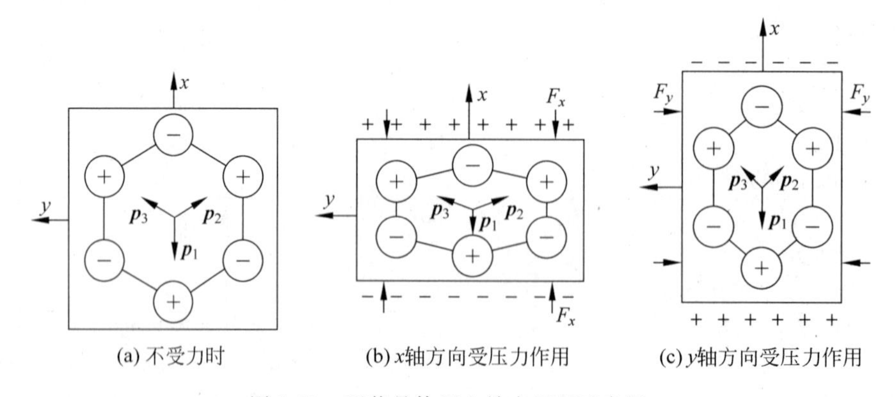

(a) 不受力时　　(b) x轴方向受压力作用　　(c) y轴方向受压力作用

图 5-10　石英晶体压电效应机理示意图

如果沿 z 轴方向施加作用力，因为晶体在 x 方向和 y 方向所产生的形变完全相同，所以正负电荷的重心保持重合，石英晶体不产生电荷，也就不产生压电效应。

当作用力 F_x、F_y 的方向相反时，电荷的极性将随之改变。如果石英晶体的各个方向同时受到均等的作用力（如液体、气体压力），石英晶体将保持电中性，所以石英晶体没有体积变形的压电效应。

通常把沿电轴 x 方向的力作用下产生的压电效应称为"纵向压电效应"，而把沿机械轴 y 方向的力作用下产生的压电效应称为"横向压电效应"，而沿光轴 z 方向的力作用下不产生压电效应。

若如图 5-11 所示，从晶体上沿 x-y-z 方向切下的薄片称为晶体切片，其长度、厚度、高度分别为 a、b、c。当沿 x 轴方向施加作用力 F_x 时，则在与电轴垂直的平面上产生电荷 Q_{xx}，它与力 F_x 成正比。即

$$Q_{xx} = d_{11} F_x \tag{5-12}$$

式中，d_{11} 为压电系数，单位为 C/N，对于石英晶体而言，$d_{11}=2.31\times10^{-12}$C/N。

如果在同一切片上，沿机械轴 y 方向施加作用力 F_y，则在与 x 轴垂直的平面上产生电荷 Q_{xy}，其大小为

$$Q_{xy} = d_{12} \frac{a}{b} F_y \tag{5-13}$$

式中，d_{12} 为压电系数。由于石英晶体对称，所以有 $d_{12}=-d_{11}$。

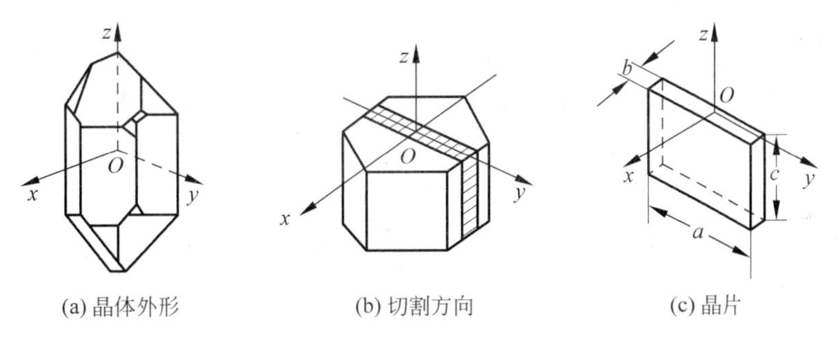

图 5-11　石英晶体切片

从式(5-12)、式(5-13)可以看出，沿电轴方向施加作用力时切片上产生的电荷多少与切片的几何尺寸无关，而沿机械轴方向施加作用力时切片上产生的电荷多少与切片的几何尺寸有关。产生的电荷的极性由施加的作用力是压力还是拉力决定。晶体切片上电荷的符号与受力方向间的关系如图 5-12 所示。

压电元件在受到力作用时，就在相应的表面上产生表面电荷，这时其电荷的表面密度 q 与施加的应力 σ 成正比，其计算公式如下

$$q = d_{ij}\sigma \tag{5-14}$$

式中，d_{ij} 为压电常数。d_{ij} 下标中的"i"表示晶体的极化方向，或电荷面的轴向，当产生电荷的表面垂直于 x 轴、y 轴、z 轴时，i 分别记为 1、2、3；d_{ij} 下标中的"j"表示施加力的轴向，"1、2、3"分别表示施加的力是沿着 x 轴、y 轴、z 轴，"4、5、6"分别表示晶体

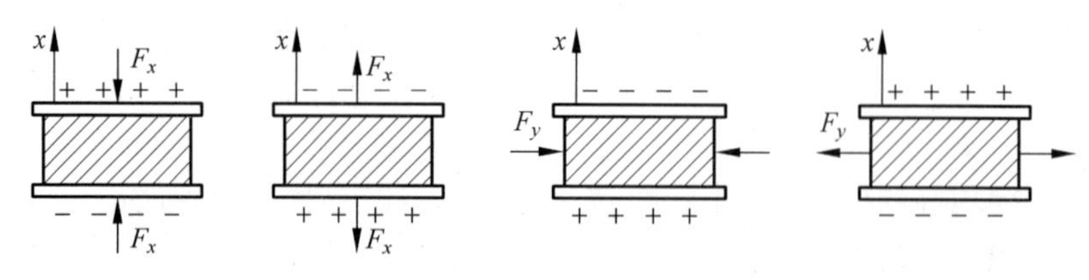

图 5-12 石英晶体切片上电荷符号与受力方向的关系

在 yz 平面、zx 平面、xy 平面上承受剪切应力。例如：d_{11} 表示沿 x 轴方向受力作用而在垂直于 x 轴的表面上出现电荷，d_{12} 表示在沿 y 轴方向施力而在垂直于 x 轴的表面上出现电荷。根据石英晶体的对称条件，有 $d_{12}=-d_{11}$。由于 z 轴(光轴方向)受应力时不产生电荷，即有 $d_{13}=0$。

石英晶体具有以下方面的主要性能特点：

① 压电常数小，其时间和温度稳定性极好，常温下几乎不变，在 20～200℃范围内温度变化率仅为－0.016%/℃；

② 机械强度和品质因素高，许用应力高达(6.8～9.8)×10^7Pa，且刚度大，固有频率高，动态特性好；

③ 居里点为 573℃，无热释电性，且绝缘性、重复性好。

(2) 压电陶瓷

压电陶瓷是一种经极化处理后的人工多晶铁电体。材料内部的晶粒由许多自发极化的“电畴”组成，每一个电畴具有一定的极化方向，从而存在电场。在无外电场作用时，电畴在晶体中杂乱分布，它们各自的极化效应被相互抵消，压电陶瓷内极化强度为零。因此原始的压电陶瓷呈电中性，不具有压电性质，如图 5-13(a)所示。

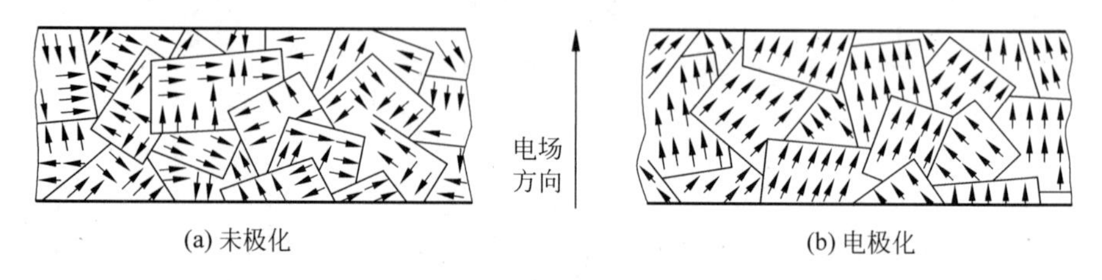

图 5-13 压电陶瓷的极化

在陶瓷上施加外电场时，电畴的极化方向发生转动，趋向于按外电场方向进行排列，从而使材料得到极化。外电场愈强，就有更多的电畴转向外电场方向。当外电场去掉后，电畴的极化方向基本不变，形成很强的剩余极化，从而呈现出压电性。

极化处理后的陶瓷材料，当受到外力作用时，电畴的界限发生移动，电畴发生偏转，从而引起剩余极化强度的变化，因而在垂直于极化方向的平面上将出现极化电荷的变化。这种因受力而产生的由机械能转变为电能的现象，就是压电陶瓷的正压电效应。

与石英晶体相比，当压电陶瓷的各个方向同时受到均等的作用力（如液体、气体压力）时，压电陶瓷将产生极化电荷，所以压电陶瓷具有体积变形的压电效应，可用于液体、气体等流体的测量。

压电陶瓷的压电系数比石英晶体大很多，灵敏度高；制造工艺成熟，可通过合理配方和掺杂等人工控制来达到所要求的性能；成形工艺性也好，成本低廉，利于广泛应用。压电陶瓷除有压电性外，还具有热释电性，因此它可制作热电传感器件而用于红外探测。但作压电器件应用时，会给压电传感器造成热干扰，降低稳定性。故对高稳定性的应用场合，压电陶瓷的应用受到限制。

传感器技术中常用的压电陶瓷材料有：

① 钛酸钡（$BaTiO_3$）是由碳酸钡和二氧化钛按1∶1摩尔分子比例混合后烧结而成，其压电系数约为石英的50倍，但其居里点只有115℃，使用温度不超过70℃，温度稳定性和机械强度不如石英晶体。

② 锆钛酸铅（PZT）系列压电陶瓷是由钛酸铅（$PbTiO_3$）和锆酸铅（$PbZrO_3$）组成的固溶体$Pb(ZrTi)O_3$。它与钛酸钡相比，压电系数更大，居里温度在300℃以上，各项机电参数受温度影响小，时间稳定性好。

（3）新型压电材料

随着科技的发展，不断出现一些新型的压电材料。20世纪70年代出现了半导体压电材料，如硫化锌（ZnS）、锑化铬（碲化镉）等，因其既具有压电特性，又具有半导体特性，故其既可用于压电传感器，又可用于制作电子器件，从而研制成新型集成压电传感器测试系统。近年来研制成功的有机高分子化合物，因其具有质轻柔软、抗拉强度较高、蠕变小、耐冲击等特点，可制成大面积压电元件。为提高其压电性能还可以掺入压电陶瓷粉末，制成混合复合材料（PVF_2-PZT）。

5.2.2 等效电路及测量电路

1. 等效电路

当压电晶体受机械应力作用时，在它的两个极化面上出现极性相反电量相等的电荷。故压电器件实际上是一个电荷发生器。同时，它也是一个电容器，晶片上聚集正负电荷的两表面相当于电容的两个极板，极板间物质等效于一种介质，则其电容量大小为

$$C_a = \frac{\varepsilon S}{d} = \frac{\varepsilon_r \varepsilon_0 S}{d} \tag{5-15}$$

式中，S为极板面积；d为压电片厚度；ε为压电材料的介电常数；ε_r为压电材料的相对介电常数；ε_0为真空介电常数。

基于以上分析，压电传感器可以等效成一个与电容相并联的电荷源，如图5-14(a)所示。在开路状态，输出端电荷为

$$Q = C_a U_a \tag{5-16}$$

压电传感器也可以等效为一个与电容相串联的电压源，如图 5-14(b)所示。在开路状态下，电容器上的电压 U_a 为

$$U_a = Q/C_a \tag{5-17}$$

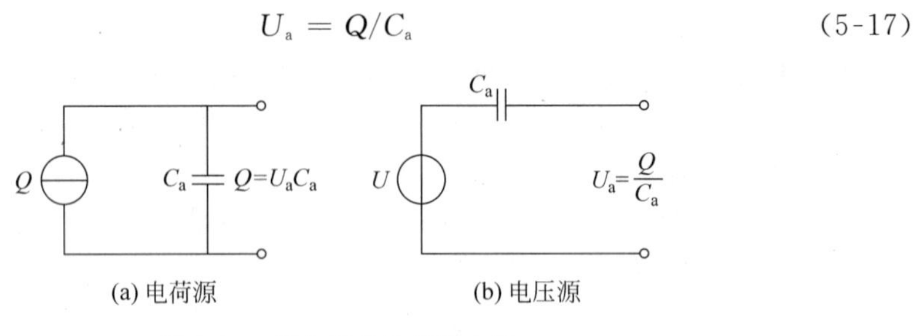

图 5-14　压电器件的等效电路

由等效电路可知，由于压电传感器的内部信号电荷的"泄漏"，对于静态标定和低频准静态测量存在误差，故其不适合于静态测量。

如果用导线将压电传感器和测量仪器连接时，则应考虑连接导线的等效电容 C_c、前置放大器的输入电阻 R_i、放大器的输入电容 C_i 以及压电传感器的泄漏电阻 R_a。因此，压电传感器在测量系统中的实际等效电路如图 5-15 所示。

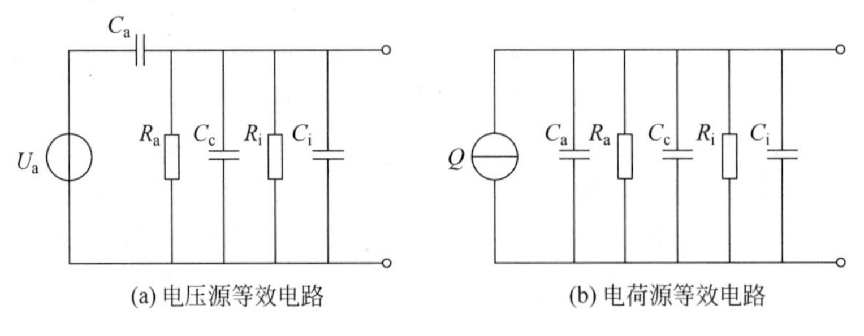

图 5-15　压电传感器的实际等效电路

由等效电路看来，压电传感器的绝缘电阻 R_a 与前置放大器的输入电阻 R_i 相并联，为保证传感器和测试系统有一定的低频(或准静态)响应，就要求压电传感器的绝缘电阻保持在 $10^{13}\Omega$ 以上，才能使内部电荷泄漏减少到满足一般测试精度的要求。与之相适应，测试系统则应有较大的时间常数，亦即前置放大器要有相当高的输入阻抗，否则传感器的信号电荷将通过输入电路泄漏，从而产生测量误差。

2. 测量电路

压电器件本身的内阻抗很高，而输出能量较小，因此它的测量电路通常需要接入一个高输入阻抗的前置放大器，将传感器输出的微弱信号进行放大处理，压电传感器的输出可以是电压信号，也可以电荷信号，相应地，前置放大器也有两种形式：电压放大器和电荷放大器。

(1) 电压放大器(阻抗变换器)

压电式传感器连接电压放大器的等效电路如图 5-16(a)所示，图 5-16(b)为简化

的等效电路图。

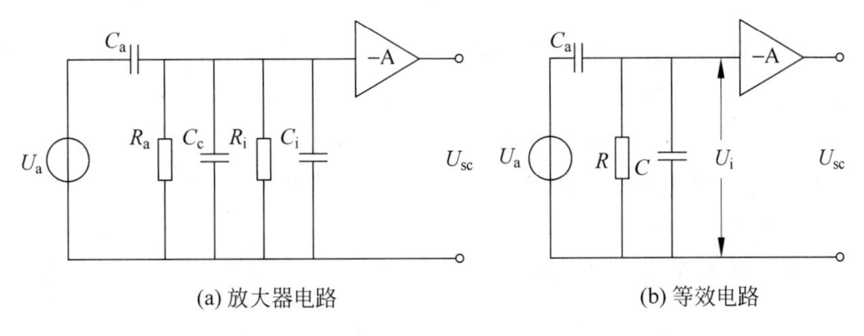

(a) 放大器电路　(b) 等效电路

图 5-16　电压放大器电路原理及其等效电路

图 5-16(b)中,等效电阻 R 为 $R=R_aR_i/(R_a+R_i)$,等效电容 C 为 $C=C_c+C_i$,而 $U_a=Q/C_a$。假设压电元件受正弦力 $F=F_m\sin\omega t$ 的作用,压电元件的压电系数为 d,则在外力作用下,压电元件产生的电压值为

$$U_a=\frac{Q}{C_a}=\frac{dF_m}{C_a}\sin\omega t=U_m\sin\omega t \tag{5-18}$$

式中,$U_m=dF_m/C_a$。

由图 5-16(b)通过分压关系可得送入放大器输入端的电压 U_i 为

$$\begin{aligned}U_i&=U_a\frac{\mathrm{j}\omega RC_a}{1+\mathrm{j}\omega R(C+C_a)}=U_aC_a\frac{\mathrm{j}\omega R}{1+\mathrm{j}\omega R(C+C_a)}\\&=dF_m\sin\omega t\frac{\mathrm{j}\omega R}{1+\mathrm{j}\omega R(C_a+C_c+C_i)}\end{aligned} \tag{5-19}$$

U_i 的幅值为

$$U_{im}=\frac{dF_m\omega R}{\sqrt{1+\omega^2R^2(C_a+C_c+C_i)^2}} \tag{5-20}$$

放大器输入电压 U_i 与作用力 F 之间的相位差 ϕ 为

$$\phi=\frac{\pi}{2}-\arctan[\omega R(C_a+C_c+C_i)] \tag{5-21}$$

在理想情况下,传感器的绝缘电阻 R_a 与前置放大器的输入电阻 R_i 都为无限大,因而 $\omega R(C_a+C_c+C_i)\gg1$。根据式(5-20)可知理想情况下放大器输入电压幅值为

$$U_{iam}=\frac{dF_m}{C_a+C_c+C_i} \tag{5-22}$$

式(5-22)表明,理想情况下前置放大器输入电压与频率无关。

令 $\tau=R(C_a+C_c+C_i)$,τ 为测量回路的时间常数,并令 $\omega_0=1/\tau$。由式(5-20)、式(5-22)可知,放大器的实际输入电压与理想情况下的输入电压幅值之比、输入电压 U_i 与作用力 F 之间的相位差 ϕ 分别为

$$\frac{U_{im}}{U_{iam}}=\frac{\omega R(C_a+C_c+C_i)}{\sqrt{1+\omega^2R^2(C_a+C_c+C_i)^2}}=\frac{\omega\tau}{\sqrt{1+(\omega\tau)^2}} \tag{5-23}$$

$$\phi = \frac{\pi}{2} - \arctan(\omega\tau) \tag{5-24}$$

由此可得电压幅值比和相角与频率的关系曲线，如图 5-17 所示。当作用在压电元件上的力是静态力($\omega=0$)时，前置放大器的输入电压等于零。因为在静态力作用下产生的电荷会通过放大器的输入电阻和传感器本身的泄漏电阻漏掉，这也就从原理上决定了压电式传感器不能测量静态物理量。

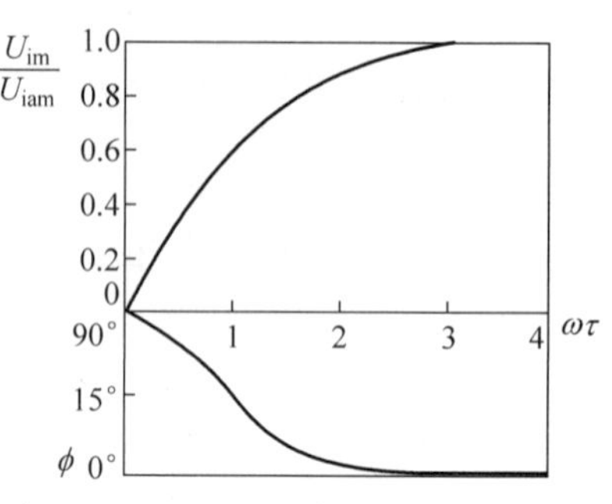

图 5-17 电压幅值比和相角与频率比的关系曲线

由图 5-17 可知：当 $\omega\tau \gg 1$，即作用力变化频率与测量回路时间常数的乘积远大于 1 时，前置放大器的输入电压的幅值 U_{im} 与频率无关。一般认为当 $\omega\tau \geqslant 3$ 时，可以近似看做输入电压与作用力频率无关。这说明，在测量回路时间常数一定的条件下，压电式传感器具有相当好的高频响应特性，这是压电式传感器的一个突出优点。

当被测物理量是缓慢变化的动态量，而测量回路时间常数又不大时，就会造成传感器灵敏度下降。因此为了扩大传感器的低频响应范围，就必须提高测量回路的时间常数 τ。进一步分析可得电压放大器的电压灵敏度 K_u 为

$$K_u = \frac{U_{\text{im}}}{F_{\text{m}}} = \frac{d}{\sqrt{(1/\omega R)^2 + (C_{\text{a}} + C_{\text{c}} + C_{\text{i}}^2)}} \tag{5-25}$$

因为 $\omega R \gg 1$，故式(5-25)可以近似为

$$K_u \approx \frac{d}{C_{\text{a}} + C_{\text{c}} + C_{\text{i}}} \tag{5-26}$$

由式(5-26)可见，传感器电压灵敏度与电容成反比，因此不能靠增大测量回路的电容来提高时间常数 τ，切实可行的办法是提高测量回路的电阻。由于传感器本身的绝缘电阻一般都很大，所以测量回路的电阻主要取决于前置放大器的输入电阻。放大器的输入电阻越大，测量回路的时间常数就越大，传感器的低频响应也就越好。

由式(5-26)还可看出，当改变连接传感器与前置放大器的电缆长度时，电缆电容 C_{c} 将改变，电压灵敏度也随之变化。因而在使用时，如果改变连接电缆或电缆线长度，必须重新校正灵敏度值，否则由于电缆电容 C_{c} 的改变，将会引入测量误差。

(2) 电荷放大器

电荷放大器是另一种专用的前置放大器，是一个具有深度负反馈的高增益放大器，其等效电路如图 5-18(a)所示。由于放大器的输入阻抗极高，放大器输入端几乎没有电流，故可略去 R_{a}、R_{i} 并联电阻的影响，等效电路如图 5-18(b)所示。

根据密勒定律可以将反馈回路的阻抗折算到输入端，由等效电路可以得到放大器的输入电压为

$$u_{\text{i}} = \frac{Q}{C_{\text{a}} + C_{\text{c}} + C_{\text{i}} + (1+A)C_{\text{f}}} \tag{5-27}$$

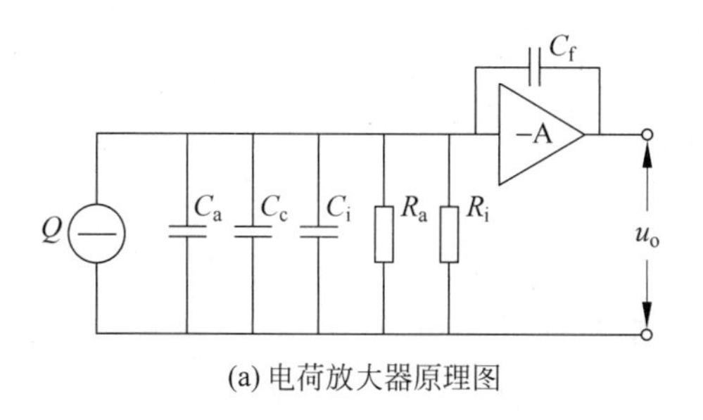

(a) 电荷放大器原理图

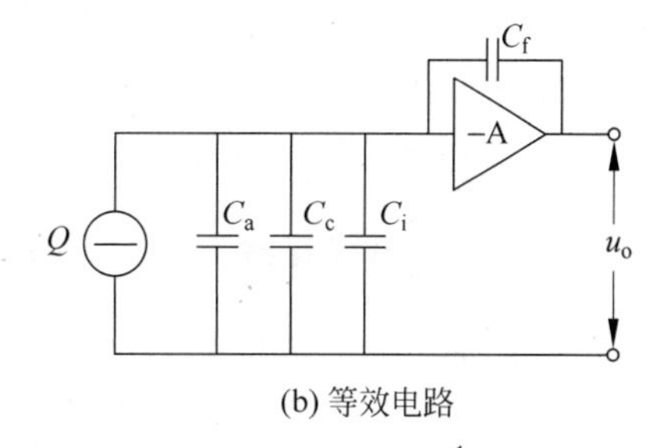

(b) 等效电路

图 5-18　电荷放大器原理及其等效电路图

输出电压为

$$u_o = -\frac{AQ}{C_a + C_c + C_i + (1+A)C_f} \tag{5-28}$$

由于放大器的增益 A 很大，即 $(1+A)C_f \gg C_a + C_c + C_i$，则式(5-28)可表示为

$$u_o \approx -\frac{AQ}{(1+A)C_f} \approx -\frac{Q}{C_f} \tag{5-29}$$

可见电荷放大器的输出电压只取决于输入电荷 Q 和反馈电容 C_f，与电缆电容 C_c 无关，且与电荷 Q 成正比。这是电荷放大器的最大优点。

为了得到必要的测量精度，要求反馈电容 C_f 的温度和时间稳定性都很好。在实际应用中考虑到不同的量程等因素，C_f 的容量做成可选择的，范围一般为 100～10^4 pF；为了减小零漂，使电荷放大器工作稳定，一般在反馈电容的两端并联一个大电阻 R_f(约为 10^8～10^{10} Ω)，用来提供直流反馈，从而提高电路的工作稳定性。

5.2.3　影响压电式传感器性能的主要因素

1. 压电式传感器的应用

压式电传感器可以广泛应用于力以及可以转换为力的物理量的测量，如可以制成测力传感器、加速度传感器、金属切削力测量传感器等，也可制成玻璃破碎报警器，广泛用于文物保管、贵重商品保管等。下面以加速度测量为例，说明压电式传感器的应用。

图 5-19 是一种压电式加速度传感器的结构图。它主要由压电元件、质量块、预压弹簧、基座及外壳等组成。整个部件装在外壳内，并由螺栓加以固定。

当加速度传感器和被测物一起受到冲击振动时，压电元件受质量块惯性力的作用，根据牛顿第二定律，此惯性力是加速度的函数，即 $F = ma$，此惯性力与物体质量 m 以及加速度 a 成正比，此时力 F 作用在压电元件上，因而产生电荷 Q，即

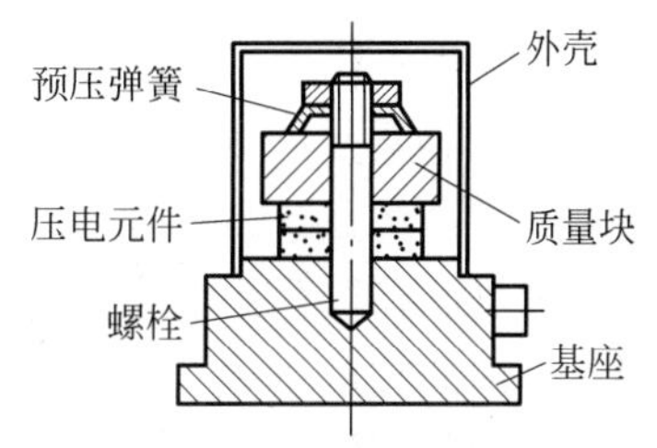

图 5-19　压电式加速度传感器结构图

$$Q = d_{11}F = d_{11}ma = K_a a \tag{5-30}$$

当传感器一旦确定,则电荷与加速度成正比。因此通过测量电路测得电荷的大小,即可知道加速度的大小。

2. 影响压电传感器工作性能的主要因素

基于压电效应的压电传感器,灵敏度、频响特性等是衡量其工作性能的主要指标。影响压电传感器工作性能的因素很多,如横向灵敏度、安装差异、环境温度、湿度的变化、以及传感器重量的负载影响、电磁场、基座应变带来的影响等。下面从几个方面进行分析讨论。

(1) 横向灵敏度

横向灵敏度是衡量横向干扰效应的指标。以压电式加速度传感器为例,横向灵敏度是指当加速度传感器感受到与其主轴方向(轴向灵敏度方向)垂直的单位加速度振动时的灵敏度,一般用它与轴向灵敏度的百分比来表示,称为横向灵敏度比。

一只较好的压电传感器,其最大横向灵敏度不大于5%。理想压电传感器的横向灵敏度应该为零。但实际应用中由于设计、制造、工艺及元件等方面的原因,横向灵敏度总是存在的。产生横向灵敏度的条件是:伴随轴向作用力的同时,存在横向力;压电元件本身具有横向压电效应。故消除横向灵敏度的技术途径也相应有两个方面:一是从设计、工艺和使用诸方面确保力与电轴的一致;二是尽量采用剪切型"力—电"转换方式。

(2) 环境温度和湿度的影响

环境温度对压电传感器工作性能的影响主要通过三个因素:压电材料的特性参数、某些压电材料的热释电效应、传感器结构。具体情况如下:

环境温度变化,将使压电材料的压电常数、介电常数、电阻率、弹性系数等机电特性参数发生变化,从而使传感器的灵敏度、低频响应等发生变化。在必须考虑温度对传感器低频特性影响的情况下,采用电荷放大器将会得到满意的低频响应。

某些压电材料的热释电效应会影响准静态测量。在测量动态参数时,有效的办法是采用下限频率高于或等于3Hz的放大器。

环境湿度主要影响压电元件的绝缘电阻,使其绝缘性能明显下降,造成传感器低频响应变差。因此在高湿度环境中工作的压电传感器,必须选用高绝缘材料,并采取防潮密封措施。

(3) 安装差异及基座应变

压电传感器是通过一定的方式紧密安装在被测试件上进行接触测量的。由于传感器和试件都是"质量-弹簧"系统,通过安装连接后,两者将相互影响原来固有的机械特性(固有频率等)。安装方式的不同及安装质量的差异,对传感器频响特性影响很大。因此在应用中,安装接触面要求有高的平行度、平直度和低的粗糙度;根据承载能力和频响特性所要求的安装谐振频率,选择合适的安装方式;对刚度、质量和接触面小的试件,只能用微小型压电传感器测量。此外试件表面的任何受力应变,都将通过传感器基座直接传给压电元件，从而产生与被测信号无关的假信号输出。

（4）噪声

压电元件是高阻抗、小功率元件，极易受外界机、电振动引起的噪声干扰。其中主要有声场、电源和接地回路噪声等。

压电传感器在强声场中工作时将受到声波振动而产生电信号输出，此即为声噪声。为此大多数压电传感器设计成隔离基座或独立外壳结构，声噪声影响极小。

电缆噪声是同轴电缆在振动或弯曲变形时，电缆屏蔽层、绝缘层和芯线间产生局部相对滑移摩擦和分离，而在分离层之间产生的静电感应电荷干扰，它将混入主信号中被放大。减小电缆噪声的方法主要是在使用中固定好传感器的引出电缆和使用低噪声同轴电缆。

接地回路噪声是由于在测试系统中采用了不同电位处的多点接地，形成了接地回路和回路电流所致。克服的根本途径是消除接地回路，常用的消除方法是在安装传感器时，使其与接地的被测试件绝缘连接，并在测试系统的末端一点接地，这样就大大消除了接地回路噪声。

5.3　光电式传感器

光电器件是将光信号的变化转换为电信号的一种传感器件，其工作的物理基础是光电效应。光电式传感器是以光电器件作为转换元件的传感器，可用于检测直接引起光量变化的非电量，如光强、光照度、辐射测温等非电量，也可用来检测应变、位移、振动、速度等能转换成光量变化的其他非电量。光电式传感器具有非接触、响应快、性能可靠等特点，因此在检测和控制领域获得了广泛的应用。

5.3.1　光电效应及光电器件

由光的粒子学说可知，光可以看成是由具有一定能量的粒子所组成，而每个光子所具有的能量与其频率大小成正比。光照射在物体上就可看成是一连串的具有能量的粒子轰击在物体上，这时物体吸收了光子能量后将引起电效应。这种因为吸收了光能后转换为该物体中某些电子的能量而产生的电效应就称为光电效应。光电效应可分为外光电效应、内光电效应和阻挡层光电效应三种类型。

1. 外光电效应

在光的照射下，使电子逸出物体表面而产生光电子发射的现象称为外光电效应。

根据爱因斯坦假设：一个电子只能接受一个光子的能量。因此要使一个电子从物体表面逸出，必须使光子能量 E 大于该物体的表面逸出功 A_0，才能产生光电子发射。超过部分的能量表现为逸出电子的动能。根据能量守恒定理有

$$hv = \frac{1}{2}mv_0^2 + A_0 \tag{5-31}$$

式中，h 为普朗克常数，$h=6.626\times1034\text{J}\cdot\text{s}$；$m$ 为电子质量；v_0 为电子逸出速度。光子能量必须超过逸出功 A_0，才能产生光电子。光电子逸出物体表面时具有初始动能 $mv_0^2/2$，因此对于外光电效应器件，即使不加初始阳极电压，也会有光电流产生，为使光电流为零，必须加负的截止电压。

各种不同材料具有不同的逸出功 A_0，因此对某特定材料而言，将有一个频率限 f_0（或波长限 λ_0），称为“红限频率”。当入射光的频率低于 f_0（或波长大于 λ_0）时，不论入射光有多强，也不能激发电子；当入射光的频率高于 f_0（或波长小于 λ_0）时，不管它多么微弱也会使被照射的物体激发电子，光越强则激发出的电子数目越多。红限波长可用下式求得

$$\lambda_0 = hc/A_0 \tag{5-32}$$

式中，c 为光在真空中的速度。外光电效应从光开始照射至金属释放电子几乎在瞬间发生，所需时间不超过 10^{-9}s。

基于外光电效应原理工作的光电器件有光电管和光电倍增管。

光电管种类很多，它是个装有光阴极和阳极的真空玻璃管，如图 5-20 所示。光电管的阴极受到适当的照射后便发射光电子，这些光电子被具有一定电位的阳极吸引，在光电管内形成空间电子流。如果在外电路中串入一适当阻值的电阻，该电阻上的电压降或电路中的电流大小都与光强成函数关系，从而实现了光电转换。如果在玻璃管内充入惰性气体即构成充气光电管。由于光电子流对惰性气体进行轰击，使其电离产生更多的自由电子，从而提高光电变换的灵敏度。

光电倍增管的结构如图 5-21 所示，在玻璃管内除装有光电阴极和光电阳极外，还装有若干个光电倍增极，且在倍增极上涂有在电子轰击下能发射更多电子的材料。倍增极的形状及位置正好能使轰击进行下去，在每个倍增极间均依次增大加速电压。设每级的倍增率为 δ，若有 n 级，则光电倍增管的光电流倍增率将为 δ^n。光电倍增极一般采用 Sb-Cs 涂料或 Ag-Mg 合金涂料，倍增极数通常为 4～14，δ 值为 3～6。

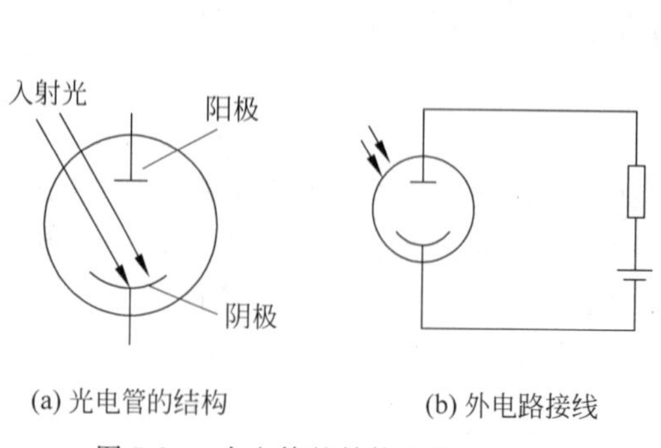

图 5-20 光电管的结构及外电路接线

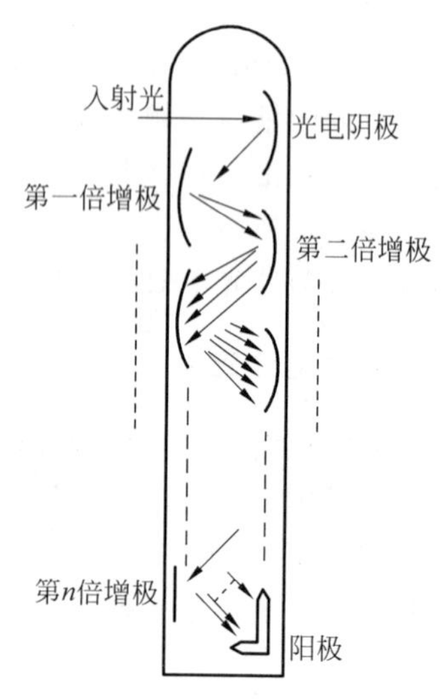

图 5-21 光电倍增管

2. 内光电效应

在光线作用下，物体的导电性能发生变化，引起电阻率或电导率改变的现象称为内光电效应，也称光电导效应。

在光线作用下，半导体材料吸收了入射的光子能量，若光子能量大于或等于半导体材料的禁带宽度，就激发出电子-空穴对，使载流子浓度增加，半导体的导电性能增加，阻值降低。这种因光照而使其电阻率发生变化的现象称为光电导效应。基于这种效应的光电器件有光敏电阻和反向偏置工作的光敏二极管和光敏三极管。

(1) 光敏电阻

光敏电阻又称为光导管，没有极性，纯粹是一个电阻器件，阻值随光照增加而减小，无光照时，光敏电阻阻值(暗电阻)很大，电路中的电流(暗电流)很小；当受到一定波长范围的光照时，它的阻值(亮电阻)急剧减小，电路中电流迅速增大。一般希望暗电阻越大越好，亮电阻越小越好，此时光敏电阻具有高的灵敏度。实际光敏电阻的暗电阻值一般在兆欧数量级，亮电阻值在几千欧以下。

光敏电阻具有灵敏度高、体积小、重量轻、光谱响应范围宽、机械强度高、耐冲击和振动、寿命长等优点；但在使用时需有外部电源，同时当电流流过时会产生热的问题。

光敏电阻常用材料除硅、锗以外，还有硫化镉、硫化铅、硒化铟、碲化铅和硒化铅等。光敏电阻的典型结构如图 5-22 所示，为了减小潮湿对灵敏度的影响，光敏电阻必须装在严密的壳体中。使用时两极间既可加直流电压，也可以加交流电压。

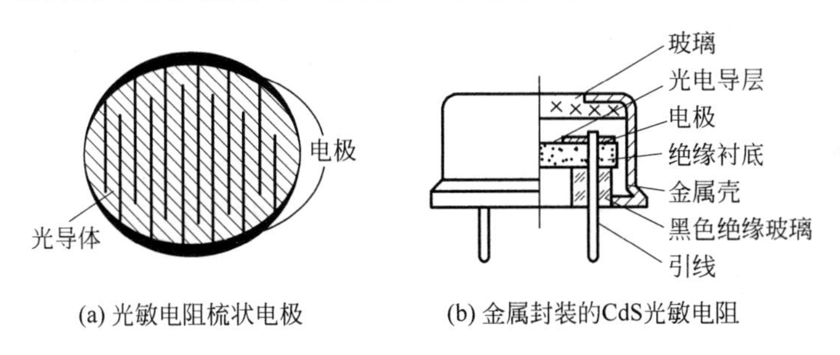

(a) 光敏电阻梳状电极　　(b) 金属封装的CdS光敏电阻

图 5-22　光敏电阻的典型结构

(2) 光敏二极管和光敏三极管

光敏二极管的结构与一般二极管相似，封装在透明的玻璃外壳中，其 PN 结装在管的顶部，可以直接受到光照射，光敏二极管的原理图如图 5-23 所示。在电路中光敏二极管一般是处于反向工作状态，处于反向偏置的 PN 结，在无光照时具有高阻特性，反向暗电流很小。当有光照时，在结电场作用下，电子向 N 区运动，空穴向 P 区运动，形成光电流，方向与反向电流一致。光的照度愈大，光电流愈大。由于无光照时的反偏电流很小，因此光照时的反向电流基本上与光强成正比。

光敏三极管的结构和光敏二极管的结构相似，具有两个 PN 结，其基本原理如图 5-24 所示，它可以看成是一个 bc 结为光敏二极管的三极管。在光照作用下，光敏二极管将光信号转换成电流信号，该电流信号被三极管放大。显然，在晶体管增益为β时，光敏三极管的光电流要比相应的光敏二极管大β倍。

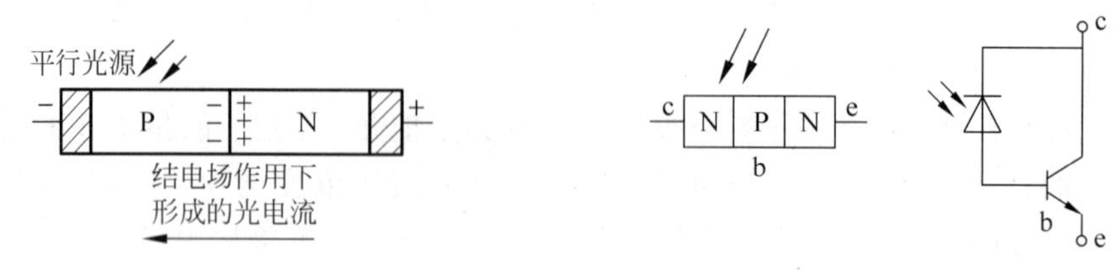

图 5-23　光敏二极管原理图　　图 5-24　光敏三极管原理图

光敏二极管和光敏三极管体积很小，所需偏置电压不大于几十伏。光敏二极管有很高的带宽，它在光耦合隔离器、光学数据传输装置和测试技术中有广泛的应用。光敏三极管的带宽窄，但作为一种高电流响应器件，应用十分广泛。

3. 阻挡层光电效应

在光线作用下，物体产生一定方向的电动势的现象，称为阻挡层光电效应，也称为光生伏特效应。

光生伏特效应是光照引起 PN 结两端产生电动势的效应。当 PN 结两端没有外加电场时，在 PN 结势垒区内仍然存在着内建结电场，其方向是从 N 区指向 P 区，如图 5-25 所示。当光照射到结区时，光照产生的电子-空穴对在结电场作用下，电子推向 N 区，空穴推向 P 区；电子在 N 区积累和空穴在 P 区积累使 PN 结两边的电位发生变化，PN 结两端产生一个因光照而产生的电动势，此现象称为光生伏特效应。具有光生伏特效应的光电器件，由于它可以像电池那样为外电路提供能量，因此常被称为光电池。

光电池是基于光生伏特效应制成的，是自发电式有源器件。它有较大面积的 PN 结，当光照射在 PN 结上时，在结的两端出现电动势。硅和硒是光电池的最常用的材料，在一块 N 型硅片上用扩散方法渗入一些 P 型杂质，从而形成一个大面积 PN 结，P 层极薄能使光线穿透到 PN 结上。光电池与外电路的连接方式有两种(如图 5-26 所示)，一种是开路电压输出，开路电压与光照度之间呈非线性关系；另一种是把 PN 结的两端通过外导线短接，形成流过外电路的电流，也称为光电池的短路输出电流，其大小与光强成正比；光照度大于 1000lx 时呈现饱和特性。

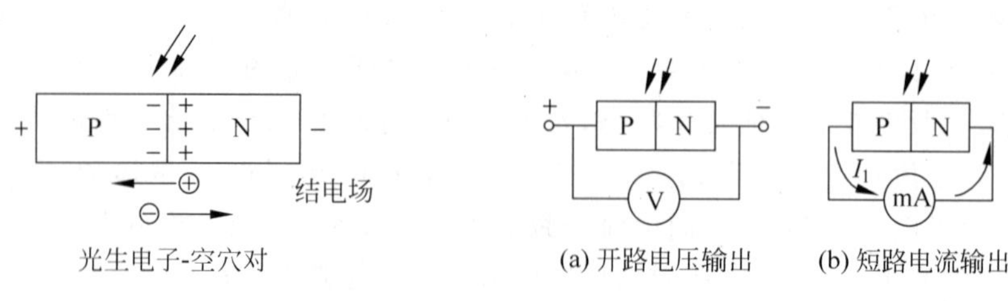

图 5-25　PN 结光生伏特效应原理图　　图 5-26　光电池连接电路

5.3.2　光电器件的特性

以上讨论的光敏电阻、光敏二极管和光敏三极管、光电池等光电器件都是半导体传感器件，它们各有特性，但又有相似之处，为了便于分析和选用光电器件，有必要对它们的主要光电特性做简要介绍。

1. 光照特性

光电器件的灵敏度可用光照特性来表征，它是指半导体光电器件产生的光电流(光电压)与光照之间的关系。

光敏电阻的光照特性一般呈非线性，如图 5-27(a)所示，因此不宜作线性检测元件，但可在自动控制系统中用作开关元件。

光敏晶体管的光照特性如图 5-27(b)所示。它的灵敏度和线性度较好，在军事、工业自动控制和民用电器中应用极广，既可作线性转换元件，也可作开关元件。

光电池的光照特性如图 5-27(c)所示。短路电流在很大范围内与光照度呈线性关系。开路电压与光照度的关系呈非线性，在照度 2000lx 以上即趋于饱和，但其灵敏度高，适于作开关元件。光电池作为线性检测元件使用时，应工作在短路电流输出状态。由实验知，负载电阻愈小，光电流与照度之间的线性关系愈好，且线性范围愈宽。对于不同的负载电阻，可以在不同的照度范围内使光电流与光照度保持线性关系。故用光电池作线性检测元件时，所用负载电阻的大小应根据光照的具体情况而定。

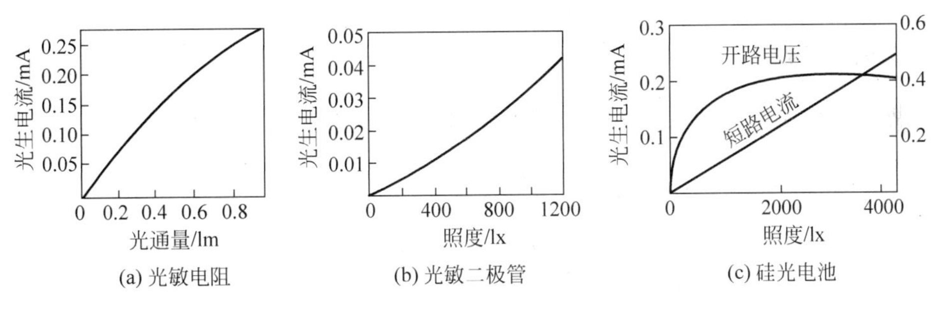

图 5-27　光电器件的光照特性

2. 伏安特性

在一定的光照下，光电器件所加端电压 U 与光电流 I 之间的关系称为伏安特性。它是传感器设计时选择电参数的依据。使用时注意不要超过器件最大允许的功耗。

图 5-28(a)所示为光敏电阻的伏安特性，它具有良好的线性关系，图中虚线为允许功耗曲线。图 5-28(b)所示为锗光敏晶体管的伏安特性曲线，它与一般三极管的伏安特性相似，其光电流相当于反向饱和电流，其值取决于光照强度，只要把 PN 结

所产生的光电流看做一般的基极电流即可。图 5-28(c)为硅光电池的伏安特性曲线。由伏安特性曲线可以作出光电元件的负载限,并可确定最大功率时的负载。

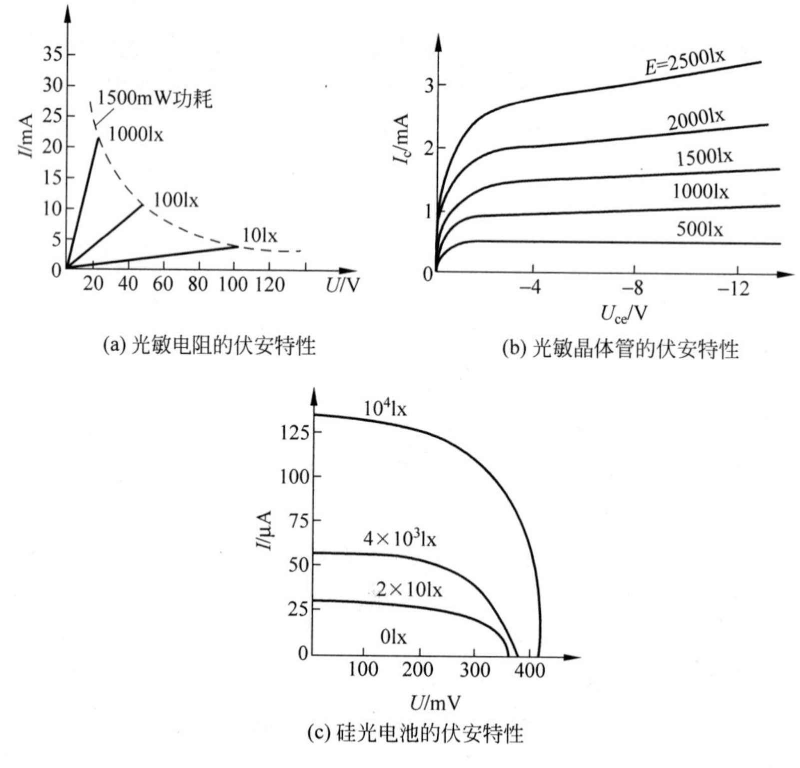

(a) 光敏电阻的伏安特性

(b) 光敏晶体管的伏安特性

(c) 硅光电池的伏安特性

图 5-28 半导体光电元件的伏安特性

3. 光谱特性

光电器件的光谱特性是指相对灵敏度 K 与入射光波长 λ 之间的关系,又称光谱响应。

光敏晶体管的光谱特性如图 5-29(a)所示。由图可知,硅光敏晶体管的响应波段在 0.4～1.0μm 波长范围内,而最灵敏峰值出现在 0.8μm 附近。锗光敏晶体管响应频段约在 0.5～1.7μm 波长范围内,最高灵敏峰值在 1.4μm 附近。这是因为波长很大时光子能量太小,但波长太短光子在半导体表面激发的电子-空穴对不能达到 PN 结,使相对灵敏度下降。光敏电阻和光电池的光谱特性如图 5-29(b)和图 5-29(c)所示。

由光谱特性可知,为了提高光电传感器的灵敏度,应根据光电器件的光谱特性合理选择光源和光电器件。对于被测物体本身可作光源的传感器,则应按被测物体辐射的光波波长合理选择光电器件。

4. 频率特性

光电器件输出电信号与调制光频率变化的关系称为光电器件的频率特性。

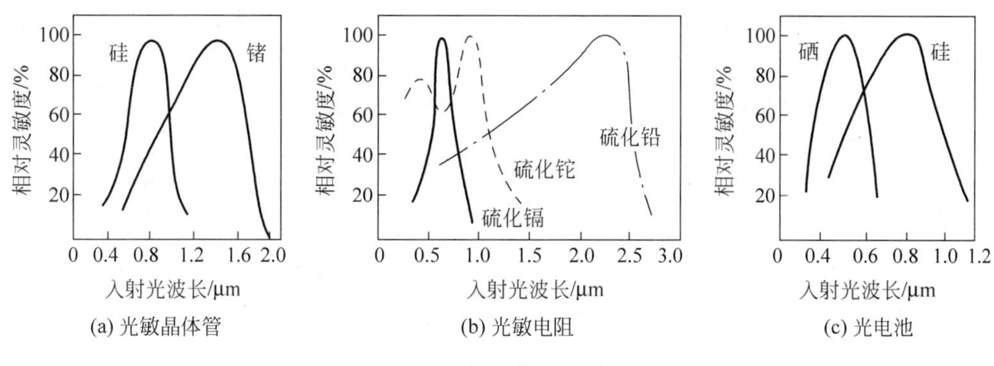

图 5-29　光电器件的光谱特性

图 5-30(a)所示为硫化铅和硫化铊光敏电阻的频率特性。当光敏电阻受到脉冲光照射时，光电流要经过一段时间才能达到其稳态值，而当光突然消失时光电流不能立刻为零，这说明光敏电阻具有时延特性，它与光照的强度有关。

图 5-30(b)所示为两种不同光电池的频响曲线，可见硅光电池的频率响应较好。光电池作为检测、计算和接收元件时常用调制光输入。

图 5-30(c)所示为硅光敏三极管的频率特性。减小负载电阻能提高响应频率，但输出降低。光敏三极管的频率响应一般要比光敏二极管小得多。锗光敏三极管的频响要比硅管小一个数量级。

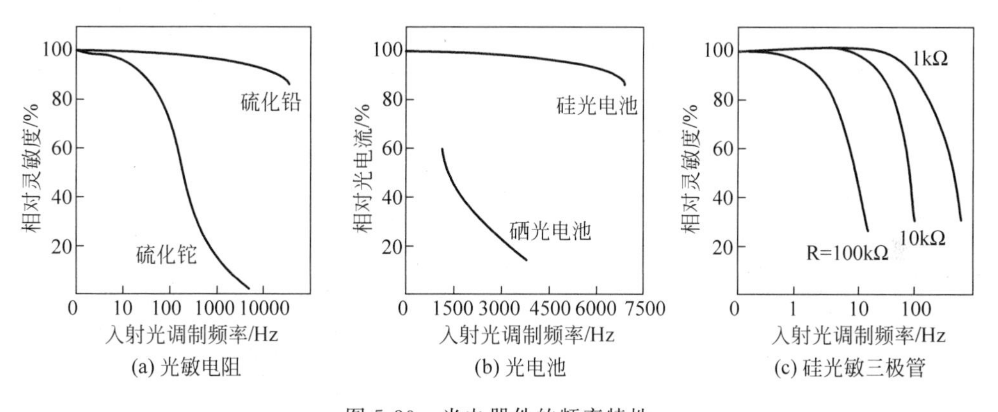

图 5-30　光电器件的频率特性

5. 温度特性

温度变化不仅影响光电器件的灵敏度，同时对光谱特性也有很大影响。随着温度的升高，光敏电阻的暗电阻值和灵敏度都下降，而频谱特性向短波方向移动。故应采取降温措施，来提高光敏电阻对长波长的响应。

图 5-31(a)所示为锗光敏晶体管的温度特性曲线。由图可见，温度变化对输出电流的影响很小，而暗电流的变化却很大。由于暗电流在电路中是一种噪声电流，特别是在低照度下工作时，因为光电流小，信噪比就小。因此在使用时应采用温度补偿措施。

图 5-31(b)所示为硅光电池在 1000lx 光照下的温度特性曲线。可见开路电压随温度升高很快下降，而短路电流却升高，它们都与温度呈线性关系。由于温度对光电池的影响很大，因此用它作检测元件时，最好有温度补偿措施。

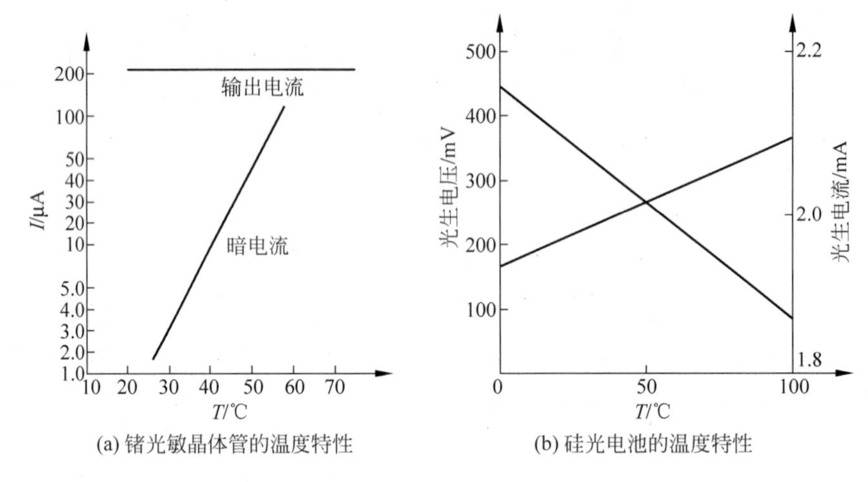

(a) 锗光敏晶体管的温度特性　　(b) 硅光电池的温度特性

图 5-31　半导体光电元件的温度特性

5.3.3 光电式传感器与新型光电检测器

光电式传感器是基于光电器件实现对相关物理量测量的传感器，其种类繁多，应用广泛。本小节按光电式传感器的工作方式进行介绍，并给出光电传感器的应用实例。

1. 光电传感器的类型

光电传感器按其接收状态可分为模拟式和开关式光电传感器两类。

(1) 模拟式光电传感器

模拟式光电传感器的工作原理是基于光电元件的光电特性，将被测量的变化转换成光电流的连续变化。要求光电元件的光照特性为单值线性，而且光源的光照均匀恒定。它又可分为吸收式、反射式、遮光式和辐射式四类，如图 5-32 所示。

图 5-32(a)中被测物体位于恒定光源与光电器件之间，根据被测物对光的吸收程度或对其谱线的选择来测定被测参数。

图 5-32(b)中恒定光源发出的光投射到被测物体上，再从其表面反射到光电器件上，根据反射的光通量的多少测定被测物体的表面性质和状态，例如测量零件表面粗糙度、表面缺陷(裂纹、凹坑等)、表面位移等。

图 5-32(c)中被测物体位于恒定光源与光电器件之间，根据被测物阻挡光通量的多少来测定参数，可测定长度、线位移、角位移和角速度等。

图 5-32(d)中被测物本身是光辐射源，由它发出的光射向光电器件，从而实现对被测物体的测量。光电高温计、光电比色高温计、红外遥感以及天文探测等都属于这一类，这种方式还可用于防火报警以及光照度计等。

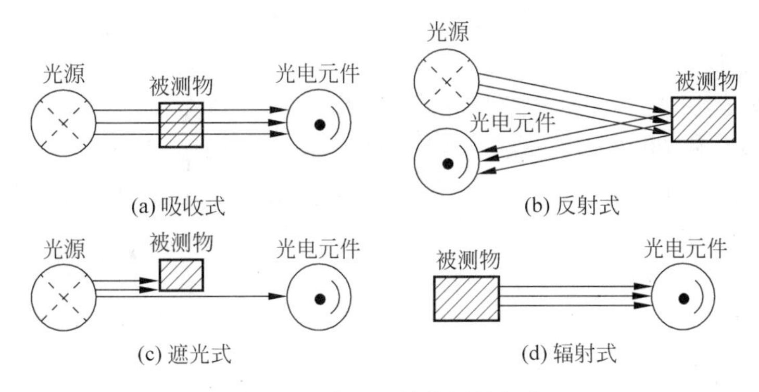

图 5-32　光电元件的测量方式

(2) 开关式光电传感器

开关式光电传感器利用光电元件受光照或无光照时“有/无”电信号输出的特性，将被测量转换成断续变化的开关信号。开关式光电传感器对光电元件灵敏度要求较高，而对光照特性的线性性要求不高。此类传感器主要应用于零件或产品的自动记数、光控开关、电子计算机的光电输入设备、光电编码器以及光电报警装置等方面。

图 5-33 为光电式数字转速表工作原理图。图(a)表示转轴上涂黑白两种颜色，当电机转动时，黑白两种颜色分别发生不反光与反光现象，两种情况交替出现，光电元件间断地接收反射光信号，输出电脉冲。经放大整形电路转换成方波信号，由数字频率计测得电机的转速。图(b)为电机轴上固装一个齿数为 z 的调制盘(相当于图(a)中电机轴上黑白相间的涂色)，其工作原理与图(a)相同。若频率计的计数频率为 f，则电机转速 n 为

$$n = 60f/z \tag{5-33}$$

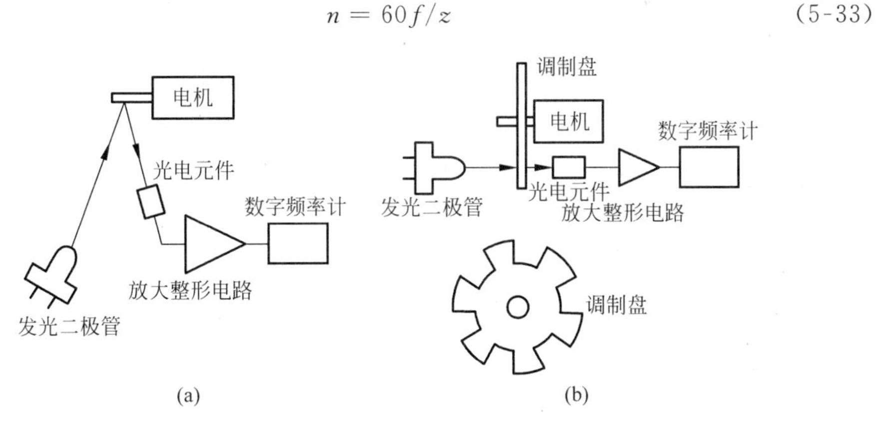

图 5-33　光电式数字转速表工作原理

2. 其他光电检测器

随着技术的发展，出现了多种光电检测器，如光电耦合器件(charge coupled

device,CCD)、光纤传感器、光栅式传感器、激光式传感器等。本节以CCD为例对新型光电检测器加以介绍。

CCD是典型的固体图像传感器,具有量子效率高、电荷传递性好,噪声低、像素小等优点,故它不仅作为高质量、固体化的摄像器件成功地应用于广播电视、可视电话和无线传真,而且在生产过程自动检测和控制等领域已显示出广阔的应用前景和巨大的潜力。

CCD是一种半导体器件,在N型或P型硅衬底上生长一层很薄的SiO_2,再在SiO_2薄层上依次序沉积金属电极,这种规则排列的MOS电容阵列再加上两端的输入及输出二极管就构成了CCD芯片。CCD可以把光信号转换成电脉冲信号。每一个脉冲只反映一个光敏元的受光情况,脉冲幅度的高低反映该光敏元受光的强弱,输出脉冲的顺序可以反映光敏元的位置,这就起到图像传感器的作用。由于篇幅所限,这里就不详述其原理,可参考其他相关教材。

下面以尺寸、缺陷检测为例说明CCD图像传感器的应用。

(1) 尺寸自动检测

在自动化生产线上,经常需要进行物体尺寸的在线检测。例如零件的尺寸检验、轧钢厂钢板宽度的在线检测和控制等。利用光电阵列器件,即可实现物体尺寸的高精度非接触检测。一般采用激光衍射的方法,利用CCD图像传感器对微隙、细丝或小孔等微小尺寸进行检测:当激光照射细丝或小孔时,会产生衍射图像,用阵列光电器件对衍射图像进行接收,测出暗纹的间距,即可计算出细丝或小孔的尺寸。

图5-34所示为对细丝尺寸进行检测的结构图。细丝到接收光敏阵列器件的距离为L,入射激光波长为λ,被测细丝直径为a。由于He-Ne激光器具有良好的单色性和方向性,当激光照射到细丝时,满足远场条件,即$L\gg a^2/\lambda$时,就会得到衍射图像,由相关衍射理论及互补定理可推导出衍射图像暗纹的间距d为

$$d = L\lambda/a \tag{5-34}$$

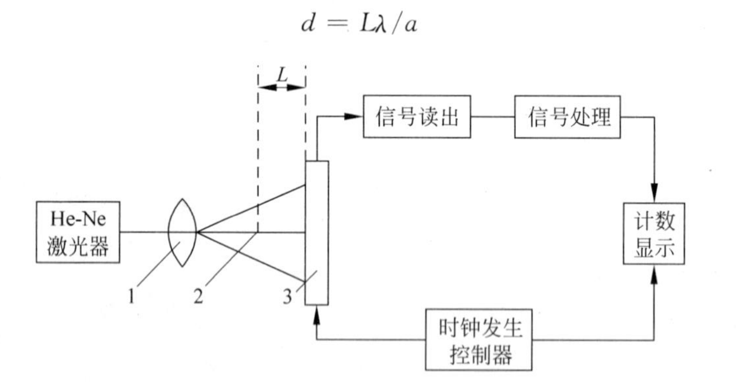

图5-34　细丝直径检测系统结构

1—透镜;2—细丝截面;3—线列光敏器件

用线列光电器件将衍射光强信号转变为脉冲电信号,根据两个幅值为极小值之间的脉冲数N和线列光电器件单元的间距l,即可算出衍射图像暗纹之间的间距

$$d = Nl \tag{5-35}$$

根据式(5-34)可知，被测细丝的直径 a 为

$$a = L\lambda/d = L\lambda/Nl \tag{5-36}$$

(2) 缺陷检测

当光照射物体时，使不透明物体的表面缺陷或透明物体的体内缺陷(杂质)与其材料背景相比有足够的反差，只要缺陷面积大于两个光敏元时，CCD 图像传感器就能够发现它们。例如用于检查磁带时可发现磁带上的小孔；也可采用透射光，检查玻璃中的针孔、气泡和夹杂物等。

图 5-35 所示为钞票票面状况检查系统原理图。将两列被检钞票分别通过两个图像传感器的视场，并使其成像，从而输出两列视频信号，把这两列视频信号送到比较器进行处理。如果其中一张有缺陷，则两列视频信号将有显著不同的特征，经过比较器就会发现这一特征而检测到缺陷的存在。

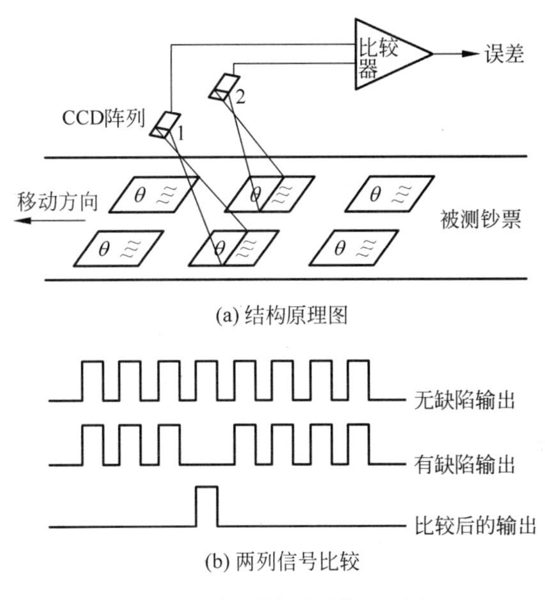

图 5-35　钞票检测系统原理图

习题与思考题

5.1　什么是压阻效应？什么是压阻系数？晶向的表示方法有哪些？

5.2　什么是正压电效应和逆压电效应？什么叫纵向压电效应和横向压电效应？

5.3　简述石英晶体的结构特点，其 x、y、z 轴的名称是什么？每个轴分别具有什么特点？

5.4　画出压电元件的两种等效电路，分析压电元件等效为电荷源和电压源电路的原因，分析两种等效电路在电路分析的特点。

5.5 分析、推导压电元件电荷放大器电路和电压放大器的输入输出关系。

5.6 简述压电式加速度传感器的结构组成和工作原理。

5.7 什么是光电效应？光电效应有哪几种，并举例说出与光电效应相对应的光电器件的名称。

5.8 根据工作原理可将电容式传感器分为哪几类？各有何特点？

5.9 电容式传感器的测量电路主要有哪几种？各自特点是什么？使用这些测量电路时应注意哪些问题？

5.10 简述光敏电阻、光敏二极管、光敏晶体管和光电池的工作原理。

5.11 阐述光照强度的概念，辨析光电元件的光照特性与光谱特性的概念。

5.12 设计基于开关型光电器件的转速测量传感器和扭转轴的扭矩测量传感器。

第6章 固态传感器

固态传感器是物性型传感器的典型代表，它是利用某些固体材料的机械、电、磁等的物性型变化来实现信息的直接测量。制造固态传感器的固体材料有金属、半导体、半导磁、强电介质及超导体等多种，其中以半导体材料用得最多。这是因为半导体材料对外界的环境变化最为敏感。本章主要对利用半导体技术制造的磁敏、湿敏等几类固态传感器的原理及相关特性进行介绍。

6.1 磁敏传感器

磁敏传感器是把磁物理量转换成电信号的传感器，大多是基于载流子在磁场中受洛伦兹力的作用而发生偏转的机理实现对相关物理量的信号检测。它的应用可以分为直接应用和间接应用两类，前者包括测量磁场强度的各种磁场计，如地磁的测量、磁带和磁盘信号的读出、漏磁探伤、磁控设备等；后者是指利用磁场作为媒介来探测非磁信号，如无接触开关、无触点电位器等。

本节以霍尔传感器为主，对磁敏传感器的工作原理进行介绍。

6.1.1 霍尔式传感器

霍尔传感器是基于霍尔效应的一种传感器。1879年美国物理学家霍尔首先在金属材料中发现了霍尔效应，但由于金属材料的霍尔效应太弱而没有得到成功应用。随着半导体技术的发展，开始用半导体材料制成霍尔元件，由于它的霍尔效应显著而得到了应用和发展。霍尔传感器广泛用于电磁、压力、加速度、振动等方面的测量。

1. 霍尔效应与霍尔元件

如图6-1所示的金属或半导体薄片，长为l，宽为b，厚为d，若在它的两端通以控制电流I，并在薄片的垂直方向上施加磁感应强度为B的磁场，那么，在垂直于电流和磁场的方向上(即霍尔输出端之间)将产生电动

势 U_H(霍尔电势或称霍尔电压),这种现象称为霍尔效应,基于霍尔效应原理工作的器件称为霍尔元件。

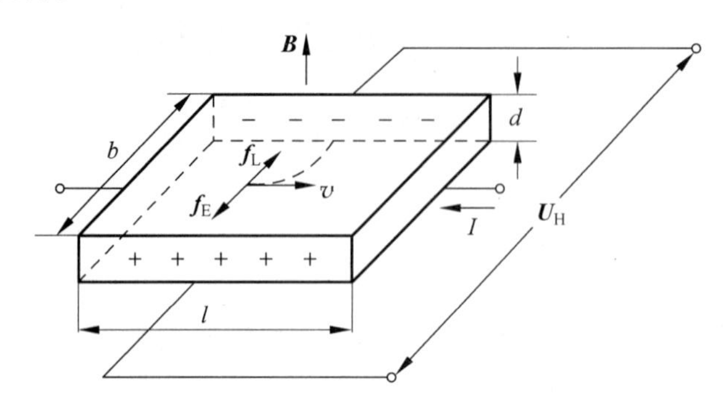

图 6-1 霍尔效应原理图

霍尔效应的产生是由于运动电荷受磁场中洛伦兹力作用的结果。以 N 型半导体为例,假设在薄片的控制电流端通以电流 I,那么半导体中的载流子(电子)将沿着和电流相反的方向运动。若在垂直于半导体薄片平面的方向上加以磁场 B,则由于洛伦兹力 f_L 的作用,电子向一边偏转(如图中虚线所示),并使该边形成电子积累,而另一边则积累正电荷,于是产生电场。该电场对载流子的电场力 f_E 与洛伦兹力方向相反,阻止载流子的继续偏转。当载流子受到的电场力与洛仑兹力相等时,电子的积累达到动态平衡。这时在薄片两端面之间建立的电场称为霍尔电场,相应的电势就称为霍尔电势 U_H,其大小可用下式表示

$$U_H = R_H \cdot \frac{IB}{d} \quad (\mathrm{V}) \tag{6-1}$$

式中,R_H 为霍尔常数($\mathrm{m^3/C}$),其大小由载流材料的物理性质决定;d 为霍尔薄片的厚度(m)。

令

$$K_H = \frac{R_H}{d} \tag{6-2}$$

将式(6-2)代入式(6-1),则可得到

$$U_H = K_H IB \tag{6-3}$$

由式(6-3)可知:霍尔电势的大小正比于控制电流 I 和磁感应强度 B。K_H 称为霍尔元件的灵敏度,它是表征在单位磁感应强度和单位控制电流作用下输出霍尔电压大小的一个重要参数,一般要求它越大越好。霍尔元件的灵敏度与元件材料的性质和几何尺寸有关:由于半导体(尤其是 N 型半导体)的霍尔常数 R_H 要比金属大得多,所以在实际应用中,一般都采用 N 型半导体材料做霍尔元件;由式(6-2)可见,元件越薄,灵敏度就越高,所以霍尔元件一般都比较薄。但厚度太薄,会使霍尔元件的输入、输出电阻增加,因此也不宜太薄。

另外,霍尔元件长、宽比 l/b 对 U_H 也有影响:l/b 加大时,控制电极对 U_H 影响减小,但如果 l/b 过大,载流子在偏转过程中的损失将加大,使 U_H 下降。通常取 l/b

为 2～4。

还应指出，当磁感应强度 B 和霍尔薄片法线成角度 θ 时，此时实际作用于霍尔片的有效磁场是其法线方向的分量，即 $B\cos\theta$，则它输出的霍尔电势为

$$U_{H} = K_{H} IB\cos\theta \tag{6-4}$$

由式(6-4)可见，当控制电流的方向或磁场的方向改变时，输出电势的方向也将改变。但当磁场和电流同时改变方向时，霍尔电势并不改变原来的方向。

霍尔元件是由霍尔片、四根引线和壳体组成，如图 6-2 所示。在霍尔片的长度方向两端面上焊有 a、b 两根引线，称为控制电流端引线，其焊接处称为控制电流极（或称激励电极），要求焊接处接触电阻很小，并呈纯电阻，即欧姆接触。在霍尔薄片的另两侧端面的中间以点的形式对称地焊有 c、d 两根霍尔输出引线，其焊接处称为霍尔电极（要求欧姆接触）。霍尔元件的壳体是用非导磁金属、陶瓷或环氧树脂封装。霍尔元件型号命名法则如图 6-3 所示。

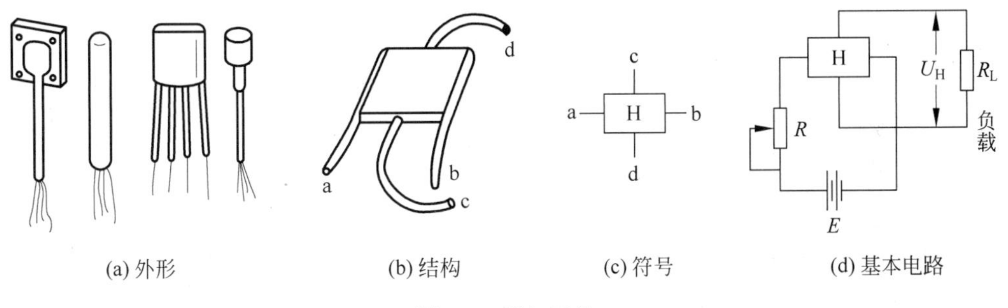

图 6-2 霍尔元件

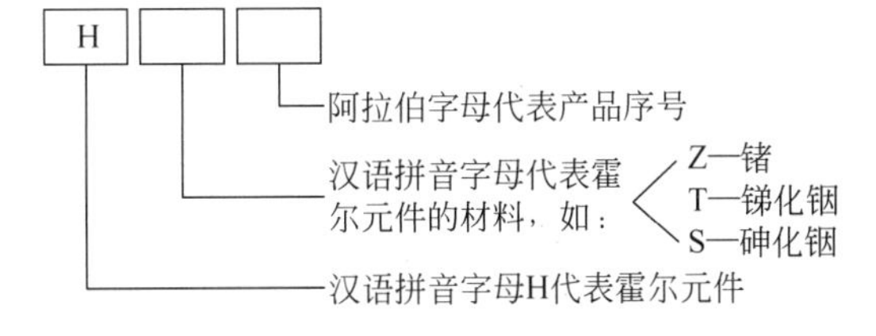

图 6-3 霍尔元件型号命名方法

2. 霍尔元件基本特性

(1) 额定激励电流和最大允许激励电流

通常定义使霍尔片自身温升 10℃时所施加的电流称为额定激励电流；以霍尔片允许最大温升为限制所对应的电流称为最大允许激励电流。因霍尔电势随激励电流增加而线性增加，所以使用中希望选用尽可能大的激励电流，但不要超过元件的最大允许激励电流。改善霍尔元件的散热条件可以使激励电流适当增加。

(2) 输入电阻和输出电阻

激励电极间的电阻值称为输入电阻，霍尔电极输出电势对外部电路来说相当于一个电压源，其电源内阻即为输出电阻。以上电阻值是在磁感应强度为零、环境温

度为20℃±5℃时所确定的，实际阻值会随着温度的不同而变化。

(3) 不等位电势及其补偿

当霍尔元件通以额定激励电流 I_H 时，如果所处磁感应强度为零，由式(6-4)可知它的霍尔电势应该为零，但实际不为零。这时测得的空载电势 U_0 称为不等位电势，或者叫零位电势。产生这一现象的原因主要有：霍尔电极安装位置不对称或不在同一等电位面上。此外，材质不均匀、几何尺寸不均匀等原因对不等位电势也有一定的影响。不等位电势可以用图6-4表示。

由图6-4可知，不等位电势 U_0 可用不等位电阻 r_0 表示，即

$$r_0 = \frac{U_0}{I} \tag{6-5}$$

由式(6-5)可以看出，不等位电势就是激励电流 I 流经不等位电阻 r_0 所产生的电压。

不等位电势与霍尔电势具有相同的数量级，有时甚至超过霍尔电势，而实际应用中要消除不等位电势是极其困难的，因而必须对不等位电势加以补偿。其实可以把霍尔元件等效为图6-5所示的电桥电路，其中 A、B 为霍尔电极，C、D 为激励电极，电极分布电阻分别用 r_1、r_2、r_3、r_4 表示，理想情况下，$r_1=r_2=r_3=r_4$，电桥平衡，不等位电势 $U_0=0$。实际上由于 A、B 电极不在同一等电位面上，导致四个电阻阻值不相等，电桥不平衡，不等位电势不等于零。此时可根据 A、B 两点电位的高低，判断应在某一桥臂上并联一定的电阻，使电桥达到平衡，从而使不等位电势为零。常见的几种补偿电路如图6-6所示，其中图6-6(c)相当于在等效电桥的两个桥臂上同时并联电阻，调整比较方便。

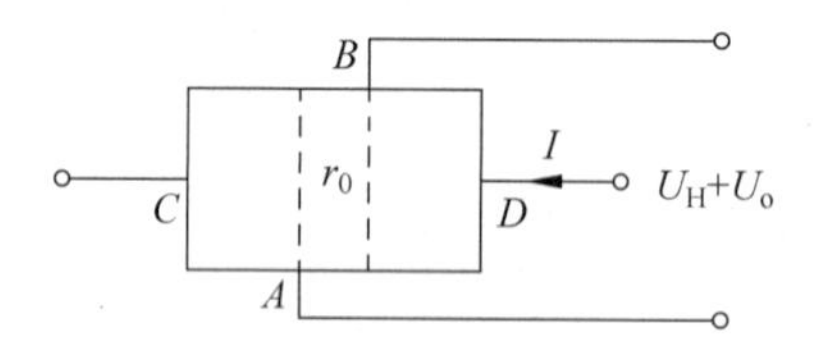

图6-4 霍尔元件不等位电势示意图

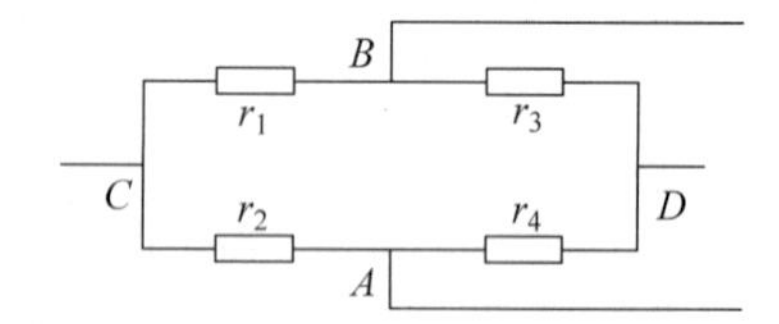

图6-5 霍尔元件的等效电路

(4) 温度特性及其补偿

霍尔元件与一般半导体器件一样，对温度变化十分敏感。这是由于半导体材料的电阻率、迁移率和载流子浓度等随温度变化的缘故。因此，霍尔元件的性能参数(如内阻、霍尔电势等)都将随温度变化，从而使霍尔元件输出产生温度误差。

为了减小霍尔元件的温度误差，除选用温度系数小的元件或采用恒温措施外，由 $U_H=K_H IB$ 可看出，采用恒流源供电是一种有效措施，可以减小由于输入电阻随温度变化引起的激励电流 I 变化所带来的影响，从而使霍尔电势稳定。

另外，霍尔元件的灵敏度系数 K_H 也是温度的函数，它随温度变化将引起霍尔电势的变化。霍尔元件的灵敏度系数与温度的关系可写成

$$K_H = K_{H0}(1+\alpha\Delta T) \tag{6-6}$$

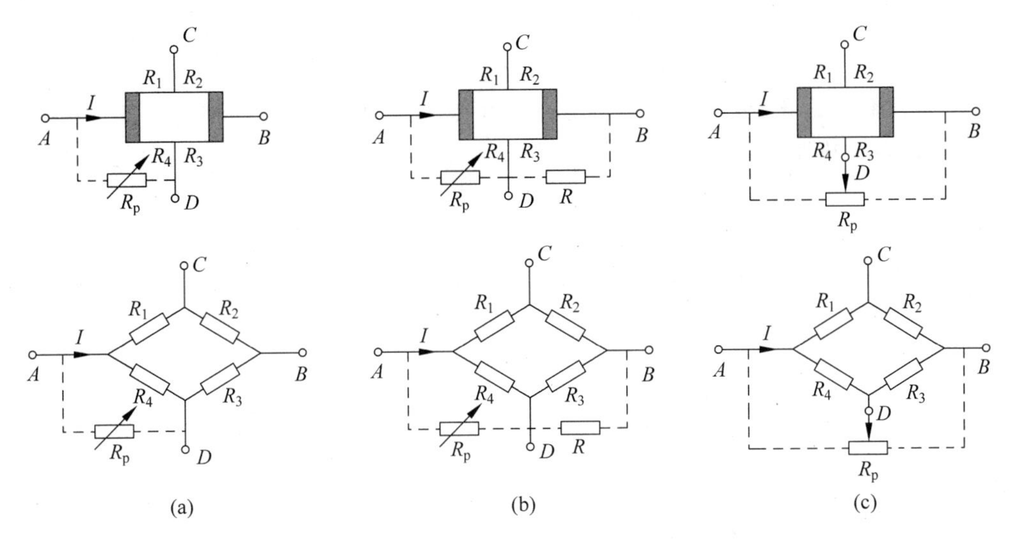

图 6-6　不等位电势补偿电路原理图

式中，K_{H0}表示温度 T_0 时的 K_H 值；$\Delta T=T-T_0$ 表示温度变化值；α 为霍尔元件灵敏度的温度系数。

大多数霍尔元件灵敏度的温度系数 α 是正值，它们的霍尔电势随温度升高 ΔT 而增加 $\alpha\Delta T$ 倍。如果同时让激励电流相应地减小，保持 $K_H \cdot I$ 乘积不变，从而也就抵消了灵敏度系数 K_H 因温度增加的影响。基于这一思想，可以采用图 6-7 所示的补偿电路。在控制电流极并联一个适当的补偿电阻 r，当温度升高时，霍尔元件的内阻增加，使通过霍尔元件的电流减小，而通过 r 的电流增加。利用霍尔元件内阻的温度特性和补偿电阻，可自动调节霍尔元件的电流大小，从而起到补偿作用。

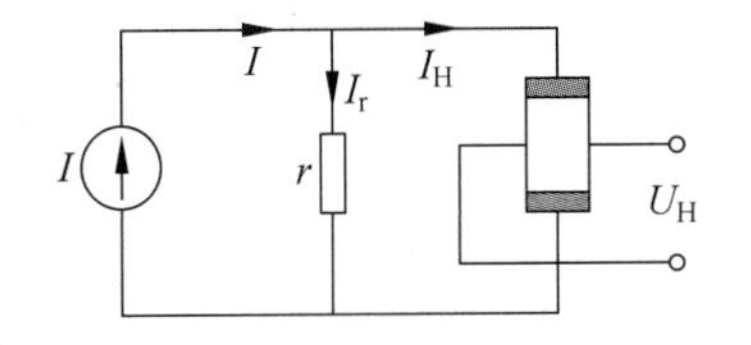

图 6-7　霍尔元件的温度补偿线路

设在某一基准温度 T_0 时，恒流源输出电流为 I，霍尔元件的控制电流为 I_{H0}，霍尔元件的内阻为 R_0，补偿电阻 r_0 上流过的电流为 I_0。这时可得到霍尔元件的控制电流为

$$I_{H0}=\frac{r_0}{R_0+r_0}I \tag{6-7}$$

霍尔电势为

$$U_{H0}=K_{H0}\cdot I_{H0}\cdot B \tag{6-8}$$

当温度上升 ΔT 达到温度 T 时，霍尔元件的内阻为 $R=R_0(1+\beta\Delta T)$，补偿电阻的阻值为 $r=r_0(1+\delta\Delta T)$，β、δ 分别为霍尔元件内阻、补偿电阻的温度系数，这时霍尔元件的控制电流为

$$I_H=\frac{r}{R+r}I \tag{6-9}$$

而当温度为 T 时，霍尔电势为

$$U_{\mathrm{H}}=K_{\mathrm{H}}\cdot I_{\mathrm{H}}\cdot B=K_{\mathrm{H0}}(1+\alpha\Delta T)\cdot I_{\mathrm{H}}\cdot B \tag{6-10}$$

假设补偿后输出的霍尔电势不随温度变化，也即有 $U_{\mathrm{H}}=U_{\mathrm{H0}}$，考虑到式(6-7)～式(6-10)，经整理并略去 $\alpha\delta(\Delta T)^2$，则可有

$$r_0=\frac{\beta-\alpha-\delta}{\alpha}R_0 \tag{6-11}$$

由于霍尔元件灵敏度温度系数 α、补偿电阻温度系数 δ 比霍尔元件内阻温度系数 β 小得多，即：$\alpha\ll\beta,\delta\ll\beta$，于是式(6-11)可以简化为

$$r_0\approx\frac{\beta}{\alpha}R_0 \tag{6-12}$$

由式(6-12)可见，当霍尔元件选定后，通过查元件的参数表可得到 α、β、R_0，从而可以确定补偿电阻 r_0 的阻值。

实验表明：补偿后霍尔电势受温度的影响很小，而且对霍尔元件的其他性能没有影响，只是输出电压稍有下降。这是由于补偿电阻的分流作用使得霍尔元件的控制电流减小了，可以适当增加恒流源输出电流，从而提高输出电压。

此外，还可以采用热敏电阻进行温度补偿。图 6-8 所示为采用热敏电阻进行补偿的原理图，读者可自行分析研究。

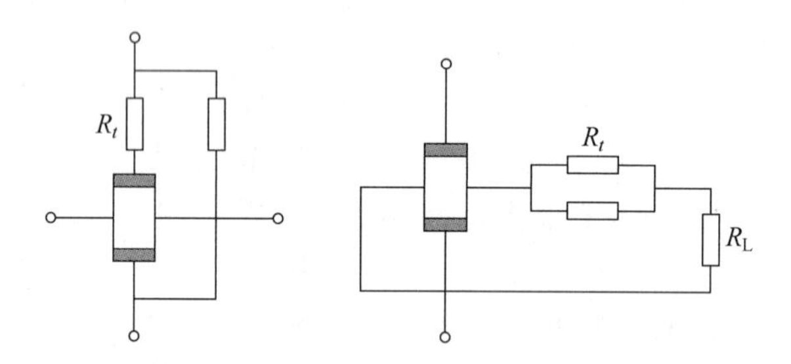

图 6-8 采用热敏元件进行的温度补偿

3. 霍尔式传感器的应用

霍尔式传感器是利用霍尔效应制成的一种磁敏传感器，结构简单，形小体轻，使用方便，目前已得到广泛应用。霍尔元件可以测量电流、磁场的变化以及两个变量的乘积，间接地可实现对位移、角度、转速、压力、功率等物理量的测量。

当控制电流一定时，霍尔电势与磁感应强度成正比。利用这个关系可以测量交直流磁感应强度、磁场强度等。如果保持霍尔元件的激励电流不变，让它在一个均匀梯度的磁场中移动时，则其输出的霍尔电势就取决于它在磁场中的位置。利用这一原理可以测量微位移。图 6-9 为霍尔式微位移传感器的结构原理图，图 6-9(a)、(c)中，当霍尔元件处于中间位置时，位移 $\Delta x=0$，霍尔电势等于零；图 6-9(b)中，当霍尔元件处于中间位置时，位移 $\Delta x=0$，霍尔电势不等于零。当霍尔元件有微小位移

时，就有霍尔电势输出，在一定范围内，位移与 U_H 呈线性关系。

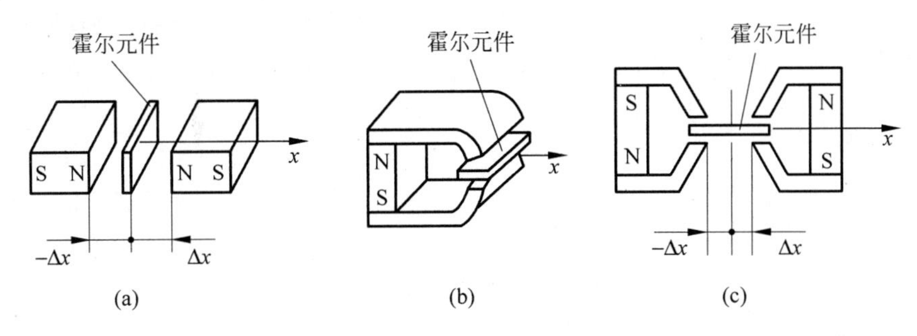

图 6-9　霍尔式位移传感器的工作原理图

如果将其他物理量的变化，转换成位置或角度的变化，然后用霍尔元件进行测量，就能构成霍尔式压力、压差传感器、加速度传感器、振动传感器等。

此外，利用霍尔元件测量磁感应强度的原理，已研制出霍尔式罗盘、方位传感器、转速传感器、计数器等。有兴趣的读者可参阅相关文献。

6.1.2　其他磁敏传感器

除了霍尔传感器以外，磁敏传感器还有磁敏电阻、磁敏二极管、磁敏 MOS 器件等多种类型。限于篇幅，这里只介绍磁敏电阻和磁敏二极管。

1. 磁敏电阻

(1) 磁阻效应

将一载流导体置于外磁场中，除了产生霍尔效应外，其电阻也会随磁场而变化，这是因为运动的载流子受到洛伦兹力的作用而发生偏转，载流子散射几率增大，迁移率下降，于是电阻增加。这种现象称为磁电阻效应，简称磁阻效应。磁阻效应是伴随霍尔效应同时发生的一种物理效应。磁敏电阻就是利用磁阻效应制成的一种磁敏元件。

当温度恒定，在弱磁场范围内，磁阻与磁感应强度(B)的平方成正比。对于只有电子参与导电的最简单的情况，理论推出磁阻效应的表达式为

$$\rho_B = \rho_0(1 + 0.273\mu^2 B^2) \tag{6-13}$$

式中，B 为磁感应强度，μ 为电子迁移率，ρ_0 为零磁场下的电阻率，ρ_B 为磁感应强度为 B 时的电阻率。

设电阻率的变化为 $\Delta\rho = \rho_B - \rho_0$，则电阻率的相对变化为

$$\frac{\Delta\rho}{\rho_0} = 0.273\mu^2 B^2 = k(\mu B)^2 \tag{6-14}$$

由式(6-14)可知，磁场一定时，迁移率高的材料磁阻效应明显。InSb 和 InAs 等半导体的载流子迁移率都很高，适合于制作磁敏电阻。

(2) 磁敏电阻的应用

磁敏电阻的应用非常广泛,除了用它做成探头,配上简单线路可以探测各种磁场外,还可制成位移检测器、转速传感器、角度检测器、功率计、安培计等。

2. 磁敏二极管(SMD)

磁敏二极管的结构及工作原理如图 6-10 所示。在高阻半导体芯片(本征型 I)两端分别制作 P、N 两个电极,形成 P-I-N 结。P、N 部为重掺杂区,本征区 I 的长度较长。同时对 I 区的两侧面进行不同的处理:一个侧面磨成光滑面,另一面打毛。由于粗糙的表面处容易使电子-空穴对复合而消失,故也将打毛的侧面称为 r (recombination)面,从而构成了磁敏二极管。

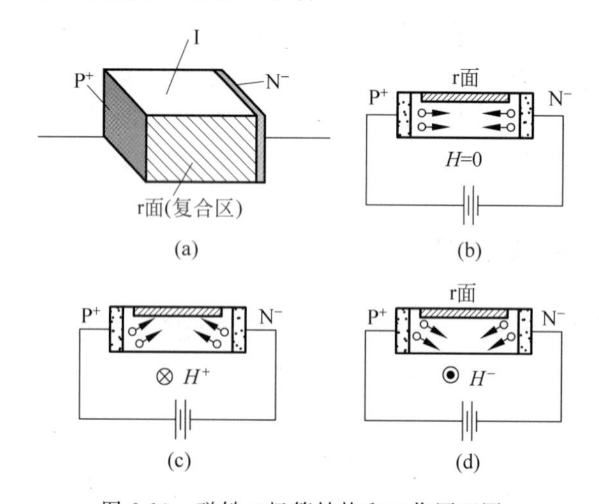

图 6-10　磁敏二极管结构和工作原理图

如果外加正向偏压,即 P 区接正,N 区接负,那么将会有大量空穴从 P 区注入到 I 区,同时也有大量电子从 N 区注入到 I 区。未加磁场前,电子、空穴的运动如图(b)所示。如将磁敏二极管置于磁场中,则注入的电子和空穴都要受到洛仑兹力的作用而向一个方向偏转:当磁场方向使电子、空穴向 r 面偏转时,它们将因复合而消失,因而电流很小,如图(c)所示;当磁场方向使电子、空穴向光滑面偏转时,它们的复合率变小,电流就大,如图(d)所示。由此可见:高复合面与光滑面之间的复合率差别愈大,磁敏二极管的灵敏度也就愈高。

磁敏二极管与其他磁敏器件相比,具有以下特点:

① 灵敏度高。磁敏二极管的灵敏度比霍尔元件高几百甚至上千倍,而且线路简单,成本低廉,适合于弱磁场的测量。

② 具有正反磁灵敏度,这一点是磁阻器件所欠缺的。因为磁阻器件阻值与 B_2 有关,正反方向都一样。故磁敏二极管可用作无触点开关。

③ 可在较小电流下工作,灵敏度仍很高。

④ 灵敏度与磁场关系呈线性的范围比较窄,这一点不如霍尔元件,如果用于精

密检测，需在线路设计上采取措施。

磁敏二极管可用来检测交、直流磁场，特别适合于测量弱磁场；可制作钳位电流计，对高压线进行不断线、无接触电流测量；还可作无触点开关，无接触电位计等。

6.2 湿敏传感器

6.2.1 湿度及湿敏传感器基础

随着现代工农业技术的发展及生活条件的提高，湿度的检测与控制成为生产和生活中必不可少的环节。例如：大规模集成电路生产车间，当其相对湿度低于 30% 时，容易产生静电而影响生产；一些粉尘大的车间，当湿度小而产生静电时，容易引发爆炸；纺织厂为了减少棉纱断头，车间要保持相当高的湿度（60%～75%）；一些仓库（如存放烟草、茶叶和中药材等）在湿度过大时易发生变质或霉变现象。在农业上，先进的工厂式育苗、食用菌的培养、水果及蔬菜的保鲜等都离不开湿度的检测与控制。

湿度是表示大气中水汽含量的物理量，它有两种最常用的表示方法，即绝对湿度和相对湿度。

绝对湿度：指单位体积大气中水汽的质量，可用表达式 $\rho_V = M_V/V$ 表示，单位为 kg/m^3，绝对湿度也可称为水汽浓度或水汽密度。

绝对湿度也可用水的蒸汽压来表示。待测空气可视为一种由水蒸气和干燥空气组成的二元理想混合气体，根据道尔顿分压定律和理想气体状态方程，空气的水汽密度 ρ_V 可表示为

$$\rho_V = \frac{P_V M}{RT} \tag{6-15}$$

式中，P_V 为空气中水蒸气的分压；M 为水蒸气的摩尔质量，R 为理想气体的普适常数，T 为空气的绝对温度。

相对湿度：指某一被测气体的绝对湿度 ρ_V 与在同一温度 T 下水蒸气已达到饱和的气体的绝对湿度 ρ_W 之比，常用“%RH”表示，这是一个无量纲的值。

$$相对湿度 = \left(\frac{\rho_V}{\rho_W}\right)_T \cdot 100\%RH \tag{6-16}$$

由以上介绍可见，绝对湿度给出了大气中水分的具体含量，相对湿度则给出了大气的潮湿程度，故使用更为广泛。

湿敏传感器是指能将湿度转换为与其成一定比例关系的电信号输出的器件或装置，通常是由湿敏元件及转换电路组成。湿敏传感器具有以下几个主要特性：

（1）湿度量程

湿度量程是保证一个湿敏器件能够正常工作所允许的相对湿度的最大范围。湿度量程越大，其实际使用价值越大。理想的湿敏元件的使用范围应当是 0～100%

RH 的全量程，由于各种不同湿度传感器所采用的材料以及所依据的物理效应和化学反应不同，往往只能在一定的湿度范围内才能正常工作。

(2) 湿敏传感器的特性曲线

湿敏传感器的特性曲线是指湿敏传感器的输出量(或称感湿特征量)与被测湿度(例如相对湿度)间的关系曲线。图 6-11 为以二氧化钛-五氧化二钒(TiO_2-V_2O_5)器件为敏感元件的湿敏传感器的特性曲线。

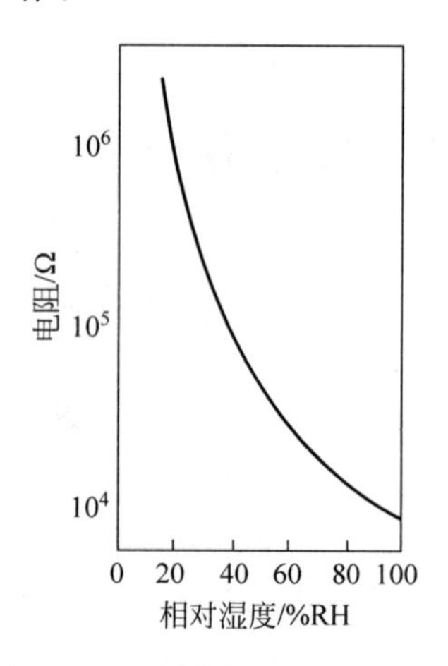

图 6-11 二氧化钛-五氧化二钒湿敏传感器的特性曲线

(3) 灵敏度

灵敏度表示被测湿度作单位值变化时所引起的输出量(感湿特征量)的变化程度。灵敏度是特性曲线的斜率。一般而言湿敏传感器的特性往往不是直线，而是曲线，这就是说，在不同的被测湿度下，传感器的灵敏度是不同的，因此常需用一组规定被测湿度下的灵敏度来描述。例如，日本生产的 $MgCr_2O_4$-TiO_2 湿敏传感器规定用相对湿度为 1%时的感湿特征量电阻值与分别在相对湿度为 20%、40%、60%、100%时的感湿特征量电阻值之比来描述，即用 $R_{1\%}/R_{20\%}$、$R_{1\%}/R_{40\%}$、$R_{1\%}/R_{60\%}$、$R_{1\%}/R_{80\%}$、$R_{1\%}/R_{100\%}$ 来描述灵敏度。

(4) 湿度温度系数

湿敏传感器的特性往往随环境温度而变化。当环境湿度恒定时，温度每变化 1℃，引起湿度传感器感湿特征量的变化量为感湿温度系数，其单位为%RH/℃。

除以上这些主要特性以外，对于湿敏传感器，在吸湿和脱湿情况下的特性不重合，存在着湿滞迴线与湿滞回差的特性，可参阅相关文献。

对湿敏传感器一般有如下要求：

① 使用寿命长，长期稳定性好；

② 灵敏度高，感湿特性线性度好；

③ 使用范围宽，湿度温度系数小；

④ 响应快，响应时间短；

⑤ 湿滞回差小；

⑥ 一致性和互换性好，易于批量生产，成本低廉。

湿度传感器种类很多：按输出的电学量可分为电阻型、电容型和频率型等；按探测功能可分为绝对湿度型、相对湿度型等；按材料可分为陶瓷式、半导体式和电解质、有机高分子式等；如果按水分子是否渗透入固体内可分为“水分子亲和力型”和“非分子亲和力型”两大类，前者表示水分子易于吸附并由表面渗透入固体内。下面按材料分类分别给以介绍。

6.2.2　氯化锂湿敏传感器

氯化锂湿敏电阻是利用吸湿性盐类潮解，离子导电率发生变化而制成的湿敏元件。在条状绝缘基片的两面，用化学沉积或真空蒸发的方法做上电极，再浸渍一定配方的氯化锂-聚乙烯醇混合溶液，经一定时间的老化处理，即可制成湿敏电阻器。

氯化锂(LiCl)是典型的离子晶体。高浓度的氯化锂溶液中，锂和氯仍以正、负离子的形式存在，而 Li^+ 对水分子的吸引力强，离子水合程度高，其溶液中的离子导电能力与浓度成正比。当溶液置于一定湿度的环境中时，若环境的相对湿度高，溶液将因吸收水分而浓度降低，电阻率增高；反之，环境的相对湿度低，则溶液的浓度升高，其电阻率下降。因此，氯化锂湿敏电阻的阻值将随环境湿度的改变而变化，从而实现了对湿度的电测量。

氯化锂湿敏元件的优点是湿滞回差较小，受测试环境风速的影响小，检测精度高达±5%，但其耐热性差，不能用于露点以下测量，器件性能重复性不理想，使用寿命短。

6.2.3　半导体及陶瓷湿敏传感器

制造湿敏电阻的材料(主要是不同类型的金属氧化物)，都是利用陶瓷工艺制成的具有半导体特性的材料，因此称之为半导体陶瓷，简称为半导瓷。半导瓷湿敏传感器，可分为正、负特性两种，前者表示传感器的电阻率随着湿度的增加而增大，后者表示电阻率随湿度的增加而下降。

半导瓷湿敏电阻具有较好的热稳定性、较强的抗沾污能力，能在恶劣、易污染的环境中测得准确的湿度数据，而且还有响应快、使用温度范围宽(可在 150℃以下使用)、可加热清洗等优点。半导体及陶瓷湿敏传感器品种繁多，是湿度传感器中最大的一类。按其制作工艺可分为：烧结体型、涂覆膜型、薄膜型、厚膜型及 MOS 型等多种。

1. 烧结型湿敏电阻

烧结型半导瓷湿敏电阻的结构如图 6-12 所示。其感湿体为 $MgCr_2O_4$-TiO_2 多孔陶瓷，气孔率达 30%～40%。$MgCr_2O_4$ 属于 P 型半导体，其特点是感湿灵敏度适中，电阻率低，阻值温度特性好。为改善烧结特性和提高元件的机械强度及抗热骤变特性，在原料中加入一定的 TiO_2。这样在 1300℃的空气中可烧结成相当理想的瓷体。材料烧结成型后，切割成所需薄片，在薄片的两面，再印刷并烧

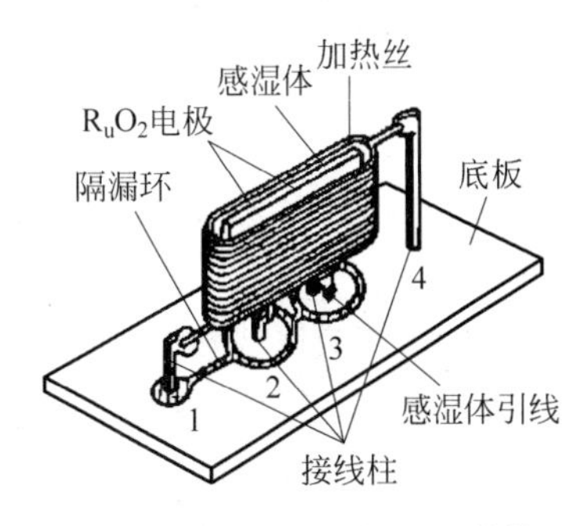

图 6-12　烧结型湿敏电阻结构

结叉指型氧化钌电极，就制成了感湿体。由于500℃左右的高温短期加热，可去除油污、有机物和尘埃等污染，所以在这种湿敏元件的感湿体外往往罩上一层加热丝，以便对器件经常进行加热清洗，排除恶劣环境对器件的污染。器件安装在一种高致密、疏水性的陶瓷片底板上。为避免底板上测量电极2、3之间因吸湿和沾污而引起漏电，在测量电极2、3的周围设置了隔漏环。图中1、4是加热器引出线。

2. 涂覆膜型湿敏器件

此类湿度敏感元件是把感湿粉料（金属氧化物）调浆，涂覆在已制好的梳状电极或平行电极的滑石瓷、氧化铝或玻璃等基板上，经低温烘干后制成。四氧化三铁、五氧化二钒及三氧化二铝等湿敏元件均属此类，涂覆膜型湿敏器件有多种品种，其中比较典型且性能较好的是Fe_3O_4湿敏器件。

Fe_3O_4湿敏器件采用滑石瓷作基片，在基片上用丝网印刷工艺制成梳状金电极。将纯净的Fe_3O_4胶粒，用水调制成适当黏度的浆料，然后将其涂覆在已有金电极的基片上，经低温烘干后，引出电极即可使用。

Fe_3O_4湿敏器件的主要优点是：在常温、常湿下性能比较稳定，有较强的抗结露能力；测湿范围广，在全湿范围内有相当一致的湿敏特性，而且工艺简单，价格便宜。由于该器件是一种体效应器件，当环境湿度发生变化时，水分子要在数十微米厚的感湿膜体内充分扩散，才能与环境湿度达到新的平衡。这一扩散和平衡过程需时较长，使器件响应缓慢。并且由于吸湿和脱湿过程中响应速度的差别，使器件具有较明显的湿滞效应。

3. 薄膜型湿敏元件

利用三氧化二铝做电介质构成电容器，由于多孔的三氧化二铝薄膜易于吸收空气中的水蒸气，从而改变了其本身的介电常数，这样电容器的电容值就会随着空气中水蒸气分压而变化，从而可以测量出空气的相对湿度。

目前以铝为基础的湿敏元件在有腐蚀剂和氧化剂的环境中使用时，都不能保证长期稳定性，但以钽作为基片，利用阳极氧化法形成的氧化钽多孔薄膜是一种介电常数高、电特性和化学特性较稳定的薄膜，以此薄膜制成电容式湿敏元件可以大大提高元件的长期稳定性。

6.2.4 高分子聚合物湿敏传感器

随着高分子化学和有机合成技术的发展，用高分子材料制作化学感湿膜的湿敏元件的方法日益得到发展和应用，并已成为目前湿敏元件中一个重要的分支。

研究发现，有机纤维素具有吸湿溶胀、脱湿收缩的特性，利用这种特性，将导电的微粒或离子掺入其中作为导电材料，就可将其体积随湿度的变化转换为感湿材料电阻的变化，从而完成对环境湿度的测量。这一类的胀缩性有机物湿敏元件主要有：碳湿敏元件及结露敏感元件等。

图6-13是羟乙基纤维素碳湿敏元件结构：采用丙烯酸塑料作为基片，采用涂刷导银漆或真空镀金、化学淀积等方法，在基片两长边的边缘上形成金属电极。然后，再在其上浸涂一层由羟乙基纤维素、导电碳黑和润湿性分散剂组成的浸涂液，待溶剂蒸发后即可获得一层具有胀缩特性的感湿膜。最后经老化、标定后即可进行湿度测量使用。

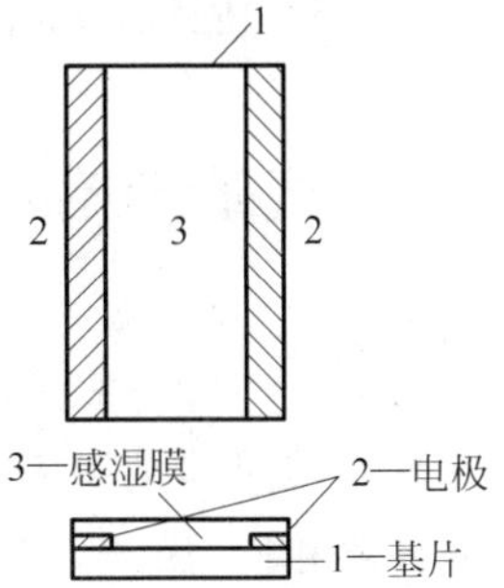

1
2　3　2
3—感湿膜　2—电极
1—基片

图6-13　羟乙基纤维素碳湿敏感元件结构

高分子聚合物薄膜湿敏元件是一类比较理想的湿敏元件。作为感湿材料的高分子聚合物能随周围环境的相对湿度大小成比例地吸附和释放水分子。因为这类高分子大多是具有较小介电常数($\varepsilon_r=2\sim7$)的电介质，而水分子偶极矩的存在大大提高了聚合物的介电常数($\varepsilon_r=83$)。因此将此类特性的高分子电介质做成电容器，测定其电容量的变化，即可得出环境相对湿度。目前这类高分子聚合物材料主要有等离子聚合法形成的聚苯乙烯及醋酸纤维素等。

1. 等离子聚合法聚苯乙烯薄膜湿敏元件

用等离子聚合法聚合的聚苯乙烯因有亲水的极性基团，随环境湿度大小而吸湿或脱湿，从而引起介电常数的改变。一般的制作方法是在玻璃基片上镀上一层铝薄膜作为下电极，用等离子聚合法在铝膜上镀一层(0.05μm)聚苯乙烯作为电容器的电介质，再在其上镀一层多孔金膜作为上电极。该类元件的特点是：

① 测湿范围宽，有的可覆盖全湿范围；

② 使用温度范围宽，有的可达－40～＋150℃；

③ 响应速度快，有的小于1s；

④ 尺寸小，可用于狭小空间的测湿；

⑤ 温度系数小，有的可忽略不计。

2. 醋酸纤维有机膜湿敏元件

利用醋酸纤维作为感湿材料，形成电容式湿敏元件。它是在玻璃基片上蒸发梳状金电极，作为下电极；将醋酸纤维按一定比例溶解于丙酮、乙醇(或乙醚)溶液中配成感湿溶液。然后通过浸渍或涂覆的方法，在基片上附着一层(0.5μm)感湿膜，再用蒸发工艺制成上电极，其厚度为20μm左右。

这种湿敏元件响应速度快，重复性能好，最适宜的工作温度范围为0～80℃。不宜在有机溶剂环境下使用。

6.3 其他固态传感器

6.3.1 气敏传感器

1. 概述

气敏传感器是用来检测气体类别、浓度和成分的传感器。由于气体种类繁多，性质各不相同，因此，实现气-电转换的传感器种类也很多。按构成材料可将气敏传感器分为半导体和非半导体两大类，目前使用最多的是半导体气敏传感器；从结构上可将气体传感器分为干式（构成气体传感器的材料为固体）和湿式（利用水溶液或电解液感知待测气体）两种。

待测气体与半导体表面接触时，造成半导体电导率等物理性质发生变化，半导体气敏传感器正是基于此进行气体的检测。半导体气敏元件通常有以下两种分类，如表 6-1 所示。

① 按照半导体与气体相互作用时产生的变化是限于半导体表面还是深入到半导体内部，半导体气敏元件可分为表面控制型和体控制型两种。前者半导体表面吸附的气体与半导体间发生电子接受，结果使半导体的电导率等物理性质发生变化，但内部化学组成不变；后者半导体与气体的反应，使半导体内部组成发生变化，导致电导率变化。

② 按照半导体变化的物理特性，半导体气敏元件可分为电阻型和非电阻型两种。电阻型半导体气敏元件是利用敏感材料接触气体时的阻值变化来检测气体的成分或浓度；非电阻型半导体气敏元件是利用其他参数，如二极管伏安特性和场效应晶体管的阈值电压变化来检测被测气体。

表 6-1 常见半导体气敏元件的分类

	主要物理特性	类型	检测气体	气敏元件
电阻型	电阻	表面控制型	可燃性气体	SnO_2、ZnO 等烧结体、薄膜、厚膜
		体控制型	酒精	氧化镁、SnO_2
			可燃性气体	氧化钛（烧结体）
			氧气	T-Fe_2O_3
非电阻型	二极管整流特性	表面控制型	氢气	铂-硫化镉
			一氧化碳	铂-氧化钛
			酒精	金属-半导体结型二极管
	晶体管特性		氢气、硫化氢	铂栅、钯栅 MOS 场效应管

气敏传感器是暴露在各种成分的气体中使用的，由于检测现场温度、湿度的变化很大，又存在大量粉尘和油雾等，所以其工作条件较恶劣。此外，气体对传感器元件的材料会产生化学反应物，附着在元件表面，使其性能变差。因此，对气敏元件有

下列要求：能长期稳定工作，重复性好，响应速度快等。用半导体气敏元件组成的气敏传感器主要用于工业上的天然气、煤气，以及石油化工等部门的易燃、易爆、有毒等有害气体的监测、预报和自动控制。

2. 半导体气敏传感器的机理

半导体气敏传感器是利用气体在半导体表面的氧化和还原反应导致敏感元件阻值变化而制成的。当半导体器件被加热到稳定状态，在气体接触半导体表面而被吸收时，被吸附的分子首先在表面物性自由扩散，失去运动能量，一部分分子被蒸发掉，另一部分残留分子产生热分解而固定在吸附处（化学吸附）。当半导体的功函数小于吸附分子的亲和力（气体的吸附和渗透特性）时，吸附分子将从器件夺得电子而变成负离子吸附，半导体表面呈现电荷层。例如氧气等具有负离子吸附倾向的气体被称为氧化型气体或电子接收性气体。如果半导体的功函数大于吸附分子的离解能，吸附分子将向器件释放出电子，而形成正离子吸附。具有正离子吸附倾向的气体有 H_2、CO、碳氢化合物和醇类，它们被称为还原型气体或电子供给型气体。

当氧化型气体吸附到 N 型半导体上，还原型气体吸附到 P 型半导体上时，半导体的载流子减少，电阻值增大。当还原型气体吸附到 N 型半导体上，氧化型气体吸附到 P 型半导体上时，半导体的载流子增多，电阻值下降。由于空气中的含氧量大体上是恒定的，因此氧的吸附量也是恒定的，器件阻值也相对固定。若气体浓度发生变化，其阻值也将变化。根据这一特性，可以从阻值的变化得知吸附气体的种类和浓度。半导体气敏时间（响应时间）一般不超过 1min，N 型材料有 SnO_2、ZnO、TiO 等，P 型材料有 MoO_2、CrO_3 等。

3. 半导体气敏传感器类型及结构

（1）电阻型半导体气敏传感器

目前使用较广泛的电阻型气敏器件，一般由敏感元件、加热器和外壳三部分组成。按其制造工艺可分为烧结型、薄膜型和厚膜型三类，其典型结构如图 6-14 所示。

① 烧结型气敏器件。这类器件以半导体 SnO_2 为基体材料（其粒度在 1μm 以下），添加不同杂质，采用传统制陶方法进行烧结。烧结时埋入加热丝和测量电极，制成管芯，最后将加热丝和测量电极焊在管座上，加特制外壳构成器件。烧结型器件的结构如图 6-14(a)所示。

烧结型器件的制作方法简单，器件寿命长；但由于烧结不充分，器件机械强度不高，电极材料较贵重，电性能一致性较差，因此应用受到一定限制。

② 薄膜型气敏器件。薄膜型气敏器件的结构如图 6-14(b)所示。采用蒸发或溅射工艺在石英基片上形成氧化物半导体薄膜（其厚度约在 100nm 以下），制作方法也很简单。SnO_2 半导体薄膜的气敏特性最好，但这种半导体薄膜为物理性附着，因此器件间性能差异较大。

③ 厚膜型气敏器件。这种器件是将氧化物半导体材料（如 SnO_2 或 ZnO 等材

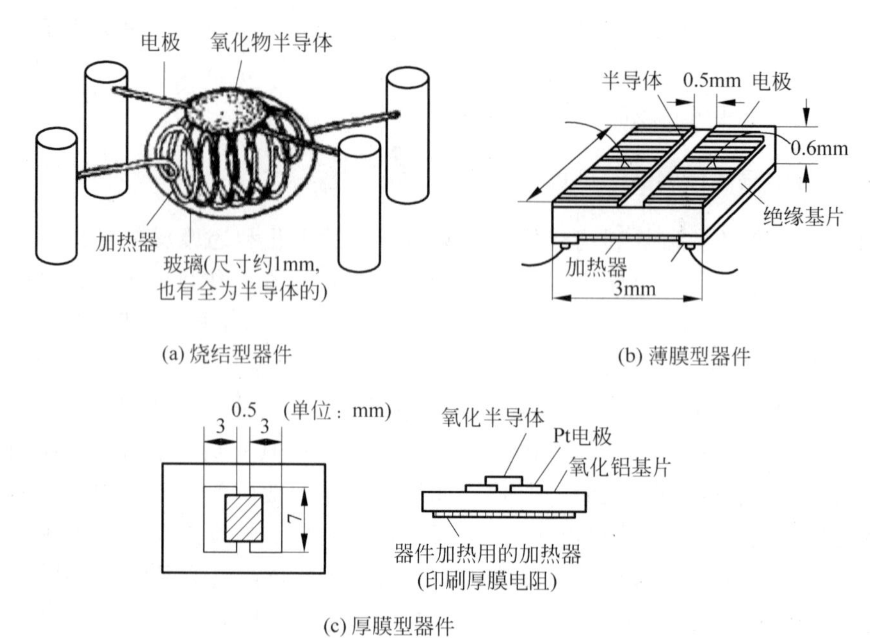

(a) 烧结型器件

(b) 薄膜型器件

(c) 厚膜型器件

图 6-14 电阻型气敏器件结构

料)与硅凝胶混合制成能印刷的厚膜胶,再把厚膜胶用丝网印制到事先装有铂电极的绝缘基片上(如 Al_2O_3 等),经烧结制成。由于这种工艺制成的元件机械强度高,一致性好,适于大批量生产。其结构如图 6-14(c)所示。

以上三类气敏器件都附有加热器,用以将附着在敏感元件表面上的尘埃、油雾等烧掉,加速气体的吸附,从而提高器件的灵敏度和响应速度。加热器的温度一般控制在 200～400℃。由于加热方式一般有直热式和旁热式两种,相应地形成了直热式和旁热式气敏元件。直热式气敏器件是将加热丝、测量丝直接埋入半导体材料粉末中烧结而成,工作时加热丝通电,测量丝用于测量器件阻值。这类器件制造工艺简单、成本低,可在高电压回路中使用,但热容量小,易受环境气流的影响,测量回路和加热回路间没有隔离而相互影响。如国产的 QN 型以及日本费加罗 TGS 109 型气敏传感器。对于旁热式气敏器件而言,它的特点是将加热丝放置在一个陶瓷管内,管外涂梳状电极作测量极。加热丝不与气敏材料接触,使测量极和加热极分离,避免了测量回路和加热回路的相互影响,器件热容量大,降低了环境温度对器件加热温度的影响,所以这类器件的稳定性、可靠性都较直热式器件好。国产 QM-N5 型和日本费加罗 TGS 812、813 型气敏传感器都采用这种结构。

(2) 非电阻型气敏器件

非电阻型气敏器件是利用 MOS 二极管的电容-电压特性(*C-V* 特性)的变化,以及 MOS 场效应晶体管(MOSFET)的阈值电压的变化等物理特性而制成的半导体气敏器件。由于这类器件的制造工艺成熟,便于器件集成化,因而其性能稳定且价格便宜。

以 MOS 二极管气敏器件为例,在 P 型半导体硅片上,利用热氧化工艺生成一层厚度为 50～100nm 的二氧化硅(SiO_2)层，然后在其上面蒸发一层钯金属薄膜，作为栅电极，如图 6-15 所示。由于 SiO_2 层电容 C_a 是固定不变的，Si-SiO_2 界面电容 C_s 是外加电压的函数，所以总电容 C 是栅偏压的函数，其函数关系称为该 MOS 管的 C-V 特性。钯对氢气(H_2)特别敏感，在吸附了 H_2 以后，钯的功函数会降低，从而导致 MOS 管的 C-V 特性向负偏压方向平移，如图 6-16 所示。据此可测定 H_2 的浓度。

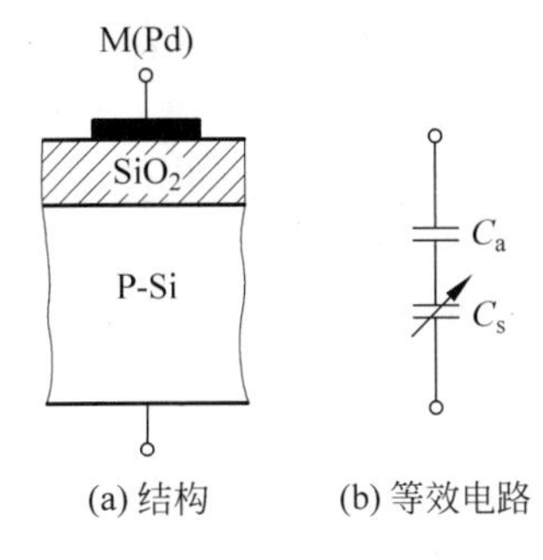

图 6-15 MOS 结构和等效电路

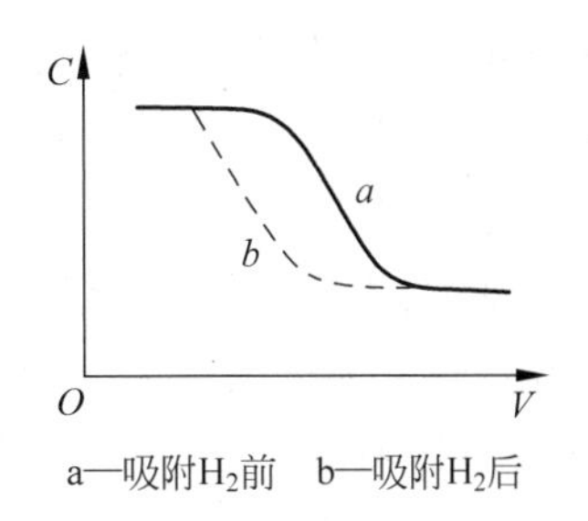

图 6-16 MOS 结构的 C-V 特性

6.3.2 半导体色敏传感器

半导体色敏传感器是半导体光敏感器件中的一种，是基于内光电效应将光信号转变为电信号的光辐射探测器件。不管是光电导器件还是光生伏特效应器件，检测的都是在一定波长范围内光的强度，或者说光子的数目。而半导体色敏器件则可用来直接测量从可见光到近红外波段内单色辐射的波长。

1. 半导体色敏传感器的基本原理

光在半导体中传播时的衰减，是由于半导体价带电子吸收光子而从价带跃迁到导带的结果，这种吸收光子的过程称为本征吸收。实验表明，波长短的光子衰减较快，穿透深度较浅，而波长长的光子则能进入硅的较深区域。通过进一步的分析可以发现，浅的 P-N 结有较好的蓝紫光灵敏度，深的 P-N 结则有利于红外灵敏度的提高。半导体色敏器件正是利用了这一特性。

半导体色敏传感器相当于两只结构不同的光电二极管的组合，故又称光电双结二极管，其结构原理及等效电路如图 6-17 所示。这里 P^+-N-P 不是一个三极管，而是结深不同的两个 PN 结二极管，浅结的二极管是 P^+-N 结；深结的二极管是 P-N 结。当有入射光照射时，P^+、N、P 三个区域及其间的势垒区中都有光子吸收，但效果不同。如前所述，紫外光部分吸收系数大，经过很短距离已基本吸收完毕。因此，浅结的那只光电二极管对紫外光的灵敏度高。而红外部分吸收系数较小，这类波长的光子则主要在深结区被

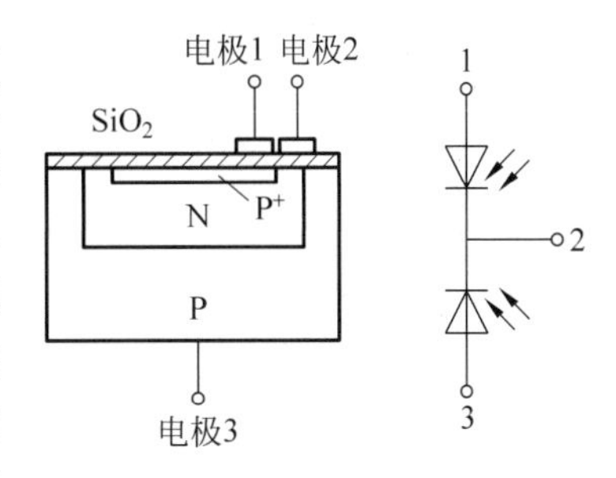

图 6-17 半导体色敏传感器结构和等效电路图

吸收。因此，深结的那只光电二极管对红外光的灵敏度高。这就是说，在半导体中不同的区域对不同的波长分别具有不同的灵敏度。正是由于这一特性使得这种器件可以用于颜色的识别，也就是可以用来测量入射光的波长。将两只结深不同的光电二极管组合，就构成了可以测定波长的半导体色敏传感器。

半导体色敏传感器具体应用时，应先对色敏器件进行标定，也就是说，测定不同波长的光照射下器件中两只光电二极管短路电流的比值 I_{SD2}/I_{SD1}。I_{SD1} 表示浅结二极管的短路电流，它在短波区较大；I_{SD2} 表示深结二极管的短路电流，它在长波区较大。因而，两者的比值与入射单色光波长的关系就可以确定。根据标定的曲线，实测出某一单色光时的短路电流比值，即可确定该单色光的波长。参见图 6-18 所示的光谱响应特性，其中图(a)表示不同结深的两个二极管的光谱响应曲线，图(b)表示短路电路比与波长间的关系。

此外，这类器件还可用于检测光源的色温，对于给定的光源，色温不同，则辐射光的光谱分布不同，例如，白炽灯的色温升高时，其辐射光中短波成分的比例增加，长波成分的比例减少。只要将色敏器件短路电流比对某类光源定标后，就可由此直接确定该类光源中未知光源的色温。当然，目前还不能利用上述色敏器件来测定复式光的颜色，还有待进一步深入研究。

2. 半导体色敏传感器的基本特征

(1) 光谱特性

半导体色敏器件的光谱特性表示它所能检测的波长范围，不同型号之间略有差别。图 6-18(a)给出了国内研制的 CS—1 型半导体色敏器件的光谱特性，其波长范围是 400～1000nm。

(2) 短路电流比-波长特性

短路电流比-波长特性表征半导体色敏器件对波长的识别能力，引用于确定被测波长。CS—1 型半导体色敏器件的短路电流比-波长特性如图 6-18(b)所示。

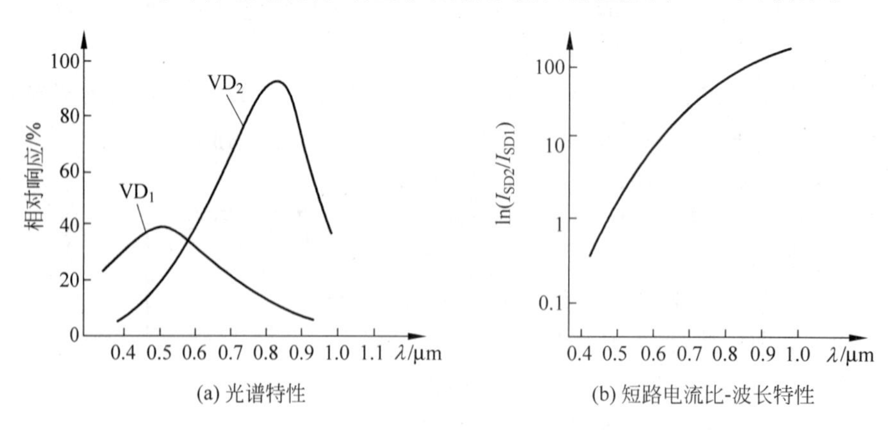

(a) 光谱特性　(b) 短路电流比-波长特性

图 6-18 半导体色敏器件特性曲线

(3) 温度特性

由于半导体色敏器件测定的是两只光电二极管的短路电流之比,而这两只光电二极管是做在同一块材料上的,具备基本相同的温度系数。这种内部的补偿作用使半导体色敏器件的短路电流比对温度不十分敏感,所以通常可不考虑温度的影响。

6.3.3 离子敏感器件(ISFET)

离子敏感器件是一种对离子具有选择敏感作用的场效应晶体管。它是由离子选择性电极(ISE)与金属-氧化物-半导体场效应晶体管(MOSFET)组合而成,简称ISFET。ISFET是用来测量溶液(或体液)中的离子活度(即指溶液中真正参加化学反应或离子交换作用的离子有效浓度)的微型固态电化学敏感器件。

1. ISFET的结构与工作原理

用半导体工艺制作的金属-氧化物-半导体场效应晶体管的典型结构如图6-19所示。它的衬底材料为P型硅。用扩散法做两个N^+区,分别称为源极(S)和漏极(D)。在漏源极之间的P型硅表面,生长一薄层SiO_2,在SiO_2上再蒸发一层金属,称为栅极,用G表示。

在栅极G不加偏压时,栅氧化层下面的硅是P型,而源漏极是N型,故源漏极之间不导通。当栅源极之间加正向偏压V_{GS},且有$V_{GS}>V_T$(阈电压)时,栅氧化层下面的硅反型,从P型变为N型。这个N型区将源区和漏区连接起来,起导电通道的作用,称为沟道,这种类型称为N沟道增强型MOSFET。

当源漏极之间电压$V_{DS}=0$时,要使源极和漏极之间的半导体表面刚开始形成导电沟道,所需加的栅源电压称为阈电压V_T。在MOSFET的栅极加上大于V_T的正偏压后,源漏极之间加电压V_{DS},则源极和漏极之间就有电流流通,用I_{DS}表示。I_{DS}的大小随V_{DS}和V_{GS}的大小而变化,此时I_{DS}随V_{GS}的增加而加大。V_T的大小除了与衬底材料的性质有关外,还与SiO_2层中的电荷数及金属与半导体之间的功函数差有关。离子敏传感器正是利用V_T的这一特性来进行工作的。

如果将普通的MOSFET的金属栅去掉,让绝缘体氧化层直接与溶液相接触;或者将栅极用铂膜作引出线,并在铂膜上涂覆一层离子敏感膜,就构成了一只ISFET,如图6-20所示。当将ISFET插入溶液时,被测溶液与敏感膜接触处就会产生一定

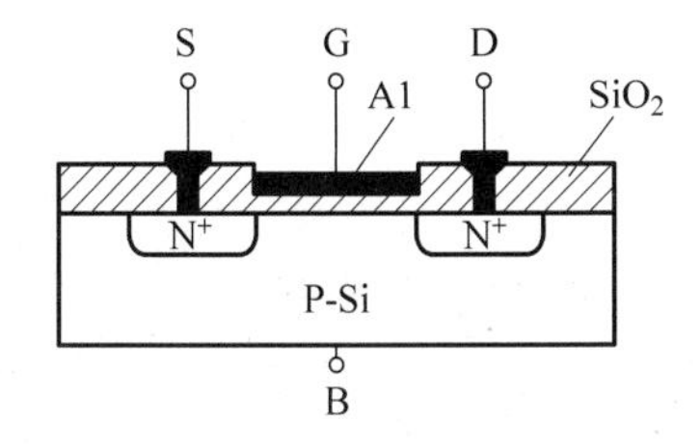

图6-19 MOSFET剖面图

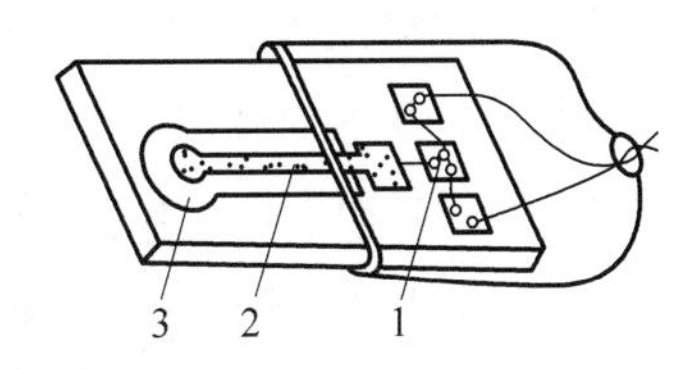

图6-20 ISFET结构示意图

1—MOSFET;2—铂膜;3—敏感膜

的界面电势，这一界面电势的大小将直接影响 V_T 的值。进一步分析发现，此时 ISFET 的阈值电压与被测溶液中的离子活度的对数呈线性关系。根据场效应晶体管的工作原理，漏源电流的大小又与 V_T 值有关，因此 ISFET 的漏源电流将随溶液中离子活度的变化而变化，于是从漏源电流的大小就可以确定离子的活度。

敏感膜的种类很多，不同的敏感膜所检测的离子种类也不同，从而具有离子选择性。例如，以 Si_3N_4、SiO_2、Al_2O_3 为材料制成的无机绝缘膜可以测量 H^+、N^+；以 AgBr、硅酸铝、硅酸硼为材料制成的固态敏感膜可以测量 Ag^+、Br^-、Na^+ 等。

2. ISFET 的特点和应用

根据以上介绍的 ISFET 的结构和工作原理可知，ISFET 具有以下特点：

① ISFET 具有 MOSFET 输入阻抗高、输出阻抗低的特点。因此器件本身就能完成由高阻抗到低阻抗的变换，同时具有展宽频带和对信号进行放大的作用。

② ISFET 是全固态化结构，因此体积小，重量轻，机械强度大。特别适合于生物体内和高压条件下的测量使用。

③ 由于利用了成熟的半导体微细加工技术，并将敏感材料直接附着于半导体器件上，因此，敏感膜可以做得很薄，一般可小于 100nm。这可使 ISFET 的水化时间很短，从而使离子活度的响应速度很快，响应时间可以小于 1s。

④ ISFET 是利用半导体集成电路工艺制造的，这对实现集成化和多种离子多功能化十分有利：易于将信息转换部分和信号放大部分与敏感器件集成在一块芯片上，实现整个系统的智能化、小型化和全固态化。

ISFET 可以用来测量生物体中的微小区域和微量离子，因此它在生物医学领域中具有广泛的应用，有着很强的生命力。此外，在环境保护、化工控制、矿山、地质、土壤、水文以及家庭生活等各个方面都有其应用。

① 对生物体液中无机离子的检测。临床医学和生理学的主要检查对象是人或动物的体液。其中包括血液、脑髓液、脊髓液、汗液和尿液等。体液中某种无机离子的微量变化都与身体某个器官的病变有关。因此利用 ISFET 迅速而准确地检测出体液中某种离子的变化，就可以为正确诊断、治疗及抢救提供可靠的依据。

② 在环境保护中的应用。ISFET 广泛应用在大气污染的监测中。譬如通过检测雨水成分中各种离子的浓度，可以监测大气污染的情况及查明污染的原因。另外，用 ISFET 对江河湖海中鱼类及其他动物血液中有关离子的检测，可以确定水域污染的情况及其对生物体的影响等。

③ 在其他方面的应用。由于 ISFET 具有小型化，全固态化的优点，因此对被检样品影响很小。从而在食品发酵工业中，可以用 ISFET 直接测量发酵面粉的酸碱度，随时监视发酵情况和质量。使用微型 ISFET 既可随时检测水果的酸甜情况，又可保证水果完好无损。

习题与思考题

6.1　简述磁敏传感器的特点，有哪些磁敏效应？

6.2　什么是霍尔效应，霍尔电势与哪些因素有关？

6.3　简述霍尔元件输入电阻和输出电阻的定义。

6.4　什么是霍尔元件的不等位电势和不等位电阻？分析不等位电势和不等位电阻的关系。

6.5　影响霍尔元件输出的不等位电势的因素有哪些，如何补偿？

6.6　简述霍尔电势温度系数的概念。

6.7　影响霍尔元件温度特性的因素有哪些？如何减小霍尔元件的温度误差？

6.8　简述霍尔元件在转速测量和计数中的应用。

6.9　设计霍尔电势计数装置的电路图，分析电路的工作原理。

6.10　简述湿度的定义和表示方法。

6.11　简述湿敏传感器的定义、原理和种类。

6.12　气敏元件的工作原理是什么？

6.13　气敏元件用的加热器的作用是什么？

6.14　分析半导体色敏传感器的工作原理，简述色敏传感器的应用。

第7章 其他传感器技术

7.1 红外传感器

经过多年的发展，红外技术在军事、工农业生产、医学、科学研究等方面的应用得到了快速的发展，红外技术的应用几乎普遍化，例如军事上的热成像系统、搜索跟踪系统、红外警戒系统，天文学上基于红外线的天体演化研究，医学上的红外诊断和辅助治疗，工农业生产中的温度探测及红外烘干等，红外技术日渐显示出巨大的潜力。

7.1.1 红外检测的物理基础

红外辐射俗称红外线，是一种不可见光，由于它是一种位于可见光中红色光以外的光线，故称红外线。它的波长范围大致在 0.76～1000μm，红外线在电磁波谱中的位置如图 7-1 所示。工程上又把红外线所占据的波段分为四部分，即近红外、中红外、远红外和极远红外。

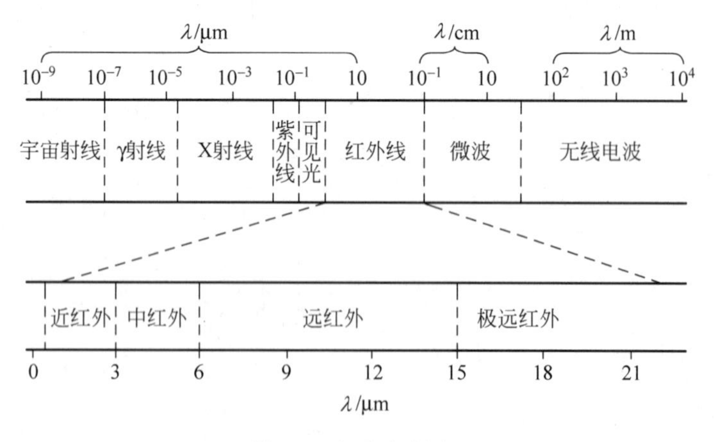

图 7-1 电磁波谱图

红外辐射的物理本质是热辐射，一个炽热物体向外辐射的能量大部分是通过红外线辐射出来的，太阳所辐射的大部分热量在红外光波段。物体的温度越高，辐射出来的红外线越多，辐射的能量就越强。红外光的本质与可见光或电磁波一样，具有反射、折射、散射、干涉、吸收等特性，它在真空中以光速传播，并具有明显的波粒二相性。

红外辐射在介质中传播时会产生衰减，其原因主要是介质的吸收和散射。金属对红外辐射衰减非常大，即基本上不透明，多数半导体及一些塑料能透过红外辐射，大多数液体对红外辐射的吸收非常大，气体对红外辐射也有不同程度的吸收。介质不均匀、晶体不完整、有杂质或有悬浮小颗粒等都会引起红外辐射的散射。

大气对不同波长红外辐射的穿透程度不同，这是因为构成大气的一些分子（如：水蒸气、二氧化碳、一氧化碳、臭氧、甲烷等）对红外存在着不同程度的吸收带，红外线气体分析器就是利用该特性工作的。大气对整个红外波段来说，对有的波长透明大些，例如：大气对 1～5μm、8～14μm 区域的红外辐射是比较透明的。能全部吸收投射到它表面的红外辐射的物体称为黑体，能全部反射的物体称为镜体，能全部透过的物体称为透明体，能部分反射、部分吸收的物体称为灰体。严格地讲，在自然界中不存在绝对的黑体、镜体与透明体。

除了太阳能辐射红外线外，自然界任何物体只要它本身具有一定温度（高于绝对零度），都能辐射红外线，例如电机、电器、炉火、甚至冰块都能产生红外辐射。而且物体温度越高，发射的红外辐射能越多。物体在向周围发射红外辐射能的同时，也吸收周围物体发射的红外辐射能。由于各种物质内部的原子分子结构不同，它们所发射出的辐射频率也不相同，这些频率所覆盖的范围即称为红外光谱。红外辐射的电磁波中，包含着各种波长，由实验可知，物体辐射的电磁波中，其峰值辐射波长 λ_m 与物体自身的绝对温度 T 成反比，即有

$$\lambda_m = 2897/T\ (\mu m) \tag{7-1}$$

图 7-2 为不同温度的光谱辐射分布曲线，图中虚线表示峰值辐射波长 λ_m 与温度的关系曲线。从图中可以看到，随着温度的升高其峰值波长向短波方向移动。

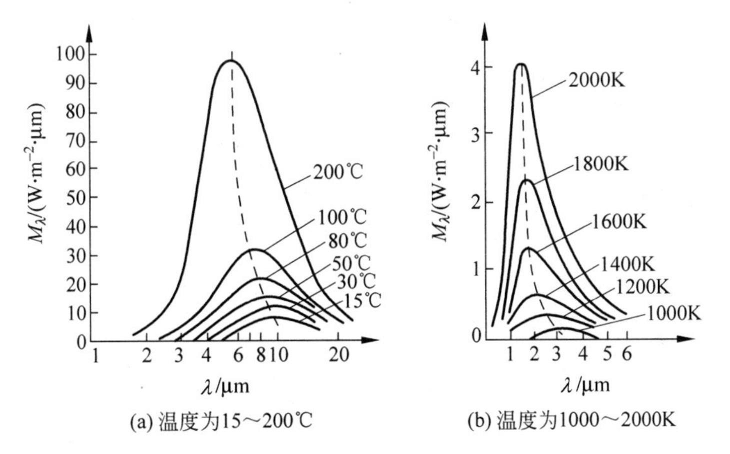

图 7-2　不同温度的光谱辐射分布曲线

7.1.2 红外探测(传感)器

凡是能把红外辐射量转变成另一种便于测量的物理量(如电量等)的器件都可称为红外探测器,它是红外检测系统中最重要的器件之一。

1. 红外检测原理

红外检测从原理上可分为主动式和被动式两种。

① 主动式:利用红外辐射源对被测物进行辐射,通过被测物对红外光进行吸收、反射和透射后,物体自身或红外光将发生变化,此变化与被测物的有关参数有关,由此实现对被测物的检测。

② 被动式:被测物本身就是红外辐射源,检测其红外辐射能实现温度测量,或通过物体各个点辐射能大小而生成的热像图,进行无损探伤等。

2. 红外检测系统

无论是利用物体的红外辐射特性还是物体对红外的反射、吸收、透射等来实现红外检测,构成的检测系统中一般都包含有红外源、传输红外的光学系统和接收红外的探测器,以及信号调理等组成部分。红外探测器是红外传感器或红外检测的核心,是利用红外辐射与物质相互作用所呈现的物理效应来探测红外辐射的。

3. 探测器的基本类型

红外探测器的种类很多,按探测机理的不同,可分为“热探测器”和“光子探测器”两大类。

(1) 热探测器

热探测器的工作机理是:利用红外辐射的热效应,探测器的敏感元件吸收辐射能后引起温度升高,进而使有关物理参数发生相应变化,通过测量相关物理参数的变化来确定探测器所吸收的红外辐射。

根据吸收红外辐射能后探测器物理参数的变化,可以将热探测器分为四类:热释电型、热敏电阻型、热电偶型和气体型。其中,热释电型探测器探测率最高,频率响应最宽,也是目前用得最广的红外传感器。

热释电型红外探测器是根据热释电效应制成的,即钛酸钡、水晶等晶体受热产生温度变化时,其原子排列将发生变化,晶体自然极化,在其两表面产生电荷的现象称为热释电效应。用此效应制成的铁电体,其极化强度(单位面积上的电荷)与温度有关。当红外辐射照射到已经极化的铁电体薄片表面上时引起薄片温度升高,使其极化强度降低,表面电荷减少,这相当于释放一部分电荷,所以叫做热释电型传感器。如果将负载电阻与铁电体薄片相连,则负载电阻上便产生一个电信号输出。输出信号的强弱取决于薄片温度变化的快慢,从而反映出入射的红外辐射的强弱,热释电型红外传感器的电压响应率正比于入射光辐射率变化的速率。应指出的是，只有铁电体温度处于变化过程中，才有电信号输出。所以需要对红外辐射进行调制，不断地引起传感器温度的变化，才能输出交变的电信号。

热敏电阻型传感器中的热敏电阻是由锰、镍、钴的氧化物混合烧结而成，为了减小热惯性，一般将热敏电阻制成薄片状。当红外辐射照射在热敏电阻上，其温度升高，电阻值减小。测量电阻值的变化即可得知入射的红外辐射的强弱。

除以上两种类型传感器以外，热电偶型是利用温差电势效应制成的，气动探测器则是利用在体积一定的条件下，温度升高时气体压强变化制成的。用这些物理现象制成的热电探测器，在理论上对一切波长的红外辐射具有相同的响应，但实际上仍存在差异，其响应速度取决于热探测器的热容量和热扩散率的大小。

(2) 光子探测器

利用光子效应制成的红外探测器称为光子探测器。常见的光子效应有外光电效应、光生伏特效应、光电磁效应、光电导效应。相应的，光探测器主要包括：利用外光电效应而制成的光电子发射探测器；利用内光电效应制成的光电导探测器；利用阻挡层光电效应制成的光生伏特探测器；利用光磁电效应制成的光磁探测器。

热探测器与光子探测器相比，具有以下特点：

① 热探测器对各种波长都能响应，光子探测器只对一段波长区间有响应；

② 热探测器不需要冷却，光子探测器多数需要冷却；

③ 热探测器响应时间比光子探测器长；

④ 热探测器性能与器件尺寸、形状、工艺等有关，光子探测器容易实现规格化。

4. 红外检测技术的应用

从红外检测原理知，利用红外的反射、透射、吸收特性可实现气体成分分析、厚度测量、无损探伤等，利用其辐射特性，可检测辐射体的温度，或建立红外报警系统。红外成像则是利用被检测物自身的红外辐射，或者利用对红外辐射的反射或透射，由机械或电扫描方法依次将检测物各点红外辐射送入探测器，或者由探测器各点同时响应被测物对应点的红外辐射，由各点红外辐射大小建立相应的图像——热像图，从而实现对目标的检测与分析处理。

7.2 超声波传感器

超声技术是一门以物理、电子、机械及材料学为基础、在各行各业都得到使用的通用技术之一。目前，超声波技术广泛应用于冶金、船舶、机械、医疗等各个工业部门的超声清洗、超声焊接、超声检测、超声探伤和超声医疗等方面，并取得了很好的社会效益和经济效益。

7.2.1 超声检测的物理基础

振动在弹性介质内的传播称为波动，简称波。频率在 16～2×10^4Hz 之间，能为人耳所闻的机械波，称为声波；低于 16Hz 的机械波，称为次声波；高于 2×10^4Hz 的机械波，称为超声波；频率在 3×10^8～3×10^{11}Hz 之间的波，称为微波。波的频率界限如图 7-3 所示。

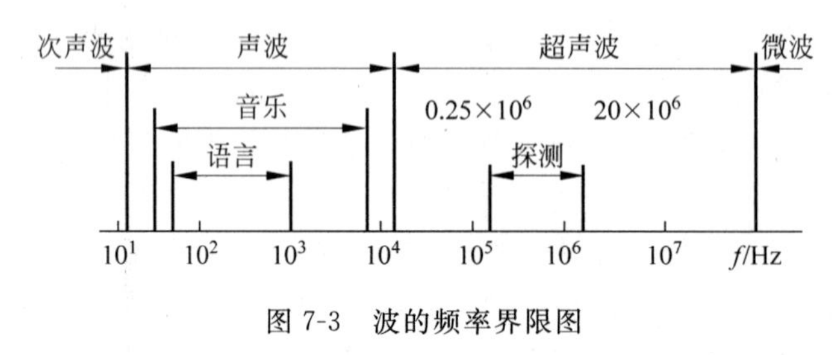

图 7-3 波的频率界限图

当超声波由一种介质入射到另一种介质时，由于在两种介质中的传播速度不同，在介质界面上会产生反射、折射和波型转换等现象。

1. 超声波的波形及其传播速度

根据声源在介质中的施力方向与波在介质中传播方向的不同，可将声波的波形分为以下几种：

① 纵波：质点振动方向与波的传播方向一致的波，它能在固体、液体和气体介质中传播；

② 横波：质点振动方向垂直于波的传播方向的波，它只能在固体介质中传播；

③ 表面波：质点的振动介于横波与纵波之间，沿着介质表面传播，其振幅随深度增加而迅速衰减的波，表面波只在固体的表面传播。

超声波的传播速度与介质密度和弹性特性有关。以水为例，当蒸馏水温度在 0～74℃时，声速随温度的升高而增加，在 74℃时达到最大值，大于 74℃后，声速随温度的增加而减小。此外，水质、压强等也会引起声速的变化。

在固体中，纵波、横波及表面波三者的声速间有一定的关系：通常可认为横波声速为纵波的一半，表面波声速为横波声速的 90%。气体中纵波声速为 344m/s，液体中纵波声速为 900～1900m/s。

2. 波的反射和折射

声波从一种介质传播到另一种介质时，在两个介质的分界面上一部分声波被反射，另一部分透射过界面，在另一种介质内部继续传播。这样的两种情况称为声波的反射和折射。如图 7-4 所示。

由物理学可知，当波在界面上产生反射时，入射角 α 的正弦与反射角 α'的正弦之比等于波速之比，如果入射波和反射波的波型相同时，波速相等，则入射角 α 即等于反射角 α'；当波在界面外产生折射时，入射角 α 的正弦与折射角 β 的正弦之比，等于入射波在第一介质中的波速 c_1 与折射波在第二介质中的波速 c_2 之比，即

$$\frac{\sin\alpha}{\sin\beta}=\frac{c_1}{c_2} \tag{7-2}$$

3. 波型的转换

当声波以某一角度入射到第二介质(固体)的界面上时，除有纵波的反射、折射以外，还会发生横波的反射和折射，如图7-5所示。在一定条件下，还能产生表面波。各种波型均符合几何光学中的反射定律，即

$$\frac{c_L}{\sin\alpha}=\frac{c_{L1}}{\sin\alpha_1}=\frac{c_{S1}}{\sin\alpha_2}=\frac{c_{L2}}{\sin\gamma}=\frac{c_{S2}}{\sin\beta} \tag{7-3}$$

式中，α 为入射角；α_1、α_2 为纵波与横波的反射角；γ、β 为纵波与横波的折射角；c_L、c_{L1}、c_{L2} 分别为入射介质、反射介质与折射介质内的纵波速度；c_{S1}、c_{S2} 分别为反射介质与折射介质内的横波速度。

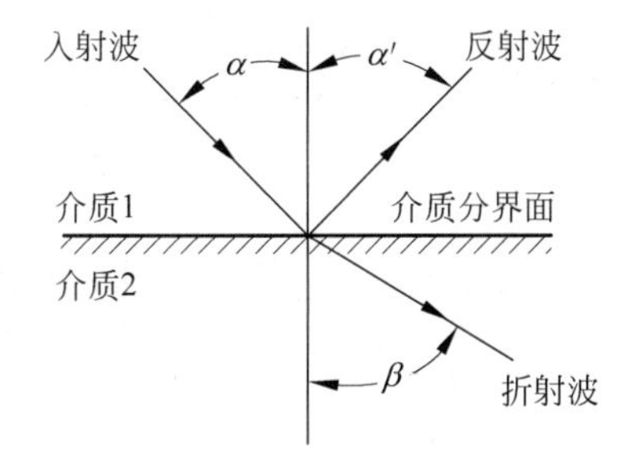

图7-4 波的反射和折射

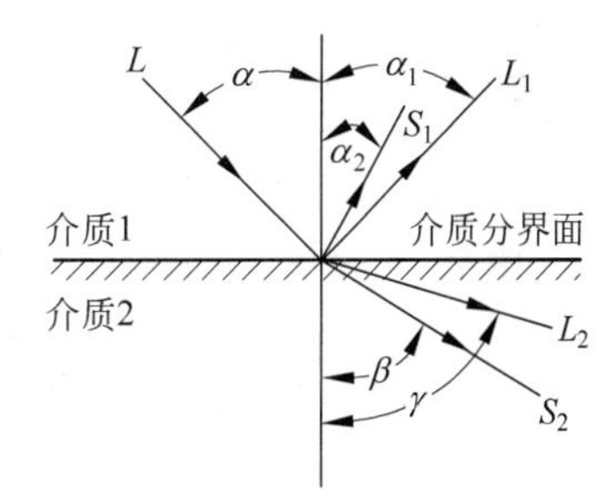

图7-5 波型转换图

如果第二介质为液体或气体，则仅有纵波，而不会产生横波和表面波。

① 纵波全反射：在用横波探测时不希望有纵波存在，由于纵波折射角(或波速)大于横波折射角(或波速)，故可选择恰当的入射角从而使得纵波全反射，只要纵波折射角大于或等于90°，此时的折射波中便只有横波存在。对应于纵波折射角为90°时的入射角称为纵波临界角 α_5。

② 横波全反射：如果使横波全反射，则在介质的分界面上只传播表面波。对应于横波折射角为90°时的入射角称为横波临界角，也称第二临界角。

4. 超声波的衰减

声波在介质中传播时，随着传播距离的增加，能量逐渐衰减，其衰减的程度与声波的扩散、散射及吸收等因素有关。在平面波的情况下，距离声源 x 处的声压和声强的衰减规律如下

$$P_x=P_0\mathrm{e}^{-\alpha x} \tag{7-4}$$

$$I_x=I_0\mathrm{e}^{-2\alpha x} \tag{7-5}$$

式中，P_0、I_0 分别为声源处的声压和声强，P_x、I_x 分别为距声源 x 处的声压和声强，α 为衰减系数，单位为奈培/厘米(Np/cm)。

7.2.2 超声波(换能)传感器及应用

1. 超声波探头

超声波检测中，首先要把超声波发射出去，然后再把超声波接收回来，变换成电信号，完成这一工作的装置就是超声波传感器，也称为超声波换能器或超声波探头。超声波探头按其作用原理可分为压电式、磁致伸缩式、电磁式等，其中以压电式最为常用。

压电式超声波探头常用的材料是压电晶体和压电陶瓷，它是利用压电材料的压电效应来工作的：利用压电材料的逆压电效应将高频电振动转换成高频机械振动，从而产生超声波，可作为发射探头；利用压电材料的正压电效应将超声波振动转换成电信号，可作为接收探头。

图 7-6 为压电式探头结构图，它主要由压电晶片、吸收块(阻尼块)、保护膜、引线等组成。压电晶片多为圆板形，两面镀有银层，作导电的极板。超声波频率与压电晶片厚度成反比。阻尼块的作用是降低晶片的机械品质，吸收声能量。如果没有阻尼块，当激励的电脉冲信号停止时，晶片将会继续振荡，加长了超声波的脉冲宽度，使分辨率变差。

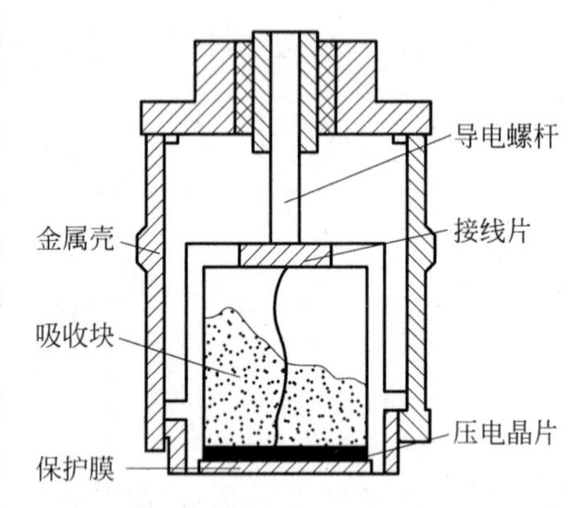

图 7-6 压电式探头的结构

超声波探头可发射及接收超声波，根据其结构的不同，可分为直式换能器、斜式换能器、表面波换能器、兰姆波换能器、聚焦换能器等多种，可参见相关文献资料。

2. 超声波检测技术的应用

由于超声波波长短，不易产生绕射，方向性好，能够定向传播，遇到杂质或分界面就会反射，而且在液体、固体中衰减小，穿透性强，超声波得到了广泛的应用，可以用来测量液位、流量、温度、黏度、厚度等，并在无损探伤、运动体防撞等方面得到了应用。本节以无损探伤为例，介绍超声波在检测技术中的应用。超声波在其他方面的应用，请参考相关文献资料。

超声波探伤是工业中无损探伤的一种，常见超声波探伤的方法有两种。

① 穿透法探伤：这是根据超声波穿透工件后，能量的变化状况来判断工件内部质量的方法。它用两个探头，分别放置在被测工件两侧，一个发射超声波，另一个接收超声波。发射的声波可以是连续的，也可以是脉冲式的。当工件内部有缺陷时，则会有部分能量被反射，接收到的能量减小；而无缺陷时，接收能量最大。根据接收

能量的大小即可判断工件内部是否存在缺损。

② 反射法(脉冲回波法)探伤：如图 7-7 所示，这是根据声波在工件中反射的情况不同而探测工件内部的情形。设探头发射的是脉冲波，以一定速度在工件内传播，遇到缺损(F)部位，一部分超声波会反射回来，另一部分则继续传播至工件底部(B)之后再反射回来。由缺损(F)和底面(B)反射回来的超声波又被探头所接收，变为电脉冲。发射波(T)、缺损波(F)及底波(B)这三类波经放大送至荧光屏显示出来，据此可以进一步分析是否存在缺损，以及缺损的位置、性质。当缺损面积大于声束面积时，声波全部由缺损处反射回来，荧光屏上只有发射波(T)和缺损波(F)，没有底波(B)；当工件完好时，荧光屏上只有发射波(T)和底波(B)，没有缺损反射波(F)。

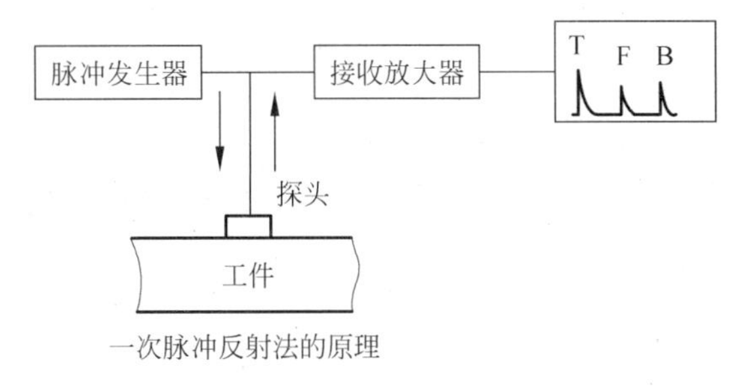

图 7-7　反射法探伤结构图

7.3　光纤传感器

光纤传感器是 20 世纪 70 年代中期发展起来的一种技术，它是随着光纤及光通信技术的发展而逐步形成的。

和传统的各类传感器相比，光纤传感器具有独特的优点：如不受电磁干扰，体积小，重量轻，可绕曲，灵敏度高，耐腐蚀，高绝缘强度，防爆性好等，受到世界各国广泛重视。大量的应用说明：光纤传感器可用于压力、应变、位移、速度、加速度、振动、转动、压力、弯曲、电流、磁场、电压、温度、湿度、声场、流量、浓度、pH 值等 70 多个物理量的测量，在自动控制、在线检测、故障诊断、安全报警等方面具有极为广泛的应用潜力和发展前景。

7.3.1　光纤传感器基础

1. 光纤结构及传光原理

光导纤维，简称光纤。它是一种特殊结构的光学纤维，如图 7-8 所示。中心的圆柱体叫纤芯，围绕着纤芯的圆形外层叫包层。纤芯和包层通常由不同掺杂的石英玻璃制成。纤芯的折射率 n_1 大于包层的折射率 n_2，光纤的导光能力取决于纤芯和包层的性质。在包层外面还常有一层保护套，多为尼龙材料，以增加机械强度。

设有一段光纤，它的两个端面均为光滑的平面，如图 7-9 所示。当光线射入一个端面并与光纤轴线成 θ_i 角时，在端面发生折射进入光纤后，又以 φ_i 角入射至纤芯与包层的界面，这时光线有一部分透射到包层，一部分反射回纤芯。依据光折射和反射的斯涅尔(Snell)定律，由图 7-9 可有

$$n_0 \sin\theta_i = n_1 \sin\theta' \tag{7-6}$$

$$n_1 \sin\varphi_i = n_2 \sin\varphi' \tag{7-7}$$

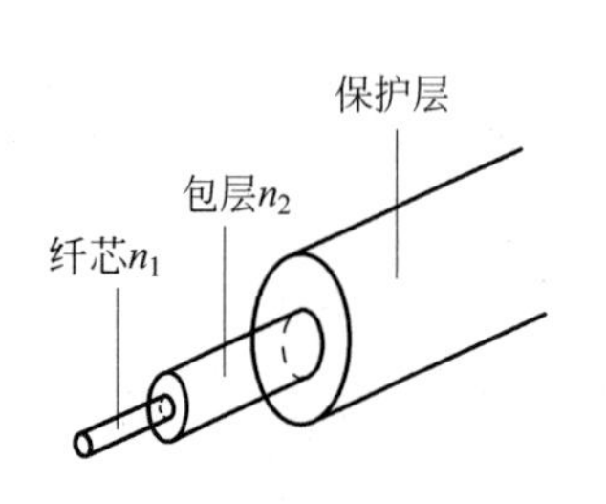

图 7-8　光纤的基本结构

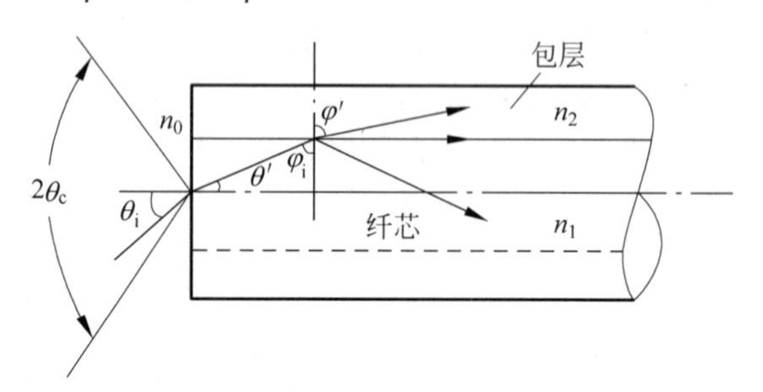

图 7-9　光纤的传光原理

式中，n_0 为光纤外界介质的折射率，对于空气而言，$n_0=1$。若光在纤芯和包层的界面上发生全反射，即界面上的光线折射角 $\varphi'=90°$，对应的入射角 φ_2 称为临界角 φ_c。由式(7-7)可有

$$\sin\varphi_c = \frac{n_2}{n_1} \tag{7-8}$$

当 $\varphi_2 > \varphi_c$ 时，光线不再折射入包层，而是在纤芯内向前传播。这时，由图 7-9 可以有

$$n_1 \sin\theta' = n_1 \sin\left(\frac{\pi}{2} - \varphi_i\right) = n_1 \cos\varphi_i = n_1 \sqrt{1 - (\sin\varphi_i)^2} \tag{7-9}$$

当 $\varphi'=\varphi_c=90°$时，有

$$n_1 \sin\theta' = \sqrt{n_1^2 - n_2^2} \tag{7-10}$$

所以，为了满足光在光纤内的全反射，光入射到光纤端面的入射角 θ_i 应满足

$$\theta_i \leqslant \theta_c = \arcsin\left(\frac{1}{n_0}\sqrt{n_1^2 - n_2^2}\right) \tag{7-11}$$

当入射角 θ_i 小于临界角 θ_c 时，光线就不会透射出界面，而全部被反射，光在纤芯和包层的界面上反复多次全反射，呈锯齿波形状在纤芯内向前传播，最后从光纤的另一端面射出，从而实现了光在光纤内的传输。实际应用中光纤需要弯曲，但只要满足全反射条件，光线仍然继续向前传播。

2. 光纤的分类

光纤按纤芯和包层材料性质分类，有玻璃光纤及塑料光纤两大类；按折射率分类，有阶跃和梯度型两种；按光纤的传播模式分类，可以分为多模光纤和单模光纤两类。

(1) 阶跃型和梯度型光纤

阶跃型光纤：纤芯的折射率 n_1 分布均匀，不随半径而变化，包层内的折射率 n_2 分布也大体均匀。但在纤芯与包层界面处折射率变化呈阶梯状，光线传播的轨迹呈锯齿波。

梯度型光纤：纤芯的折射率沿径向由中心向外呈抛物线由大渐小，至界面处与包层折射率一致。这类光纤有聚焦作用，故也称自聚焦光纤。光线传播的轨迹近似于正弦波。

(2) 多模光纤和单模光纤

在纤芯内传输的光波，可以分解为沿纵轴向传播和沿横向传播的两种平面波成分。后者在纤芯和包层的界面上会产生全反射。当它在横切向往返一次的相位变化为 2π 的整数倍时，将形成驻波。只有能形成驻波的那些以特定角度射入光纤的光才能在光纤内传播，这些光波就称为模。在光纤内只能传输一定数量的模。通常纤芯直径较粗(50～100μm)时，能传播几百个以上的模，而纤芯很细(2～12μm)时，只能传播一个模。前者称为多模光纤，后者称为单模光纤。

当然，光纤还有很多种其他分类方法，这里不再一一列举。

7.3.2 光纤传感器及其应用

光纤传感器由光源、敏感元件(光纤或非光纤)、光探测器、信号处理系统以及光纤等组成。

1. 光纤传感器的分类

光纤传感器是通过被测量对光纤内传输的光进行调制，使所传输光的强度(振幅)、相位、频率或偏振等特性发生变化，再通过对被调制过的光信号进行检测，从而得出相应被测量的传感器。

光纤传感器一般可分为两大类：一类是功能型传感器(function fibre optic sensor)，又称FF型光纤传感器，另一类是非功能传感器(non-function fibre sensor)，又称NF型光纤传感器。前者是利用光纤本身的某种敏感特性，把光纤直接作为敏感元件，既感知信息，又传输信息，有时又称为传感型光纤传感器；后者则是利用其他敏感元件感知待测量的变化，光纤仅作为光的传输介质，传输来自远处或难以接近场所的光信号，有时也称为传光型传感器。

对功能型光纤传感器来说，核心问题是光纤本身起敏感元件的作用。光纤与被测对象相互作用时，光纤自身的传输特性发生了变化，使光纤中的光波参量受到相应调制，即在光纤中传输的光波受到了被测对象的调制，空载波变为调制波，或者说光纤自身的结构并不发生变化，而光纤中传输的光波自身发生了某种变化，携带了被测对象的信息。

对非功能型光纤传感器来说，关键部件是光转换敏感元件。这里有两层含义：

其一是，光转换元件与待测对象相互作用时，光转换元件自身的性能发生了变化，由光纤送来的光波通过它时，光波参量发生了相关变化，空载波变成了调制波，携带了待测量信息；其二是，不采用任何光转换元件，仅由光纤的几何位置排布实现光转换功能，结构十分简单。

显然，要求传光型传感器能传输的光量越多越好，所以它主要用多模光纤构成；而功能型传感器主要靠被测对象调制或改变光纤的传输特性，所以只能用单模光纤构成。

2. 光纤传感器的应用

光纤传感器由于它的独特性能而受到广泛的重视，它的应用正在迅速地发展。按测量对象的不同，可以将光纤传感器分为：光纤温度传感器、光纤位移传感器、光纤流量传感器、光纤力传感器、光纤速度加速度传感器、光纤磁场传感器、光纤电流传感器、光纤电压传感器、光纤振动传感器和光纤医用传感器等。下面以光纤角速度传感器为例，介绍光纤传感器的应用。

光纤角速度传感器，又名光纤陀螺，它是一种由单模光纤做光通路的萨格奈克(Sagnac)干涉仪。光纤陀螺的Sagnac效应可以用图7-10所示的圆形环路来说明。该干涉仪由光源、分束板、反射镜和光纤环组成。光在A点入射，并被分束板分成等强的两束。反射光a进入光纤环沿着圆形环路逆时针方向传播。透射光b被反射镜反射回来后又被分束板反射，进入光纤环沿着圆形环路顺时针方向传播。这两束光绕行一周后，又在分束板处汇合。

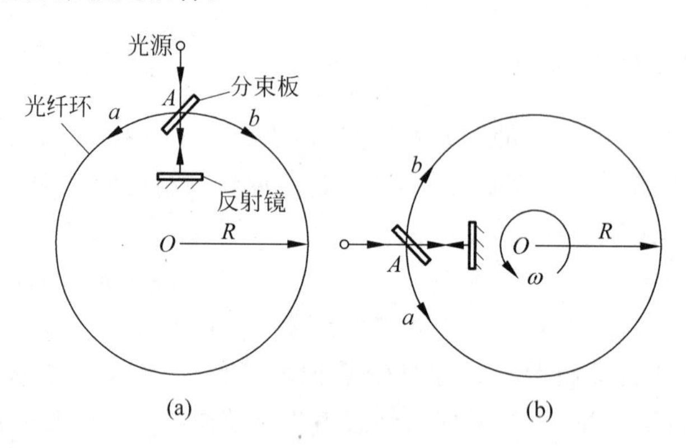

图7-10 圆形环路Sagnac干涉仪

先不考虑光纤芯层的折射率的影响，即认为光是在折射率为1的媒质中传播。当干涉仪相对惯性空间无旋转时，相反方向传播的两束光绕行一周的光程相等，都等于圆形环路的周长，即

$$L_a = L_b = L = 2\pi R \tag{7-12}$$

两束光绕行一周的时间也相等，都等于光程L除以真空中的光速c，即

$$t_a = t_b = \frac{L}{c} = \frac{2\pi R}{c} \tag{7-13}$$

当干涉仪绕着与光路平面相垂直的轴以角速度 ω（设为逆时针方向）相对惯性空间旋转时，如图 7-10(b)所示，这时由于光纤环和分束板均随之转动，相反方向传播的两束光绕行一周的光程就不相等，时间也不相等。

逆时针方向传播的光束 a 绕行一周再次到达分束板时多走了 $R\omega t_a$ 一段距离，其实际光程为

$$L_a = 2\pi R + R\omega t_a \tag{7-14}$$

而这束光绕行一周到达分束板的时间为

$$t_a = \frac{L_a}{c} = \frac{2\pi R + R\omega t_a}{c} \tag{7-15}$$

由此可解得

$$t_a = \frac{2\pi R}{c - R\omega} \tag{7-16}$$

顺时针方向传播的光束 b 绕行一周再次到达分束板时少走了 $R\omega t_a$ 一段距离，其实际光程为

$$L_b = 2\pi R - R\omega t_b \tag{7-17}$$

而这束光绕行一周到达分束板的时间为

$$t_b = \frac{L_b}{c} = \frac{2\pi R - R\omega t_b}{c} \tag{7-18}$$

可解得

$$t_b = \frac{2\pi R}{c + R\omega} \tag{7-19}$$

相反方向传播的两束光绕行一周到达分束板的时间差为

$$\Delta t = t_a - t_b = \frac{4\pi R^2}{c^2 - (R\omega)^2}\omega \tag{7-20}$$

显然，这里 $c^2 \gg (R\omega)^2$，所以式(7-20)可足够精确地近似为

$$\Delta t = \frac{4\pi R^2}{c^2}\omega \tag{7-21}$$

两束光绕行一周到达分束板的光程差则为

$$\Delta L = c\Delta t = \frac{4\pi R^2}{c}\omega \tag{7-22}$$

这表明两束光的光程差 ΔL 与输入角速度 ω 成正比。通过测量两束光之间的相位差即相移即可获得被测角速度。两束光之间的相移 $\Delta\varphi$ 为

$$\Delta\varphi = \frac{2\pi}{\lambda}\Delta L = \frac{4\pi Rl}{c\lambda}\omega \tag{7-23}$$

式中，$l=2\pi R$，表示光纤环的周长。相位差与干涉条纹的光强之间存在确定的函数关系，通过用光电检测器对干涉条纹光强进行检测，可以实现对旋转角速率 ω 的测量。

以上是单匝光纤的情况，光纤陀螺仪采用的是多匝光纤环的光纤线圈，从而有助于提高测量的灵敏度。由于光纤的直径很小，虽然长度很长，整个仪表的体积仍

然可以做得很小。

光纤陀螺仪诞生于1976年，发展至今已成为当今的主流陀螺仪表。由于其轻型的固态结构，使其具有可靠性高、寿命长，能够耐冲击和振动，有很宽的动态范围，带宽大、瞬时启动、功耗低等一系列独特优点，光纤陀螺仪广泛应用于航空、航天、航海和兵器等军事领域，以及钻井测量、机器人和汽车导航等民用领域。

其他光纤传感器的工作原理，请参见相关参考文献。限于篇幅，这里不再介绍。

7.4 传感新技术简介

7.4.1 微波传感器

微波是介于红外与无线电波之间的电磁辐射，具有电磁波的性质。基于微波而发展起来的微波传感器是继超声波、激光、红外等传感器之后的一种非接触式传感器。它不仅用于无线通信，而且在雷达、导弹、遥感等方面也有着重要的应用。

微波是波长为1m～1mm的电磁波。可以细分为三个波段：分米波、厘米波、毫米波。微波既具有电磁波的性质，又与普通的无线电波及光波不同。微波具有下列特点：

① 可定向辐射微波的装置容易制造；

② 遇到各种障碍物易于反射；

③ 绕射能力差；

④ 传输特性好，传输过程中受烟雾、火焰、灰尘、强光等的影响很小；

⑤ 介质对微波的吸收与介质的介电常数成比例，水对微波的吸收作用最强。

利用微波特性来检测某些物理量的器件或装置称为微波传感器。由发射天线发出的微波，当遇到被测物体时将被吸收或反射，使微波功率发生变化。若利用接收天线，接收到通过被测物或由被测物反射回来的微波，并将它转换成电信号，再经过信号调理电路后，即可显示出被测量，从而实现微波检测。根据上述原理，微波传感器可以分为如下两类。

① 反射式微波传感器：反射式微波传感器是通过检测被测物反射回来的微波功率或经过的时间间隔来检测被测物的位置、厚度等参数。

② 遮断式微波传感器：遮断式微波传感器是通过检测接收天线接收到的微波功率大小，来判断发射天线与接收天线之间有无被测物或被测物的位置、厚度与含水量等参数。

由于微波与物质的相互作用，在工业中，微波传感器对材料无损检测及物位检测方面具有独到的应用。在地质勘探方面，微波断层扫描成为地质及地下工程的得力助手。可见，微波传感器在工业、农业、地质勘探、能源、材料、国防、公安、生物医学、环境保护、科学研究等方面具有广泛的应用。

下面以微波传感器在厚度测量方面的应用为例，对微波传感器的应用加以简单介绍。

微波测厚仪是利用微波在传播过程中遇到被测物体金属表面被反射，且反射波的波长与速度都不变的特性进行厚度测量的。

如图 7-11 所示，在被测金属物体上下两表面各安装一个终端器。微波信号源发出的微波，经过环行器 A、上传输波导管传输到上终端器，由上终端器发射到被测物体上表面上。微波在被测物体上表面全反射后又回到上终端器，再经过传输导管、环行器 A、下传输波导管传输到下终端器。由下终端器发射到被测物下表面的微波，经全反射后又回到下终端器，再经过传输导管回到环行器 A。因此被测物体的厚度与微波传输过程中的行程长度有密切关系，当被测物体厚度增加时，微波传输的行程长度便减小。

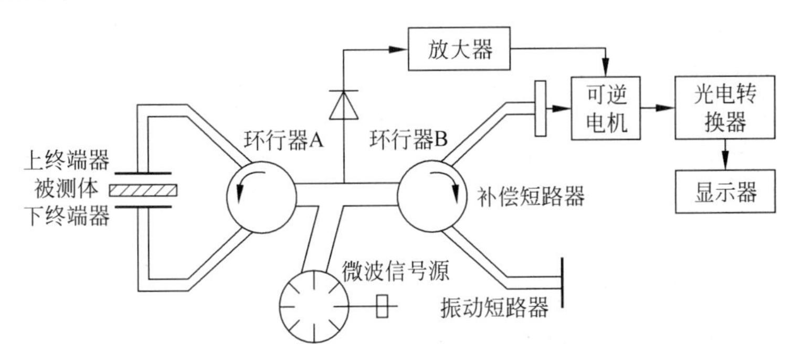

图 7-11　微波测厚仪原理图

一般情况，微波传输过程的行程长度的变化非常微小。为了精确地测量出这一微小变化，通常采用微波自动平衡电桥法。前面讨论的微波传输行程作为测量臂，而完全模拟测量臂微波的传输过程设置一个参考臂(图 7-11 右部)。若测量臂与参考臂行程完全相同，则反相叠加的微波经检波器 C 检波后，输出为零；若两臂行程长度不同，则两路微波因相位角不同，经叠加后不能相互抵消，经检波器检波后便有不平衡信号输出。此不平衡差值信号经放大后控制可逆电机旋转，带动补偿短路器产生位移，改变补偿短路器的长度，直到两臂行程长度完全相同，放大器输出为零，可逆电机停止转动为止。

补偿短路器的位移与被测物厚度增加量之间的关系式为

$$\Delta S = L_B - (L_A - \Delta L_A) = L_B - (L_A - \Delta h) = \Delta h \qquad (7\text{-}24)$$

式中，ΔS 为补偿短路位移值；L_A 为电桥平衡时测量臂行程长度；L_B 为电桥平衡时参考臂行程长度；ΔL_A 为被测物厚度变化 Δh 后引起的测量臂行程长度变化值；Δh 为被测物厚度变化值。

由式(7-24)可知，补偿短路器位移值 ΔS 即为被测物厚度变化值 Δh。

7.4.2　核辐射传感器

核辐射传感器是核辐射检测仪表的重要组成部分，它利用放射性同位素在蜕变成另一元素时发出射线这一特性来进行相关物理量的检测。利用核辐射可以精确、迅速地检测各种参数，如线位移、角位移、转速、液位、材料的成分、厚度以及覆盖层厚度等。核辐射检测具有非接触、无损检测等优点，在无损探伤等方面具有重要的应用。

各种物质都是由一些最基本的元素所组成。组成每种元素的最基本单元就是原子，每种元素的原子都不是只有一种。具有相同的核电荷数、不同质子数的原子所构成的元素称为同位素。某些同位素的原子核在没有外力作用下，自动发生衰变，并在衰变中释放出射线，而释放出射线的同位素称为放射性同位素，又称放射源。研究表明：放射性同位素的原子核数按指数规律随时间减少，其衰变速度通常用半衰期表示，也即放射性同位素的原子核数衰变到一半所需要的时间，一般将它作为该放射性同位素的寿命。

放射性同位素衰变时，放出一种带有一定能量的粒子或射线，这种现象称为核辐射。放射性同位素在衰变过程中，能放出 α 射线、β 射线、γ 射线以及 X 射线等。通常以单位时间内发生衰变的次数来表示放射性的强弱，称为放射性强度。研究表明，放射性强度是随着时间按指数规律进行衰减的，即

$$J = J_0 e^{-\lambda t} \tag{7-25}$$

式中，J_0 表示开始时的放射源强度；J 表示经过时间为 t 后的放射源强度；λ 为衰减常数。放射性强度的单位是居里(Ci)，1 居里表示放射源每秒钟发生 3.7×10^{10} 次核衰变。在检测仪表中，居里的单位太大，常用毫居里(mCi)来表示。

核衰变过程所发出的几种射线中，α 射线由带正电的 α 粒子组成，β 射线由带负电的 β 粒子(即电子)组成，γ 射线由中性的光子组成。

射线穿过物质时将与物质之间发生相互作用，主要表现为：

① 电离作用：具有一定能量的带电粒子在穿过物质时，在它们经过的路程上形成许多离子对，从而产生电离作用。电离作用是带电粒子与物质间相互作用的主要形式。α 粒子由于能量大，电离作用最强，但射程较短(所谓射程是指带电粒子在物质中穿行时在能量耗尽停止运动前所经过的直线距离)。β 粒子质量小，电离能力比同样能量的 α 粒子要弱。γ 粒子没有直接电离作用。

② 核辐射的散射与吸收：α、β 和 γ 射线穿过物质时，由于电磁场作用，原子中的电子会产生共振。振动的电子形成向四面八方散射的电磁波源，使粒子和射线的能量被吸收而衰减。α 射线的穿透能力最弱，β 射线次之，γ 射线穿透能力最强。但 β 射线在穿行时容易改变运动方向而产生散射现象，当产生反向散射时即形成反射。

核辐射与物质间的相互作用是进行核辐射检测的物理基础。利用物质衰变辐射后的电离、吸收和反射作用并结合 α、β 和 γ 射线的特点可以完成多种检测工作。例如利用 α 射线实现气体分析、气体压力和流量的测量；利用 β 射线进行带材厚度、密度、覆盖层厚度等的检测；利用 γ 射线完成材料缺陷的无损检测、物位、密度以及较大厚度的测量等。

7.4.3 生物传感器

20世纪70年代以来，生物医学工程迅猛发展，作为检测生物体内化学成分的各种生物传感器不断出现。20世纪60年代中期起，首先利用酶的催化作用和它的催化专一性开发了酶传感器，并达到实用阶段；20世纪70年代又研制出微生物传感器、免疫传感器等；20世纪80年代以来，生物传感器的概念得到了公认，作为传感器的一个分支从化学传感器中独立出来，并且得到了发展，使生物工程与半导体技术相结合，进入了生物电子学传感器时代。

当前，将生物工程技术与电子技术结合起来，利用生物体中的奇特功能，制造出类似于生物感觉器官功能的各种传感器，是国内外传感器技术研究的又一个新的研究课题，是传感器技术的新发展，具有重要的现实意义。

生物传感器是利用各种生物或生物物质做成的、用以检测与识别生物体内的化学成分及其变化的传感器。生物或生物物质主要指酶、微生物、抗体等。

1. 生物传感器的原理与分类

生物传感器由生物敏感膜和变换器构成，被测物质经扩散作用进入生物敏感膜层，经分子识别，发生生物学反应(物理、化学变化)，产生物理、化学现象或产生新的化学物质，利用相应的变换器将其转换成量化的、可传输和处理的电信号。

生物体内的细胞被一种半透明膜包着，许多生命现象与膜上物质对信息感受及物质交换有关，如生物电的产生、细胞间的相互作用、肌肉的收缩、神经的兴奋、各种感觉器官的工作等。生物体内有许多种酶，它们具有很高的催化作用，各种酶又具有专一性；生物体具有免疫功能，生物体侵入异性物质后，会产生受控物质，将其复合掉，这些受控物质称为抗原和抗体；生物体内存在像味觉、嗅觉那样能反映物质气味、识别物质的感觉器官等。

将生物体内具有奇特与敏感功能的生物物质固定在基质或载体上，就构成了生物敏感膜。生物敏感膜具有专一性与选择亲和性，可以进行分子识别，故也称为分子识别元件。也就是说，只有相应的物质结合后才能产生化学反应或复合物质，之后变换器将产生的生化现象或复合物质转换为电信号，从而实现对被测物质或生物量的测量。生物敏感膜是生物传感器的关键元件，它直接决定传感器的功能与质量。由于选材不同，可以制成酶膜、全细胞膜、组织膜、免疫膜、细胞器膜、复合膜等。

生物传感器的分类和命名方法较多且不尽统一，这里介绍按所用生物活性物质(分子识别元件)分类法和器件分类法。

按所用生物活性物质的不同，可以将生物传感器分为五大类，即：酶传感器、微生物传感器、免疫传感器、组织传感器和细胞传感器。

依据所用变换器器件的不同，可将生物传感器分为：生物电极传感器、半导体生物传感器、光生物传感器、热生物传感器、压电晶体生物传感器和介体生物传感器。

随着生物传感器技术的发展和新型生物传感器的出现，近年来又出现了新的分类方法，如直径在微米级甚至更小的微型生物传感器；能同时测定两种以上指标或综合指标的多功能生物传感器，如滋味传感器、嗅觉传感器、鲜度传感器、血液成分传感器等；由两种以上不同的分子识别元件组成的复合生物传感器，如多酶传感器、酶-微生物复合传感器等。

2. 生物活性材料固定化技术

使用生物材料作生物敏感膜，必须研究如何使生物活性材料固定在载体（或称基质）上，这种结合技术称为固定化技术。在研制传感器时，关键是把生物活性材料与载体固定化成为生物敏感膜。固定化生物敏感膜应该具有以下特点：对被测物质选择性好、专一性好；性能稳定，可以反复使用，并长期保持其生理活性；使用方便。

常用的载体有三大类：丙烯酰胺系聚合物、甲基丙烯系聚合物等合成高分子；胶原、右旋糖酐、纤维素、淀粉等天然高分子；陶瓷、不锈钢、玻璃等无机物。

常用的固定方法有夹心法、吸附法、包埋法、共价连接法、交联法等多种，简介如下：

① 夹心法：将生物活性材料封闭在双层滤膜之间，形象地称为夹心法，如图 7-12(a)所示。这种方法的特点是：操作简单，不需要任何化学处理，固定生物量大，响应速度快，重复性好。

② 吸附法：用非水溶性固相载体物理吸附或离子结合，使蛋白质分子固定化的方法，如图 7-12(b)所示。载体种类较多，如活性炭、硅胶、玻璃、纤维素、离子交换体等。

③ 包埋法：把生物活性材料包埋并固定在高分子聚合物三维空间网状结构基质中，如图 7-12(c)所示。此方法的特点是一般不产生化学修饰，对生物分子活性影响较小。缺点是分子量大的底物在凝胶网格内扩散较困难。

④ 共价连接法：使生物活性分子通过共价键与固相载体结合的方法，如图 7-12(d)所示。此方法的特点是结合牢固，生物活性分子不易脱落，载体不易被生物降解，使用寿命长。缺点是实现固定化麻烦，酶活性可能因发生化学修饰而降低。

⑤ 交联法。依靠双功能团试剂使蛋白质结合到惰性载体或蛋白质分子彼此交联成网状结构，如图 7-12(e)所示。这种方法广泛用于酶膜和免疫分子膜制作，操作简单，结合牢固。

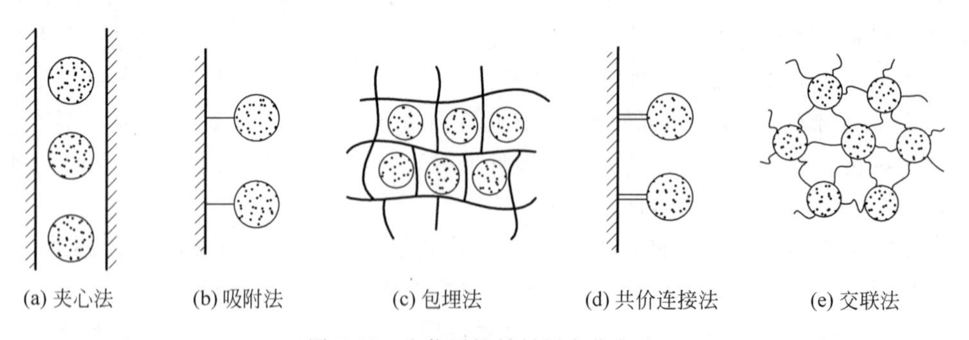

图 7-12　生物活性材料固定化方法

近年来，由于半导体生物传感器迅速发展，又出现了采用集成电路工艺制膜的技术，如光平板印刷法、喷射法等，可参见相关文献介绍。

3. 生物传感器的应用

本节以葡萄糖酶传感器为例，简要介绍生物传感器的应用。

酶传感器由酶敏感膜和化学器件构成，由于酶是蛋白质组成的生物催化剂，能催化许多生物化学反应，生物细胞的复杂代谢就是由成千上万个不同的酶控制的。酶的催化效率极高，而且具有高度专一性，即只能对待测的生物量进行选择性催化，并且有化学放大作用。因此利用酶的特性可以制造出高灵敏度、选择性好的传感器。

葡萄糖酶传感器的敏感膜为葡萄糖氧化酶，它固定在聚乙烯酰胺凝胶上，其电化学器件为阳电极 Pt 和阴电极 Pb，中间溶液为强碱溶液，并在阳电极表面覆盖一层透氧气的聚四氟乙烯膜，形成封闭式氧电极，它避免了电极与被测液的直接接触，防止了电极的毒化，如图 7-13 所示。如果 Pt 为开放式，它浸入含蛋白质的介质中，蛋白质会沉淀在电极表面上，从而减小电极有效面积，使电流下降，使传感器受到毒化。

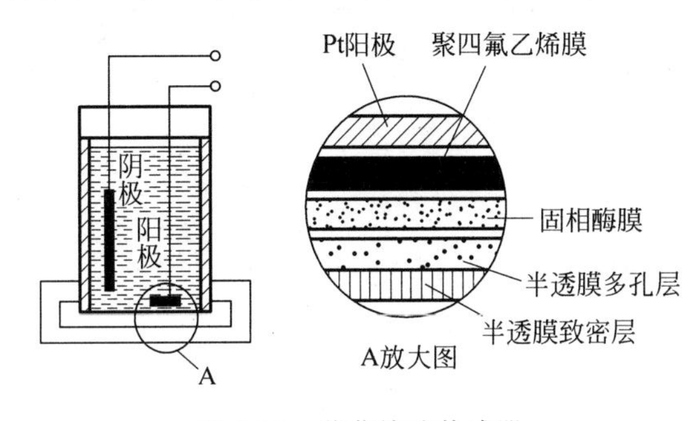

图 7-13　葡萄糖酶传感器

当测量时，葡萄糖酶传感器插入到被测葡萄糖溶液中，由于酶的催化作用而产生耗氧（过氧化氢 H_2O_2），通过选择性透气膜，H_2O_2 在 Pt 电极上氧化，产生阳极电流。该阳极电流与葡萄糖含量成正比，由此便可以测量出葡萄糖溶液的浓度。

目前酶传感器已实用化，在市场上出售的商品已达 200 多种。当然应该指出的是，酶传感器中酶膜使用的酶是将各种微生物通过复杂的工序精炼出来的，因此造价较高，性能也不够稳定。

习题与思考题

7.1　红外探测器有哪些类型？

7.2　分析红外测温仪的结构组成与工作原理。

7.3　简述超声波的类型以及传播速度的特点，阐述超声波在介质中传播的特性。

7.4　超声波传感器测流速时传感器的配置和布局有几种？分析不同安装方法

的特点，推导流速的表达式，分析流速测量中影响测量精度的因素和补充方法。

7.5 光是如何在光纤中传输的？对光纤和入射角有什么要求？

7.6 光纤数值孔径 NA 的物理意义是什么？

7.7 简述光纤加速度传感器的结构与测量原理。

7.8 简述光纤温度传感器的结构与测量原理。

7.9 设计利用光纤进行测量角速度的传感器。

7.10 核辐射探测器种类有哪些？它们利用了核辐射射线的哪些特性？

7.11 简述核辐射厚度传感器的结构和测量原理。

7.12 简述生物传感器的测量原理。

7.13 什么是生物敏感膜？

7.14 什么是生物敏感膜的固化？生物敏感膜固化技术有哪些？

第三篇　检测技术篇

第8章 压力检测技术

压力是工业生产过程中重要的工艺参数之一。例如，在化工生产过程中，压力既影响物料平衡，又影响化学反应速度，必须严格遵守工艺操作规程，保持一定的压力，才能保证生产正常运行。因此，正确地测量和控制压力是保证工业生产过程良好运行，达到高产优质低耗及安全生产的重要环节。本章介绍压力检测的基本方法以及常用的压力仪表。

8.1 概述

8.1.1 压力的基本概念与计量单位

1. 压力名词与定义

① 压力：垂直而均匀地作用在单位面积上的力称为压力（物理学上称的压强）。由此定义，压力可表示为

$$p = F/S \tag{8-1}$$

式中，p 为压力；F 为垂直作用力；S 为受力面积。

② 绝对压力：以完全真空（绝对压力零位）作参考点的压力称为绝对压力，用符号 p_i 表示。

③ 大气压力：由地球表面大气层空气柱重力所产生的压力，称为大气压力，用符号 p_0 表示。它随地理纬度、海拔高度及气象条件而变化。

④ 表压力：以大气压力为参考点，大于或小于大气压力的压力称为表压力；大于大气压力的压力又称正压，小于大气压力的压力又称负压。工业上所用的压力仪表指示值多数为表压力。

⑤ 差压（力）：任意两个相关压力之差称为差压（Δp）。

上述压力名词的相互关系如图 8-1 所示。

工程上按压力随时间的变化关系还有静态压力（不随时间变化或变化缓慢的压力）和动态压力（随时间作快速变化的压力）之分。

2. 压力的计量单位

在国际单位制中，压力的单位为牛顿/平方米，用符号 N/m^2 表示；压

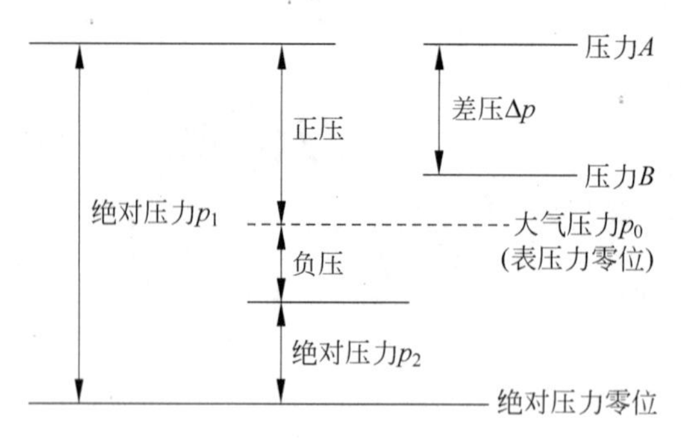

图 8-1 压力定义

力单位又称为帕斯卡或简称帕，符号为 Pa，1Pa=1N/m^2。因帕单位太小，工程上常用千帕(kPa)或兆帕(MPa)表示。我国已规定帕斯卡为压力的法定计量单位。

由于历史发展的原因、单位制的不同以及使用场合的差异，压力还有多种不同的单位。目前工程技术部门仍在使用的压力单位有工程大气压、物理大气压、巴、毫米水柱、毫米汞柱等。各种压力单位间的换算关系列于表 8-1 中。

8.1.2 压力检测方法

工业生产过程通常都是在一定压力条件下进行的，压力的高低不仅会影响生产效率和产品质量，而且会关系到生产的安全。例如化学工业中的高压聚合，石油加工中的减压蒸馏等。因此，需要在不同条件下，根据不同要求对各种介质的压力采取不同的检测方法和仪表。

根据测压原理的不同，压力检测方法主要有以下几类：

1. 重力平衡法

这种方法是按照压力的定义，通过直接测量单位面积上所受力的大小来检测压力。例如液柱式压力计和活塞式压力计。

液柱式压力计基于液体静力学原理，当被测压力与一定高度的工作液体产生的重力相平衡时，就可将被测压力转换为液柱高度来测量，其典型仪表是 U 形管压力计。这类压力计的特点是结构简单、读数直观、价格低廉，适合于低压测量。

活塞式压力计基于活塞以及加于活塞上的砝码重量与被测压力相平衡的原理，将被测压力转换为平衡砝码的重量来测量。活塞式压力计测量范围宽、精度高(可达±0.01%)、性能稳定可靠，多用作压力校验仪表。

2. 弹性力平衡法

这种方法利用弹性元件受压力作用发生弹性变形而产生的弹性力与被测压力相平衡的原理来检测压力。

表 8-1 压力单位换算表

单 位	帕 Pa(N/m^2)	巴(bar)	毫米水柱(mmH_2O)	标准大气压(atm)	工程大气压(kgf/cm^2)	毫米汞柱(mmHg)
帕 Pa(N/m^2)	1	1×10^{-5}	1.019716×10^{-1}	0.9869236×10^{-5}	1.019716×10^{-5}	0.75006×10^{-2}
巴(bar)	1×10^{5}	1	1.019716×10^{4}	0.9869236	1.019716	0.75006×10^{3}
毫米水柱(mmH_2O)	0.980665×10	0.980665×10^{-4}	1	0.9678×10^{-4}	1×10^{-4}	0.73556×10^{-1}
标准大气压(atm)	1.01325×10^{5}	1.01325	1.033227×10^{4}	1	1.0332	760
工程大气压(kgf/cm^2)	0.980665×10^{5}	0.980665	1×10^{4}	0.967841	1	735.56
毫米汞柱(mmHg)	1.333224×10^{2}	1.333224×10^{-3}	1.35951×10	1.316×10^{-3}	1.35951×10^{-3}	1

弹性元件在压力作用下会因发生弹性变形而形成弹性力，当弹性力与被测压力相平衡时，其弹性变形的大小反映了被测压力的大小，因此可以通过测量弹性元件位移变形的大小测出被测压力。依据此原理工作的弹性压力表有许多种形式，可以测量压力、负压、绝对压力和差压，应用最为广泛。

3. 物性测量法

这种方法根据压力作用于物体后所产生的各种物理效应来实现压力测量。

敏感元件在压力的作用下，某些物理特性会发生与压力有确定关系的变化，通过测量这种变化就可测出被测压力，这种方法通常可将被测压力直接转换为各种电量来测量。依据此原理制造的各种压力计(如压阻、压电式等)，大多具有精度高、体积小、动态特性好等优点，是压力检测技术的一个主要发展方向。

8.2 常用压力检测仪表

压力检测仪表简称压力计或压力表，根据应用场合的不同要求，其可以具有指示、记录或带远传变送、报警、调节等多种功能，压力显示有指针位移式或数字显示形式。

8.2.1 弹性压力计

弹性压力计历史悠久，根据所用弹性元件的不同构成了多种形式的弹性压力计，其基本组成如图 8-2 所示。弹性元件是核心部分，用于感受压力并产生弹性变形，采用何种形式的弹性元件要根据测量要求选择和设计；弹性元件的位移变形较小，故在其与指示机构之间设有变换放大机构，将弹性元件的变形进行变换与放大；指示机构用于给出压力示值，其形式有直读式的指针或刻度标尺，也可将压力值转为电信号远传；调整机构用于调整压力计的零点和量程。

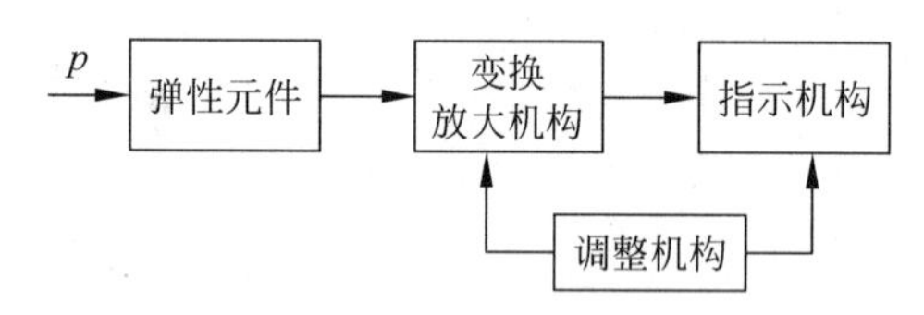

图 8-2 弹性压力计组成框图

1. 弹性元件

弹性压力计的测压性能主要取决于弹性元件的弹性特性，它与弹性元件的材料、加工和热处理质量有关，同时还与环境温度有关。弹性元件有多种结构形式，常用的材料有铜合金、合金钢、不锈钢等，各适用于不同的测压范围和被测介质。工业上常用的弹性元件结构和测压范围如表 8-2 所示。

表 8-2　弹性元件的结构和压力测量范围

弹簧管式		波纹管式	弹性膜式		
单圈弹簧管	多圈弹簧管	波纹管	平薄膜	波纹膜	挠性膜
$0\sim10^6$ kPa	$0\sim10^5$ kPa	$0\sim10^3$ kPa	$0\sim10^5$ kPa	$0\sim10^3$ kPa	$0\sim10^2$ kPa

弹簧管又称波登管(法国人波登发明),是一根弯成圆弧状、管截面为扁圆形的空心金属管,其一端封闭并处于自由状态,另一端开口为固定端,被测压力由固定端引入弹簧管内腔。在压力作用下,弹簧管变形引起自由端产生位移,为增加位移量,弹簧管还可做成多圈型形式。弹簧管压力测量范围大,可用于高、中、低压或负压的测量。

波纹管是一端封闭的薄壁圆管,壁面是环状波纹。被测压力从开口端引入,封闭端将产生位移。波纹管的位移相对较大,灵敏度高,用于低压或差压测量。

弹性膜片是外缘固定的片状弹性元件,有平膜片、波纹膜片和挠性膜片几种形式,其弹性特性由中心位移与压力的关系表示,用于低压、微压测量。平膜片位移很小,波纹膜片压有正弦、锯齿或梯形等环状同心波纹,挠性膜片仅用作隔离膜片,需与测力弹簧配用。

2. 弹簧管压力计

弹簧管式压力计是工业生产上应用很广泛的一种测压仪表,以单圈弹簧管结构应用最多,其结构如图 8-3 所示。

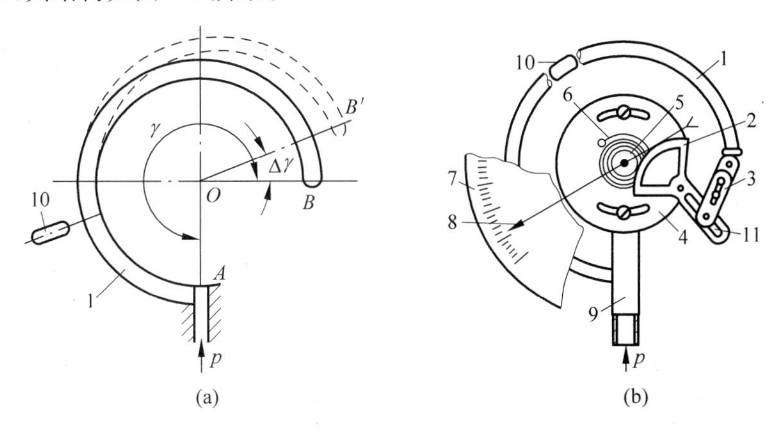

图 8-3　弹簧管压力计结构

1—弹簧管；2—扇形齿轮；3—拉杆；4—底座；5—中心齿轮；6—游丝；7—表盘；8—指针；9—接头；10—弹簧管横截面；11—调节开口槽

被测压力由接口引入，迫使弹簧管 1 的自由端 B 产生弹性变形，拉杆 3 带动扇形齿轮 2 逆时针偏转并使与其啮合的中心齿轮 5 顺时针偏转，与中心齿轮 5 同轴的指针 8 将同步偏转，在表盘 7 的刻度标尺上指示出被测压力 p 的数值，弹簧管压力计的刻度标尺是线性的。

扇形齿轮 2 的一端有调节开口槽 11，通过调整螺钉可以改变拉杆 3 与扇形齿轮 2 的接合点位置，从而可以改变传动机构的传动比，调整仪表的量程。游丝 6 一端与中心齿轮 5 连接，另一端固定在底座 4 上，用以消除扇形齿轮与中心齿轮之间的啮合间隙，减小测量误差。直接改变指针 8 套在转动轴上的角度，可以调整弹簧管压力计的示值零点。

在压力作用下，弹簧管变形相对较小，一般用于测量较大压力的场合。为提高测压灵敏度，可采用多圈弹簧管。

弹簧管压力计结构简单，使用方便，价格低廉，测压范围宽，精度最高可达±0.1%。

3. 波纹管压力计

波纹管压力计以波纹管作为压力-位移转换元件。由于金属波纹管在压力作用下容易变形，所以测压灵敏度很高，常用于低压或负压测量。在波纹管压力计中，波纹管既是弹性测压元件，又作为隔离元件隔离被测介质。为改变量程，在波纹管上还可加辅助弹簧。

图 8-4 是一种采用双波纹管测量压差的双波纹管差压计的结构示意图。

图中，连接轴 1 固定在波纹管 9 和 13 的端面上，将两波纹管刚性地连接在一起。量程弹簧 7 在低压室，其两端分别与连接轴 1 和中心基座 12 相连。两波纹管及中心基座间的空腔中充有填充液以传递压力。当压力 p_1、p_2（$p_1>p_2$）经管道引入差压计时，高压波纹管 13 被压缩，其中的填充液经中心基座 12 间的环形间隙流向低压波纹管 9 使其伸长，量程弹簧 7 被拉伸，直至差压在波纹管 9 和 13 的端面上形成的力与量程弹簧及波纹管产生的弹性力相平衡为止。这时连接轴 1 被波纹管 9 端面带动向低压侧偏移，连接轴 1 上的推板 4 推动摆杆 10，带动扭力管 5 转动，使与扭力管固定在一起的心轴 6 扭转，而此扭转角则反映了被测压差的大小。

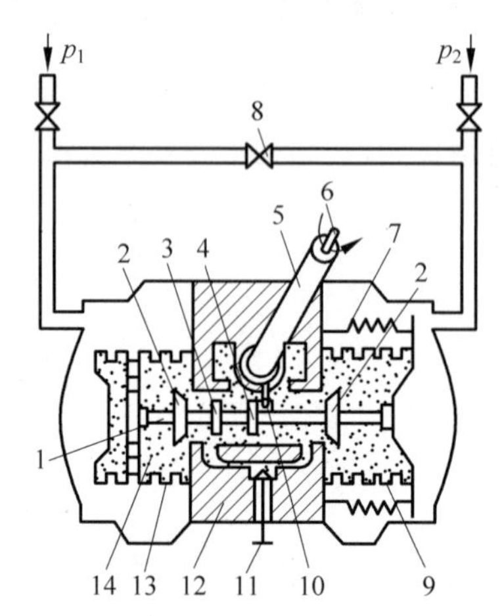

图 8-4　双波纹管差压计结构

1—连接轴；2—保护阀；3—阻尼环；4—推板；5—扭力管；6—心轴；7—量程弹簧；8—平衡阀；9—低压波纹管；10—摆杆；11—阻尼阀；12—中心基座；13—高压波纹管；14—填充液

阻尼阀 11 起控制填充液的流动阻力的作用，保护阀 2 保护仪表在压差过大或单向受压时不致损坏，平衡阀 8 在压差计工作时应关闭。

4. 膜式压力计

膜式压力计有膜片压力计和膜盒压力计两

种。前者主要用于测量腐蚀性介质或非凝固、非结晶的黏性介质的压力，后者常用于测量气体微压和负压。

膜片的形状如表 8-2 中所示。膜片四周固定，当通入压力后，两侧面存在压差时，膜片将向压力低的一侧弯曲，膜片中心产生一定的位移，通过传动机构带动指针转动，指示出被测压力。膜式压力计的传动机构和显示装置在原理上与弹簧管压力计基本相同。

为了增大膜片中心位移，提高仪表测压灵敏度，可以把两片金属膜片的周边焊接在一起制成膜盒，甚至可以把多个膜盒串接在一起，形成膜盒组。图 8-5 是一种膜盒式压力计的结构原理示意图。

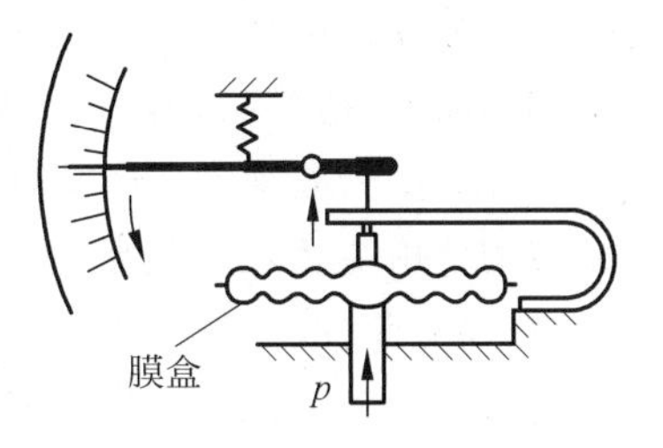

图 8-5　膜盒式压力计

5. 弹性压力计信号远传方式

弹性压力计一般为直读式仪表，可就地显示被测压力，但在许多情况下，为了便于对压力参数的检测与控制，需要能够将压力信号远传。在普通弹性压力计的基础上，增加转换部件，将弹性元件的变形转换为电信号输出，就可使之除就地显示压力之外，兼有信号远传的功能。实现弹性元件变形到电信号转换的方法很多，用不同转换方法就构成了各种不同的弹性远传压力计。图 8-6 给出了几种弹性压力计信号电远传方式原理。

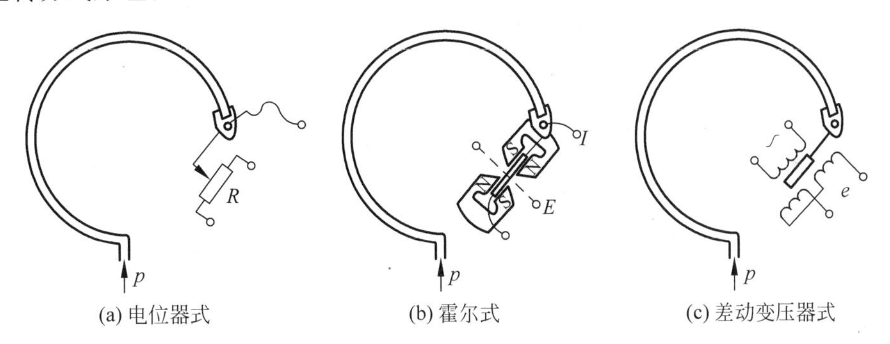

图 8-6　弹性压力计信号电远传方式

图 8-6(a)为电位器式。在弹簧管压力计内安装滑线电位器，其滑动触点由弹簧管的自由端带动。如将电位器的两端和滑动触点用三根导线引出，并在电位器两端接稳定的直流电压，则滑动触点和电阻的任意一端之间的电压将取决于滑动触点位置，即取决于被测压力。这样便可将压力信号远传并与测直流电压的仪表相连从而测出压力值。这种电远传方法比较简单，且有很好的线性输出，但滑动触点会有磨损，可靠性较差。

图 8-6(b)为霍尔式，其转换原理基于半导体材料的霍尔效应(请参见第 6 章)。将片状霍尔元件固定在弹性元件的自由端，并处于两对磁场方向相反的永久磁铁的磁极间隙中，磁场强度为常数，而霍尔元件两端则通以恒定电流。当压力为零时，因

霍尔元件处于方向相反的两对磁极间隙中的面积相等，故没有霍尔电势产生。当压力增大时，霍尔元件被弹性元件自由端带动在磁场中移动而使其处在两对磁极中的面积不相等。压力越大，两面积差越大，则在霍尔元件垂直于磁场和电流方向的另两侧产生的霍尔电势也越大，此输出电势与被测压力值是相对应的。这种电远传方法结构简单，灵敏度高，寿命长，但对外部磁场敏感，耐振性差。

图 8-6(c)为差动变压器式(差动变压器原理请参见第 4 章)。可移动的铁芯与弹性元件的自由端相连并处于差动变压器的线圈中，变压器的原边通以交流电，另外两个匝数相等的线圈按同名端极性反向串联而成为副边。在被测压力为零时，铁芯位于线圈的中央，副边上两组线圈中的感应电势大小相等，因反向串联而使输出电压为零；当被测压力增大时，铁芯被弹性元件自由端带动而偏离中央位置，副边将出现交流电压。被测压力越大则铁芯偏离越多，输出交流电压越高，从而可测出压力值。差动变压器法线性好、附加力小、位移范围较大。但当铁芯处于中央位置时，因有一定的残余电压而会使输出不为零，需要采取一定措施加以补偿。

8.2.2　电测式压力计

能够测量压力并提供远传电信号的装置称为压力传感器，如果装置内部还设有适当处理电路，能将压力信号转换成工业标准信号(如 4～20mA 直流电流)输出，则称其为压力变送器。采用压力传感器便于满足自动化系统集中检测与控制的要求，因而在工业生产中得到广泛应用。电测式压力传感器结构形式很多，常见的有应变式、电容式、压电式、振频式，此外还有光电式、光纤式、超声式压力传感器等。

1. 应变式压力传感器

应变式压力传感器是一种通过测量弹性元件因压力的作用而产生的应变来间接测量压力的传感器，它由弹性元件、应变片及测量电路等组成。

弹性元件有多种形式，常见的有筒式、膜片式、弹性梁等，根据被测介质和压力测量范围的不同而选用。应变片有金属和半导体两类，粘贴在弹性元件的适当位置上感受压力，阻值随被测压力的变化而变化。测量电路将应变片阻值的变化转换为电信号输出，实现被测压力的测量和信号远传。

应变式压力传感器发展较早，应用范围很广。它具有精度高、体积小、重量轻、测量范围宽等优点，同时抗振动、抗冲击性能良好。但应变片阻值受温度影响较大，需要考虑温度补偿。

(1) 应变筒式压力传感器

应变筒式压力传感器结构如图 8-7 所示。

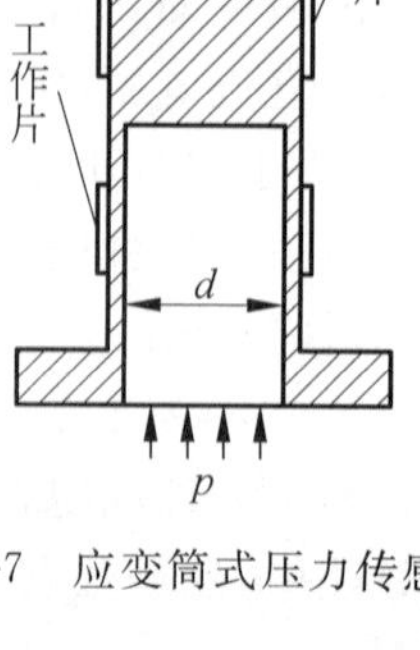

弹性元件应变筒是一个一端封闭的薄壁圆管，另一端有法兰与被测系统连接。两片工作应变片粘贴于应

图 8-7　应变筒式压力传感器

变筒薄壁部分，感受被测压力的作用。应变筒实心部分在被测压力作用时不会产生形变，其上贴有两片应变片用作温度补偿。当应变筒内腔承受压力时，薄壁筒表面的周向应力最大，相应的周向应变 ε 为

$$\varepsilon=\frac{p(2-\mu)}{E(D^2/d^2-1)} \tag{8-2}$$

式中，p 为被测压力；E 为应变筒材料的弹性模量；μ 为应变筒材料的泊松比；D 为应变筒外径；d 为应变筒内径。

四片应变片接成全桥。当没有压力作用时，电桥是平衡的；当有压力作用时，应变筒产生形变，工作应变片电阻变化，电桥失去平衡，产生与压力变化相应的电压输出。

应变筒式压力传感器的优点是结构简单，制造方便，能进行静、动态压力测量，测量范围也比较宽。

（2）平膜式压力传感器

平膜片式压力传感器结构如图 8-8 所示。弹性元件是周边固定的平圆膜片，其上粘贴有如图 8-9(a)所示的箔式组合应变片。在被测压力作用下膜片发生弹性变形时，粘贴在上面的应变片因所处位置和方向不同而产生相应的应变，使应变片阻值发生变化，四个应变片组成如图 8-9(b)所示的电桥，输出相应的电压信号。

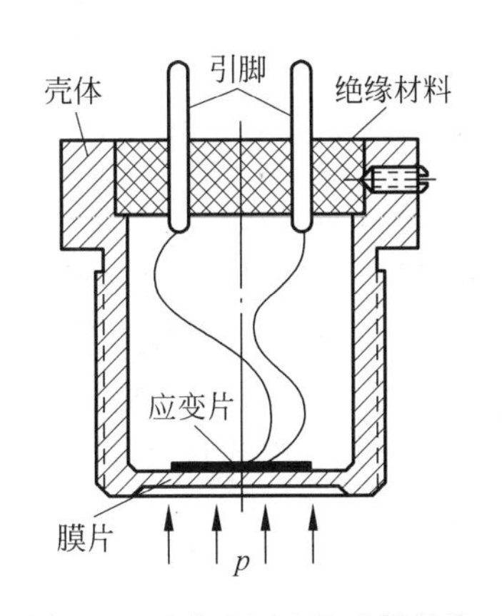

图 8-8　平膜式压力传感器结构

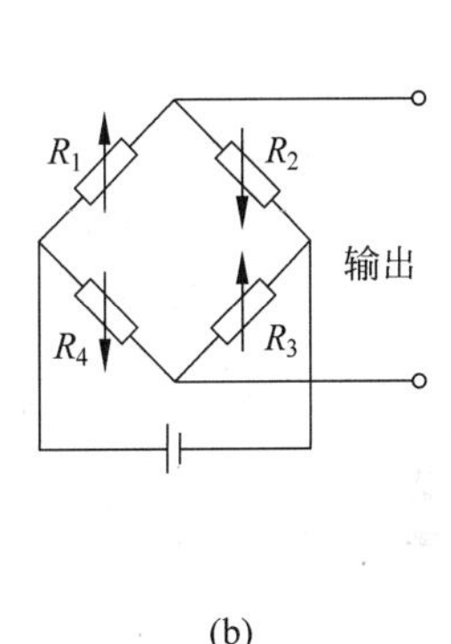

图 8-9　箔式组合应变片

对于边缘固定的平圆膜片，当受压力作用时，膜片上任意一点的应变可分为径向应变 ε_r 和切向应变 ε_t，如图 8-10(a)所示，其值与压力 p 的大小和该点到膜片中心的距离 r 有关。

$$\varepsilon_r=\frac{3(1-\mu^2)(r_0^2-3r^2)}{8h^2E}\cdot p$$

$$\varepsilon_t=\frac{3(1-\mu^2)(r_0^2-r^2)}{8h^2E}\cdot p \tag{8-3}$$

式中，p 为被测压力；E 为膜片材料弹性模量；μ 为膜片材料的泊松比；r_0 为膜片半径；r 为膜片上任意点半径；h 为膜片厚度。

根据式(8-3)可知，在膜片中心处($r=0$)，径向应变 ε_r 和切向应变 ε_t 均达到最大值

$$\varepsilon_{r\max}=\varepsilon_{t\max}=\frac{3(1-\mu^2)r_0^2}{8h^2E}\cdot p \tag{8-4}$$

在膜片边缘处($r=r_0$)，切向应变 $\varepsilon_t=0$，而径向应变 ε_r 达到负最大值(压缩应变)

$$\varepsilon_{r\min}=-\frac{3(1-\mu^2)r_0^2}{4h^2E}\cdot p \tag{8-5}$$

在 $r=r_0/\sqrt{3}$ 处，径向应变 $\varepsilon_r=0$。

根据上述分析，平圆膜片上应变分布规律如图 8-10(b)所示。

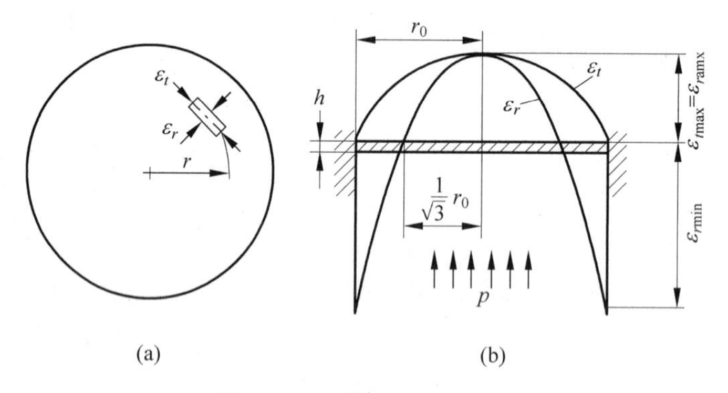

图 8-10 平圆膜片应变分布

由于受压力作用时，位于膜片中心部分切向应变 ε_t(拉伸应变)较大，而在膜片边缘部分径向应变 ε_r(压缩应变)较大，故将应变片中部丝栅设计成按圆周方向排列，两个电阻 R_1 和 R_3 感受切向拉伸应变 ε_t(阻值增大)；边缘部分丝栅设计成按半径方向排列，两个电阻 R_2 和 R_4 感受径向压缩应变 ε_r(阻值减小)，如图 8-9 所示。按这种方式布置的 4 个应变片组成的全桥电路灵敏度较大，并具有温度自补偿作用。

平膜式压力传感器的优点是结构简单，性能稳定可靠，精度、灵敏度较高，但频率响应较低，输出线性差。

(3) 压阻式压力传感器

压阻式压力传感器是基于半导体材料的压阻效应制成的，与粘贴式应变片不同，它利用集成电路工艺直接在作为弹性元件的硅平膜片上按一定晶向制成扩散电阻，这样就很容易得到尺寸小、高灵敏度、高自振频率的压力传感器。

压阻式压力传感器的工作原理在第 5 章已有论述，其具体组成结构因被测压力的性质和测压环境而有所不同。图 5-4 为一种用于测量差压的压阻式压力传感器，在硅平膜片的两边有两个压力腔，高压腔接被测压力，低压腔与大气连通或接参考压力，从而测出差压。为了补偿温度效应的影响，一般还可在膜片上沿对压力不敏感的晶向生成一个电阻，该电阻只感受温度变化，可接入桥路作为温度补偿电阻，以提高测量精度。

压阻式压力传感器的特点是重复性、稳定性好，工作可靠；灵敏度高，固有频率

高；测量范围宽，可测低至 10Pa 的微压到高至 60MPa 的高压；精度高，其精度可达 ±0.2%～0.02%；易于微小型化，目前国内可生产出直径 1.8～2mm 的压阻式压力传感器。压阻式压力传感器的应用领域非常广泛，特别适合在中、低温度条件下的中、低压测量。

(4) 压力传感器的变送电路

如果将压力传感器的输出通过一定的变送电路转换成形式和数值范围都符合工业标准的信号，则因为有了统一的信号形式和数值范围，就可以选择使用标准的后续检测仪表组成检测系统或调节系统。无论什么样的仪表或检测装置，只要有同样标准的输入电路接口，就可以从变送器获得被测量的信息。这样，仪表的配套极为方便，系统的兼容性、互换性和经济性也大为提高。

工业上最广泛采用 4～20mA 直流电流作为标准信号来传输模拟量。采用电流传输的原因是其不容易受干扰且适宜远距离传输信号，而传输线路的导线电阻不会影响信号传输精度，在普通双绞线上可以传输数百米。电流上限取 20mA 是因为防爆的要求；下限不取 0mA 是为了便于检测传输线路断线故障和给传感器电路供电。

电流输出型变送器有 4 线制、3 线制、2 线制等几种。长距离传输时以 2 线制变送器最为经济、方便，因而应用最多。图 8-11 是一种 2 线制的压阻式差压传感器的变送器电路，由应变电桥、恒流源、温度补偿网络、放大及电压-电流转换等几部分组成，采用 24V 直流供电。

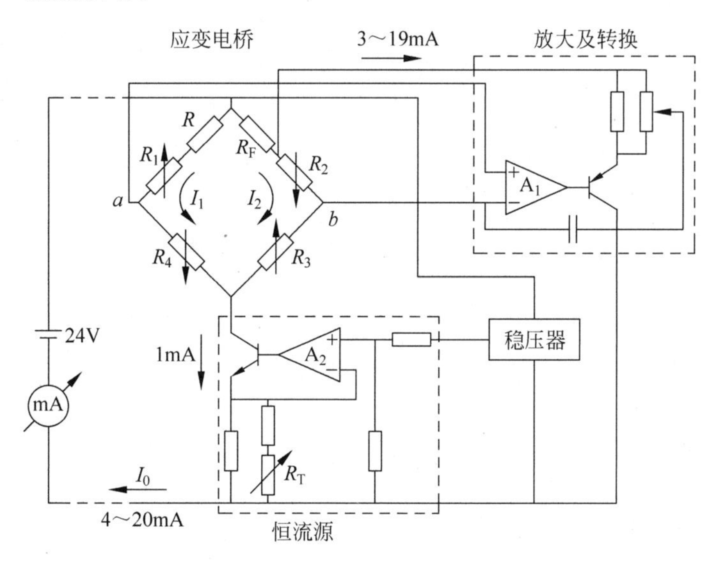

图 8-11　差压变送电路原理

在变送电路中，应变电桥由 1mA 的恒流源供电。未承受压力时，$R_1=R_2=R_3=R_4$，左右桥臂支路的电流相等，$I_1=I_2=0.5$mA，电桥平衡，a、b 两点电位相等，电路输出电流 $I_0=4$mA。当受压时，电桥中 R_1、R_3 增大，R_2、R_4 减小，从而导致 b 点电位升高，a 点电位降低，电桥失去平衡。电桥输出电压送入放大器 A_1，经电压-电流转

换电路转换成电流 $I_0+\Delta I_0$(3～19mA)，这个增大的电流流过反馈电阻 R_F 使其上的反馈电压增加而导致 b 点电位降低，直至 a、b 两点电位相等，应变电桥在压力作用下达到新的平衡。当压力达到传感器量程上限时，$I_0=20$mA，而与量程范围对应的电路输出电流范围则在 4～20mA。

2. 电容式压力传感器

电容式压力传感器采用变电容测量原理，将被测压力引起的弹性元件的位移变形转变为电容的变化，测出电容量，便可知道被测压力的大小。

(1) 差动变极距式电容压力传感器

对于平板电容，在被测压力作用下，电容值 C 会因两平行板间距 d 发生的微小变化而变化。用这种方式测量压力有较高的灵敏度，但当位移较大时传感器非线性严重。如采用差动电容法则可改善非线性、提高灵敏度、并可减小因极板间电介质的介电常数 ε 受温度影响而引起的不稳定性。图 4-37 给出了一种差动变极距式电容差压传感器结构示意图。

左右对称的不锈钢基座内有玻璃绝缘层，其内侧的凹形球面上除边缘部分外镀有金属膜作为固定电极，中间被夹紧的弹性膜片作为可动测量电极，左、右固定电极和测量电极经导线引出，从而组成了两个电容器。不锈钢基座和玻璃绝缘层中心开有小孔，不锈钢基座两边外侧焊上了波纹密封隔离膜片，这样测量电极将空间分隔成左、右两个腔室，其中充满硅油。当隔离膜片感受两侧压力的作用时，通过硅油将差压传递到弹性测量膜片的两侧从而使膜片产生位移。电容极板间距离的变化，将引起两侧电容器电容值的改变。此电容量的变化经过适当的变换器电路，可以转换成反映被测差压的标准电信号输出。这种传感器可以测量压力和差压。

(2) 变面积式电容压力传感器

图 8-12 所示为一种变面积式电容压力传感器。被测压力作用在金属膜片上，通过中心柱和支撑簧片，使可动电极随簧片中心位移而动作。可动电极与固定电极均是金属同心多层圆筒，断面呈梳齿形，其电容量由两电极交错重叠部分的面积所决定。固定电极与外壳之间绝缘，可动电极则与外壳导通。压力引起的极间电容变化由中心柱引至适当的变换器电路，转换成反映被测压力的标准电信号输出。

金属膜片为不锈钢材质，膜片后设有带波纹面的挡块，限制膜片过大变形，以保护膜片在过载时不至于损坏。膜片中心位移不超过 0.3mm，膜片背面为无硅油的封闭空间，不与被测介质接触，可视为恒定的大气压，故仅适用于压力测量，而不能测量压差。

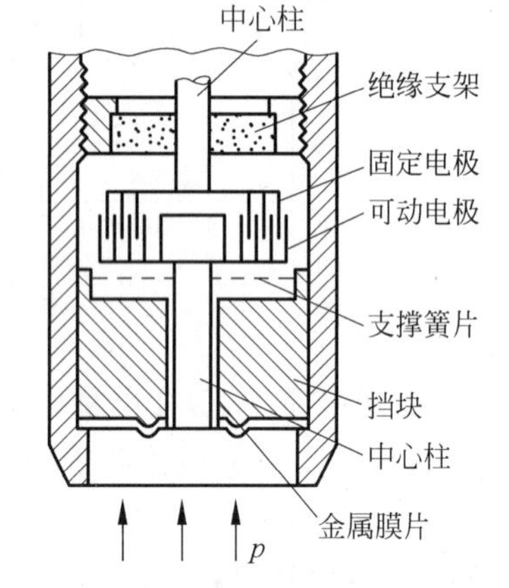

图 8-12 变面积式电容压力传感器

电容式压力传感器的主要优点是：灵敏度高，

输出信号大；测量精度高；结构简单、牢固，可靠性高，环境适应性强，能承受高过载，耐冲击与振动，可在高温条件下工作；由于可动极板质量小，故传感器固有频率高，动态响应快。但易受分布电容影响，制造难度大。

3. 压电式压力传感器

压电式压力传感器利用压电材料的压电效应将被测压力转换为电信号。由压电材料制成的压电元件受到压力作用时产生的电荷量与作用力之间呈线性关系。

$$Q = kSp \tag{8-6}$$

式中，Q 为电荷量；k 为压电常数；S 为作用面积；p 为压力。通过测量电荷量可知被测压力大小。

图 8-13 为一种压电式压力传感器的结构示意图。压电元件夹于两个弹性膜片之间，压电元件的一个侧面与膜片接触并接地，另一侧面通过引线将电荷量引出。被测压力均匀作用在膜片上，使压电元件受力而产生电荷，电荷量用电荷放大器或电压放大器放大后转换为电压或电流输出，输出信号与被测压力值相对应。

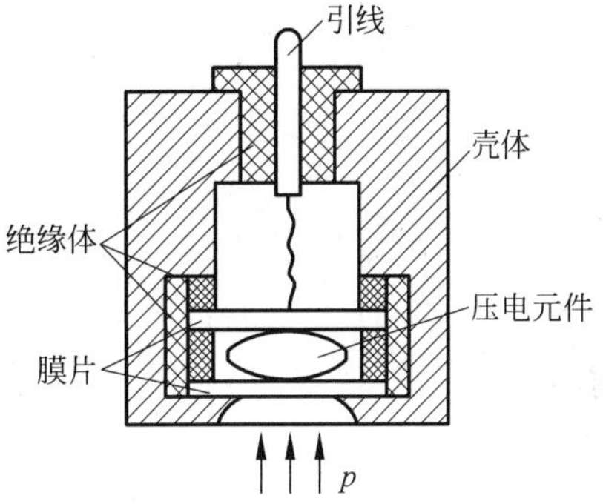

图 8-13　压电式压力传感器结构

除在校准用的标准压力传感器或高精度压力传感器中采用石英晶体做压电元件外，一般压电式压力传感器的压电元件材料多为压电陶瓷，也有用高分子材料(如聚偏二氟乙烯)或复合材料的。

更换压电元件可以改变压力的测量范围；在配用电荷放大器时，可采用将多个压电元件并联的方式提高传感器的灵敏度；在配用电压放大器时，可将多个压电元件串联来提高传感器的灵敏度。

压电式压力传感器体积小，结构简单，工作可靠；测量范围宽，可测 100MPa 以下的压力；测量精度较高；频率响应高，可达 30kHz，是动态压力检测中常用的传感器，但由于压电元件存在电荷泄漏，故不适宜测量缓慢变化的压力和静态压力。

4. 谐振式压力传感器

谐振式压力传感器是靠被测压力所形成的应力改变弹性元件的谐振频率，通过测量频率信号的变化来检测压力。这种传感器特别适合与计算机配合使用，组成高精度的测量、控制系统。根据谐振原理可以制成振筒、振弦及振膜式等多种形式的压力传感器。

图 8-14 为一种振筒式压力传感器的结构示意图。感压元件是一个薄壁金属圆筒，壁厚 0.08mm 左右，用低温度系数的恒弹性材料制成。筒的一端封闭，为自由端，另一端固定在基座上。筒内绝缘支柱上固定有激振线圈和检测线圈，其铁心为

磁化的永磁材料，两线圈空间位置互相垂直，以减小电磁耦合。线圈引线自支柱中央引出，被测压力由引压孔引入振筒内，外界为大气压。振筒有一定的固有频率，当被测压力作用于筒壁时，筒壁内应力增加使其刚度加大，振筒固有频率相应改变。振筒固有频率与作用压力的关系可近似表示为

$$f_p = f_0\sqrt{1+\alpha p} \tag{8-7}$$

式中，f_p 为受压后的振筒固有频率；f_0 为筒内外压力相等时的固有频率；α 为振筒结构系数，当筒内压力大于筒外压力时取为正，反之为负；p 为被测压力。

激振线圈使振筒按固有频率振动，受压前后的频率变化可由检测线圈检出。图 8-15 为振筒式压力传感器的检测与驱动电路原理图。

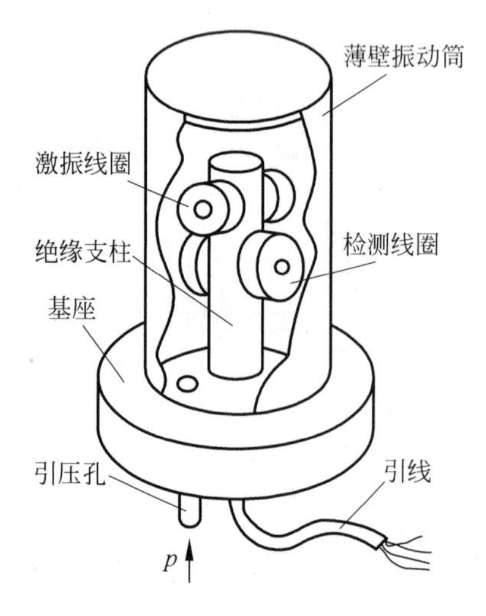

图 8-14 振筒式压力传感器结构

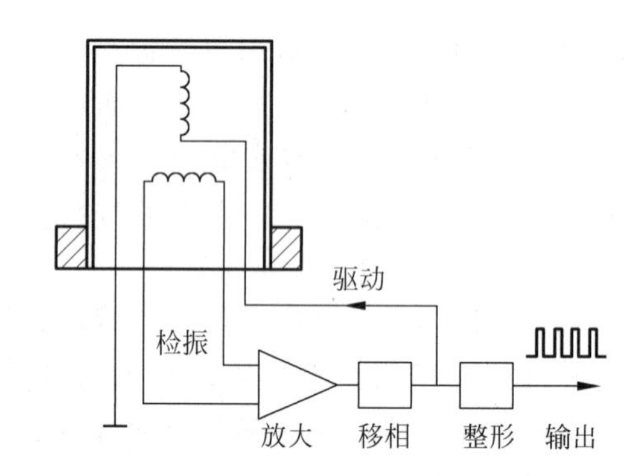

图 8-15 振筒式压力传感器电路原理

激振线圈在外加交流信号驱动下产生周期性的磁力吸引振筒使其按外加交流信号频率振动，如果交流信号频率与振筒固有频率相同，则振筒共振，振幅将达到最大值。检测线圈因筒壁与铁心间隙的周期性变化而产生交变感应电动势，该电动势作为检振信号送入放大器输入端，经放大并移相后得到的交流电压再送到激振线圈驱动振筒。如果相位和幅值满足正反馈的要求，就能使振筒持续不断地振荡下去。上述电路不需要外加交流信号源，只要有电源就能起振并维持振荡，根据输出电信号的频率便可进行压力测量。

振筒式压力传感器适用于气体压力的测量，其体积小，输出频率信号，重复性好，耐振；精度高，可达±0.1%～±0.01%，且有良好的稳定性。

8.3 压力检测仪表的选择与安装

压力检测仪表的正确选择和安装是保证其在生产过程中发挥应有作用及保证测量结果准确可靠的重要环节。

8.3.1 压力检测仪表的选择

选择压力检测仪表应根据具体情况，在满足生产工艺对压力检测要求的情况下，本着节约的原则，合理地选择压力仪表的类型、量程、精度等级等。

1. 类型选择

压力仪表类型的选择主要应从以下几个方面考虑：

要考虑被测介质的物理、化学性质（如温度高低、黏度大小、腐蚀性、易燃易爆性能等），以选择相应的仪表。例如，对于腐蚀性较强的介质，应选用不锈钢之类的弹性元件或加防腐隔离装置；对于黏性大、易结晶介质，可选用膜片压力计或加隔离装置；对于氧、氨、乙炔等介质，则应选用专用压力仪表。

要根据生产工艺对压力仪表的要求和用途，选择压力仪表。例如，只需要就地观察压力变化情况的，可选用如弹簧管压力计一类现场指示型仪表；需将压力信号远传的，则应选用带变送功能的压力检测仪表；对于有调节、报警需要的，可选择带有记录、报警或自动调节功能的压力仪表。

要考虑压力仪表使用现场环境条件。对湿热环境，宜采用热带型压力表；有振动的场合，应采用抗振型压力仪表；易燃易爆环境，应选择防爆型压力仪表；腐蚀性环境，则应选用防腐型压力仪表等。

还要考虑被测压力的种类（压力、负压、绝对压力、差压等）、变化快慢等情况，选择压力仪表。例如，有些压力仪表只适合测量绝对压力，有些则既可测量差压又可测量绝对压力。对于静态压力，选择一般的弹性压力仪表即可满足要求，而要测量快速变化的压力，则需根据其最高频率考虑采用动态特性好的压电式、压阻式等压力传感器。

2. 量程选择

压力仪表的量程要根据被测压力的大小及在测量过程中被测压力变化的情况等条件来选取，为保证测压仪表安全可靠地工作，选择量程时必须留有足够的余地。一般在测量稳定压力时，正常操作压力应小于满量程的2/3；测量脉动压力时，正常操作压力应小于满量程的1/2；而在测量高压时，正常操作压力应小于满量程的3/5。为保证测量精度，被测压力的最小值，不应低于满量程的1/3。当被测压力变化范围大，最大和最小工作压力可能不能同时满足上述要求时，应首先满足最大工作压力条件。

根据生产过程要求确定了压力仪表的测量范围后，再从仪表系列中选用量程相近的仪表。目前我国出厂的压力（包括差压）检测仪表有统一的量程系列，它们是$(1、1.6、2.5、4、6)\times 10^n$ MPa，其中n为正或负整数。

3. 精度等级选择

压力检测仪表的精度等级应根据生产过程对压力测量所允许的最大误差，在规定的仪表精度等级中选择确定。精度越高，测量结果越准确，但仪表价格也越昂贵，操作和维护要求也越高。选择时应坚持经济的原则，在能满足生产要求的条件下，不应追求使用过高精度的仪表。

按国家相关标准的规定，作为工作计量器具，一般压力仪表的精度等级分为1.0、1.6、2.5、4.0级；而作为压力标准器，用于压力量值传递的精密压力仪表的精度等级分为0.1、0.16、0.25、0.4级。

例8.1 某压力容器内介质的正常工作压力范围为0.4～0.6MPa，用弹簧管压力表进行检测。要求测量误差不大于被测压力的5%，试确定该压力表的量程和精度等级。

解 由题意知，被测对象的压力比较稳定，设弹簧管压力表的量程为A，则根据最大工作压力有

$$A > 0.6 \div 2/3 = 0.9\text{MPa}$$

根据最小工作压力有

$$A < 0.4 \div 1/3 = 1.2\text{MPa}$$

故根据仪表的量程系列，可选用量程范围为0～1.0MPa的弹簧管压力表。

由题意，被测压力允许的最大绝对误差为

$$\Delta\text{max} = 0.4 \times 5\% = 0.02\text{MPa}$$

仪表精度等级的选取应使得其最大引用误差不超过允许测量误差。对于测量范围0～1.0MPa的压力表，其最大引用误差为

$$\gamma = \pm 0.02\text{MPa} \times 100\% / 1.0\text{MPa} = \pm 2\%$$

故应选取1.6级的压力表。

8.3.2 压力检测仪表的安装

压力的检测需要由一个包括压力测量仪表、压力取压口和传递压力的引压管路在内的检测系统来实现。要保证压力测量准确，只是压力仪表本身准确是不够的，系统安装的正确与否也有很大的影响。应根据具体被测介质、管路和环境条件，选取适当的取压点、正确安装引压管路和测量仪表。

1. 取压点选择

取压位置要具有代表性，能真实地反映被测压力。应按下述原则选择：

① 取压点不能处于流束紊乱的地方，要选在直管段上，不可选在管路弯曲、分岔、死角或其他能形成涡流的区域。

② 取压点上游侧不应有突出管路或设备的阻力件(如温度计套管、阀门、挡板等)，否则应保证有一定的直管段长度。

③ 测量液体压力时，取压点应在管道下侧，以避免气体进入引压管；但也不宜取在最低部，以免沉淀物堵塞取压口；测量气体压力时，取压点应在管道上侧，以避

免气体中的尘埃、水滴进入引压管。

④ 取压口开孔轴线必须与介质流动方向垂直，引压管口端面应与设备连接处的内壁保持平齐。若需插入对象内部时，管口平面应严格与流体流动方向平行，不能有倒角、毛刺和凸出物。

2. 引压管的敷设

引压管路用于将被测容器内的压力引至压力仪表，为保证压力传递的准确和快速响应，引压管的敷设应注意以下几点：

① 引压管的粗细、长短均应选取合适。一般引压管的内径为 6～10mm，长度≤60m，否则会影响测压系统的动态特性，有更长距离要求时应使用远传式仪表。

② 水平安装的引压管应保持有 1∶10～1∶20 的倾斜度，以避免引压管中积存液体(或气体)，并有利于这些积液(或气)的排出。当被测介质为液体时，引压管向仪表方向倾斜，并在最高处设排气装置；当被测介质为气体时，引压管向取压口方向倾斜，并在最低处设排积液装置。

③ 若被测介质易冷凝或冻结，应增加保温伴热措施。

④ 取压点与压力表之间在靠近取压口处应安装切断阀，以备检修压力仪表时使用。

3. 压力仪表的安装

压力仪表的安装要注意以下方面：

① 压力仪表应安装在能满足规定的使用环境条件和易于观察、维修之处；仪表安装处与取压点之间的距离应尽量短，以免指示迟缓。

② 为避免温度变化对仪表的影响，当测量高温气体或蒸汽压力时，应装冷凝管或冷凝器。

③ 仪表安装在有振动的场所时，应加装减振器。

④ 测量有腐蚀性、黏度较大、有结晶或沉淀物等介质压力时，应采取相应的保护措施(如安装适当的隔离容器)，以防腐蚀、堵塞等发生。

⑤ 压力仪表的连接处根据压力高低和介质性质，必须加装密封垫片，以防泄漏。

⑥ 当被测压力较小而压力仪表与取压点不在同一高度时，应考虑修正液体介质的液柱静压对仪表示值的影响。

8.3.3 动态压力检测的管道效应

测量快速变化的压力时，要求压力检测系统有良好的动态特性。为使系统具有最佳的动态性能，压力传感器的感压膜片在测压点处应与压力容器壁面保持齐平，即“齐平安装”，如图 8-16(a)所示。但在许多情况下，要实现“齐平安装”是有困难的，往往需要采用引压管道，形成如图 8-16(b)所示有管道和空腔的安装方式。感压元件前的引压管道和空腔的存在会引起压力信号的衰减和相位滞后，这就是动态压力测量的管道效应。对动态压力检测系统而言，虽然所选用的压力传感器固有频率很高，响应速度快，但由于管道效应的存在会使整个测量系统的响应速度大大低于传感器的响应速度，造成动态压力测量的严重失真，因此必须予以考虑。

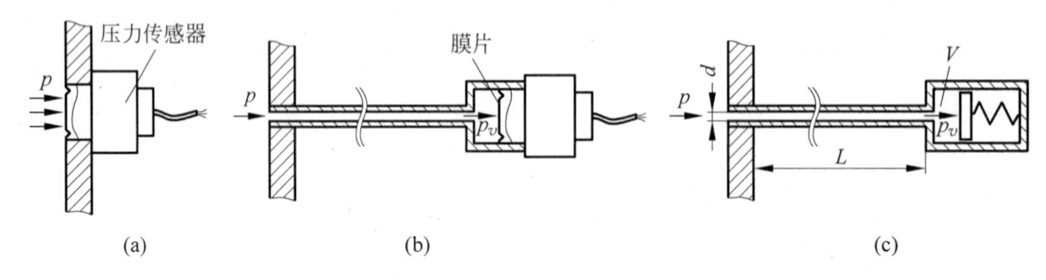

图 8-16 动态压力检测的管道效应

有引压管道和空腔的压力检测系统可等效为图 8-16(c)所示的压力传输系统。其中，引压管道直径为 d，长为 L，压力传感器前的空腔容积为 V，p 为引压管道入口处压力，而 p_v 则为空腔中作用于压力传感器上的压力，管道效应即 p 与 p_v 的变化关系。测量动态压力时，空腔内介质流速很小，其惯性质量可以忽略，压力传感器膜片可简化为支于弹簧上的集中质量，考虑到流体运动的摩擦阻尼，管道、空腔和传感器膜片就构成典型的单自由度二阶系统。

引压管道、空腔这一压力传输系统的固有频率 f 可用下面的近似公式来估算

$$f=\frac{cd}{4\sqrt{\pi V(L+0.35d)}} \tag{8-8}$$

式中，c 为流体声速；d 为引压管内径；L 为引压管长度；V 为空腔体积。

由式(8-8)可见，引压管道、空腔系统的固有频率 f 与流体声速 c 成正比，为提高系统频率，可在管道与空腔内充液体以提高声速；而引压管道越长，空腔容积越大，则系统频率 f 越低，因此应尽可能减小管长和传感器膜片前的空腔容积；此外，在引压管道长度一定的条件下，增大管径可提高频率 f。

由于管道内流动现象的复杂性，在此不能对管道效应详加研究，但其对动态压力测量的影响必须给予足够的重视，否则就可能得不到可信的测量结果。

习题与思考题

8.1 简述“压力”的定义、单位及各种表示方法。

8.2 某容器的顶部压力和底部压力分别为 68kPa 和 450kPa，若当地的大气压力为标准大气压，试求容器顶部和底部处的绝对压力以及顶部和底部间的差压。

8.3 弹簧管压力计的测压原理是什么？试述弹簧管压力计的主要组成及测压过程。

8.4 提高弹簧管压力计灵敏度有哪些途径？

8.5　双波纹管式差压计的波纹管内为什么要充满液体？

8.6　简述谐振式压力传感器的工作原理与特点。

8.7　简述测压仪表的选择原则。

8.8　若被测压力变化范围为 0.5～1.4MPa，要求测量误差不大于压力示值的 ±5%，可供选用的压力表量程规格为 0～1.6、0～2.5、0～4.0MPa，精度等级有 1.0、1.5 和 2.5 三种。试选择合适量程和精度的仪表。

8.9　已知某测点取压值约 6MPa，当测量平稳变化压力时，应选取多大测量范围的弹簧管压力表？若要求测压误差不超过 ±0.06MPa，精度等级应取为多少？

8.10　用弹簧管压力计测量某管道内蒸汽压力时，压力计位于取压点下方 6m 处，大气压力为 1.02atm，信号管内冷凝水密度为 998kg/m^3，压力计指示值为 1.2MPa，试求：蒸汽的绝对压力为多少 MPa？不经高度校正指示相对误差是多少？

8.11　要实现准确的压力测量需要注意哪些环节？

8.12　压力变送器的作用是什么？若一差压变送器量程为 1.6MPa，输出信号为 15mA，问所测差压是多少？

8.13　压力检测系统中，引压管道和空腔的容积对动态压力测量有什么影响？

第9章 温度检测技术

温度是国际单位制给出的基本物理量之一，它是工农业生产、科学试验中需要经常测量和控制的主要参数，也是与人们日常生活紧密相关的一个重要物理量。通常把长度、时间、质量等基准物理量称作“外延量”，它们可以叠加，例如把长度相同的两个物体连接起来，其总长度为原来的单个物体长度的两倍；而温度则不然，它是一种“内涵量”，叠加原理不再适用，例如把两瓶 90℃ 的水倒在一起。其温度绝不可能增加，更不可能成为 180℃。

从热平衡的观点看，温度可以作为物体内部分子无规则热运动剧烈程度的标志，温度高的物体，其内部分子平均动能大；温度低的物体其内部分子的平均动能亦小。热力学的第零定律指出：具有相同温度的两个物体，它们必然处于热平衡状态。若两个物体分别与第三个物体处于热平衡状态，则这两个物体也处于热平衡状态，因而这三个物体将处于同一温度。据此，如果我们能用可复现的手段建立一系列基准温度值，就可把其他待测物体的温度和这些基准温度进行比较，得到待测物体的温度。

9.1 概述

9.1.1 温标

现代统计力学虽然建立了温度和分子动能之间的函数关系，但由于目前尚难以直接测量物体内部的分子动能，因而只能利用一些物质的某些物性（诸如尺寸、密度、硬度、弹性模量、辐射强度等）随温度变化的规律，通过这些量来对温度进行间接测量。为了保证温度量值的准确和利于传递，需要建立一个衡量温度的统一标准尺度，即温标。

随着温度测量技术的发展、温标也经历了一个逐渐发展、不断修改和完善的渐进过程。从早期建立的一些经验温标，发展为后来的理想热力学温标和绝对气体温标，到现今使用具有较高精度的国际实用温标，其间经历了几百年时间。

1. 经验温标

根据某些物质体积膨胀与温度的关系，用实验方法或经验公式所确定的温标称为经验温标。

(1) 华氏温标

1714 年德国人法勒海特(Fahrenheit)以水银为测温介质，制成玻璃水银温度计，选取氯化铵和冰水的混合物的温度为温度计的 0°，人体温度为温度计的 100°，把水银温度计从 0°～100°按水银的体积膨胀距离分成 100 份，每一份为 1 华氏度，记作“1℉”。按照华氏温标，则水的冰点为 32℉，沸点为 212℉。

(2) 摄氏温标

1740 年瑞典人摄氏(Celsius)提出在标准大气压下，把水的冰点规定为 0°，水的沸点规定为 100°。根据水这两个固定温度点来对玻璃水银温度计进行分度，两点间作 100 等分，每一份称为 1 摄氏度，记作 1℃。

摄氏温度和华氏温度的换算关系为

$$T = \frac{9}{5}t + 32 \tag{9-1}$$

式中，T 为华氏温度值，单位为℉；t 为摄氏温度值，单位为℃。

除华氏和摄氏外，还有一些类似经验温标如列氏、兰氏等，这里不再一一列举。

经验温标均依赖于其规定的测量物质，测温范围也不能超过其上、下限(如摄氏为 0℃、100℃)。超过了这个温区，摄氏将不能进行温度标定。另外，经验温标是主观规定的温标，具有很大的局限性，很快就不能适应工业和科技等领域的测温需要。

2. 热力学温标

1848 年由开尔文(Kelvin)提出的以卡诺循环(Carnot cycle)为基础建立的热力学温标，是一种理想而不能真正实现的理论温标，它是国际单位制中七个基本物理单位之一。该温标为了在分度上和摄氏温标相一致，把理想气体压力为零时对应的温度——绝对零度(是在实验中无法达到的理论温度，而低于 0K 的温度不可能存在)与水的三相点温度分为 273.16 份，每份为 1K(Kelvin)。热力学温度的单位为 K。

3. 绝对气体温标

从理想气体状态方程入手来复现热力学温标叫绝对气体温标。由波义耳定律

$$PV = RT \tag{9-2}$$

式中，P 为一定质量的气体的压强；V 为该气体的体积；R 为普适常数；T 为热力学温度。

当气体的体积为恒定（定容）时，其压强就是温度的单值函数。这样就有

$$T_2/T_1 = P_2/P_1$$

这种比值关系与开尔文（Kelvin）提出、确定的热力学温标的比值关系完全类似。因此若选用同一固定点（水的三相点）来作参考点，则两种温标在数值上将完全相同。

理想气体仅是一种数学模型，实际上并不存在，故只能用真实气体来制作气体温度计。由于在用气体温度计测量温度时，要对其读数进行许多修正（诸如真实气体与理想气体的偏差修正、容器的膨胀系数修正、毛细管等有害容积修正、气体分子被容器壁吸附修正等），而进行这些修正又需依据许多高精度、高难度的精确测量；因此直接用气体温度计来统一国际温标，不仅技术上难度很大、很复杂，而且操作非常繁杂、困难；因而在各国科技工作者的不懈努力和推动下，产生和建立了协议性的国际实用温标。

4. 国际实用温标和国际温标

经国际协议产生的国际实用温标，其指导思想是要它尽可能地接近热力学温标，复现精度要高，且使用于复现温标的标准温度计，制作较容易，性能稳定，使用方便，从而使各国均能以很高的准确度复现该温标，保证国际上温度量值的统一。

第一个国际温标是 1927 年第七届国际计量大会决定采用的国际实用温标。此后在 1948 年、1960 年、1968 年经多次修订，形成了近 20 多年各国普遍采用的国际实用温标称为（IPTS—68）。

1989 年 7 月第 77 届国际计量委员会批准建立了新的国际温标，简称 ITS—90。为和 IPTS—68 温标相区别，用 T_{90} 表示 ITS—90 温标。ITS—90 基本内容为：

（1）重申国际实用温标单位仍为 K，1K 等于水的三相点时温度值的 1/273.16。

（2）把水的三相点时温度值定义为 0.01℃（摄氏度），同时相应把绝对零度修订为 −273.15℃；这样国际摄氏温度 t_{90}（℃）和国际实用温度 T_{90}（K）关系为

$$t_{90} = T_{90} - 273.15 \tag{9-3}$$

在实际应用中，为书写方便，通常直接用 t 和 T 分别代表 t_{90} 和 T_{90}。

（3）规定把整个温标分成 4 个温区，其相应的标准仪器如下：

① 0.65～5.0K，用 ^{3}He 和 ^{4}He 蒸汽温度计；

② 3.0～24.5561K，用 ^{3}He 和 ^{4}He 定容气体温度计；

③ 13.803K～961.78℃，用铂电阻温度计；

④ 961.78℃以上，用光学或光电高温计；

⑤ 新确认和规定 17 个固定点温度值以及借助依据这些固定点和规定的内插公式分度的标准仪器来实现整个热力学温标，如表 9-1 所示。

表 9-1　ITS—90 温标 17 固定点温度

序号	定义固定点	国际实用温标的规定值	
		T_{90}/K	t_{90}/℃
1	氦蒸气压点	3～5	−270.15～−268.15
2	平衡氢三相点	13.8033	−259.3467
3	平衡氢(或氦)蒸气压点	≈17	≈−256.15
4	平衡氢(或氦)蒸气压点	≈20.3	≈−252.85
5	氖三相点	24.5561	−248.5939
6	氧三相点	54.3584	−218.7916
7	氩三相点	83.8058	−189.3442
8	汞三相点	234.3156	−38.8344
9	水三相点	273.16	0.01
10	镓熔点	302.9146	29.7646
11	铟凝固点	429.7485	156.5985
12	锡凝固点	505.078	231.928
13	锌凝固点	692.677	419.527
14	铝凝固点	933.473	660.323
15	银凝固点	1234.93	961.78
16	金凝固点	1337.33	1064.18
17	铜凝固点	1357.77	1084.62

我国从 1991 年 7 月 1 日起开始对各级标准温度计进行改值，整个工业测温仪表的改值在 1993 年年底前全部完成，并从 1994 年元旦开始全面推行 ITS—90 新温标。

9.1.2　测温方法分类及其特点

根据传感器的测温方式，温度基本测量方法通常可分成接触式和非接触式两大类。

接触式温度测量的特点是感温元件直接与被测对象相接触，两者进行充分的热交换，最后达到热平衡，此时感温元件的温度与被测对象的温度必然相等，温度计就可据此测出被测对象的温度。因此，接触式测温一方面有测温精度相对较高，直观可靠及测温仪表价格相对较低等优点，另一方面也存在由于感温元件与被测介质直接接触，从而要影响被测介质热平衡状态，而接触不良则会增加测温误差；被测介质具有腐蚀性及温度太高亦将严重影响感温元件性能和寿命等缺点。根据测温转换的原理，接触式测温又可分为膨胀式、热阻式、热电式等多种形式。

非接触式温度测量特点是感温元件不与被测对象直接接触，而是通过接受被测物体的热辐射能实现热交换，据此测出被测对象的温度。因此，非接触式测温具有不改变被测物体的温度分布，热惯性小，测温上限可设计得很高，便于测量运动物体的温度和快速变化的温度等优点。两类测温方法的主要特点如表 9-2 所示。

表 9-2 接触式与非接触式测温特点比较

方　　式	接　触　式	非接触式
测量条件	感温元件要与被测对象良好接触；感温元件的加入几乎不改变对象的温度；被测温度不超过感温元件能承受的上限温度；被测对象不对感温元件产生腐蚀	需准确知道被测对象表面发射率；被测对象的辐射能充分照射到检测元件上
测量范围	特别适合 1200℃以下、热容大、无腐蚀性对象的连续在线测温，对高于 1300℃以上的温度测量较困难	原理上测量范围可以从超低温到极高温，但 1000℃以下，测量误差大，能测运动物体和热容小的物体温度
精度	工业用表通常为 1.0、0.5、0.2 及 0.1 级，实验室用表可达 0.01 级	通常为 1.0、1.5、2.5 级
响应速度	慢，通常为几十秒到几分钟	快，通常为 2～3s
其他特点	整个测温系统结构简单、体积小、可靠、维护方便、价格低廉，仪表读数直接反映被测物体实际温度；可方便地组成多路集中测量与控制系统	整个测温系统结构复杂、体积大、调整麻烦、价格昂贵；仪表读数通常只反映被测物体表现温度（需进一步转换）；不易组成测温、控温一体化的温度控制装置

各类温度检测方法构成的测温仪表的大体测温范围如表 9-3 所示。

表 9-3 各种温度检测方法及其测温范围

测温方式	类别	原　　理	典型仪表	测温范围/℃
接触式测温	膨胀类	利用液体、气体的热膨胀及物质的蒸气压变化	玻璃液体温度计	－100～600
			压力式温度计	－100～500
		利用两种金属的热膨胀差	双金属温度计	－80～600
	热电类	利用热电效应	热电偶	－200～1800
	电阻类	固体材料的电阻随温度而变化	铂热电阻	－260～850
			铜热电阻	－50～150
			热敏电阻	－50～300
	其他电学类	半导体器件的温度效应	集成温度传感器	－50～150
		晶体的固有频率随温度而变化	石英晶体温度计	－50～120
	光纤类	利用光纤的温度特性或作为传光介质	光纤温度传感器	－50～400
非接触式测温			光纤辐射温度计	200～400
	辐射类	利用普朗克定律	光电高温计	800～3200
			辐射传感器	400～2000
			比色温度计	500～3200

9.2　接触式测温方法

9.2.1　膨胀式温度计及应用特点

根据测温转换的原理，接触式测温又可分为膨胀（包括液体和固体膨胀）式、热阻（包括金属热电阻和半导体热电阻）式、热电（包括热电偶和 PN 结）式等多种形式。

膨胀式测温是基于物体受热时产生膨胀的原理，分为液体膨胀式和固体膨胀式两类。一般膨胀式温度测量大都在－50～550℃范围内，用于那些温度测量或控制精度要求较低，不需自动记录的场合。

膨胀式温度计种类很多，按膨胀基体可分成液体膨胀式玻璃温度计、液体或气体膨胀式压力温度计及固体膨胀式双金属温度计。

1. 压力温度计

压力温度计是根据一定质量的液体、气体、蒸汽在体积不变的条件下其压力与温度呈确定函数关系的原理实现其测温功能的。压力温度计的典型结构示意图如图 9-1 所示。

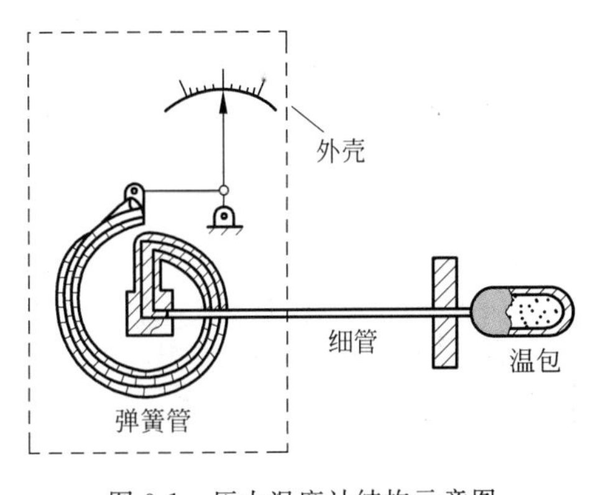

图 9-1　压力温度计结构示意图

它由充有感温介质的感温包、传递压力元件（毛细管）、压力敏感元件齿轮或杠杆传动机构、指针和读数盘组成。测温时将温包置入被测介质中，温包内的感温介质（为气体或液体或蒸发液体）因被测温度的高低而导致其体积膨胀或收缩造成压力的增减，压力的变化经毛细管传给弹簧管使其产生变形，进而通过传动机构带动指针偏转，指示出相应的温度。

这类压力温度计其毛细管细而长（规格为 1～60m）它的作用主要是传递压力，长度愈长，则温度计响应愈慢；在长度相等条件下，管愈细，准确度愈高。

压力温度计和玻璃温度计相比，具有强度大、不易破损、读数方便，但准确度较低、耐腐蚀性较差等特点。压力温度计测温范围下限能达－100℃以下，上限最高可达 600℃，常用于汽车、拖拉机、内燃机、汽轮机的油、水系统的温度测量。

2. 双金属温度计

固体长度随温度变化的情况可用下式表示，即

$$L_1 = L_0[1 + k(t_1 - t_0)] \tag{9-4}$$

式中,L_1 为固体在温度 t_1 时的长度;L_0 为固体在温度 t_0 时的长度;k 为固体在温度 t_0、t_1 之间的平均线膨胀系数。

基于固体受热膨胀原理,测量温度通常是把两片线膨胀系数差异相对很大的金属片叠焊在一起,构成双金属片感温元件(俗称双金属温度计)。当温度变化时,因双金属片的两种不同材料线膨胀系数差异相对很大而产生不同的膨胀和收缩,导致双金属片产生弯曲变形。双金属温度计原理图如图 9-2 所示。

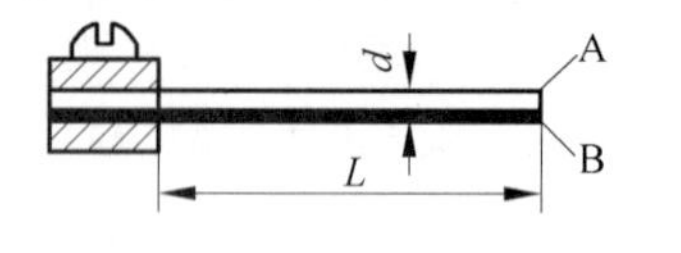

图 9-2 双金属温度计原理图

在一端固定的情况下,如果温度升高,下面的金属 B(例如黄铜)因热膨胀而伸长,上面的金属 A(例如因瓦合金)却几乎不变。致使双金属片向上翘,温度越高产生的线膨胀差越大,引起的弯曲角度也越大。其关系可用下式表示:

$$X = G(L^2/d)\Delta t \tag{9-5}$$

式中,X 为双金属片自由端的位移,单位为 mm;L 为双金属片的长度,单位为 mm;d 为双金属片的厚度,单位为 mm;Δt 为双金属片的温度变化,单位为℃;G 为弯曲率(将长度为 100mm、厚度为 1mm 的线状双金属片的一端固定,当温度变化 1℃(1K)时,另一端的位移称为弯曲率),取决于双金属片的材质,通常为$(5\sim14)\times10^{-6}$/K。

目前实际采用的双金属材料及测温范围:100℃以下,通常采用黄铜与 34%镍钢;150℃以下,通常采用黄铜与因瓦合金;250℃以上,通常采用蒙乃尔高强度耐蚀镍合金与 34%~42%镍钢。双金属温度计不仅可用于测量温度,而且还可方便地用作简单温度控制装置(尤其是开关的"通-断"控制)。

双金属温度计的感温双金属元件的形状有平面螺旋形和直线螺旋形两大类,其测温范围大致为$-80\sim600$℃,精度等级通常为 1.5 级左右。由于其测温范围和前两种温度计大致相同,且可作恒温控制,可彻底解决水银玻璃温度计和水银压力温度计易破损造成泄汞危害的问题。所以在测温和控温精度不高的场合,双金属温度计应用范围不断扩大。双金属片常制成螺旋管状来提高灵敏度。双金属温度计抗振性好,读数方便,但精度不太高,只能用做一般的工业用仪表。

9.2.2 热电阻测温技术

基于热电阻原理测温是根据金属导体或半导体的电阻值随温度变化的性质,将电阻值的变化转换为电信号,从而达到测温的目的。

用于制造热电阻的材料,要求电阻率、电阻温度系数要大,热容量、热惯性要小,电阻与温度的关系最好近于线性;另外,材料的物理、化学性质要稳定,复现性好,易提纯,同时价格尽可能便宜。

热电阻测温的优点是信号灵敏度高、易于连续测量、可以远传(与热电偶相比)、无须参比温度;金属热电阻稳定性高、互换性好、准确度高,可以用作基准仪表。热电阻主要缺点是需要电源激励、有(会影响测量精度)自热现象以及测量温度不能太高。

常用热电阻种类主要有铂电阻、铜电阻和半导体热敏电阻。

1. 铂电阻测温

(1) 概述

铂电阻(IEC)的电阻率较大，电阻-温度关系呈非线性，但测温范围广，精度高，且材料易提纯，复现性好；在氧化性介质中，甚至高温下，其物理、化学性质都很稳定。国标 ITS—90 规定，在$-259.34 \sim 630.74$℃温度范围内，以铂电阻温度计作为基准温度仪器。

铂的纯度用百度电阻比W_{100}表示。它是铂电阻在100℃时电阻值R_{100}与0℃时电阻值R_0之比，即$W_{100}=R_{100}/R_0$。W_{100}越大，其纯度越高。目前技术已达到$W_{100}=1.3930$，其相应的铂纯度为99.9995%。国标 ITS—90 规定，作为标准仪器的铂电阻W_{100}应大于1.3925。一般工业用铂电阻的W_{100}应大于1.3850。

目前工业用铂电阻分度号为 Pt1000、Pt100 和 Pt10，其中 Pt100 更为常用，而 Pt10 是用较粗的铂丝制作的，主要用于热电阻标准器或600℃以上的测温。铂电阻测温范围通常最大为$-200 \sim 850$℃。在550℃以上高温(真空和还原气氛将导致电阻值迅速漂移)只适合在氧化气氛中使用。铂电阻与温度的关系

当$-200℃ < t < 0℃$时

$$R(t) = R_0[1 + At + Bt^2 + Ct^3(t - 100)]$$

当$0℃ \leqslant t \leqslant 850℃$时

$$R(t) = R_0(1 + At + Bt^2) \tag{9-6}$$

式中，R_0是温度为零时铂热电阻的电阻值(Pt100 为 100Ω，Pt10 为 10Ω，Pt1000 为 1000Ω)；$R(t)$是温度为t时铂热电阻的电阻值；$A=3.90802\times10^{-3}/℃$；$B=-5.8019\times10^{-7}/℃^2$；$C=-4.27350\times10^{-12}/℃^4$。

据式(9-6)制成的工业铂热电阻分度表见附录1和附录2。

(2) 热电阻的结构

工业热电阻的基本结构如图9-3所示。

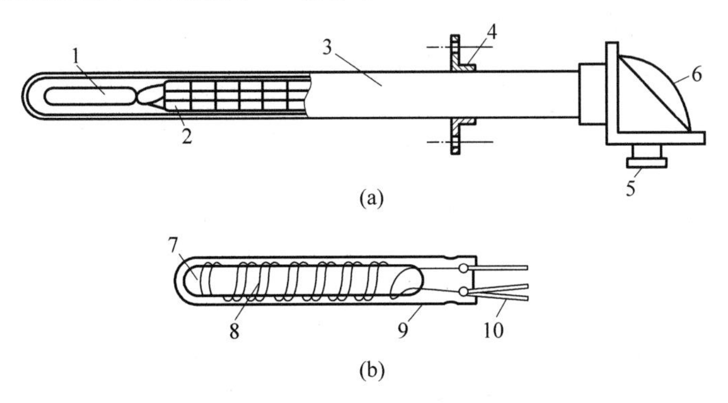

图 9-3　三引线热电阻结构

1—电阻体；2—瓷绝缘套管；3—不锈钢套管；4—安装固定件；5—引线口；6—接线盒；7—芯柱；8—电阻丝；9—保护膜；10—引线端

热电阻主要由感温元件、内引线、保护管3部分组成。通常还具有与外部测量及控制装置、机械装置连接的部件。它的外形与热电偶相似，使用时要注意避免用错。

热电阻感温元件是用来感受温度的电阻器。它是热电阻的核心部分，由电阻丝及绝缘骨架构成。作为热电阻丝材料应具备如下条件：

① 电阻温度系数大、线性好、性能稳定；

② 使用温度范围广、加工方便；

③ 固有电阻大，互换性好，复制性强。

能够满足上述要求的材料，最好是纯铂丝。

绝缘骨架是用来缠绕、支承或固定热电阻丝的支架。它的质量将直接影响电阻的性能。因此，作为骨架材料应满足如下要求：

① 在使用温度范围内，电绝缘性能好；

② 热膨胀系数要与热电阻相近；

③ 物理及化学性能稳定，不产生有害物质污染热电阻丝；

④ 足够的机械强度及良好的加工性能；

⑤ 比热小，热导率大。

目前常用的骨架材料有云母、玻璃、石英、陶瓷等。用不同骨架可制成各种热电阻感温元件。云母骨架感温元件的结构特点是：抗机械振动性能强，响应快。很久以来多用云母作骨架。但是，由于云母是天然物质，其质量不稳定；即使是优质云母，在600℃以上也要放出结晶水并产生变形。所以，使用温度宜在500℃以下。

(3) 热电阻的引线形式

内引线是热电阻出厂时自身具备的引线，其功能是使感温元件能与外部测量及控制装置相连接。内引线通常位于保护管内。因保护管内温度梯度大，作为内引线要选用纯度高、不产生热电动势的材料。对于工业铂热电阻而言，中低温用银丝作引线，高温用镍丝。这样，既可降低成本，又能提高感温元件的引线强度。对于铜和镍热电阻的内引线，一般都用铜、镍丝。为了减少引线电阻的影响，内引线直径通常比热电阻丝的直径大很多。

热电阻的外引线有两线制、三线制及四线制三种，如图9-4所示。

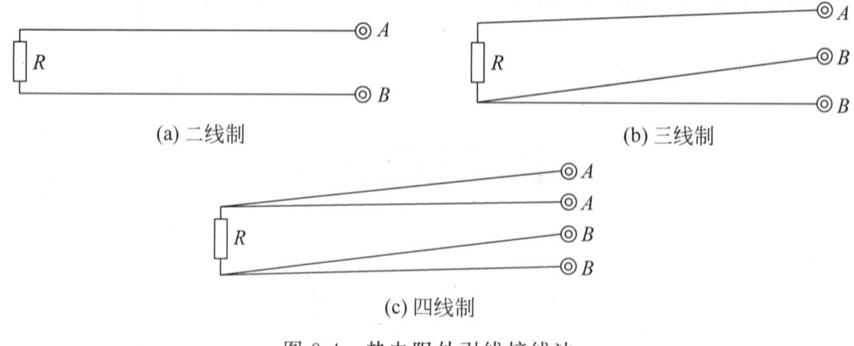

图9-4 热电阻外引线接线法

① 两线制。在热电阻感温元件的两端各连一根导线(见图 9-4(a))的引线形式为两线制。这种两线制热电阻配线简单,安装费用低,但要带进引线电阻的附加误差。因此,不适用于 A 级。并且在使用时引线及导线都不宜过长。采用两线制的测温电桥如图 9-5 所示,图 9-5(a)为接线示意图,图 9-5(b)为等效原理图。可以看出热电阻两引线电阻 R_W 和热电阻 R_t 一起构成电桥测量臂,这样当引线电阻 R_W 随沿线环境温度改变引起的阻值变化量 $2\Delta R_W$ 和热电阻 R_t 随被测温度变化的增量值 ΔR_t 一起成为有效信号转换成测量信号电压,从而影响温度测量精度。

② 三线制。在热电阻感温元件的一端连接两根引线,另一端连接一根引线,见图 9-4(b),此种引线形式称为三线制。用它构成如图 9-6 所示的测量电桥,可以消除内引线电阻的影响,测量精度高于两线制。目前三线制在工业检测中应用最广。而且,在测温范围窄或导线长或导线途中温度易发生变化的场合必须考虑采用三线制。

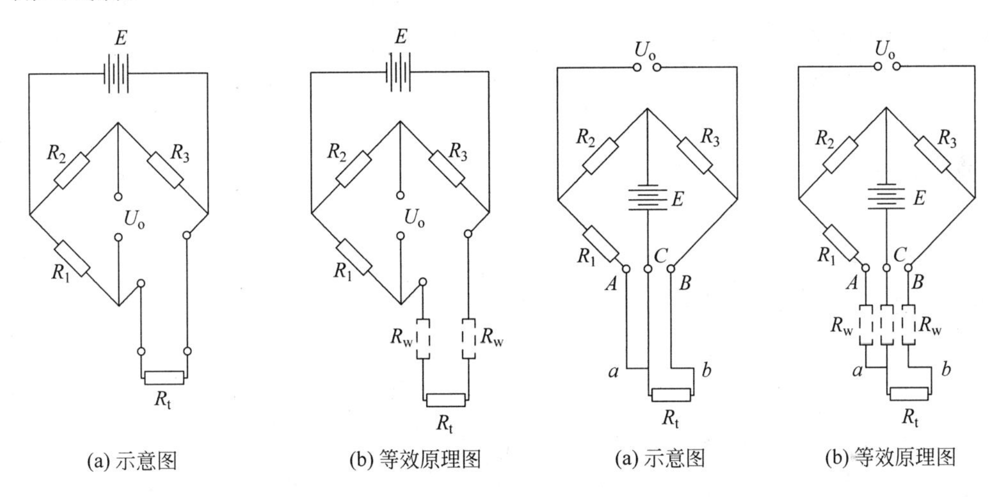

(a) 示意图　(b) 等效原理图

图 9-5　两线制热电阻测量电桥

(a) 示意图　(b) 等效原理图

图 9-6　三线制热电阻测量电桥

③ 四线制。在热电阻感温元件的两端各连两根引线,见图 9-4(c)。在高精度测量时,通常采用原理如图 9-7 所示采用四线制热电阻欧姆表(非电桥)测量法。

图 9-7 中,RTD 为被测热电阻,通过四根电阻引线将热电阻引入测量设备中,各引线电阻为 R_{LEAD};恒流源 I 加到 RTD 的两端,RTD 另两端接入电压表 V_M,由于电压表具有极高的输入电阻(通常高于 100MΩ),因此流经电压表的电流可忽略不计,V_M 两端电压完全等于 RTD 两端的电压,流经 RTD 的电流完全等于恒流源电流 I。由此可见,RTD 的电阻值精确等于 U/I,与引线电阻无关。

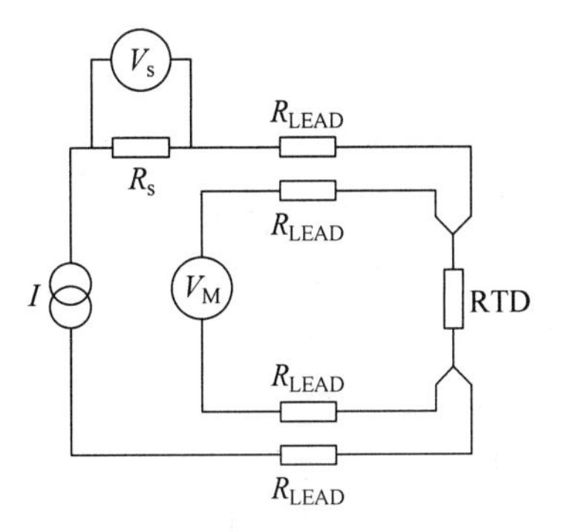

图 9-7　四线制热电阻欧姆表测量原理图

该测量原理的误差源主要来自于恒流源的精

度、电压表的测量精度、引线的固有热电势。可采用如下措施提高测量精度：

① 在电流回路中加入一具有极低温度系数的高精密电阻作为采样电阻，测量该采样电阻上的电压值 V_S 进而精确得到恒流源的电流值 I，从而消除由于温漂、失调等因素造成的恒流源误差；

② 变换恒流源极性测量热电阻，可大大抑制热电势的影响。

另外，为保护感温元件、内引线免受环境的有害影响，热电阻外面往往装有可拆卸式或不可拆卸式的保护管。保护管的材质有金属、非金属等多种材料，可根据具体使用特点选用合适的保护管。

2. 铜电阻和热敏电阻测温

(1) 铜电阻

铜电阻(WZC)的电阻值与温度的关系几乎呈线性，其材料易提纯，价格低廉；但因其电阻率较低(仅为铂的1/2左右)而体积较大，热响应慢；另因铜在250℃以上温度本身易于氧化，故通常工业用铜热电阻(分度号分别为Cu50和Cu100)一般其工作温度范围为$-40\sim120$℃。其电阻值与温度的关系为

当$-50℃\leqslant t\leqslant 0℃$时

$$R(t) = R_0(1 + At + Bt^2 + Ct^3) \tag{9-7}$$

式中，R_0是温度为零时铜热电阻的电阻值(Cu100为100Ω，Cu50为50Ω)；$R(t)$是温度为t时铜热电阻的电阻值；$A=4.28899\times10^{-3}/℃$；$B=-2.133\times10^{-7}/℃^2$；$C=1.233\times10^{-9}/℃^3$。

根据式(9-7)制成的工业用铜热电阻分度表见附录3。

(2) 半导体热敏电阻

对于在低温段$-50\sim350$℃左右的范围、测温要求不高的场合，目前世界各国，特别是工业化国家，采用半导体热敏元件作温度传感器，大量用于各种温度测量、温度补偿及家电、汽车等要求不高的温度控制。

热敏电阻和热电阻、热电偶及其他接触式感温元件相比具有下列优点：

① 灵敏度高，其灵敏度比热电阻要大1～2个数量级；由于灵敏度高，可大大降低后面调理电路的要求；

② 标称电阻有几欧到十几兆欧之间的不同型号、规格，因而不仅能很好地与各种电路匹配，而且远距离测量时几乎无需考虑连线电阻的影响；

③ 体积小(最小珠状热敏电阻直径仅0.1～0.2mm)，可用来测量"点温"；

④ 热惯性小，响应速度快，适用于快速变化的测量场合；

⑤ 结构简单、坚固，能承受较大的冲击、振动；采用玻璃、陶瓷等材料密封包装后，可应用于有腐蚀性气氛等的恶劣环境；

⑥ 资源丰富，制作简单、可方便地制成各种形状，易于大批量生产，成本和价格十分低廉。

热敏电阻的主要缺点：

① 阻值与温度的关系非线性严重；

② 元件的一致性、互换性较差；

③ 元件易老化，稳定性较差；

④ 除特殊高温热敏电阻外，绝大多数热敏电阻仅适合 0～150℃范围，使用时必须注意。

9.2.3 热电偶测温技术

热电偶是工业和武器装备试验中温度测量应用最多的器件，它的特点是测温范围宽、测量精度高、性能稳定、结构简单，且动态响应较好；输出直接为电信号，可以远传，便于集中检测和自动控制。

1. 测温原理

热电偶的测温原理基于热电效应。将两种不同的导体 A 和 B 连成闭合回路，当两个接点处的温度不同时，回路中将产生热电势，由于这种热电效应现象是 1821 年塞贝克(Seeback)首先发现提出，故又称塞贝克效应，如图 9-8 所示。

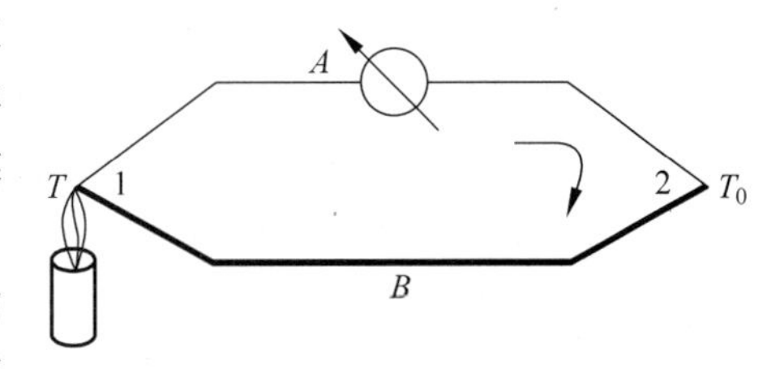

图 9-8 塞贝克效应示意图

人们把图 9-8 中两种不同材料构成的上述热电变换元件称为热电偶，导体 A 和 B 称为热电极，通常把两热电极一个端点固定焊接，用于对被测介质进行温度测量，这一接点称为测量端或工作端，俗称热端；两热电极另一接点处通常保持为某一恒定温度或室温，被称做参比端或考端，俗称冷端。

热电偶闭合回路中产生的热电势由两种电势组成：温差电势(又称汤姆逊电势)和接触电势(又称珀尔帖电势)。

温差电势是指同一热电极两端因温度不同而产生的电势。当同一热电极两端温度不同时，高温端的电子能量比低温端的大，因而从高温端扩散到低温端的电子数比逆向来的多，结果造成高温端因失去电子而带正电荷，低温端因得到电子而带负电荷。当电子运动达到平衡后，在导体两端便产生较稳定的电位差，即为温差电势，如图 9-9 所示。

热电偶接触电势是指两热电极由于材料不同而具有不同的自由电子密度，而热电极接点接触面处就产生自由电子的扩散现象；扩散的结果，接触面上便逐渐形成静电场。该静电场具有阻碍原扩散继续进行的作用，当达到动态平衡时，在热电极接点处便产生一个稳定电势差，称为接触电势，如图 9-10 所示。其数值取决于热电偶两热电极材料和接触点的温度，接触点温度越高，接触电势越大。

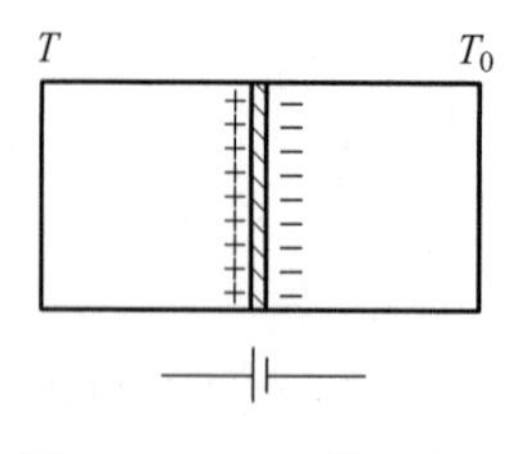

图 9-9 温差电势示意图

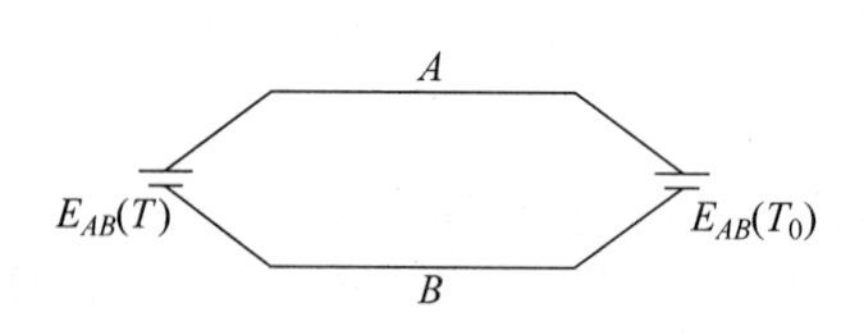

图 9-10 接触电势示意图

设热电偶两热电极分别叫 A(为正极)和 B(为负极),两端温度分别为 T、T_0,且 $T>T_0$;则热电偶回路总电势为

$$E_{AB}(T,T_0)=E_{AB}(T)-E_{AB}(T_0)-E_A(T,T_0)+E_B(T,T_0) \tag{9-8}$$

由于温差电势 $E_A(T,T_0)$和 $E_B(T,T_0)$均比接触电势小很多,通常均可忽略不计。又因为 $T>T_0$,故总电势的方向取决于接触电势 $E_{AB}(T)$的方向,并且 $E_{AB}(T_0)$总与 $E_{AB}(T)$的方向相反;这样式(9-8)可简化为

$$E_{AB}(T,T_0)=E_{AB}(T)-E_{AB}(T_0) \tag{9-9}$$

由此可见,当热电偶两热电极材料确定后,其总电势仅与其两端点温度 T、T_0 有关。为统一和实施方便,世界各国均采用参比端保持为零摄氏度,即 $t=0$℃条件下,用实验的方法测出各种不同热电极组合的热电偶在不同热端温度下所产生的热电势值,制成测量端温度(通常用国际摄氏温度单位)和热电偶电势对应关系表,即分度表;也可据此计算得两者的函数表达式。

2. 热电偶分类及特性

为了得到实用性好,性能优良的热电偶,其热电极材料需具有以下性能:

① 优良的热电特性:即热电势及热电势率(灵敏度)要大,热电关系接近单值线性或近似线性,热电性能稳定;

② 良好的物理性能:即高电导率,小比热,耐高温、低温下不易脆断,高、低温下不发生再结晶等;

③ 优良的化学性能:如抗氧化、抗还原性和耐其他腐蚀性介质等;

④ 优良的机械性能:易于提纯和机械加工、工艺性好,易于大批量生产和复制;

⑤ 足够的机械强度和长的使用寿命;

⑥ 制造成本低,价格比较便宜。

近一个世纪来,各国先后生产的热电偶的种类有几百种,应用较广的有几十种,而国际电工委员会推荐的工业用标准热电偶为八种(目前我国的国家标准已与国际标准统一)。其中分度号为 S、R、B 的三种热电偶均由铂和铂铑合金制成,属贵金属热电偶。分度号分别为 K、N、T、E、J 的五种热电偶,是由镍、铬、硅、铜、铝、锰、镁、钴等金属的台金制成,属贱金属热电偶。这八种标准热电偶的热电极材料、最大测温范围、适当气氛等如表 9-4 所示。

表 9-4　工业用热电偶测温范围

名称	分度号	测量范围/℃	适用气氛①	稳　定　性
铂铑$_{30}$-铂铑$_{6}$	B	200～1800	O、N	<1500℃，优；>1500℃，良
铂铑$_{13}$-铂	R	−40～1600	O、N	<1400℃，优；>1400℃，良
铂铑$_{10}$-铂	S			
镍铬-镍硅(铝)	K	−270～1300	O、N	中等
镍铬硅-镍硅	N	−270～1260	O、N、R	良
镍铬-康铜	E	−270～1000	O、N	中等
铁-康铜	J	−40～760	O、N、R、V	<500℃，良；>500℃，差
铜-康铜	T	−270～350	O、N、R、V	−170～200℃，优
钨铼$_{3}$-钨铼$_{25}$	WRe3-WRe25	0～2300	N、V、R	中等
钨铼$_{5}$-钨铼$_{26}$	WRe5-WRe26			

① 表中 O 为氧化气氛，N 为中性气氛，R 为还原气氛，V 为真空。

热电偶的选用除了考虑被测对象的温度范围外，还需考虑热电偶使用环境的气氛，通常被测对象的温度范围在−200～300℃时可优选 T 型热电偶，因为它在贱金属热电偶中精度最高，或选 E 型热电偶，它是贱金属热电偶中热电势最大、灵敏度最高的；当上限温度<1000℃时，可优先选 K 型热电偶，其特点为使用温度范围宽(上限最高可达 1300℃)、高温性能较稳定，价格较满足该温区的其他热电偶低；当上限温度<1300℃时，可选 N 型或 K 型热电偶；当测温范围为 1000～1400℃时，可选 S 或 R 型热电偶；当测温范围为 1400～1800℃时，应选 B 型热电偶；当测温上限大于 1800℃时，应考虑选用还属非国际标准的钨铼系列热电偶(其最高上限温度可达 2800℃，但超过 2300℃其准确度要下降；要注意保护，因为钨极易氧化，必须用惰性或干燥氢气把热电偶与外界空气严格隔绝；不能用于含碳气氛)或非金属耐高温热电偶(国内还未商品化，这里不再一一列举)。

在氧化气氛下，且被测温度上限小于 1300℃时，应优先选用抗氧化能力强的贱金属 N 型或 K 型热电偶；当测温上限高于 1300℃时，应选 S、R 或 B 型贵金属热电偶。在真空或还原性气氛下，当上限温度低于 950℃时，应优先选用 J 型热电偶(它不仅可在还原气氛下工作，也可在氧化气氛中使用)，高于此限，可选钨铼系列热电偶、非贵金属系列热电偶或选采取特别的隔绝保护措施的其他标准热电偶。

常用热电偶的热电特性均有现成分度表可查(详见附录 4 至附录 11)。温度与热电势之间的关系也可以用函数式表示，称为参考函数。ITS—90 给出了新的热电偶分度表和参考函数，它们是热电偶测温的依据。

3. 热电偶结构

(1) 普通工业用热电偶

普通工业用热电偶的种类很多，结构和外形也不尽相同。热电偶通常主要由四部分组成：热电极、绝缘管、保护管和接线盒，典型的工业热电偶的基本结构如图 9-11 所示。

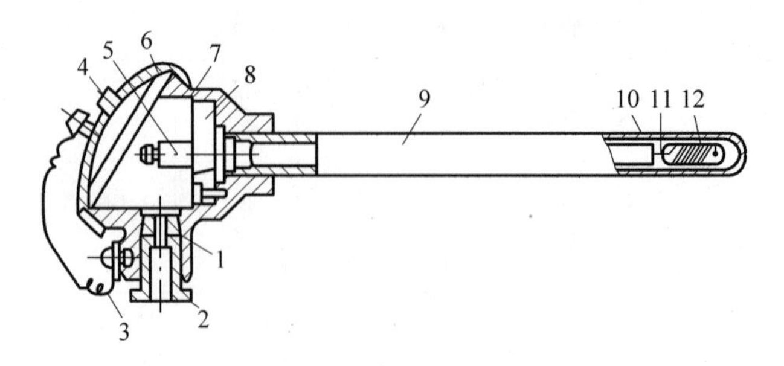

图 9-11 工业热电偶基本结构

1—出线密封圈；2—出线孔螺母；3—链条；4—盖；5—接线柱；6—盖的密封圈；7—接线盒；8—接线座；9—保护管；10—绝缘管；11—内引线；12—热电偶丝

为了保证热电偶正常工作，对其结构提出如下要求：

① 测量端的焊接要牢固；

② 热电极间必须有良好的绝缘；

③ 参比端与导线的连接要方便、可靠；

④ 用于对热电极有害介质测量时，须采用保护管，将有害介质隔开。

(2) 铠装热电偶

所谓铠装热电偶，是将热电偶丝和绝缘材料一起紧压在金属保护管中制成的热电偶。铠装热电偶材料是将热电偶丝装在有绝缘材料的金属套管中，三者经组合加工成可弯曲的坚实的组合体。将此铠装热电偶线按所需长度截断，对其测量端和参比端进行加工，即制成铠装热电偶。由于它具有许多优点，因而受到用户欢迎，应用很普通。它的主要优点是：

① 测量范围宽，铠装热电偶规格多，品种齐全，适合于各种测量场合，在－200～1600℃温度范围内均能使用；

② 响应速度快，与装配式热电偶相比，因为外径细、热容量小，故微小的温度变化也能迅速反应，尤其是微细铠装热电偶更为明显，露端铠装热电偶的时间常数只有 0.01s；

③ 挠性好、安装使用方便，铠装热电偶材料可在其外径 5 倍的圆柱体上绕 5 圈，并可在多处位置弯曲；

④ 使用寿命长，普通热电偶易引起热电偶劣化、断线等事故，而铠装热电偶用氧化镁绝缘，气密性好，致密度高，寿命长；

⑤ 机械强度、耐压性能好，在有强烈震动、低温、高温、腐蚀性强等恶劣条件下均能安全使用，铠装热电偶最高可承受 36kN/cm^2 的压力；

⑥ 铠装热电偶外径尺寸范围宽，铠装热电偶材料的外径范围为 0.25～8mm，特殊要求时可提供直径达 12mm 的产品；

⑦ 铠装热电偶的长度可以做得很长，铠装热电偶材料的最大长度可达 500m。

4. 热电偶温度测量

(1) 补偿导线

在一定温度范围内，与配用热电偶的热电特性相同的一对带有绝缘层的导线称为补偿导线。若与所配用的热电偶正确连接，其作用是将热电偶的参比端延伸到远离热源或环境温度较恒定的地方。使用补偿导线的优点：

① 改善热电偶测温线路的机械与物理性能。采用多股或小直径补偿导线可提高线路的挠性，接线方便，也可以调节线路的电阻或遮蔽外界干扰。

② 降低测量线路的成本。当热电偶与仪表的距离很远时，可用贱金属补偿型补偿导线代替贵金属热电偶。

在现场测温中若采用多股补偿导线，则便于安装与敷设；用直径粗、电导系数大的补偿导线，还可减少测量回路电阻。采用补偿导线虽有许多优点，但必须掌握它的特点，否则，不仅不能补偿参比端温度的影响，反而会增加测温误差。补偿导线的特点是：在一定温度范围内，其热电性能与热电偶基本一致。它的作用只是把热电偶的参比端移至离热源较远或环境温度恒定的地方，但不能消除参比端不为0℃的影响，所以，仍须将参比端的温度修正到0℃。

补偿导线使用注意事项如下：

① 各种补偿导线只能与相应型号的热电偶匹配使用；连接时，切勿将补偿导线极性接反；

② 补偿导线与热电偶连接点的温度，不得超过规定的使用温度范围，通常连接点温度在100℃以下，耐热用补偿导线温度可达200℃；

③ 由于补偿导线与电极材料通常并不完全相同，因此两连接点温度必须相同，否则会产生附加电势、引入误差；

④ 在需高精度测温场合，处理测量结果时应加上补偿导线的修正值，以保证测量精度。

(2) 参比端处理

通常使用的热电偶分度表，都是在热电偶参比端为0℃条件下制作的。在实验室条件下可采取诸如在保温瓶内盛满冰水混合物的方法(最好用蒸馏水及用蒸馏水制成的冰)，并且，保温瓶内要有足够数量的冰块，才能保证参比端为0℃；值得注意的是，冰水混合物并不一定就是0℃，只有在冰水两相界面处才是0℃)或利用半导体制冷的原理制成的电子式恒温槽使参比端温度保持在0℃。

在工业测温现场一般不能使参比端保持0℃，在计算机尤其是微处理器和单片机推广普及前，这是个十分令人头痛的问题；各国从事热电偶温度测量研究与应用的科技工作者，对各种分度号热电偶参比端不为0℃，设计许多补偿方案和专用补偿电路，并因此申报许多专利。但这些成果的适用范围和应用效果都不是很理想。

现在由于计算机尤其是微处理器和单片机的推广普及，智能化测温仪普遍按下述以软件为主的补偿方式：

当热电偶的测量端和参比端温度分别为 t、t_1 时（假定 $t_1 > t_0 = 0$℃），则热电动势

$$E_{AB}(t,t_0) = E_{AB}(t,t_1) + E_{AB}(t_1,t_0) \tag{9-10}$$

可变成

$$E_{AB}(t,0) = E_{AB}(t,t_1) + E_{AB}(t_1,0) \tag{9-11}$$

式中，$E_{AB}(t,t_0)$是测量端和参比端温度分别为 t、t_0 时的热电势；$E_{AB}(t_1,t_0)$是测量端和参比端温度分别为 t_1、t_0 时的热电势；$E_{AB}(t,t_1)$是测量端和参比端温度分别为 t、t_1 时的热电势。

在工业现场实际测量温度时，智能化仪器增加一路测量参比端（由于其置于现场正常环境中，温度变动范围不大，因此，测量参比端的感温元件可采用价格十分低廉的铜电阻或下面将介绍的半导体集成温度传感器 AD590 或 DS1820 等）温度 t_1 的电路。$E_{AB}(t,t_1)$是由智能化仪器通过测量端和参比端输入回路直接测得，$E_{AB}(t_1,0)$则由智能化仪器根据另一路测得的参比端环境温度 t_1，通过查存入仪器程序存储器中的对应热电偶分度表得到，两者相加求得 $E_{AB}(t,0)$，再由 $E_{AB}(t,0)$仪器程序存储器中的对应热电偶分度表得到热电偶测量端的真实温度 t 的数值。

以上这种方法对各种标准化与非标准化热电偶均适用，具有成本十分低廉，补偿精度高的特点，因此目前已被各种智能化（热电偶）测温控温仪器广泛采用。

例 9.1 用 K 型热电偶测炉温时，测得参比端温度 $t_1 = 38$℃；测得测量端和参比端间的热电动势 $E(t,38) = 29.90$mV，试求实际炉温。

解 由 K 型分度表查得 $E(38,0) = 1.53$mV，由式(9-11)可得到

$$E(t,0) = E(t,t_1) + E(t_1,0) = 29.90 + 1.53 = 31.43\text{mV}$$

再查 K 型分度表，由 31.43mV 查得到实际炉温为 755℃。

上述例子中，若参比端不作修正，则按所测测量端和参比端间的热电动势 $E(t,32) = 29.90$mV 查 K 型分度表得对应的炉温 718℃，与实际炉温 755℃ 相差 37℃，由此产生的相对误差约为 5%。由此可见，如果不考虑参比端温度修正、补偿，有时将产生相当大的（温度）测量误差。

9.3 辐射法测温

任何物体，其温度超过绝对零度，都会以电磁波的形式向周围辐射能量。这种电磁波是由物体内部带电粒子在分子和原子内振动产生的，其中与物体本身温度有关传播热能的那部分辐射，称为热辐射。而把能对被测物体热辐射能量进行检测，进而确定被测物体温度的仪表，称为辐射式温度计。辐射式温度计的感温元件不需和被测物体或被测介质直接接触，所以其感温元件不需达到被测物体的温度，从而不会受被测物体的高温及介质腐蚀等影响；它可以测量高达摄氏几千度的高温。感温元件不会破坏被测物体原来的温度场，可以方便地用于测量运动物体的温度是此

类仪表的突出优点。

9.3.1 辐射测温的基本原理

辐射式温度计的感温元件通常工作在属于可见光和红外光的波长区域。可见光的光谱很窄，其波长仅为 0.3～0.72μm；红外光谱分布相对较广，其波长范围为 0.72～1000μm。辐射式温度计的感温元件使用的波长范围为 0.3～40μm。

自然界中所有物体对辐射都有吸收、透射或反射的能力，如果某一物体在任何温度下，均能全部吸收辐射到它上面的任何辐射能量，则称此物体为绝对黑体。

根据基尔霍夫定律得知，具有最大吸收本领的物体，在其受热后，也将具有最大的辐射本领。人们称那些对辐射能的吸收（或辐射）除与温度有关外，还与波长有关的物体为选择吸收体；称那些吸收（或辐射）本领与波长无关的物体为灰体。

绝对黑体的吸收系数 $L_0=1$，反射系数 $\beta_0=0$，理想的绝对黑体在自然界中是不存在的，人们为科学研究和实验所需已能设计出吸收系数为 0.99 ± 0.01 的近似黑体。

绝对黑体在任何温度下都能全部吸收辐射到其表面的全部辐射能；同时在任何一个温度上，它向外辐射的辐射出射度（简称辐出度）亦最大；其他物体的辐出度总小于绝对黑体。在同一温度 T，某一物体在全波长范围的积分辐射出射度 $M(T)$ 与绝对黑体在全波长范围的积分辐射出射度 $M_0(T)$ 之比，称为该物体的全辐射率（或称全辐射系数）$\varepsilon(T)$，其值在 0～1 之间。

在任一温度 T 和某个波长 λ 下，物体在此波长的光谱辐射出射度 $M(\lambda,T)$ 与黑体在此波长的光谱辐射出射度 $M_0(\lambda,T)$ 之比值称为光谱（单色）辐射度，用 $\varepsilon(\lambda,T)$ 表示，简写成 ε_λ。

物体光谱辐射度的大小，不仅与温度、波长有关，而且取决于物体的材料、尺寸、形状、表面粗糙度等，一个真实物体的辐射系数可表示成

$$\varepsilon=1-\beta-\gamma \tag{9-12}$$

式中，β 为物体的反射系数；γ 为物体的透射系数。凡 β、γ 不全为零的物体统称为非黑体。

辐射测温的物理基础是普朗克（Planck）热辐射定律和斯蒂藩-玻尔兹曼（Stefan-Boltzmann）定律。绝对黑体的光谱辐射亮度 $L(\lambda,T)$ 与其波长 λ、热力学温度 T 的关系由普朗克定律确定

$$L(\lambda T)=\frac{C_1}{\lambda^5\pi[e^{C_2/(\lambda T)}-1]} \tag{9-13}$$

式中，λ 为物体发出的辐射波长；T 为热力学温度；$C_1=2\pi c^2h$ 为普朗克第一辐射常数，$C_1=3.7418\times10^{-16}\,W\cdot m^2$；$C_2=hc/k$ 为普朗克第二辐射常数，$C_2=1.438786\times10^{-2}\,m\cdot K$；$h$ 为普朗克常数；k 为玻耳兹曼常数；c 为电磁波在真空中的速度。如果波长 λ 与温度 T 满足 $C_2/(\lambda T)\geqslant1$，则可把普朗克公式简化为维恩（Wien）公式。

$$L_0(\lambda T)=\frac{C_1}{\lambda^5\pi e^{C_2/(\lambda T)}} \tag{9-14}$$

在温度低于 3000K，对于波长较短的可见光，用维恩公式替代普朗克公式产生的误差<1%。

图 9-12 是根据普朗克公式制成的绝对黑体在不同温度下的光谱辐射曲线，每条曲线代表一个固定的温度。

从图中可以看到如下一些规律：每条曲线均有一个极大值，而且这个极值是随着温度升高而向波长短的方向移动；不同温度下的曲线，其曲线峰值点的波长 λ_m 和温度 T 均满足维恩位移定律

$$\lambda_m T = 2898(\mu m \cdot K) \tag{9-15}$$

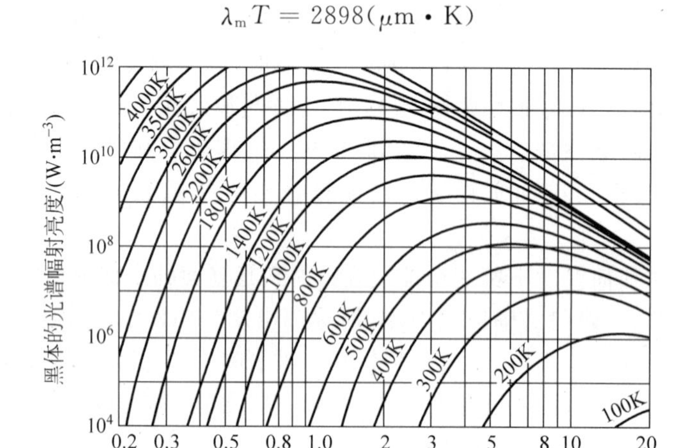

图 9-12 黑体的光谱辐射曲线

由式(9-15)可得：当 T=3000K 时，λ_m=0.966μm，处于红外光区；当 T=5000K 时，λ_m=0.58μm，处于黄光区；当 T=7200K 时，λ_m=0.4μm，处于紫光区。

上述计算与实际观察是完全吻合的。由维恩位移定律可知，若能测出黑体光谱辐射亮度最大时的对应波长 λ_m，便可方便地得到黑体的温度。工程中，常用的比色温度计就是基于这一原理，通过对黑体光谱辐射亮度的测量实现非接触测温的。

实验和理论分析表明，黑体的总辐射能力与温度的关系如下式所示

$$M_0(T)=\sigma T^4 \tag{9-16}$$

即在单位时间内，由绝对黑体单位面积上辐射出的总能量 $M_0(T)$ 与绝对温度 T 的四次方成正比。式(9-16)被称做斯蒂藩-玻尔兹曼定律，式中，σ 为斯蒂藩-玻尔兹曼常数。

$$\sigma=\frac{2\pi^5 k^4}{15h^3c^2}=5.67032\times10^{-8}\,W/m^2\cdot K^4$$

式中，k 为玻尔兹曼常数；h 为普朗克常数；c 为电磁波在真空中的速度。

如果将式(9-16)用辐射亮度表示，则有

$$L_0=\frac{\sigma}{\pi}T^4 \tag{9-17}$$

斯蒂藩-玻尔兹曼定律表明：绝对黑体总的辐射出射度或亮度与其热力学温度的四次方成正比。此定律不仅适合绝对黑体，而且适合所有非黑体的实际物体。由于实际物体的发射率低于绝对黑体，所以实际物体的辐射亮度公式为

$$L = \varepsilon(T)\,\frac{\sigma}{\pi}T^4 \tag{9-18}$$

式中，$\varepsilon(T)$为实际物体的全发射率。

综上所述，任何实际物体的总辐射亮度与温度的四次方成正比；通过测量物体的辐射亮度就可得到该物体的温度，这就是辐射测量的基本原理。

9.3.2　辐射测温方法及其仪表

1. 光谱辐射温度计

依据物体光谱辐射出射度或辐射亮度和其温度 T 的关系，可以测出物体的温度。工程上，直接测定物体光谱辐射出射度比较困难，而测定物体的辐射亮度，则相对容易得多。故目前国内外使用的光谱辐射温度计都是根据被测物体的光谱辐射亮度来确定物体的温度。我国目前生产的光谱辐射温度计有光学高温计、光电高温计及硅辐射温度计等。

(1) 光学高温计

光学高温计是发展最早、应用最广的非接触式温度计。它结构较简单，使用方便，适用于 1000～3500K 范围的温度测量，其精度通常为 1.0 级和 1.5 级，可满足一般工业测量的精度要求。它被广泛用于高温熔体、高温窑炉的温度测量。

值得指出的是，由于各物体的光谱发射率 ε_λ 不同，即使它们的光谱辐射亮度相同，其实际温度也不会相等；光谱发射率大的物体的温度比光谱发射率小的物体的温度低。因此物体的光谱发射率和光谱辐射亮度是确定物体温度的两个决定因素，如果同时考虑这两个因素将给光学高温计的温度刻划带来很大困难。因此，现在光学高温计均是统一按绝对黑体来进行温度刻划。所以，用光学高温计测量被测物体的温度时，读出的数值将不是该物体的实际温度，而是这个物体此时相当于绝对黑体的温度，即所谓的“亮度温度”。

亮度温度的定义是：在波长为 λ、温度为 T 时，若某物体的辐射亮度 L 与温度为 T_L 的绝对黑体的亮度 $L_{0\lambda}$ 相等，则称 T_L 为这个物体在波长为 λ 时的亮度温度。其数学表达式为

$$L(\lambda,T) = \varepsilon(\lambda,T)L_0(\lambda,T) = L_0(\lambda,T_L) \tag{9-19}$$

式中，$\varepsilon(\lambda,T)$为实际物体在温度为 T、波长为 λ 时的光谱发射率；T 为实际物体的真实温度，单位为 K；T_L 为黑体温度，也即实际物体的亮度温度，单位为 K。

在常用温度和波长范围内，通常用维恩公式来近似表示光谱辐射亮度，这时式(9-19)表示成

$$\varepsilon(\lambda,T)\,\frac{C_1}{\pi\lambda^5 e^{C_2/(\lambda T)}} = \frac{C_1}{\pi\lambda^5 e^{C_2/(\lambda T_L)}} \tag{9-20}$$

两边取对数，整理后得

$$\frac{1}{T_L}-\frac{1}{T}=\frac{\lambda}{C_2}\ln\frac{1}{\varepsilon_\lambda} \tag{9-21}$$

根据亮度温度的定义，光学高温计是在波长为 λ 的单色波长下获得的亮度。这样，物体的真实温度为

$$T=\frac{C_2 T_L}{\lambda T_L \ln\varepsilon_\lambda + C_2} \tag{9-22}$$

对于真实物体总是有 $\varepsilon_\lambda<1$，故测得的亮度温度总比物体的实际温度低，即 $T_L<T$。

光学高温计通常采用(0.66±0.01)μm 的单一波长，将物体的光谱辐射亮度 L_λ 和标准光源的光谱辐射亮度进行比较，确定待测物体的温度。光学高温计有三种形式：灯丝隐灭式光学高温计、恒定亮度式光学高温计和光电亮度式光学高温计。

灯丝隐灭式光学高温计是由人眼对热辐射体和高温计灯泡在单一波长附近的光谱范围的辐射亮度进行判断，调节灯泡的亮度使其在背景中隐灭或消失而实现温度测量的。此种隐丝式光学高温计又称目视光学高温计或简称光学高温计，国产 WGGZ 型光学高温计就是此类高温计。

WGGZ 型光学高温计的原理示意图如图 9-13 所示。

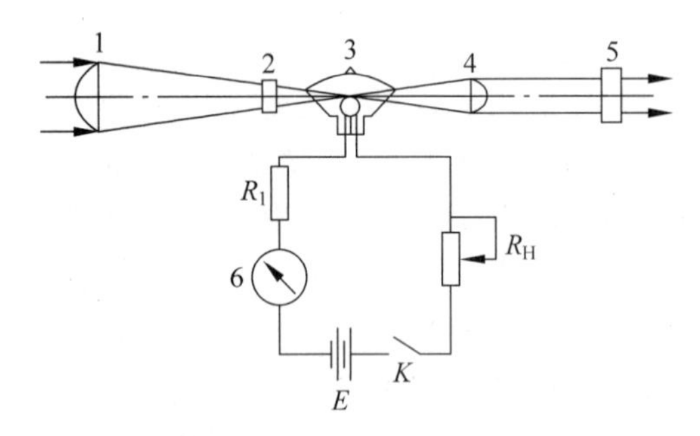

图 9-13　WGGZ 型光学高温计原理图

1—物镜；2—灰色吸收玻璃；3—灯泡；4—目镜；5—红色滤光片；6—显示表头

(2) 光电高温计

光学高温计虽然有结构相对较简单、灵敏度高、测量范围广、使用方便等优点，但是光学高温计在测量物体的温度时，由于要靠手动调节灯丝的亮度，由人眼判别灯丝的“隐灭”，故观察误差较大，也无法实现自动检测和记录。由于科技不断发展进步，依据光学高温计原理制造出来的光电高温计正在迅速替代光学高温计而广泛用于工业高温测量。

光电高温计克服了光学高温计的主要缺点，它采用硅光电池作为仪表的光敏元件，代替人眼感受被测物体辐射亮度的变化，并将此亮度信号按比例转换成电信号，经滤波放大后送检测系统进行后续转换处理，最后显示出被测物体的亮度温度。

光电高温计与光学高温计相比，主要优点有：

① 灵敏度高：光学高温计在金点的灵敏度最佳值为 0.5℃，而光电高温计却能达到 0.005℃，较光学高温计提高两个数量级；

② 精确度高：采用干涉滤光片或单色仪后，使仪器的单色性能更好，因此，延伸点的不确定度明显降低，在 2000K 时为 0.25℃，至少比光学高温计提高一个数量级；

③ 使用波长范围不受限制：使用波长范围不受人眼光谱敏感度的限制，可见光与红外光范围均可应用，其测温下限可向低温扩展；

④ 光电探测器的响应时间短：光电倍增管可在 10^{-6}s 内响应，响应时间很短；

⑤ 便于自动测量与控制：可自动记录或远距离传送。

光电高温计由于目前的硅光电池和反馈灯等光电器件的特性离散性大，故光电器件的互换性差，所以在使用、维修时若要更换硅光电池和反馈灯，必须对整个仪表重新进行调整和标定（刻度）。工业用光电高温计精度等级仍为 1.0 级和 1.5 级两种。

(3) 辐射温度计

辐射温度计是根据全辐射定律，基于被测物体的辐射热效应进行工作的。它通常由辐射敏感元件、光学系统、显示仪表及辅助装置等几大部分组成。辐射温度计是最古老、最简单、较常用的非接触式高温检测仪表，过去习惯称之为全辐射温度计。虽然此种仪器具有能聚集被测物体辐射能于敏感元件的光学系统，但实际上任何实际的光学系统都不可能全部透过或全部反射所有波长范围的全部辐射能，所以把它直接称之为辐射温度计，似乎更合理一些。

辐射温度计与光学高温计一样是按绝对黑体进行温度分度的，因此用它测量非绝对黑体的具体物体温度时，仪表上的温度指示值将不是该物体的真实温度，称该温度为此被测物体的辐射温度。由此，可以给辐射温度定义为：黑体的总辐射能量等于被测非黑体的总辐射温度。其数学表达式为

$$\varepsilon_T \sigma T^4 = \sigma T_{\mathrm{F}}^4 \tag{9-23}$$

亦即

$$T = T_{\mathrm{F}} \sqrt[4]{\frac{1}{\varepsilon_T}} \tag{9-24}$$

式中，T 为被测物体的真实温度；T_{F} 为被测物体的辐射温度；ε_{T} 为被测物体的全发射率。由于 $0<\varepsilon_T<1$，所以，辐射温度 T_{F} 总要低于物体的真实温度，现将一些常用材料在给定温度范围内的全发射率列于表 9-5 中，供参考。

值得注意的是，ε_T 与光谱发射率 ε_λ 一样，涉及的因素很多，它随物体的化学成分、表面状态、温度及辐射条件的不同而改变。例如金属镍，在 1000～1400℃ 范围内，ε_T＝0.056～0.069；在类似温度范围内氧化镍的 ε_T 却为 0.54～0.87，大致相差一个数量级。又如磨光的铂在 260～538℃ 范围内，ε_T＝0.06～0.10；而在完全相同的温度范围内，铂黑的 ε_T 高达 0.96～0.97。由此可见，被测物体的化学成分或表面状态的差异，均可能造成 ε_T 的很大变化。

表 9-5 一些材料在给定温度范围内的全发射率

名　　称	温度范围/℃	全发射率 ε_T	名　　称	温度范围/℃	全发射率 ε_T
磨光的纯铁	260～538	0.08～0.13	铬	260～538	0.17～0.26
磨光的熟铁	260	0.27	镍铬合金 KA-25	260～538	0.38～0.44
氧化铸铁	260～538	0.66～0.75	镍铬合金 NCT-3	260～538	0.90～0.97
氧化的熟铁	260	0.95	镍铬合金 NCT-6	260～538	0.89
磨光的钢	260～538	0.10～0.14	氧化的锡	100	0.05
碳化的钢	260～538	0.53～0.56	未氧化的钨	100～500	0.032～0.071
氧化的钢	93～538	0.88～0.96	磨光的银	260	0.03
磨光的铝	93～538	0.05～0.11	氧化的锌	260	0.11
明亮的铝	148	0.49	磨光的银	260～538	0.02～0.03
氧化的铝	93～538	0.20～0.33	未氧化的银	100～500	0.02～0.035
磨光的铜	260～538	0.05～0.18	氧化的银	200～500	0.02～0.038
氧化的铜	100～538	0.56～0.88	大理石	260	0.58
磨光的镍	260～538	0.07～0.10	石灰石	260	0.80
未氧化的镍	100～500	0.06～0.12	石灰泥	260	0.92
氧化的镍	260～538	0.46～0.67	石英	538	0.58
磨光的铂	260～538	0.06～0.10	白色耐火砖	260～538	0.68～0.89
未氧化的铂	100～500	0.047～0.096	石墨碳	100～500	0.71～0.76
氧化的铂	200～600	0.06～0.11	石墨	200～538	0.49～0.54
铂黑	260～538	0.96～0.97	镍铬合金	125～1034	0.64～0.76
未加工的铸铁	925～1115	0.8～0.95	铂丝	225～1375	0.073～0.183
抛光的铁	425～1020	0.144～0.377	铬	100～1000	0.08～0.26
铁	1000～1400	0.08～0.13	硅砖	1000	0.80
银	1000	0.035	硅砖	1100	0.85
抛光的钢铸件	370～1040	0.52～0.56	耐火粘土砖	1000～1100	0.75
磨光的钢板	940～1100	0.55～0.61	煤	1100～1500	0.52
氧化铁	500～1200	0.85～0.95	钽	1300～2500	0.19～0.30
熔化的铜	1100～1300	0.13～0.15	钨	1000～3000	0.15～0.34
氧化铜	800～1100	0.66～0.84	生铁	1300	0.29
镍	1000～1400	0.056～0.069	铝	200～600	0.11～0.19
氧化镍	600～1300	0.54～0.87			

辐射温度计的敏感元件,分光电型与热敏型两大类。

① 光电型：常用的有光电倍增管、硅光电池、锗光电二极管等。这类敏感元件的特点是响应速度极快,而同类元件光电特性曲线一致性不是很好,故互换性较差。

② 热敏型：常用的有热敏电阻、热电堆(由热电偶串联组成)等。这类敏感元件的特点是对响应波长无选择性,灵敏度高,同类元件的热电特性曲线一致性好,响应时间常数较大,通常为 0.01～1s。

辐射温度计光学系统的作用是聚集被测物体的辐射能。其形式有透射型和反射型两大类。光学系统中的物镜通常为平凸形透镜。透镜的材料选用取决于温度计测温范围。测温范围为 400～1200℃时，应选石英玻璃材料（它可透过 0.3～0.4μm 的光谱段）；当测温范围为 700～2000℃时，透镜材料应选用 K—9 型光学玻璃（透过光谱段为 0.3～2.7μm）。所以测量范围不同的辐射温度计的物透镜材料是不同的。图 9-14 是采用热电堆作敏感元件的辐射温度计结构示意图。

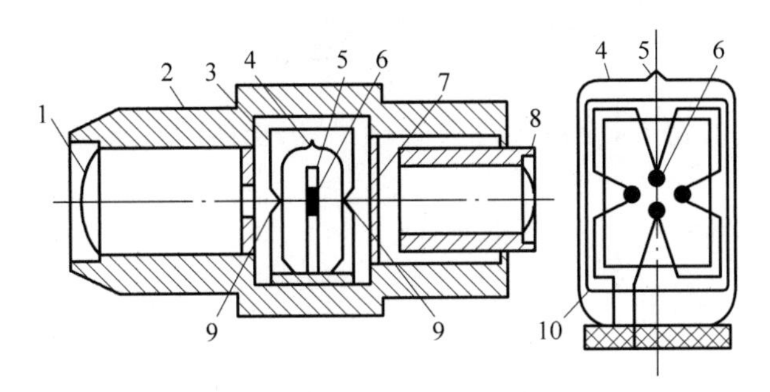

图 9-14　全辐射温度计的构造示意图

1—物镜；2—光阑；3—铜壳；4—玻璃泡；5—热电堆；6—铂黑片；7—吸收玻璃；8—目镜；9—小孔；10—云母片

辐射温度计的测量仪表按显示方式可分为自动平衡式、动圈式和数字式三类。它们均包括测量电路、显示驱动电路、指示器；数字式测量仪表还包括模拟/数字转换电路。自动平衡式测量仪表需有平衡驱动的执行器，如小型步进电机。

辐射温度计的辅助装置主要包括水冷却和烟尘防护装置。与光学温度计相比较，辐射温度计的测量误差要大一些。其原因是被测物体的光谱发射率 ε_λ 比其全辐射发射率 ε_T 稳定、准确。另外在 $\lambda=0.66\mu$m 时，光谱辐射能的增加量比全辐射能的增加量大得多，故光学高温计的灵敏度高。鉴于以上原因，辐射温度计在使用上远不及光学高温计普遍，并有进一步被淘汰的趋势。

2. 比色高温计

维恩位移定律指出：当温度升高时，绝对黑体辐射能量的光谱分布要发生变化。一方面辐射峰值向波长短的方向移动，另一方面光谱分布曲线的斜率将明显增加；斜率的增加致使两个波长对应的光谱能量比发生明显的变化。把根据测量两个光谱能量比（两波长下的亮度比）来测量物体温度的方法称比色测温法；把实现此种测量的仪器称为比色高温计。用此种方法测量非黑体时所得的温度称之为“比色温度”或“颜色温度”。所以，可把比色温度定义为：绝对黑体辐射的两个波长 λ_1 和 λ_2 的亮度比等于被测辐射体在相应波长下的亮度比时，绝对黑体的温度就称为这个被测辐射体的比色温度。

绝对黑体，对应于波长 λ_1 与 λ_2 的光谱辐射亮度之比 R，可用下式表示

$$R=\frac{L_{0\lambda 1}}{L_{0\lambda 2}}=\left(\frac{\lambda_2}{\lambda_1}\right)^5 \mathrm{e}^{\frac{C_2}{T_B}\left(\frac{1}{\lambda_2}-\frac{1}{\lambda_1}\right)} \tag{9-25}$$

两边取自然对数，得

$$\ln R = 5\ln\frac{\lambda_2}{\lambda_1} + \frac{C_2}{T_B}\left(\frac{1}{\lambda_2} - \frac{1}{\lambda_1}\right) \tag{9-26}$$

整理得

$$T_{\mathrm{B}} = C_2 \frac{\dfrac{1}{\lambda_2} - \dfrac{1}{\lambda_1}}{\ln\dfrac{\lambda_{0\lambda 1}}{L_{0\lambda 2}} - 5\ln\dfrac{\lambda_2}{\lambda_1}} \tag{9-27}$$

根据比色温度的定义,应用维恩公式,可导出物体的真实温度和其比色温度的关系

$$\frac{1}{T} - \frac{1}{T_{\mathrm{B}}} = \frac{\ln\dfrac{\varepsilon(\lambda_1, T)}{\varepsilon(\lambda_2, T)}}{C_2\left(\dfrac{1}{\lambda_1} - \dfrac{1}{\lambda_2}\right)} \tag{9-28}$$

式中,T_B 为绝对黑体温度,也即物体的比色温度;T 为物体的真实温度;$\varepsilon(\lambda_1, T)$、$\varepsilon(\lambda_2, T)$为物体在 λ_1 和 λ_2 时的光谱发射率。通常 λ_1 和 λ_2 为比色高温计出厂时统一标定的定值,由制造厂家选定。例如选 0.8μm 的红光和 1μm 的红外光。

对于灰体,由于其 $\varepsilon_{\lambda 1}=\varepsilon_{\lambda 2}$,所以灰体的真实温度与其比色温度相一致。由于很多金属或合金随波长的增大其单色光谱发射率是逐渐减小的,故这类物体的比色温度是高于真实温度的。而相当多的金属其 $\varepsilon_{\lambda 1}$ 近似等于 $\varepsilon_{\lambda 2}$,故用比色高温计测量此类金属时所得的比色温度就近似等于它们的真实温度。以上这些是比色高温计的一个主要优点。其次,在测量物体的光谱发射率时,比色高温计测量它们相对比值的精度总高于测量它们绝对值的精度;另外由于采用两个波长亮度比的测量,故对环境气氛方面的要求可大大降低,中间介质的影响相对前述光谱辐射温度计来要小得多。

综上所述,与光谱辐射温度计相比,比色高温计的准确度通常较高、更适合在烟雾、粉尘大等较恶劣环境下工作。国产 WDS—II 光电比色高温计的原理示意图如图 9-15 所示。

由图 9-15(a)可知,被测物体的辐射能经物镜 1 聚焦后,经平行平面玻璃 2、中间有通孔的回零硅光电池 3,再经透镜 4 到分光镜 5。分光镜的作用是反射 λ_1 而让 λ_2 通过,将可见光分成 λ_1($\approx$0.8μm)、λ_2($\approx$1μm)两部分。一部分的能量经可见光滤光片 9,将少量长波辐射能滤除后,剩下波长约为 0.8μm 的可见光被硅光电池 8(即 E_1)接收,并转换成电信号 U_1,输入显示仪表;另一部分的能量则通过分光镜 5,经红外滤光片 6 将少量可见光滤掉。剩下波长为 1μm 的红外光被硅光电池 7(即 E_2)接收,并转换成电信号 U_2 送入显示仪表。

由两个硅光电池输出的信号电压,经显示仪表的平衡桥路测量得出其比值 $B=U_1/U_2$,比值的温度数值是用黑体进行分度的。显示仪表由电子电位差计改装而成,其测量线路如图 9-15(b)所示,当继电器 J 处于位置 2 时,两个硅光电池 E_1、E_2 输出的电势在其负载电阻上产生电压,这两个电压的差值送入放大器推动可逆电机 M 转动。电机将带动滑线电阻 R_6 上的滑动触点移动,直到放大器的输出电压是零为止。

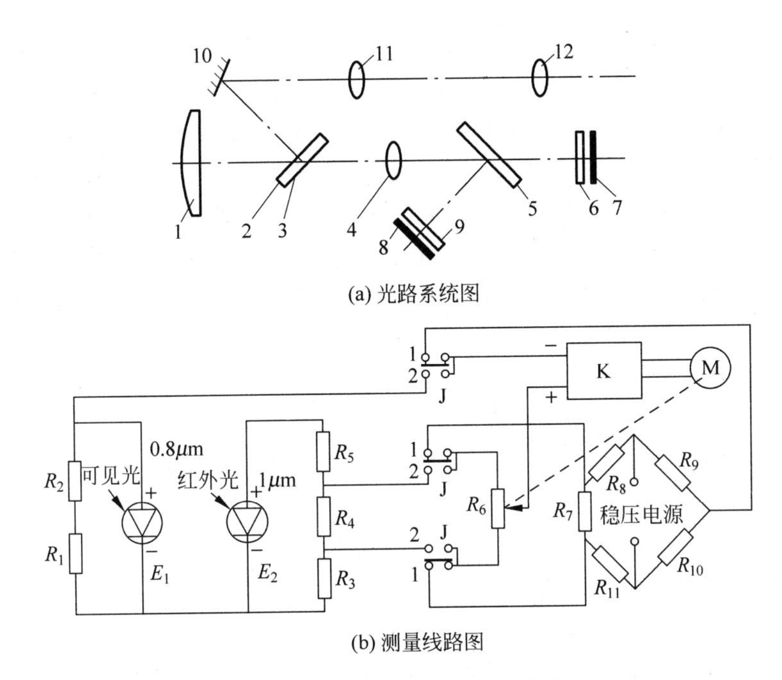

图 9-15　WDS—Ⅱ型光电比色高温计

1—物镜；2—平行平面玻璃；3—回零硅光电池；4—透镜；5—分光镜；6—红外滤光片；7—硅光电池 E_2；8—硅光电池 E_1；9—可见光滤光片；10—反射镜，11—例像镜；12—目镜

此时滑动触点的位置则代表被测物体的温度。继电器 J 处于位置 1 时，仪表指针回零。

在 WDS—II 型光电比色高温计中选用的两波长分别为可见光与红外光。如果两个波长均选在红外光波段，则该仪表称为红外比色温度计，可用来测量较低温度。

9.3.3　红外测温与红外成像测温仪

1. 红外测温

（1）红外辐射

红外辐射俗称红外线，它是一种人眼看不见的光线。但实际上它和其他任何光线一样，也是一种客观存在的物质。任何物体，只要它的温度高于绝对零度，就有红外线向周围空间辐射。红外线是位于可见光中红光以外的光线，故称为红外线。它的波长范围大致在 0.75～1000μm 的频谱范围之内。相对应的频率大致在 4×10^{14}～3×10^{11} Hz 之间，红外线与可见光、紫外线、x 射线、γ 射线和微波、无线电波一起构成了整个无限连续的电磁波谱。

红外辐射的物理本质是热辐射。物体的温度越高，辐射出来的红外线越多，红外辐射的能量就越强。研究发现，太阳光谱各种单色光的热效应从紫色光到红色光是逐渐增大的，而且最大的热效应出现在红外辐射的频率范围内，因此人们又将红外辐射称为热辐射或热射线。

除了上述两类辐射温度计外，还有其他一些利用光电管、光电池、光敏电阻、热电元件等作为光敏元件的辐射式温度计。这些辐射温度计对光谱具有一定的选择性。仅对部分光谱能量进行测量，故亦称部分辐射温度计。它们的特点是灵敏度高，测温下限低和响应速度较快。下面重点介绍一下目前工业上应用较广的红外部分辐射温度计，简称红外温度计。在温度低于 1600℃时，$L_{0\lambda}$最大值所对应的波长范围已明显超出可见光区而进入红外光谱区，这时人眼无法敏感，只能借助各种红外敏感元件，即红外检测器来进行。

（2）红外测温的特点

红外测温是比较先进的测温方法。其特点如下：

① 红外测温是非接触测温，特别适合用于较远距离的高速运动物体、带电体、高温及高压物体的温度测量；

② 红外测温反应速度快，它不需要与物体达到热平衡的过程，只要接收到目标的红外辐射即可测定温度，反映时间一般都在毫秒级甚至微秒级；

③ 红外测温灵敏度高，由于物体的辐射能量与温度的四次方成正比，因此物体温度微小的变化，就会引起辐射能量较大的变化，红外传感器即可迅速地检测出来；

④ 红外测温准确度较高，由于是非接触测量，不会破坏物体原来温度分布状况，因此测出的温度比较真实，其测量准确度可达到 0.1℃以内，甚至更小；

⑤ 红外测温范围广泛，可测摄氏零下几十度到零上几千度的温度范围；

⑥ 红外测温方法，几乎可在所有温度测量场合使用。例如，各种工业窑炉、热处理炉温度测量、感应加热过程中的温度测量，尤其是钢铁工业中的高速线材、无缝钢管轧制，有色金属连铸、热轧等过程的温度测量等；军事方面的应用如各种运载工具发动机内部温度测量、导弹红外(测温)制导、夜视仪等；在一般社会生活方面如快速非接触人体温度测量，防火监测等。

（3）红外测温原理

红外测温有几种方法，这里只介绍全辐射测温。全辐射测温是测量物体所辐射出来的全波段辐射能量来决定物体的温度。它是斯蒂藩-玻尔兹曼定律的应用，定律表达式为

$$W = \varepsilon\sigma T^4 \tag{9-29}$$

式中，W 为物体单位面积所发射的辐射功率，数值上等于物体的全波辐射出射度；ε 为物体表面的法向比辐射率；σ 为斯蒂藩-玻尔兹曼常数；T 为物体的绝对温度(K)。

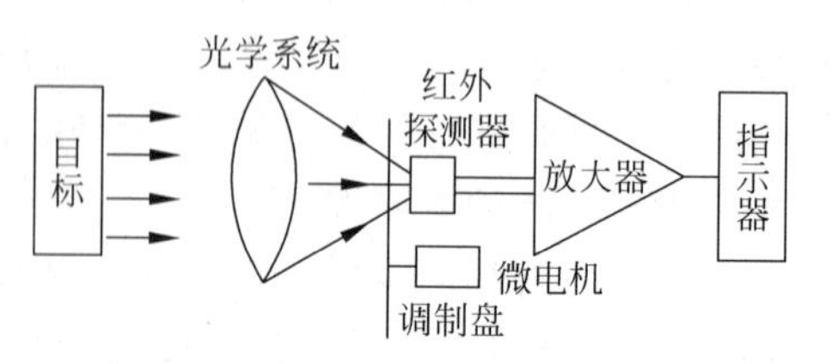

图 9-16　红外测温仪结构原理

红外辐射测温仪结构原理如图 9-16

所示。

由图 9-16 可知，红外测温仪由光学系统、调制器、红外传感器、放大器和指示器等部分组成。光学系统可以是透射式的，也可以是反射式的。透射式光学系统的部件是用红外光学材料制成的，根据红外波长选择光学材料。一般测量高温（700℃以上）仪器，有用波段主要在 0.76～3μm 的近红外区，可选用一般光学玻璃或石英等材料。测量中温（100～700℃）仪器，有用波段主要在 3～5μm 的中红外区，通常采用氟化镁、氧化镁等热压光学材料。测量低温（100℃以下）仪器，其有用波段主要在 5～14μm 的中远红外波段，一般采用锗、硅、热压硫化锌等材料。通常还在镜片表面蒸镀红外增透层，一方面滤掉不需要的波段，另一方面增大有用波段的透射率。反射式光学系统多用凹面玻璃反射镜，表面镀金、铝或镍铬等在红外波段反射率很高的材料。

调制器就是把红外辐射调制成交变辐射的装置。一般是用微电机带动一个齿轮盘或等距离孔盘，通过齿轮盘或带孔盘旋转，切割入射辐射而使投射到红外传感器上的辐射信号成交变的。因为系统对交变信号处理比较容易，并能取得较高的信噪比。

红外传感器是接收目标辐射并转换为电信号的器件，选用哪种传感器要根据目标辐射的波段与能量等实际情况确定。

2. 红外成像测温仪

在许多场合，人们不仅需要知道物体表面的平均温度，更需要了解物体的温度分布情况，以便分析、研究物体的结构，探测内部缺陷。红外成像就能将物体的温度分布以图像的形式直观地显示出来。下面根据不同成像器件对成像原理作简要介绍。

（1）红外摄像管

红外摄像管是将物体的红外辐射转换成电信号，经过电子系统放大处理，再还原为光学像的成像装置，如光导摄像管、硅靶摄像管和热释电摄像管等。前二者是工作在可见光或近红外区的，而后者工作波段长。图 9-17 是热释电摄像管的结构简图。该摄像管靶面为一块热释电材料薄片，在接收辐射的一面覆盖一层对红外辐射透明的导电膜。当经过调制的红外辐射经光学系统成像在靶上时，靶面吸收红外辐射，温度升高并释放出电荷。靶面各点的热释电与靶面各点温度的变化成正比，而靶面各点的温度变化又与靶面的辐照度成正比。因而，靶面各点的热释电量与靶面的辐照度成正比。当电子束在外加偏转磁场和纵向聚焦磁场的作用下扫过靶面时，就得到与靶面电荷分布相一致的视频信号。通过导电膜取出视频信号，送视频放大器放大后，再送到控制显像系统，在显像系统的屏幕上便可见到与物体红外辐射相对应的热像图。

这里需要提起注意的是：热释电材料只有在温度变化的过程中才产生热释电效应，温度一旦稳定，热释电就消失。所以，当对静止物体成像时，必须对物体的辐射

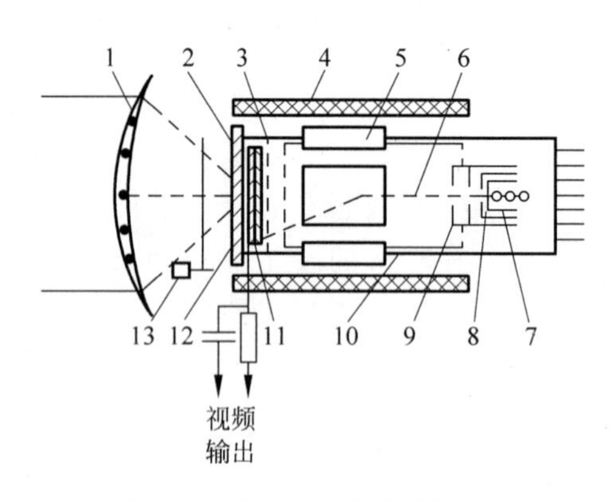

图 9-17　热释电摄像管结构简图

1—锗透镜；2—锗窗口；3—栅网；4—聚焦线圈；5—偏转线圈；6—电子束；7—阴极；8—栅极；9—第一阳极；10—第二阳极；11—热释电靶；12—导电膜；13—斩光器

进行调制。对于运动物体,可在无调制的情况下成像。

(2) 红外变像管

红外变像管是直接把物体红外图像变成可见图像的电真空器件,主要由光电阴极、电子光学系统和荧光屏三部分组成,均安装在高度真空的密封玻璃壳内。当物体的红外辐射通过物镜照射到光电阴极上时,光电阴极表面的红外敏感材料(蒸涂其上的半透明银氧铯)接收物体的红外辐射后,便发射与表面的辐照度大小成正比(即与物体发射的红外辐射成正比)的光电子。光电阴极发射的光电子在电场的作用下飞向荧光屏。荧光屏上的荧光物质,受到高速电子的轰击便发出可见光。可见光辉度与轰击的电子密度的大小成比例,即与物体红外辐射的分布成比例。这样,体现物体各部位温度高低的红外图像便被转换成人眼很容易识别的可见光图像。

(3) 固态图像变换器

固态图像变换器是由许多小单元(称为像元或像素)组成的受光面,各像素将感受的光像转换为电信号后顺序输出的一种大规模集成光电器件,又称电荷耦合摄像器件或 CCD(charge-coupled devices to imaging)图像器件。普通 CCD 固态图像变换器用于红外测温还需要一套与之配套的光学系统；一方面需很好地滤除非红外波长的其他光波,另一方面需把被测物体的红外成像投射到 CCD 固态图像变换器的受光面上。一种新型集成红外电荷耦合器件是用于红外测温更为理想的固体成像器件,具有良好的发展、应用前景。

根据成像原理和成像对象不同,红外成像测温仪种类也较多,如图 9-18 所示是国际上重要的红外热像仪生产商——瑞典 AGA 红外系统公司生产的 AGA-750 型红外热像仪。

该热像仪的光学系统为全折射式。物镜材料为单晶硅,通过更换物镜可对不同距离和大小的物体扫描成像。光学系统中垂直扫描和水平扫描均采用具有高折射率的多面平行棱镜,扫描棱镜由电动机带动旋转,扫描速度和相位由扫描触发器、脉冲发生器和有关控制电路控制。红外传感器输出的微弱信号送入前置放大器进行

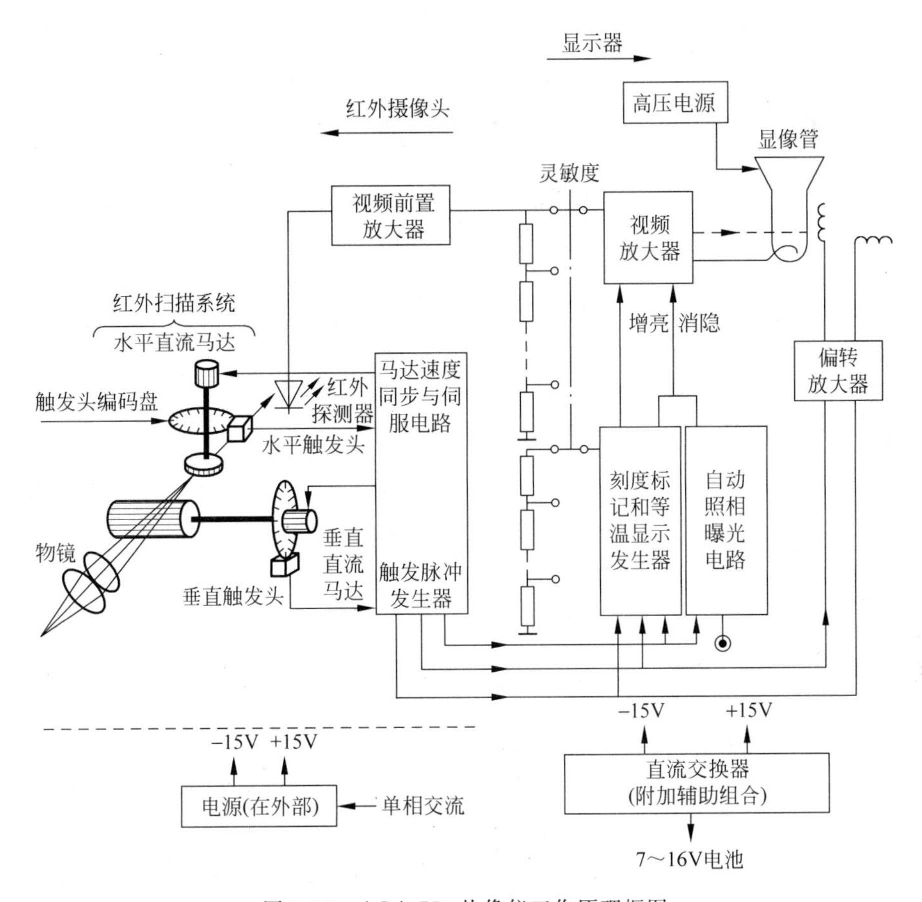

图 9-18 AGA-750 热像仪工作原理框图

放大。温度补偿电路输出信号也同时输入前置放大器，以抵消目标温度随环境温度变化而引起的测量值的误差。前置放大器的增益可通过调整反馈电阻进行控制。前置放大器的输出信号，经视频放大器放大，再去控制显像管屏上射线的强弱。

由于红外传感器输出的信号大小与其所接收的辐照度成比例，因而显像荧屏上射线的强弱亦随传感器所接收的辐照度成比例变化，从而实现被测物体温度成像与测量。

AGA-750 型红外热像仪测温范围为－20～900℃，最小温度分辨力为 0.2℃（目标物体温度为 30℃时），帧频为 6.5 帧/秒。AGA 公司另一型号 AGA-750 型红外热像仪测温范围为－20～2000℃。

红外成像测温仪适用运动体的表面温度检测，例如，在钢板的轧制过程中，由于各道次的间隔时间一般只有几秒钟，直接使用普通传感器测量钢板的温度比较困难，要测量钢板的温度分布则更不可能。但此时使用红外成像测温仪测温，既方便、迅速、准确，同时又具有图像、数据存储和处理等功能。图 9-19 是某钢铁公司板厂红外成像测温仪安装的示意图。

采用红外成像测温仪测量运动中的钢板表面温度，既不影响轧钢生产，又能获

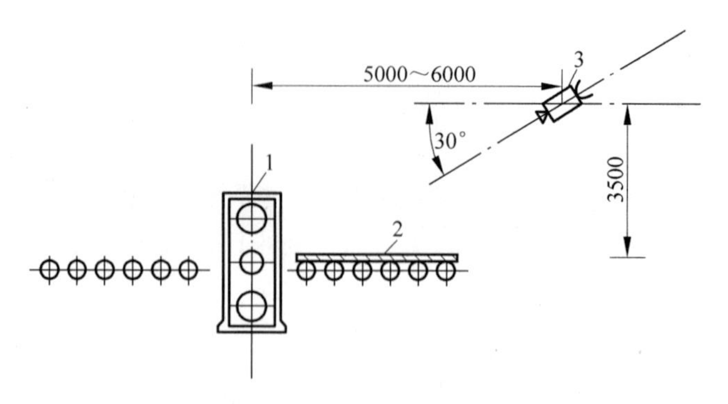

图 9-19 红外成像测温仪的安装示意图

1—轧机；2—钢板；3—红外成像测温仪

得各道轧件动态的温度场图像。此外还可测量轧制时各道次及精整工序的钢板温度及温度分布，得到了许多常规热工仪表测不出的数据。

习题与思考题

9.1 经验温标主要有哪几种？它们是如何定义的？

9.2 国际实用温标的指导思想是什么？

9.3 ITS—90 温标是如何划分温区的？其标准仪器是什么？

9.4 温度的测量方法有哪两大类？各有什么特点？

9.5 工程上实用性良好的热电偶对其热电极材料有哪些要求？

9.6 试述双金属温度计工作原理和适用场合。

9.7 热敏电阻和热电阻、热电偶等其他换能式感温元件相比有哪些显著的特点？

9.8 热电阻在应用的过程中有哪些典型的引线方式？试对各种引线方式做比较。

9.9 用 R 型热电偶测某高炉温度时，测得参比端温度 $t_1=25℃$，测得测量端和参比端间的热电动势 $E(t,25℃)=11.304\text{mV}$，试求实际炉温。

9.10 铠装热电偶有什么优点？

9.11 什么是亮度温度？什么是颜色温度？为什么比色辐射温度计通常相比其他辐射式温度计能获得较高的测量精度？

第10章 流量检测技术

在现代工农业生产和科学研究中，流体的流量是一个重要参数。流量检测的主要任务有两类：一是为流体工业提高产品质量和生产效率，降低成本以及水利工程和环境保护等做必要的流量检测和控制，二是为流体贸易结算、储运管理和污水废气排放控制等做总量计量。随着科学技术的发展，需要测量的流体越来越多，对流量测量的要求也越来越高，因此，要根据被测流体的种类、流动状况和测量条件，研究各种相应的流量测量方法和仪表。本章介绍流量测量的基本知识和常用的流量检测仪表。

10.1 流量检测的基本概念

10.1.1 流量和流量计

1. 流量

所谓流量，是指单位时间内流体流经管道或明渠某横截面的数量，又称瞬时流量。当流体以体积表示时称为体积流量，以质量表示时称为质量流量。

根据流量的定义，体积流量 q_v 和质量流量 q_m 可分别表示为

$$q_v = \lim_{\Delta t \to 0} \frac{\Delta V}{\Delta t} = \frac{\mathrm{d}V}{\mathrm{d}t} = uA \tag{10-1}$$

$$q_m = \lim_{\Delta t \to 0} \frac{\Delta M}{\Delta t} = \frac{\mathrm{d}M}{\mathrm{d}t} = \rho uA \tag{10-2}$$

式中，V 为流体体积；M 为流体质量；t 为时间；A 为观测截面面积；ρ 为流体密度；u 为截面上流体的平均流速。

体积流量和质量流量的关系为

$$q_m = \rho uA = \rho q_v \tag{10-3}$$

在工业生产中，瞬时流量是涉及流体介质的工艺流程中为保持均衡稳定的生产和保证产品质量而需要调节和控制的重要参量。

2. 累积流量

在工程应用中,往往需要了解在某一段时间内流过某横截面流体的总量,即累积流量。累积流量等于该时间内瞬时流量对时间的积分

$$Q_v = \int_t q_v \mathrm{d}t \tag{10-4}$$

$$Q_m = \int_t q_m \mathrm{d}t \tag{10-5}$$

式中,Q_v 为累积体积流量;Q_m 为累积质量流量;t 为测量时间。

累积流量是有关流体介质的贸易、分配、交接、供应等商业性活动中所必知的参数之一,是计价、结算、收费的基础。

3. 流量计

用于测量流量的计量器具称为流量计,通常由一次装置和二次仪表组成。一次装置安装于流体管道内部或外部,根据流体与一次装置相互作用的物理定律,产生一个与流量有确定关系的信号,一次装置又称流量传感器。二次仪表接受一次装置的信号,并转换成流量显示信号或输出信号。流量计可分为专门测量流体瞬时流量的瞬时流量计和专门测量流体累积流量的累积式流量计。目前,随着流量测量技术及仪表的发展,大多数流量计都同时具备测量流体瞬时流量和积算流体总量的功能。

4. 流量计量单位

体积流量的计量单位为立方米/秒(m^3/s),质量流量的计量单位为千克/秒(kg/s);累积体积流量的计量单位为立方米(m^3);累积质量流量的计量单位为千克(kg)。

除上述流量计量单位外,工程上还使用立方米/时(m^3/h)、升/分(L/min)、吨/小时(t/h)、升(L)、吨(t)等作为流量计量单位。

10.1.2 流体物理参数与管流基础知识

测量流量时,必须准确知道反映被测流体属性和状态的各种物理参数,如流体的密度、黏度、压缩系数等。对管道内的流体,还必须考虑其流动状况、流速分布等因素。

1. 流体的密度

单位体积的流体所具有的质量称为流体密度

$$\rho = \frac{M}{V} \tag{10-6}$$

式中,ρ 为流体密度(kg/m^3);M 为流体质量(kg);V 为流体体积(m^3)。

流体密度是温度和压力的函数，流体密度通常由密度计测定，某些流体的密度可查表求得。

2. 流体黏度

实际流体在流动时有阻止内部质点发生相对滑移的性质，这就是流体的黏性，黏度是表示流体黏性大小的参数。通常采用动力黏度和运动黏度来表征流体黏度。

根据牛顿的研究，流体运动过程中阻滞剪切变形的黏滞力与流体的速度梯度和接触面积成正比，并与流体黏性有关，其数学表达式(牛顿黏性定律)为

$$F = \mu A \frac{\mathrm{d}u}{\mathrm{d}y} \tag{10-7}$$

式中，F 为黏滞力；A 为接触面积；$\mathrm{d}u/\mathrm{d}y$ 为流体垂直于速度方向的速度梯度；μ 为表征流体黏性的比例系数，称为动力黏度或简称黏度。各种流体的黏度不同。

流体的动力黏度 μ 与流体密度 ρ 的比值称为运动黏度 ν，即

$$\nu = \frac{\mu}{\rho} \tag{10-8}$$

动力黏度的单位为牛顿·秒/平方米($\mathrm{N \cdot s/m^2}$)，即帕斯卡·秒($\mathrm{Pa \cdot s}$)；运动黏度的单位为平方米/秒($\mathrm{m^2/s}$)。黏度是温度和压力的函数，可由黏度计测定，有些流体的黏度可查表求得。

服从牛顿黏性定律的流体称为牛顿流体，如水、轻质油、气体等。不服从牛顿黏性定律的流体称为非牛顿流体，如胶体溶液、泥浆、油漆等。非牛顿流体的黏度规律较为复杂，目前流量测量研究的重点是牛顿流体。

3. 流体的压缩系数和膨胀系数

在一定的温度下，流体体积随压力增大而缩小的特性，称为流体的压缩性；在一定压力下，流体的体积随温度升高而增大的特性，称为流体的膨胀性。

流体的压缩性用压缩系数表示，定义为：当流体温度不变而所受压力变化时，其体积的相对变化率，即

$$k = -\frac{1}{V} \cdot \frac{\Delta V}{\Delta p} \tag{10-9}$$

式中，k 为流体的体积压缩系数($1/\mathrm{Pa}$)；V 为流体的原体积($\mathrm{m^3}$)；Δp 为流体压力增量(Pa)；ΔV 为流体体积变化量($\mathrm{m^3}$)。因为 Δp 与 ΔV 的符号总是相反，公式中引入负号以使压缩系数 k 总为正值。

如果压力不是很高，液体的压缩系数非常小，一般准确度要求时其压缩性可忽略不计，故通常把液体看做是不可压缩流体，而把气体看做是可压缩流体。

流体的膨胀性用膨胀系数来表示，定义为：在一定的压力下，流体温度变化时其体积的相对变化率，即

$$\beta = \frac{1}{V} \cdot \frac{\Delta V}{\Delta T} \tag{10-10}$$

式中，β 为流体的体积膨胀系数（1/℃）；V 为流体的原体积（m^3）；ΔV 为流体体积变化量（m^3）；ΔT 为流体温度变化量（℃）。

流体膨胀性对测量结果的影响较明显，无论是气体还是液体均须予以考虑。

4. 管流类型

通常把流体充满管道截面的流动叫管流。管流分为下述几种类型：

（1）单相流和多相流

管道中只有一种均匀状态的流体流动称为单相流，如只有单纯气态或液态流体在管道中的流动；两种不同相的流体同时在管道中流动称为两相流；两种以上不同相的流体同时在管道中流动称为多相流。

（2）可压缩和不可压缩流体的流动

流体的流动分为可压缩流体流动和不可压缩流体流动两种，这两种不同的流体流动在流动规律中的某些方面有根本的区别。

（3）稳定流和不稳定流

当流体流动时，若其各处的速度和压力仅与流体质点所处的位置有关，而与时间无关，则流体的这种流动称为稳定流；若还与时间有关，则称为不稳定流。

（4）层流与紊流

管内流体有层流和紊流两种性质截然不同的流动状态。层流中流体沿轴向作分层平行流动，各流层质点没有垂直于主流方向的横向运动，互不混杂，有规则的流线，层流状态流体流量与流体压力降成正比；紊流状态管内流体不仅有轴向运动，而且还有剧烈的无规则的横向运动，紊流状态流量与压力降的平方根成正比。这两种流动状态下，管内流体的流速分布不同。可以用无量纲数——雷诺数作为判别管内流体流动是层流还是紊流的判据。对于圆管流，雷诺数表示为

$$Re_D = \frac{u\rho D}{\mu} = \frac{uD}{\nu} \tag{10-11}$$

式中，Re_D 为圆管流雷诺数；u 为流动横截面的平均流速；μ 为动力黏度；ν 为运动黏度；ρ 为流体的密度；D 为管道内径，即圆管流特征长度。

通常认为，$Re_D \leqslant 2320$ 为层流状态，当 Re_D 大于该数值时，流动就开始转变为紊流。

5. 流速分布与平均流速

流体在管内流动时，由于管壁与流体的黏滞作用，越接近管壁，流速越低，管中心部分的流速最快，这称为流速分布。流体流动状态不同，其流速分布也不同。比较简单的流速分布模型为

层流流动

$$u_x = u_{\max}\left[1 - \left(\frac{r_x}{R}\right)^2\right] \tag{10-12}$$

紊流流动

$$u_x = u_{\max}\left(1 - \frac{r_x}{R}\right)^{1/n} \tag{10-13}$$

式中，u_x 为距管中心距离 r_x 处的流速；$u_{\max}$ 为管中心处最大流速；r_x 为距管中心径向距离；R 为管内半径；n 为随流体雷诺数不同而变化的系数（如表 10-1 所示为雷诺数与 n 的关系）。

表 10-1　雷诺数 Re_D 与 n 的关系

$Re_D\times10^4$	n	$Re_D\times10^4$	n	$Re_D\times10^4$	n
2.56	7.0	38.4	8.5	110.0	9.4
10.54	7.3	53.6	8.8	152.0	9.7
20.56	8.0	70.0	9.0	198.0	9.8
32.00	8.3	84.4	9.2	278.0	9.9

图 10-1 为圆管内的流速分布示意图，可以看出层流状态下流速呈轴对称抛物线分布，在管中心轴上达到最大流速；紊流状态下流速呈轴对称指数分布，其流速分布形状随雷诺数不同而变化，而层流流速分布与雷诺数无关。

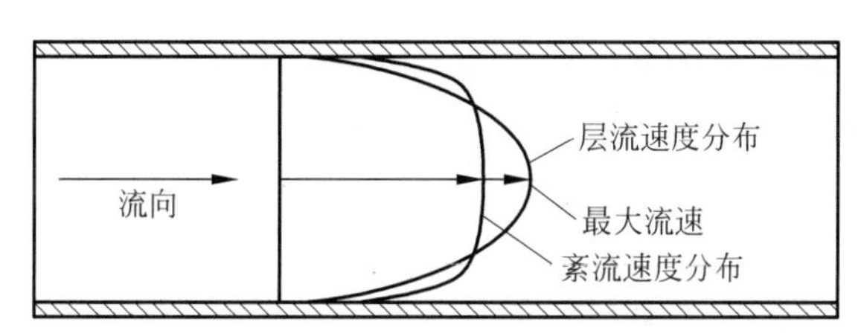

图 10-1　圆管内的流速分布

流体需流经足够长的直管段才能形成上述管内流速分布，而在弯管、阀门和节流元件等后面管内流速分布会变得紊乱。因此，对于由测量流速进而求流量的测量仪表，在安装时其上下游必须有一定长度的直管段。在无法保证足够直管段长度时，应使用整流装置。

通过测流速求流量的流量计一般是检测出平均流速然后求得流量。对于层流，平均流速是管中心最大流速的 0.5 倍（$u=0.5u_{max}$）；紊流时的平均流速 u 与 n 值有关

$$u = \frac{2n^2}{(n+1)(2n+1)}u_{\max} \tag{10-14}$$

6. 流动基本方程

(1) 连续性方程

连续性方程是质量守恒定律在运动流体中的具体应用。对于可压缩流体的定常流动，连续性方程可表达为

$$\rho_1 u_1 A_1 = \rho_2 u_2 A_2 = q_m = \text{常数} \quad (10\text{-}15)$$

式中，A_1、ρ_1、u_1 和 A_2、ρ_2、u_2 分别为图 10-2 所示管道中任意两个截面Ⅰ、Ⅱ处的面积、流体密度和截面上流体的平均流速。

对于不可压缩流体，则 ρ 为常数，方程可简化为

$$u_1 A_1 = u_2 A_2 = q_v = \text{常数} \quad (10\text{-}16)$$

(2) 伯努利方程

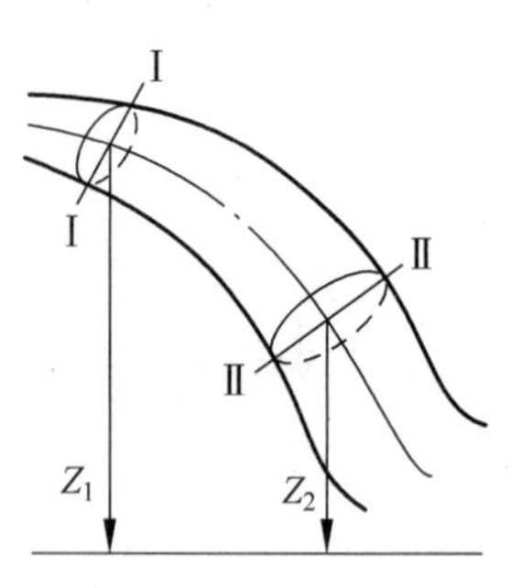

图 10-2 流动基本方程示意图

当无黏性、不可压缩流体在重力作用下在管内定常流动时，伯努利方程可表达为

$$gZ_1 + \frac{p_1}{\rho} + \frac{u_1^2}{2} = gZ_2 + \frac{p_2}{\rho} + \frac{u_2^2}{2} = \text{常数} \quad (10\text{-}17)$$

式中，g 为重力加速度；Z_1、Z_2 为截面Ⅰ、Ⅱ相对基准线的高度；p_1、p_2 为截面Ⅰ、Ⅱ上流体的静压力。

伯努利方程说明，流体运动时，单位质量流体的总机械能(位势能、压力能和动能)沿流线守恒，且不同性质的机械能可以互相转换。应用伯努利方程，可以方便地确定管道中流体的速度或压力。

实际流体具有黏性，在流动过程中要克服摩擦阻力而做功，这将使流体的一部分机械能转化为热能而耗散。因此，在黏性流体中使用伯努利方程要考虑由于阻力而造成的能量损失。

10.1.3 流量检测仪表的分类

现代工业中，流量测量应用的领域广泛，由于各种流体性质不同，测量时其状态(压力、温度)也不相同，因此采用各种各样的方法和流量仪表进行流量的测量。流量仪表种类繁多，已经在使用的超过百种，它们的测量原理、结构、使用方法、适用场合各不相同，各有特点。流量检测仪表可按各种不同的原则划分，目前并无统一的分类方法。通常有以下几种分类：

(1) 按测量对象分类

流量仪表可分为封闭管道流量计和明渠流量计。

(2) 按测量目的分类

流量仪表可分为瞬时流量计和总量表。

(3) 按测量原理分类

流量仪表可分为差压式、容积式、速度式等几类。

(4) 按测量方法和仪表结构分类

这种分类方法较为流行。流量仪表可分为差压式流量计、浮子流量计、容积式流量计、叶轮式流量计、电磁式流量计、流体振动式流量计、超声式流量计以及质量流量计等。

10.2　流量测量仪表

10.2.1　差压式流量计

差压式流量计是目前工业生产中用来测量液体、气体或蒸汽流量的最常用的一类流量仪表，其使用量占整个工业领域内流量计总数的一半以上。

差压式流量计基于流体在通过设置于流通管道上的流动阻力件时产生的压力差与流体流量之间的确定关系，通过测量差压值来求得流体的流量。产生差压的装置有多种形式，相应的有各种不同的差压式流量计，其中使用最广泛的是节流式流量计，其他形式的差压式流量计还有均速管、弯管、靶式流量计、浮子流量计等。

1. 节流式流量计测量原理

节流式流量计由节流装置、引压管路、三阀组和差压计组成，如图 10-3 所示。

节流式流量计中产生差压的装置称节流装置，其主体是一个流通面积小于管道截面的局部收缩阻力件，称为节流元件。当流体流过节流元件时产生节流现象，流体流速和压力均发生变化，在节流元件两侧形成压力差。实践证明，在节流元件形状、尺寸一定，管道条件和流体参数一定的情况下，节流元件前后的压力差与流体流量之间成一定的函数关系。因此，可以通过测量节流元件前后的差压来测量流量。

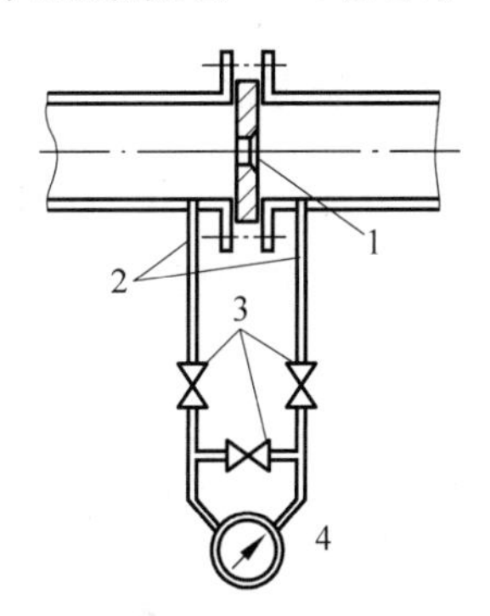

图 10-3　节流式流量计组成
1—节流元件；2—引压管路；3—三阀组；4—差压计

流体流经节流元件时的压力、速度变化情况如图 10-4 所示。从图中可见，稳定流动的流体沿水平管道流动到节流元件前的截面 1 处之后，流束开始收缩，靠近管壁处的流体向管道中心加速，而管道中心处流体的压力开始下降。由于惯性作用，流体流过节流元件后流束继续收缩，因此流束的最小截面位置不在节流元件处，而在节流元件后的截面 2 处(此位置随流量大小而变)，此处流体平均流速 U_2 最大，压力 p_2 最低。截面 2 后，流束逐渐扩大。在截面 3 处，流束又充满管道，流体速度 U_3 恢复到节流前的速度 U_1($U_3=U_1$)。由于流体流经节流元件时会产生漩涡以及沿程的摩擦阻力等会造成能量损失，因此压力 p_3 不能恢复到原来的数值 p_1。p_1 与 p_3 的差值 δp($\delta p=p_1-p_3$)称为流体流经节流元件的压力损失。

沿管壁流体压力的变化和轴线上是不同的，在节流件前由于节流件对流体的阻碍，造成部分流体局部滞止，使管壁上流体静压比上游压力稍有增高。图 10-4(b)中实线表示管壁上流体压力沿轴向的变化，虚线表示管道轴线上流体压力沿轴向的变化。

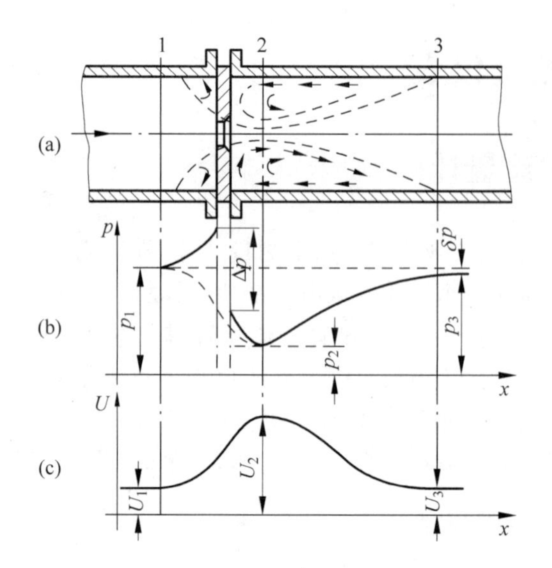

图 10-4　流体流经节流元件时压力和流速变化情况

2. 流量方程

节流件前后差压与流量之间的关系，即节流式流量计的流量方程可由流动连续性方程和伯努利方程推出。设管道水平放置，对于截面 1、2，由于 $Z_1 = Z_2$，则由式(10-16)、式(10-17)有

$$\rho_1 u_1 \frac{\pi}{4} D^2 = \rho_2 u_2 d'^2 \tag{10-18}$$

$$\frac{p_1}{\rho_1} + \frac{u_1^2}{2} = \frac{p_2}{\rho_2} + \frac{u_2^2}{2} \tag{10-19}$$

式中，p_1、p_2 为截面 1 和 2 上流体的静压力；u_1、u_2 为截面 1 和 2 上流体的平均流速；ρ_1、ρ_2 为截面 1 和 2 上流体的密度，对于不可压缩流体，$\rho_1 = \rho_2 = \rho$；D、d' 为截面 1 和 2 上流束直径。

由式(10-18)、式(10-19)可求出

$$u_2 = \frac{1}{\sqrt{1-(d'/D)^4}} \sqrt{\frac{2}{\rho}(p_1 - p_2)} \tag{10-20}$$

根据流量的定义，可得流量与差压的关系为

$$q_v = u_2 A_2 = \frac{1}{\sqrt{1-(d'/D)^4}} \frac{\pi}{4} d'^2 \sqrt{\frac{2}{\rho}(p_1 - p_2)} \tag{10-21}$$

$$q_m = \rho u_2 A_2 = \frac{1}{\sqrt{1-(d'/D)^4}} \frac{\pi}{4} d'^2 \sqrt{2\rho(p_1 - p_2)} \tag{10-22}$$

式中，A_2 为截面 2 上流束截面积。

在推导上述流量方程时，未考虑压力损失 δp；而截面 2 的位置是随流量的大小

变化的，流束收缩最小截面直径 d' 难以确定；另外，(p_1-p_2) 是理论差压，难以测量。因此，在实际使用上述流量公式时，以节流元件的开孔直径 d 代替 d'，并令直径比 $\beta=d/D$；以实际采用的某种取压方式所得到的压差 Δp 代替 (p_1-p_2) 的值；同时引入流出系数 C（或流量系数 α）对式(10-21)、式(10-22)进行修正，得到实际的流量方程

$$q_v=\frac{C}{\sqrt{1-\beta^4}}\frac{\pi}{4}d^2\sqrt{\frac{2}{\rho}\Delta p}=\alpha\frac{\pi}{4}d^2\sqrt{\frac{2}{\rho}\Delta p} \tag{10-23}$$

$$q_m=\frac{C}{\sqrt{1-\beta^4}}\frac{\pi}{4}d^2\sqrt{2\rho\Delta p}=\alpha\frac{\pi}{4}d^2\sqrt{2\rho\Delta p} \tag{10-24}$$

式中，流量系数 $\alpha=\dfrac{C}{\sqrt{1-\beta^4}}=CE$，$E$ 称为渐近速度系数，$E=\dfrac{1}{\sqrt{1-\beta^4}}$。

对于可压缩流体，考虑到节流过程中流体密度的变化而引入流束膨胀系数 ε 进行修正，ρ 采用节流元件前的流体密度，由此流量方程可更一般地表示为

$$q_v=\alpha\varepsilon\frac{\pi}{4}d^2\sqrt{\frac{2}{\rho}\Delta p} \tag{10-25}$$

$$q_m=\alpha\varepsilon\frac{\pi}{4}d^2\sqrt{2\rho\Delta p} \tag{10-26}$$

式中，当用于不可压缩流体时，$\varepsilon=1$；用于可压缩流体时，$\varepsilon<1$。

流量系数 α（或流出系数 C）除与节流元件形式、流体压力的取压方式、管道直径 D、直径比 β 及流体雷诺数 Re 等因素有关外，还受管道粗糙度影响。

流束膨胀系数 ε 也是一个影响因素十分复杂的参数。实验表明，ε 与雷诺数无关，对于给定的节流装置，ε 的数值主要取决于 β、$\Delta p/p_1$ 及被测介质的等熵指数 k。

α 和 ε 均可通过查阅图表求得。

3. 节流装置

节流装置由节流元件、取压装置与测量管段（节流件前后的直管段）等三部分组成。

根据标准化程度，节流装置分为标准节流装置和非标准节流装置两大类。标准节流装置是按标准规定设计、制造、安装、使用的节流装置，不必经过单独标定即可投入使用。我国现行国家标准为 GB/T2624—93，标准中对节流元件的结构形式、尺寸、技术要求等均已标准化，对取压方式、取压装置以及对节流元件前后直管段的要求都有相应规定，有关计算数据都经过大量的系统实验而有统一的图表可供查阅。非标准节流装置成熟程度较差，还没有列入标准文件。

（1）标准节流元件的结构形式

按国标规定，标准节流元件有标准孔板、标准喷嘴（ISA1932）、长径喷嘴、文丘里管和文丘里喷嘴等。工业上最常用的是孔板，其次是喷嘴，文丘里管使用较少。

① 标准孔板。标准孔板是一块具有与管道同心圆形开孔的圆板，迎流一侧是有锐利直角入口边缘的圆筒形孔，顺流的出口呈扩散的锥形。标准孔板的各部分结构尺寸、粗糙度在国标中都有严格的规定(见图 10-5)。它的特征尺寸是节流孔径 d，在任何情况下，应使 $d>12.5$mm，且直径比 β 应为 $0.20\leqslant\beta\leqslant0.75$；节流孔厚度 e 应在 $0.005D$ 与 $0.02D$(D 为管道直径)之间；孔板厚度 E 应在 e 与 $0.05D$ 之间；扩散的锥形表面应经精加工，斜角 F 应为 $45°\pm15°$。

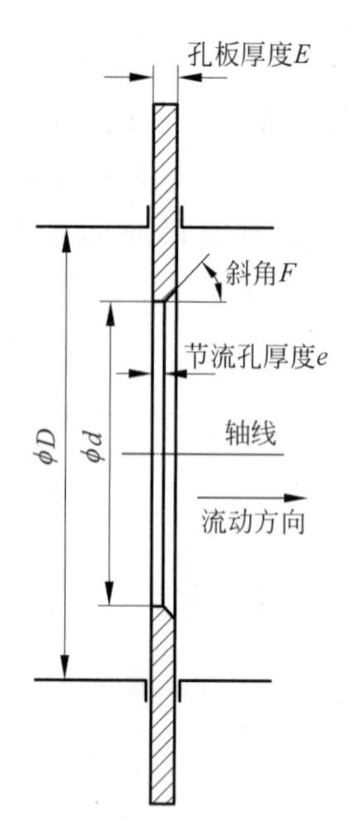

图 10-5　标准孔板

标准孔板结构简单，加工方便，价格便宜；但对流体造成的压力损失较大，测量精度较低，而且一般只适用于洁净流体介质的测量。此外，在大管径条件下测量高温高压介质时，孔板易变形。

② 标准喷嘴。标准喷嘴是一种以管道轴线为中心线的旋转对称体，主要由入口圆弧收缩部分与出口圆筒形喉部组成，有 ISA1932 喷嘴和长径喷嘴两种形式。ISA1932 喷嘴的结构如图 10-6 所示，其廓形由入口端面 A、收缩部分第一圆弧曲面 B 与第二圆弧曲面 C、圆筒喉部 E 和出口边缘保护槽 F 组成。各段型线之间相切，不得有任何不光滑部分。喷嘴的特征尺寸是其圆筒形喉部的内直径 d，筒形长度 $b=0.3D$。

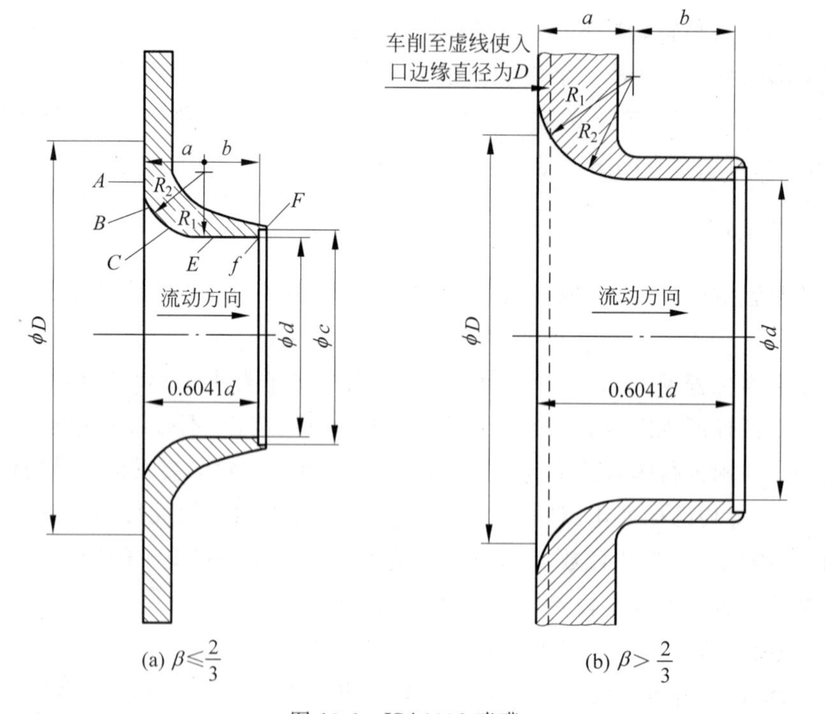

图 10-6　ISA1932 喷嘴

标准喷嘴的测量精度比孔板高,压力损失要小于孔板。能测量带有污垢的流体介质,使用寿命长。但结构较复杂、体积大,比孔板加工困难,成本较高。

③ 文丘里管。文丘里管有两种标准形式:经典文丘里管(简称文丘里管)与文丘里喷嘴。经典文丘里管如图 10-7 所示。

文丘里管压力损失最低,有较高的测量精度,对流体中的悬浮物不敏感,可用于污脏流体介质的流量测量,在大管径流量测量方面应用得较多,但尺寸大、笨重,加工困难,成本高,一般用在有特殊要求的场合。

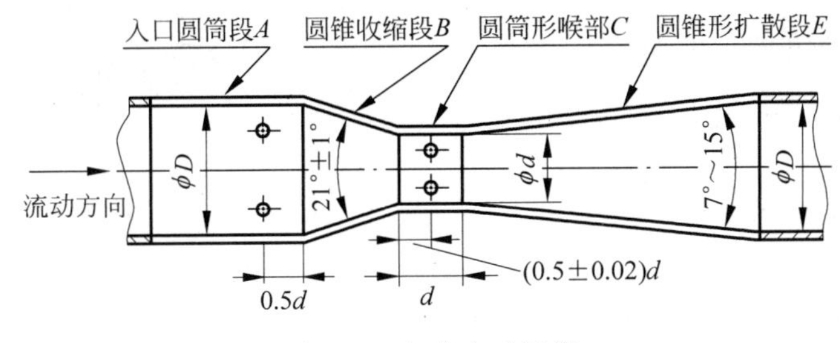

图 10-7　经典文丘里管

(2) 节流装置的取压方式与取压装置

由图 10-4 可以看出,即使流量相同,在节流元件上下游的取压口位置选择不同,得到的差压也将不同。根据节流装置取压口位置,可将取压方式分为理论取压、角接取压、法兰取压、径距取压与损失取压等五种。各种取压方式对取压口位置、取压口直径、取压口的加工及配合都有严格规定。

标准节流装置的取压方式规定为:

① 标准孔板:可以采用角接取压、法兰取压和径距取压;

② ISA1932 喷嘴:上游采用角接取压,下游可采用角接取压或在较远处取压;

③ 经典文丘里管:在上游和喉部均各取不少于 4 个、且由均压环室连接的取压口取压,各取压口在垂直于管道轴线的截面平均分布。

角接取压法的取压孔紧靠孔板的前后端面;法兰取压法上下游取压孔中心与孔板前后端面的距离均为 25.4mm;径距取压法上游取压孔中心与孔板前端面的距离为 $1D$,下游取压孔中心与孔板后端面的距离为 $0.5D$。

目前广泛采用的是角接取压法,其次是法兰取压法。角接取压法比较简便,角接取压装置(见图 10-8)的取压口结构有环室取压和单独钻孔取压两种。环室有均压作用,压差比较稳定,使用广泛,测量精度较高。但当管径>500mm 时,因环室加工困难,一般采用单独钻孔取压,取压孔直径 4~10mm。

法兰取压装置(见图 10-9)结构较简单,由一对带有取压孔的法兰组成,两个取压孔轴线垂直于管道轴线,取压孔直径 6~12mm。法兰取压装置制造和使用比较方便,通用性好,但精度较角接取压法低些。

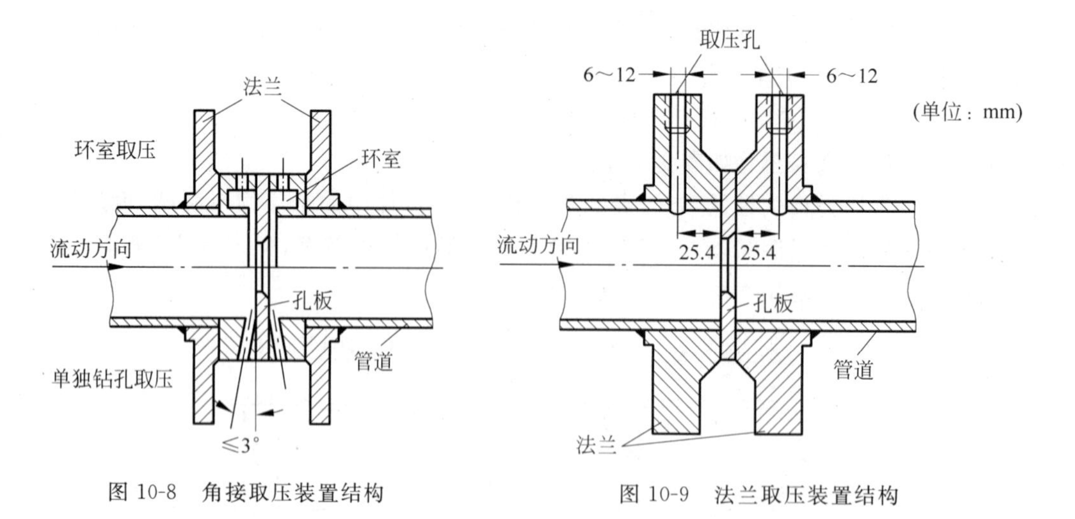

图 10-8　角接取压装置结构

图 10-9　法兰取压装置结构

(3) 标准节流装置的管道条件

国家标准给出的标准节流装置的流量系数值，是流体在到达节流元件上游 1D(一倍管道直径)处的管道截面上形成典型的紊流分布且无漩涡的条件下取得的。如果在实际测量时不能满足或接近这种条件，就可能引起难以估计的测量误差，因此，除对节流元件和取压装置有严格规定外，对管道使用条件，如管道长度、圆度和内表面粗糙度也有严格的要求。

① 安装节流元件的管道应是圆形直管道。节流元件及取压装置安装在截面为圆形的两直管之间。管道圆度按有关标准的规定检验，在节流元件上下游各 2D 长度范围内应实测，2D 以外可目测管道圆度，管道直线度可用目测法检验。

② 管道内壁应洁净。管道内表面在节流元件上游 10D 和下游 4D 范围内应是洁净的(可以是光滑的，也可以是粗糙的)，并满足有关粗糙度的规定。

③ 节流元件前后应有足够长的直管段。为保证流体流到节流元件前达到充分的紊流状态，节流元件前后应有足够长的直管段。标准节流装置组成部分中的测量直管段(前 10D 后 4D，一般由仪表厂家提供)是最小直管段 L 的一部分。由于工业管道上常存在各种弯头、阀门、分叉、会合等局部阻力件，它们会使平稳的流束受到严重的扰动，需要流经很长的直管段才能恢复平稳。因此，节流元件前后实际直管段的长度要根据节流元件上下游局部阻力件的形式、节流元件的形式和直径比 β 决定，具体情况可查阅规范。当现场难以满足直管段的最小长度要求或有扰动源存在时，可考虑在节流元件前安装流动整流器，以消除流动的不对称分布和旋转流等情况。安装位置和使用的整流器形式在标准中有具体规定。安装了整流器后会产生相应的压力损失。

(4) 非标准节流装置

在工程实际应用中，对于诸如脏污介质、低雷诺数流体、多相流体、非牛顿流体或小管径、非圆截面管道等流量测量问题，标准节流元件不能适用，需要采用一些非标准节流装置或选择其他形式的流量计来测量流量。非标准节流装置就是试验数据尚不充分、尚未标准化的节流装置，其设计计算方法与标准节流装置基本相同，但使用前需要进行实际标定。

图 10-10 是几种典型的非标准节流装置节流元件，图中，D 代表管道内径，d 代表节流元件的孔径。其中，图 10-10(a) 是主要用于低雷诺数流量测量的 1/4 孔板；图 10-10(b) 与图 10-10(c) 是适用于脏污介质流量测量的偏心孔板和圆缺孔板；图 10-10(d) 是具有低压力损失的道尔管。

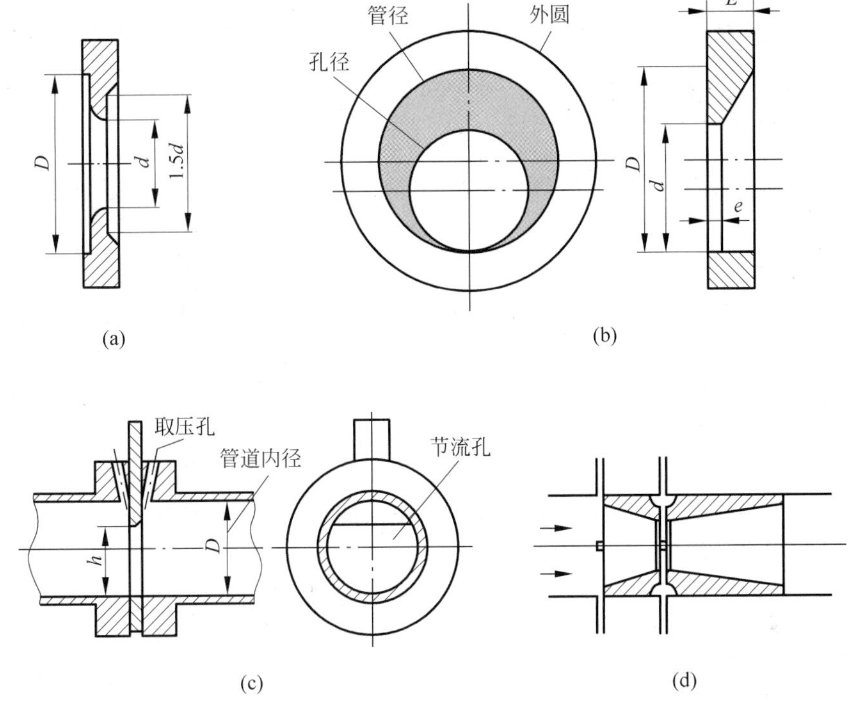

图 10-10　几种非标准节流装置

(5) 差压计

差压计与节流装置配套组成节流式流量计。差压计经导压管与节流装置连接，接受被测流体流过节流装置时所产生的差压信号，并根据生产的要求，以不同信号形式把差压信号传递给显示仪表，从而实现对流量参数的显示、记录和自动控制。

差压计的种类很多，凡可测量差压的仪表均可作为节流式流量计中的差压计使用。目前工业生产中常用的有双波纹管差压计、电动膜片式差压变送器、电容式差压变送器等。

4. 节流式流量计主要特点

节流式流量计发展早、应用历史长。其主要优点是：结构简单，工作可靠，成本低，而且检测件与差压显示仪表可分在不同专业化工厂生产，便于形成规模经济生产，它们的结合非常灵活方便；应用范围非常广泛，能够测量各种工况下的液、气、蒸汽等全部单相流体和高温、高压下的流体，也可应用于部分混相流，如气固、气液、液固等的测量，至今尚无任何一类流量计可与之相比；有丰富、可靠的实验数据和运行经验，标准节流装置设计加工已标准化，无须实流标定就可在已知不确定度范围内进行流量测量。

节流式流量计的主要缺点是：现场安装条件要求较高，需较长的直管段，较难满足；测量范围窄，范围度（即测量的最大流量与最小流量的比值）小，一般为 3∶1～4∶1；流量计对流体流动的阻碍而造成的压力损失较大；测量的重复性、精度不高，由于影响因素错综复杂，精度也难以提高。

10.2.2 容积式流量计

容积式流量计是一种直接测量型流量计，历史悠久，在流量仪表中是精度最高的一类。

容积式流量计的工作原理是：由流量计的转动部件与仪表壳内壁一起构成“计量空间”，在流量计进出口压力差的作用下推动流量计的转动部件旋转，把流经仪表的流体连续不断地分隔为一个个已知固定体积的部分排出，在这个过程中，流体一次次地充满流量计的“计量空间”，然后又不断地被送往出口。在给定流量计条件下，通过计算单位时间或某一时间间隔内经仪表排出的流体固定体积的数量就能实现流量的计量与总量积算。

容积式流量计一般不具有时间基准，适合计量流体的累积流量，如需测量瞬时流量则需另外附加时间测量装置。

容积式流量计的种类很多，按其测量元件形式和测量方式可分为椭圆齿轮流量计、腰轮流量计、刮板流量计、活塞式流量计、湿式流量计和皮膜式流量计等。

1. 腰轮流量计

腰轮流量计又称罗茨流量计，其测量本体由一对腰形轮转子和壳体组成，这对腰轮在流量计进出口两端流体差压作用下，交替地各自绕轴作非匀角速度的旋转，如图 10-11 所示。

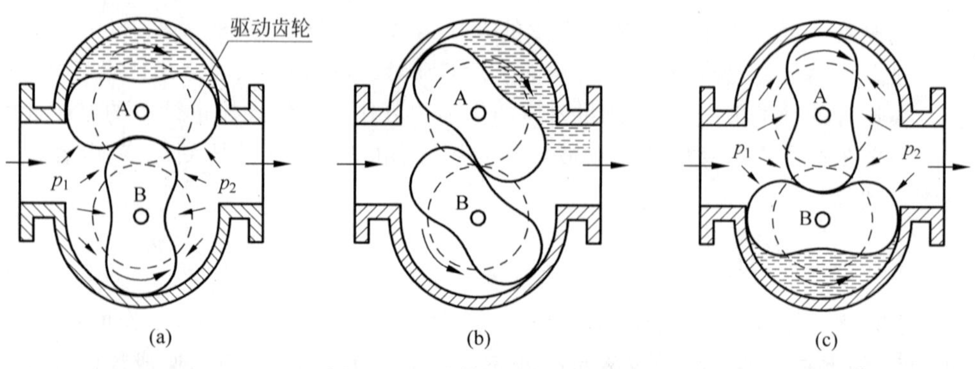

图 10-11 腰轮流量计工作原理

由于流体在流量计入、出口处的压力 $P_1 > P_2$，当 A、B 两轮处于图 10-11(a)所示位置时，A 轮与壳体间构成体积固定的半月形计量室(图中阴影部分)，此时进出口差压作用于 B 轮上的合力矩为零，而在 A 轮上的合力矩不为零，产生一个旋转力矩，使得 A 轮作顺时针方向转动，并带动 B 轮逆时针旋转，计量室内的流体排向出口；当两轮旋转处于图 10-11(b)位置时，两轮均为主动轮；当两轮旋转 90°，处于图 10-11(c)位置时，转子 B 与壳体之间构成计量室，此时，流体作用于 A 轮的合力矩为零，而作用于 B 轮的合力矩不为零，B 轮带动 A 轮转动，将测量室内的流体排向出口。当两轮旋转至 180°时，A、B 两轮重新回到位置(a)。如此周期地主从更换连续的旋转，每旋转一周流量计排出 4 个半月形(计量室)体积的流体。设计量室的体积为 V，则腰轮每旋转一周排出的流体体积为 $4V$。只要测量腰轮的转速 n 或某时间段内的转数 N，就可知道瞬时流量和累积流量

$$
\begin{aligned}
q_V &= 4nV \\
Q &= 4NV
\end{aligned}
\tag{10-27}
$$

腰轮与壳体内壁的间隙很小，以减少流体的滑流量并保证测量的准确性。在转动过程中两腰轮也不直接接触而保持微小的间隙，依靠套在壳体外的与腰轮同轴的啮合齿轮来完成相互驱动，因此运行中磨损很小，能保持流量计的长期稳定性。测量时，通过机械的或其他的方式测出腰轮的转速或转数，得到被测流体的体积流量。

腰轮流量计的结构按照工作状态可分为立式和卧式两种；而腰轮的结构有一对腰轮和由两对互呈 45°夹角的腰轮构成的组合式腰轮两种。组合式腰轮流量计运转平稳，可使管道内压力波动大大减小，通常大口径流量计采用立式或卧式组合腰轮以减小或消除在流量测量过程中引起的管道振动。

腰轮流量计的转子线型比较合理，允许测量含有微小颗粒的流体，可用于气体和液体的测量，它是近年来迅速发展、广泛应用的一种容积式流量计，该型流量计除用于工业测量外，还作为标准流量计对其他类型的流量计进行标定，精度可达±0.1%。

2. 刮板流量计

刮板流量计是一种高精度的容积式流量计，适用于含有机械杂质的流体。较常见的凸轮式刮板流量计如图 10-12 所示。这种流量计主要由可旋转的转子、刮板、固定的凸轮及壳体组成。壳体的内腔为圆形，转子是一个可以转动、有一定宽度的空心薄壁圆筒，筒壁上开了四个互成 90°的槽，刮板可在槽内径向自由滑动。四块刮板由两根连杆连结，相互垂直，在空间交叉。每一刮板的一端装有一小滚轮，沿一具有特定曲线形状的固定凸轮的边缘滚动，使刮板时伸时缩，且因为有连杆相连，若某一端刮板从转子筒边槽口伸出，则另一端的刮板就

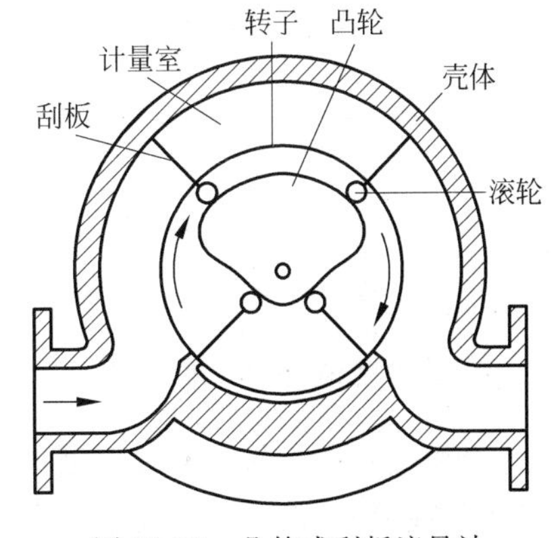

图 10-12　凸轮式刮板流量计

缩进筒内。转子在流量计进、出口差压作用下转动，每当相邻两刮板进入计量区时均伸出至壳体内壁且只随转子旋转而不滑动，形成具有固定体积的计量室，当离开计量区时，刮板缩入槽内，流体从出口排出，同时后一刮板又与其另一相邻刮板形成计量室。转子旋转一周，排出4份固定体积的流体，故由转子的转速和转数就可以求得被测流体的流量。

刮板流量计中，还有凹线式和弹性刮板等形式，它们的工作原理与凸轮式相似，但结构不同。刮板流量计由于结构的特点，能适用于不同黏度和带有细小颗粒杂质的液体，性能稳定，其计量精度可达0.2%，压损小于腰轮流量计，振动及噪音小，适于中、大流量测量。但刮板流量计结构复杂，制造技术要求高，价格较高。

3. 皮膜式气体流量计

皮膜式气体流量计广泛应用于城市家用煤气、天然气、液化石油气等燃气消耗量的计量，习惯上又称煤气表。

皮膜式气体流量计的工作原理如图10-13所示。它由"皿"字形隔膜(皮膜)制成的能自由伸缩的计量室1、2、3、4以及能与之联动的滑阀组成流量测量元件，在皮膜伸缩及滑阀的作用下，可连续地将气体从流量计入口送至出口。只要测出皮膜动作的循环次数，就可获得通过流量计的气体体积总量。

皮膜式气体流量计结构简单，使用维护方便，价格低廉，工作可靠，测量的范围度很宽，可达100：1，测量精度一般为±2%～±3%。其显示为累积值，可在线读数，不需外加能源。

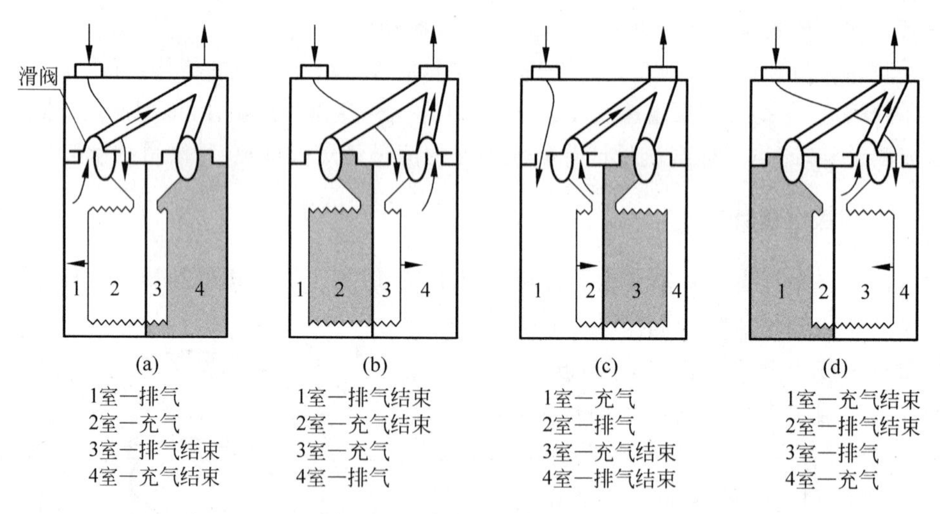

图10-13　皮膜式气体流量计

4. 容积式流量计的特点

容积式流量计的主要优点是：测量精度高，其基本测量误差一般可达±0.1%～±0.5%或更高，而且计量特性一般不受流动状态影响，也不受雷诺数限制，常用在昂贵介质和需要精确计量的场合；安装管道条件对流量计的测量精度没有影响，故流量计前后无直管段长度要求；特别适合高黏度流体介质的测量；测量范围度较宽；直读式仪表，无须外加能源就可直接读数得到流体总量，使用方便。

容积式流量计的主要缺点是：结构复杂，体积庞大，比较笨重，一般只适用于中小口径；大部分容积式流量计对被测流体中的污物较敏感，只适用于洁净的单相流体；部分容积式流量计(如椭圆齿轮、腰轮、活塞式流量计等)在测量过程中会给流体带来脉动，大口径仪表还会产生噪声甚至使管道产生振动；可测量的介质种类、介质工况(温度、压力)和仪表口径局限性较大，适应范围窄。

10.2.3 叶轮式流量计

若测得管道截面上流体的平均流速，则体积流量为平均流速与管道横截面积的乘积。这种测量方法称为流量的速度式测量方法，也是流量测量的主要方法之一。叶轮式流量计是一种速度式流量仪表，它利用置于流体中的叶轮受流体流动的冲击而旋转，旋转角速度与流体平均流速成比例的关系，通过测量叶轮的转速来达到测量流过管道的流体流量的目的。叶轮式流量计是目前流量仪表中比较成熟的高精度仪表，主要品种是涡轮流量计，还有分流旋翼流量计、水表、叶轮风速计等。

1. 涡轮流量计

在各种流量计中，涡轮流量计是重复性和精度都很好的产品，主要用于测量精度要求高、流量变化快的场合，还用作标定其他流量计的标准仪表。涡轮流量计广泛应用于石油、有机液体、无机液体、液化气、天然气、煤气和低温流体等测量对象的流量测量。在国外液化石油气、成品油和轻质原油等的转运及集输站，大型原油输送管线的首末站都大量采用它进行贸易结算。

(1) 结构与工作原理

涡轮流量计的结构如图 10-14 所示，主要由壳体、导流器、支承轴承、涡轮和磁电转换器组成。

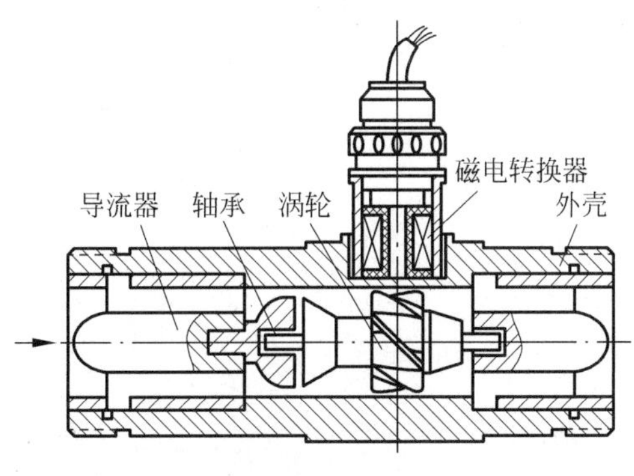

图 10-14　涡轮流量计结构

壳体用非磁性材料制成，用于固定和保护流量计其他部件以及与管道相连。

导流器由前后导向片及导向座构成，采用非磁性材料，其作用一是支撑涡轮，二是对进入流量计的流体进行整流和稳流，将流体导直，使流束基本与轴线平行，防止因流体自旋而改变与涡轮叶片的作用角度，以保证流量计测量的准确性。

涡轮是测量元件，由导磁材料制成。根据流量计直径的不同，其上装有2～8片螺旋形叶片，支承在摩擦力很小的轴承上。为提高对流速变化的响应性，涡轮的质量要尽可能小。

支承轴承要求间隙和摩擦系数尽可能小、有足够高的耐磨性和耐腐蚀性，这关系到涡轮流量计的长期稳定性和可靠性。

磁电转换装置由线圈和磁钢组成，安装在流量计壳体上，它可分成磁阻式和感应式两种。磁阻式将磁钢放在感应线圈内，当由导磁材料制成的涡轮叶片旋转通过磁钢下面时，磁路中的磁阻改变，使得通过线圈的磁通量发生周期性变化，因而在线圈中感应出电脉冲信号，其频率就是转过叶片的频率。感应式是在涡轮内腔放置磁钢，涡轮叶片由非导磁材料制成。磁钢随涡轮旋转，在线圈内感应出电脉冲信号。由于磁阻式比较简单、可靠，所以使用较多。除磁电转换方式外，也可用光电元件、霍尔元件、同位素等方式进行转换。为提高抗干扰能力和增大信号传送距离，在磁电转换器内装有前置放大器。

涡轮流量计是基于流体动量矩守恒原理工作的。当流体通过管道时，冲击涡轮叶片，对涡轮产生驱动力矩，使涡轮克服摩擦力矩和流体阻力矩而产生旋转。在一定的流量范围内，对一定的流体介质黏度，涡轮的转速与流体的平均流速成正比，故流体的流速可通过测量涡轮的旋转角速度得到，从而可以计算流体流量。涡轮转速通过磁电转换装置变成电脉冲信号，经放大、整形后送给显示记录仪表，经单位换算与流量积算电路计算出被测流体的瞬时流量和累积流量。

(2) 流量方程

设流体经导流器导直后沿平行于管道轴线的方向以平均速度 u 冲击叶片，使涡轮旋转，涡轮叶片与流体流向成角度 θ，流体平均流速 u 可分解为叶片的相对速度 u_r 和切向速度 u_s，如图10-15所示。

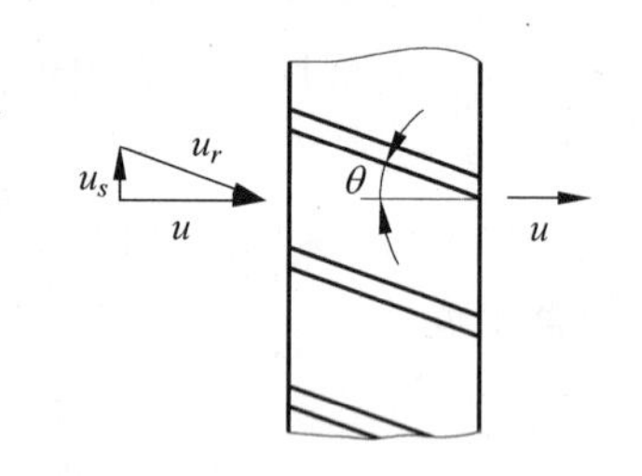

图10-15 涡轮叶片速度分解

切向速度

$$u_s = u\tan\theta \tag{10-28}$$

当涡轮稳定旋转时，叶片的切向速度

$$u_s = \omega R \tag{10-29}$$

则涡轮转速为

$$n = \frac{\omega}{2\pi} = \frac{u\tan\theta}{2\pi R} \tag{10-30}$$

式中，R 为涡轮叶片的平均半径。

可见，涡轮转速 n 与流速 u 成正比。而磁电转换器所产生的脉冲频率为

$$f = nZ = \frac{u\tan\theta}{2\pi R}Z \tag{10-31}$$

式中，Z 为涡轮叶片的数目。

流体的体积流量方程为

$$q_v = uA = \frac{2\pi A}{Z\tan\theta}f = \frac{f}{\xi} \tag{10-32}$$

式中，A 为涡轮的流通截面积；ξ 为流量转换系数，$\xi = Z\tan\theta / 2\pi RA$。

流量转换系数 ξ 的含义是单位体积流量通过磁电转换器所输出的脉冲数，它是涡轮流量计的重要特性参数。由式(10-32)可见，对于一定的涡轮结构，流量转换系数为常数。因此流过涡轮的体积流量 q_v 与脉冲频率 f 成正比。但是由于涡轮轴承的摩擦力矩、磁电转换器的电磁力矩、以及流体和涡轮叶片间的摩擦阻力等因素的影响，在整个流量测量范围内流量转换系数不是常数，其与流量间的关系曲线如图 10-16 所示。

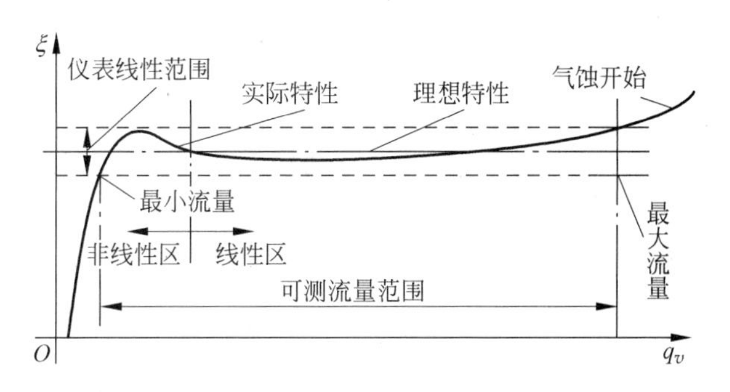

图 10-16　ξ 与流量的关系曲线

由图 10-16 可见，流量转换系数 ξ 可分为二段，即线性段和非线性段。在非线性段，特性受轴承摩擦力，流体黏性阻力影响较大。当流量低于流量计测量下限时，ξ 值随着流量迅速变化，这主要是由于各种阻力矩之和与叶轮的转矩相比较大；当流量大于某一数值后，ξ 值才近似为一个常数，这就是涡轮流量计的工作区域，因此涡轮流量计也有测量范围的限制。当流量超过流量计测量上限时会出现气蚀现象。

(3) 涡轮流量计的特点和安装使用

涡轮流量计的主要优点是：测量精度高，基本误差可达±0.1%；复现性好，短期重复性可达 0.05%～0.2%，因此在贸易结算中是优先选用的流量计；测量范围度宽，可达(10～20)∶1，适合于流量变化幅度较大的场合；压力损失较小；耐高压，承受的工作压力可达 16MPa，适用的温度范围宽；对流量变化反应迅速，动态响应好；输出为脉冲信号，抗干扰能力强，信号便于远传及与计算机相连；结构紧凑轻巧，安装维护方便，流通能力大。

涡轮流量计的主要缺点是：不能长期保持校准特性，需要定期校验；流体物性(黏度和密度)对测量准确性有较大影响；对被测介质的清洁度要求较高。

涡轮流量计可用于测量气体、液体流量，其安装示意图如图 10-17 所示。流量计应水平安装，并保证其前后有足够长的直管段或加装整流器。要求被测流体黏度低，腐蚀性小，不含杂质，以减少轴承磨损，一般应在流量计前加装过滤装置。如果被测液体易气化或含有气体时，要在流量计前装消气器。

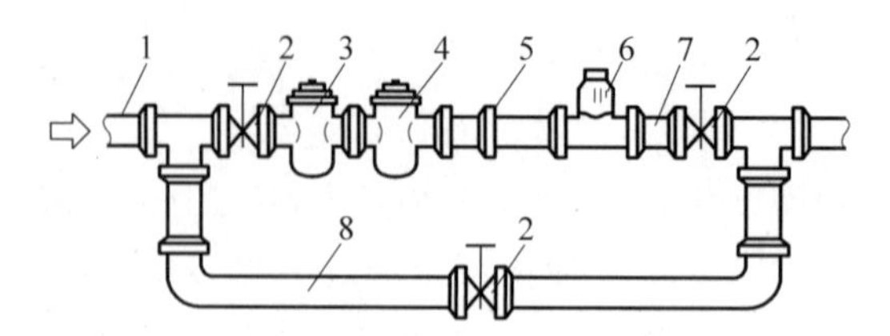

图 10-17 涡轮流量计安装示意图

1—入口；2—阀门；3—过滤器；4—消气器；5—前直管段；6—流量计；7—后直管段；8—旁路管

2. 水表

水表是记录流经封闭满管道中水流量的一种仪表，主要用于计量用户累计用水量。

水表按工作原理可分为流速式水表、容积式水表和活塞式水表，目前建筑给水系统中广泛采用的是流速式水表。水表具有结构简单、量程宽、使用方便、成本低廉等特点，在水资源日益紧张的今天，节水工作已受到世界各国政府的重视，水表作为节水环节中的计量器具和控制手段，得以迅速发展。

流速式水表按其内部叶轮构造不同可分为旋翼式水表和螺翼式水表两种。

(1) 旋翼式水表

旋翼式水表的叶轮轮轴与水流方向垂直，水流阻力较大，计量范围较窄，体积大，安装维修不便，但灵敏度高，适用于小口径管道的单向水流、小流量的总量计量，如用于口径 15mm、20mm、25mm、32mm、40mm 等规格管道的家庭用水量计量。这种水表有外壳、叶轮测量机构以及指示机构等几个部分，其中测量机构由叶轮盒、叶轮、叶轮轴、调节板组成，指示机构由刻度盘、指针、三角指针或字轮、传动齿轮等组成。

旋翼式水表有单流束和多流束两种，见图 10-18 和图 10-19。

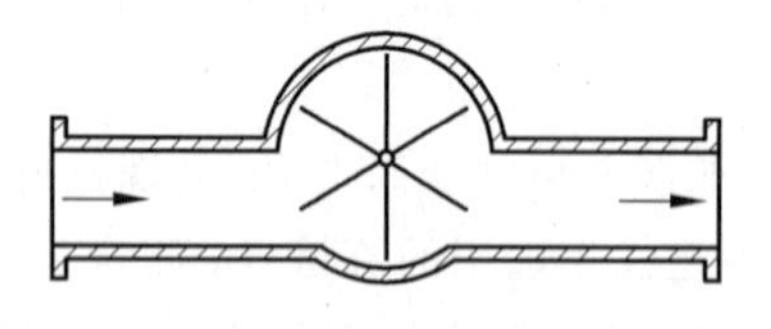

图 10-18 旋翼式单流束水表

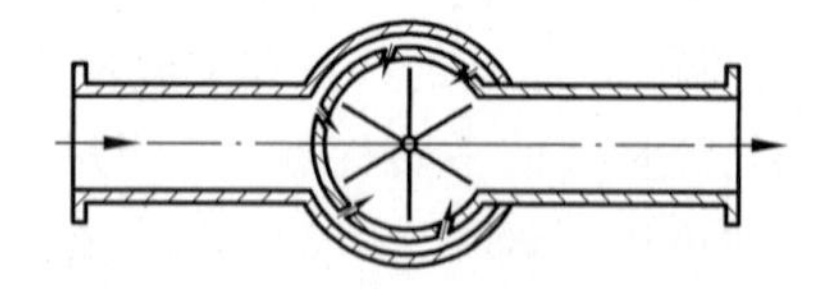

图 10-19 旋翼式多流束水表

单流束水表的工作原理是：水流从表壳进水口切向冲击叶轮使之旋转，然后通过齿轮减速机构连续记录叶轮的转数，从而记录流经水表的累积流量。

多流束水表的工作原理与单流束水表基本相同，它通过叶轮盒的分配作用，将多束水流从叶轮盒的进水口切向冲击叶轮，使水流对叶轮的轴向冲击力得到平衡，减少叶轮支承部分的磨损，并从结构上减少水表安装、结垢对水表误差的影响，总体性能高于单流束水表。

(2) 螺翼式水表

螺翼式水表的叶轮轮轴与水流方向平行，水流阻力较小，计量范围较大，适用于计量大流量（大口径）管道的水流总量，特别适合于供水主管道和大型厂矿用水量的需要。其主要特点是流通能力大、体积小、结构紧凑、便于使用和维修，但灵敏度低。管道口径大于 50mm 时，应采用螺翼式水表。

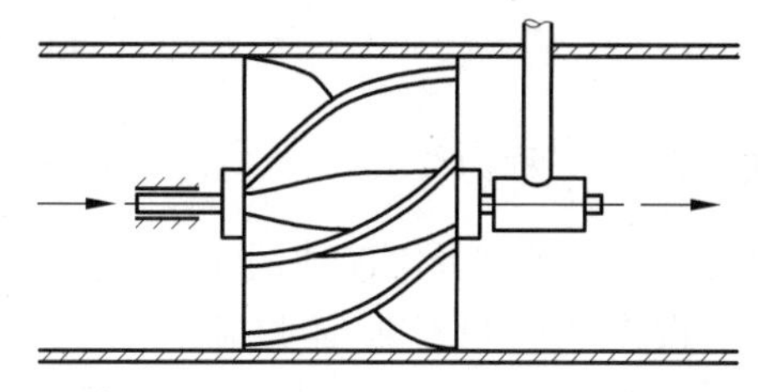

图 10-20　螺翼式水表

螺翼式水表的结构原理见图 10-20。

传统水表具有结构简单，造价低，能在潮湿环境里长期使用，而且不用电源等优点，已经批量生产，并标准化、通用化和系列化。但传统水表一般只具有流量采集和机械指针显示用水量的功能，准确度较低，误差约 ±2%。随着科学技术的进步和对水表计量要求的提高，水表也在不断发展之中，如光、电、磁技术应用于水表，延伸了水表的管理功能，现在已有了各种形式的远传水表、预付费水表、定量水表等。

10.2.4　电磁流量计

电磁流量计是 20 世纪 50～60 年代随着电子技术的发展而迅速发展起来的流量测量仪表，目前已广泛地应用于工业过程中各种导电液体（如各种酸、碱、盐等腐蚀性介质以及含有固体颗粒或纤维的液体）的流量测量。

1. 测量原理和结构

电磁流量计是基于法拉第电磁感应原理制成的一种流量计，其测量原理如图 10-21 所示。

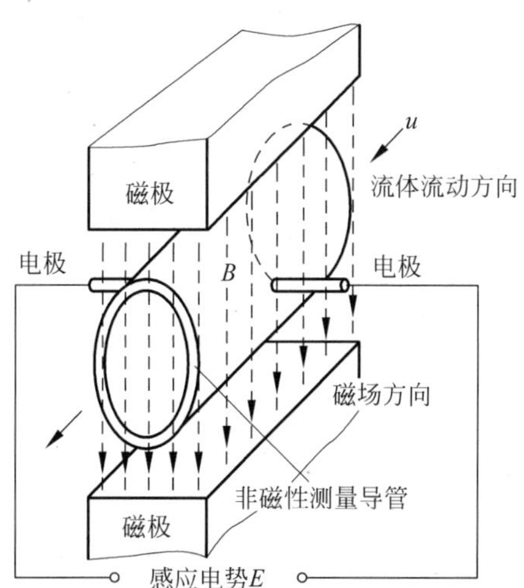

图 10-21　电磁流量计原理

当被测导电流体在磁场中沿垂直于磁力线方向流动而切割磁力线时，在对称安装在流通管道两侧的电极上将产生感应电势，其方向由右手定则确定。如果磁场方向、电极及管道轴线三者在空间互相垂直，且测量满足以下诸条件，即：

① 磁场是均匀分布的恒定磁场；

② 管道内被测流体的流速为轴对称分布；

③ 被测流体是非磁性的；

④ 被测流体的电导率均匀且各向同性。

则感应电势 E 的大小与被测液体的流

速有确定的关系，即

$$E = BDu \tag{10-33}$$

式中，B 为磁感应强度；D 为管道内径；u 为流体平均流速。

当仪表结构参数确定之后，流体流量方程为

$$q_v = \frac{1}{4}\pi D^2 u = \frac{\pi D}{4B}E = \frac{E}{k} \tag{10-34}$$

式中，$k=\frac{4B}{\pi D}$称为仪表常数。对于确定的电磁流量计，k 为定值，因此测量感应电势就可以测出被测导电流体的流量。

由式(10-34)可见，体积流量 q_v 与感应电动势 E 和测量管内径 D 呈线性关系，与磁场的磁感应强度 B 成反比，与其他物理参数无关。

电磁流量计的结构如图 10-22 所示。图中，励磁线圈和磁轭构成励磁系统，以产生均匀和具有较大磁通量的工作磁场。为避免磁力线被测量导管管壁短路，并尽可能地降低涡流损耗，测量导管由非导磁的高阻材料制成，一般为不锈钢、玻璃钢或某些具有高电阻率的铝合金。导管内壁用搪瓷或专门的橡胶、环氧树脂等材料作为绝缘衬里，使流体与测量导管绝缘并增加耐腐蚀性和耐磨性。电极一般由非导磁的不锈钢材料制成，测量腐蚀性流体时，多用铂铱合金、耐酸钨基合金或镍基合金等。电极嵌在管壁上，必须和测量导管很好地绝缘。电极应在管道水平方向安装，以防止沉淀物堆积在电极上而影响测量准确性。电磁流量计的外壳用铁磁材料制成，以屏蔽外磁场的干扰，保护仪表。

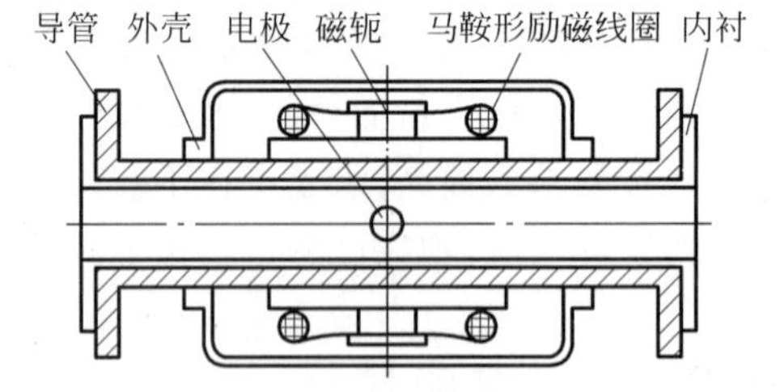

图 10-22 电磁流量计结构

2. 磁场励磁方式

励磁方式即产生磁场的方式，如前述，电磁流量计必须满足均匀恒定的磁场条件，因此，需要有合适的励磁方式。目前主要有直流励磁、交流励磁和低频方波励磁等三种方式。

(1) 直流励磁

直流励磁方式用直流电产生磁场或采用永久磁铁，能产生一个恒定的均匀磁场。这种励磁方式受交流磁场干扰很小，但直流磁场易使通过测量管道的被测液体电解，使电极极化，严重影响电磁流量计的正常工作。所以，直流励磁方式一般只用于测量非电解质液体，如液态金属等。

(2) 交流励磁

对电解性液体，一般采用正弦工频(50Hz)交流电源励磁，所产生的是交变磁场，交变磁场的主要优点是消除了电极表面的极化现象。另外，由于磁场是交变的，所以输出信号也是交变信号，便于信号的放大，且励磁电源简单方便。但会带来一系列的电磁干扰问题，主要是正交干扰和同相干扰，影响测量，使电磁流量计的性能难以进一步提高。

(3) 低频方波励磁

为发挥直流励磁方式和交流励磁方式的优点，避免它们的缺点，低频方波励磁方式得到应用。方波励磁电流频率通常为工频的 1/4～1/10，其波形如图 10-23 所示。

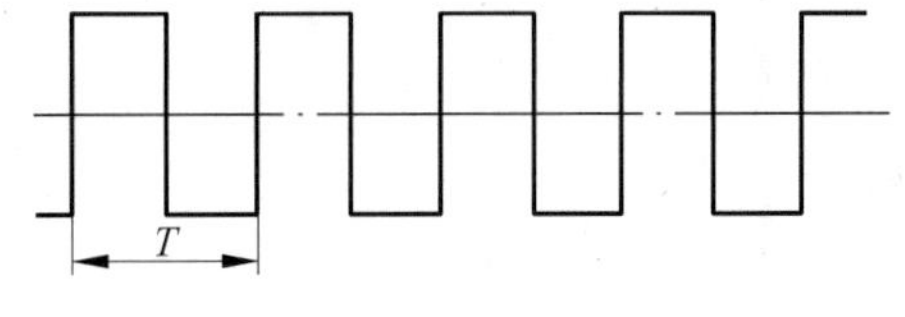

图 10-23　方波励磁电流波形

由图可见，在半个周期内，磁场是恒稳的直流磁场，它具有直流励磁的特点，受电磁干扰影响很小。从整个时间过程看，方波信号又是一个交变的信号，所以它能克服直流励磁易产生的极化现象，便于信号的放大和处理，避免直流放大器存在的零点漂移、噪声和稳定性问题。因此，低频方波励磁是一种比较好的励磁方式，目前已在电磁流量计上得到广泛的应用。

3. 电磁流量计的特点及应用

电磁流量计的主要优点是：结构简单，测量管道中无阻力件，流体通过流量计时不会引起任何附加的压力损失，节能效果显著；因无阻碍流动的部件，适于测量含有固体颗粒或纤维的液固二相流体，如纸浆、煤水浆、矿浆、泥浆和污水等；由于电极和衬里材料可根据被测流体性质来选择，故可测量腐蚀性介质；测量过程实际上不受流体密度、黏度、温度、压力和电导率(只要在某阈值以上)变化的影响，故用水标定后就可以用于测量其他任何导电液体的体积流量；流量测量范围度大，可达 100：1；口径范围比其他品种流量仪表宽，从几毫米到 3m；可测正反双向流量，也可测脉动流量。

电磁流量计的主要缺点是：不能测量电导率很低的液体，如石油制品和有机溶剂等，不能测量气体、蒸汽和含有较多较大气泡的液体；受衬里材料和电气绝缘材料耐温的限制，目前还不能测量高温高压流体；易受外界电磁干扰影响；此外电磁流量计结构也比较复杂，价格较高。

电磁流量计使用时，要注意安装地点应尽量避免剧烈振动和交直流强磁场；在任何时候测量导管内都能充满液体；在垂直安装时，流体要自下而上流过仪表，水平安装时两个电极要在同一平面上；要根据被测流体情况确定合适的内衬和电极材料；因测量精度受管道的内壁，特别是电极附近结垢的影响，使用中应注意维护清洗。

10.2.5　流体振动式流量计

在特定的流动条件下，流体流动的部分动能会转化为流体振动，而振动频率与流速(流量)有确定的比例关系，依据这种原理工作的流量计称为流体振动式流量计。这种流量计可分为利用流体自然振动的卡门漩涡分离型和流体强迫振荡的漩涡进动型两种，前者称为涡街流量计，后者称为旋进漩涡流量计，目前应用较多的是涡街流量计。

1. 涡街流量计

涡街流量计是20世纪60年代末发展起来的，因其具有许多优点，发展很快，应用不断扩大。

(1) 涡街流量计原理

在均匀流动的流体中，垂直地插入一个具有非流线型截面的柱体，称为漩涡发生体，其形状有圆柱、三角柱、矩形柱、T形柱等，则在该漩涡发生体两侧会产生旋转方向相反、交替出现的漩涡，并随着流体流动，在下游形成两列不对称的漩涡列，称之为"卡门涡街"，如图10-24、图10-25所示。冯·卡门在理论上证明，当两列漩涡之间的距离 h 和同列中相邻漩涡的间距 L 满足关系 $h/L=0.281$ 时，涡街是稳定的。实验已经证明，在一定的雷诺数范围内，每一列漩涡产生的频率 f 与漩涡发生体的形状和流体流速 u 有确定的关系

$$f = \mathrm{St}\frac{u}{d} \tag{10-35}$$

式中，d 为漩涡发生体的特征尺寸；St为斯特罗哈尔数。

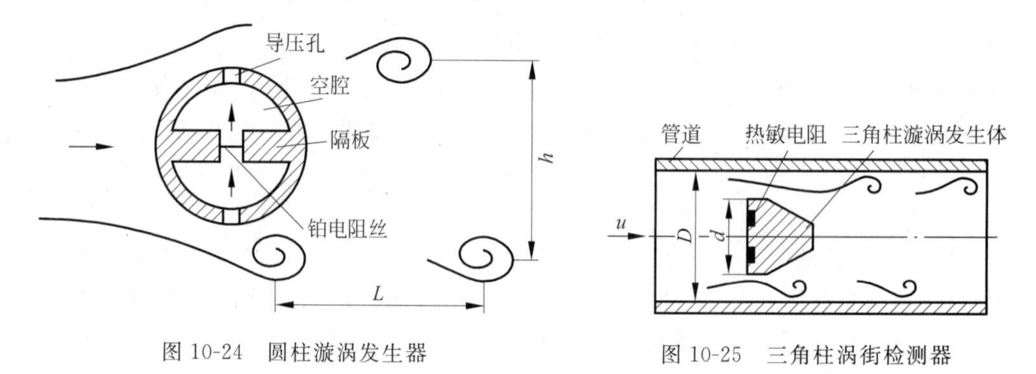

图10-24 圆柱漩涡发生器

图10-25 三角柱涡街检测器

St与漩涡发生体形状及流体雷诺数有关，但在雷诺数500～150000的范围内，St值基本不变，对于圆柱体St=0.21，三角柱体St=0.16，工业上测量的流体雷诺数几乎都不超过上述范围。式(10-35)表明，漩涡产生的频率仅决定于流体的流速 u 和漩涡发生体的特征尺寸，而与流体的物理参数如温度、压力、密度、黏度及组成成分无关。

当漩涡发生体的形状和尺寸确定后，可以通过测量漩涡产生频率来测量流体的流量。假设漩涡发生体为圆柱体，直径为 d，管道内径为 D，流体的平均流速为 u，在漩涡发生体处的流通截面积

$$A = \frac{\pi D^2}{4}\left[1-\frac{2}{\pi}\left(\frac{d}{D}\sqrt{1-\left(\frac{d}{D}\right)^2}+\sin^{-1}\frac{d}{D}\right)\right] \tag{10-36}$$

当 $d/D<0.3$ 时，可近似为

$$A=\frac{\pi D^2}{4}\left(1-1.25\frac{d}{D}\right) \tag{10-37}$$

则其流量方程式为

$$q_v=uA=\frac{\pi D^2 fd}{4\mathrm{St}}\left(1-1.25\frac{d}{D}\right) \tag{10-38}$$

从流量方程式可知，体积流量与频率呈线性关系。

(2) 漩涡频率的测量

伴随漩涡的产生和分离，漩涡发生体周围流体同步发生着流速、压力变化和下游尾流周期振荡，依据这些现象可以进行漩涡频率的测量。

漩涡频率的检出有多种方式，可以检测在漩涡发生体上受力的变化频率，一般可用应力、应变、电容、电磁等检测技术；也可以检测在漩涡发生体附近的流动变化频率，一般可用热敏、超声、光电等检测技术。检测元件可以放在漩涡发生体内，也可以在下游设置检测器进行检测。采用不同的检测技术就构成了各种不同类型的涡街流量计。

图 10-24 为圆柱漩涡检测器原理。如图所示，在中空的圆柱体两侧开有导压孔与内部空腔相连，空腔由中间有孔的隔板分成两部分，孔中装有铂电阻丝。当流体在下侧产生漩涡时，由于漩涡的作用使下侧的压力高于上侧的压力；如在上侧产生漩涡，则上侧的压力高于下侧的压力，因此产生交替的压力变化，空腔内的流体亦脉动流动。用电流加热铂电阻丝，当脉动的流体通过铂电阻丝时，交替地对电阻丝产生冷却作用，改变其阻值，从而产生和漩涡频率一致的脉冲信号，检测此脉冲信号，即可测出流量。也可以在空腔间采用压电式或应变式检测元件测出交替变化的压力。

图 10-25 为三角柱体涡街检测器原理示意图，在三角柱体的迎流面对称地嵌入两个热敏电阻组成桥路的两臂，以恒定电流加热使其温度稍高于流体，在交替产生的漩涡的作用下，两个电阻被周期地冷却，使其阻值改变，阻值的变化由桥路测出，即可测得漩涡产生频率，从而测出流量。三角柱漩涡发生体可以得到更强烈更稳定的漩涡，故应用较多。

2. 旋进漩涡流量计

旋进漩涡流量计与涡街流量计差不多同时开发出来，但由于各种原因其推广应用范围不够广，与涡街流量计相比发展速度相对缓慢。近年来，由于在检测元件和信号处理方面取得了技术突破，这种流量计迅速发展起来，性能提高，功能不断完善，应用逐渐增多。

(1) 结构

旋进漩涡流量计由壳体、漩涡发生器、检测元件、消旋器以及转换器等几部分组成。

壳体一般由不锈钢或铝合金制造，内部管道与文丘里管相似，有入口段、收缩段、喉部、扩张段和出口几个部分。漩涡发生器是旋进漩涡流量计的核心部件,它由一组具有特定角度的螺旋叶片组成,作用是迫使流体发生旋转并产生涡流。消旋器是用直叶片组成的十字形、井字形或米字形流动整直器,作用是消除漩涡,减小漩涡对下游测量仪表的影响。漩涡检测元件安装在喉部与扩张段交接处,可采用热敏、力敏、电容、光纤等元件检测漩涡信号。转换器将检测元件的输出信号放大、处理后转换成方波信号或 4～20mA 标准信号。

(2) 工作原理

旋进漩涡流量计的工作原理如图 10-26 所示。

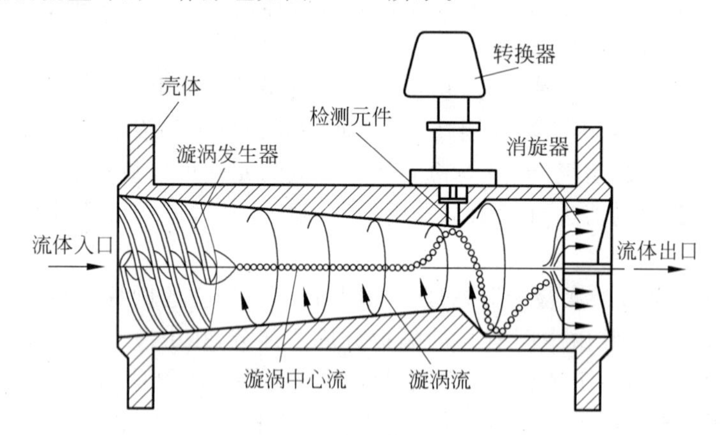

图 10-26 旋进漩涡流量计

流体进入流量计后,在漩涡发生器的作用下,被强制绕测量管道轴线旋转,形成漩涡流。经过收缩段和喉部,漩涡流加速,强度增强,漩涡中心与管道轴线一致。进入扩张段后,漩涡急剧减速,压力上升,产生回流。在回流作用下,漩涡中心被迫偏离管道轴线,在扩张段绕轴线作螺旋进动,该进动贴近扩张段的壁面进行,进动频率 f 与平均流速成正比。用检测元件测出漩涡进动频率 f,则可得体积流量

$$q_v = Kf \tag{10-39}$$

式中,K 为仪表系数,它仅与流量计结构参数(如旋转发生器、管道尺寸)有关,而与流体的物理性质和组分无关。

3. 流体振动式流量计特点

流体振动式流量计的主要优点是:在管道内无可动部件,使用寿命长,压力损失小,测量范围度较大,可达 30∶1;水平或垂直安装均可,安装与维护比较方便;在一定的雷诺数范围内,测量几乎不受流体参数(温度、压力、密度、黏度)变化的影响;仪表输出是与体积流量成比例的脉冲信号,易与数字仪表或计算机接口;与差压式流量计相比,测量精度较高。

流体振动式流量计的局限性是:它实际是一种速度式流量计,漩涡分离的稳定性受流速分布影响,需要配置足够长的直管段才能保证测量精度;与同口径涡轮流量计相比,仪表系数较低,且随口径增大而降低,分辨力也降低,只适合中小口径管

道；不适用于有较强管道振动的场合。

相比较而言，涡街流量计可测气体、液体和蒸汽介质，压损较旋进漩涡流量计为小，但直管段长度要求高；而旋进漩涡流量计压损较大，虽然原理上可测量液体，但现在还只能用于气体测量。不过，旋进漩涡流量计直管段长度要求低，低流速特性好，目前在天然气流量测量方面应用较多。

10.2.6　超声波流量计

超声波流量计是一种利用超声波脉冲来测量流体流量的速度式流量仪表，当超声波在流动的流体中传播时就载上流体流速的信息，通过接收到的超声波就可以检测出流体的流速，从而换算成流量。近十几年来随着集成电路技术、数字技术和声楔材料等技术的发展，超声波流量测量技术发展很快，基于不同原理，适用于不同场合的各种形式的超声波流量计已在工农业、水利以及医疗、河流和海洋观测等领域的计量测试中得到了广泛应用。

1. 超声波流量计的组成与分类

(1) 组成

超声波流量计由超声波换能器、测量电路及流量显示和积算三部分组成。超声波发射换能器将电能转换为超声波振动，并将其发射到被测流体中，超声波接收换能器接收到的超声波信号，经测量电路放大并转换为代表流量的电信号送显示积算仪进行显示和积算，实现流量的检测。

超声波换能器通常利用压电材料制成，发射换能器利用逆压电效应，而接收换能器则是利用压电效应。压电元件材料多采用锆钛酸铅，常做成圆形薄片，沿厚度振动，薄片直径超过厚度的 10 倍，以保证振动的方向性。为使超声波以合适的角度射入到流体中，需把压电元件嵌入声楔中，构成换能器。换能器安装时通常还需配用安装夹具。

(2) 分类

可以从不同角度对超声流量测量方法和换能器进行分类。

① 按测量原理可分为：传播速度差法、多普勒效应法、波束偏移法、相关法、噪声法；

② 按探头(换能器)安装方式分：外夹式、插入式(湿式)；

③ 按声道数目划分：单声道、多声道(2～8 声道)；

④ 按使用场合分：固定式、便携式。

2. 超声波流量计测量原理

目前超声波流量计最常采用的测量方法主要有两类：传播速度差法和多普勒效应法。

(1) 传播速度差法测量原理

超声波在流体中的传播速度与流体流速有关，顺流传播速度大，逆流传播速度小。传播速度差法利用超声波在流体中顺流与逆流传播的速度变化来测量流体流速并进而求得流过管道的流量。按具体测量参数的不同，又可分为时差法、相差法和频差法。现以应用最多的时差法为例，介绍其测量原理。

时差法就是测量超声波脉冲顺流和逆流时传播的时间差。

如图 10-27 所示，在管道上、下游相距 L 处分别安装两对超声波发射器（T_1、T_2）和接收器（R_1、R_2）。设声波在静止流体中的传播速度为 c，流体的流速为 u，则当 T_1 按顺流方向、T_2 按逆流方向发射超声波时，超声波到达接收器 R_1 和 R_2 所需要的时间 t_1 和 t_2 与流速之间的关系为

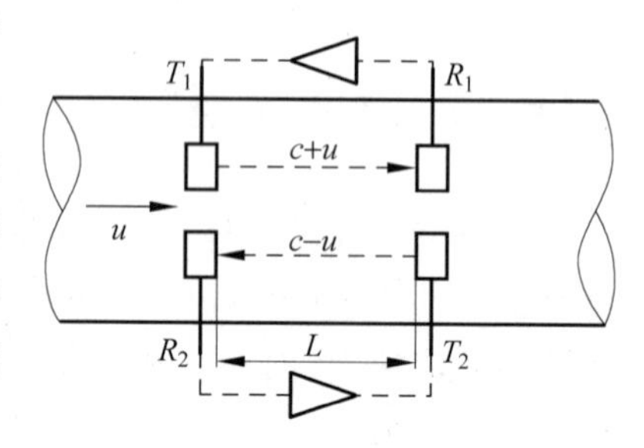

图 10-27　超声波传播速度差法原理

$$t_1 = \frac{L}{c+u}$$

$$t_2 = \frac{L}{c-u} \tag{10-40}$$

传播时间差

$$\Delta t = t_2 - t_1 = \frac{2Lu}{c^2 - u^2}$$

由于声速 c 很大，一般在液体中达 1000m/s 以上，而工业系统中流体流速相对声速而言很小，即 $c \gg u$，因此时差

$$\Delta t = t_2 - t_1 \approx \frac{2Lu}{c^2} \tag{10-41}$$

而流体流速

$$u = \frac{c^2}{2L}\Delta t \tag{10-42}$$

因此，当声速 c 为常数时，流体流速和时差 Δt 成正比，测得时差即可求出流速 u，如果 u 是管道截面上的平均流速，则可求得流量

$$q_v = uA = \frac{\pi}{4}D^2 u \tag{10-43}$$

式中，D 为管道内径。

传播速度差法测量要求流体洁净，不含有气泡或杂质，否则将会影响测量精度。

(2) 多普勒效应法测量原理

根据多普勒效应，当声源和观察者之间有相对运动时，观察者所感受到的声频率将不同于声源所发出的频率，这个频率的变化量与两者之间的相对速度成正比，超声波多普勒流量计就是基于多普勒效应测量流量的。

在超声多普勒流量测量方法中，超声波发射器为固定声源，随流体一起运动的固体颗粒相当于与声源有相对运动的观察者，它的作用是把入射到其上的超声波反射回接收器。发射声波与接收器接收到的声波之间的频率差，就是由于流体中固体颗粒运动而产生的声波多普勒频移。这个频率差正比于流体流速，故测量频差就可以求得流速，进而得到流体流量。

利用多普勒效应测流量的必要条件是：被测流体中存在一定数量的具有反射声波能力的悬浮颗粒或气泡。因此，超声波多普勒流量计能用于两相流测量，这是其他流量计难以解决的。超声多普勒法测流量的原理如图 10-28 所示。

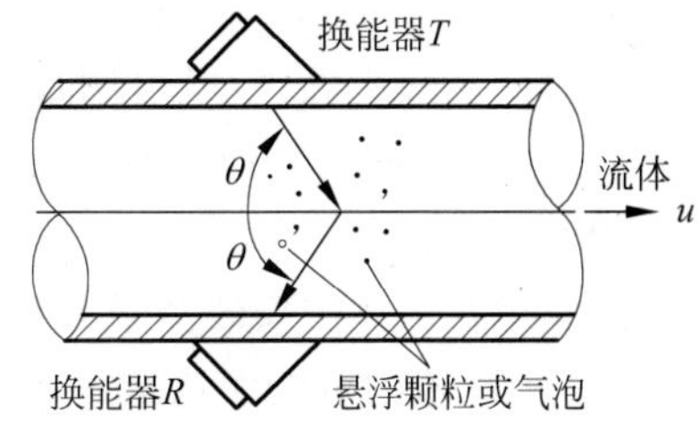

图 10-28　超声多普勒法流量测量原理

设入射超声波与流体运动速度的夹角为 θ，流体中悬浮粒子（或气泡）的运动速度与流体流速相同，均为 u。当频率为 f_1 的入射超声波遇到粒子时，由于粒子相对超声波发射换能器 T 以 $u\cos\theta$ 的速度离去，故粒子接收到的超声波频率 f_2 低于 f_1，为

$$f_2 = \frac{c - u\cos\theta}{c} \cdot f_1 \tag{10-44}$$

粒子又以频率 f_2 反射超声波，由于粒子同样以 $u\cos\theta$ 的速度离开接收换能器 R，所以 R 接收到的粒子反射的声波频率 f_S 将又一次降低，为

$$f_S = \frac{c - u\cos\theta}{c} \cdot f_2 \tag{10-45}$$

将 f_2 代入上式，可得

$$f_S = f_1 \cdot \left(1 - \frac{u\cos\theta}{c}\right)^2 = f_1 \cdot \left(1 - \frac{2u\cos\theta}{c} + \frac{u^2\cos^2\theta}{c^2}\right) \tag{10-46}$$

由于声速 c 远大于流体的速度 u，故上式中的平方项可以略去，由此得

$$f_S = f_1 \cdot \left(1 - \frac{2u\cos\theta}{c}\right) \tag{10-47}$$

接收器接收到的反射超声波频率与发射超声波频率之差，即多普勒频移 Δf_d 为

$$\Delta f_d = f_1 - f_S = \frac{2u\cos\theta}{c} \cdot f_1 \tag{10-48}$$

由上式可得流体流速 u

$$u = \frac{c}{2f_1\cos\theta} \cdot \Delta f_d \tag{10-49}$$

因此，体积流量

$$q_v = uA = \frac{cA}{2f_1\cos\theta} \cdot \Delta f_d \tag{10-50}$$

由以上流量方程可知，当流量计、管道条件及被测介质确定以后，多普勒频移与体积流量成正比，测量频移 Δf_d 就可以得到流体流量 q_v。

式(10-49)、式(10-50)中含有声速 c，而声速与被测流体的温度和组分有关。当被测流体温度和组分变化时会影响流量测量的精度。因此，在超声多普勒流量计中一般采用声楔结构来避免这一影响。

3. 超声波流量计的特点与应用

超声波流量计是一种非接触式流量测量仪表，与传统流量计相比，其主要优点是：

① 对介质适应性强，既可测量液体，也可测量气体，甚至含杂质的流体(多普勒法)，特别是可以解决其他流量计难以测量的高黏度、强腐蚀、非导电性、放射性流体流量的测量问题；

② 不用在流体中安装测量元件，故不会改变流体的流动状态，也没有压力损失，因而是一种理想的节能型流量计；

③ 解决了大管径、大流量以及各种明渠、暗渠、河流流量测量困难的问题。因为一般流量计随着测量管径的增大会带来制造和运输上的困难，造价提高、能损加大、安装不便。而超声波流量计仪表造价基本上与被测管道口径大小无关，故大口径超声波流量计性能价格比较优越；

④ 测量准确度几乎不受被测流体参数影响，且测量范围度较宽，一般可达20∶1；

⑤ 各类超声波流量计均可管外安装，从管壁外测量管道内流体流量，故仪表的安装及检修均可不影响生产管线运行。

超声波流量计主要缺点是：用传播速度差法只能测量清洁流体，不能测量含杂质或气泡超过某一范围的流体；而多普勒法只能用于测量含有一定悬浮粒子或气泡的液体，且多数情况下测量精度不高；如管道结垢太厚、锈蚀严重或衬里与内管壁剥离则不能测量；另外，超声波流量计结构复杂，成本较高。

超声波流量计在应用中，应注意做到正确选型、合理安装、及时校核、定期维护。

正确选型是超声波流量计能够正常工作的基础，如选型不当，会造成流量无法测量或用户使用不便等后果。合理安装换能器也是非常重要的，安装换能器需要考虑安装位置和安装方式两个问题。和其他流量计一样，超声波流量计前后需要一定长度的直管段，一般直管段长度在上游侧需要 $10D$ 以上，在下游侧则需要 $5D$ 左右。确定安装位置时还要注意换能器尽量避开有变频调速器、电焊机等污染电源的场合。超声波流量计的换能器大致有夹装型、插入型和管道型三种结构形式，其在管道上的配置方式主要有对贴安装方式和 Z、V、X 式三种，如图 10-29 所示。多普勒超声波流量计的换能器采用对贴式安装方式，传播速度差法超声波流量计换能器安装方式选择的一般原则是：当有足够长的直管段，流速分布为管道轴对称时，选 Z 式；当流速分布不对称时采用 V 式，当换能器安装间隔受到限制时，采用 X 式。当流场分布不均匀而表前直管段又较短时，可采用多声道(例如双声道或四声道)来克服流速扰动带来的流量测量误差。换能器一般均交替转换作为发射和接收器使用。

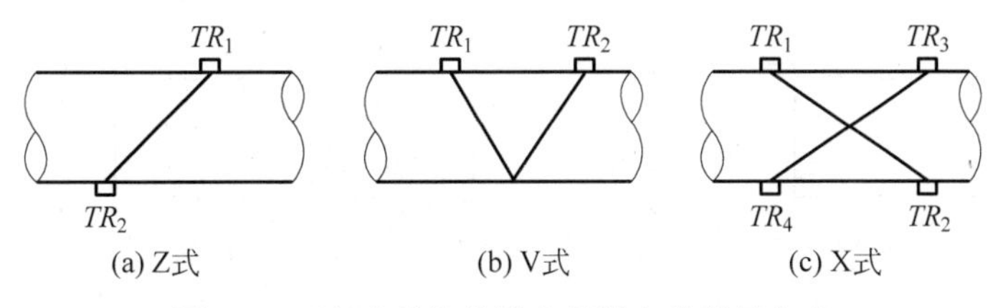

图 10-29　超声波换能器在管道上的配置方式

10.2.7　质量流量计

在工业生产和科学研究中，由于产品质量控制、物料配比测定、成本核算以及生产过程自动调节等许多应用场合的要求，仅测量体积流量是不够的，还必须了解流体的质量流量。

质量流量的测量方法，可分为间接测量和直接测量两类。间接式测量方法通过测量体积流量和流体密度经计算得出质量流量，这种方式又称为推导式；直接式测量方法则由检测元件直接检测出流体的质量流量。

1. 间接式质量流量计

间接式质量流量测量方法，一般是采用体积流量计和密度计或两个不同类型的体积流量计组合，实现质量流量的测量。常见的组合方式主要有 3 种。

（1）节流式流量计与密度计的组合

由前述知，节流式流量计的差压信号 Δp 正比于 ρq_v^2，密度计连续测量出流体的密度 ρ，将两仪表的输出信号送入运算器进行必要运算处理，即可求出质量流量（如图 10-30 所示）

$$q_m = \sqrt{\rho q_v^2 \cdot \rho} = \rho q_v \tag{10-51}$$

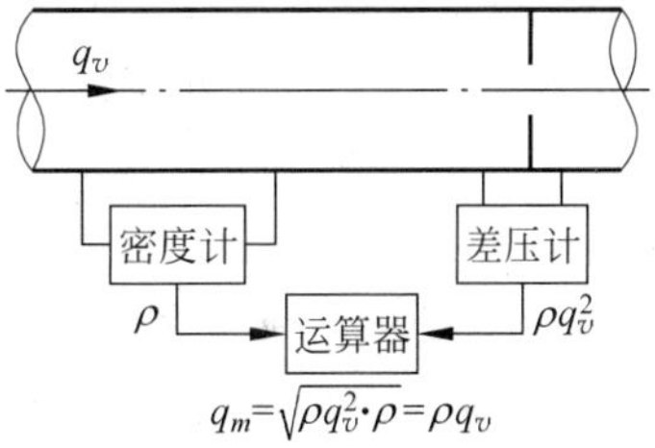

图 10-30　节流式流量计与密度计组合

密度计可采用同位素、超声波或振动管等能连续测量流体密度的仪表。

（2）体积流量计与密度计的组合

容积式流量计或速度式流量计，如涡轮流量计、电磁流量计等，测得的输出信号与流体体积流量 q_v 成正比，这类流量计与密度计组合，通过乘法运算，即可求出质量流量（如图 10-31 所示）

$$q_m = \rho \cdot q_v \tag{10-52}$$

（3）体积流量计与体积流量计的组合

这种质量流量检测装置通常由节流式流量计和容积式流量计或速度式流量计组成，它们的输出信号分别正比于 $\rho q_v{}^2$ 和 q_v，通过除法运算，即可求出质量流量（如图 10-32 所示）

$$q_m = \frac{\rho q_v^2}{q_v} = \rho q_v \tag{10-53}$$

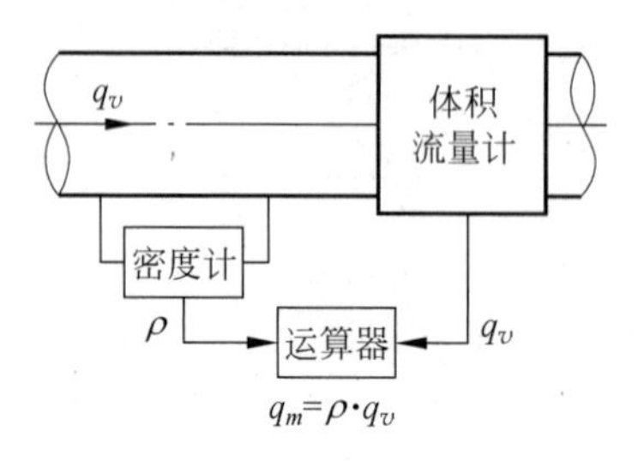

图 10-31 体积流量计和密度计组合

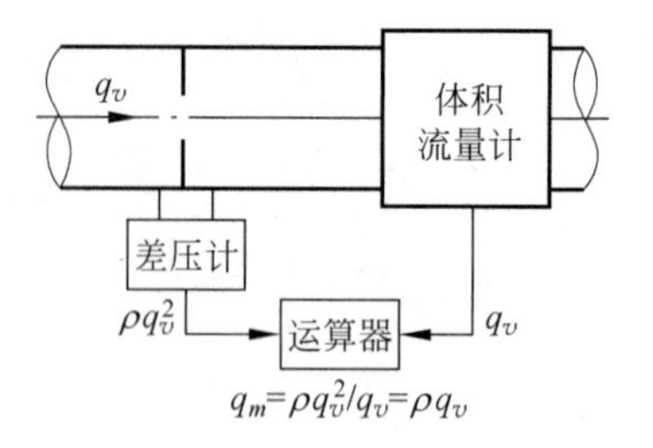

图 10-32 节流式流量计和其他体积流量计组合

除上述几种组合式质量流量计外，在工业上还常采用温度、压力自动补偿式质量流量计。由于流体密度是温度和压力的函数，而连续测量流体的温度和压力要比连续测量流体的密度容易，因此，可以根据已知被测流体密度与温度和压力之间的关系，同时测量流体的体积流量以及温度和压力值，通过运算求得质量流量或自动换算成标准状态下的体积流量。

2. 直接式质量流量计

直接式质量流量计的输出信号直接反映质量流量，其测量不受流体的温度、压力、密度变化的影响。直接式质量流量计有许多种形式。

(1) 热式质量流量计

热式质量流量计是根据传热原理，利用流动的流体与外部加热热源之间热量交换关系来测量流体质量流量的仪表，一般主要用来测量气体的质量流量，只有少量用于测量微小液体流量。目前应用较多的有两种类型：浸入型和热分布型。

① 浸入型热式质量流量计。这种流量计依据热量消散(冷却)效应进行测量。在结构上，有两个热电阻温度传感器分别放置在不锈钢保护套管内，浸入到被测流体中。一个用来测量气体温度 T，另一个称为速度探头，由电源加热，用来测量质量流速 ρu，如图 10-33 所示。

速度探头测出的温度 T_u 高于气流温度 T。当气体静止时，T_u 最高，随着质量流速 ρu 增加，气流带走更多热量，温度 T_u 将下降，温度差 $\Delta T=T_u-T$ 可以测出。根据热力学定律，电源提供给速度探头的功率应等于流动气体对流换热所带走的热量，所以可得功率 P 与温度差 ΔT 的关系

$$P=[B+C(\rho u)^K]\cdot\Delta T \tag{10-54}$$

式中，B、C、K 均为经验常数，由被测流体的传热系数、黏度和热容量等因素决定。

由式(10-54)可解出，气体的质量流速为

$$\rho u=\left(\frac{P}{C\cdot\Delta T}-\frac{B}{C}\right)^{\frac{1}{K}} \tag{10-55}$$

根据上式，可以保持温差 ΔT 不变，通过测量功率 P 来测量质量流速 ρu，称为等温型；也可以保持电加热功率 P 不变，通过测量温差 ΔT 来测量质量流速 ρu，称为等

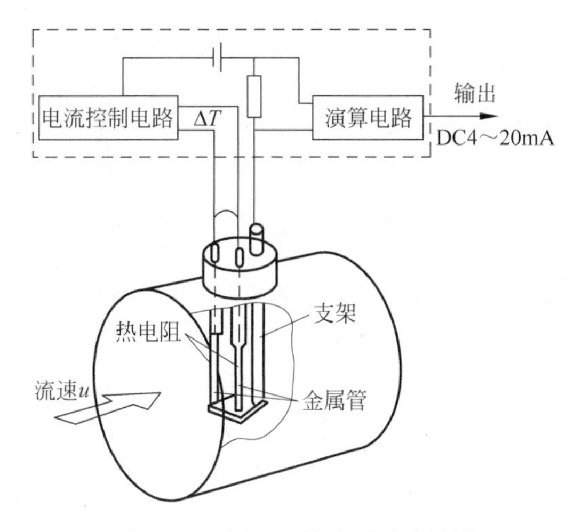

图 10-33　浸入型热式质量流量计

功率型。等温型的特点是对流速变化的响应较快。由 ρu 乘以管道平均流速系数和管道截面积就可得到质量流量 q_m。

浸入型热式质量流量计适合于较大管径和测量低至中高速气体。

② 热分布型热式质量流量计。热分布型热式质量流量计利用流动流体传递热量改变测量管壁温度分布的热传导分布效应进行测量，其结构和工作原理如图 10-34 所示。

在小口径薄壁测量管外壁，对称绕制有两个既作加热又作测量元件的电阻线圈 R_1、R_2，它们和另外两个电阻 R_3、R_4 组成直流电桥，由恒流电源供电，电阻线圈产生的热量通过管壁加热管内气体。如管内气体没有流动，则测量管上轴向温度分布相对于测量管中心是对称的，如图 10-34 下部虚线所示。上下游电阻线圈 R_1、R_2 的平均温度均为 T_m，温度差为零，电桥处于平衡状态；当气体流动时，上游部分热量被带给下游，导致测量管上轴向温度分布发生畸变，上游温度下降，下游温度上升，变化如图 10-34 下部实线所示，此时上下游电阻线圈 R_1、R_2 的平均温度分别为 T_1、T_2。由电桥测出两线圈阻值的变化，得到温差 $\Delta T = T_2 - T_1$，即可按下式求出质量流量 q_m

$$q_m = K\frac{A}{c_p}\Delta T \qquad (10\text{-}56)$$

式中，c_p 为被测气体的定压比热容；A 为测量管加热线圈与周围环境之间的热传导系数；K 为仪表常数。

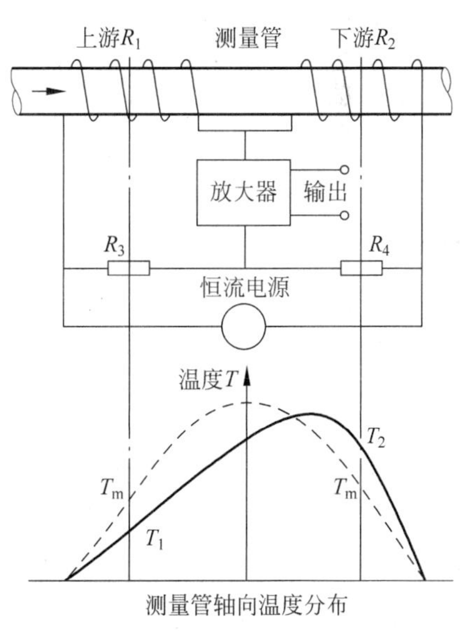

图 10-34　热分布型热式质量流量计

当气体成分确定时，则在一定流量范围内，A、c_p 均可视为常数，质量流量仅与绕组平均温度差 ΔT 成正比，如图 10-35 中 Oa 段所示。Oa 段为仪表正常测量范围，此时仪表出口处流体不带走热量，流量增大到超过 a 点时，有部分热量被带走而呈现非线性，流量超过 b 点则大量热量被带走。

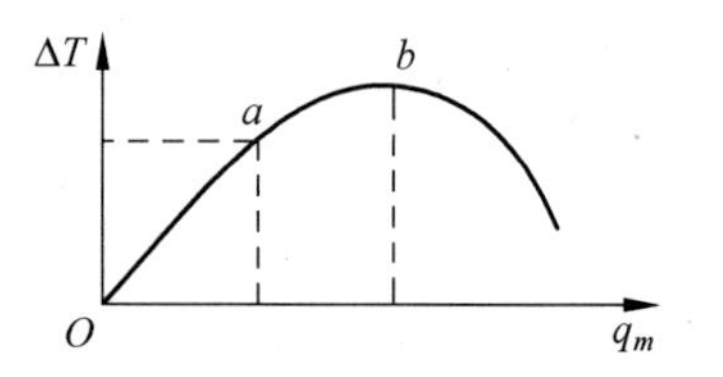

图 10-35 质量流量与绕组温度关系

为获得良好的线性，气体必须保持层流流动，为此测量管内径 D 设计得很小而长度 L 很长，即有很大 L/D 值。按测量管内径分，有细管型，D 为 0.2～0.5mm，因极易堵塞，仅适用于净化无尘气体；小型测量管 D 为 4mm。

热分布型热式质量流量计适合于测量微小气体质量流量，如果需要测量大流量，可采用分流方式。在分流管与测量管均为层流条件下，测量管流量与总流量之间有固定的分流比，故可由测量管流量求得总流量，从而扩大测量范围。

③ 热式质量流量计特点及应用。热式质量流量计的主要优点是：无活动部件，压力损失小；结构坚固，性能可靠。缺点是：响应慢；被测量气体组分变化较大时，测量值会有较大误差。

在流量计安装方面，大部分浸入型流量计性能不受安装姿势（水平、垂直或倾斜）影响，但应用于高压气体时则应选择水平安装，以便调零。另外，通常认为热分布型流量计无上下游直管段长度要求，但在低和非常低流速流动时，因受管道内气体对流的影响，要获得精确测量，必须遵循仪表制造厂的安装建议，而且需要一定长度直管段。

(2) 科里奥利质量流量计

科里奥利质量流量计（简称科氏力流量计）是一种利用流体在振动管中流动而产生与质量流量成正比的科里奥利力的原理来直接测量质量流量的仪表。

① 科氏力与质量流量。

如图 10-36 所示，当质量为 m 的质点在一个绕旋转轴 O 以角速度 ω 旋转的管道内以匀速 u 作朝向或离开旋转轴心的运动时，该质点将获得法向加速度（向心加速度）a_r 和切向加速度（科里奥利加速度）a_t。其中，$a_r=\omega^2 r$，方向指向轴 O；$a_t=2\omega u$，方向与 a_r 垂直，符合右手定则，而作用于管壁的科氏力 $F=2\omega um$，方向与 a_t 相反。

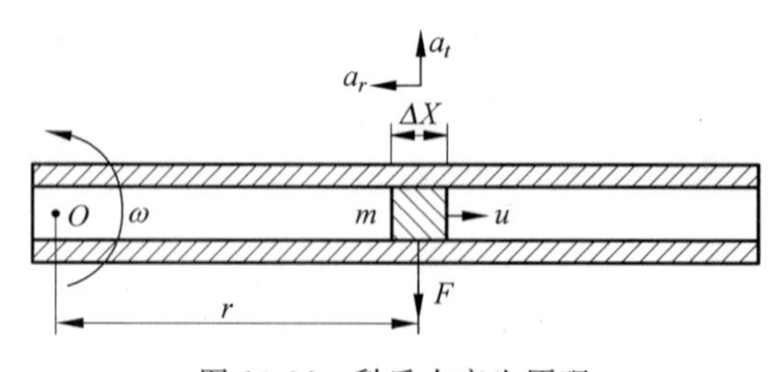

图 10-36 科氏力产生原理

若密度为 ρ 的流体在图 10-36 所示的管道内以匀速 u 流动，则在长度为 ΔX、截面积为 A 的管道内的流体质量 $m=\rho A\Delta X$ 所产生的科氏力

$$F = 2\omega u\rho A\Delta X \tag{10-57}$$

因为质量流量 $q_m=\rho uA$，所以有

$$F = 2\omega q_m \Delta X \tag{10-58}$$

由式(10-58)可知，如能直接或间接的测出旋转管道中的流体作用于管道上的科氏力，就能测得流过管道的流体的质量流量。这就是科里奥利质量流量计的测量原理。

在实际应用中，让流体通过的测量管道旋转产生科氏力是难以实现的，因而均采用使测量管振动的方式替代旋转运动，即对两端固定的薄壁测量管在中点处以测量管谐振或接近谐振的频率激振，在管内流动的流体中产生科里奥利力，并使得测量管在科氏力的作用下产生扭转变形。

② 科氏力流量计结构与测量原理。

科氏力流量计结构有多种形式，一般由振动管与转换器组成。振动管(测量管道)是敏感器件，有 U 形、Ω 形、环形、直管形及螺旋形等几种形状，也有用双管等方式，但基本原理相同。下面以 U 形管式的质量流量计为例介绍。

图 10-37 所示为 U 形管式科氏力流量计的测量原理示意图。U 形管的两个开口端固定，流体由此流入和流出。U 形管顶端装有电磁激振装置，用于驱动 U 形管，使其沿垂直于 U 形管所在平面的方向以 $O\text{-}O$ 为轴按固有频率振动。U 形管的振动迫使管中流体在沿管道流动的同时又随管道作垂直运动，此时流体将受到科氏力的作用，同时流体以反作用力作用于 U 形管。由于流体在 U 形管两侧的流动方向相反，所以作用于 U 形管两侧的科氏力大小相等方向相反，从而使 U 形管受到一个力矩的作用，使其管端绕 $R\text{-}R$ 轴扭转而产生扭转变形，该变形量的大小与通过流量计的质量流量具有确定的关系。因此，测得这个变形量，即可测得管内流体的质量流量。

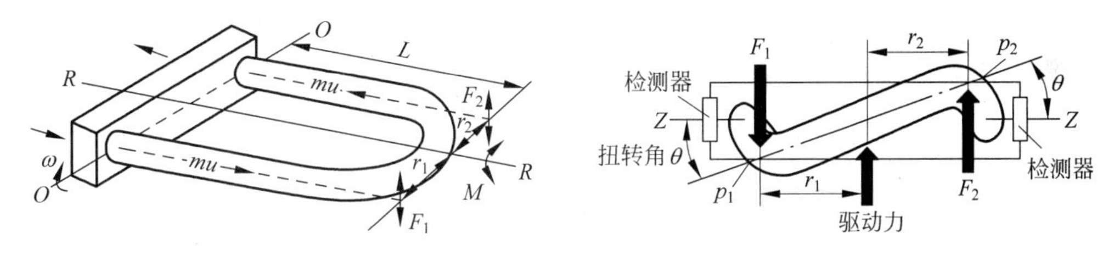

图 10-37　科氏力流量计测量原理

设 U 形管内流体流速为 u，U 形管的振动可视为绕 $O\text{-}O$ 为轴的瞬时转动，转动角速度为 ω；若流体质量为 m，则其上所作用的科氏力为

$$\boldsymbol{F} = 2m\boldsymbol{\omega} \times \boldsymbol{u} \tag{10-59}$$

式中，$\boldsymbol{F}$、$\boldsymbol{\omega}$、$\boldsymbol{u}$ 均为矢量，$\boldsymbol{\omega}$ 是按正弦规律变化的。U 形管所受扭力矩为

$$M = F_1 r_1 + F_2 r_2 = 2Fr = 4m\omega ur \tag{10-60}$$

式中，$F_1=F_2=F=|\boldsymbol{F}|$，$r_1=r_2=r$ 为 U 形管跨度半径。

因为质量流量和流速可分别写为 $q_m=m/t$，$u=L/t$，式中 t 为时间，则上式可

写为

$$M = 4\omega r L q_m \tag{10-61}$$

设U型管的扭转弹性模量为K_S，在扭力矩M作用下，U型管产生的扭转角为θ，故有

$$M = K_S\theta \tag{10-62}$$

因此，由式(10-61)和式(10-62)可得

$$q_m = \frac{K_S\theta}{4\omega r L} \tag{10-63}$$

U型管在振动过程中，θ角是不断变化的，并在管端越过振动中心位置Z-Z时达到最大。若流量稳定，则此最大θ角是不变的。由于θ角的存在，两直管端p_1、p_2将不能同时越过中心位置Z-Z，而存在时间差Δt。由于θ角很小，设管端在振动中心位置时的振动速度为$u_p(u_p=\omega L)$，则

$$\Delta t = \frac{2r\sin\theta}{u_p} = \frac{2r\theta}{\omega L} \tag{10-64}$$

从而

$$\theta = \frac{\omega L}{2r}\Delta t \tag{10-65}$$

将式(10-65)代入式(10-63)，得

$$q_m = \frac{K_S}{8r^2}\Delta t \tag{10-66}$$

对于确定的流量计，式中的K_S和r是已知的，故质量流量q_m与时间差Δt成正比。如图10-37所示，只要在振动中心位置Z-Z处安装两个光学或电磁学检测器，测出时间差Δt即可由式(10-66)求得质量流量。

③ 科氏力质量流量计的特点。

科氏力流量计能直接测得气体、液体和浆液的质量流量，也可以用于多相流测量，且不受被测介质物理参数的影响，测量精度较高；对流体流速分布不敏感，因而无前后直管段要求；可做多参数测量，如同期测量密度；流量范围度大，有些可高达(100∶1)～(150∶1)。

但科氏力流量计存在零点漂移，影响其精度的进一步提高；不能用于低密度介质和低压气体测量；不能用于较大管径；对外界振动干扰较为敏感，管道振动会影响其测量精度；压力损失较大；体积较大；价格昂贵。

10.3 流量计的校准与标准装置

流量计在出厂之前或使用一段时间之后，都必须对其计量性能进行校准，以保证产品质量和流量计量的准确度。校准所使用的，能够提供准确流量值作流量量值传递的测量设备称为流量标准装置。流量标准装置需按照有关标准和检定规定建立，并由国家授权的专门机构认定。

10.3.1　流量计的校准方法

流量计的流量校准一般有直接测量法和间接测量法两种方式。

直接测量法亦称实流校准法，即以实际流体流过被校仪表，用流量标准装置测出流过被校仪表流体的实际流量，与被校仪表的流量示值作比较，或对被校流量仪表进行分度，这种方法有时又称作湿法标定。实流校准法获得的流量值可靠、准确，是许多流量仪表校准时所采用的方法，也是目前建立标准流量的方法。

实流校准法又分为"离线"和"在线"实流校准两种形式。离线实流校准就是将被校仪表安装到实验室的流量标准装置上，在规定的标准工作条件下获得仪表流量测量范围及其基本误差；在线实流校准就是在被校仪表的使用现场位置，以适合现场校准的流量标准装置，在不一定完全符合标准工作条件的情况下校准流量仪表。校准所得的误差为现场实际误差，包括流量仪表基本误差和附加误差(例如流速分布畸变、安装不合规范、流体参数与规定的条件不同等原因产生的附加误差等)。现场在线校准获得的实际误差因符合实际使用条件，有时候比离线校准更为合适。

间接测量法不需要以实际流体流过被校仪表，而是通过测量在规定条件下使用的流量仪表传感器的结构尺寸或其他与流量计算有关的量，间接地校准流量仪表的流量示值。这种方法也被称为干法标定。间接法校准获得的流量值没有直接法准确，但避免了实流校准必须使用流量标准装置特别是大型流量标准装置带来的困难。已经有一些流量仪表采用了间接校准法，例如采用标准节流装置的节流式流量计，因已积累了丰富的试验数据，并有相应的标准，所以可以通过检验节流件的几何尺寸及校验配套的差压计来校准流量计流量值。有些流量仪表，如涡街流量计，目前采用实流校准，但有实现间接校准的可能性。

10.3.2　液体流量标准装置

流量仪表的校准是很复杂的问题，根据流体介质、流量范围和管径大小的不同，需要建立各种类型的流量标准装置，本节仅介绍用于液体实流校准的流量标准装置。按采用的计量器具分，液体流量标准装置大致有以下几种。

1. 标准容积法流量标准装置

容积法液体流量标准装置由水源、流量稳压装置、标准计量容器、换向机构和试验管道等几个部分组成，一般用水作循环流体。图 10-38 为标准容积法流量标准装置示意图。

图中流量稳压装置为高位水塔。校准时由水泵将水池中的水打入高位水塔，水塔中设有溢流装置，在整个校准过程中水塔始终处于溢流状态，以维持系统的水压稳定不变，从而保证校准时流量的稳定。为降低流量标准装置的建造费用，也可用气液稳压容器稳压，但稳定性低于高位水塔。标准计量容器是经过精确标定的，其容积精度可达万分之几，为了提高量器中的水容积的计量分辨率，一般采用缩颈式结构，其上装有读数装置，有各种不同的容积可根据流量范围需要选用。换向机构的作用是适时改变液体的流向，将其引入或切出标准计量容器。被校流量计通过可伸缩的夹表器与试验管道连接。

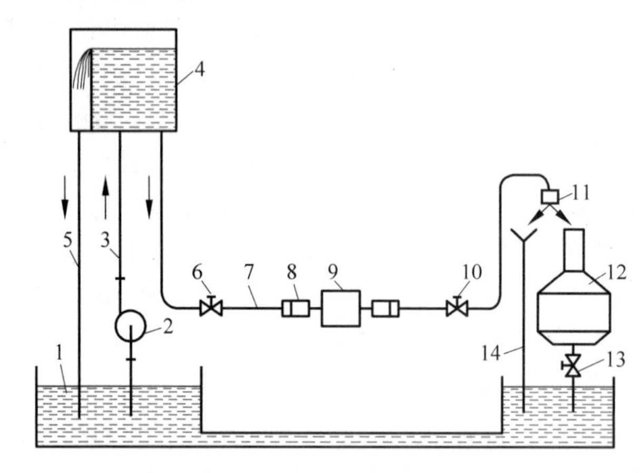

图 10-38　标准容积法流量标准装置

1—水池；2—水泵；3—进水管；4—高位水塔；5—溢流管；6—截止阀；7—试验管段；8—夹表器；9—被校流量计；10—调节阀；11—换向器；12—标准容积计量罐；13—放水阀；14—旁通管

校准流量计时，先根据流量的大小选用适当的标准容器 12 计量水量，放空其内的液体，然后关闭放水阀 13 准备进入正式校准。打开截止阀 6，水通过上游直管段(试验管段)7 流过被校流量计 9，用调节阀 10 将流量调到所需流量，待流量稳定后，启动换向器 11，将水流由旁通管 14 切入标准容积计量罐 12，同时启动计时器计时。当达到预定的水量或时间时，操作换向器，再将水流切换到旁通管 14，同时停止计时。待计量容器内水位稳定时，读数并记录容器内所收集的水量 V，计时器测量时间 t 和被校流量计的流量指示值。标准流量 $q_v=V/t$，与被校表流量示值比较就可以求得被校表的误差。

标准容积法液体流量标准装置的特点是方法比较成熟，使用方便，容易掌握；既可校准瞬时流量仪表，也可校准总量仪表；有较高精度，系统精度可达±0.1%～±0.5%，是目前国内外应用最多的校准方法，但在大流量校准时制造精密的大型标准容器比较困难。

2. 标准质量法流量标准装置

这种方法是以秤代替标准容器作为标准器，用称量一定时间内流入容器内的流体总量的方法求出被测液体的流量，故又叫称量法。系统和标准容积法流量标准装置相似，如图 10-39 所示。

开始校准时，先将换向器 11 切换到旁通管 15，确定称量容器 12 的初始质量

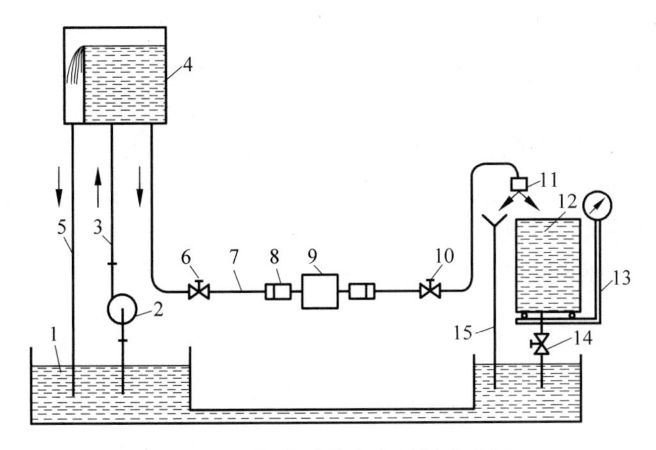

图 10-39　标准质量法流量标准装置

1—水池；2—水泵；3—进水管；4—高位水塔；5—溢流管；6—截止阀；7—试验管段；8—夹表器；9—被校流量计；10—调节阀；11—换向器；12—称量容器；13—标准秤；14—放水阀；15—旁通管

M_0。用调节阀 10 调节所需流量，待流量稳定后，启动换向器，将液流从旁通管 15 切换到称量容器 12，同时启动计时器计时。当达到预定的水量或时间时，将换向器再切换到旁通管，待容器中的液位稳定后，确定称量容器和液体的总质量 M，记录计时器测量时间 t 和被校流量计的流量指示值。

根据测量值，计算装置复现的实际质量流量

$$q_m = \frac{(M - M_0) \cdot (1 + \varepsilon)}{t} \tag{10-67}$$

式中，$\varepsilon = \rho_A(1/\rho_W - 1/\rho_P)$是空气浮力修正系数；$\rho_A$ 是空气的密度（kg/m^3）；ρ_W 是水的密度（kg/m^3）；ρ_P 是砝码材料密度（kg/m^3）。

若用标准质量法装置校准体积流量计，则可由式(10-68)计算标准体积流量

$$q_v = \frac{q_m}{\rho_W} = \frac{(M - M_0) \cdot (1 + \varepsilon)}{\rho_W \cdot t} \tag{10-68}$$

标准质量法液体流量标准装置是精度最高的流量标准装置。因为液体在静止时称重，管路系统没有任何机械连接，不受流动动力的影响；可采用高精度的称重设备，如精度为±0.01%～±0.005%的标准衡器。系统精度一般可达±0.05%～±0.1%，最高可达±0.02%。

3. 标准流量计法流量标准装置

这种方法采用高精度流量计作为标准仪表对其他工作用流量计进行校准，校准时标准流量计和工作用流量计串联在试验管道中，同时测量流过的液流，分别记录流量示值就可求得被校表的误差。用作标准的高精度流量计有容积式、涡轮式和电磁式等类型。

标准流量计法校准装置一般用于生产校表和现场检定，其特点是装置紧凑，工作效率高，操作简便，耗水少且节省费用，但校准精度低于上述两种方法。

4. 标准体积管

用标准体积管作为流量标准装置可以在现场对流量计进行较大流量的实流校准(在线校准),广泛应用于液体流量总量仪表的校验和分度,也可校准瞬时流量仪表。由于是直接对工作流体进行校准,校准条件与使用条件一致,因而有较高精度。

标准体积管流量标准装置按结构不同可分为多种类型,图 10-40 为单向单球型无阀式标准体积管原理示意图。其基本组成部分有:基准体积管;安装在基准管进出口的检测开关及发讯器;在标准体积管中起置换、发讯、密封和清管作用的置换器(球)。

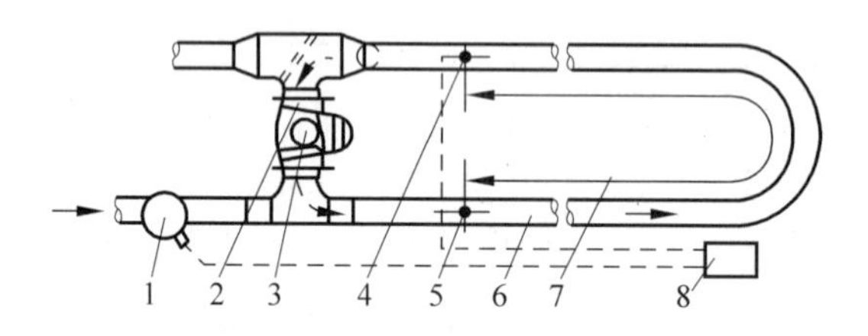

图 10-40 单球式标准体积管原理示意图

1—被校准流量计;2—交换器;3—球;4—终止检测器;
5—起始检测器;6—体积管;7—计量段容积;8—计数器

校准时,合成橡胶球 3 经交换器 2 进入体积管 6,在流过被校准流量仪表 1 的液流推动下,按箭头所示方向前进。球经过起始检测器 5 时发出信号启动计数器 8,经过终止检测器 4 时发出信号使计数器停止计数,经过检测器 4 后的球受导向杆的阻挡,落入交换器,为下一次校准做准备。这样,将根据检测球走完标准体积段的时间求出的体积流量作为标准,与被校表示值进行对比,即可求得被校流量计的仪表系数或测量误差。

标准体积管可以固定安装在现场,也可做成车装式,移动到现场校验流量仪表。

习题与思考题

10.1 试述生产中流量测量的作用与意义。

10.2 测量瞬时流量和累积流量各有什么用途?

10.3 什么是牛顿流体?哪些流体是牛顿流体?

10.4 流体在层流和紊流时的流动状态有何不同?对流量测量有何影响?

10.5 试述节流式流量计测量原理。

10.6 什么是标准节流装置?为什么在工业上被广泛采用?

10.7 理论上节流式流量计的压差应在什么位置测量?实际测量位置有什么变化?为什么?

10.8 原来测量水的节流式流量计,现在用来测量相同测量范围的油的流量,读数是否正确?为什么?

10.9　使用标准节流装置测流量为什么要求测量管路在节流装置前后有一定的直管段长度?

10.10　容积式流量计的特点是什么?对测量管道的要求如何?

10.11　已知流体在管道内为层流流动状态,管道直径为 0.2m,用皮托管测出在距管道轴线 0.04m 处流体流速为 1.4m/s,问流体瞬时体积流量是多少?

10.12　根据涡轮流量计工作原理,分析其结构特点和使用要求。

10.13　已知涡轮流量计的流量系数为 $\zeta=25000$(脉冲数/每立方米),现测得流量计数出信号频率为 300Hz,求流体的瞬时流量和 5min 内的累计流量。

10.14　流体振动式流量计的测量原理是什么?它主要有哪两种类型?各有什么特点?

10.15　测量涡街流量计的漩涡频率 f 可以用哪些方法?

10.16　质量流量测量有哪些方法?

10.17　简述科里奥利质量流量计的工作原理及特点。

10.18　超声波流量计是如何检测流量的?如果流体温度变化会对测量有影响吗?

10.19　用超声多普勒法测量流体流量,对流体有何要求?

10.20　选用流量仪表时应考虑哪些问题?

10.21　说明流量标准装置的作用是什么?

10.22　流量实流校准的优点是什么?

第11章 物位检测技术

在许多实际工业生产中，除了需要对生产过程中所使用的固体、液体或散料等的重量进行检测外，还需要对物料的体积高度进行可靠的检测和控制，例如锅炉内的水位，油罐、水塔及各种储液罐的液位，粮仓、煤粉仓、水泥库、化学原料库中的料位以及在高温条件下连铸生产中的各种金属液位，高炉或竖炉的料位等，确保生产质量，实现安全、高效生产。

物位检测包括液位、料位和相界面位置的检测，它一般是以容器口为起点，测量物料相对起点的位置。液位指液体表面位置，液面一般是水平的，但在有些情况下可能有沸腾或起泡。料位指容器中固体粉料或颗粒的堆积高度的表面位置，一般固体物料在自然堆积时料面是不平的。相界面指同一容器中互不相溶的两种物质在静止或扰动不大时的分界面，包括液-液相界面、液-固相界面等，相界面检测的难点在于界面分界不明显或存在混浊段。

11.1 液位检测

液位检测总体上可分为直接检测和间接检测两种方法。直接检测法就是利用连通器原理，将容器中的液体引入带有标尺的观察管中，直接由操作人员通过标尺读出液位。但由于测量状况及条件复杂多样，因而一般采用间接检测法，即将液位信号转化为其他相关信号进行测量，如力学法、电学法、电磁学法、声学法、光学法等。

11.1.1 力学法检测液位

力学法根据具体采用的测量方法不同，主要有压力法与浮力法两种。

1. 压力法

压力法依据液体重量所产生的压力进行测量。由于液体对容器底面产生的静压力与液位高度成正比，因此通过测量容器中液体的压力即可测算出液位高度。

对常压开口容器，液位高度 H 与液体静压力 P 之间有如下关系

$$H=\frac{P}{\rho g} \tag{11-1}$$

式中，ρ 为被测液体的密度(kg/m^3)；g 为重力加速度。

图 11-1 为用于测量开口容器液位高度的三种压力式液位计。图 11-1(a)为压力表式液位计，它是利用引压管将压力变化值引入高灵敏度压力表进行测量。图中压力表高度与容器底等高，这样压力表读数即直接反映液位高度。如果两者不等高，当容器中液位为零时，压力表中读数不为零，而是反映容器底部与压力表之间的液体的压力值，该值称为零点迁移量，测量时应予以注意。这种方法的使用范围较广，但要求介质洁净，黏度不能太高，以免阻塞引压管。图 11-1(b)为法兰式压力变送器，变送器通过法兰装在容器底部的法兰上，作为敏感元件的金属膜盒经导压管与变送器的测量室相连，导压管内封入沸点高、膨胀系数小的硅油，使被测介质与测量系统隔离。它可以将液位信号变成电信号或气动信号，用于液位显示或控制调节。由于是法兰式连接，且介质不必流经导压管，因此可用来检测有腐蚀性、易结晶、黏度大或有色介质。图 11-1(c)为吹气式液位计，压缩空气通过气泡管通入容器底部，调节旋塞阀使少量气泡从液体中逸出(大约每分钟 150 个)，由于气泡微量，可认为容器中液体静压与气泡管内压力近似相等。当液位高度变化时，由于液体静压变化会使逸出气泡量变化。调节阀门使气泡量恢复原状，即调节液体静压与气泡管压力平衡，从压力表的读数即可反映液位高低。这种液位计结构简单，使用方便，可用于测量有悬浮物及高黏度液体。如果容器封闭，则要求容器上部有通气孔。它的缺点是需要气源，而且只能适用于静压不高、精度要求不高的场合。

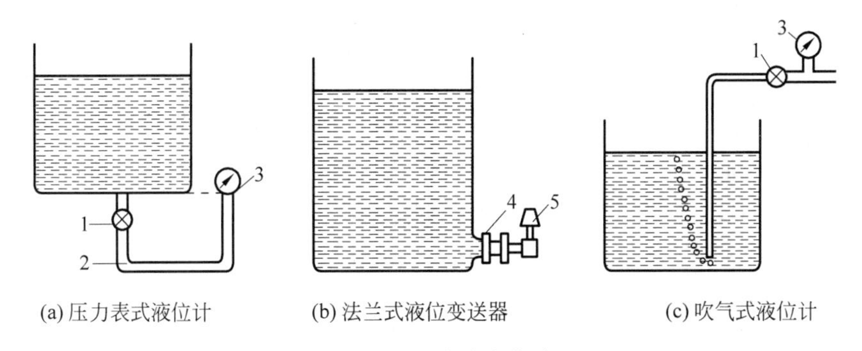

图 11-1　压力式液位计

1—旋塞阀；2—引压管；3—压力表；4—法兰；5—压力变送器

2. 浮力法

浮力法测液位是依据力平衡原理，通常借助浮子一类的悬浮物，浮子做成空心刚体，在平衡时能够浮于液面。当液位高度发生变化时，浮子就会跟随液面上下移动。因此测出浮子的位移就可知液位变化量。浮子式液位计按浮子形状不同，可分

为浮子式、浮筒式等；按机构不同可分为钢带式、杠杆式等。

(1) 钢带浮子式液位计

图 11-2 为直读式钢带浮子式液位计，这是一种最简单的液位计，一般只能就地显示，现以它为例分析一下钢带浮子式液位计的测量误差。

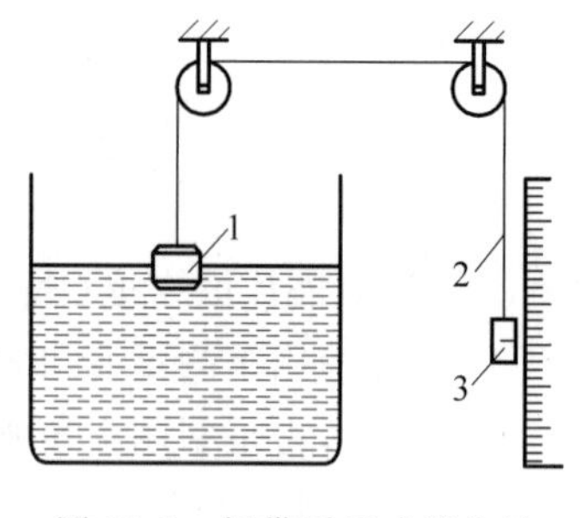

图 11-2 钢带浮子式液位计
1—浮子；2—钢带；3—重锤

平衡时，浮子重量与钢带拉力之差 W 与浮力相平衡

$$W = \rho g \frac{\pi D^2}{4} \Delta h \tag{11-2}$$

式中，ρ 为液体密度($\mathrm{kg/m^3}$)；D 为圆柱形浮子的直径(m)；Δh 为浮子浸入液体的深度(m)；g 为重力加速度。

当液位变化 ΔH 时，浮子浸入深度 Δh 应保持不变才能使测量准确，但由于摩擦等因素，浮子不会马上跟随动作，它的浸入深度的变化量为 ΔH，所受浮力变化量

$$\Delta F = \rho g \frac{\pi D^2}{4} \Delta H \tag{11-3}$$

只有 ΔF 克服了摩擦力 f_r 后浮子才会开始动作，这就是仪表不灵敏区的产生原因。

$$\frac{\Delta H}{f_r} = \frac{\Delta H}{\Delta F} = \frac{4}{\rho g \pi D^2} \tag{11-4}$$

由式(11-4)可以看出灵敏度与浮子直径有关，适当增大浮子直径，会使相同摩擦情况下浮子的浸入深度变化量减小，灵敏度提高，从而提高测量精度。此外，钢带长度变化也直接影响测量精度，应尽量使用膨胀系数小且较轻的多股金属绳。

(2) 浮筒式液位计

浮筒式液位计属于变浮力液位计，当被测液面位置变化时，浮筒浸没体积变化，所受浮力也变化，通过测量浮力变化确定出液位的变化量。图 11-3 为浮筒式液位计原理图。

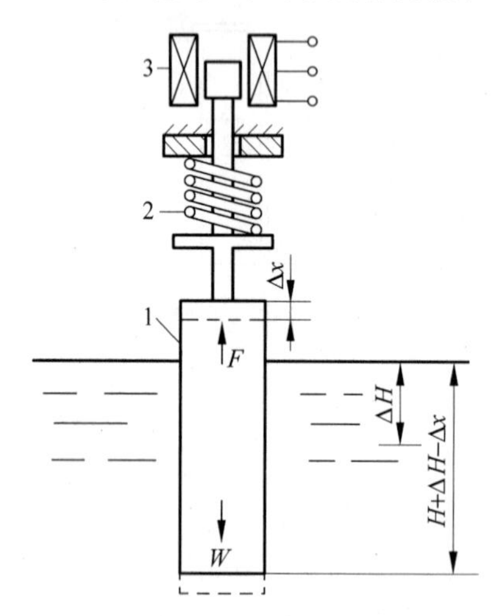

图 11-3 浮筒式液位计原理
1—浮筒；2—弹簧；3—差动变压器

图 11-3 所示的液位计是用弹簧平衡浮力，用差动变压器测量浮筒位移，平衡时压缩弹簧的弹力与浮筒浮力及重力 G 平衡。即

$$kx = \rho g A H - G \tag{11-5}$$

式中，k 为弹簧刚度(N/m)；x 为弹簧压缩量(m)；ρ 为液体密度($\mathrm{kg/m^3}$)；H 为浮筒浸入深度(m)；A 为浮筒截面积($\mathrm{m^2}$)。

当液位发生变化，如升高 ΔH 时，弹簧被压缩 Δx，此时有

$$k(x + \Delta x) = \rho g A (H + \Delta H - \Delta x) - G \tag{11-6}$$

式(11-5)与式(11-6)相减得

$$\Delta H = \left(1 + \frac{k}{\rho g A}\right)\Delta x \tag{11-7}$$

式(11-7)表明液位高度变化与弹簧变形量成正比。弹簧变形量可用多种方法测量，既可就地指示，也可用变换器(如差动变压器)变换成电信号进行远传控制。

11.1.2 电学与电磁法检测液位

1. 电学法检测液位

电学法按工作原理不同又可分为电阻式、电感式和电容式。用电学法测量无摩擦件和可动部件，信号转换、传送方便，便于远传，工作可靠，且输出可转换为统一的电信号，与电动单元组合仪表配合使用，可方便地实现液位的自动检测和自动控制。

(1) 电阻式液位计

电阻式液位计既可进行定点液位控制，也可进行连续测量。所谓定点控制是指液位上升或下降到一定位置时引起电路的接通或断开，引发报警器报警。电阻式液位计的原理是液位变化引起电极间电阻变化，由电阻变化反映液位情况。

图 11-4 为用于连续测量的电阻式液位计原理图。

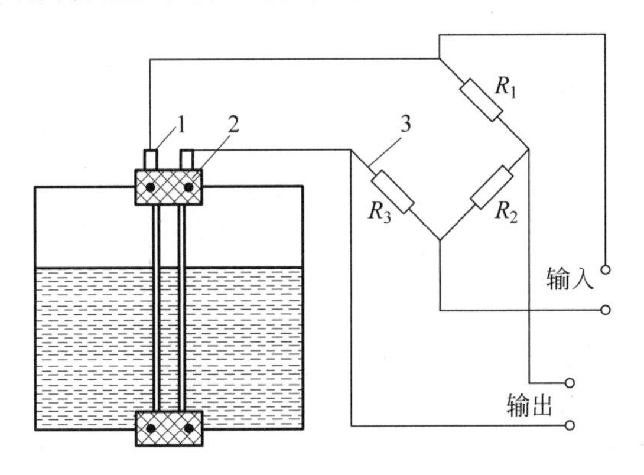

图 11-4　电阻式液位计

1—电阻棒；2—绝缘套；3—测量电桥

该液位计的两根电极是由两根材料、截面积相同的具有大电阻率的电阻棒组成，电阻棒两端固定并与容器绝缘。整个传感器电阻为

$$R = \frac{2\rho}{A}(H - h) = \frac{2\rho}{A}H - \frac{2\rho}{A}h = K_1 - K_2 h \tag{11-8}$$

式中，H、h 为电阻棒全长及液位高度(m)；ρ 为电阻棒的电阻率($\Omega \cdot m$)；A 为电阻棒截面积(m^2)；$K_1 = \frac{2\rho}{A}H$；$K_2 = \frac{2\rho}{A}$。

该传感器的材料、结构与尺寸确定后，K_1、K_2 均为常数，电阻大小与液位高度成正比。电阻的测量可用图中的电桥电路完成。

这种液位计的特点是结构和线路简单，测量准确，通过在与测量臂相邻的桥臂中串接温度补偿电阻可以消除温度变化对测量的影响。但它也有一些缺点，如极棒表面生锈、极化等。另外，介质腐蚀性将会影响电阻棒的电阻大小，这些都会使测量精度受到影响。

(2) 电感式液位计

电感式液位计利用电磁感应现象，液位变化引起线圈电感变化，感应电流也发生变化。电感式液位计既可进行连续测量，也可进行液位定点控制。

图 11-5 为电感式液位控制器的原理图。传感器由不导磁管子、导磁性浮子及线圈组成。管子与被测容器相连通，管子内的导磁性浮子浮在液面上，当液面高度变化时，浮子随着移动。线圈固定在液位上下限控制点，当浮子随液面移动到控制位置时，引起线圈感应电势变化，以此信号控制继电器动作，可实现上、下液位的报警与控制。

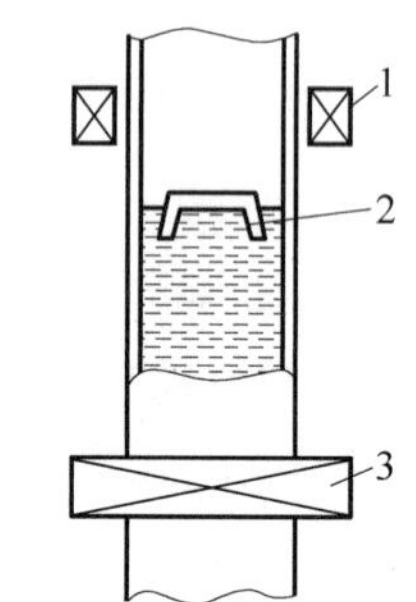

图 11-5　电感式液位计
1、3—上下限线圈；2—浮子

电感式液位计由于浮子与介质接触，因此不宜于测量易结垢、腐蚀性强的液体及高黏度浆液。

(3) 电容式液位计

电容式液位计利用液位高低变化影响电容器电容量大小的原理进行测量。依此原理还可进行其他形式的物位测量。电容式液位计的结构形式很多，有平极板式、同心圆柱式等。它的适用范围非常广泛，对介质本身性质的要求不像其他方法那样严格，对导电介质和非导电介质都能测量，此外还能测量有倾斜晃动及高速运动的容器的液位。不仅可作液位控制器，还能用于连续测量。电容式液位计的这些特点决定了它在液位测量中的重要地位。

在液位的连续测量中，多使用同心圆柱式电容器，如图 11-6 所示。同心圆柱式电容器的电容量

$$C=\frac{2\pi\varepsilon L}{\ln\left(\frac{D}{d}\right)} \tag{11-9}$$

式中，D、d 分别为外电极内径和内电极外径(m)；ε 为两极板间介质的介电常数(F/m)；L 为两极板相互重叠的长度(m)。

液位变化引起等效介电常数 ε 变化，从而使电容器的电容量变化，这就是电容式液位计的检测原理。

在具体测量时，电容式液位计的安装形式因被测介质性质不同而稍有差别。

图 11-7 为用来测量导电介质的单电极电容液位计，它只用一根电极作为电容器的内电极，一般用紫铜或不锈钢，外套聚四氟乙烯塑料管或涂搪瓷作为绝缘层，而导电液体和容器壁构成电容器的外电极。

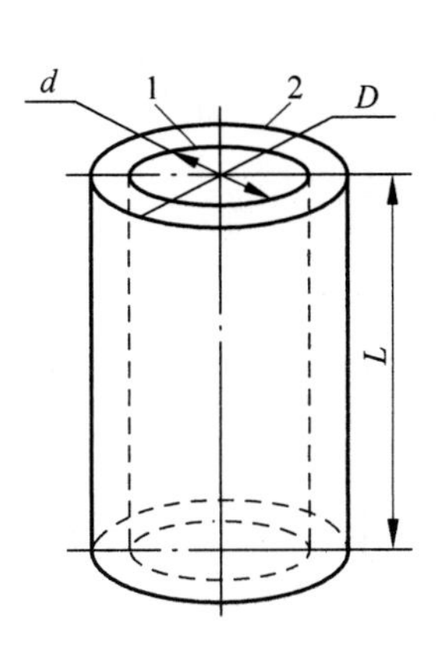

图 11-6　同心圆柱电容器

1—内电极；2—外电极

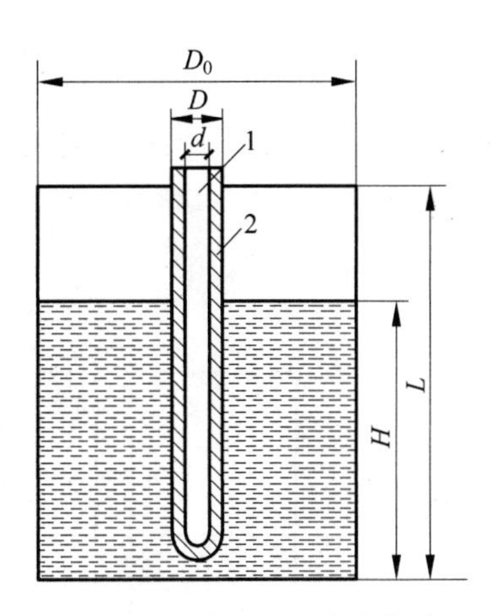

图 11-7　单电极电容液位计

1—内电极；2—绝缘套

容器内没有液体时，内电极与容器壁组成电容器，绝缘套和空气作介电层；液面高度为 H 时，有液体部分由内电极与导电液体构成电容器，绝缘套作介电层。此时整个电容相当于有液体部分和无液体部分两个电容的并联。有液体部分的电容

$$C_1 = \frac{2\pi\varepsilon H}{\ln(D/d)} \tag{11-10}$$

无液体部分的电容

$$C_2 = \frac{2\pi\varepsilon_0'(L-H)}{\ln(D_0/d)} \tag{11-11}$$

总电容

$$C = C_1 + C_2 = \frac{2\pi\varepsilon H}{\ln(D/d)} + \frac{2\pi\varepsilon_0'(L-H)}{\ln(D_0/d)} \tag{11-12}$$

式中，ε_0'、ε 分别为空气与绝缘套组成的介电层的介电常数以及绝缘套的介电常数(F/m)；d、D、D_0 分别为内电极、绝缘套的外径和容器的内径(m)；L 为电极与容器的覆盖长度(m)。

液位为零时的电容

$$C_0 = \frac{2\pi\varepsilon_0' L}{\ln(D_0/d)} \tag{11-13}$$

因此液位为 H 时电容变化量

$$C_x = C - C_0 = \left[\frac{2\pi\varepsilon}{\ln(D/d)} - \frac{2\pi\varepsilon_0'}{\ln(D_0/d)}\right]H \tag{11-14}$$

若 $D_0 \gg d$，且 $\varepsilon_0' < \varepsilon$，则式(11-14)中第二项可忽略，这个条件一般是容易满足的，因此有

$$C_x = \frac{2\pi\varepsilon}{\ln(D/d)}H \tag{11-15}$$

由此可以认为电容变化量与液位高度成正比。若令

$$S = \frac{2\pi\varepsilon}{\ln(D/d)}$$

式中，S 即为液位计灵敏度。可以看出，D 与 d 越接近，即绝缘套越薄，灵敏度越高。

图 11-8 为用于测量非导电介质的同轴双层电极电容式液位计。

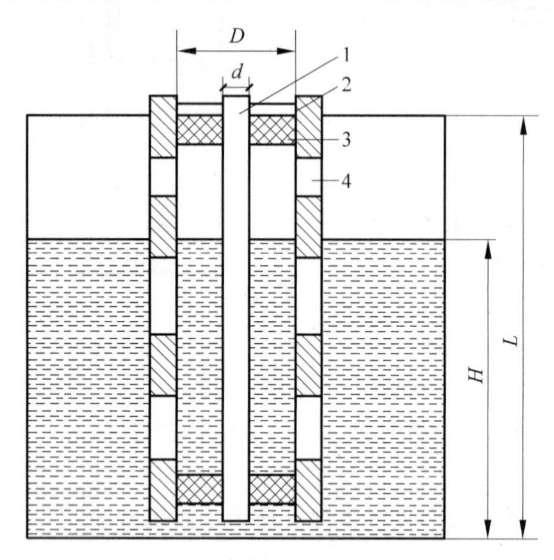

图 11-8 同轴双层电极电容式液位计

1、2—内、外电极；3—绝缘套；4—流通孔

内电极和与之绝缘的同轴金属套组成电容的两极，外电极上开有很多流通孔使液体流入极板间。液面高度为 H 时，整个电容等效于有液体部分和无液体部分两个电容的并联。两个电容的区别仅在于介电层不同，有液体部分的介电层由液体和绝缘套组成，设其介电常数为 ε；无液体部分的介电层由空气和绝缘套组成，设其介电常数为 ε_0'，因此总电容

$$C = \frac{2\pi\varepsilon H}{\ln(D/d)} + \frac{2\pi\varepsilon_0'(L-H)}{\ln(D/d)} \tag{11-16}$$

液位为零时的电容称为零点电容，即

$$C_0 = \frac{2\pi\varepsilon_0' L}{\ln(D/d)} \tag{11-17}$$

液位为 H 时电容变化量

$$C_x = C - C_0 = \frac{2\pi(\varepsilon - \varepsilon_0')}{\ln(D/d)}H \tag{11-18}$$

式中，d、D 分别为内电极外径和金属套内径。可以看出，电容变化量与液位高度成正比；金属套与内电极间绝缘层越薄，液位计灵敏度就越高。

以上介绍的两种是一般的安装方法，在有些特殊场合还有其他特殊安装形式，如大直径容器或介电系数较小的介质，为增大测量灵敏度，通常也只用一根电极，将其靠近容器壁安装，使它与容器壁构成电容器的两极；在测大型容器或非导电容器内装非导电介质时，可用两根同轴的圆筒电极平行安装构成电容；在测极低温度下

的液态气体时，由于 ε 接近 ε_0，一个电容灵敏度太低，可取同轴多层电极结构，把奇数层和偶数层的圆筒分别连接在一起成为两组电极，变成相当于多个电容并联，以增加灵敏度。

2. 电磁学法检测液位

利用电磁转换原理进行液位测量的磁致伸缩液位计是近年来推出的新产品，图 11-9 为磁致伸缩液位计原理图。该磁致伸缩液位计由探测杆（内装有磁致伸缩线）、电路单元和浮子组成三部分组成。探测杆上端部的电子部件产生一个低压电流“询问”脉冲，该脉冲沿着磁致伸缩线向下传输，并产生一个环形的磁场，同时产生一个磁场沿波导线向下传播；探测杆外配有浮子，浮子随着液位变化沿测杆上下移动，由于浮子内有一组磁铁，也产生一个磁场，当电流磁场与浮子磁场两个磁场相遇时，波导线扭曲形成“返回”脉冲，精确测量“询问”脉冲到接收“返回”脉冲的时间，便可计算得到液位的准确位置。

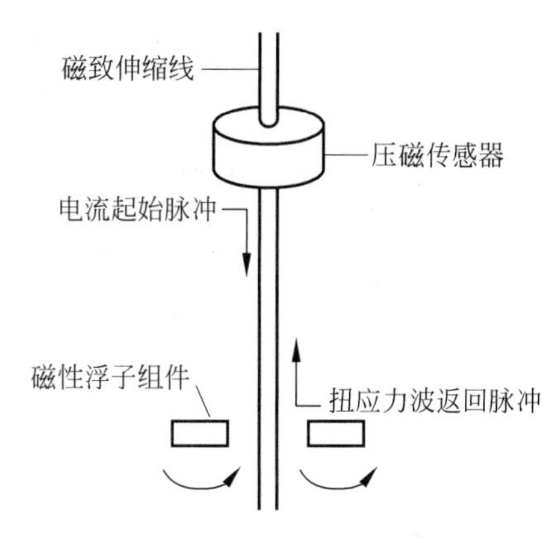

图 11-9　磁致伸缩液位计原理图

目前国内市场商品化磁致伸缩液位计测量范围大（可达 20m 以上），分辨力可达 0.5mm，精度等级 0.2～1.0 级左右，价格相对低廉。是非黏稠、非高温液体液位测量一种较好和较为先进的测量方法。

11.1.3　声学与光学法检测液位

1. 声学法

利用超声波在介质中的传播速度及在不同相界面之间的反射特性来检测物位。具体地说，超声波在传播中遇到相界面时，有一部分反射回来，另一部分则折射入相邻介质中。但当它由气体传播到液体或固体中，或者由固体、液体传播到空气中时，由于介质密度相差太大而几乎全部发生反射。因此，在容器底部或顶部安装超声波发射器和接收器，发射出的超声波在相界面被反射。并由接收器接收，测出超声波从发射到接收的时间差，便可测出液位高低。

超声波液位计按传声介质不同，可分为气介式、液介式和固介式三种；按探头的工作方式可分为自发自收的单探头方式和收发分开的双探头方式。相互组合可以得到六种液位计的方案。图 11-10 为单探头超声波液位计，其中(a)为气介式，(b)为液介式，(c)为固介式。

在实际工程应用时，通常气介式安装最方便，同时因空气中声速（与介质密度正相关）通常远低于液体和固介式中常用的不锈钢管，在测量量程相同情况下，同一仪器采用气介式比液介式和固介式可获得更高的测量分辨力和测量精度。

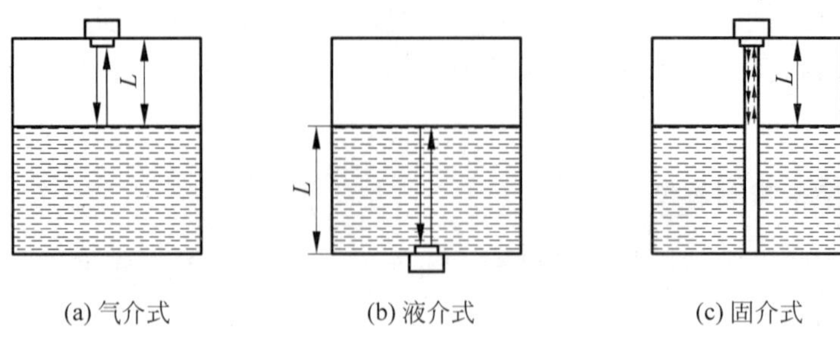

(a) 气介式　(b) 液介式　(c) 固介式

图 11-10　单探头超声波液位计

但如果被测液体温度高于环境温度，则贮液缸液面上方气体会发生对流；而在食品发酵罐等生物、化学反应容器的液面经常会有泡沫、悬浮物；这些场合就不宜采用气介式，而应采用液介式。

对液面有较大波动或沸腾时，采用气介式或液介式均容易引起超声波回波的混乱，从而产生较大的测量误差；因此，在这类复杂情况下宜采用固介式液位计。固介式中常用不锈钢管作固体传声介质，发射超声波和回波在固介中传播由于"趋肤效应"使声波沿固介外侧面向下传播，一旦到达气、液分界面因气体与液体密度存在很大差异而使超声波在气、液分界面处产生向上回波，因此固介式测量不会因上述原因产生反射混乱或声束偏转。固介式采金属棒或金属管作传声介质，因其声速远高于气体，这将对超声波液位仪器的设计、制造增加难度。

单探头液位计使用一个换能器，由控制电路控制它分时交替作发射器与接收器。双探头式则使用两个换能器分别作发射器和接收器。

由图 11-10 看出，超声波传播距离为 L，波的传播速度为 C，传播时间为 Δt，则

$$L = \frac{1}{2}C\Delta t \tag{11-19}$$

式中，L 是与液位有关的量，故测出 Δt 便可知液位，Δt 的测量一般是用接收到的信号触发门电路对振荡器的脉冲进行计数来实现。

超声波液位测量有许多优点：

① 与介质不接触，无可动部件，电子元件只以声频振动，振幅小，仪器寿命长；

② 超声波传播速度比较稳定，光线、介质黏度、湿度、介电常数、电导率、热导率等对检测几乎无影响，因此适用于有毒、腐蚀性或高黏度等特殊场合的液位测量；

③ 不仅可进行连续测量和定点测量，还能方便地提供遥测或遥控信号；

④ 能测量高速运动或有倾斜晃动的液体的液位，如置于汽车、飞机、轮船中的液体的液位。

但超声波仪器结构复杂，价格相对昂贵，而且有些物质对超声波有强烈吸收作用，选用测量方法和测量仪器时要充分考虑液位测量的具体情况和条件。

2. 光学法

激光用于液位测量，克服了普通光亮度差、方向性差、传输距离近、单色性差、易

受干扰等缺点，使测量精度大为提高。

激光式液位检测仪由激光发射器、接收器及测量控制电路组成。工作方式有反射式和遮断式，在液位测量中两种方式都可使用，但一般只用作定点检测控制，不易进行连续测量。图 11-11 为反射式液位检测原理图。

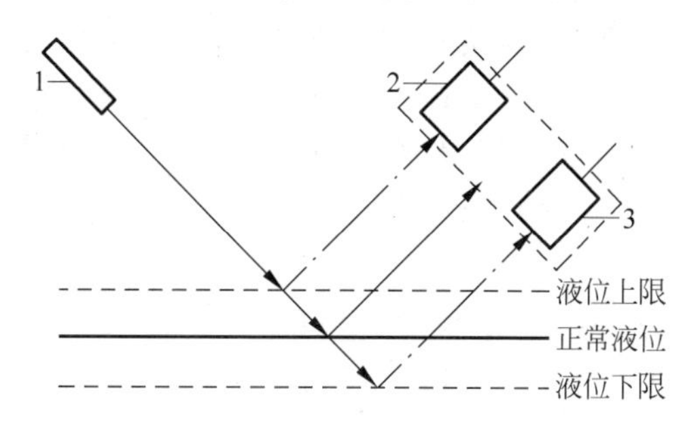

图 11-11　反射式激光液位检测原理图

1— 激光发射器；2—上液位接收器；3—下液位接收器

激光发射器发出激光束以一定角度照射到被测液面上，经液面反射到接收器的光敏检测元件上。当液位在正常范围时，上、下液位接收器光敏元件均无接收到激光反射信号；当液面上升或下降到上下限位置，相应位置的光敏检测元件产生信号，进行报警或推动执行机构控制开始加液或停止加液。

激光发射器有以红宝石为工作物质的固体激光器，也有氦-氖气体激光器及砷化镓半导体激光器；接收器可用光敏电阻、光电二极管、光电三极管、光电管、光电倍增管等各种光电元件。它们都能将光强信号转化为电信号。

11.1.4　其他液位检测技术

1. 射线法液位检测技术

不同物质对同位素射线的吸收能力不同，一般固体最强，液体次之，气体最差。当射线射入厚度为 H 的介质时，会有一部分被介质吸收掉。透过介质的射线强度 I 与入射强度 I_0 之间有如下关系

$$I = I_0 e^{-\mu H} \tag{11-20}$$

式中，μ 为吸收系数，条件固定时为常数。

式(11-20)变形为

$$H = \frac{1}{\mu}(\ln I_0 - \ln I) \tag{11-21}$$

因此测液位可通过测量射线在穿过液体时强度的变化量来实现。

核辐射式液位计由辐射源、接收器和测量仪表组成。

辐射源一般用钴 60 或铯，放在专门的铅室中，安装在被测容器的一侧。辐射源在结构上只能允许 γ 射线经铅室的一个小孔或窄缝透出。

接收器与前置放大器装在一起，安装在被测容器另一侧，γ射线由盖革计数管吸收，每接收到一个γ粒子，就输出一个脉冲电流。射线越强，电流脉冲数越多，经过积分电路变成与脉冲数成正比的积分电压，再经电流放大和电桥电路，最终得到与液位相关的电流输出。图 11-12 所示为辐射源与接收器均是为固定安装方式的核辐射液位计。其中，(a)为长辐射源和长接收器形式，输出线性度好；(b)为点辐射源和点接收器形式，输出线性度较差。

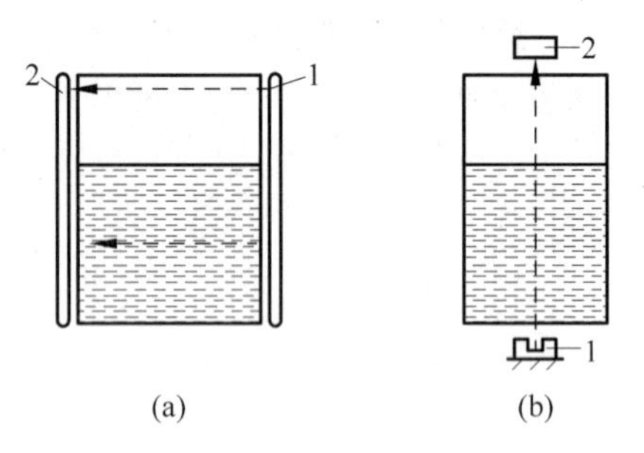

图 11-12 核辐射式液位计

1—放射源；2—接收器

辐射式液位计既可进行连续测量，也可进行定点发送信号和进行控制；射线不受温度、压力、湿度、电磁场的影响，而且可以穿透各种介质，包括固体，因此能实现完全非接触测量。这些特点使得辐射式液位计适合于特殊场合或恶劣环境下不常有人之处的液位测量，如高温、高压、强腐蚀、剧毒、有爆炸性、易结晶、沸腾状态介质、高温熔融体等的液位测量。但在使用时仍要注意控制剂量，做好防护，以防射线泄漏对人体造成伤害。

2. 温差法液位检测技术

温差法是近年来发展起来的一种新型非接触式液位测量方法。其主要原理是：两种不同物理状态的物质间会存在温度场(如气体与液体之间)，在同一温度场内的亮点可以认为温差近似为零或者低于某一临界值，而不同温度场中的两点则会存在较大的温差，显著高于某一临界值，此时通过判断温度差即可判断出液面的位置。

测温法液位计主要由温度传感器、信号处理电路和液位显示电路构成。一般在液体容器壁表面的上下方向安装两个以上温度传感器，由信号处理电路采集温度传感器信号并比较各相邻传感器的温度差，根据设定的临界值即可判断出当前的液位。测温法液位计原理图如图 11-13 所示。

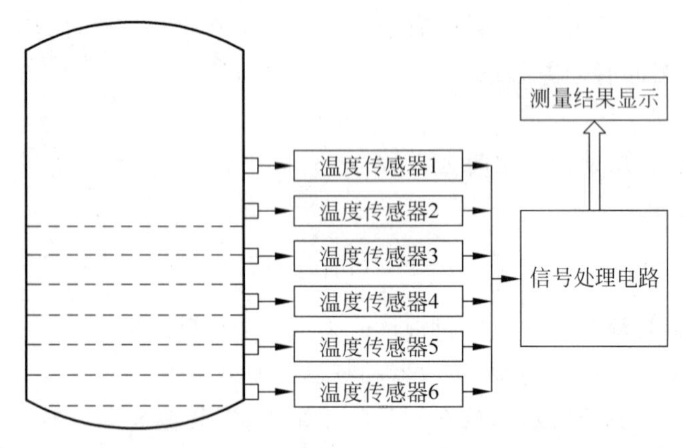

图 11-13 测温法液位计原理图

在通常的情况下，由于液体和气体之间的温度场差异显著，故对温度传感器的精度要求不是很高，一般可采用数字温度传感器，简化了温度信号调理电路的设计，降低了系统的复杂度。

温差法液位计打破了传统的接触式液位测量方式，实现了对被测对象的非接触式测量。液位计的量程和测量精度主要由测温点和相邻测温点间的间距决定，可以根据实际测量需求而改变，这大大地增强了温差法液位计测量的灵活性。温差法液位计结构简单，突出了实用性与直观性。

11.2　料位检测

由于固体物料的状态特性与液体有些差别，因此料位检测既有其特有的方法，也有与液位检测类似的方法，但这些方法在具体实现时又略有差别。本节将介绍一些典型的和常用的料位检测方法。

11.2.1　重锤探测与称重法检测料位

1. 重锤法

重锤探测法原理示意图如图 11-14 所示。重锤连在与电机相连的鼓轮上，电机发讯使重锤在执行机构控制下动作，从预先定好的原点处靠自重开始下降，通过计数或逻辑控制记录重锤下降的位置；当重锤碰到物料时，产生失重信号，控制执行机构停转——反转，使电机带动重锤迅速返回原点位置。

重锤探测法是一种比较粗略的检测方法，但在某些精度要求不高的场合仍是一种简单可行的测量方法，它既可以连续测量，也可进行定点控制，通常都是用于定期测定料位。

2. 称重法

一定容积的容器内，物料重量与料位高度应当是成比例的，因此可用称重传感器或测力传感器测算出料位高低。图 11-15 为称重式料位计的原理图。

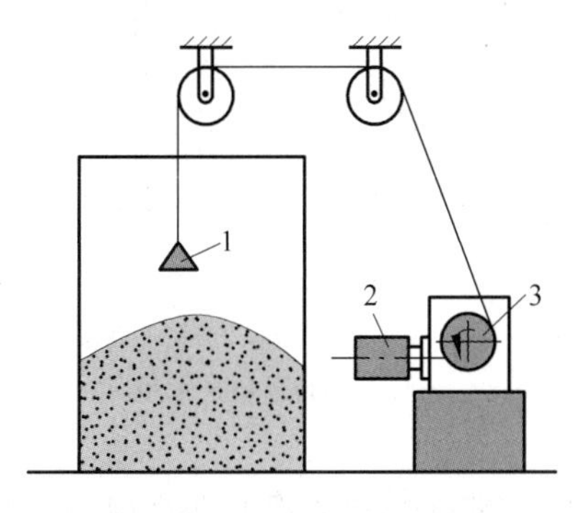

图 11-14　重锤探测式料位计

1—重锤；2—伺服电机；3—鼓轮

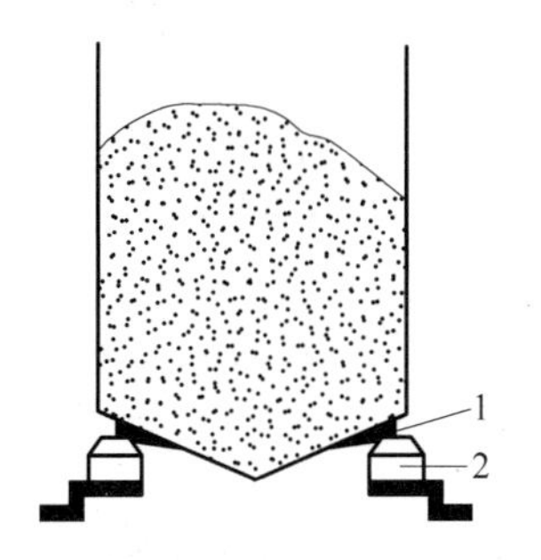

图 11-15　称重式料位计

1—支承；2—称重传感器

称重法实际上也属于比较粗略的测量方法，因为物料在自然堆积时有时会出现孔隙、裂口或滞留现象，因此一般也只适用于精度要求不高的场合。

11.2.2 电磁法检测料位

电阻式和电容式物位计同样适用于料位检测，但传感器安装方法与液位测量有些差别。

1. 电阻式物位计

电阻式物位计在料位检测中一般用作料位的定点控制，因此也称作电极接触式物位计。其测量原理示意图如图 11-16 所示。两支或多支用于不同位置控制的电极置于储料容器中作为测量电极，金属容器壁作为另一电极。测量时物料上升或下降至某一位置时，即与相应位置上的电极接通或断开，使该路信号发生器发出报警或控制信号。

接触电极式料位计在测量时要求物料是导电介质或本身虽不导电但含有一定水分能微弱导电；另外它不宜于测量黏附性的浆液或流体，否则会因物料的黏附而产生错误信号。

2. 电容式料位计

电容式料位计测量原理示意图如图 11-17 所示。其应用非常广泛，不仅能测不同性质的液体，而且还能测量不同性质的物料，如块状、颗粒状、粉状、导电性、非导电性等。但是由于固体摩擦力大，容易“滞留”，产生虚假料位，因此一般不使用双层电极，而是只用一根电极棒。

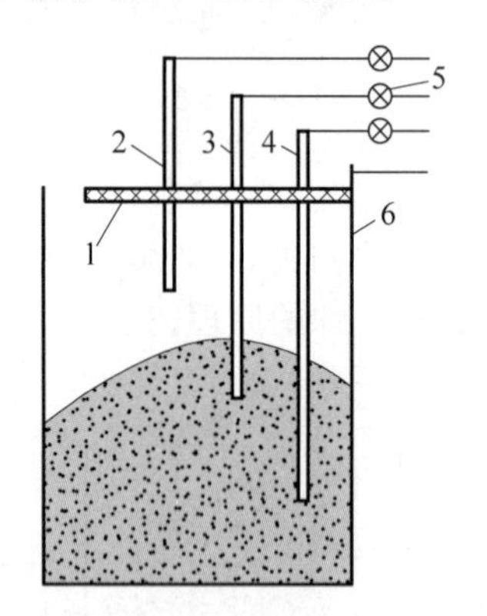

图 11-16 电极接触式料位计

1—绝缘套；2、3、4—电极；5—信号器；6—金属容器壁

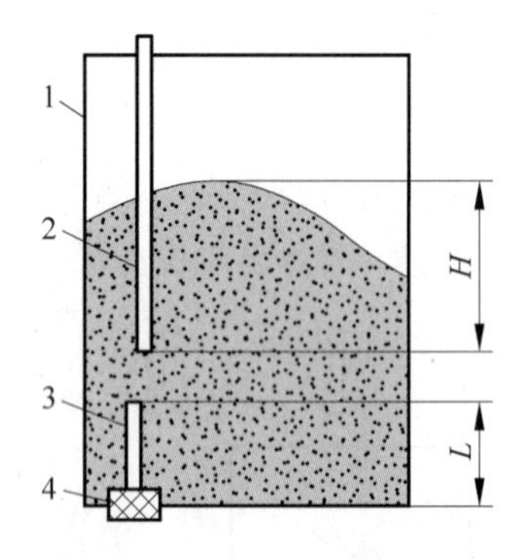

图 11-17 电容式料位计

1—金属电容；2—测量电极；3—辅助电极；4—绝缘套

电容式料位计在测量时，物料的温度、湿度、密度变化或掺有杂质时，会引起介电常数变化，产生测量误差。为了消除这一介质因素引起的测量误差，一般将一根

辅助电极始终埋入被测物料中。辅助电极与测量电极(也称主电极)可以同轴,也可以不同轴。设辅助电极长 L_0,它相对于料位为零时的电容变化量 C_{L0} 为

$$C_{L0}=\frac{2\pi(\varepsilon-\varepsilon_0)}{\ln(D/d)}L_0 \tag{11-22}$$

而主电极的电容变化量 C_x,根据式(11-14)与上式相比得

$$\frac{C_x}{C_{L0}}=\frac{H}{L_0} \tag{11-23}$$

由于 L_0 是常数,因此料位变化仅与两个电容变化量之比有关,而介质因素波动所引起的电容变化对主电极与辅助电极是相同的,相比时被抵消掉,从而起到误差补偿作用。

11.2.3　声学法检测料位

11.1.3 小节介绍过利用超声波在两种密度相差较大的介质间传播时发生全反射的特性进行液位测量,这种方法也可用于料位测量。除此以外,还可用声振动法进行料位定点控制。图 11-18 为音叉式料位信号器原理图,它是由音叉、压电元件及电子线路等组成。音叉由压电元件激振,以一定频率振动,当料位上升至触及音叉时,音叉振幅及频率急剧衰减甚至停振,电子线路检测到信号变化后向报警器及控制器发出信号。

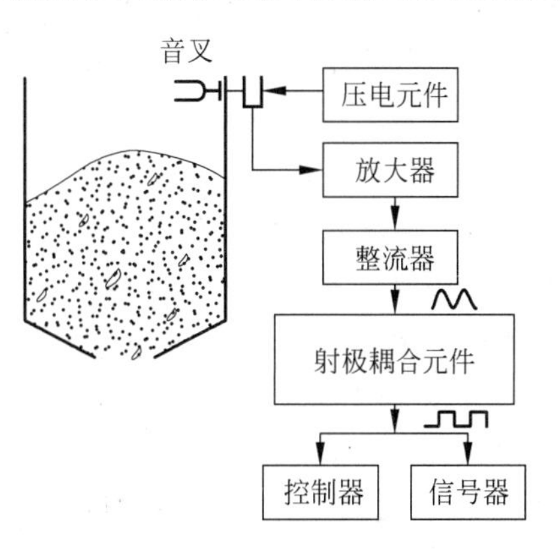

图 11-18　音叉式料位控制器

这种料位控制器灵敏度高,从密度很小的微小粉体到颗粒体一般都能测量,但不适于测量高黏度和有长纤维的物质。

11.3　相界面的检测

相界面的检测包括液-液相界面、液-固相界面的检测。液-液相界面检测与液位检测相似,因此各种液位检测方法及仪表(如压力式液位计、浮力式液位计、反射式激光液位计等)都可用来进行液-液相界面的检测。而液-固相界面的检测与料位检测更相似,因此通常重锤探测式、遮断式激光料位计或料位信号器也同样可用于液-固相界面的检测控制。此外,电阻式物位计、电容式物位计、超声波物位计、核辐射式物位计等均可用来检测液-液相界面和液-固相界面。各种检测方法的原理基本不变,但具体实现方法上有些区别,需根据具体相界液体或固体介质的密度、导电性、磁性等物理性能进行分析和针对性设计。下面介绍两种液-液相界面的检测方法。

11.3.1 分段式电容法检测油水相界面

在原油的采收和储运过程中，油中的水分沉降在容器的底部，占据大量的容积，要随时将水排出，才能充分利用容器的容量，提高生产效率。油水相界面检测主要是指测量油和水混合后静态分界面，广泛用于过滤设备，石油化工过程控制中油水分离的控制。

分段式电容传感器在线检测方法目前在油水相界面使用最为普遍，它是基于油水导电特性的差异设计的一种油水界面检测仪，可以显示出罐内水位的动态变化，此方法金属电极与水非接触，利用单片微机实现信号检测、计算及显示。

分段式电容油水相界面的测量是利用等结构物理电极把整个测量范围分成各个小层，而每个层面对应固定的空间高度，用模拟电路技术、数字电路技术及单片机技术相结合，逐层测量电容值。如果测量的是同一介质，各段采集的数字量应该一致或接近，反之则有较大差异，利用该现象可以判断出介质分界面的层段，然后就能计算出界面或液面高度。系统具有实时性、准确性、智能化、灵敏度高等优点。

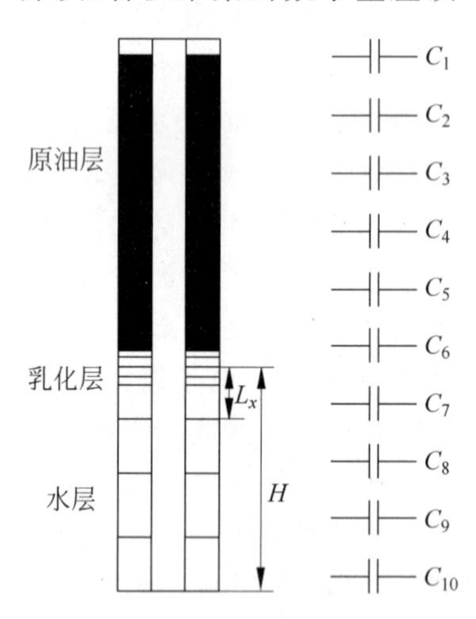

图 11-19 分段电容传感器的结构及其等效电容

图 11-19 是一个十段式分段电容传感器结构简图及等效电容图，将原有的一整根的圆筒形电容分成了十个并联的小电容传感器，且每个小圆筒式传感器的高度都为 L_0。只有最上部的电容传感器没有完全充满介质，其他电容传感器全部都充满了介质，有的充满了水，有的充满了原油。从上至下等效为十个电容 $C_1 \sim C_{10}$。$C_1 \sim C_6$ 中都是同一种介质原油，C_8、C_9 和 C_{10} 中也是同一种介质水，只有 C_7 中有原油和水两种介质，由于各段电容长度、内径和外径都相等，可以得出

$$C_1 < C_2 = C_3 = C_4 = C_5 = C_6 < C_7 < C_8 = C_9 = C_{10}$$

$C_1 \sim C_{10}$ 的电容值是需要经过测量才能得到的，可以判断出 C_8、C_9 和 C_{10} 充满的是介质水，$C_2 \sim C_6$ 充满的是介质原油，C_1 中充入的是原油但没有充满，C_7 中充有原油和水两种介质，也就是说原油与水的分界面在 C_7 段电容传感器中，由于每个传感器的高度都为 L_0，由图 11-19 很容易得到油水界面高度为

$$H = 3L_0 + L_x \tag{11-24}$$

由于 L_0 的精度是由制造工艺决定的，一般来说 L_0 是可以做得十分精确的。可见 H 的精度仅受 L_x 精度的影响，分段式电容检测方法中油水界面的误差仅来源于油水界面所在的检测段 C_7 段。利用单片微处理器，通过在线检测原油与水的介电常数，然后对介电常数值进行优化再进行计算的方法，克服了因原油和水的介电常

数的变化而引起的误差，大大提高测量精度。

11.3.2　超声波检测液-液相界面

利用超声波在介质中的传播速度及在不同密度液体相界面之间的反射特性来检测液-液相界面。图 11-20 为液介式超声波液-液相界面测量示意图。收、发两用超声波探头(超声波发生、接收器)受控每隔一段时间发射一组如图 11-21(a)所示的超声波脉冲串，超声波脉冲在向上传播过程中遇到液-液相界面时，有一部分反射回来，如图 11-21(b)所示的第一组幅度较大回波信号；其余超声波脉冲则继续向上传播，当到达上层液体与空气相界面时又会发生如图 11-21(b)所示的第 2 组反射回波信号。如果知道两种被测液体的声速，只要分别准确测出超声波发射时刻、第一回波和第二回波到达超声波探头的时刻，就可方便地计算得到液-液相界面位置以及两种液体的液位。

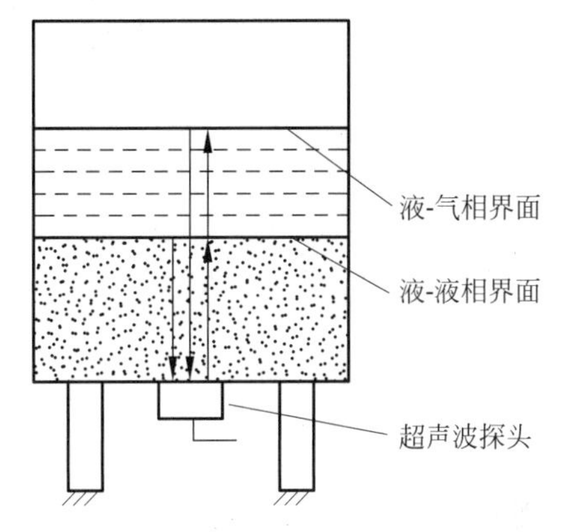

图 11-20　超声波在液位和界面上的反射和透射

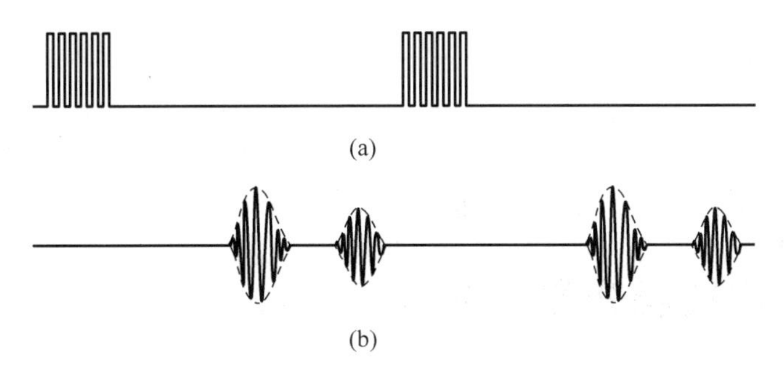

图 11-21　超声波探头激励与接收信号波形

11.3.3　磁致伸缩性相界面测量技术

磁致伸缩液位仪不仅是液位的高精度测量技术，同样也可用于高精度测量不同液体的相界面。磁致伸缩液位传感器的界面测量原理与液位测量原理基本相同，只是需要制作一个平均密度大于上部液体、同时又小于下部液体，可刚好浮在两种不同介质液体分界面的磁性浮子，其原理示意图如图 11-22(a)所示。例如对重介质密度 $\rho_1=1.05\mathrm{g/m^3}$，轻介质密度 $\rho_2=0.925\mathrm{g/m^3}$ 的混合液体，可选浮子密度 $\rho=0.97\mathrm{g/m^3}$，这样浮子便浮在轻重介质的相界面处，随相界面位置的变化而变化。

在传感器检测电路得到的信号中，除了激励脉冲与液位感应脉冲外，又增加了一个界面位置感应脉冲，如图 11-22(b)所示。通过测量界位感应脉冲与激励脉冲的时间差，就可计算出两种液体相界面的位置。

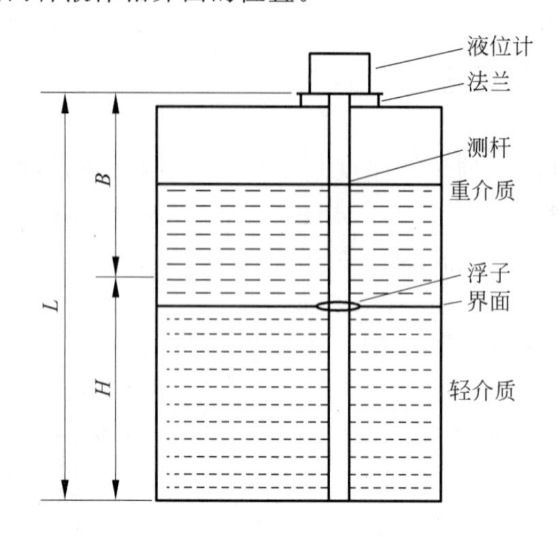

(a) 相界面测量原理图

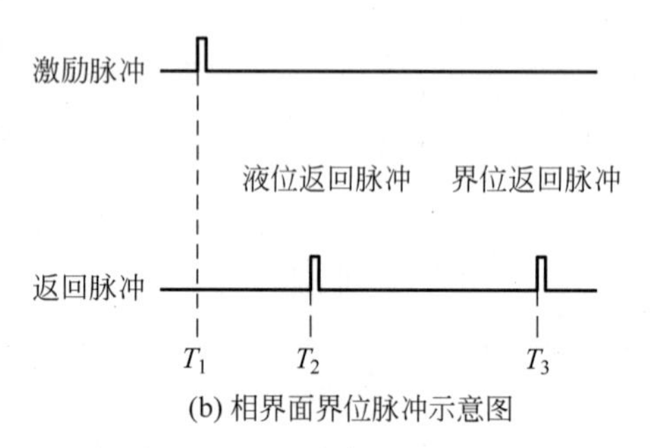

(b) 相界面界位脉冲示意图

图 11-22 磁致伸缩性相界面测量

11.4 物位仪表分类与选用

物位检测仪表按测量方式可分为连续测量和定点测量两大类：连续测量方式能持续测量物位的变化(连续量，输出标准连续量信号)；而定点测量方式则只检测物位是否达到上限、下限或某个特定位置。定点测量仪表一般称为物位开关(点位，输出开关量信号)。

按工作原理分类，物位检测仪表有直读式、静压式、浮力式、机械式、电气式等。

按工程上的应用习惯分为接触式和非接触式两大类，目前应用的接触式物位仪表主要包括重锤式、电容式、差压式、浮球式等。非接触式主要包括射线式、超声波式、雷达式等。

在物位检测中，由于被测介质状态、物理特性、检测环境条件往往存在很大差异，因此物位检测方法及物位仪表亦多种多样，需要根据具体情况选择合理的检测方法和相应的检测仪器。表 11-1 是目前已获得成功应用的各种液位、料位检测方法及相应测量仪器的主要性能特点汇总表。

表 11-1　物位测量方法及常见物位计性能

测量方法		直接测量	差压法			浮力法			电学法			声学法			核辐射法	光学法	机械接触式			其他		
仪器名称		玻璃管液位计	压力式液位计	吹气式液位计	差压式液位计	钢带浮子式	杠杆浮球式	浮筒式液位计	电阻式物位计	电容式物位计	电感式物位计	超声波物位计			核辐射式物位计	激光式物位计	重锤式	旋翼式	音叉式	磁致伸缩式	称重式	微波式
												气介式	液介式	固介式								
技术性能	被测介质类型	液位	液位 物料	液位	液位 液-液相界面	液位	液位 液-液相界面	液位 液-液相界面	液位 料位 相界面	液位 料位 相界面	液位	液位 料位	液位 液-液相界面	液位	液位 料位	液位 料位	液位 液-固相界面	液位	液位 料位	液位 液-液相界面	液位 料位	液位 料位
	测量范围/m	1.5	50	16	20	20	2.5	2.5	安装位置定	50	20	30	10	50	20	20	50	安装位置定	安装位置定	18	20	60
	误差/%	±3	±2	±2	±1	±1.5	±1.5	±1	±10	±2	±0.5	±3	±5	±1	±2	±0.5	±2	±1	±1	±0.05	±0.5	±0.5
	工作压力/Pa	1.6×10^6	常压	常压	40×10^6	6.4×10^6	6.4×10^6	32×10^6	1×10^6	3.2×10^6	16×10^6	0.8×10^6	0.8×10^6	1.6×10^6	随容器定	常压	常压	常压	4×10^6	随容器定	常压	1×10^6
	工作温度/℃	100～150	200	200	−20～200	120	150	200	200	−200～400	−30～160	200	150	高温	无要求	1500	500	80	150	−40～70	常温	150
	对黏性介质	不适用	法兰式可用	不适用	法兰式可用	不适用	不适用	不适用	不适用	不适用	适用	不适用	适用	适用	适用	适用	不适用	不适用	不适用	适用	适用	适用
	对有泡沫沸腾介质	不适用	适用	适用	适用	不适用	适用	适用	不适用	不适用	不适用	适用	不适用	适用	适用	适用	不适用	不适用	不适用	不适用	适用	适用
	与介质接触状态	接触	接触或不接触	接触	接触	接触	接触	接触	接触	接触	接触或不接触	不接触	不接触	接触	不接触	不接触	接触	接触或不接触	接触或不接触	接触	接触	不接触
	可动部件	无	无	无	无	有	有	有	无	无	无	无	无	无	无	无	有	有	有	无	有	无
输出方式	操作条件	就地目视	远传显示调节	就地目视	远传显示调节	计数远传	报警控制	显示记录调节	报警控制	指示	报警控制	显示	显示	显示	需防护远传显示	报警控制	报警控制	报警控制	报警控制	远传显示控制	报警控制	记录调节
	工作方式	连续测量	连续测量	连续测量	连续测量	连续测量	定点控制	连续测量	连续定点	连续定点	定点控制	连续测量	连续测量	连续测量	连续定点	定点控制	连续测量	定点控制	定点控制	连续测量	连续测量	连续测量

习题与思考题

11.1 为什么液位检测可以转化为压力检测?

11.2 差压式液位计的零点迁移量的实质是什么?

11.3 试述电容式液位计的理论依据,测量导电液体和非导电液体的电容式液位计有何不同?如何提高测量的灵敏度?

11.4 超声波液位计根据的原理是什么?由几部分组成?有哪些特点?

11.5 试述激光式物位计的工作原理和组成。说明激光式物位计的特点。

11.6 试述核辐射物位计的工作原理和组成。说明其典型的应用领域和特点。

11.7 电阻式物位计在测量液位和料位时的原理是什么?测量方法有何区别?对被测介质有何要求?

11.8 电容式料位计为什么常使用单电极作为测量电极?为什么要使用辅助电极?

第12章 机械量检测技术

机械运动是各种复杂运动的基本形式，机械量是表征机械运动特性的参量，包括长度、位移、速度、加速度、力、转矩以及振动与噪声等。随着现代科学技术的发展，机械设备、系统和过程向高速、轻量、节能、自动化、智能化和高可靠性方向发展，掌握机械量的检测方法，对于机械系统的设计、研制、试验、运行和监控方面有着越来越重要的意义。

机械量的测量方法，按检测原理分有机械式、光学式和电子电气式等几种。机械式方法应用最早，且成本低廉；光学式方法十分精密；电测方法在工业生产过程中应用最为广泛。本章介绍一些有代表性的机械量检测方法和仪表。

12.1 位移检测

位移是向量，是指物体或其某一部分的位置相对参考点在一定方向上产生的位置变化量，因此位移的度量除要确定其大小外，还要确定其方向。

位移是机械量中最基本的参数，不仅其他机械量如力、转矩、速度、加速度和振动等均以位移测量为基础，而且位移还是许多物理量（如压力、温度、流量等）检测的中间参数，所以位移测量十分重要，是机械量检测的重点。

12.1.1 位移检测方法

位移有直线位移和角位移两种形式，故位移的检测包括线位移和角位移的测量。实际上线位移测量与长度测量属同一范畴，习惯上将对尺寸固定物体的测量称为长度测量，而将对变化尺寸的测量称为位移测量。因此，位移测量包括了长度、厚度、高度、距离、镀层厚度、表面粗糙度、角度等的测量。

位移量值的范围差异很大（线位移小至毫米、微米以下，长至几十数百毫米甚或几十数百米；角位移小至秒、分以下，大至几度甚或几十度），检测条件、要求各不相同，因此检测方法也多种多样，常用的位移检测方法有下述几种。

1. 测量速度积分法

通过测量运动物体的速度或加速度，经积分或二次积分求得运动物体的位移。例如，轮船的计程仪就是通过测量船速再积分得到航程的；再如在惯性导航系统中，通过测量载体的加速度，经二次积分求得载体的移动距离。

2. 回波法

利用介质分界面对波的反射原理测位移。例如激光、超声波测距仪，就是利用分界面对激光、超声波的反射测量位移。

3. 线位移和角位移转换法

要求测量线位移时，若测量角位移更方便，则可通过测角位移再换算成线位移；同样，要求测量角位移时，也可先测线位移再换算，间接测得角位移。例如汽车的里程表，就是通过测量车轮转数再乘以周长而得到汽车的里程的。

4. 物理参数法

利用各种位移检测装置，将被测位移的变化转换成电、光、磁等物理量的变化来测量，这是应用最广泛的一种方法。可利用的检测转换原理很多，根据检测装置信号输出形式，有模拟和数字式两大类。图 12-1 所示为位移检测装置原理与类型。

总之，要根据被测对象的具体情况和测量要求，充分利用被测对象所在场合和具备的条件来设计、选择测量方法。

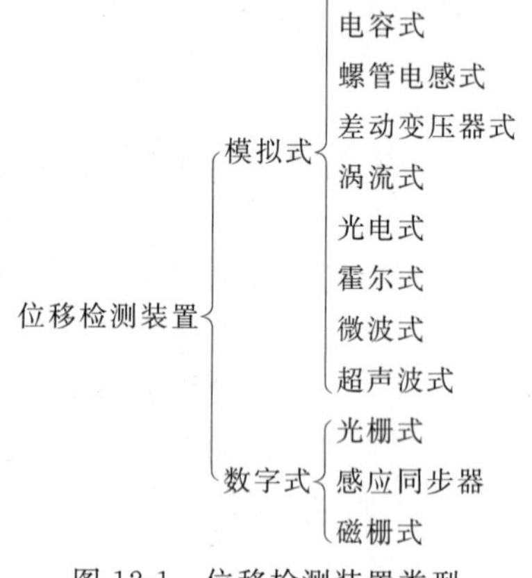

图 12-1 位移检测装置类型

12.1.2 线位移检测

位移检测装置种类繁多，可根据位移检测范围变化的大小选用。微小位移检测通常采用应变、差动变压器、电涡流、电容、霍尔等传感器，检测范围从几微米到几个毫米，如物体振动振幅的测量等；大的位移检测常用光栅、磁栅、感应同步器、编码器等检测装置。许多位移传感器的检测原理在本书第二篇中已有论述，这里不再介绍。

1. 电位器式位移检测装置

电位器是一种常用机电元件，它可以将机械位移变为电阻值的变化，并很容易转换成电压的变化，适用于精度要求不高的中小位移测量。

电位器通常由骨架、电阻元件及电刷（滑动触点）等组成，其形式有直线式和旋转式两种。电刷由滑动触点、臂、导向装置等组成，触点材料常用银、铂铱、铂铑等金属，电刷臂用磷青铜等弹性较好的材料，骨架常用陶瓷、酚醛树脂及工程塑料等绝缘材料。电阻元件有线绕式、薄膜式、光电式等多种类型，各有特点，而位移电阻特性有线性和非线性两种。

图 12-2(a)所示为一种直线式电位器，图 12-2(b)所示为一种测量线位移的电位器式位移检测装置结构。

图 12-2(b)中，测量轴与内部电位器电刷相连，当其与被测物相接触，有位移输入时，测量轴便沿导轨移动，同时带动电刷在滑线电阻上移动，因电刷的位置变化会引起电阻变化，由电路转换成电压输出，就可以判断位移的大小。如要求同时测出位移的大小和方向，可将图中的精密无感电阻和滑线电阻组成桥式测量电路。为方便测量时测量轴来回窜动，测量轴和检测装置壳体之间装了一根拉紧弹簧。

电位器式位移检测装置测量原理与电路模型见图 12-3。

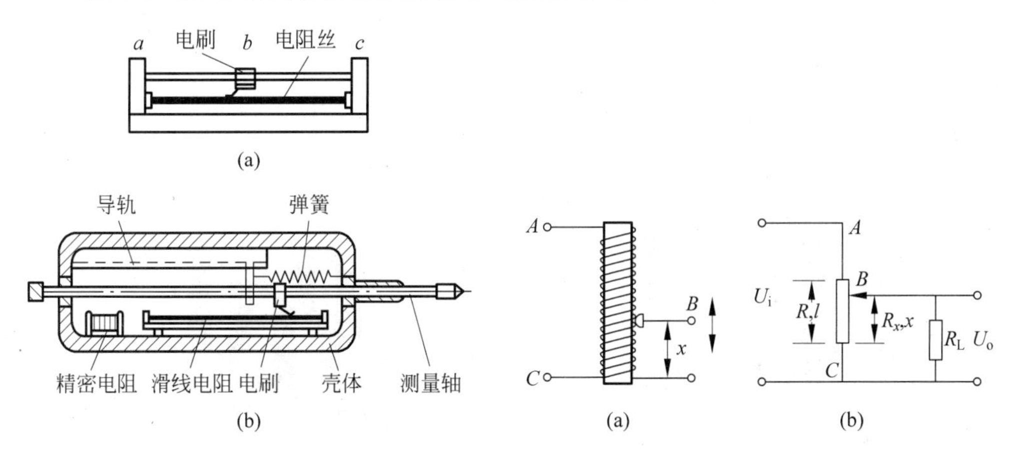

图 12-2　电位器式位移检测装置　　　图 12-3　电位器式位移检测装置电路模型

若在电位器 A、C 两端接上激励电压 U_i，则当电刷在输入位移驱动下移动时，B、C 两端就会有输出电压 U_o。设电位器为线性，长度为 l，总电阻为 R，电刷位移为 x，相应电阻为 R_x，负载电阻为 R_L，根据电路分压原理，电路的输出电压为

$$U_o = U_i \cdot \frac{R_x R_L/(R_x + R_L)}{R - R_x + R_x R_L/(R_x + R_L)} \tag{12-1}$$

若负载电阻为 $R_L \to \infty$，则有

$$U_o = U_i \cdot \frac{R_x}{R} = U_i \cdot \frac{x}{l} \tag{12-2}$$

此时输入与输出具有线性关系。若负载电阻 R_L 为有限值，由式(12-1)可知，输入与输出将是非线性关系。

电位器式位移检测装置的优点是：结构简单，价格低廉，性能稳定，对环境条件要求不高,输出信号大,便于维修;缺点是:电刷与电阻元件之间存在摩擦,易磨损,易产生噪声,分辨力有限,精度不够高,要求输入的能量大,动态响应较差,仅适于测量变化较缓慢的量。

2. 光栅式位移检测装置

光栅是一种数字式位移检测元件,其结构原理简单、测量范围大而且精度高,广泛应用于高精度机床和仪器的精密定位或长度、速度、加速度、振动等方面的测量。

光栅的种类很多,在检测技术中使用的是计量光栅。计量光栅按应用范围不同有透射光栅和反射光栅两种;按用途不同有测量线位移的长光栅和测量角位移的圆光栅;按光栅的表面结构不同,又可分幅值(黑白)光栅和相位(闪耀)光栅。本节主要介绍用于长度和线位移测量的透射黑白长光栅。

(1) 光栅位移检测装置结构

用于位移测量的透射计量光栅是一种在玻璃基体上刻制有均匀分布的透光和不透光条纹的光学元件,刻制的光栅条纹密度一般为每毫米 25、50、100、250 条等。图 12-4 为透射光栅的示意图,图中 a 为刻线宽度,b 为缝隙宽度,$a+b=W$,W 称为光栅的栅距(也称光栅常数),通常 $a=b=W/2$。

光栅位移检测装置由光源、光路系统、光栅副(标尺光栅+指示光栅)和光敏元件组成,其结构如图 12-5 所示。

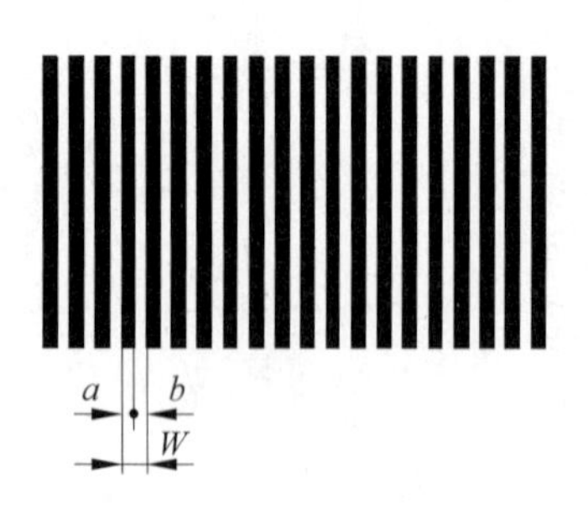

图 12-4 透射长光栅

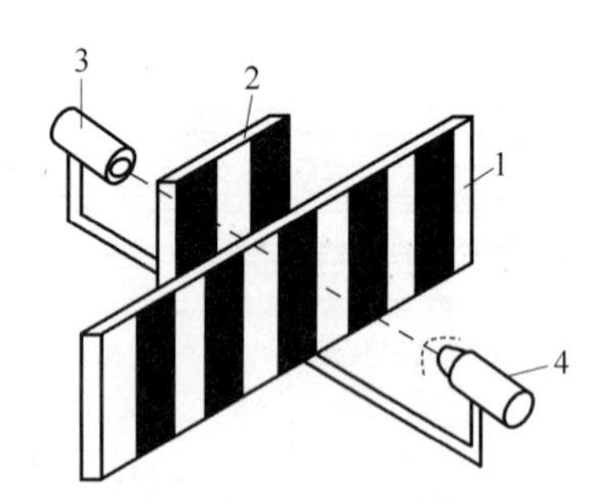

图 12-5 光栅位移检测装置组成结构

1—标尺光栅;2—指示光栅;3—光敏元件;4—光源

光栅位移检测装置的光源通常采用钨丝灯泡或半导体发光器件,光敏元件有光电池和光敏二极管等。在光敏元件的输出端,接有放大器,以得到足够大的输出信号。

光栅副由标尺光栅和指示光栅组成,两者栅距完全相同。标尺光栅的有效长度即为测量范围,指示光栅比标尺光栅短得多。两光栅互相重叠,但保持有 0.05～0.1mm 的间隙,可以相对运动。使用时标尺光栅固定,而指示光栅则安装在被测物体上随之移动。

当被测物体运动时,光源发出的光透过光栅缝隙形成的光脉冲被光敏元件接收并计数,从而实现位移测量,被测物体位移＝栅距×脉冲数。

(2) 莫尔条纹

在用光栅测量位移时,由于刻线很密,栅距很小,而光敏元件有一定的机械尺寸,故很难分辨到底移动了多少个栅距。实际测量是利用光栅的莫尔条纹现象进行的。

当栅距相等的标尺光栅与指示光栅的刻线条纹相交一个微小的夹角 θ 时,在两光栅的刻线重合处,光从缝隙透过,形成亮带;在两光栅刻线的错开处,由于相互挡光作用而形成暗带,于是在近似于垂直刻线条纹方向出现明暗相间的条纹,即在 *a*-*a* 线上形成亮带;在 *b*-*b* 线上形成暗带,如图 12-6 所示。这种明暗相间的条纹称为莫尔条纹,莫尔条纹方向与刻线条纹方向近似垂直。当指示光栅左右移动时,莫尔条纹上下移动变化。

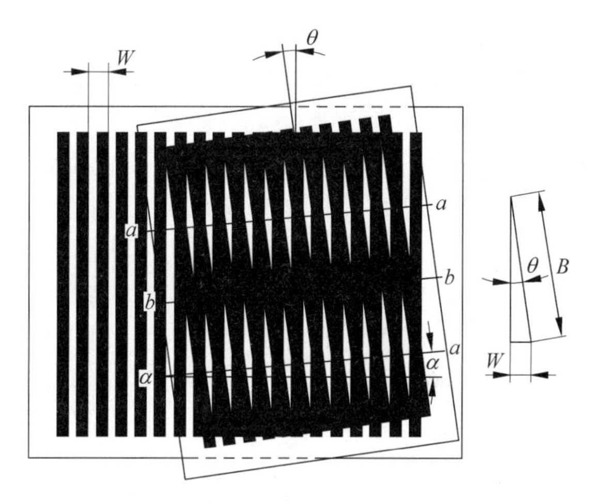

图 12-6　莫尔条纹

莫尔条纹有以下几个特点。

① 放大作用。莫尔条纹两个亮条纹之间的宽度为其间距。从图 12-6 可知,莫尔条纹的间距 B 与两光栅夹角 θ 和栅距 W 的关系为

$$B = W/\sin\theta \approx W/\theta \tag{12-3}$$

由式(12-3)可知,θ 越小,B 越大,调整夹角 θ 即可得到很大的莫尔条纹的宽度。例如,若 $\theta=0.001\text{rad}$,$W=0.01\text{mm}$,则 $B=10\text{mm}$,即莫尔条纹间距是栅距的 1000 倍。所以,莫尔条纹具有放大栅距的作用,这既使得光敏元件便于安放,让光敏元件“看清”随光栅移动所带来的光强变化,又提高了测量的灵敏度。

② 误差平均作用。莫尔条纹是由光栅的大量刻线形成的,对光栅的刻划误差有平均作用,能在很大程度上消除光栅刻线不均匀引起的误差,因此,莫尔条纹可以得到比光栅本身刻线精度更高的测量精度。

③ 方向对应与同步性。当标尺光栅不动,指示光栅沿与光栅刻线条纹垂直的方向移动时,莫尔条纹则沿刻线条纹方向移动(两者的运动方向相互垂直);指示光栅

反向移动,莫尔条纹亦反向移动,方向一一对应。例如,在图 12-6 中,当指示光栅向左移动时,莫尔条纹向下运动。而且,当光栅移动一个栅距时,莫尔条纹也同步移动一个间距。

(3) 光栅位移测量原理

用光敏元件接收莫尔条纹移动时光强的变化并转换为电信号输出。如果光敏元件同指示光栅一起移动,光栅每移动一个栅距 W,光强就变化一个周期,受莫尔条纹影响,光敏元件接收的光强变化近似于正弦波,其输出电压信号的幅值 U 为光栅位移量 x 的正弦函数,即

$$U = U_0 + U_m \sin(2\pi x/W) \tag{12-4}$$

式中,U_0 为输出信号中的直流分量;U_m 为输出信号中正弦交流分量的幅值;x 为两光栅间的相对位移。

将该电压信号放大、整形为方波,再由微分电路转换成脉冲信号,经过辨向电路后送可逆计数器计数,就可得出位移量的大小,位移量为脉冲数与栅距的乘积,测量分辨力为光栅栅距 W。

随着对测量精度要求的不断提高,光栅位移检测装置需要有更高的测量分辨力,采取减小光栅栅距的办法虽然可以提高分辨力,但受制造工艺限制,潜力有限。通常采用细分技术对莫尔条纹间距进行细分,即采用内插法,使得光栅每移动一个栅距能均匀产生出 n 个计数脉冲,从而可使测量分辨力提高到 W/n。细分的方法有直接细分(位置细分)和电路细分两类,以电路细分为多,现代电子技术可以使分辨力得到大大的提高。关于各种细分电路的原理这里就不作介绍了,有兴趣可以参考有关书籍。

(4) 光栅位移检测装置特点

主要优点:测量量程范围大(可达数米)且同时具有高分辨力(可达 0.01μm)和高精度;可实现动态测量;输出数字量,易于实现数字化测量和自动控制;具有较强的抗干扰能力。

主要缺点:对使用环境要求较高,怕振动,怕油污、灰尘等的污染;制造成本高。

3. 感应同步器

感应同步器是利用电磁感应原理把两个平面形印刷电路绕组的相对位置变化转换成相应电信号的一种数字式位移检测装置,有直线式和旋转式两种类型,分别用来检测直线位移和角位移。感应同步器能以高精度、非接触测量大位移,故在位移检测,各种数控机床、加工中心等的自动定位、数控和数显,雷达天线的定位和自动跟踪以及测量仪器的分度装置中得到广泛应用。

直线式或旋转式感应同步器的工作原理基本相同,故本节仅以直线式感应同步器为例进行介绍。

(1) 直线感应同步器结构

直线感应同步器由定尺和滑尺两部分组成,其结构如图 12-7 所示。

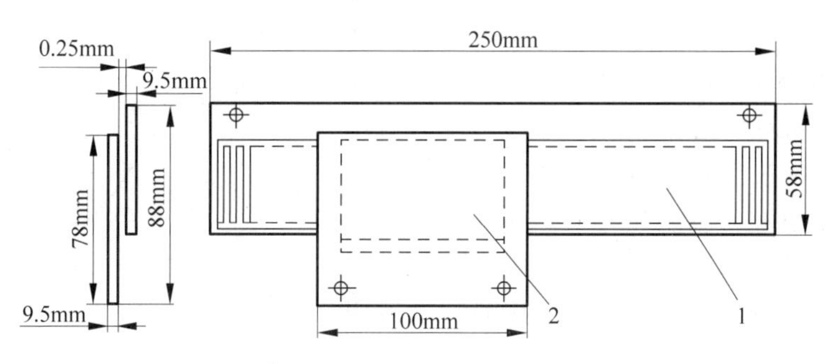

图 12-7　直线式感应同步器外形

1—定尺；2—滑尺

图中长尺为定尺，短尺为滑尺，一般定尺长 250mm，滑尺长 100mm。使用时定尺安装在固定部件上（如机床座），而滑尺则与运动部件一起沿定尺移动，滑尺和定尺相对平行安装，其间保持有一定间隙（0.05～0.25mm）。定尺和滑尺制造工艺相同，都是由基板、绝缘黏结剂、印刷电路绕组和屏蔽层等部分组成。

定尺和滑尺上的电路绕组都是用印刷电路工艺制成的矩形绕组，定尺绕组为单相连续绕组，节距为 W_2，一般取 $W_2=2\text{mm}$。滑尺上有两组分开的绕组，两个绕组间的距离 L_1 应满足关系 $L_1=(n/2+1/4)W_2$，其中 n 为正整数。因为两绕组相差 90°相位角，故分别称为正弦绕组和余弦绕组。两相绕组节距相同，均为 W_1，通常取 $W_1=W_2=W$。

图 12-8 是直线感应同步器绕组结构示意图。图中上部为定尺绕组，下部为 W 型滑尺绕组。为了减小由于定尺和滑尺工作面不平行或气隙不均匀带来的误差，各正弦和余弦绕组交替排列。

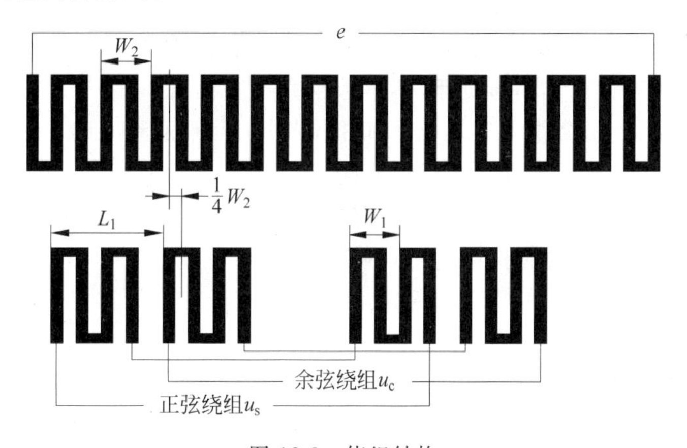

图 12-8　绕组结构

(2) 直线感应同步器工作原理

采用滑尺绕组励磁，从定尺绕组取出感应电势的激励方式。当分别在滑尺的正、余弦绕组中施加频率为 f（1～10kHz）的正弦电压励磁时，定尺绕组中将感应出同频率的感应电势，感应电势的大小除了与励磁频率、励磁电流和两绕组之间的间隙有关外，还与两绕组的相对位置有关。图 12-9 是定尺绕组中感应电势的波形图，其中实线 C 和虚线 S 分别为余弦绕组和正弦绕组励磁产生的感应电势曲线。由图可见，定尺上的感应电势随滑尺相对定尺的移动呈现周期性变化，每移动一个节距 W，就重复变化一次。

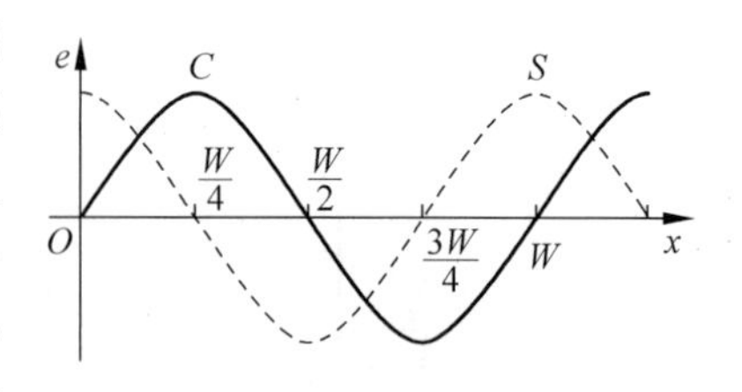

图 12-9 定尺感应电势波形图

设滑尺相对移动距离为 x，在滑尺的正弦或余弦绕组上单独施加的正弦励磁电压为

$$u_i = U_m \sin\omega t \tag{12-5}$$

则正弦或余弦绕组在定尺上产生的相应感应电势分别为

$$e_s = kU_m \sin\omega t \cos\frac{2\pi}{W}x \tag{12-6}$$

$$e_c = kU_m \sin\omega t \sin\frac{2\pi}{W}x \tag{12-7}$$

式中，k 为定、滑尺绕组间的电磁耦合系数；W 为绕组节距；U_m 为励磁电压的幅值；ω 为励磁电压频率，$\omega=2\pi f$。

由式(12-6)或式(12-7)可见，定尺的感应电势取决于滑尺的相对位移 x，故通过感应电势可测量位移。

(3) 感应同步器信号的检测

感应同步器的输出信号是一个能反映定尺和滑尺相对位移的交变感应电势，当励磁电压频率 ω 恒定时，可用幅值和相位两个参量来描述交变感应电势的特征，因此，感应同步器输出信号的检测方法有鉴幅法和鉴相法两种。鉴幅法即根据感应电势的幅值来鉴别位移量的信号处理法，本节仅介绍鉴幅法。

在滑尺的正、余弦绕组上施加频率和相位相同、但幅值不同的正弦激励电压，即

$$\begin{aligned} u_s &= U_s \sin\omega t \\ u_c &= U_c \sin\omega t \end{aligned} \tag{12-8}$$

利用函数电压发生器使激励电压的幅值满足

$$\begin{aligned} U_s &= U_m \sin\varphi \\ U_c &= -U_m \cos\varphi \end{aligned} \tag{12-9}$$

式中，U_m 为激磁电压幅值；φ 为给定激励电压的相位角。

由于感应同步器的磁路系统可视为线性，可进行线性叠加，所以，令位移相位角 $\theta=2\pi x/W$，则由式(12-6)、式(12-7)可得定尺绕组输出的总感应电势为

$$\begin{aligned} e = e_s + e_c &= kU_m \sin\varphi \sin\omega t \cos\theta - kU_m \cos\varphi \sin\omega t \sin\theta \\ &= kU_m \sin(\varphi-\theta) \sin\omega t \end{aligned} \tag{12-10}$$

式中，$kU_m\sin(\varphi-\theta)$ 为感应电势的幅值，其值随位移相位角 θ(即位移 x)而变化。若调整给定激励电压的相位角 φ，使输出感应电动势 e 的幅值为 0，则此时有 $(\varphi-\theta)=0$。

由于 $\varphi=\theta=2\pi x/W$，所以位移 $x=\varphi W/2\pi$，这就是鉴幅法测位移 x 的原理。

实际鉴幅式数字位移测量系统中，初始时，定尺和滑尺处于平衡位置，即 $\varphi=\theta$，感应电势 e 为零。当滑尺相对定尺移动时，相位发生变化，$\varphi\neq\theta$，将产生输出信号 e。e 经放大、滤波后与门槛电压比较器中预先调定的基准电平相比较。当滑尺的移动超过一个脉冲当量的位移(例如 0.01mm)时，门槛电路发出计数脉冲，此脉冲一方面经可逆计数器、译码器后作数字显示，另一方面又送入 D/A 转换器并控制函数电压发生器，调整激励电压的相位角 φ，使信号 e 重新降到门槛电平以下。如果滑尺连续移动，又超过一个脉冲当量，则系统将再次发出计数脉冲并继续调整 φ。如此循环，就可以不断地测量并显示滑尺的位移量。

(4) 感应同步器的特点

① 具有较高的精度与分辨力。感应同步器定、滑尺电路绕组本身制造精度高，测量时多节距同时参加工作，多节距的误差平均效应减小了局部误差的影响，温度变化影响也不大。目前直线感应同步器的精度可达到 $\pm1.5\mu m$，分辨力 $0.05\mu m$，重复性 $0.2\mu m$。

② 测量长度范围不受限制。当测量长度大于 250mm 时，可以根据测量需要，将若干根定尺拼接。拼接后总长度的精度可保持(或稍低于)单个定尺的精度，直线测量范围可达几十米。

③ 抗干扰能力强。感应同步器在一个节距内是一个绝对测量装置，偶然的干扰信号在其消失后对位置信号不再有影响；而绕组的阻抗很小，外界干扰电场对其影响很小。

④ 使用寿命长，维护简单。定尺和滑尺没有摩擦、磨损，使用寿命很长。测量基于电磁感应原理，故几乎不受环境因素如温度、油污、尘埃等的影响。

⑤ 工艺性好，成本较低，便于复制和成批生产。

⑥ 输出信号较弱，需要高放大倍数的前置放大器。

4. 激光距离检测

对于大位移量(距离)的测量，常采用激光测距技术。激光测距具有精度高、性能可靠、准直性好、抗干扰能力强等一系列优点，广泛应用于遥感、空间探测、精密测量、工程建设以及智能控制等领域，在科技、军事、生产建设等各方面起着重要的作用。

激光测距的原理是：利用激光器向目标发射单次激光脉冲或脉冲串，光脉冲从目标反射后被接收，通过测量激光脉冲在待测距离上往返传播的时间，计算出待测距离。其换算公式为

$$L=\frac{ct}{2} \tag{12-11}$$

式中，L 为待测距离；c 为光速，t 为光波往返传输时间。

测量传输时间 t，在技术途径上有脉冲式(直接测定时间)和相位式(间接测定时

间）两种方法。

（1）脉冲式激光测距

脉冲式激光测距的工作原理如图 12-10 所示。

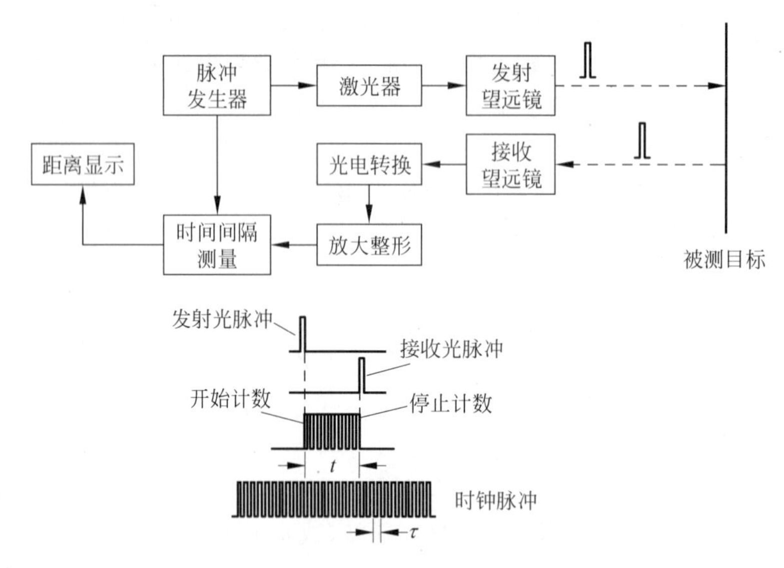

图 12-10 脉冲式激光测距原理

测量时，脉冲激光器向目标发射一持续时间极短的激光脉冲，同时作为开门信号启动计数器，开始对高频时钟振荡器输入的时钟脉冲计数；当激光脉冲从目标反射并返回时，由光电探测器接收，经放大整形转换为电脉冲进入计数器，作为关门信号，使计数器停止计数。设计数器从开门到关门期间，所记录的时钟脉冲个数为 n，高频时钟振荡周期为 τ，则可得到激光脉冲到目标的往返传输时间为

$$t = n \cdot \tau = n \cdot \frac{1}{f} \tag{12-12}$$

式中，f 为高频时钟振荡频率。测得 t 即可由式(12-11)计算出被测距离。

脉冲式激光测距具有脉冲持续时间短、能量集中、瞬时功率大的特点，装置结构比较简单，测程远，功耗小，测量快速。但由于光传播速度太快，传输时间很短，对时间测量精度要求很高，而计数器只能计整时钟脉冲个数，不足一周期的时间被丢弃，故存在测时误差，因而引起的绝对测距误差较高。提高脉冲式激光测距的测量精度受到计时时钟频率的限制，过高的时钟频率会导致系统过于复杂和巨大的功率消耗。因此，脉冲式激光测距主要适用于短距离低精度或长距离（例如测地球-月球距离）的测量，测量精度一般在“米”级。

（2）相位式激光测距

相位式激光测距法是通过向目标发射连续的、经过幅度调制的激光信号，测量调制光在待测距离上往返传播所产生的相位延迟，再根据调制光的波长，换算出此相位延迟所代表的距离，即用测量相位延迟的间接方法测定光在待测距离上往返传播所需的时间，实现距离的测量。相位式激光测距方法的原理如图 12-11 所示。

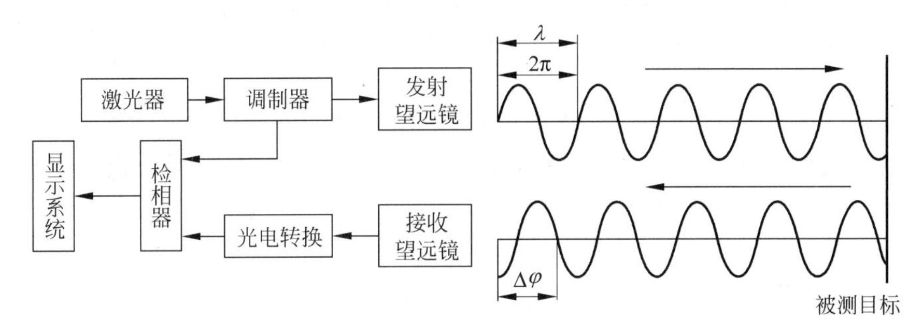

图 12-11　相位式激光测距原理

测量时，激光器向目标发射连续的调制光波，同时也送至检相器。调制光波在待测距离上传播反射后，经接收系统进入检相器，检相器将发射信号与接收信号进行相位比较，测出相位差 $\Delta\varphi$。

设调制光波的波长为 λ，调制频率为 f。光波每传播 λ 的一段距离，相位就会变化 2π，故光波往返的相位移 φ 为

$$\varphi = 2\pi N + \Delta\varphi = \omega t = 2\pi f t \tag{12-13}$$

式中，N 为整周期数；ω 为光波调制圆频率。所以，激光脉冲往返传输时间为

$$t = \frac{2\pi N + \Delta\varphi}{2\pi f} \tag{12-14}$$

待测距离 L 为

$$L = \frac{c}{2} \cdot \frac{2\pi N + \Delta\varphi}{2\pi f} = \frac{\lambda}{2} \cdot (N + \Delta N) \tag{12-15}$$

式中，$\lambda = c/f$；$\Delta N = \Delta\varphi/2\pi$，$0 < \Delta N < 1$。

由式(12-15)可见，相位法测距就像用尺量距离，测尺长度为 $\lambda/2$，N 为整尺长，ΔN 为不足整尺的零数。但是，任何测量交变信号相位移的方法都不能确定出相位移的整周期数 N，而只能测定其中不足 2π 的 $\Delta\varphi$。所以，当距离 L 大于测尺长 $\lambda/2$ 时，是无法测定距离的。如果测尺长度 $\lambda/2$ 大于待测距离 L，则由式(12-15)可知，$N=0$，故

$$L = \frac{\lambda}{2} \cdot \frac{\Delta\varphi}{2\pi} \tag{12-16}$$

即测出相位差 $\Delta\varphi$ 就能够测出距离。因此，如果被测距离较长，则可选择较低的调制频率 f，使相应的测尺长度大于待测距离，这样就可保证距离测量的确定性。但是由于测相系统精度有限，过大的测尺长度会导致距离测量的误差增大。所以，实际相位式激光测距系统中采取多尺测量的方法，例如，用一个长尺和一个短尺组合，测量同一距离，长尺保证测距量程，短尺保证必要的测距精度，以此满足测量范围和精度要求。表 12-1 列举了几种测尺调制频率与测尺长和测量精度的对应关系。

表 12-1　测尺调制频率与测尺长和测量精度的对应关系

测尺调制频率 f	15MHz	150kHz	15kHz
测尺长	10m	1000m	10km
测量精度	0.01m	1m	10m

相位式激光测距法测量精度较高，适用于近距离精密测量，在大地和工程测量中得到了广泛的应用。

12.1.3　角位移检测

许多测量线性位移的检测装置，只要在结构上做适当变动，就可以用于角位移的测量。例如，图 12-12 是一种测量角位移的旋转电容传感器；图 12-13 中的(a)和(b)是两种差动旋转电容传感器；图 12-14 是一种变气隙式电感角位移传感器；图 12-15 是一种测量角位移的旋转电位器；图 12-16 是圆感应同步器。这些传感器的工作原理前面已有论述，这里不再讨论，本节介绍另外几种常用的角位移检测装置。

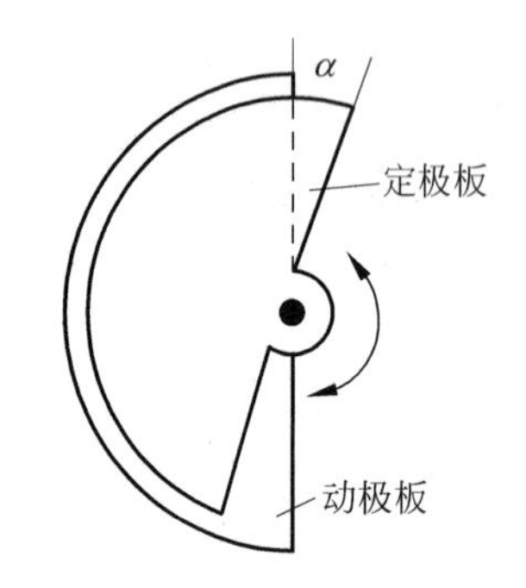

图 12-12　旋转电容传感器

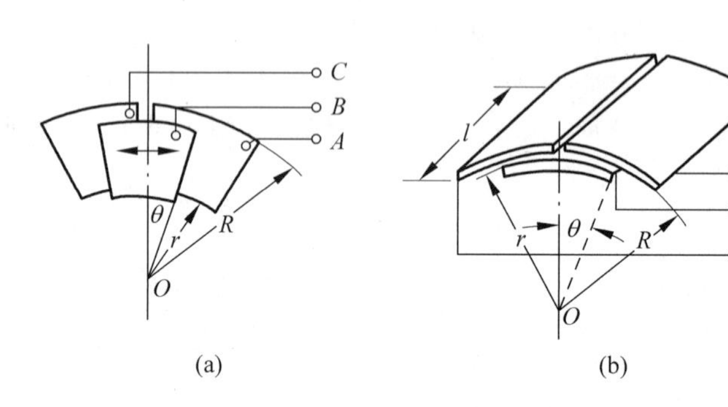

图 12-13　差动旋转电容传感器

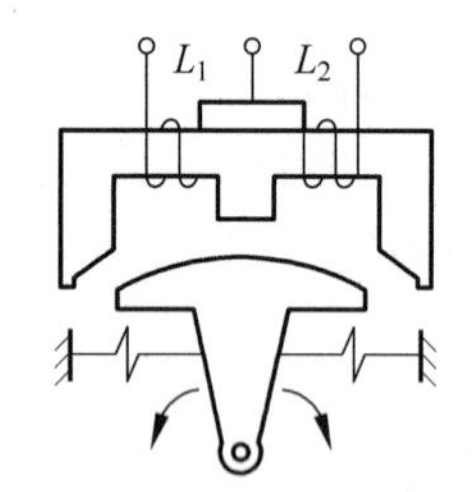

图 12-14　差动变隙式电感

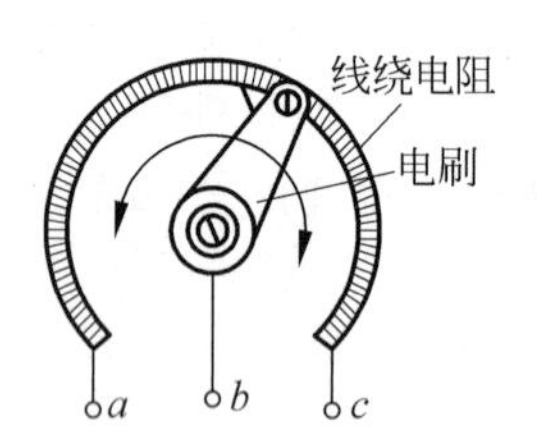

图 12-15　旋转电位器

1. 旋转变压器

旋转变压器是一种基于电磁感应原理工作的精密角度位置检测装置，又称分解器，它将机械转角变换成与该转角呈某一函数关系的电信号。

旋转变压器结构简单，动作灵敏，对环境无特殊要求，维护方便，输出信号幅度大，抗干扰能力强，工作可靠。因此，广泛应用在伺服控制系统、机器人、数控机床、

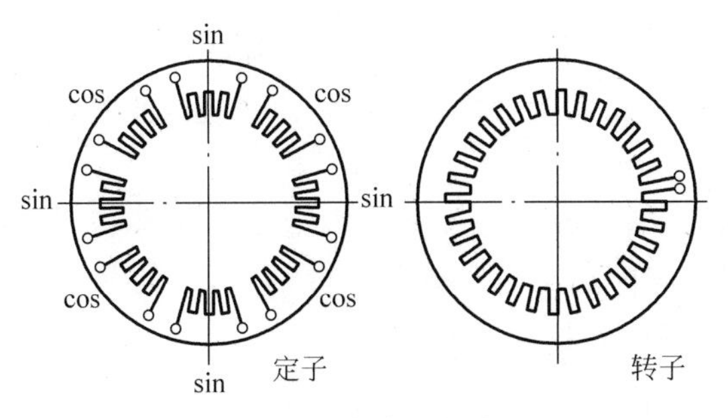

图 12-16　圆感应同步器

汽车、电力、冶金、航空航天、船舶、矿山等领域的角度位置检测系统中。

旋转变压器由定子和转子组成，定子绕组为变压器的原边，转子绕组为变压器的副边。交流激磁电压接到定子绕组上，感应电动势由转子绕组输出。常用的激磁频率为 400Hz、500Hz、1000Hz 和 5000Hz。

旋转变压器在结构上分为有刷和无刷两种。有刷结构的定子和转子上均为轴线呈相互垂直的两相绕组，转子绕组的端点通过电刷和滑环引出。无刷旋转变压器由分解器和变压器两大部分组成，分解器包括定子和转子，定子线圈接外加励磁电压，转子线圈输出端连接到变压器的一次绕组；变压器用来取代电刷和滑环传输检测信号，其一次绕组与分解器转子轴固定在一起，二次绕组固定在旋转变压器的壳体上，引出最后的输出信号。

通常应用的旋转变压器为二极旋转变压器，其定子和转子各有一对磁极。此外还有四极和多极式旋转变压器，主要用于高精度检测系统。下面以二极无刷旋转变压器为例介绍。

图 12-17 为二极旋转变压器绕组结构。定子上激磁绕组和辅助绕组的轴线互成 90°，在转子上两个输出绕组：正弦输出绕组和余弦输出绕组的轴线也互成 90°，一般将其中一个绕组（如 Z_1、Z_2）短接。

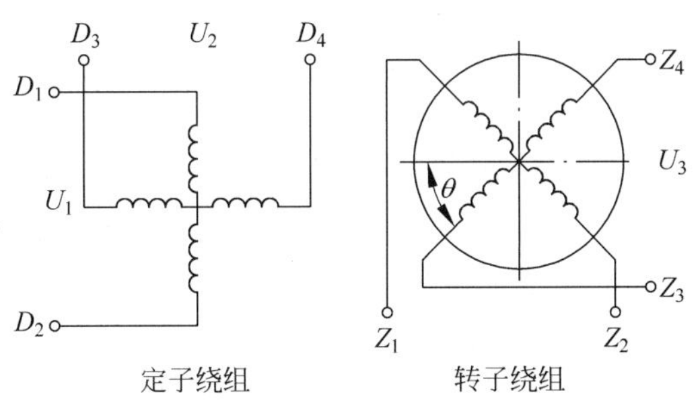

图 12-17　旋转变压器绕组结构

旋转变压器是根据互感原理工作的，当励磁电压加到定子绕组上时，通过电磁耦合，转子绕组中便产生感应电势。设加在定子绕组的励磁电压为 $U_1=U_m\sin\omega t$，由于旋转变压器在结构上保证了定子和转子间气隙内的磁通分布呈正（余）弦规律，所以转子绕组产生的感应电势为

$$U_3 = kU_m \sin\omega t \sin\theta \tag{12-17}$$

式中，U_m 为励磁电压幅值；k 为变压比（即转、定子绕组匝数比）；ω 为励磁电压角频率；θ 为转子转角。

由式(12-17)可见，转子输出电压大小取决于定子和转子两绕组轴线的空间相互位置，两者垂直时 $\theta=0$，U_3 为零；两者平行时 $\theta=90°$，U_3 最大。图 12-18 为转子转角与转子绕组感应电势的对应关系。

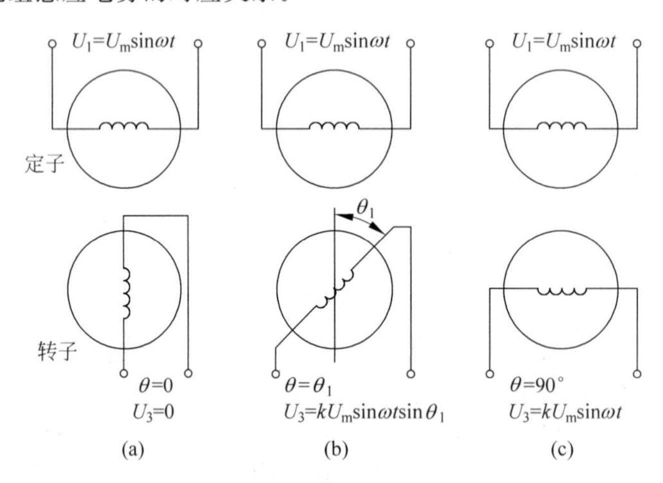

图 12-18 转子转角与转子绕组感应电势的关系

旋转变压器有鉴相和鉴幅两种测量方式。

(1) 鉴相式

在旋转变压器定子的两正交绕组，正弦绕组（用 s 表示）和余弦绕组（用 c 表示）上，分别输入幅值相等、频率相同的正弦和余弦励磁电压

$$U_s = U_m \sin\omega t$$
$$U_c = U_m \cos\omega t \tag{12-18}$$

两励磁电压在转子绕组中均产生感应电势，根据线性叠加原理，在转子绕组中的感应电压为

$$U = kU_s \sin\theta + kU_c \cos\theta = kU_m \cos(\omega t - \theta) \tag{12-19}$$

由式(12-19) 可知感应电压的相位角就等于转子的机械转角 θ。因此只要检测出转子输出电压的相位角，就知道了转子的转角。工作时，旋转变压器的转子是和待测轴连接在一起的，从而可以测出角位移。

(2) 鉴幅式

与感应同步器一样，给定子的正、余弦绕组分别通以同频率、同相位，但幅值不同的交流励磁电压

$$U_s = U_m \sin\varphi \sin\omega t$$
$$U_c = U_m \cos\varphi \sin\omega t \tag{12-20}$$

式中，φ 为励磁电压的相位角。则在转子绕组中的感应电压为

$$
\begin{aligned}
U &= kU_{\mathrm{s}}\sin\theta + kU_{\mathrm{c}}\cos\theta \\
&= kU_{\mathrm{m}}\cos(\varphi-\theta)\sin\omega t
\end{aligned}
\tag{12-21}
$$

由式(12-20)可知,若已知励磁电压的相位角 φ,则只需测出转子感应电压 U 的幅值 $kU_{\mathrm{m}}\cos(\varphi-\theta)$,便可间接求出转子与定子的相对位置 θ;若不断调整励磁电压的相位角 φ,使 U 的幅值 $kU_{\mathrm{m}}\cos(\varphi-\theta)$ 为 0,跟踪 θ 的变化,即可由 φ 求得角位移 θ。

2. 微动同步器式角位移检测装置

从原理上来说,微动同步器就是变面积式的差动变压器,它是一种高精度的角位移检测装置。在一定的转子转角范围内,当励磁电压幅值和频率一定时,其输出电压正比于转子转角。通常采用的励磁电压为 5～50V,60～5000Hz。

微动同步器结构原理如图 12-19 所示,由四极定子和两极转子组成。定子的每个极上有两个绕组,将各极中的一个绕组串联,组成初级励磁回路;将各极中的另一个绕组串联,组成次级感应回路。励磁回路四个绕组的连接原则是当加上等幅交流电压时,在励磁电流的某半周内各极上的磁通方向如图中的箭头所示。次级感应回路的连接原则是使总的输出电压是Ⅰ、Ⅲ极和Ⅱ、Ⅳ极上感应电压之差。微动同步器定子绕组的接线方式如图 12-20 所示。

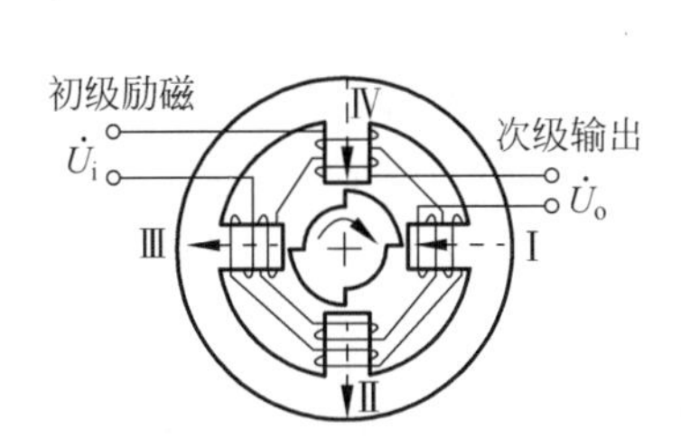

图 12-19　微动同步器式

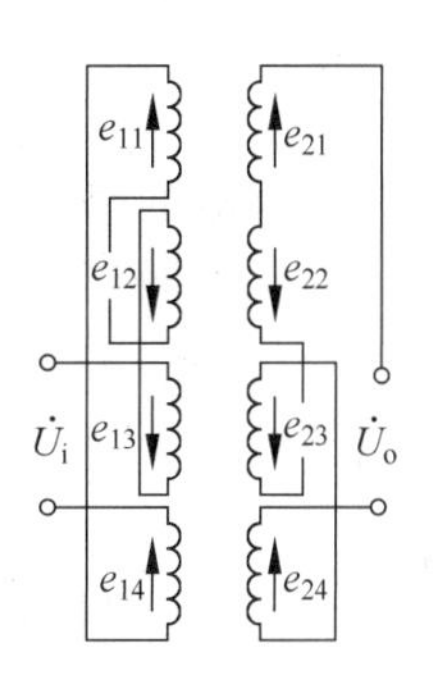

图 12-20　微动同步器式绕组接线图

按图 12-20 所示的绕组接线方式,次级绕组总感应输出电压为

$$
\dot{U}_{0} = e_{22} + e_{24} - (e_{21} + e_{23}) = k\theta \tag{12-22}
$$

式中,k 为微动同步器的灵敏度;θ 为转子的转角;$e_{2i}(i=1,2,3,4)$为各次级绕组感应电压。

当转子转到如图 12-19 所示的对称于定子的位置时,定子和转子之间的四个气隙几何形状完全相同,各极的磁通相等,从而使Ⅰ、Ⅲ极上的感应电压与Ⅱ、Ⅳ极上的感应电压相等,总的输出电压为零,转子被看成是处于零位。若转子偏离零位一个角度,则四个气隙不再相同,造成各极磁通的变化量不同,其中一对磁极的磁通量减小,另一对磁极的磁通量增加。这样,次级就有一个正比于转子角位移的电压输出。当转动方向改变时,输出电压也有 180°的相位跃变。微动同步器的测量范围约 ±5°～±40°,线性度优于 0.1%。

微动同步器式角位移传感器的输出电压也是一种调幅波，需要配上必要的具有解调与检波功能的测量电路。

3. 数字式角编码器

数字式角编码器是一种常用的测量转角和角位移的数字式测量装置，广泛应用于数控机床、回转台、伺服传动、机器人、雷达等需要检测角度的装置和设备中。测量时，编码器的轴与被测转轴连接，一起转动，并将转轴的角位移用数字(脉冲)形式表示，故又称脉冲编码器。

角编码器在结构上主要由可旋转的码盘和信号检测装置组成。按码盘刻度方法及信号输出形式可分为增量式、绝对式以及混合式；按码盘信号的读取方式可分为光电式、接触式和电磁式三种。

增量式编码器的输出是一系列脉冲，用一个计数装置对脉冲进行加或减计数，再配合零位基准，实现角位移的测量。绝对式编码器的输出是与转角位置相对应的、唯一的数字码，如果需要测量角位移量，则只需将前后两次位置的数字码相减就可以得到要求测量的角位移。

目前，在自动测量和自动控制领域，以光电式编码器应用较多。本节主要介绍光电式绝对编码器原理。

(1) 光电式绝对编码器结构与工作原理

光电式绝对编码器的码盘如图 12-21 所示，在它的圆形码盘上沿径向有若干同心码道(图中为 4 码道)，每条码道采用腐蚀工艺刻制，由透光和不透光的扇形区域组成，其中黑的区域不透光，用“0”表示；白的区域透光，用“1”表示。整个码盘按二进制编码，每一码道对应二进制数的一位，内码道为高位，外码道为低位，码道数就是二进制数码的位数。对图 12-21 所示的 4 码道码盘，在 360°范围内可编数码数为 $2^4=16$ 个。如此，在圆周内的每一个角度方位对应于不同的编码，例如零位对应于 0000(全黑)；第 7 个方位对应于 0111。这样在测量时，只要根据码盘的起始和终止位置，就可以确定角位移，而与转动的中间过程无关。

图 12-22 是光电式编码器结构示意图，码盘的一边是光源(多采用发光二极管)，光束透过码盘射到在码盘另一边光敏元件上。每一码道对应有一个光敏器件及放大、整形电路，当码盘转到不同角度位置时，各光敏器件根据受光与否输出相应的电平信号，由此产生绝对位置的二进制编码。

显然，绝对编码器的角度分辨率取决于二进制编码的位数，即码道的个数。码道越多，分辨率就越高。若码盘的码道数为 n，则所能分辨的最小角度为 $\theta=360°/2^n$，分辨率为 $1/2^n$。

为了得到高分辨率和测量精度，常规方法是增加码盘的码道数，但这需要增大码盘的尺寸，而且受到制造工艺的限制，码道数多到一定数量后就难以实现了。为此，可以采用细分技术，或采用变速装置，利用多个码盘来获得需要的码道数，从而达到既提高分辨率而又不必使用太大尺寸码盘的目的。目前已可以制作分辨率达到 $1/2^{20}$ 的绝对式编码器，分辨的最小角度为 $\theta=360°/2^{20}\approx0.00035°$。

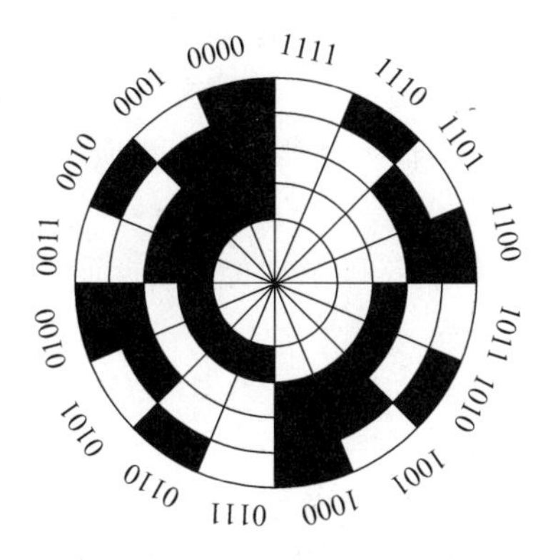

图 12-21　4 位二进制绝对码盘

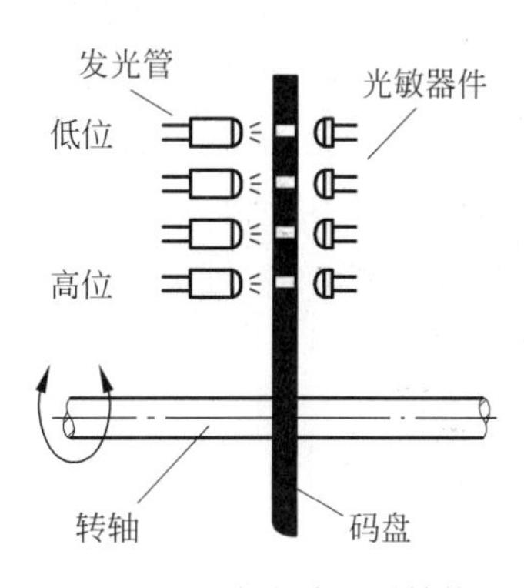

图 12-22　光电编码器结构

图 12-21 所示为标准二进制编码的码盘，也称作 8421 码盘。由于码盘制作和光电器件安装总会存在一定误差，当码盘在两个区域过渡时，会产生非单值读数误差。例如，由二进制码 0111 过渡到 1000 时，就可能会出现 1111、1110、1011、0101 等数据，因此这种码盘在实际中很少采用。

实用的绝对编码器码盘常采用二进制循环码盘（格雷码盘），如图 12-23 所示，它的相邻数的编码只有一位变化，因此可把误差控制在最小单位内，避免了非单值性误差。格雷码在本质上是一种对二进制的加密处理，每位不再具有固定的权值，因此必须经过解码过程将格雷码转换为二进制码，然后才能得到位置信息。解码过程可通过硬件解码器或软件来实现。表 12-2 给出了 4 位二进制码与循环码之间的对照关系。

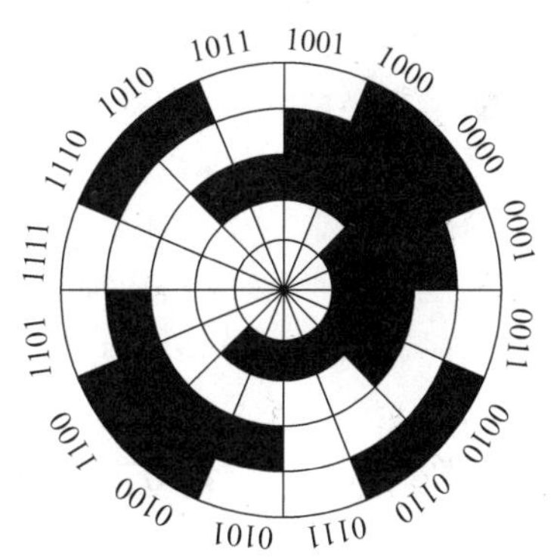

图 12-23　4 位格雷码盘

表 12-2　4 位二进制码与循环码对照表

十进制数	标准二进制码	格雷码	十进制数	标准二进制码	格雷码
0	0000	0000	8	1000	1100
1	0001	0001	9	1001	1101
2	0010	0011	10	1010	1111
3	0011	0010	11	1011	1110
4	0100	0110	12	1100	1010
5	0101	0111	13	1101	1011
6	0110	0101	14	1110	1001
7	0111	0100	15	1111	1000

（2）光电式绝对编码器特点

光电式绝对编码器的优点是直接把被测转角或角位移转换成唯一对应的代码，

无须记忆，无须参考点，无须计数。何时需要测量，只要去读取对应的位置代码即可，在电源切断后位置信息也不会丢失，而且指示没有累积误差。这样，大大提高了编码器的抗干扰能力和数据的可靠性。此外，因为是非接触测量，无磨损，码盘寿命长，精度保持性好。

缺点是结构复杂，价格高，码盘基片为玻璃，抗冲击和振动能力差，而且随着分辨率的提高信号引出线较多。

12.2 速度检测

物体运动时，在单位时间内的位移增量就是速度。速度是矢量，有大小，也有方向。速度是衡量设备或物体运动状况的一项重要指标，也是描述物体振动的重要参数。

物体运动速度的测量有两种情况，一是线速度测量，如弹丸的飞行速度、机构振动速度的测量，线速度的计量单位是米/秒(m/s)，工程上也用千米/小时(km/h)表示；另一种就是对物体旋转速度的测量，如电机轴的旋转速度，常称其为转速测量，单位是转/分(r/min)，而在被测转速很小时，测量单位时间内物体转过的角度，称为角速度测量，单位是弧度/秒(rad/s)。

速度和转速测量在工业、农业、国防中有很多应用，如汽车、火车、轮船及飞机等行驶速度测量；发动机、柴油机、风力发电机等输出轴的转速测量；钢铁工业板、带材轧制时，板、带材等产品速度的测量；气象部门对风速的测量等。

12.2.1 速度测量方法

1. 速度测量的分类

从物体运动的形式看，速度的测量可分为线速度测量和角速度的测量；从速度的参考基准来看，可分为绝对速度测量和相对速度测量；从速度的数值特征来看，分为平均速度测量和瞬时速度测量；从获取物体运动速度的方式来看，又可分为直接速度测量和间接速度测量。

2. 速度的测量方法

常用的速度测量方法有以下几类。

(1) 微、积分测速法

对测得的物体运动的位移信号微分可以得到物体运动速度，或对测得的物体运动的加速度信号作时间积分也可以得到速度。

这种方法有很多实际应用的例子，例如在振动测量时，应用加速度计测得振动体的振动加速度信号，或应用振幅计测得振动体的位移信号，再经过电路进行积分或微分运算而得到振动速度。

(2) 线速度和角速度相互转换测速法

线速度与角速度在同一运动体上是有固定关系的，在测量时可以采用互换的方法达到方便测量的目的。例如测火车行驶速度时，直接测线速度不方便，可通过测量车轮的转速，换算出火车的行驶速度。

(3) 利用物理参数测速法

利用各种速度检测装置测量与速度大小有确定关系的各种物理量来间接测量物体的运动速度，将速度信号变换为电、光、磁等易测信号，这是常用的方法。

可利用的物理效应很多，如电磁感应原理、多普勒效应、流体力学、声学定律等。

(4) 时间、位移计算测速法

这种方法是根据速度的定义测量速度，即测量物体经过的距离 L 和经过该距离所需的时间 t，来求得运动物体的平均速度。L 越小，则求得的速度越接近运动物体的瞬时速度。

根据这种测量原理，在确定的距离内利用各种数学方法和相应器件可延伸出许多测速方法，如相关测速法、空间滤波器测速法等。

3. 速度检测装置

常用的速度检测装置，其性能与特点如表 12-3 所示。

表 12-3　常用速度检测装置性能与特点

<table>
<tr><th>类型</th><th colspan="2">原理</th><th>测量范围</th><th>精度</th><th>特　点</th></tr>
<tr><td rowspan="2">线速度测量</td><td colspan="2">磁电式</td><td>工作频率 10～500Hz</td><td>≤10%</td><td>灵敏度高，性能稳定，移动范围±(1～15)mm，尺寸重量较大</td></tr>
<tr><td colspan="2">空间滤波器</td><td>1.5～200km/h</td><td>±0.2%</td><td>无须两套特性完全相同的传感器</td></tr>
<tr><td rowspan="8">转速测量</td><td colspan="2">交流测速发电机</td><td>400～4000r/min</td><td><1%满量程</td><td>示值误差在小范围内可调整预扭弹簧转角</td></tr>
<tr><td colspan="2">直流测速发电机</td><td>1400r/min</td><td>1.5%</td><td>有电刷压降形成不灵敏区，电刷及整流子磨损影响转速表精度</td></tr>
<tr><td colspan="2">离心式转速表</td><td>30～24000r/min</td><td>±1%</td><td>结构简单，价格便宜，不受电磁干扰，精度较低</td></tr>
<tr><td colspan="2">频闪式转速表</td><td>1.5×10⁵ r/min</td><td><1%</td><td>体积小，量程宽，使用简便，是非接触测量</td></tr>
<tr><td rowspan="2">光电式</td><td>反射式转速表</td><td>30～4800r/min</td><td>±1 脉冲</td><td>非接触测量，要求被测轴径大于 3mm</td></tr>
<tr><td>直射式转速表</td><td>1000r/min</td><td></td><td>在被测轴上装有测速圆盘</td></tr>
<tr><td rowspan="2">激光式</td><td>测频法转速仪</td><td>几万～几十万 r/min</td><td>±1 脉冲/s</td><td>适合高转速测量，低转速测量误差大</td></tr>
<tr><td>测周法转速仪</td><td>1000r/min</td><td></td><td>适合低转速测量</td></tr>
</table>

12.2.2 线速度测量

1. 磁电感应式测速

磁电感应式检测装置利用导体和磁场发生相对运动时，导体上会产生感应电动势的原理进行工作。它是一种机-电能量变换器，无须外部电源就能把被测对象的机械量转换成电信号。

磁电式检测装置的感应线圈中感应电动势与磁场强度、磁阻、线圈运动速度有关，因此可以用来测速。图 12-24 是一种用于测量线速度的恒磁通动圈式磁电感应检测装置的结构原理图，它由永久磁铁、线圈、弹簧、金属骨架等组成。

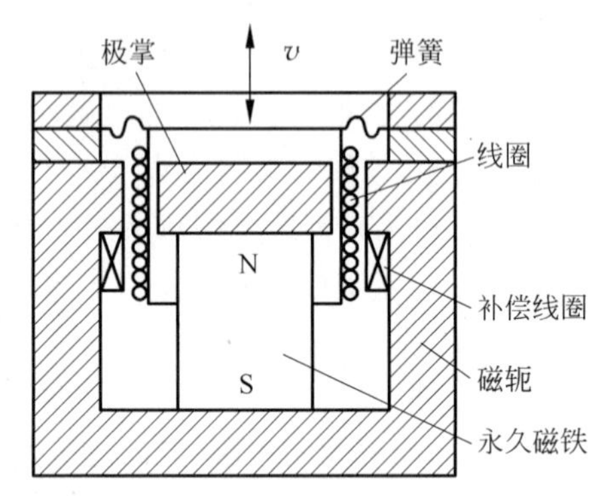

图 12-24 恒磁通动圈式磁电感应检测装置

磁路系统产生恒定的直流磁场，磁路气隙中磁通也恒定不变，运动部件是线圈。工作时，线圈与永久磁铁之间产生相对运动，切割磁力线，从而在线圈中产生感应电势。

$$E = NBlv \tag{12-23}$$

式中，E 为线圈感应电势；N 为线圈匝数；B 为磁场强度；l 为每匝线圈平均长度；v 为线圈与磁铁间相对运动线速度。

当检测装置结构参数确定后，B、l、N 均为定值，感应电动势 E 与线圈相对磁铁的运动速度 v 成正比，所以这种检测装置能直接测量速度，如果在其测量电路中加入积分或微分电路，则也可以用来测量位移或加速度。

恒磁通动圈式磁电感应装置主要用于测量物体在平衡位置附近所作振动的瞬时速度。测量时，壳体随被测物体一起振动，由于弹簧较软，当振动频率足够高时，线圈来不及随物体一起振动而近乎静止，所以线圈与永久磁铁之间的相对运动速度就等于物体振动速度。

磁电感应式检测装置电路简单，性能稳定，输出阻抗小，频率响应范围一般在10～1000Hz，适用于振动、转速、扭矩等测量，但这种传感器的尺寸和重量都较大。

2. 皮托管测速

皮托管是测量流体运动速度的主要工具，船舶上利用皮托管制成水压式计程仪测量船舶的航速并通过积分得出航程；飞机上利用皮托管（亦称空速管）制成空速表来指示飞行速度。

图 12-25 为皮托管结构和工作原理。皮托管是一根弯成直角的双层空心复合管，带有多个取压孔。头部迎流方向开有用于测量流体总压的总压孔，侧面开有多个测量流体静压的静压孔。测量时，将皮托管对准流体流动方向（如图示），就可同

时测出流体总压力和静压力，并由导出管分别导出至测压装置。

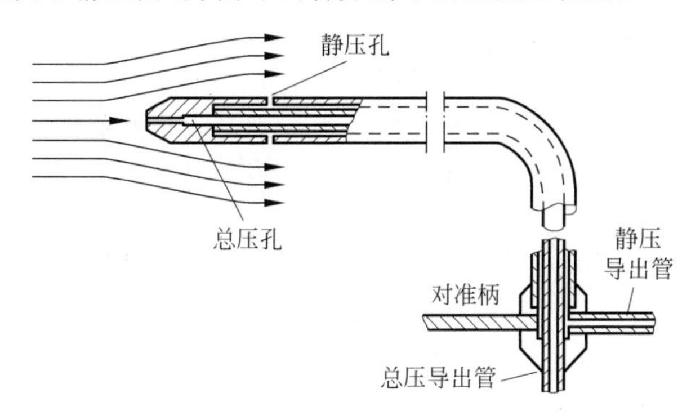

图 12-25　皮托管

由于流体流动具有动能，位于皮托管侧壁的静压孔对流体流动没有影响，测出的是流体的静压力；而流入位于皮托管头部总压孔的流体则被滞止，不再流动，流速降为零，流体压力将因流体动能的转化而上升到滞止压力——总压，所以测出的流体总压力大于流体的静压力。流体总压力与静压力的差值与流体流速有关，因而可以通过用皮托管测出流体差压的方法来测量流体流速。

设流体密度为 ρ，流速为 v，测出的流体总压力为 P_z，静压力为 P_j，则根据流体流动的伯努利方程有

$$\frac{P_z}{\rho}+0=\frac{P_j}{\rho}+\frac{v^2}{2} \tag{12-24}$$

由式(12-24)可求出流速 v

$$v=\sqrt{\frac{2}{\rho}(P_z-P_j)}=\sqrt{\frac{2}{\rho}\Delta P} \tag{12-25}$$

所以用皮托管测出差压 ΔP 就可测出流体流速。

3. 空间滤波器测速

空间滤波技术是对物体的移动进行非接触连续测量以探知其长度、运动速度的有效手段之一。空间滤波器的种类有很多，如光栅式、光纤式等。空间滤波器测速原理如图 12-26 所示。

图中的空间滤波器是一个空间频率可选择的透射光栅，与被测物体一起运动。用光源照射以速度 v 移动的光栅空间滤波器，光透过光栅条纹由光敏器件接收并转换成电信号输出，该电信号为含有与物体运动速度成比例的频率信号。

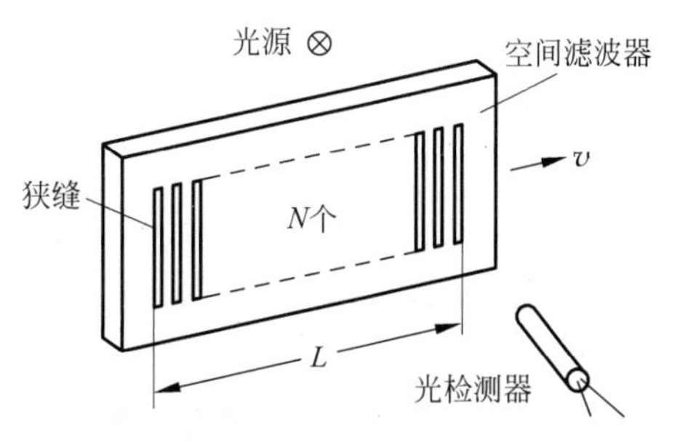

图 12-26　空间滤波器测速原理

所谓空间频率，是指单位空间线度内物理量周期变化的次数。对图 12-26 中所

示的透射光栅，若在空间长度 L 内有 N 个等距狭缝，则当光栅移动时，光敏检测器件测到的明暗条纹的空间频率 M 为

$$M = N/L \tag{12-26}$$

若物体移动速度为 v，移动 L 所需时间为 t，则光敏检测器件测到的信号时间频率 f 为

$$f = N/t \tag{12-27}$$

由式(12-26)、式(12-27)得

$$f = ML/t = Mv \tag{12-28}$$

故若空间滤波器的空间频率 M 已定，则只要测出时间频率 f，就可得被测物体的运动速度

$$v = f/M \tag{12-29}$$

这种测速方法没有机械部件移动，响应速度很快，可以用来检测传送带、钢板、车辆等的运动速度，检测范围为 1.5～250km/h，测量精度可达 0.2%。

4. 弹丸飞行速度测量

弹丸飞行速度是枪炮威力性能的重要指标，也是火炮、自动武器内外弹道理论研究和分析计算的重要原始数据。其测量的准确性，直接影响武器的设计、研制生产和正确使用。

弹丸飞行速度测量的常用方法之一是时间位移计算测速法，其测量原理如图 12-27 所示。

在弹道上，距离枪炮膛口的 x_1、x_2 处，各设一个区截装置，常称为“靶”。靶Ⅰ和靶Ⅱ之间的距离 L 预先测定。弹丸在通过这两个靶时，各自产生一个脉冲信号，分别用于启动和停止高精度的测时仪器，从而获得弹丸飞过这一距离的时间间隔 t。由此计算出弹丸在这一距离上的平均速度

$$v = L/t \tag{12-30}$$

用于产生测时脉冲信号的区截装置有很多种，按其作用方式，大体上可分为接触和非接触两种类型。

图 12-28 和图 12-29 是两种接触型靶。其中网靶由金属导线绕成网形制成，当弹丸通过时，将导线打断，使电路由导通状态突然中断，产生一个电脉冲，启动或停止测时仪器。这种靶每测量一次后，必须重新接通导线再使用，误差也较大。箔屏靶是在绝缘材料(塑料薄板或胶膜)两面各粘一张铝箔制成的，初始时两张铝箔互相绝缘。当弹丸穿过靶时，由弹丸将两边的铝箔导通而产生脉冲信号。

图 12-30 是非接触型的励磁线圈靶，靶的线圈由一个直流励磁线圈和一个感应线圈组成。工作时，给励磁线圈通以直流电流励磁，使线圈周围形成一个磁场。当弹丸通过时，由于磁通量的变化，使感应线圈中感应出快速变化的电动势，经过整形电路转换成脉冲信号去启动或停止测时仪工作。

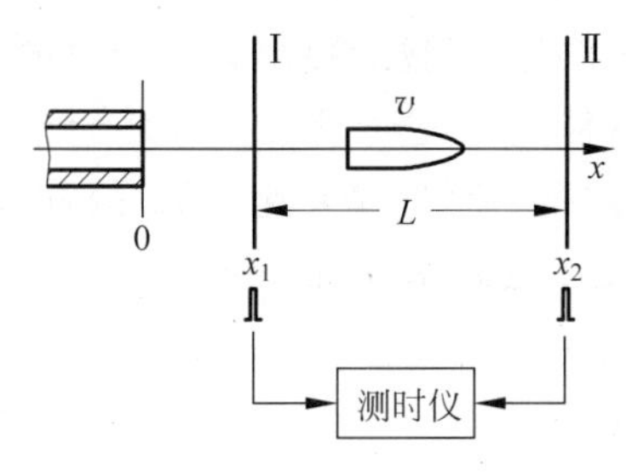

图 12-27　弹丸飞行速度测量

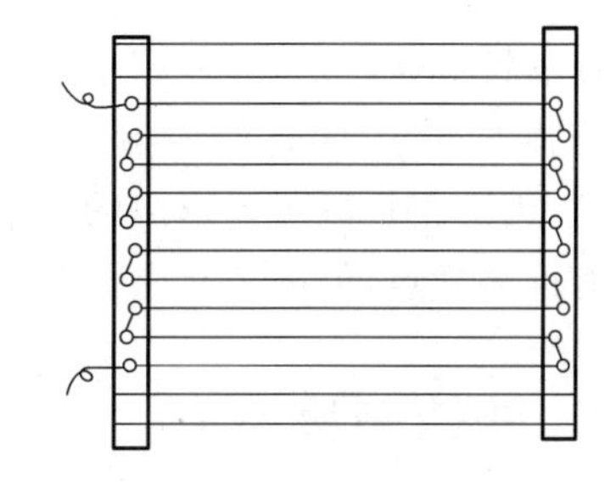

图 12-28　网靶

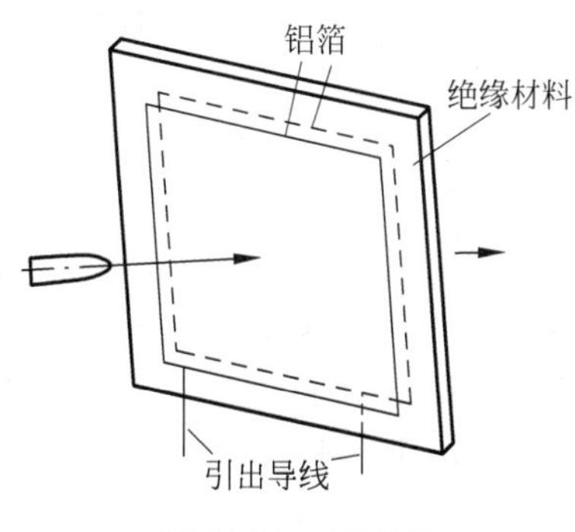

图 12-29　箔屏靶

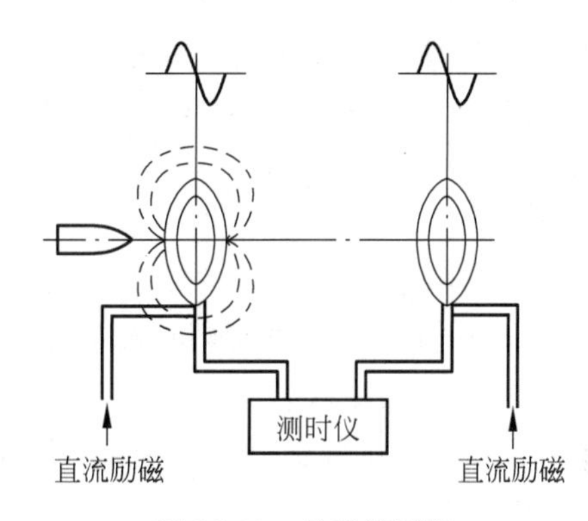

图 12-30　励磁线圈靶

以上几种区截装置适合于小口径武器的弹丸速度测量。对于大口径武器，则可以采用光电靶和天幕靶等区截装置来测量弹丸速度。

图 12-31 所示为光电靶，光源照射在光敏检测器件上。当弹丸飞过时，瞬时遮挡了光路，使光敏器件产生一个变化的电信号，放大整形后变为脉冲信号启动或停止测时仪器。

图 12-32 所示为天幕靶。天幕靶不用人工光源，而是利用天空的自然散射光作为光源。它既不用高大的靶架，也无须对弹丸进行任何处理，对弹丸材料、形状等没有要求，对弹丸飞行也没有干扰。

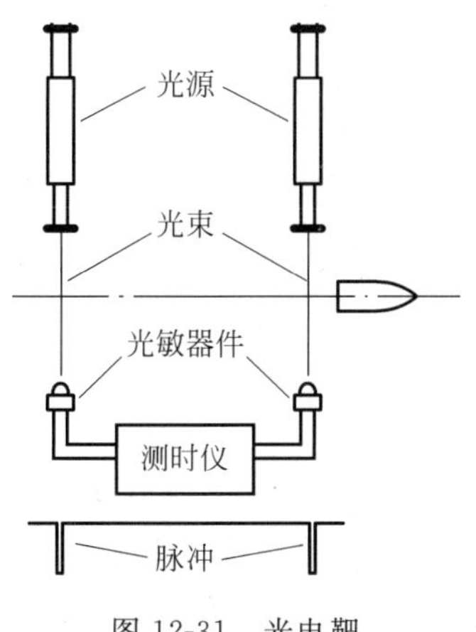

图 12-31　光电靶

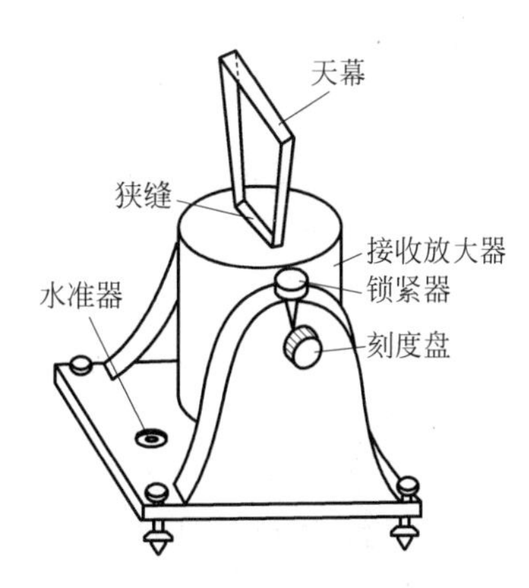

图 12-32　天幕靶

根据透镜成像原理，天幕靶中的光敏器件通过光阑狭缝接收来自天空的自然散射光。当弹丸飞过时，将使照射在光敏检测器件上的光通量发生改变而产生电信号。因此，天幕靶是以天光形成的光幕作为区截面来测量弹丸速度的，故称天幕靶。天幕靶有许多优点，但需要复杂的光学系统和电子电路系统，价格昂贵。

12.2.3 转速测量

转速是工程上经常需要检测的一个参数，例如，在发动机、压缩机和泵等转动机械设备中，转速是表征设备运行好坏的重要参量。转速的检测方法很多，按照输出信号的特点可分为模拟式和数字式两大类。

1. 模拟式转速测量仪表

(1) 直流测速发电机

测速发电机是一种检测机械转速的电磁装置，用于将机械转速变换成电压信号，其输出电压与输入转速成正比关系。在自动控制系统中，测速发电机常用作测速、校正元件，以提高控制系统的稳定性和精度。在使用中，测速发电机的轴通常直接与电机轴连接。

测速发电机分为直流和交流两大类，这里仅介绍直流测速发电机的工作原理。

直流测速发电机本质上是一种微型直流发电机，按定子磁极的励磁方式分为电磁式和永磁式，分别如图 12-33 中(a)、(b)所示。电磁式励磁绕组由外部直流电源通电产生磁场；永磁式定子磁场则由永久磁钢产生。永磁式可省去励磁电源，结构简单，使用方便，但永磁材料价格较贵。

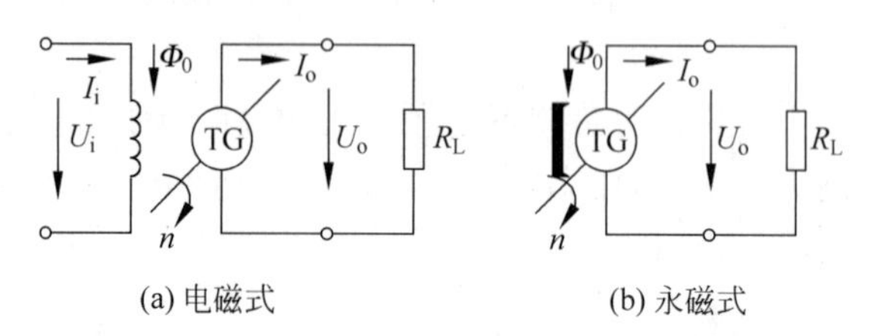

(a) 电磁式　　(b) 永磁式

图 12-33　直流测速发电机原理

直流测速发电机原理如图 12-33 所示，定子产生恒定磁通 Φ_0，当转子在磁场中旋转时，转子绕组中即产生交变的电势，经换向器和电刷转换成与转速成正比的直流电势。

$$U_o = \frac{C_e \Phi_0}{1 + r/R_L} \cdot n \tag{12-31}$$

式中，U_o 为发电机输出电势；C_e 为电机结构常数；Φ_0 为激磁电压或永久磁钢产生的恒定磁通；r 为转子绕组电阻；R_L 为负载电阻；n 为直流测速发电机转子转速。

由式(12-31)可知，当 C_e、Φ_0、r 及 R_L 都不变时，输出电压 U_o 与转速 n 呈线性

关系。

直流测速发电机的特点是灵敏度高、线性好，但由于有电刷和换向器，因而结构复杂，维护不便，摩擦转矩大，有换向火花，输出特性不稳定。

(2) 离心式转速表

离心式转速表是一种用来测量转动物体瞬时转速的机械式仪表，发明很早，现在仍广泛应用于发动机、透平机等设备的转速测量与控制，其结构与工作原理如图 12-34 所示。

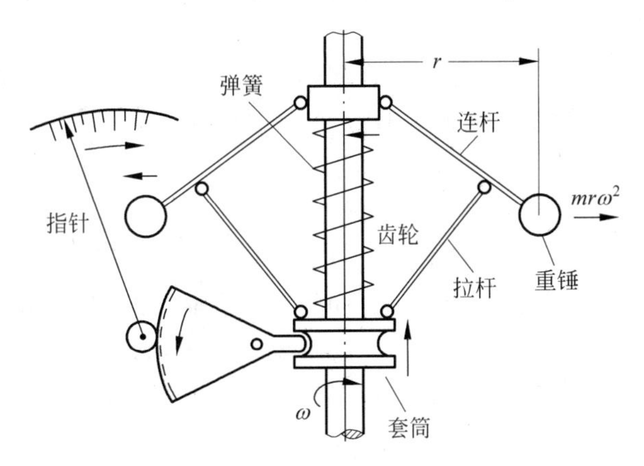

图 12-34　离心式转速表原理

离心式转速表由转动轴、重锤、弹簧、连杆、套筒以及转速指示机构等组成。

当转轴以角速度 ω 转动时，重锤一起转动，重锤旋转所产生的离心力与转轴的角速度 ω 的平方成正比。在离心力的作用下，重锤向外张开，通过拉杆带动套筒沿转动轴向上移动迫使弹簧产生位移变形 x，同时套筒带动齿轮放大机构使指针偏转。当弹簧因压缩变形而产生的反作用力 F_s 与离心力的作用达到动态平衡时，指针就停留在一定的位置，从而指示出转动轴的转速。

离心力沿转动轴方向的作用分量 F 和弹簧作用力 F_s 可分别表示为

$$F = k\omega^2 \tag{12-32}$$

$$F_s = k_s x \tag{12-33}$$

式中，k 为重锤及相关系统的离心力系数；k_s 为弹簧的弹性系数；x 为套筒位移(即弹簧变形量)。

F 和 F_s 相平衡时有

$$x = \frac{k}{k_s} \cdot \omega^2 \tag{12-34}$$

可见，x 与 ω 是非线性关系，所以离心式转速表的刻度盘是不均匀刻度的。

离心式转速表是一个机械惯性系统，由于重锤质量大，所以惯性较大，不适合测量快速变化的转速，测量精度也受到多方面的限制，一般在 1%～2%。但离心式转速表具有结构简单、成本低，可靠、耐用、不怕冲击振动的特点，无须电源就可工作，测量范围较宽，可达 20000r/min 以上。对于要求不是很高的测量对象来说，它的测量精度还是足够的，因而应用较多，如在不少自动调速装置中利用其构成稳速元件。

(3) 频闪式转速表

频闪式转速表利用频闪效应原理来测量转速。所谓频闪效应，就是物体在人的视野中消失后，人眼视网膜上能在一段时间内还保持视觉印象，即视觉暂留现象。其持续时间，在物体一般光度条件下，约为 1/5～1/20s。如果来自被观察物体的视刺激信号是一个接一个到来的不连续信号，但每两次间隔都少于 1/20s，则由于视觉来不及消失，会给人以连贯的假象。

将频闪效应与光电频闪装置结合起来就能测量转速，检测的原理如图 12-35 所示。

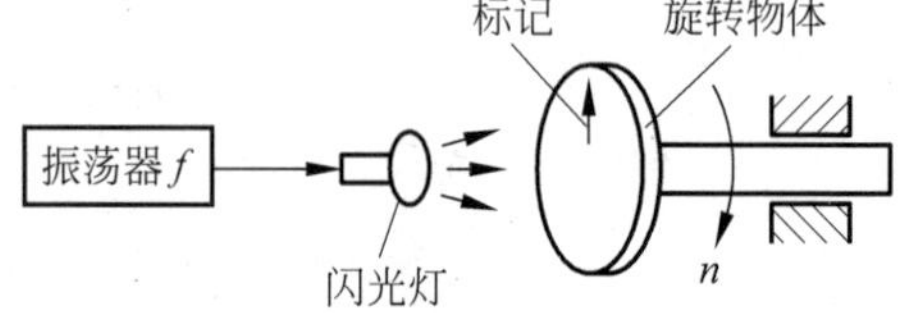

图 12-35 频闪式转速测量原理

在旋转的圆盘上(或在转轴上)做一标记，如画上一黑色条纹，然后用一个可调频率的闪光灯照射旋转圆盘。当闪光频率与圆盘转动频率相同时，盘上的标记即呈现停留不动的状态。这是因为每次闪光都是在标记转到同一位置时照亮圆盘，使人眼清晰地看到了标记，而其他时候标记转动形成圆环，因色彩反差不明显，故不清晰。所以，此时的闪光频率乘以 60，就可以得到圆盘转速。

但是，如果转动频率是闪光频率的整数倍时，因为相当于圆盘转 2,3,4,…,K 圈，闪光灯照射圆盘一次，也同样可以看到盘上标记在某一位置停留不动现象。另一方面，转动频率是闪光频率的 1/2,1/3,……时，圆盘上会出现 2 个，3 个，……静止的标记。所以，在测转速时，要按以下方法调整闪光灯的频率，才能测出被测转轴的真正转速。

具体测量方法是：

① 若已知被测转速范围是 $n \sim n'$，则先将闪光频率调到大于$(n \sim n')/60$，然后从高频逐渐下降，直到第一次出现标记不动时，此时就可以读出被测实际转速；

② 若无法估计被测转速时，则调整闪光频率，当旋转的圆盘上连续出现两次标记停留现象时，分别读出对应的转速值，然后按下式计算出真实被测转速 n。

$$n = m \cdot \frac{n_1 n_2}{n_1 - n_2} \tag{12-35}$$

式中，n_1 为测得转速的较大值；n_2 为测得转速的较小值；m 为圆盘上静止标记的个数。

频闪式转速表就是根据上述频闪测速原理制成的一种转速测量仪器，它主要由多谐振荡器、闪光灯、频率检测系统及电源等部分组成。仪器上带有指示刻度盘，在调节振荡频率的同时，指示每分钟频闪次数。

由频闪测速原理可以看出，频闪式转速表振荡器的精度决定频闪的精度，即决定了仪器的转速测量精度。因此，采用高稳定性的振荡器和均匀变频装置是提高频闪测速精度的主要途径。

频闪测速仪的主要优点是非接触测量，使用方便，测速范围可达 1.5×10^5 r/min，测量误差小于 1%。

2. 数字式转速检测方法

目前转速的测量以数字脉冲式测量方法为发展的主流，其测量方法基本上都是在被测转轴上装一个转盘(称为调制盘)，盘上有一个或数个能使检测装置敏感的标志，如齿、槽、孔、狭缝、磁铁、反光条等，当标志经过检测装置时便产生输出脉冲。测量基于测频计数原理，即在指定的时间 T 内，对转速检测装置的输出脉冲信号进行计数。若在时间 $T(s)$内计数值为 N，转速检测装置每周产生的脉冲数为 Z，则被测转速 n 为

$$n=\frac{60N}{ZT}=\frac{60}{Z}\cdot f \tag{12-36}$$

式中，f 为检测装置脉冲信号频率。可见，测定检测装置脉冲信号频率 f 就可求出转速 n。

将转速转换为脉冲信号进行测量的电测方法很多，如磁电感应式、电涡流式、霍尔式、电容式、光电式等。其中有些在本书第二篇有关章节中已有介绍。

(1) 磁电感应式

图 12-36 是磁电式转速检测装置原理。其中图 12-36(a)为闭磁路变磁通式，它由装在转轴上的内齿轮和外齿轮、永久磁铁和感应线圈组成，内外齿轮齿数相同。测量时，转轴与被测轴连接，外齿轮不动，内齿轮随被测轴转动。内、外齿轮的相对转动使气隙磁阻产生周期性变化，从而引起磁路中磁通的变化，在感应线圈中产生频率与被测转速成正比的感生电动势。经放大、整形成计数脉冲送入计数器，求出转速。

图 12-36(b)为开磁路变磁通式，线圈、磁铁静止不动，开有 Z 个齿的调制盘安装在被测转轴上随之转动，每转动一个齿，齿的凹凸引起磁路磁阻变化一次，从而在感应线圈中产生感应电势，其变化频率与被测转速与齿数 Z 的乘积成正比。开磁路式结构简单，但输出信号较小。

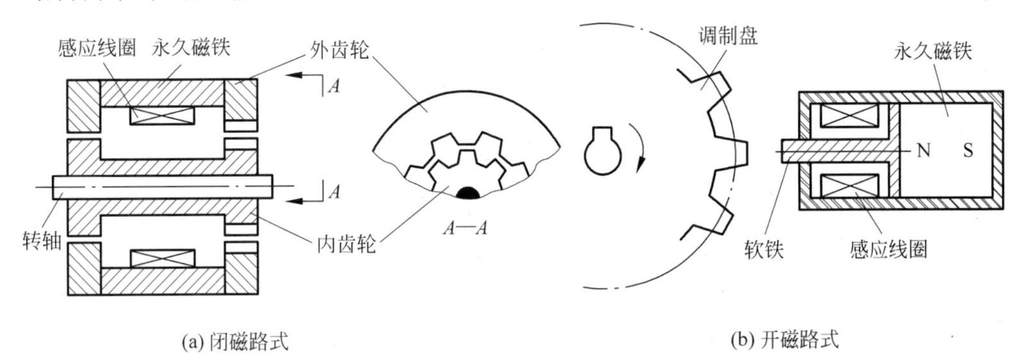

图 12-36　磁电式转速检测装置

(2) 电容式

图 12-37 为电容式转速检测装置原理。图中,以安装在被测转轴上的调制盘为电容检测装置的活动电极,另一为固定电极,调制盘随转轴转动,电容随之周期性变化,检测电路将其转换为脉冲信号送频率计,测出转速。

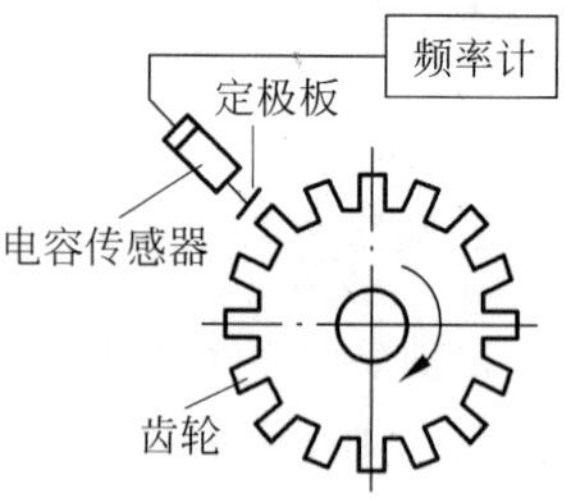

图 12-37 电容式转速检测装置原理

(3) 霍尔式

图 12-38 为利用霍尔器件测量转速的检测装置结构形式与检测原理。

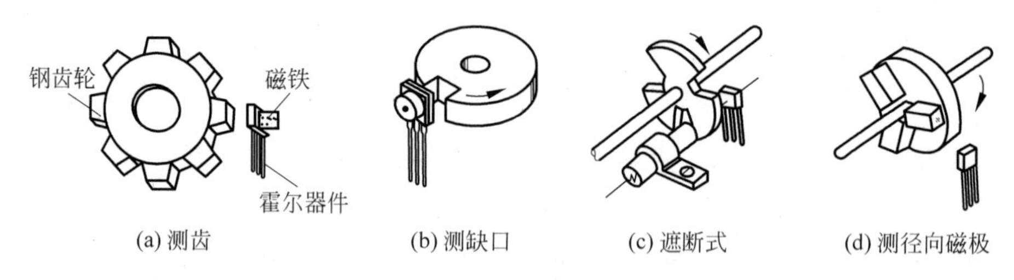

(a) 测齿 (b) 测缺口 (c) 遮断式 (d) 测径向磁极

图 12-38 霍尔式转速检测装置的几种结构形式

图中(a)为测齿方式,钢制的齿盘安装在被测转轴上随之转动,霍尔器件紧靠齿盘放置,其另一面粘贴有永久磁铁。齿盘转动,当齿盘上的齿对准霍尔器件时,磁力线集中穿过霍尔器件,可产生较大的霍尔电势;齿盘的齿谷对准霍尔器件时,则输出为低电平。将霍尔电势放大、整形后输出计数脉冲。

图中(b)为测缺口方式,转盘上开有一个或数个小缺口(槽),检测原理同(a)。

图中(c)为遮断式。钢制转盘上开有数个较大缺口,霍尔器件与永久磁铁隔着钢制转盘相对安装。测量时,转盘转动,不断遮挡磁力线,霍尔器件便输出脉冲信号。

图中(d)为测径向磁极方式。将一个或数个小的永久磁铁安装在非磁性材料制成的转盘上,磁铁 S 极对着霍尔器件。测量时,转盘转动,磁铁不断经过霍尔器件,从而产生脉冲信号。

(4) 光电式

图 12-39 所示为光电式转速测量原理。测量系统由装在被测轴(或与被测轴相连接的输入轴)上的带狭缝的圆盘、光源、光敏器件等组成。光源发出的光透过缝隙照射到光敏器件上,当缝隙圆盘随被测轴转动时,圆盘每转一周,光电器件输出与圆盘缝隙数相等的电脉冲。若按 90°相位差安放两个相同的光敏器件,则根据输出脉冲信号的相位差就可以测出转动方向。

(5) 计数方法

按式(12-36),根据测出的脉冲信号频率求出待测转速的方法称为测频法,比较适合于高转速测量。测频法有一个字计数误差,在转速较低时会引起较大相对误差,故在低转速时,脉冲信号的计数方法应改用测周期法。

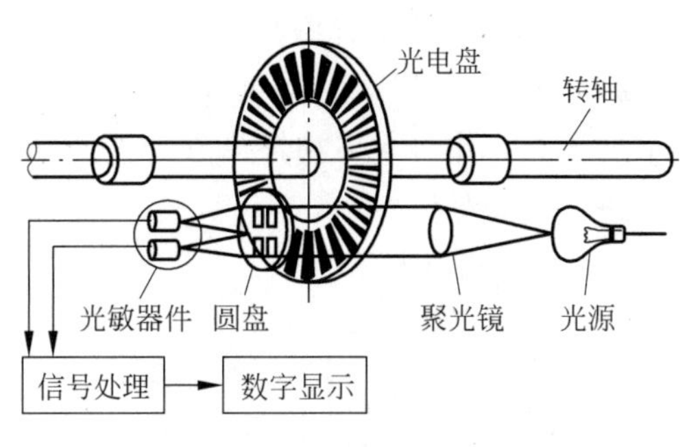

图 12-39　光电码盘测量转速

测周期法的原理见图 12-40，在每两个相邻脉冲信号之间，输入频率已知的高频时钟脉冲并对其计数。设转轴每转一周传感器输出 Z 个脉冲，高频时钟频率为 f_0，测出传感器输出两个相邻脉冲之间的脉冲数为 m，则转速(r/min)为

$$n=\frac{60f_0}{mZ} \tag{12-37}$$

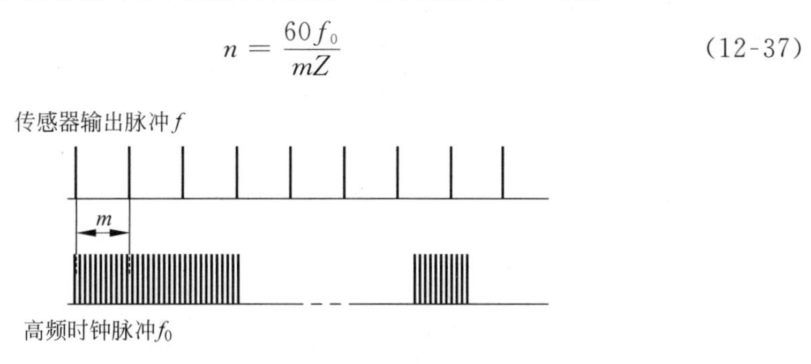

图 12-40　测周期法原理

12.3　加速度检测

加速度是表征物体在空间运动本质的一个基本物理量，可以通过测量加速度来掌握物体的运动状态。例如，在惯性导航系统中，通过测量飞行器的加速度来了解其飞行速度、所处位置、已飞过的距离等。在机械系统中，通过测量加速度可以判断运动机械所承受的负荷大小，以便正确设计其机械强度和按指标正确控制其运动，以免机件损坏等。加速度测量的应用领域很广，如在振动试验、地震监测、爆破工程、地基测量、地矿勘测、航天、航空、航海的惯性导航以及运载武器制导系统中都有广泛的应用。

加速度的计量单位是米/秒^2(m/s^2)，工程中常用的重力加速度 $g=9.81\text{m/s}^2$。

12.3.1　加速度测量原理

加速度测量的原理是基于对质量块感受加速度时所产生的惯性力的测量。测量时采用绝对法，即把测量装置安装在运动体上进行测量。用于测量加速度的装置

(传感器)基本结构如图 12-41 所示，可以看做是一个由质量块-弹簧-阻尼器组成的二阶惯性系统。质量块通过弹簧和阻尼器与测量装置基座相连接，测量装置基座与被测运动体相固连，随运动体一起相对于运动体之外惯性空间的某一参考点作相对运动。

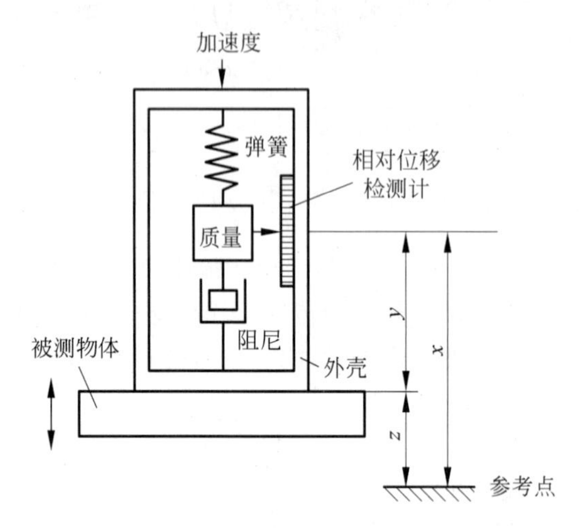

图 12-41 加速度测量装置模型

质量块在惯性作用下将与测量装置基座之间产生相对位移，质量块感受加速度并产生与加速度成比例的惯性力，从而使弹簧产生与质量块相对位移相等的伸缩变形，弹簧变形又产生与变形量成比例的反作用力。当惯性力与弹簧反作用力相平衡时，质量块相对于基座的位移与加速度成比例，故可通过该位移或惯性力来测量加速度。

在图 12-41 中，设质量块质量为 m，弹簧刚度为 k，阻尼器阻尼系数为 c，质量块与测量装置外壳间的相对位移为 y、质量块相对于惯性空间参考点坐标的绝对位移为 x，测量装置基座相对于惯性空间参考点坐标的绝对位移为 z，则可以列出系统运动的微分方程

$$m\frac{\mathrm{d}^2x}{\mathrm{d}t^2}+c\frac{\mathrm{d}y}{\mathrm{d}t}+ky=0 \tag{12-38}$$

因为有位移关系 $x=y+z$，所以式(12-38)可以改写为

$$m\frac{\mathrm{d}^2y}{\mathrm{d}t^2}+c\frac{\mathrm{d}y}{\mathrm{d}t}+ky=-m\frac{\mathrm{d}^2z}{\mathrm{d}t^2} \tag{12-39}$$

若令 $\omega_n=\sqrt{k/m}$；$\zeta=c/2\sqrt{km}$，则有

$$\frac{\mathrm{d}^2y}{\mathrm{d}t^2}+2\zeta\omega_n\frac{\mathrm{d}y}{\mathrm{d}t}+\omega_n^2y=-\frac{\mathrm{d}^2z}{\mathrm{d}t^2} \tag{12-40}$$

由式(12-40)可知，图 12-41 所示的质量-弹簧-阻尼惯性测量系统可以把被测运动物体的加速度，即 $\mathrm{d}^2z/\mathrm{d}t^2$，转换成与之成比例的质量块相对于测量装置基座的位移 y 和惯性力。因此，测出位移 y，或者测出质量块作用在弹簧上的惯性力就可以测出被测运动物体的加速度。

采用不同原理的位移或力值检测装置作为变换器，就可以构成各种类型的加速度检测装置。

12.3.2　位移式加速度计

利用测量位移来测量加速度的方法很多，有些在本书第二篇中已有论述，如差动电容式、差动变压器式加速度传感器等。这里再简要介绍几种位移式加速度计原理。

1. 霍尔加速度计

图 12-42 所示为霍尔式加速度计的测量原理与结构。在加速度计的壳体上固定一弹性悬臂梁 L，其中部装有感受加速度的质量块 m，悬臂梁的自由端固定安装着测量位移的霍尔器件 H。在霍尔器件 H 的上下方，同极性相对安装着一对永久磁铁，以形成线性磁场，磁铁与加速度计壳体连接。当加速度计固定在被测对象上并与其一起作加速运动时，质量块感受到加速度而产生与之成比例的惯性力，使悬臂梁发生弯曲变形，其自由端的霍尔器件 H 就产生与加速度成比例的位移，输出与加速度成比例的霍尔电势 U_H，从 U_H 与加速度的关系曲线上可求得加速度。

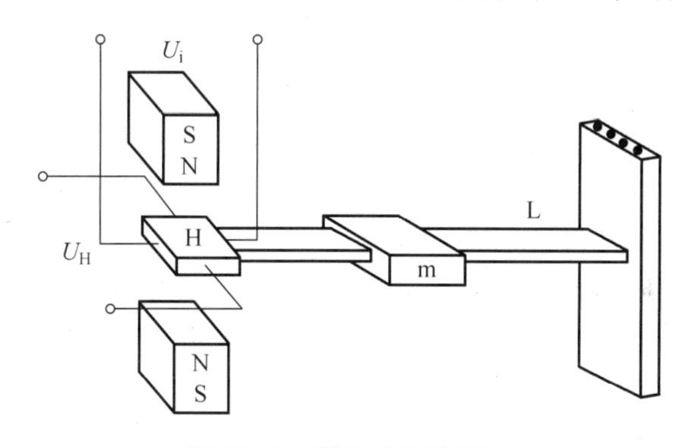

图 12-42　霍尔式加速度计

2. 电位器式加速度计

图 12-43 所示为电位器式加速度计的测量原理与结构。图中，在二均质弹簧片中间放置一质量块，弹簧片固定在加速度计壳体上。质量块中部有圆柱形孔，安装了一个活塞式阻尼器。加速度计的壳体上装有一滑动电阻元件，其电刷与质量块连接。当壳体与被测对象一起作加速运动时，质量块相对壳体的有位移产生并带动电刷在滑动电阻元件上移动。电阻值的变化可以由相应电路转换为电压信号输出，从而可以测出加速度。

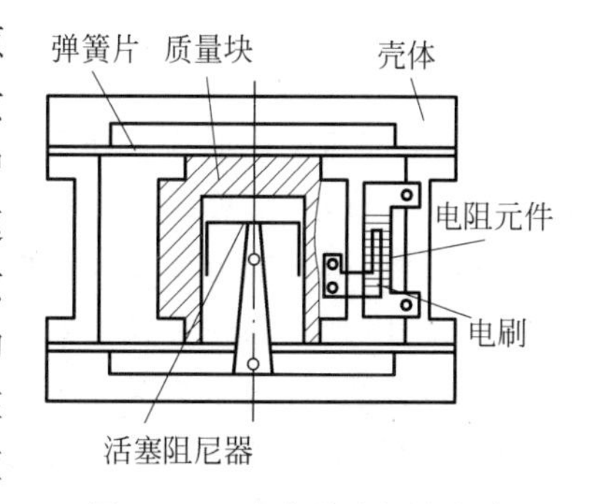

图 12-43　电位器式加速度计

12.3.3 应变式加速度计

基于测量质量块相对位移原理的加速度计一般灵敏度较低，而实际应用较多的是基于测量惯性力的各种加速度计，如应变式、压电式、压阻式等。这类加速度计的工作原理是，由敏感质量块感受加速度 a 而产生与之成正比的惯性力 $F=ma$，再通过弹性元件把惯性力转变成应变、应力，或通过压电元件把惯性力转变成电荷量，从而间接测出加速度。

图 12-44 所示为应变式加速度计的测量原理与结构。

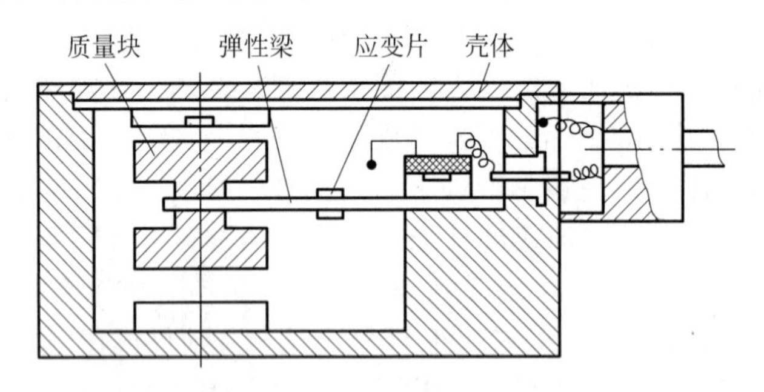

图 12-44 应变式加速度计

应变式加速度计以电阻应变片为转换元件，测量时，加速度计外壳与被测物体固定在一起作加速运动。由于质量块受到一个与加速度方向相反的惯性力，使悬臂梁发生弯曲变形，由应变片检测出悬臂梁的应变量。如果振动频率小于传感器的固有频率，则应变量与加速度成正比。

应变式加速度计具有体积小、重量轻、输出阻抗低等特点，广泛应用于飞机、轮船、机车、桥梁等振动加速度的测量。但不适用于频率较高的振动和冲击场合，一般适用频率为 10～60Hz。

12.3.4 微机电系统加速度计

微机电系统加速度计是指利用微电子加工手段加工制作并和微电子测量线路集成在一起的加速度计，这种加速度计常用硅材料制作，故又名硅微型加速度计。

硅微型加速度计形式多种多样。按检测质量支承方式分有悬臂梁支承、简支梁支承、方波梁支承、折叠梁支承和挠性轴支承等；按检测信号拾取方式分，有电容检测、电感检测、隧道电流检测和频率检测等。

图 12-45 所示为一种叉指式硅微型加速度计的结构。

这种加速度计由中央叉指状活动极板与若干对固定极板组成。硅制活动极板（质量块）通过一对弹性支承梁与基座相连，支承梁能使活动极板敏感加速度而产生位移。活动极板上有若干对叉指，每个叉指对应一对固定电极板，固定电极板固定

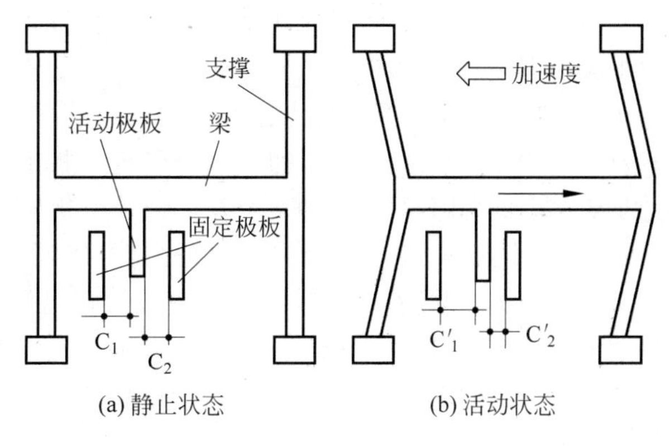

图 12-45　叉指式硅微型加速度计

在基座上。当加速度计处于静止状态时，叉指正好处于一对固定电极的中央，即叉指和与其对应的两个固定电极的间距相等，这时电容量 $C_1=C_2$。当加速度计敏感加速度时，在惯性力作用下，活动极板产生位移（如图 12-45(b)），这时，叉指和左右两固定极板的间距发生变化，$C_1 \neq C_2$。集成在传感器内的微电子测量线路将电容的变化转换为正比于加速度的电信号输出，加速度方向则可通过输出信号的相位反映出来。

ADXL50 是国外（AD 公司）开发的一种叉指式微型加速度计产品，主要用于汽车安全气囊。ADXL50 是集成在一片单晶硅片上的完整的加速度测量系统，整个芯片约 3mm×3mm，其中加速度敏感元件部分边长为 1mm，信号处理电路则布于四周。加速度敏感元件是一个可变差动电容器，2μm 厚的活动极板上伸出 50 个叉指，形成了电容器的动极板，固定电容极板则由一系列悬臂梁组成。整个活动极板通过支承梁固定，支承梁能保证活动极板沿敏感加速度的方向作线振动，而其他方向的运动都受到约束。

图 12-46 为 ADXL50 集成加速度计的系统框图，包括加速度敏感元件和检测电路。检测电路是一个闭环的力平衡反馈回路，由振荡器、解调器及放大器等电路组成。

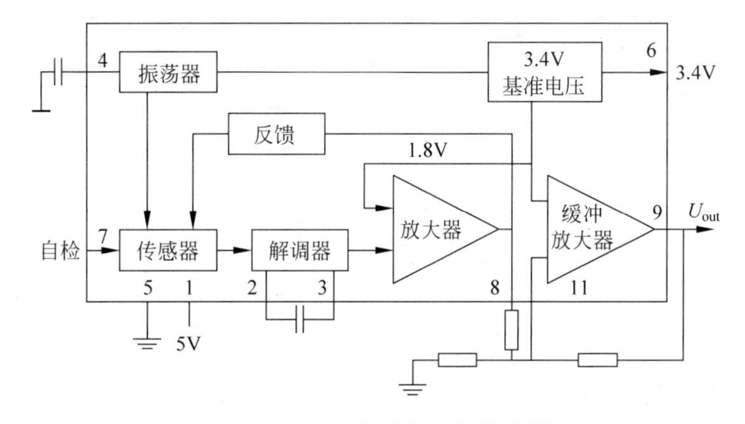

图 12-46　ADXL50 集成加速度计系统框图

振荡器将频率为1MHz，相位相差180°的两个脉冲信号分别加于两个固定电容极板上，当传感器没有受到加速度作用时，由于 $C_1=C_2$，两固定极板上的脉冲信号因相位相反而相互抵消，输出信号为零。当传感器受到加速度作用时，由于梁发生弯曲，带动动极板移动，C_1 和 C_2 均发生变化，加在两个固定极板上的脉冲信号的相位差将随 C_1 和 C_2 的容量差而变化，两个脉冲信号在动极板上相加后输出。

解调器用1MHz脉冲为同步时钟，对动极板输出的信号解调，将加速度的变化转换为直流电压输出。当加速度为正方向时，解调器输出为正电压；当加速度为反方向时，解调器输出为负电压，输出电压的幅值正比于加速度的大小。解调后的直流电压经放大器放大，输出电压的灵敏度为19mV/g，最大测量范围为－50～50g，相应的电压输出量为－0.95～0.95V。

12.4 力和转矩检测

力是最重要的物理量之一，转矩是各种工作机械传动轴的基本载荷形式，各种机械运动的实质都是力和转矩的传递过程。力和转矩的测量不仅在机械系统设计、制造领域具有重要的意义，而且在科学研究、国防和工农业生产中也有广泛的应用需求，如测量火箭的推力、纺织纤维的张力、运动员的弹跳力、机器人的腕力和腕矩、货物的称重、公路桥梁的过载保护等。

12.4.1 力的检测

1. 力的基本概念

力体现了物质之间的相互作用，凡是能使物体的运动状态或物体所具有的动量发生改变或者使物体发生变形的作用都称为力。

按照力产生原因的不同，可以把力分为重力、弹性力、惯性力、膨胀力、摩擦力、浮力、电磁力等。按力对时间的变化性质可分为静态力和动态力两大类。静态力是指不变的力或变化很缓慢的力，动态力是指随时间变化显著的力，如冲击力、交变力或随机变化的力等。

力在国际单位制(SI)中是导出量，在我国法定计量单位制和国际单位制中，规定力的单位为牛顿(N)，定义为：使1kg质量的物体产生 $1m/s^2$ 加速度的力，即 $1N=1kg\cdot m/s^2$。

为保证国民经济各部门和研究单位静态力的力值准确一致，目前均以标准砝码的重力作为力的标准，其大小除可以用标准砝码传递外，还可以用各种不同精度等级的基准和标准测力仪器设备复现力值和进行量值的传递。

2. 力的测量方法

力的本质是物体之间的相互作用，不能直接得到其值的大小。力施加于某一物体后，将使物体的运动状态或动量改变，使物体产生加速度，这是力的“动力效应”；还可以使物体产生应力，发生变形，这是力的“静力效应”。因此，可以利用这些变化来实现对力的检测。

力的测量方法可归纳为力平衡法、测位移法和利用某些物理效应测力等。

(1) 力平衡法

力平衡式测量法是基于比较测量的原理，用一个已知力来平衡待测的未知力，从而得出待测力的值。平衡力可以是已知质量的重力、电磁力或气动力等。

① 机械式力平衡装置。图 12-47 给出了两种机械式力平衡装置。图 12-47(a) 为梁式天平，通过调整砝码使指针归零，将被测力 F_i 与标准质量(砝码 G)的重力进行平衡，直接比较得出被测力 F_i 的大小。这种方法需逐级加砝码，测量精度取决于砝码分级的密度和砝码等级。图 12-47(b)为机械杠杆式力平衡装置，可转动的杠杆支撑在支点 M 上，杠杆左端上面悬挂有刀形支承 N，在 N 的下端直接作用有被测力 F_i；杠杆右端是质量 m 已知的可滑动砝码 G；另在杠杆转动中心上安装有归零指针。测量时，调整砝码的位置使之与被测力平衡。当达到平衡时，则有

$$F_i = \frac{b}{a} mg \tag{12-41}$$

式中，a，b 分别为被测力 F_i 和砝码 G 的力臂；g 为当地重力加速度。

可见，被测力 F_i 的大小与砝码重力 mg 的力臂 b 成正比，因此可以在杠杆上直接按力的大小刻度。这种测力计机构简单，常用于材料试验机的测力系统中。

上述测力方法的优点是简单易行，可获得很高的测量精度。但这种方法是基于静态重力力矩平衡，因此仅适用于作静态测量。

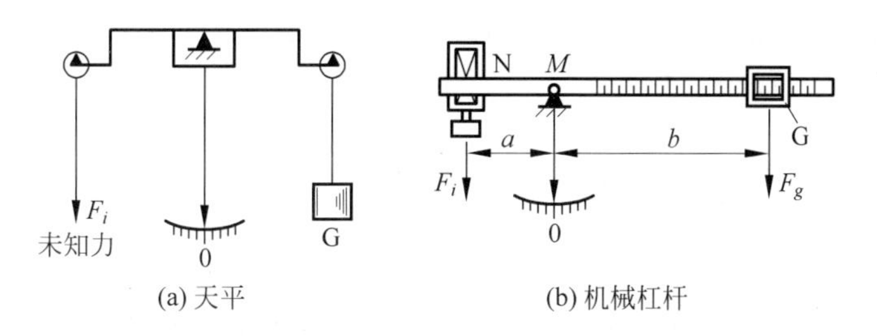

图 12-47　机械式力平衡装置

② 液压和气压式测力系统。图 12-48(a)给出了液压活塞式测力系统的原理。浮动活塞由膜片密封，液压系统内部空腔充满油，且通常加有一预载压力。当被测力 F_i 作用在活塞上时，引起油压变化 Δp，其值可由指示仪表读出，也可采用压力传感器将读数转换为电信号。这样根据力平衡条件 $F_i = \Delta p \cdot S$，S 是活塞等效截面积，就可以通过测量油的压力来测量力。液压式测力系统具有很高的刚度，测量范围很大，可达几十兆牛顿，精度可达 0.1%，配置动态特性好的压力传感器也可以用于测量动态力。

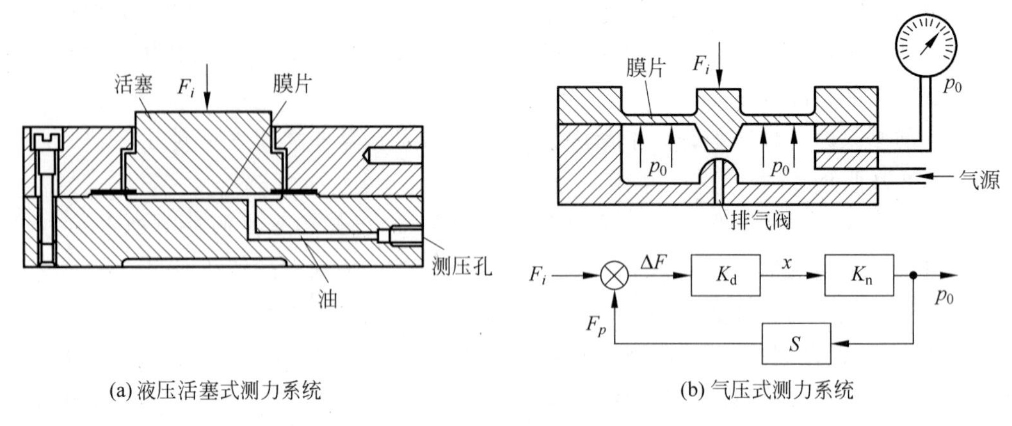

(a) 液压活塞式测力系统

(b) 气压式测力系统

图 12-48 液压和气压式测力系统

图 12-48(b)是气压式测力系统原理。它是一种闭环测力系统。其中喷嘴挡板机构用在伺服回路中作高增益放大器。当被测力 F_i 加到膜片上时,膜片带动挡板向下移动 x,使喷嘴截面积减小,气体压力 p_0 增高。压力 p_0 作用在膜片面积 S 上产生一个等效集中力 F_p,F_p 力图使膜片返回到初始位置。当 $F_i=F_p$ 时,系统处于平衡状态。此时,气体压力 p_0 与被测力 F_i 的关系为

$$(F_i - p_0 \cdot S)K_\mathrm{d}K_\mathrm{n} = p_0 \tag{12-42}$$

式中,K_d 为膜片柔度(m/N);K_n 为喷嘴挡板机构的增益($\mathrm{N/m^3}$)。由式(12-42)可得

$$p_0 = \frac{F_i}{(K_\mathrm{d}K_\mathrm{n})^{-1} + S} \tag{12-43}$$

K_n 实际并非严格为常数,但由于乘积 $K_\mathrm{d} \cdot K_n \gg S$,这样$(K_\mathrm{d} \cdot K_n)^{-1}$与 S 相比便可忽略不计,于是式(12-43)变为

$$p_0 \approx \frac{F_i}{S} \tag{12-44}$$

即被测力 F_i 与 p_0 呈线性关系。

(2) 测位移法

在力作用下,弹性元件产生变形,测位移法通过测量未知力所引起的位移,从而间接地测得未知力值。

(3) 利用某些物理效应测力

物体在力作用下会产生某些物理效应,如应变效应、压磁效应、压电效应等,可以利用这些效应间接检测力值。各种类型的测力计就是基于这些效应。

3. 测力计

测力计通常将力转换为正比于作用力大小的电信号,使用十分方便,因而在工程领域及其他各种场合应用最为广泛。测力计种类繁多,依据不同的物理效应和检测原理可分为电阻应变式、压磁式、压电式、振弦式等。

(1) 应变式测力计

在所有测力计中,应变式测力计应用最为广泛。它能应用于极小到很大的动、静态力的测量,且测量精度高,其使用量约占力传感器总量的90%左右。

应变式测力计的工作原理与应变式压力传感器基本相同,它也是由弹性敏感元件和贴在其上的应变片组成。应变式测力计首先把被测力转变成弹性元件的应变,再利用电阻应变效应测出应变,从而间接地测出力的大小。弹性元件的结构形式有柱形、筒形、环形、梁形、轮辐形、S形等。

应变片的布置和接桥方式,对于提高测力计的输出灵敏度和消除有害因素的影响有很大关系。根据电桥的加减特性和弹性元件的受力性质,在贴片位置许可的情况下,贴4或8片应变片,其位置应是弹性元件应变最大的地方。

图12-49给出了常见的柱形、筒形、梁形弹性元件及应变片的贴片方式。图12-49(a)为柱形弹性元件;图12-49(b)为筒形弹性元件;图12-49(c)为梁形弹性元件。

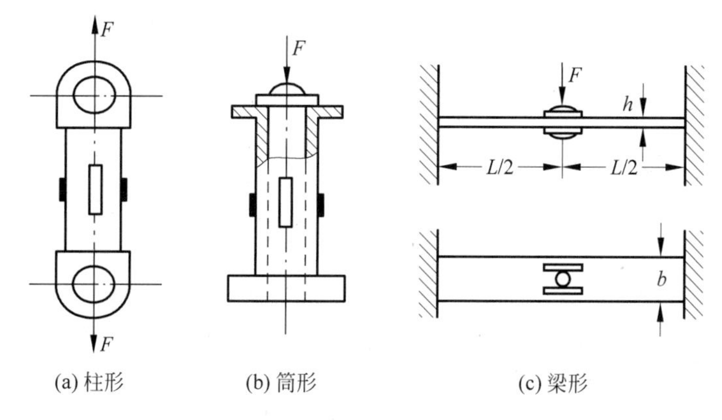

图12-49　几种弹性元件及应变片贴片方式

① 柱形应变式测力计。柱形弹性元件通常都做成圆柱形和方柱形,用于测量较大的力。最大量程可达10MN。在载荷较小时(1～100kN),为便于粘贴应变片和减小由于载荷偏心或侧向分力引起的弯曲影响,同时为了提高灵敏度,多采用空心柱体。四个应变片粘贴的位置和方向应保证其中两片感受纵向应变,另外两片感受横向应变(因为纵向应变与横向应变是互为反向变化的),如图12-49(a)所示。

当被测力 F 沿柱体轴向作用在弹性体上时,其纵向应变和横向应变分别为

$$\varepsilon = \frac{F}{ES}$$

$$\varepsilon_t = -\mu\varepsilon = -\frac{\mu F}{ES} \tag{12-45}$$

式中,E 为材料的弹性模量;S 为柱体的截面积;μ 为材料的泊松比。

在实际测量中,被测力不可能正好沿着柱体的轴线作用,而总是与轴线之间成一微小的角度或微小的偏心,这就使得弹性柱体除了受纵向力作用外,还受到横向

力和弯矩的作用，从而影响测量精度。

② 轮辐式测力计。简单的柱式、筒式、梁式等弹性元件是根据正应力与载荷成正比的关系来测量的，它们存在着一些不易克服的缺点。为了进一步提高测力计性能和测量精度，要求测力计有抗偏心、抗侧向力和抗过载能力。20 世纪 70 年代开始已成功地研制出切应力测力计，图 12-50 是较常用的轮辐式切应力测力计的结构简图。

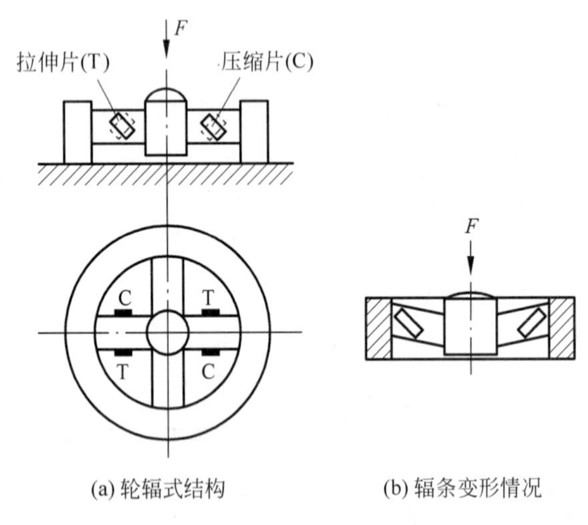

图 12-50　轮辐式测力计

轮辐式测力计由轮圈、轮毂、辐条和应变片组成。轮辐条成对且对称地连接轮圈和轮毂，当外力作用在轮毂上端面和轮毂下端面时，矩形轮辐条就产生平行四边形变形，如图 12-50(b)所示，形成与外力成正比的切应变。此切应变能引起与中心轴成 45°方向的、相互垂直的两个正负正应力，即由切应力引起的拉应力和压应力，通过测量拉应力或压应力值就可知切应力值的大小。因此，在轮辐式传感器中，把应变片贴到与切应力成 45°的位置上，使它感受的仍是拉伸和压缩应变，但该应变不是由弯矩产生的，而主要是由剪切力产生的，此即这类传感器的基本工作原理。这类传感器最突出的优点是抗过载能力强，能承受几倍于额定量程的过载。此外其抗偏心、抗侧向力的能力也较强，精度在 0.1%之内。

(2) 压磁式测力计

当铁磁材料在受到外力拉、压作用而在内部产生应力时，其导磁率会随应力的大小和方向而变化：受拉力时，沿力作用方向的导磁率增大，而在垂直于作用力的方向上导磁率略有减小；受压力作用时则导磁率的变化正好相反。这种物理现象就是铁磁材料的压磁效应，这种效应可用于力的测量。

压磁式测力计一般由压磁元件、传力机构组成，如图 12-51(a)所示。

其中主要部分是压磁元件，它由其上开孔的铁磁材料薄片叠成。压磁元件上冲有四个对称分布的孔，孔 1 和 2 之间绕有激磁绕组 W_{12}(初级绕组)，孔 3 和 4 间绕有测量绕组 W_{34}(次级绕组)，如图 12-51(b)所示。当激磁绕组 W_{12} 通有交变电流时，铁

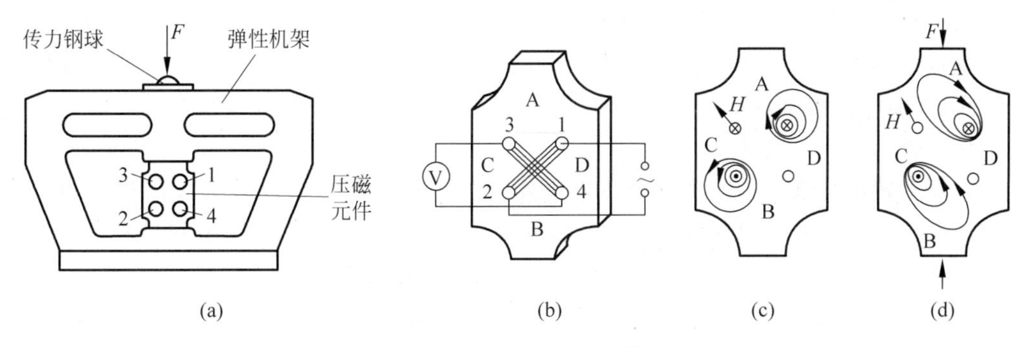

图12-51 压磁式测力计

磁体中就产生一定大小的磁场。若无外力作用，则磁力线相对于测量绕组平面对称分布，合成磁场强度 H 平行于测量绕组 W_{34} 的平面，磁力线不与测量绕组 W_{34} 交链，故绕组 W_{34} 不产生感应电势，如图12-51(c)所示。当有压缩力 F 作用于压磁元件上时，磁力线的分布图发生变形，不再对称于测量绕组 W_{34} 的平面(如图12-51(d)所示)，合成磁场强度 H 不再与测量绕组平面平行，因而就有部分磁力线与测量绕组 W_{34} 相交链，而在其上感应出电势。作用力愈大，交链的磁通愈多，感应电势愈大。

压磁式测力计的输出电势比较大，通常不必再放大，只要经过整流滤波后就可直接输出，但要求有一个稳定的激磁电源。压磁式测力计可测量很大的力，抗过载能力强，能在恶劣条件下工作。但频率响应不高(1～10kHz)，测量精度一般在1%左右，也有精度更高的新型结构的压磁式测力计。常用于冶金、矿山等重工业部门作为测力或称重传感器，例如在轧钢机上用来测量大的力以及用在吊车秤中。

12.4.2 转矩测量

1. 转矩的基本概念

使机械元件转动的力矩或力偶称为转动力矩，简称转矩。机械元件在转矩作用下都会产生一定程度的扭转变形，故转矩有时又称为扭矩。

力矩是由一个不通过旋转中心的力对物体形成的，而力偶是一对大小相等、方向相反的平行力对物体的作用。所以转矩等于力与力臂或力偶臂的乘积，在国际单位制(SI)中，转矩的计量单位为牛顿·米(N·m)，工程技术中也曾用过公斤力·米等作为转矩的计量单位。

转矩是各种工作机械传动轴的基本载荷形式，与动力机械的工作能力、能源消耗、效率、运转寿命及安全性能等因素紧密联系，转矩的测量对传动轴载荷的确定与控制、传动系统工作零件的强度设计以及原动机容量的选择等都具有重要的意义。

转矩可分为静态转矩和动态转矩。

静态转矩是值不随时间变化或变化很小、很缓慢的转矩，包括静止转矩、恒定转矩、缓变转矩和微脉动转矩。静止转矩的值为常数,传动轴不旋转;恒定转矩的值为常数,但传动轴以匀速旋转,如电机稳定工作时的转矩;缓变转矩的值随时间缓慢变化,但在短时间内可认为转矩值是不变的;微脉动转矩的瞬时值有幅度不大的脉动变化。

动态转矩是值随时间变化很大的转矩,包括振动转矩、过渡转矩和随机转矩三种。振动转矩的值是周期性波动的;过渡转矩是机械从一种工况转换到另一种工况时的转矩变化过程;随机转矩是一种不确定的、变化无规律的转矩。

根据转矩的不同情况,应采取不同的转矩测量方法。

转矩的测量方法可以分为平衡力法、能量转换法和传递法。其中传递法涉及的转矩测量仪器种类最多,应用也最广泛。

(1) 平衡力法及平衡力类转矩测量装置

匀速运转的动力机械或制动机械,在其机体上必然同时作用着与转矩大小相等,方向相反的平衡力矩。通过测量机体上的平衡力矩(实际上是测量力和力臂)来确定动力机械主轴上工作转矩的方法称为平衡力法。

平衡力法转矩测量装置又称作测功器,一般由旋转机、平衡支承和平衡力测量机构组成。按照安装在平衡支承上的机器种类,可分为电力测功器、水力测功器等。平衡支承有滚动支承、双滚动支承、扇形支承、液压支承及气压支承等。平衡力测量机构有砝码、游码、摆锤、力传感器等。

平衡力法直接从机体上测转矩,不存在从旋转件到静止件的转矩传递问题。但它仅适合测量匀速工作情况下的转矩,不能测动态转矩。

(2) 能量转换法

依据能量守恒定律,通过测量其他形式的能量如电能、热能参数来测量旋转机械的机械能,进而获得与转矩有关的能量系数(如电能系数)来确定被测转矩大小的方法称为能量转换法。例如,通过测量输入旋转机械的电功率和转轴转速求得转矩。能量转换法为间接测量法,测量误差比较大,常达±(10～15)%,一般只在电机和液机转矩测量方面有较多的应用。

(3) 传递法

传递法是指利用弹性元件在传递转矩时物理参数的变化与转矩的对应关系来测量转矩的一类方法。常用弹性元件为扭轴,故传递法又称扭轴法。根据被测物理参数不同,基于传递法的转矩测量仪器有多种类型。在现代测量中,这类转矩测量仪的应用最为广泛。

本节介绍基于传递法原理的几种转矩测量方法和仪器。

2. 传递法转矩测量

转矩测量仪器及装置很多,应根据使用环境、测量精度等要求来选择。

(1) 应变式转矩测量

应变式转矩测量仪通过测量由于转矩作用在转轴上产生的应变来测量转矩。

根据材料力学的理论，转轴在转矩 M 的作用下，其横截面上最大剪应力 τ_{max} 与轴截面系数 W 和转矩 M 之间的关系为

$$\tau_{max} = \frac{M}{W} \tag{12-46}$$

$$W = \frac{\pi D^3}{16}\left(1 - \frac{d^4}{D^4}\right) \tag{12-47}$$

式中，D 为轴的外径；d 为空心轴的内径。

τ_{max} 无法用应变片来测量，但与转轴中心线成 $\pm 45°$ 夹角方向上的正负主应力 σ_1 和 σ_3 的数值等于 τ_{max}，即

$$\sigma_1 = -\sigma_3 = \tau_{max} = \frac{16DM}{\pi(D^4 - d^4)} \tag{12-48}$$

根据应力应变关系，应变为

$$\varepsilon_1 = \frac{\sigma_1}{E} - \mu\frac{\sigma_3}{E} = (1+\mu)\frac{\sigma_1}{E} = \frac{16(1+\mu)DM}{\pi E(D^4 - d^4)} \tag{12-49}$$

$$\varepsilon_3 = \frac{\sigma_3}{E} - \mu\frac{\sigma_1}{E} = (1+\mu)\frac{\sigma_3}{E} = -\frac{16(1+\mu)DM}{\pi E(D^4 - d^4)} \tag{12-50}$$

式中，E 为材料的弹性模量；μ 为材料的泊松比。

这样就可沿正负主应力 σ_1 和 σ_3 的方向贴应变片，测出应变即可知其轴上所受的转矩 M。应变片可以直接贴在需要测量转矩的转轴上，也可以贴在一根特制的轴上制成应变式转矩检测装置，用于各种需要测量转矩的场合。如图 12-52 所示，在沿轴向 $\pm 45°$ 方向上分别粘贴有四个应变片，感受轴的最大正、负应变，将其组成全桥电路，则可输出与转矩 M 成正比的电压信号。这种接法可以消除轴向力和弯曲力的干扰。

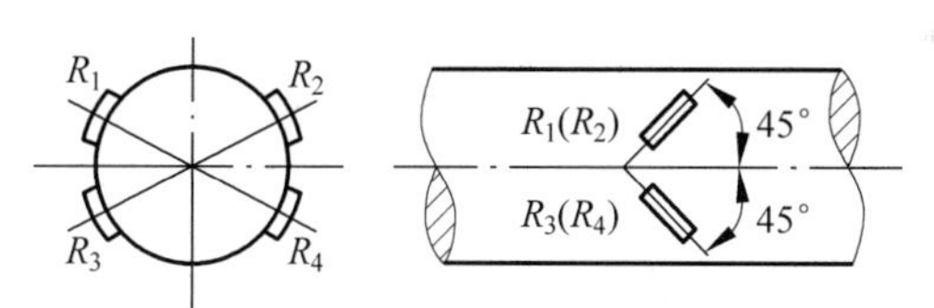

图 12-52　应变片式转矩检测装置

应变式转矩检测装置结构简单，精度较高。贴在转轴上的电阻应变片与测量电路一般通过集流环连接，集流环由电刷、滑环组成，但集流环存在触点磨损和信号不稳定等问题，不适于测量高速转轴的转矩。近年来，已研制出遥测应变式转矩仪，它在上述应变电桥后，将输出电压用无线发射的方式传输，有效地解决了上述问题。

(2) 压磁式转矩测量

铁磁材料制成的转轴，具有压磁效应，在受转矩作用后，沿拉应力 $+\sigma$ 方向磁阻减小，沿压应力 $-\sigma$ 方向磁阻增大。在转轴附近放置两个相互垂直的铁芯线圈 A、B，使其开口端与被测转轴保持 1～2mm 的间隙，由导磁的轴将磁路闭合。铁芯线圈

A、B的开口方向如图12-53所示，AA沿轴向，BB垂直于轴向。在铁芯线圈A中通以50Hz的交流电，形成交变磁场。转轴未受转矩作用时，其各向磁阻相同，BB方向正好处于磁力线的等位中心线上，因而铁芯B上的绕组不会产生感应电势。当转轴受转矩作用时，其表面上出现各向异性磁阻特性，磁力线将重新分布，而不再对称，因此在铁芯B的线圈上产生感应电势。转矩愈大，感应电势愈大，在一定范围内，感应电势与转矩呈线性关系，这样就可通过测量感应电势e来测定轴上转矩的大小。

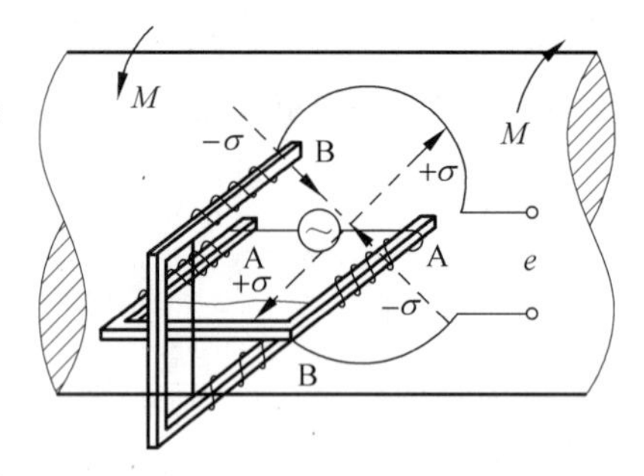

图12-53　压磁式转矩测量仪

压磁式转矩测量仪是非接触测量，使用方便，结构简单可靠，基本上不受温度影响和转轴转速限制，而且输出电压高(可达10V)。

(3) 扭转角式转矩测量

扭转角式转矩测量法是通过扭转角来测量转矩的。

根据材料力学，在转矩M作用下，转轴上相距L的两横截面之间的相对扭转角φ为

$$\varphi=\frac{32ML}{\pi(D^4-d^4)G} \tag{12-51}$$

式中，G为轴的剪切弹性模量。

由式(12-51)可知，当转轴受转矩作用时，其上两截面间的相对扭转角与转矩成比例，因此可以通过测量扭转角来测量转矩。根据这一原理，可以制成光电式、相位差式、振弦式等各种转矩检测装置。

① 光电式转矩检测装置。光电式转矩检测装置如图12-54所示。在转轴上安装两个光栅圆盘，两个光栅盘外侧设有光源和光敏元件。无转矩作用时，两光栅的明暗条纹相互错开，完全遮挡住光路，因此放置于光栅一侧的光敏元件接收不到来自光栅盘另一侧的光源的光信号，无电信号输出。当有转矩作用于转轴上时，由于轴的扭转变形，安装光栅处的两截面产生相对转角，两片光栅的暗条纹逐渐重合，部分光线透过两光栅而照射到光敏元件上，从而输出电信号。转矩越大，扭转角越大，照射到光敏元件上的光越多，因而输出电信号也越大。

这是一种非接触测量方法，结构简单，使用方便可靠，且测量精度不受转速变化的影响。

② 相位差式转矩检测装置。图12-55所示是基于磁感应原理的磁电相位差式转矩检测装置。它在被测转轴相距L的两端处各安装一个齿形转轮，靠近转轮沿径向各放置一个感应式脉冲发生器(在永久磁铁上绕一固定线圈而成)。当转轮的齿顶对准永久磁铁的磁极时，磁路气隙减小，磁阻减小，磁通增大；当转轮转过半个齿距时，齿谷对准磁极，气隙增大，磁通减小，变化的磁通在感应线圈中产生感应电势。无转矩作用时，转轴上安装转轮的两处无相对角位移，两个脉冲发生器的输出信号

相位相同。当有转矩作用时,两转轮之间就产生相对扭转角 φ,两个脉冲发生器的输出感应电势出现与转矩成比例的相位差 $\Delta\theta$。设转轮齿数为 N,每两个齿之间的相位角为 2π,则两个脉冲发生器的输出信号相位差 $\Delta\theta$ 与扭转角 φ 的关系为

$$\Delta\theta = N \cdot \varphi \tag{12-52}$$

代入式(12-51),得

$$M = \frac{\pi(D^4 - d^4)G}{32NL} \cdot \Delta\theta \tag{12-53}$$

可见只要测出相位差 $\Delta\theta$ 就可测得转矩。N 的值不能取太大,应使相位差满足 $\Delta\theta = N \cdot \varphi < 2\pi$。考虑到正、反向转矩及超载转矩,一般 N 的选取应使相位差满足 $\pi/2 < \Delta\theta = N \cdot \varphi < \pi$。高速测量,$N$ 取值应小一些;对于低速测量,N 的取值应较大一些。

与光电式转矩检测装置一样,相位差式转矩检测装置也是非接触测量,结构简单,工作可靠,对环境条件要求不高,精度一般可达 0.2%。

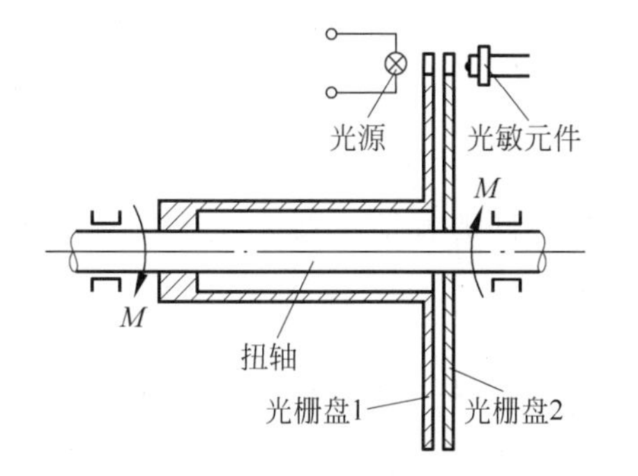

图 12-54　光电式转矩检测装置

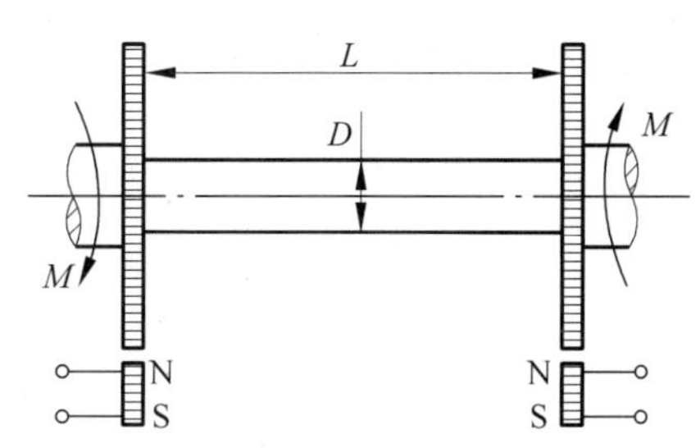

图 12-55　相位差式转矩检测装置

12.5　机械振动测量

12.5.1　概述

机械振动是指物体(或物体的一部分)沿直线或曲线在平衡位置附近所作的周期性的往复运动。在自然界、工程技术和日常生活中,机械振动是普遍存在的物理现象。

在大多数情况下,机械振动是有害的,它影响精密仪器设备的功能;降低加工零件的精度和表面质量;加剧构件的疲劳破坏和磨损,导致构件损坏造成事故。当然,振动也有可以被利用的一面,如钟表、运输、夯实、清洗、粉碎、脱水、监测等。振动问题在工程技术中占有相当重要的地位,无论是防止振动危害还是要利用振动,都必须对机械振动进行观测、分析、研究,确定其量值,而振动试验和测量始终是一个重要的、必不可少的手段。

振动测试的目的,主要有以下几个方面:

① 检查机器运转时的振动特性，以检验产品质量；

② 测定机械系统的动态响应特性，以便确定机器设备承受振动和冲击的能力，并为产品的改进设计提供依据；

③ 分析振动产生的原因，寻找振源，以便有效地采取减振和隔振措施；

④ 对运动中的机器进行故障监控，以避免重大事故。

振动测量有两种方式：

① 对正在工作的对象进行振动测量和分析，测量其在工作状态下的振动参量，如振动位移、速度、加速度、频率和相位等。目的是了解被测对象的振动状态，评定对象振动强度，结构的动载及动变形，寻找振源及其传递路径，监测设备状况。

② 对设备或部件施加激励，使其产生受迫振动，再作测试。其目的是测定对象的动态特性参量，如固有频率、阻尼、阻抗、响应和模态等，评定抗振能力。这类测试又可分为振动环境模拟试验、机械阻抗试验和频率响应试验等。

12.5.2 振动的基本知识

1. 振动信号分类

机械振动是一种复杂的物理现象，可根据不同的特征对其进行分类，如表 12-4 所示。

表 12-4 机械振动的分类

分　　类	名　　称	主要特征与说明
按振动产生的原因分	自由振动	系统受初始干扰或外部激振力取消后，系统本身由弹性恢复力和惯性力来维持的振动。当系统无阻尼时，振动频率为系统的固有频率；当系统存在阻尼时，其振动幅度将逐渐减弱
	受迫振动	由于外界持续干扰引起和维持的振动，此时系统的振动频率为激振频率
	自激振动	系统在输入和输出之间具有反馈特性时，在一定条件下，没有外部激振力而由系统本身产生的交变力激发和维持的一种稳定的周期性振动，其振动频率接近于系统的固有频率
按振动的规律分	简谐振动	振动量为时间的正弦或余弦函数，为最简单、最基本的机械振动形式。其他复杂的振动都可以看成许多或无穷个简谐振动的合成
	周期振动	振动量为时间的周期性函数，可展开为一系列的简谐振动的叠加
	瞬态振动	振动量为时间的非周期函数，一般在较短的时间内存在
	随机振动	振动量不是时间的确定函数，只能用概率统计的方法来研究

续表

分　类	名　称	主要特征与说明
按系统的自由度分	单自由度系统振动	用一个独立变量就能表示系统振动
	多自由度系统振动	需用多个独立变量表示系统振动
	连续弹性体振动	需用无限多个独立变量表示系统振动
按系统结构参数的特性分	线性振动	可以用常系数线性微分方程来描述，系统的惯性力、阻尼力和弹性力分别与振动加速度、速度和位移成正比
	非线性振动	要用非线性微分方程来描述，即微分方程中出现非线性项

确定性振动可分为周期性振动和非周期性振动。周期性振动包括简谐振动和复杂周期振动。随机振动是一种非确定性振动，它只服从一定的统计规律性。

一般来说，仪器设备的振动信号中既包含有确定性的振动，又包含有随机振动，但对于一个线性振动系统来说，振动信号可用谱分析技术化作许多简谐振动的叠加。因此简谐振动是最基本也是最简单的振动。

2. 振动测试的基本参数

振动的幅值、频率和相位是振动的三个基本参数，称为振动三要素。

幅值是振动强度的标志，它可以用峰值、有效值、平均值等不同的方法表示。

不同的频率成分反映系统内不同的振源，通过频谱分析可以确定主要频率成分及其幅值大小，从而寻找振源，采取相应的措施。

振动信号的相位信息十分重要，如利用相位关系确定共振点、测量振型、旋转件动平衡、有源振动控制、降噪等。对于复杂振动的波形分析，各谐波的相位关系是不可缺少的。

简谐振动是单一频率的振动形式，各种周期运动都可以用不同频率的简谐运动的组合来表示。简谐振动的运动规律可用位移函数 $y(t)$ 描述

$$y(t) = A\sin(\omega t + \varphi) \tag{12-54}$$

式中，A 为位移的幅值；φ 为初始相位角；ω 为振动角频率，$\omega = 2\pi/T = 2\pi f$，其中 T 为振动周期，f 为振动频率。

对应于该简谐振动的速度 v 和加速度 a 分别为

$$v = \frac{\mathrm{d}y}{\mathrm{d}t} = \omega A\cos(\omega t + \varphi) \tag{12-55}$$

$$a = \frac{\mathrm{d}v}{\mathrm{d}t} = -\omega^2 A\sin(\omega t + \varphi) = -\omega^2 y \tag{12-56}$$

比较式(12-54)、式(12-55)和式(12-56)可知，速度的最大值比位移的最大值超前 90°，加速度的最大值要比位移最大值超前 180°。在位移、速度和加速度三个参量中，测出其中之一即可利用积分或微分求出另两个参量。

3. 单自由度系统的受迫振动

单自由度线性系统是最基本的振动模型，它仅用一个位移坐标(即一个自由度)

来描述系统的运动，因此系统可由质量块、弹簧和阻尼器组成。

为正确理解和掌握振动测试传感器的工作原理，讨论单自由度系统在两种不同激励下的响应。测振传感器也称为拾振器，按运动的参考坐标分类，可分为相对式和绝对式。

相对式拾振器安装在某一固定点，以该点为参考点，测量物体对参考点的相对运动，它可以用质量块受力产生的受迫振动来描述。

绝对式拾振器安装在被测物体上，以大地为参考基准，即以惯性空间为基准，测量振动物体相对于大地的绝对振动，又称为惯性式拾振器。它可以简化为由基础运动所引起的质量块受迫振动。

(1) 质量块受力产生的受迫振动

质量块受力所引起的受迫振动如图 12-56 所示。在外力 $f(t)$ 的作用下，质量块 m 的运动微分方程为

$$m\frac{\mathrm{d}^2x(t)}{\mathrm{d}t^2}+c\frac{\mathrm{d}x(t)}{\mathrm{d}t}+kx(t)=f(t) \tag{12-57}$$

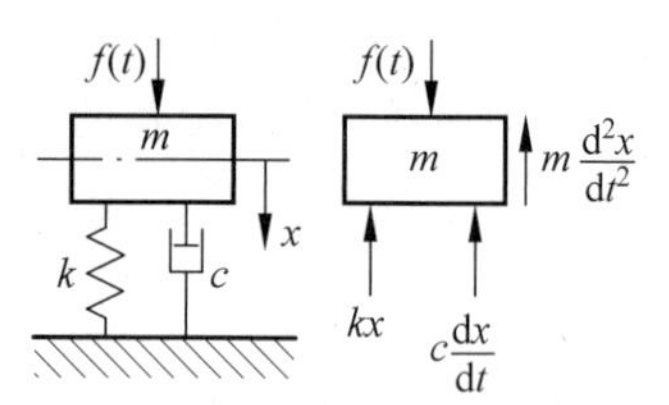

图 12-56　质量块受力所引起的受迫振动

式中，c 为黏性阻尼系数；k 为弹簧刚度；$x(t)$ 为振动系统的位移输出。

频率响应 $H(\omega)$ 为

$$H(\omega)=\frac{1/k}{\left[1-\left(\frac{\omega}{\omega_{\mathrm{n}}}\right)^2\right]^2+2\mathrm{j}\zeta\left(\frac{\omega}{\omega_{\mathrm{n}}}\right)} \tag{12-58}$$

当激振力 $f(t)=F_0\sin\omega t$ 时，系统稳态时频率响应函数的幅频特性 $A(\omega)$ 和相频特性 $\varphi(\omega)$ 分别为

$$A(\omega)=\frac{1/k}{\sqrt{\left[1-\left(\frac{\omega}{\omega_{\mathrm{n}}}\right)^2\right]^2+\left(2\zeta\frac{\omega}{\omega_{\mathrm{n}}}\right)^2}} \tag{12-59}$$

$$\varphi(\omega)=-\arctan\left[\frac{2\zeta\omega/\omega_{\mathrm{n}}}{1-(\omega/\omega_{\mathrm{n}})^2}\right] \tag{12-60}$$

式中，ω_{n} 为固有角频率，$\omega_{\mathrm{n}}=\sqrt{k/m}$；$\zeta$ 为阻尼比，$\zeta=\frac{c}{2\sqrt{km}}$。

通常把振动幅频特性曲线 $A(\omega)$ 上幅值最大处的频率 ω_{r} 称为位移共振频率。对式(12-59)求一阶导数并令其为零，可求得位移共振频率

$$\omega_{\mathrm{r}}=\omega_{\mathrm{n}}\sqrt{1-2\zeta^2} \tag{12-61}$$

(2) 由基础运动产生的受迫振动

在许多情况下，振动系统的受迫振动是由基础的运动引起的。设基础的绝对位移为 z，质量块 m 的绝对位移为 x，则惯性式拾振器的力学模型如图 12-57 所示。

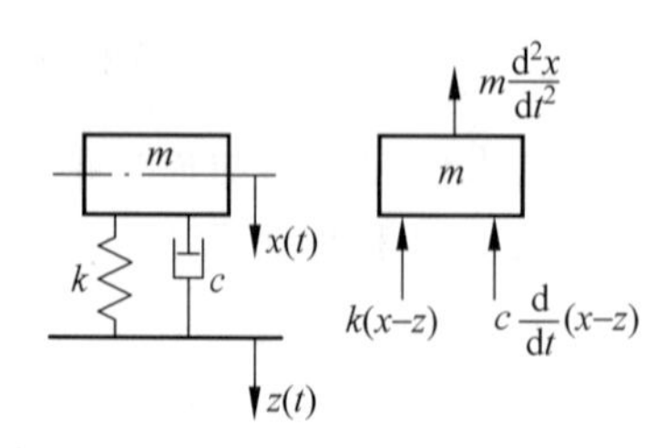

图 12-57　惯性式拾振器力学模型

质量块 m 的运动方程为

$$m\frac{d^2x}{dt^2}+c\frac{d(x-z)}{dt}+k(x-z)=0 \tag{12-62}$$

令 $y(t)=x(t)-z(t)$，为质量块 m 对基础的相对位移，则式(12-62)改写成

$$m\frac{d^2y}{dt^2}+c\frac{dy}{dt}+ky=-m\frac{d^2z}{dt^2} \tag{12-63}$$

式(12-63)与式(12-57)形式相近，设基础作简谐振动，即 $z(t)=z_m\sin\omega t$，则其系统频率响应函数 $H(\omega)$、幅频特性 $A(\omega)$、相频特性 $\varphi(\omega)$分别为

$$H(\omega)=\frac{(\omega/\omega_n)^2}{1-\left(\frac{\omega}{\omega_n}\right)^2+2j\zeta\left(\frac{\omega}{\omega_n}\right)} \tag{12-64}$$

$$A(\omega)=\frac{(\omega/\omega_n)^2}{\sqrt{\left[1-\left(\frac{\omega}{\omega_n}\right)^2\right]^2+\left(2\zeta\frac{\omega}{\omega_n}\right)^2}} \tag{12-65}$$

$$\varphi(\omega)=-\arctan\left[\frac{2\zeta\omega/\omega_n}{1-(\omega/\omega_n)^2}\right] \tag{12-66}$$

图 12-58 是基础激振时质量块相对基础位移的幅频和相频特性曲线。

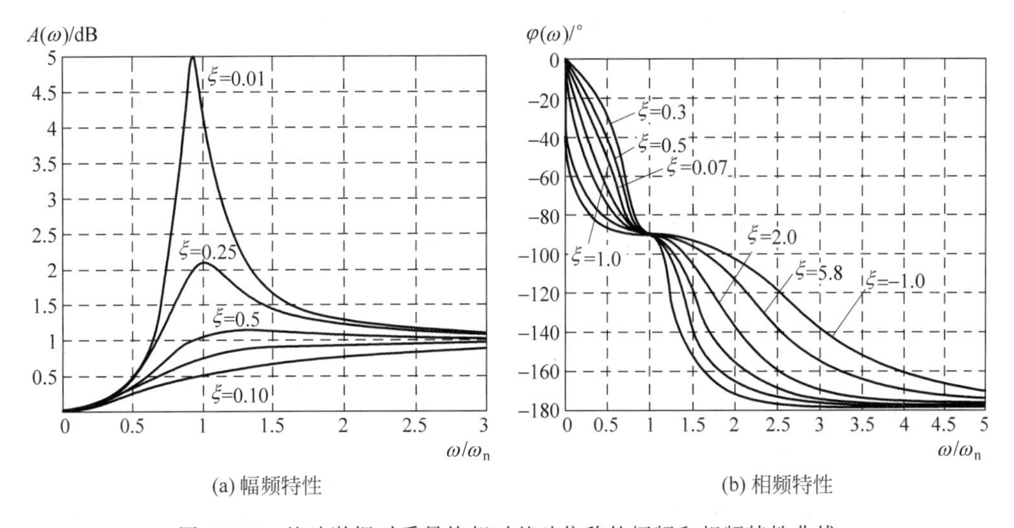

(a) 幅频特性　　(b) 相频特性

图 12-58　基础激振时质量块相对基础位移的幅频和相频特性曲线

由幅频特性图可见，当激振频率远小于系统固有频率时，质量块相对于基础的振动幅值为零，这意味着质量块几乎跟随基础一起振动，两者相对运动极小。而当激振频率远高于固有频率时，$A(\omega)$接近于 1，这表明质量块和基础之间的相对运动(输出)和基础的振动(输入)近于相等，说明质量块在惯性坐标中几乎处于静止状态。

4. 机械阻抗的概念

振动测量从本质上说属动态测量，测振传感器检测的信号是被测对象在某种激励下的输出响应信号。振动测量的一个主要目的就是通过对激励和响应信号的测

试分析，找出系统的动态特性参数，包括固有频率、固有振型、模态质量、模态刚度、模态阻尼比等。机械阻抗定义为线性动力学系统在各种激励的情况下，在频域内激励与响应之比。

$$机械阻抗(Z)=\frac{激励(F)}{响应(R)} \tag{12-67}$$

机械阻抗的倒数称为机械导纳

$$机械导纳(M)=\frac{响应(F)}{激励(R)}=\frac{1}{Z} \tag{12-68}$$

机械系统的激励一般是力，系统的响应可用位移、速度和加速度来表达，故机械阻抗和机械导纳又各有三种形式。位移阻抗称为动刚度，位移导纳称为动柔度，速度阻抗称为机械阻抗，速度导纳简称导纳，加速度阻抗称为视在质量，加速度导纳称为机械惯性。

以上六种表达统称机械阻抗数据，六种表达是等效的。实际工程中采用哪一种表达形式，原则上可以任意选择，但往往取决于测试仪器条件或结构的特殊性等应用条件。另外，由于激振点和响应测量点的位置及方向不同，上述机械阻抗数据的数值也将不同，因此，在使用时应指明它们的位置和方向。

机械阻抗测试是在结构上施加激振力，同时测量力和响应，所得机械阻抗只决定于系统本身，而与激振力性质无关。

12.5.3 振动测量系统

1. 振动测量方法

振动测量方法按振动信号转换的方式可分为电测法、机械法和光学法。

电测法将被测对象的振动量转换成电量，灵敏度高，动态、线性范围宽，便于分析，但易受电磁干扰；

机械法利用杠杆原理将振动量放大后直接记录下来，抗干扰能力强，动态、线性范围窄，会给工件加上一定的负荷，影响测试结果。适用于低频大振幅振动及扭振的测量。

光学法利用光杠杆、光波干涉、激光多普勒效应等进行测量，不受电磁干扰，测量精度高，为非接触式测量。在精密测量和传感器、测振仪标定中用得较多。

目前广泛应用的是电测法。

2. 电测法振动测量系统

图 12-59 所示为电测法测振系统的一般组成框图。由图可见，系统由激振、拾振、中间变换电路、振动分析仪器及显示记录装置等环节所组成。

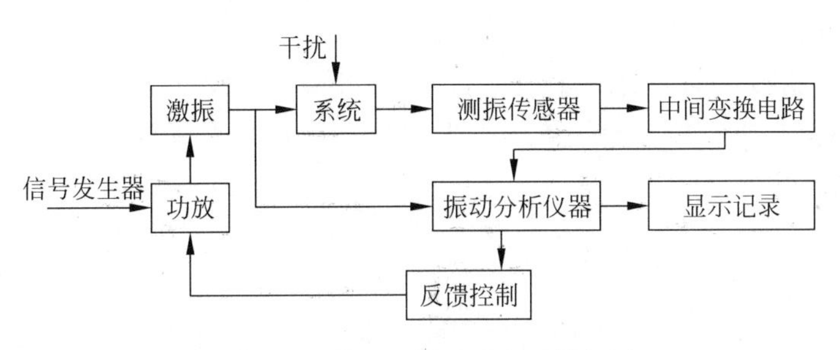

图 12-59　电测法振动测量系统框图

3. 拾振器

测振传感器是将被测对象的机械振动量(位移、速度或加速度)转换为与之有确定关系的电量(如电流、电压或电荷)的装置。电测法的测振传感器又称为拾振器。

拾振器按振动测量方法的力学原理可分为惯性式(绝对式)和相对式拾振器;按照测量时拾振器是否和被测物体接触可分为接触式和非接触式拾振器;按工作原理分,则有压电式、磁电式、电动式、电容式、电感式、电涡流式、电阻式和光电式等。这些拾振器的工作原理在本书前面的有关章节中已有论述,这里不再赘述。在各类拾振器中,压电式和应变式加速度计使用较为广泛。

各种拾振器性能不一,在振动测量中,应根据测试目的和实际条件,合理地选用拾振器,选择不当会影响测量精度,甚至得出错误的结论。

选择拾振器类型时,主要需考虑被测量的参数(位移、速度或加速度)、测量的频率范围、量程及分辨率、使用环境和相移等问题,并结合各类拾振器的性能特点综合进行选择。

(1) 选择适当的测量参数

要根据测试的目的要求选择适当测量参数。通常振动位移是研究强度和变形的重要依据;振动速度决定了噪声的高低,人对机械振动的敏感程度在很大频率范围内是由速度决定的。速度又与能量和功率有关,并决定动量的大小;而振动加速度与作用力或载荷成正比,是研究动力强度和疲劳的重要依据。

理论上,位移、速度和加速度三个参数互成积分或微分关系,可通过微积分运算来实现它们之间的转换,但实际上微分会极大地放大被测信号中的低幅值的高频噪声,甚至淹没有用信号;对宽频信号(如加速度)积分,往往会导致信号失真。因此,应按直接测取参数来选用测振传感器,尽量避免积分,特别是微分去间接获得所需参数。

(2) 选择适当的拾振器类型

要根据传感器特点,采用适当工作原理的传感器测量振动参数。

一般来说,需要测量振动位移时,应采用电感、电容或电涡流原理的位移拾振器将质量块对壳体的相对运动转换成电信号;需要测量振动速度时,应采用电磁感应原理的速度拾振器;需要测量振动加速度时,应采用基于压电效应或应变效应的加速度计。

由于位移拾振器的固有频率很低，尺寸和重量较大，而加速度计的固有频率很高，尺寸和重量很小。故在测量低频大振幅振动应选用位移计；测量高频振动则应选用加速度计。

4. 振动的激励

激振就是使用激振器对试件施加某种预定要求的激振力，使试件受到按预定要求、可控的振动，以便测定对象的动态特性参量，评定抗振能力，检验产品性能、寿命情况以及进行拾振器及测振系统的校准。

(1) 激振方法

振动的激励方式通常有稳态正弦激振、随机激振和瞬态激振三种。

稳态正弦激振是最普遍的激振方法。它对被测对象施加稳定的单一频率的正弦激振力，并测定振动响应与正弦力的幅值比与相位差。为测得整个频率范围的频率响应，必须改变激振力的频率，即扫频激励。

随机激励一般用伪随机信号发生器作为信号源，是一种宽带激振的方法。它使被测对象在一定频率范围内产生伪随机振动，与谱分析仪相配合，获得被测对象的频率响应。

瞬态激振也属于宽带激振法。目前常用的方法有快速正弦扫描激振、脉冲激振、阶跃激振等几种。

(2) 激振器

激振器是对试件施加激振力，激起试件振动的装置。激振器应该在一定频率范围内提供波形良好、幅值足够的交变力。某些情况下需要施加一定的稳定力作为预加载荷。此外，激振器应尽量体积小、重量轻。

常用的激振器有电动式、电磁式和电液式等几种，其工作原理与特点见表 12-5。

表 12-5 部分常用的激振设备

名称	工作原理	适用范围及优缺点
永磁式电动激振器	装置于永磁体磁场中的驱动线圈与支承部件固联，线圈通电产生电动力驱动固联于支承部件的试件产生周期性正弦波振动	频率范围宽，振动波形好，操作调节方便
励磁式电动振动台	利用直流励磁线圈来形成磁场，将置于磁场气隙中的线圈与振动台体相连，线圈通电产生电动力使振动台体作机械振动	频率范围宽、激振力大、振动波形好，设备结构较复杂
电磁式激振器	交变电流通至电磁铁的激振线圈，产生周期性的交变吸力，作为激振力	用于非接触激振，频率范围宽、设备简单，振动波形差，激振力难控制
电液式激振器	用小型电动式激振器带动液压伺服油阀以控制油缸，油缸驱动台面产生周期性正弦波振动	激振力大，频率较低，台面负载大，易于自控和多台激振，设备复杂

5. 振动分析仪器

从拾振器检测到的振动信号和从激振点检测到的力信号需经过适当的分析处理，以提取出各种有用的信息。目前常见的振动分析仪器有测振仪、频率分析仪、FFT 分析仪和虚拟频谱分析仪等。

(1) 测振仪

测振仪是用来直接指示位移、速度、加速度等振动量的峰值、峰-峰值、平均值或均方根值的仪器。这一类仪器一般包括微积分电路、放大器、检波器和表头，它能获得振动的总强度(振级)信息，而不能获得振动频率等其他方面的信息。

(2) 频率分析仪

模拟量频谱分析仪目前仍是振动测量较常用的分析设备，它主要由模拟带通滤波器组成。振动信号转换成电信号后，经中间变换电路输入频率分析仪，手控或自动扫描就可完成所需频带的频谱分析。常用的频率分析仪有恒定百分比带宽分析仪，恒定带宽分析仪，1/3 倍频程分析仪和实时分析仪等。

(3) FFT 分析仪

随着计算机技术和数字信号处理技术的发展，用数学技术处理振动测量信号的方式已广泛被采用。以微处理器为核心和以快速傅里叶变换(FFT)算法为基础的数字分析仪，精度高、动态范围大、功能多、性能稳定、抗干扰能力强、体积小、重量轻、便于携带到现场，尤其是分析的速度远远地高于模拟式频谱分析仪。

(4) 虚拟频谱分析仪

虚拟仪器的概念是 20 世纪 90 年代初才提出来的，虚拟仪器是仪器技术与计算机技术高度结合的产物。虚拟仪器的核心是具备各种功能的软件系统，通常包括计算机图形软件、数据处理软件和显示测量结果的测试系统软件等，当然也包括少量的仪器硬件(例如数据采集硬件)以及将计算机与仪器硬件相连的总线结构等。

与传统的 FFT 分析仪相比，具有频谱分析功能的虚拟仪器可以更加灵活地选择窗口，采样速率和频谱二进制数，且价格低，技术更新快，具有灵活的开放功能等。

12.5.4　振动参量的测量

振动参量是指振幅、频率、相位角和阻尼比等物理量。

1. 振幅的测量

振动量的幅值是时间的函数，常用峰值、峰峰值、有效值和平均绝对值来表示。峰值是从振动波形的基线位置到波峰的距离，峰峰值是正峰值到负峰值之间的距离。在考虑时间过程时常用有效(均方根)值和平均绝对值表示。有效值和平均绝对值分别定义为

$$z_{有效} = z_{\mathrm{rms}} = \sqrt{\frac{1}{T}\int_0^T z^2(t)\mathrm{d}t} \tag{12-69}$$

$$z_{|平均|} = z = \frac{1}{T}\int_0^T |z(t)| \mathrm{d}t \tag{12-70}$$

对于简谐振动而言，峰值、有效值和平均绝对值之间的关系为

$$z_{\mathrm{rms}} = \frac{\pi}{2\sqrt{2}}z = \frac{1}{\sqrt{2}}z_{\mathrm{f}} \tag{12-71}$$

式中，z_{f} 为振动峰值。

2. 简谐振动频率的测量

简谐振动的频率是单一频率，测量方法分直接法和比较法两种。直接法是将拾振器的输出信号送到各种频率计或频谱分析仪直接读出被测简谐振动的频率。在缺少直接测量频率仪器的条件下，可用示波器通过比较测得频率，常用的比较法有录波比较法和李沙育图形法。录波比较法是将被测振动信号和时标信号一起送入示波器或记录仪中同时显示，根据它们在波形图上的周期或频率比，算出振动信号的周期或频率。李沙育图形法则是将被测信号和由信号发生器发出的标准频率正弦波信号分别送到双轴示波器的 y 轴及 x 轴，根据荧光屏上呈现出的李沙育图形来判断被测信号的频率。

3. 相位角的测量

相位差角只有在频率相同的振动之间才有意义。测定同频两个振动之间的相位差也常用直读法和比较法。直读法是利用各种相位计直接测定，比较法常用录波比较法和李沙育图形法两种。录波比较法利用记录在同一坐标纸上的被测信号与参考信号之间的时间差 τ 求出相位差 φ

$$\varphi = \frac{\tau}{T} \times 360° \tag{12-72}$$

李沙育图测相位法则是根据被测信号与同频的标准信号之间的李沙育图形来判别相位差。

4. 阻尼比测量

阻尼比是导出参数，可以通过测量振动的某些基本参数，再用公式算出。常用的方法有振动波形图法、共振法、半功率点法和李沙育图法等几种。

(1) 振动波形图法

用测振仪记录被测的有阻尼自由振动波形如图 12-60 所示。由振动理论知此曲线的数学方程式为

$$z = \overline{oc}\exp(-\zeta t)\cos(\omega_{\mathrm{n}}' t - \varphi) \tag{12-73}$$

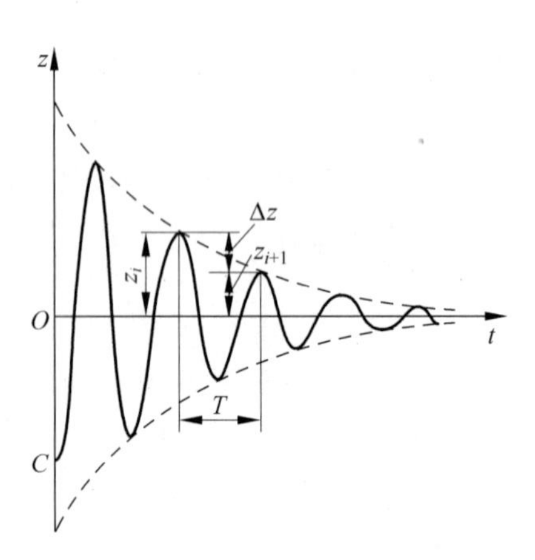

图 12-60 振动波形图法测阻尼比

式中，ω_{n}' 为衰减振动的角频率，ω_{n}' 与衰减振动

周期 T' 的关系为 $T'=2\pi/\omega_n'$，因此，由任意相邻两振幅 z_i 与 z_{i+1} 的比值 $z_i/z_{i+1}=\exp(\zeta T')$ 即可求得 ζ 为

$$\zeta=\frac{1}{T'}\ln\frac{z_i}{z_{i+1}}=\frac{\lambda}{T'} \tag{12-74}$$

式中，$\lambda=\ln\frac{z_i}{z_{i+1}}=\ln\frac{z_i}{z_i-\Delta z}\approx\frac{\Delta z}{z_1}$。

(2) 共振法

由振动理论知，一个单自由度有阻尼线性振动系统的位移、速度和加速度的幅频特性的共振频率 f_d、f_v、和 f_a 是不相同的，它们与系统无阻尼振动固有频率 f_n 之间的关系分别如下

$$f_d=f_n\sqrt{1-2\zeta^2} \tag{12-75}$$

$$f_v=f_n \tag{12-76}$$

$$f_a=f_n\sqrt{\frac{1}{1-2\zeta^2}} \tag{12-77}$$

因此，由式(12-75)与式(12-76)或式(12-76)与式(12-77)都可求得 ζ

$$\zeta=\sqrt{\frac{1-(f_d/f_v)^2}{2}} \tag{12-78}$$

或

$$\zeta=\sqrt{\frac{1-(f_v/f_a)^2}{2}} \tag{12-79}$$

(3) 半功率点法

由振动理论知，一个振动系统的能量与其振幅的平方成正比。系统强迫振动的能量在共振点前后能量为共振时能量的 1/2 处的两个频率 f_1、f_2 称为半功率点频率，此两半功率点频率之差值与系统的阻尼比之间有如下关系(图 12-61)

$$\zeta=\frac{f_2-f_1}{2f_n} \tag{12-80}$$

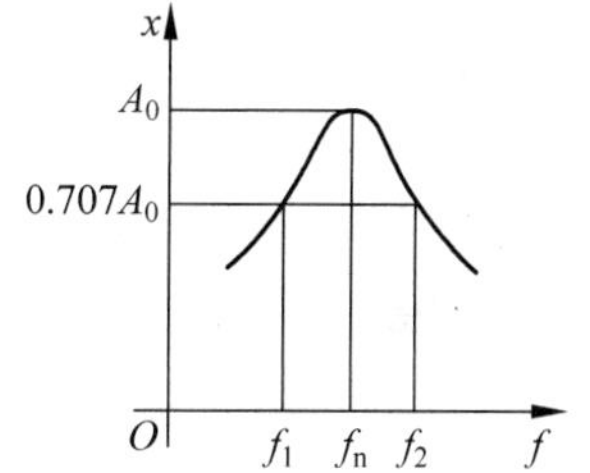

图 12-61　半功率点法测阻尼比

12.5.5　振动测试的应用实例

1. 振动监测及故障诊断

在机械设备运行状态进行判断的各类故障诊断技术中，振动监测是最常用的方法之一。对燃气轮机、压缩机等转轴组件，测试机组壳体、基础处的绝对振动或测试转子对机壳间的相对振动，并进行专门分析，可以发现转子失去平衡、装配件松动或失落、轴承烧伤、基座变形和转轴裂纹等多种故障。

对滚动轴承测振(一般在轴承座上安置加速度计)并进行分析，可对轴承滚动体

或滚道表面剥落、点蚀、划痕、裂纹及保持架严重磨损或断裂等失效原因作出判断。

拾取齿轮箱敏感部位的振动并分析，可对各个齿轮的齿面剥落、齿面裂纹、齿尖断裂、齿面点蚀、擦伤等故障作出判断。

2. 查找振源及振源传递路径识别

在工程上，当一些设备或建筑产生振动时，常需查找其振源及对振源传递路径进行识别，以便采取有效措施加以防止或控制。

例如某大型水电站在某一发电工况下，其厂房产生强烈振动。按理论分析和经验估计，振源可能来自水轮机或发电机的机械振动，或来自流道某一部分（如引水管、涡壳、导叶、尾水管）的水体振动。为查找振源及振源向厂房传递的路径，在水轮发电机组和厂房的多处安置拾振器，在流道多处安置压力传感器。试验时，用多台磁带记录仪同步记录近百个测点的振动及压力波动。试验完后，对记录的信号进行分析，查找出强振振源来自导叶与尾水管间的局部水体共振。

3. 海啸预警

地震是引发海啸的主要原因之一。地震中断层移动导致断层间产生空洞，当海水填充这个空洞时产生巨大的海水波动，这种海水波动从深海传至浅海时，海浪陡然升到十几米高，并以每秒数百米的速度传播，海浪冲到岸上后，将造成重大破坏。

海啸预警系统通过海底的振动压力传感器记录海浪变化的数据，并传送到信息浮标，由信息浮标发送到气象卫星，再从气象卫星传送到卫星地面站，用这种方式争取宝贵的预警时间，避免或减少灾害造成的损失。

12.6 噪声检测

12.6.1 声音和噪声

1. 声音

声音的本质是波动。当产生振动的振源频率在20～20000Hz之间时，人耳可以感觉，称为可听声，简称声音。振源频率低于20Hz或高于20000Hz时，人无法听到。低于20Hz的波动称为次声波，高于20000Hz的波动称为超声波。

声音是声波在某种弹性介质中的传播，介质的基本类型有气体、液体、固体三种，分别称为空气声、水声和固体声等。

声波在一秒时间内传播的距离叫声速，记作c，单位为m/s。声速与介质密度、温度、形状等因素有关。

声源在一秒钟内振动的次数叫频率，记作f，单位为Hz。沿声波传播方向，振动一个周期所传播的距离，或在波形上相位相同的相邻两点间的距离称为波长，用λ表示，单位为 m。

频率、波长和声速三者的关系

$$c = f \cdot \lambda$$

2. 噪声

人类生活在声音的环境中，通过声音进行交谈、表达思想感情以及开展各种活动，但有些声音也会给人类带来危害，例如，震耳欲聋的机器声，呼啸而过的飞机声等。广义上来讲，人们生活和工作所不需要、引起反感的、刺耳的声音统称为噪声。从物理现象判断，一切无规律的或随机的声信号叫噪声。

噪声是相对和谐悦耳、旋律优美的音乐声而言的。

3. 噪声的来源

环境噪声的来源有四种：一是交通噪声，包括汽车、火车和飞机等所产生的噪声；二是工厂噪声，如鼓风机、汽轮机，织布机和冲床等所产生的噪声；三是建筑施工噪声，像打桩机、挖土机和混凝土搅拌机等发出的声音；四是社会生活噪声，例如，高音喇叭，收录机等发出的过强声音。

4. 噪声的危害

随着现代工业的高速发展，工业和交通运输业的机械设备都向着大型、高速、大动力方向发展，所引起的噪声，已成为环境污染的主要公害之一。

噪声对人体的危害很大，它会干扰人的睡眠，影响工作效率；会损伤人的听力，造成噪声性耳聋；有可能诱发多种疾病；干扰人们语言交流。强噪声还会影响设备正常运转和损坏建筑结构，例如 140dB 的噪声对轻型建筑物会有破坏；157～160dB 的噪声会导致玻璃破碎。

12.6.2　噪声的物理量度

在进行噪声测量时，常用声压级、声强级和声功率级表示其强弱，用频率或频谱表示其成分，也可以用人的主观感觉进行量度，如响度级等。

1. 声压和声压级

声波是在弹性介质中传播的疏密波即纵波，其压力随着疏密程度变化。声压是指某点上各瞬间的压力与大气压力之差值，单位为 N/m^2，即帕(Pa)。

在空气中，正常人刚能听到的 1000Hz 声音的声压为 2×10^5 Pa，称为听阈声压，并规定其为基准参考声压，记为 P_0。当声压为 20Pa 时，能使人耳开始产生疼痛，称之为痛阈声压。

声音的声压级 L_P 表示待测声压 P 与基准参考声压 P_0 的比值关系，取为

$$L_P = 20\lg\frac{P}{P_0}(\text{dB}) \tag{12-81}$$

由于人耳能觉察出的声音强弱的最小改变约为10%，即相当于1dB，因此用成对数关系的单位——分贝(dB)来作为区分声音强弱的尺度，能较好地适应听觉器官的主观性质。

基准声压 P_0 的声压级为0dB，当 $L_P=120\text{dB}$ 时，人耳会感到不舒服，当达到140dB左右时，人耳会感到开始疼痛。

2. 声强和声强级

声波作为一种波动形式，具有一定的能量，因此也常用能量的大小即用声强和声功率来表征其强弱。

声强是指在声场中，垂直于声波传播方向上单位时间内通过单位面积的声能量，用符号 I 表示，单位为 W/m^2。

对于球形声源，假设声源在传播过程中没有受到任何阻碍，也不存在能量损失。当声压 P_a 为常数时，两个任意距离 r_1 和 r_2 处的声强为 I_1 和 I_2，则有

$$P_a = I_1 \cdot 4\pi r_1^2 = I_2 \cdot 4\pi r_2^2 \tag{12-82}$$

显然，有

$$\frac{I_1}{I_2} = \frac{r_2^2}{r_1^2} \tag{12-83}$$

这表明在距声源的不同距离的两点上的声强与两个距离的平方成反比。

人耳听觉所能感受的声音不仅要求有一定的频率范围，还要有一定的声强范围。正常人耳能感受的声强在 $10^{-12}\sim 1\text{W/m}^2$。由于声强变化范围太大，因此常用声强级来描述声波在介质中各点的声强强度。

声强级 L_I 就是待测声强 I 与参考声强 I_0 的比值，取常用对数的10倍。

$$L_I = 10\lg\frac{I}{I_0}(\text{dB}) \tag{12-84}$$

式中，参考声强 I_0 通常取1000Hz时声波能引起人耳听觉的最弱声强(10^{-12}W/m^2)。

3. 声功率和声功率级

声功率是声源在单位时间内通过垂直于声波传播方向上指定面积的声能量，用 W 表示，单位为瓦(W)。一般声功率不能直接测量，而要根据测量的声压级来换算。

由于不同声源的声功率彼此间相差太大，所以也采用级来表示。声功率级 L_W 表示待测声功率 W 与参考基准声功率 W_0($W_0=10^{-12}\text{W}$，频率为1000Hz时)的比值，取常用对数的10倍。

$$L_W = 10\lg\frac{W}{W_0}(\text{dB}) \tag{12-85}$$

4. 多声源噪声级合成

(1) 噪声的叠加

在现场环境中，噪声源往往不只一个。两个以上相互独立的声源，同时发出来

的声功率、声强可以代数相加，声压不可以直接代数相加，图12-62为两噪声源的叠加曲线。

设两个声源的声功率分别为W_1和W_2，则总声功率$W_{总}=W_1+W_2$。而两个声源在某点的声强为I_1和I_2时，叠加后的总声强$I_{总}=I_1+I_2$。

N个噪声级相同的声源，在离声源距离相同的一点所产生的总声压级为

$$L_P = 10\lg \frac{P_1^2 + P_2^2 + \cdots + P_n^2}{P_0^2} = 10\lg \frac{N \cdot P_i^2}{P_0^2} = L_{P_i} + 10\lg N \quad (12\text{-}86)$$

式中，L_{P_i}为其中一个噪声源的噪声级。

当两个不同噪声级L_{P_1}和L_{P_2}同时作用，且$L_{P_1}>L_{P_2}$时，则从噪声极L_{P_1}到总噪声级L_P的附加值ΔL_P可由下式求得

$$\Delta L_P = 10\lg(1 + 10^{-(L_{P_1} - L_{P_2})/10}) \quad (12\text{-}87)$$

$$L_P = L_{P_1} + \Delta L_P \quad (12\text{-}88)$$

如果两个噪声中的一个噪声级超出另一个噪声级的6～8dB，则较弱声源的噪声可以不计，因为此时总噪声级附加值小于1dB。

例 两声源作用于某一点得声压级分别为$L_{P_1}=96$dB，$L_{P_2}=93$dB，求L_P。

由于$L_{P_1}-L_{P_2}=3$dB，查曲线得$\Delta L_P=1.8$dB，因此$L_P=96\text{dB}+1.8\text{dB}=97.8$dB。

两个以上噪声源的声压级的合成，只需逐次两两叠加即可，而与叠加次序无关。

(2) 噪声的相减

噪声测量中经常碰到如何扣除背景噪声问题，这就是噪声相减的问题。噪声级相减是按照能量的相减进行的，图12-63为背景噪声修正曲线。

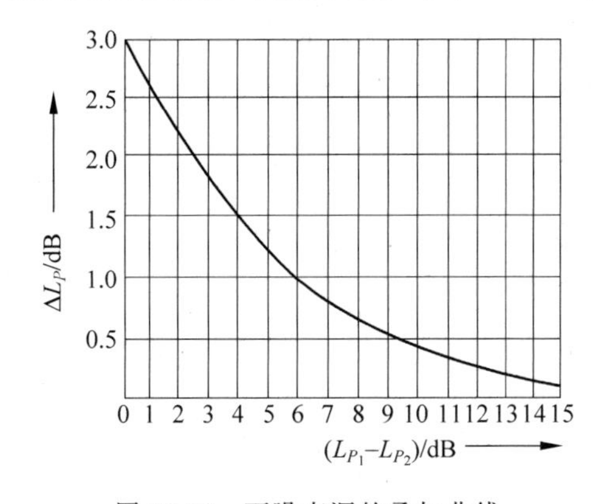

图12-62 两噪声源的叠加曲线

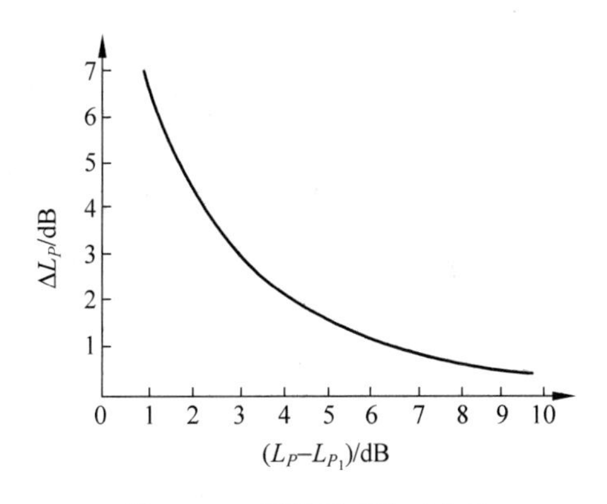

图12-63 背景噪声修正曲线

例 为测定车间中一台机器的噪声大小，从声级计上测得声级为104dB，当机器停止工作时，测得背景噪声为100dB，求该机器噪声的实际大小。

解 由题可知104dB是指机器噪声和背景噪声之和(L_P)，而背景噪声是100dB(L_{P_1})。

$$L_P - L_{P_1} = 4\text{dB}$$

从图12-63中可查得相应$\Delta L_P=2.2$dB，因此该机器的实际噪声噪级

$$L_{P_2} = L_P - \Delta L_P = 101.8\text{dB}$$

12.6.3 噪声的分析与评价

1. 噪声的频谱分析

通过频谱分析可以了解噪声的频率组成及相应的能量大小，从中找出噪声源。

做频谱分析时要把噪声划分成一定宽度的频带。因此，讨论声压级时，除了指出参考声压外，还必须指明频带的宽度。在噪声研究中，常采用倍频程分析。两个频率相差一个倍频程意味着其频率之比为 2，相差 2 个倍频程即为 2^2。相差 n 个倍频程时，两个频率之间有关系式

$$\frac{f_2}{f_1}=2^n \tag{12-89}$$

式中，n 是任意正实数，其值越小，频程分得越细。

常用的还有 1/3 倍频程，即在两个相距为 1 倍频程的频率之间插入两个频率，其 4 个频率成如下比例：$1:2^{1/3}:2^{2/3}:2$。按倍频程均匀划分的频带，其中心频率 f_n 分别为各频带上下限频率之比例中项，即

$$f_n=\sqrt{f_1\cdot f_2} \tag{12-90}$$

简谐振动所产生的声波为简谐波，其声压和时间的关系为一正弦曲线，这种只有单频率的声音称为纯音。由强度不同的许多频率纯音所组成的声音称为复音，复音的强度与频率的关系称为声频谱，简称频谱。

由一系列分离频率成分所组成的声音，其频谱为离散谱。例如乐器频谱，其频谱中除有一个频率最低、声压最高的基频音外，还有与基频成整倍数的较高频率的泛音，或称陪音、谐频音。音乐的音调由基音决定，泛音的多少和强弱影响音色。不同的乐器可以有相同的基频，其主要区别在于音色。

噪声由许多频率和强度不同的成分组合而成，其频谱中声能连续分布在宽广的频率范围内，成为一条连续的曲线，称为连续谱。对于宽广连续的噪声谱，很难对每个频率成分进行分析，而是按倍频程或 1/3 倍频程等划分频带。此时的频谱是不同的倍频带与倍频带级即声级的关系。

如锣声、鼓风机的声音频谱，既有连续的噪声谱，又有线谱，二者混合，形成有调噪声混合谱。分析有调噪声时，对频谱中较为突出的频率成分应特别注意。

噪声频谱中最高声级分布在 350Hz 以下的称为低频噪声；最高声级分布在 350～1000Hz 中间的称为中频噪声；最高声级分布在 1000Hz 以上的称为高频噪声。

2. 噪声评价

不同频率的声音，即使声压级相同，人耳感觉的响亮程度也不同，如同样 60dB、100Hz 和 1000Hz 的两种声音，1000Hz 的声音人耳听起来响一些。而要 100Hz 的声音听起来与 1000Hz、60dB 的声音一样响，声压级要达到 67dB；人耳对 1000～5000Hz 的声音最敏感。

可听声对人产生的总的效果除了声压、声频率之外，还有声音持续时间、听音人的主观情况等，人的耳朵对高频声波敏感，对低频声波迟钝。为了把客观存在的物理量与人耳的感觉统一起来，引入一个综合的声音强度的量度——响度、响度级。

(1) 响度(N)

响度是人耳判别声音由轻到响的强度等级概念，是描述声音大小的主观感觉量，不仅取决于声音的强度(如声压级)，还与它的频率及波形有关。响度的单位是宋，符号是“N”。

1 宋的定义为声压级为 40dB，频率为 1000Hz，且来自听者正前方的平面波形的强度。如果另一个声音听起来比这个大 n 倍，即声音的响度为 n 宋。

(2) 响度级(L_N)

响度级的概念建立在两个声音的主观比较上。定义 1000Hz 纯音声压级的分贝值为响度级的数值，任何其他频率的声音，当调节 1000Hz 纯音的强度使之与这声音一样响时，则这 1000Hz 纯音的声压级分贝值就定为这一声音的响度级值。响度级的单位叫“方”，符号是“L_N”。

(3) 响度与响度级的关系

根据大量实验得到，响度级每改变 10 方，响度加倍或减半。即

$$N = 2\left(\frac{L_N - 40}{10}\right) \quad 或 \quad L_N = 40 + 33\lg N \tag{12-91}$$

响度级的合成不能直接相加，而响度可以相加。

(4) 等响曲线

为使在任何频率条件下主客观量都能统一，选择在各种频率条件下对人的听力进行试验，以 1000Hz 纯音作为基准音，当不同频率噪声达到同样响度级时，频率与声压级的关系曲线为等响曲线，如图 12-64 所示。

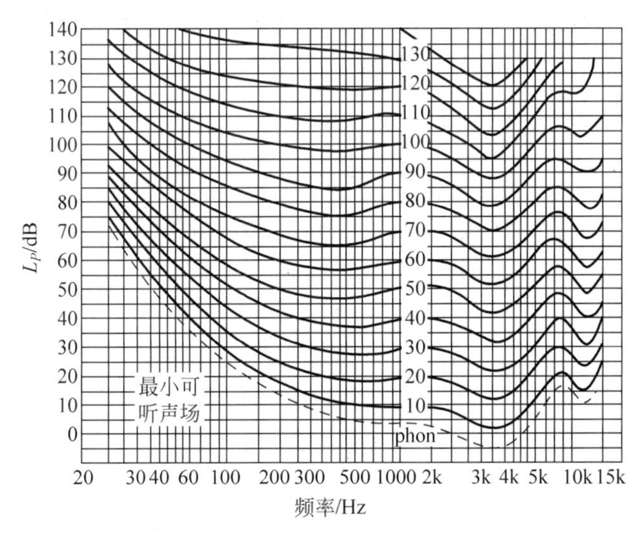

图 12-64 等响曲线

由等响曲线可以看出，人耳能听到的最小的声音与频率有关，频率低，人耳的灵敏度差；频率高，人耳灵敏度好。由于人耳的听觉无法测定声音的频率成分和相应的强度，只能利用测量仪器——声级计来测定。为了模拟人耳的听觉特性，在声级计中设计一种特殊滤波器，叫计权网络，通过计权网络测得的声压级叫计权声压级或计权声级，简称声级。通用的有 A、B、C 和 D 计权声级。

A 计权声级是模拟人耳对 55dB 以下低强度噪声的频率特性；B 计权声级是模拟 55～85dB 的中等强度噪声的频率特性；C 计权声级是模拟高强度噪声的频率特性；D 计权声级是对噪声参量的模拟，专用于飞机噪声的测量。

A、B 和 C 计权声级的主要差别在于对低频成分的衰减程度，A 衰减最多，B 其次，C 最少。A 计权声级表征人耳主观听觉较好，故实际中较常采用 A 计权声级。

图 12-65 为 A、B、C、D 计权特性曲线。

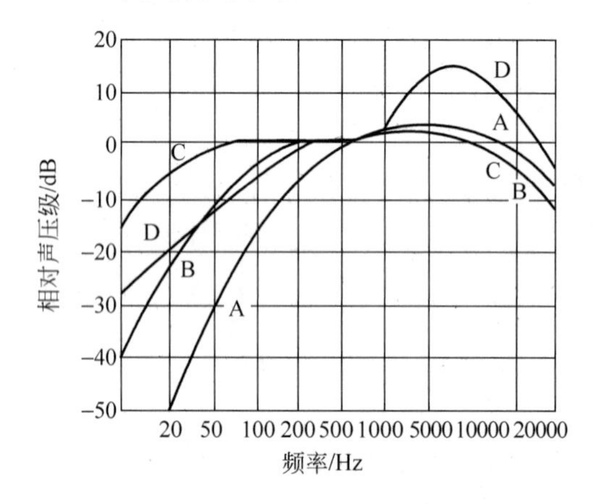

图 12-65　A、B、C、D 计权特性曲线

如果考虑噪声对人的危害程度，除了要注意噪声的强度和频率之外，还要注意作用的时间。反映这三者作用效果的噪声量度叫做等效连续声级。

(1) 等效连续声级(L_{eq}或 $L_{Aeq,t}$)

$$L_{eq} = 10\lg\left(\frac{1}{T}\int_0^T 10^{0.1L_{PA}}\,dt\right) \tag{12-92}$$

式中，L_{PA}为某时刻 t 的瞬时 A 声级；T 为规定的测量时间。

如果数据符合正态分布，其累积分布在正态概率纸上为一直线，则可用下面近似公式计算

$$L_{eq} \approx L_{50} + d^2/60,\quad d = L_{10} - L_{90} \tag{12-93}$$

式中，L_{10}、L_{50}、L_{90}为累积百分声级，L_{10}为测定时间内，10％的时间超过的噪声级，相当于噪声的平均峰值；L_{50}为测量时间内，50％的时间超过的噪声级，相当于噪声的平均值；L_{90}为测量时间内，90％的时间超过的噪声级，相当于噪声的背景值。

(2) 噪声污染级

噪声污染级(L_{NP})：

$$L_{NP}=L_{eq}+K\sigma$$

式中，K 为常数，对交通和飞机噪声取值 2.56；σ 为测定过程中瞬时声级的标准偏差，有

$$\sigma=\sqrt{\frac{1}{n-1}\sum_{i=1}^{n}(\overline{L_{PA}}-L_{pAi})^2} \tag{12-94}$$

式中，L_{pAi} 为测得第 i 个瞬时 A 声级；n 为测得总数；$\overline{L_{PA}}$ 为所测声级的算术平均值。

（3）昼夜等效声级

考虑到夜间噪声具有更大的烦扰程度，故提出一个新的评价指标——昼夜等效声级（也称日夜平均声级），符号“L_{dn}”。它反映社会噪声昼夜间的变化情况，表达式为

$$L_{dn}=10\lg\left[\frac{16\times10^{0.1L_d}+8\times10^{0.1(L_n+10)}}{24}\right] \tag{12-95}$$

式中，L_d 为白天的等效声级，时间是从 6:00 至 22:00，共 16 个小时；L_n 为夜间的等效声级，时间是从 22:00 至第二天的 6:00，共 8 个小时。

12.6.4　噪声测量仪器

噪声的测量主要是声压级、声功率级及其噪声频谱的测量。一套声压级测量仪器包括传声器、声级计、频率分析仪、校准器等。声功率级不是直接由仪器测量出来的，是在特定的条件下通过测量的声压级计算出来的。可以利用声级计和滤波器进行简易的噪声频率分析，还可以将声级计的输出接信号分析仪进行精密的频率分析。

1. 传声器

传声器是将声波信号转换为相应电信号的传感器，其原理是用变换器把由声压引起的振动膜振动变成电参数的变化。根据变换器的形式不同，常用传声器有电容式、动圈式、压电式和永电体式等。

电容式传声器是精密测量中最常用的一种传声器，其稳定性、可靠性、耐震性，以及频率特性均较好，其幅频特性平直部分的频率范围约为 10Hz～20kHz。

动圈式传声器的精度、灵敏度较低，体积大。其突出特点是输出阻抗小，所以接较长的电缆也不降低其灵敏度，温度和湿度的变化对其灵敏度也无大的影响。

压电式传声器的膜片较厚，其固有频率较低，灵敏度较高，频响曲线平坦，结构简单、价格便宜，广泛用于普通声级计中。

永电体传声器的工作原理与电容式传声器相似，其特点是尺寸小、价格便宜，可用于精密测量，适于高湿度测量环境。

图 12-66、图 12-67、图 12-68 分别为电容式、动圈式、压电式传声器结构图。

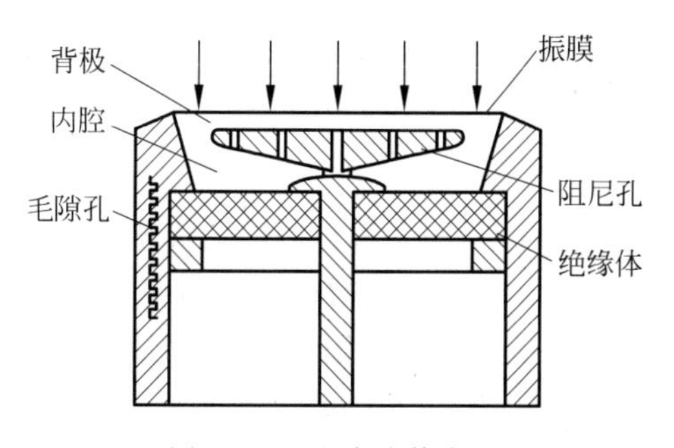

图 12-66　电容式传声器

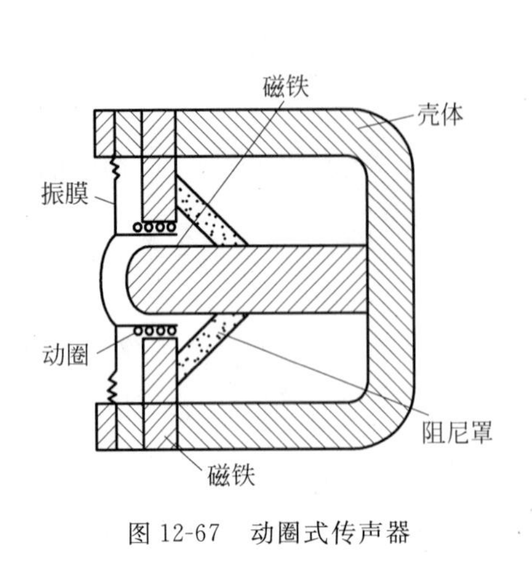

图 12-67　动圈式传声器

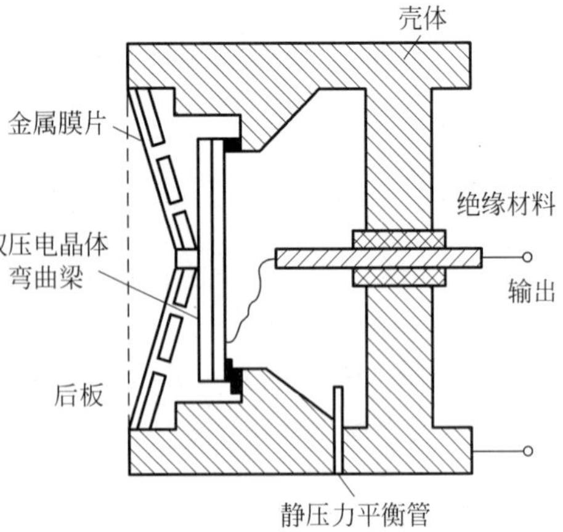

图 12-68　压电式传声器

2. 声级计

声级计是用一定频率和时间计权来测量声压级的仪器。声级计的工作原理如图 12-69 所示。被测的声压信号通过传声器转换成电压信号,然后经衰减器、放大器以及相应的计权网络、滤波器,或者输入记录仪器,或者经过均方根值检波器 RMS 直接推动以分贝标定的指示表头。

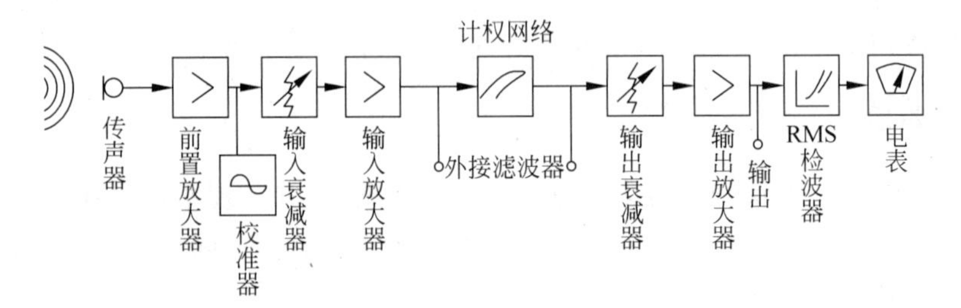

图 12-69　声级计工作方框图

计权网络可根据需要来选择,以完成声压级和 A、B、C 三种声级的测定,声级计还可以与适当的滤波器、记录器连用,以便对声波作进一步的分析。某些声级计有倍频程或者 1/3 倍频程滤波器,可以直接对噪声进行频谱分析。

声级计有普通声级计和精密声级计之分。

3. 声级频谱仪

频谱仪是测量噪声频谱的仪器,它的基本组成大致与声级计相似。但是频谱分析仪中,设置了完整的计权网络(滤波器)。借助于滤波器的作用,可以将声频范围内的频率分成不同的频带进行测量。一般情况下,进行频谱分析时,都采用倍频程划分频带。如要进行更详细的频谱分析,就要用窄频带分析仪,例如用 1/3 频程划分频带。

其他噪声测量仪器还有录音机、记录仪、实时分析仪等。

12.6.5　噪声的测量

1. 声功率的测量和计算

在一定的条件下，机器辐射的声功率是一个恒定的量，它能够客观地表征机器噪声源的特性。但声功率不是直接测出的，而是在特定的条件下由所测得声压级计算出来的，其方法如下：

(1) 自由声场法

自由声场指声波能无反射地自由传播的场所，在实际中并不存在。但消声室或野外足够大的空旷场所可认为接近自由声场。

把待测声源机器放在室外空旷无噪声干扰的地方或在消声室内，测量以机器为中心的半球面上或半圆柱面上(长机械)若干均匀分布点的声压级，便可以求得声功率级。

$$L_W = L_P + 10\lg S \tag{12-96}$$

式中，S 为测试球面或半圆柱面的面积(米^2)；L_P 为 n 个测点的平均声压级

$$L_P = 20\lg \frac{\bar{P}}{P}, \quad \bar{P} = \left(\frac{\sum P_i^2}{n^2}\right)^{1/2} \tag{12-97}$$

(2) 标准声源法

在现场测量噪声时，自由场法要求的条件很难得到满足，这时可以采用标准声源法来测量声功率。标准声源法是利用经过声学实验室标定过声功率的任何噪声源作为标准声源，在现场中由对比测量两者声压级而得出待测机器声功率的一种方法。

具体做法是，用一个已知声功率级为 L_{W0} 的标准声源与被测噪声源在相同的条件下各进行一次同一包络面上各测点的测量，由下式求出待测噪声源的声功率级 L_W

$$L_W = L_{W0} + L_P - L_{P0} \tag{12-98}$$

式中，L_P 为以机器为中心，半径为 r 的半球面上测出该机器噪声源的平均声压级；L_{P0} 为关掉噪声源，标准声源置于噪声源的位置，在同样测点上测得的平均声压级。

标准声源的放置可以选用下述方法：

① 替代法。把待测的噪声源移开，将标准声源置入原噪声源位置，测点相同。

② 并排法。若待测的噪声源不便移开，可将标准噪声源置于待测量的噪声源上部或旁边，测点相同。

③ 比较法。若用并排法测量误差大，可用比较法，即将标准噪声源放在现场的另一点，使周围反射的情况与待测量的噪声源的周围反射情况相似，然后用式(12-98)计算出待测噪声的功率级。

要注意标准声源应与待测声源的频段基本相同。

2. 噪声测量中应注意的问题

(1) 测量部位的选取

传声器与被测机械噪声源的相对位置对测量结果有显著影响,因而在进行数据比较时,必须标明传声器离开噪声源的距离。

噪声测量规范对测点离噪声源的距离有具体的规定。对一般噪声源,测点应在所测机械规定表面的四周均布,且不少于 4 点。如相邻测点测出声级相差 5dB 以上,应在其间增加测点。

(2) 测量时间的选取

测量各种动态设备的噪声,当测量最大值时,应取启动时或工作条件变动时的噪声;当测量平均正常噪声时,应取平稳工作时的噪声;当周围环境的噪声很大时,应选择环境噪声最小时(比如深夜)测量。

(3) 本底噪声的修正

本底噪声是指被测定的噪声源停止发声时,其周围环境的噪声。测量时,应当避免本底噪声对测量的影响。

(4) 干扰的排除

噪声测量时必须保证仪器所用电源电压稳定,否则会影响测量的准确性。

要避免气流的影响,若在室外测量,应选择无风天气,风速超过四级以上时,可在传声器上戴上防风罩或包上一层绸布,在空气动力设备排气口测量时,应避开风口和气流。

应尽可能地减少或排除噪声源周围的障碍物,避免反射所造成的影响,在不能排除时要注意选择点的位置;

用声级计进行测量时,若其传声器取向不同,测量结果也有一定的误差,因而,各测点都要保持同样的入射方向。

习题与思考题

12.1 位移检测方法有哪几种?

12.2 光栅莫尔条纹是怎样产生的?它具有哪些特性?

12.3 简述光栅位移测量系统的工作原理。

12.4 提高光栅位移测量系统分辨率与测量精度的途径是什么?

12.5 光栅线位移系统如何辨向?

12.6 感应同步器的测量原理是什么?它能否用来测线速度?

12.7 简述脉冲式和相位式激光测距法原理。如果测量距离小于 1000m,要求测量误差小于 0.01m,用哪种方法比较合适?

12.8 用绝对编码器测角位移时,为什么采用格雷码?其特点是什么?

12.9　常用的速度测量有哪几种方法？各举一例说明。

12.10　分析用时间位移计算测速法测量弹丸速度时，靶距的大小对测量精度的影响。

12.11　用频闪式测速仪测量电机转速时，在电机轴上做一箭头标记。当频闪测速仪闪光频率为 500Hz、1000Hz 和 2000Hz 时，都观察到箭头标记停在某一位置上不动。当闪光频率调到 4000Hz 时，显示出两个停在对称 180°位置上不动的标记。求此时电机转速是多少？

12.12　在测量一台计算机电源冷却风扇的转速时，应选择下述方案中的哪一种比较合理可行？说明具体实施方案。

①机械式转速表；②光电式转速传感器；③磁电式转速传感器；④闪光测速仪。

12.13　在用数字式转速检测方法测转速时，对输出的脉冲信号何种情况下应采用测频法，何种情况下应采用测周法处理？

12.14　采用绝对法测量运动物体加速度时，加速度传感器实际上是通过测量何种参量测出加速度的？为什么？

12.15　力的测量方法中可以归纳为哪几种测量力的原理？

12.16　简述压磁式测力仪的工作原理。

12.17　转矩测量一般可以分为哪几种方法？简述其测量原理。

12.18　根据扭转角式转矩测量法原理，试分析光电式转矩传感器中两个光栅圆盘的直径对测量有无影响？

12.19　振动测试的目的是什么？

12.20　振动的危害有哪些？

12.21　机械阻抗的含义是什么？如何测量系统的机械阻抗？

12.22　试述选择测振传感器的原则。如果是测量低频大振幅振动，应选用哪种类型测振传感器比较合适？

12.23　机械系统激振方法有哪几种？为什么要激振？

12.24　阻尼比测量方法有哪几种？

12.25　一二阶系统的测振传感器，其固有角频为 1500Hz，阻尼比为 0.65，用它测量干扰为 500Hz 的受迫振动，试确定测量所得幅值的相对误差。

12.26　什么叫做噪声？音乐声能称为噪声吗？

12.27　什么是声压？痛阈与听阈各有何不同？

12.28　声音和噪声的参考基准声压 P_0 是如何规定的？它的用途是什么？

12.29　为什么在测量声压的声级计中要用计权网络？

12.30　某工作地点周围有 5 台机器，它们在该地点造成的声压级分别为 95dB、90dB、92dB、88dB、82dB，求：①5 台机器在该地点产生的总声压级；②试比较第 1 号机停机与第 2、3 号机同时停机对降低该点总声压级的效果。

12.31　相同型号的机器，单独一台工作时测得的声压级为 65dB，几台同时开动测得的声压级为 72dB，试求开动的机器共有几台？

第13章 成分检测技术

成分分析包括两方面内容：一是定性分析，确定物质的化学组成，即确定物质是由哪些分子、原子或原子团所组成的；二是定量分析，确定物质中各种成分的相对含量。不论定性分析还是定量分析，都是利用物质所含组分在物理或化学性质上的差异来进行的，比如电学、光学、磁学、力学、声学等方面的差异，从而实现对其组分含量的准确测量。

成分分析仪器是指专门用来测定物质化学组成和性质的一类仪器的总称。按照使用场合的不同，成分分析仪器可分为实验室分析仪器和过程分析仪器两大类。前者用于实验室的定性、定量分析，通常需要人工取样，间断分析。而后者用于工业流程上，能自动地连续取样，连续分析，并随时指示或记录出分析结果。过程分析仪器的结构比实验室分析仪器复杂，但精度通常比实验室分析仪器略低。本章将对工业上常用的过程分析仪器进行介绍。

13.1 热导式气体分析仪器

13.1.1 基本原理

热导式气体分析仪是热学式成分分析仪器的一种。它的工作原理是利用混合气体的导热系数 λ 随组分气体的体积百分含量不同而变化这一物理特征来进行分析。它可以测量混合气体中某一种组分的含量，这个组分称为待测组分。根据混合气体导热能力的差异，就可以实现气体组分的含量分析。

由传热学可知，温度差的存在产生热量传递现象，热量由高温物体向低温物体传导。不同物体都有导热能力，但导热能力有差异，一般而言，固体导热能力最强，液体次之，气体最弱。物体的导热能力通常用导热系数 λ 来表示，物体的热传导现象可用傅里叶定律来描述，即单位时间内传导的热量和温度梯度以及垂直于热流方向的截面积成正比，即

$$dQ = -\lambda \frac{\partial t}{\partial n} dS \tag{13-1}$$

式中，dQ 为单位时间内通过介质微元等温面传导的热量；λ 为介质的导热系数；$\frac{\partial t}{\partial n}$ 为所考虑微元等温面处的温度梯度；dS 为介质微元等温面的面积。式中的负号表示热量的传递方向与温度梯度的方向相反(即沿温度下降的方向)。

由式(13-1)可以看出，在相同的温度梯度情况下，通过单位介质微元等温面传导的热量 dQ 与介质的导热系数 λ 成正比。λ 越大，物质在单位时间内传递的热量越多，即它的导热性能越好。λ 值的大小与物质的组成、结构、密度、温度、压力等因素有关。

气体的导热系数通常与温度有关。当温度升高时，分子运动加剧，导热系数随之增大。导热系数与温度的关系，在温度变化范围不是很大时，可近似写为

$$\lambda = \lambda_0(1 + \beta t) \tag{13-2}$$

式中，t 为摄氏温度；λ、λ_0 分别是温度为 t 和 0℃时介质的导热系数；β 为介质导热系数的温度系数。

常见气体的相对导热系数及其温度系数见表 13-1。气体的相对导热系数是指气体导热系数与相同条件下空气导热系数的比值。

表 13-1　常见气体的相对导热系数及温度系数 β 值

气体名称	相对导热系数(0℃时)	温度系数/℃$^{-1}$(0～100℃)
空气	1.000	0.00253
氢	7.130	0.00261
氖	1.991	0.00256
氧	1.015	0.00303
氮	0.998	0.00264
一氧化碳	0.964	0.00262
氨	0.897	—
氩	0.685	0.00311
氧化亚氮	0.646	—
二氧化碳	0.614	0.00495
硫化氢	0.538	—
二氧化硫	0.344	—
氯	0.322	—
甲烷	1.318	0.00655
乙烷	0.807	0.00583
乙烯	0.735	0.00763
二乙醚	0.543	0.00700
丙酮	0.406	0.00720
汽油	0.370	0.00980
二氯甲烷	0.273	0.00530
水蒸气	0.973(100℃时)	0.00455(100℃时)

对于彼此之间无相互作用的多组分混合气体，它的导热系数可近似地认为是各组分导热系数按组成含量的加权平均值，即

$$\lambda_m = \lambda_1 C_1 + \lambda_2 C_2 + \cdots + \lambda_n C_n = \sum_{i=1}^{n} \lambda_i C_i \tag{13-3}$$

式中：λ_m 为混合气体的平均导热系数，单位为 W/(m·K)；λ_i 为混合气体中第 i 组分的导热系数，单位为 W/(m·K)；C_i 为混合气体中第 i 组分的体积百分比含量。

式(13-3)说明混合气体的导热系数与各组分的体积百分含量和相应的导热系数有关，若某一组分的含量发生变化，必然会引起混合气体的导热系数变化，热导式气体分析仪就是基于这种物理特性进行分析的。

对于多组分的混合气体，设待测组分含量为 C_1，背景组分含量为 $C_2, C_3, \cdots$，这些量都是未知数，仅利用式(13-3)来求待测组分 C_1 的含量是不可能的，必须应保证混合气体的导热系数仅与待测组分含量成单值函数关系，为此，需满足下列条件：

① 混合气体中除待测组分 C_1 外，各背景气体组分的导热系数必须相同或十分接近，如待测组分为 $i=1$，则应满足

$$\lambda_2 \approx \lambda_3 \approx \cdots \approx \lambda_n \quad 并且\ \lambda_1 \neq \lambda_2, \lambda_3, \cdots, \lambda_n$$

因为 $C_1 + C_2 + \cdots + C_n = 1$ 则式(13-3)可改写为

$$\lambda_m = \lambda_1 C_1 + \lambda_2 (1 - C_1) = \lambda_2 + (\lambda_1 - \lambda_2) C_1 \tag{13-4}$$

或

$$C_1 = \frac{\lambda_m - \lambda_2}{\lambda_1 - \lambda_2} \tag{13-5}$$

可见，只要测出混合气体的导热系数 λ_m，就可以根据组分的导热系数(λ_1 和 λ_2)求得待测组分的含量。在混合气体中，除待测组分以外，其余组分的导热系数接近程度越高，仪器的测量精度越高。若个别气体的 λ 值与其他背景气体的 λ 值相差较远时，则被视为干扰成分，在分析之前要除去。

② 待测组分与背景组分的导热系数要有明显差异，差异越大，越有利于测量。对式(13-4)微分，可得

$$\frac{d\lambda_m}{dC_1} = \lambda_1 - \lambda_2 \tag{13-6}$$

由式(13-6)可见，仪器的灵敏度与两个组分的导热系数之差成正比，即两组分导热系数相差越大，仪器的灵敏度就越高。

例如，测量烟气中 CO_2 气体的含量，已知大多数烟气中含有 CO_2、SO_2、N_2、O_2 及 H_2O (水蒸气)等成分。由表 13-1 可以查得待测组分 CO_2 的导热系数为 0.164，其余组分：N_2 的导热系数为 0.998，O_2 的导热系数为 1.105，H_2O(水蒸气)的导热系数为 0.973，彼此相差很小，可以近似认为相等($\lambda_i=1$)，但 SO_2 的导热系数为 0.344，与其余背景组分的导热系数相差较大，并且一般含量较高。SO_2 的存在将严重影响测量结果，所以它是测量 CO_2 含量的干扰组分，在混合气体进入分析仪器之前就应当通过预处理系统去除。这样，烟气中的待测组分二氧化碳和其余组分的导热系数有一定差异，同时满足了上述两个条件。所以用热导原理测定烟气中 CO_2 气体的含量

是可行的，并且灵敏度较高。

13.1.2　热导池（检测器）

1. 热导池的工作原理

从上述分析可知，热导式气体分析仪是通过对混合气体的导热系数的测量来分析待测气体组分含量的。由于直接测量气体的导热系数比较困难，所以热导式气体分析仪将导热系数的测量转换成为电阻的测量。实现将混合气体导热系数的变化转换成电阻值变化的部件，称为热导池或检测器，它是热导式气体分析仪的核心组成部件。

图 13-1 为热导池的结构示意图。它由金属（铜、铝或不锈钢）制成的圆柱形腔体和垂直悬挂的一根热敏电阻元件（细长电阻丝：由铂、钨或铼钨等制成，通称热丝）组成。电阻丝通过引线与电源连接，为防止短路，引线与腔体之间必须有良好的绝缘。

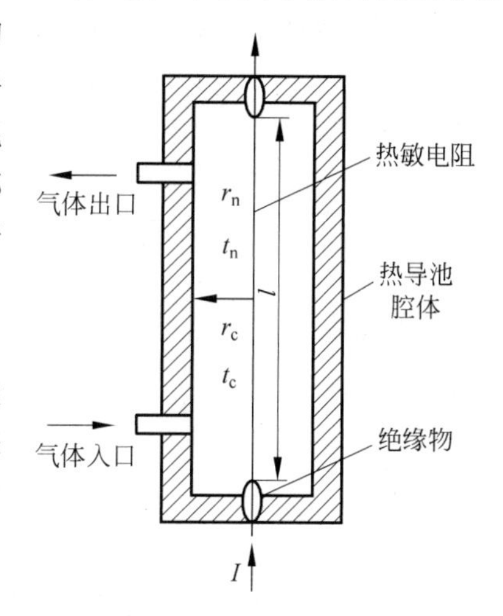

图 13-1　热导池结构示意图

当通过电流 I 时，电阻丝从电源吸收的功率将全部转换成热量，即

$$dQ = I^2R \tag{13-7}$$

式中，dQ 为在单位时间内电流通过电阻丝产生的热量；I 为通过电阻丝的电流值；R 为电阻丝的阻值。

此热量一方面使电阻丝本身温度升高，另一方面也向周围散失。当热导池内通入待测气体，由于气体流量很小，气体带走的热量可忽略不计。热量主要通过气体传向热导池外壁，而外壁温度 t_c 是控制恒定的，电阻丝达到热平衡时，其温度为 t_n，如果混合气体的导热系数越大，则其散热条件越好，电阻丝热平衡时的温度 t_n 越低，其电阻值 R 越小。反之，混合气体的导热系数越小，电阻丝的电阻值 R 越大，这样热导池就实现了将导热系数的变化转换为电阻值的变化。

由于热导池和电阻丝是同轴，在忽略边缘效应的情况下，热导池内的温度场为一系列同轴圆柱等温面。对于半径为 r 的等温面，单位时间内气体的导热量 dQ 为

$$dQ = -\lambda \frac{dt}{dr}S = -\lambda \frac{dt}{dr}2\pi rl \tag{13-8}$$

式中，dQ 为单位时间内气体的导热量；λ 为混合气体的导热系数；$\frac{dt}{dr}$为半径为 r 等温处的温度梯度；S 为半径为 r 等温面的面积；l 为电阻丝的长度。热平衡时各等温面的导热量相等，dQ 值与 r 无关，则式(13-8)变为

$$\lambda \mathrm{d}t = -\frac{\mathrm{d}Q}{2\pi l}\frac{\mathrm{d}r}{r} \tag{13-9}$$

考虑到气体导热系数与温度的关系，将式(13-2)代入式(13-9)并积分得

$$\lambda_0 t(1+\beta t) = -\frac{\mathrm{d}Q}{2\pi l}\ln r + C \tag{13-10}$$

式中，λ_0 为混合气体在 0℃时的导热系数；β 为混合气体导热系数的温度系数；C 为积分常数。

对于热导池壁，当 $r=r_c$，$t=t_c$ 时，代入式(13-10)，可得积分常数 C 为

$$C = \lambda_0 t_c(1+\beta t_c) + \frac{\mathrm{d}Q}{2\pi l}\ln r_c \tag{13-11}$$

式中，r_c 为热导池内壁半径。

对于电阻丝表面，$r=r_n$，$t=t_n$，将这一关系和式(13-11)都代入式(13-10)得

$$\mathrm{d}Q = \lambda_m K(t_n - t_c) \tag{13-12}$$

式中，λ_m 是混合气体的平均导热系数，$\lambda_m=\lambda_0[1+\beta(t_n+t_c)]$；$K$ 是热导池常数，其大小由热导池尺寸决定，$K=\dfrac{2\pi l}{\ln\dfrac{r_c}{r_n}}$。

电阻丝的阻值是温度的函数，其函数关系可表示为

$$R_n = R_0(1+\alpha t_n) \tag{13-13}$$

式中，R_n 为电阻丝在温度为 t_n 时的阻值；R_0 为电阻丝在温度为 0℃时的电阻值；α 为电阻丝材料的电阻温度系数。

将式(13-7)、式(13-12)和式(13-13)联立，消去 $\mathrm{d}Q$ 与 t_n，得

$$R = \frac{R_0(1+\alpha t_c)}{1-\dfrac{\alpha I^2 R_0}{K\lambda_m}} \tag{13-14}$$

式(13-14)是热导池的特性方程。此式表明：当热导池常数 K 确定，电流 I 和热导池的壁面温度 t_c 恒定时，电阻丝的阻值 R 与被分析气体的导热系数 λ_m 为单值函数关系，这样就完成了将混合气体导热系数的变化转换成电阻值的变化，利用电桥电路等测量电路测出电阻值的变化，便可以完成对气体成分的分析。

随着科技发展，热导池不断地升级换代，图 13-2 是硅传感器热导池的示意图。硅传感器是利用超微技术制造的一种硅片，带有测量膜和薄膜电阻。此传感器放置在一个绝热不锈钢腔室中，以防止外界环境温度变化对测量的影响。为了避免样气波动的影响，传感器不放置在主气路中。样气进入时，必须不含灰尘，同时还应避免在测量气室中出现水汽凝结。利用硅传感器的热导式分析仪的突出优点是响应时间非常短，在纯气体监测(如 Ar 中 0～1%的 H_2)、保护气体监测(如 N_2 中 0～2%的 He)、合成气体监测(N_2 中 2%～25%的 H_2)等方面广泛

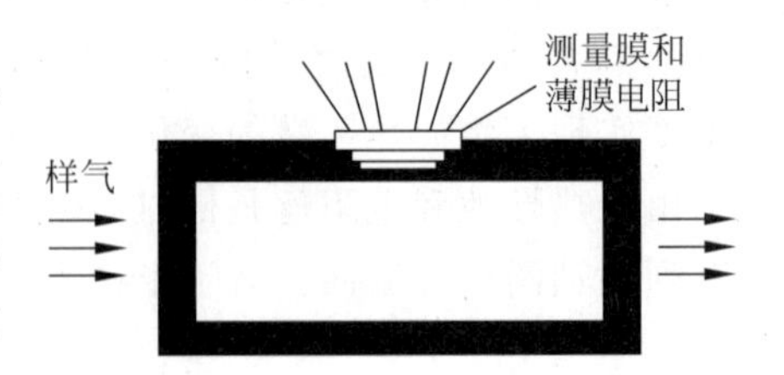

图 13-2　硅传感器热导池的示意图

应用。有关这种新型热导式分析仪的详细介绍可参阅有关文献。

2. 影响热导池特性的因素

为了提高热导池的工作性能，在设计时应主要考虑以下几方面内容。

(1) 热导池内壁半径 r_c 的选取

热导池器室的内壁半径 r_c 尽量小些，一般设计为 4～7mm，使电阻丝与池壁靠近。而且气样以扩散方式进入热导池，流速极慢，这样就大大地减小气样分子在热导池内因流动产生的对流传热作用。这部分损失热量很小，可忽略不计。

(2) 腔壁温度的影响

由式(13-14)可见，腔壁温度 t_c 的变化会直接影响测量精度。解决的办法有两种：一种是采用差值法(或称比较测量法)，用同一块金属加工两个参数完全一致的热导池，一个通入待分析气体，作为工作热导池，另一个通入(或封入)组分固定的参比气体，作为参比热导池。这两个热导池受到大致相同的环境温度影响，所以当线路上采用差值测量时，二者所受温度的影响可相互抵消。这种方法比较简单，可用在要求不高的场合。另一种方法是采用恒温法，把工作热导池和参比热导池都放在一个恒温装置中，使两者经受的环境温度完全一致且恒定。很明显，这种方法精度比较高，但需要给热导池配恒温装置，结构复杂，造价较高。

(3) 电阻丝的参数

由式(13-14)可见，电阻丝的初始电阻 R_0、电阻丝材料的电阻温度系数 α 的数值及其稳定性对热导池的灵敏度和精度都有很大的影响。一般来说，R_0 数值取大一些有利于提高灵敏度。增大 R_0 的方法为：增大电阻丝的长径比，例如一般 l 取 50～60mm，而 r_n 取 0.015～0.025mm，这时 l/r_n 为 2000～4000。这样，电阻丝沿轴向向外部热传导散失的热量比沿径向的要小得多，可忽略不计；另外也可选用电阻率大的材料。

(4) 工作电流

由式(13-14)可见，工作电流 I 的大小与电阻丝阻值 R 的关系很大，所以电流的大小及其稳定性将严重影响仪器的性能。在热导式分析仪中，一般都配有稳流装置以保持电流恒定。工作电流 I 的大小应控制恰当，以使电阻丝的温度 t_n 比热导池腔体内壁的温度 t_c 不要高得太多，一般相差不超过 200℃。这样，电阻丝通过热辐射方式散失的热量大致可忽略不计。

3. 热导池的结构

(1) 结构类型

图 13-3(a)～(d)分别表示热导池的四种结构：直通式、对流式、扩散式和对流扩散式。

直通式：气室与主气路并列，两者之间有节流孔，样气大部分从主气路通过，少部分从装有电阻丝的气室中通过。这种结构反应迅速，滞后小，但易受样气流量、压

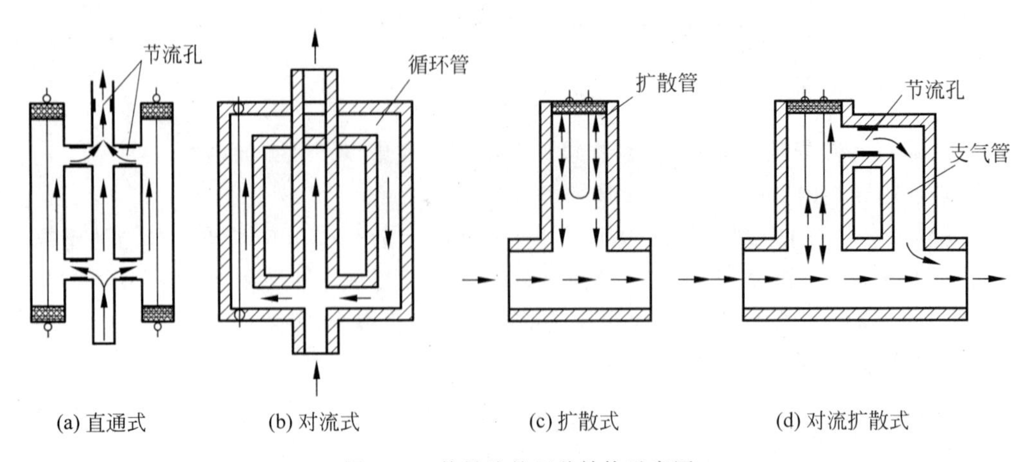

(a) 直通式 (b) 对流式 (c) 扩散式 (d) 对流扩散式

图 13-3 热导池的四种结构示意图

力波动的影响。

对流式：气室与主气路下端连通，并不分流，气室与循环管形成一热对流回路，这种结构反应慢，滞后大，但气流波动影响小。

扩散式：气体靠扩散方式进入气室，进入气室的气体与主气路气体进行热交换后再经过主气路排出，这种结构适用于测量质量小的气体，气体流量波动影响较小。

对流扩散式：它是在扩散式结构基础上增加一个支气路，形成分流以减小滞后，它综合了对流式和扩散式的优点，样气由主气路先扩散到气室中，然后由支气路排出；这样既避免了进入气室的气样产生倒流，又保证了气样有一定的流速。这种结构形式对气体压力和流量变化不敏感，目前应用最多。

(2) 电阻丝的结构及其固定方法

电阻丝的结构和固定方法有多种形式。若采用裸露的电阻丝，则固定方式有弓形、V 形和直线形 3 种，如图 13-4 所示。覆盖玻璃膜的电阻丝具有抗腐蚀和便于清洗的优点，但玻璃膜的存在会使其动态性能变差。

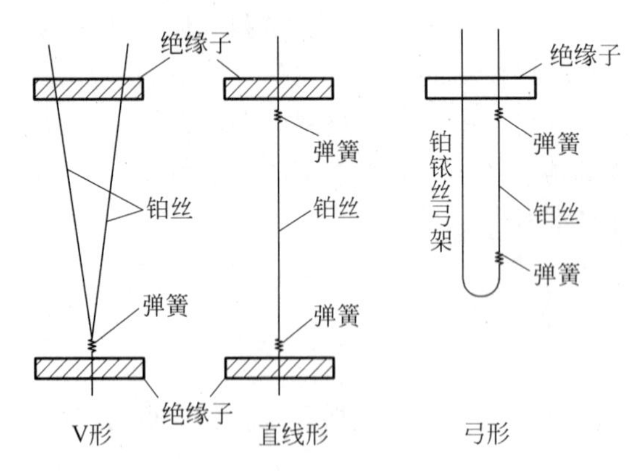

图 13-4 电阻丝的固定方法

13.1.3 热导式气体分析仪的应用

热导式气体分析仪在气体的在线分析仪器中占有很大的比重，可在线测量气体浓度，被广泛应用于石油、化工生产中。它能测量的气体种类很多，如 H_2、CO_2、NH_3、Cl_2、Ar、He、SO_2 以及 N_2 中的 H_2、H_2 中的 O_2 和 O_2 中的 H_2 等，测量范围宽，待测组分的含量在 0～100%测量范围内均可使用。

热导式气体分析仪特别适合分析二元混合气，或者两种背景组分的比例保持恒定的三元混合气。甚至在多组分混合气中，只要背景组分基本保持不变也可有效地进行分析，如分析空气中的一些有害气体等。由于热导分析法的选择性不高，在分析成分更复杂的气体时，效果较差。但可采用一些辅助措施，如采用化学方法除去干扰组分，或采用差动测量法分别测量气体在某种化学反应前后的导热率变化等，从而显著改善仪器的选择性，扩大仪器的应用范围。

热导式气体分析仪的具体应用举例如下：

① 测量特定环境空气中的 H_2，CO_2 含量；

② 在电解法制氢、制氧设备中，用来分析纯氢中的氧，或纯氧中的氢，以确保安全生产，防止爆炸；

③ 化肥厂合成氨生产中，测定循环气体中的氢气含量；

④ 氯气生产过程中，测定氯气中的含氢量，以确保安全生产；

⑤ 测定特殊的保护气氛中氢气的含量(如氢冷发电机中氢气的纯度)，或纯氮气脱氧工艺过程中的氢气含量；

⑥ 测定空分设备中、粗氩馏分中 Ar 气的含量；

⑦ 测定硫酸厂和磷肥厂流程气体中的 SO_2 含量；

⑧ 测定金属材料在热处理过程中的氨气分解率，以控制热处理过程。

应强调的是，当热导式气体分析仪用来分析易燃、易爆气体时，应该采用防爆型的气体分析器，以确保人身与设备安全。

13.2 红外式成分检测

13.2.1 红外式成分检测的原理

光学分析仪器分为吸收式和发射式两大类。红外线气体分析仪、红外线水分仪、过程光电比色计、过程紫外光度计等都属于吸收式光学分析仪器。

光是一种电磁波，我们肉眼看到的可见光只是其中的很小一部分，还有许多看不见的光，如红外线光、紫外线光、X 射线等，红外线是指波长为 0.76～1000μm 范围内的电磁辐射。

红外线成分检测仪器是利用被测样品对红外波长的电磁波能量具有特殊吸收

特性的原理而进行成分、含量分析的仪器。红外线成分检测仪器实际使用的红外线波长大约为 2～25μm。这里所说的吸收，是指红外线通过某些物质时，其中一些频率的光强大大减弱或消失的现象。物理学研究证明：吸收现象的实质是光辐射能量转移到了物质的分子或原子中。这样，物质吸收了某些频率的光能后，其分子或原子将由最低能级 E_0(基态)跃迁到较高能级 E_1(激发态)。而激发态的分子或原子是不稳定的，经过极短的时间后又会以热或光等形式释放出能量而重新返回到基态。

量子理论表明：原子、分子或离子具有不连续的、数目有限的量子化能级。所以物质仅能吸收与两个能级之差 E_1-E_0 相同或为其整数倍的能量，即

$$E_1-E_2=h\nu=h\frac{c}{\lambda} \tag{13-15}$$

式中，h 为普朗克常数；ν 为光频率；c 为光速。

各种原子或分子所具有的能级数目和能级间的能量差不同，所以它们对光辐射的吸收情况也各不相同，从而形成不同的特征吸收峰。

大部分的有机和无机气体在红外波段内都有其特征吸收峰，有的气体还有两个或多个特征吸收峰，如表 13-2 所示。部分气体的红外线特征吸收峰如图 13-5 所示。

表 13-2　部分气体对红外线的特征吸收峰波长

气体	特征吸收峰波长/μm	气体	特征吸收峰波长/μm
CO	4.65	H_2S	7.6
CO_2	2.7,4.26,14.5	HCl	3.4
CH_4	2.4,3.3,7.65	C_2H_4	3.4,5.3,7,10.5
NH_3	2.3,2.8,6.1,9	H_2O↑	在 2.6～10 之间有相当的吸收
SO_2	7.3		

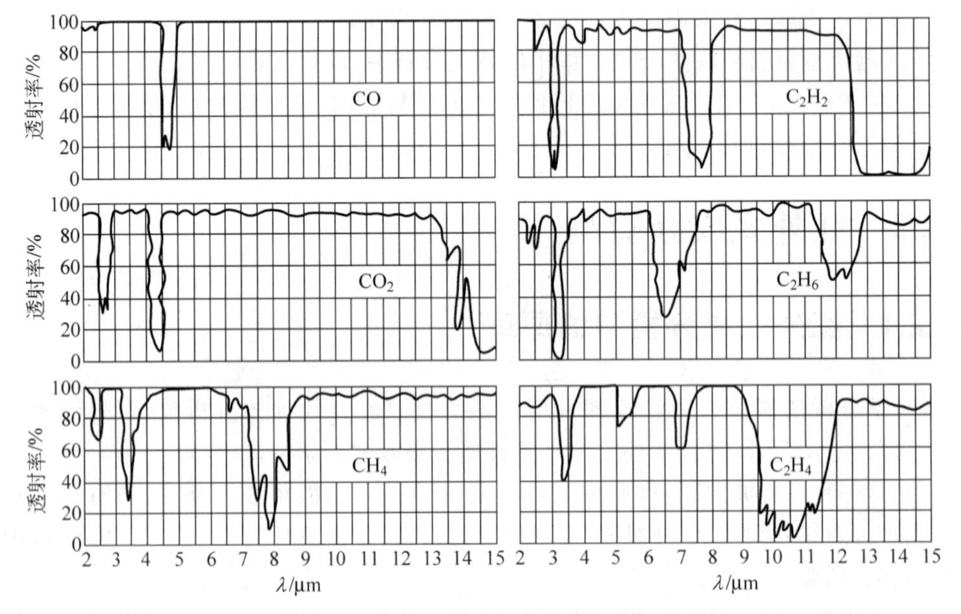

图 13-5　部分气体的红外线特征吸收峰

红外线通过吸收物质前后强度的变化与被测组分浓度的关系服从吸收定律即朗伯-比尔定律，其表达式为

$$I = I_0 e^{-kcl} \tag{13-16}$$

式中，I_0 为射入被测组分的光强度；I 为通过被测组分的剩余光强度；k 为被测组分的吸收系数；c 为被测组分的摩尔百分浓度；l 为光线通过被测组分的长度。

从式(13-16)可以看出：

(1) 光强度为 I_0 的单色平行光通过均匀介质后，能量被介质吸收一部分，剩余光强度的大小 I 随着介质浓度 c 和光程的长短 l 按指数规律衰减。

(2) 吸收系数 k 的大小取决于介质的特性，不同介质具有不同的 k 值，而一种介质的 k 值又会随着光的波长 λ 值而变化。所以对于不同的介质或不同波长的光，吸收的光强也是不同的。

红外线气体分析仪的工作原理是：用人工的方法制造一个包括被测气体特征吸收峰波长在内的连续光谱辐射源，让这个光谱通过固定长度的含有被测气体的混合组分，在混合组分的气体层中，被测气体的浓度不同，吸收固定波长红外线的能量也不相同，继而转换成的热量也不同。在一个特制的红外检测器中，再将热量转换成温度或压力，测量这个温度和压力，就可以准确地测量被分析气体的浓度。从朗伯-比尔定律来看，就是要使红外线气体分析仪辐射源的发射光强度连续地通过一定长度的被分析气样，使 I_0、l 和 k 确定下来，然后测量气体吸收后的光强度 I 来确定气样浓度 c 的大小。

13.2.2　红外式分析仪的结构

1. 红外线气体分析仪

红外线气体分析仪是一种吸收式、非色散型(不分光型)的气体分析仪器，即光源发出的红外线连续光谱全部投射到被分析气样上，利用气体的特征吸收波长及其积分特性来进行定性和定量分析。

红外线气体分析仪的测量对象主要是 CO、CO_2、NH_3 及 CH_4、C_2H_6、C_2H_4、C_3H_6、C_2H_2 气态炔烃类等。但它不能分析那些对称无极性双原子分子(如 O_2、N_2、H_2、Cl_2 等)及单原子分子(Ne、He、Ar 等)气体，因为它们在常用的红外波段内没有特征吸收谱线。

(1) 空间双光路红外线气体分析仪

FQ 型红外线气体分析仪属于直读式、双光束、正式结构，图 13-6 所示为其工作原理示意图。该仪器用反射镜将红外辐射光源分成两条波长及能量相同的光束，经由同步电机带动的切光片调制成脉冲光源。然后，左边的光束通过参比气室、滤波气室，最后到达检测器的左半边气室，这条光路称为参比光路；右边的光束通过工作气室、滤波气室，最后到达检测器的右半边气室，这条光路称为测量光路。一般称此为空间双光路系统。参比气室中封入不吸收红外线能量的气体(一般为氮气)。滤

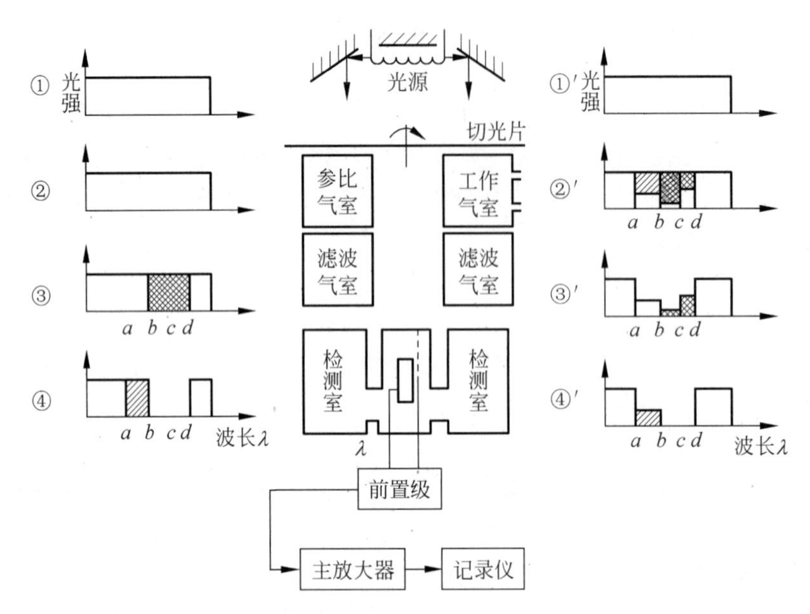

图 13-6 FQ 型红外线气体分析仪的工作原理示意图

波气室中充入背景气体中与被测组分有重叠吸收峰的干扰组分，目的是使光束经过滤波室后，可以把干扰组分吸收光谱的那部分能量去除掉。检测器左右气室中均充入一定浓度的被测组分，两气室之间用隔膜隔开。

如图 13-6 所示，设被测组分为 A，它的吸收峰谱带为 λ_{ac}，干扰组分为 B，它的吸收峰谱带为 λ_{bd}，它们之间的重叠部分为 λ_{bc}。比较①和①′可知两束反射光的能量相等，谱带连续，并全部进入到气室中。比较②和②′，左边参比气室充满 N_2，不吸收红外光谱的能量，所以没有能量的衰减。而右边红外光谱通过工作气室后，因工作气室内充满被分析的气样，同时包括了 A 组分和 B 组分，所以在波长 $a \sim d$ 之间的能量被吸收了一部分，在图②′中，画斜线部分是被 A 组分吸收的能量，画网格部分是被 B 组分吸收的能量。其中波长为 $b \sim c$ 之间的能量由 A 和 B 组分共同吸收。再比较③和③′，左边的滤波气室把左边光束中波长为 $b \sim d$ 之间的能量全部吸收了，而右边滤波气室也把右边光束中波长为 $b \sim d$ 之间剩余的能量全部吸收了，如图③和③′中网格部分所示。通过滤波气室后，干扰组分 B 的作用都被消除了。比较④和④′，可以看到在波长 $a \sim d$ 范围内只剩下波长为 $a \sim b$ 的能量了，而 $a \sim b$ 正是被测组分 A 吸收能量的范围。左边光束中 $a \sim b$ 波长的能量未被吸收，而右边光束中 $a \sim b$ 波长的能量由于工作气室中有被测组分 A 存在，所以能量被吸收一部分。检测器的左右两气室中均充以被测组分，所以 $a \sim b$ 波长的光束能量在检测室中会全部被吸收。图④和④′中斜线的部分即为被检测室吸收的能量。可以看出左、右检测室吸收的能量存在差别，若被分析气样中 A 组分越多，则这个差别就越大，能量差别大则引起两个检测室内温度产生差别，进而引起压力差，使电容器动片与定片之间的距离变小，使电容量加大。电容量的变化通过测量电路转化成电压或电流的变化，经放大电路等处理后送至显示仪显示。这样,通过检测电容量的大小即可知道被测组分 A 的浓度大小。

下面介绍空间双光路红外线气体分析仪的基本部件结构。

① 光源和切光片。如图 13-7(a)、(b)所示,光源及调制部分由光源、反射镜、切光片及同步电机组成,其任务是产生两束具有一定调制频率(2～12Hz)、能量相等且稳定的平行红外光束。

光源灯丝由镍铬丝制成,通上稳压或稳流电源。当加热到 750℃～850℃时,灯丝发出 3～15μm 的辐射能,经反射镜反射后得到两束平行的红外辐射能,经图 13-7(c)所示的切光片调制成频率为 3～25Hz 的断续光束。光源有单光源和双光源两种,但双光源不易制成两束辐射强度完全相等的光源,还需要设置调整光能相等的电路,才能达到两束光平衡,所以采用如图 13-7(b)所示的单光源双光束结构,这种结构只要严格调整两个 45°的反射镜,就能获得两束能量相等的平行光源。

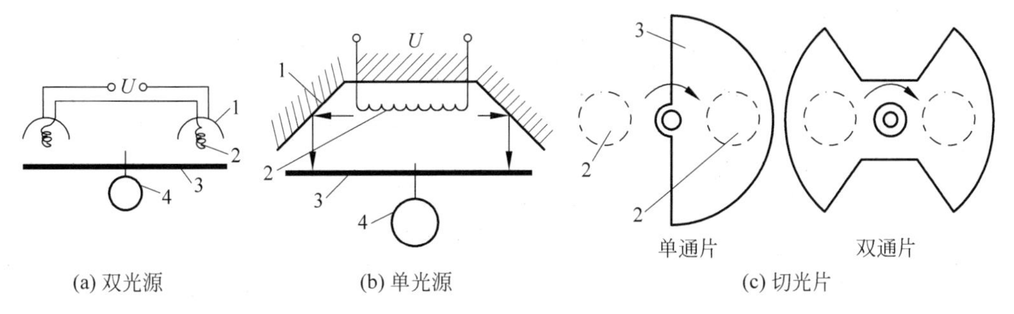

图 13-7　光源和调制部分的结构示意图

1—反光镜；2—光源；3—切光片；4—同步电机

单通和双通切光片的形状如图 13-7(c)所示。切光片在几何上应严格对称,这样调制的光波信号也是对称的方波。微型同步电动机拖动切光片旋转,把连续的光线调制成脉冲信号,这样可以使检测器及前置放大器电路的设计比较简单。调制频率一般在 3～25Hz 之间,最常用的是 6.25Hz。若频率太高,则检测器内吸收辐射能量、产生温差和压力差、膜片变形这一系列过程的速度与之不能同步,灵敏度会下降。若频率太低,则放大器的设计和制作将有困难。

② 气室和滤光器。气室包括测量气室(工作气室)、参比气室和滤光气室 3 种,其结构一般为圆筒形。气室必须密封、光洁、平直,室壁不吸附气体。气室内壁的光洁度对仪表的灵敏度有很大影响,因为红外线有很大一部分要经过气室内壁的多次反射才能到达检测室,所以内壁的光洁度要求极高,一般要镀金。气室两端用透光材料密封,既保证密封性,又具有良好的透光性,并且因各种透光材料允许透过光波长的不同,起到了滤光作用,常用的透光材料有蓝宝石(Al_2O_3)、氟化锂(LiF)等。

滤光气室封入一定浓度的干扰组分,其长度由封入干扰组分的浓度决定,有的红外线分析仪不采用滤光气室,而用滤光片将干扰组分特征吸收波长全部滤去,这种结构较简单。

③ 检测器。薄膜电容检测器也叫薄膜微音检测器或光声接收器，其结构如图 13-8 所示。1 为窗口的光学玻璃，2 为壳体，3 为薄膜，在其下部带有动片，4 为定片，5 为绝缘体，6 为支架，7 和 8 为薄膜隔开的两个气室，9 为后盖，10 为密封垫圈。检测器两气室内所充的气体就是需测量的气体，一般用中性气体氮气或氩气与被测气体制成一定浓度的混合气充入检测室中，被测气体的浓度不要太高。若太高，则红外线中某一波长的能量在检测气室窗口镜片附近就会全部被吸收，而不能深入到检测气室的下层，此时局部温度虽然相对高些，但窗口向四周的对流换热和检测气室壁的传导换热损失会加大，检测器的灵敏度就会下降。检测器的气室吸收红外线能量后，温度升高，压力变大，这些变化是极其微小的，所以检测气室的密封极为重要。另外，检测气室动片和定片之间要形成电容，必须保持很高的绝缘性，因此对封入的气体要进行深度干燥，一般可在检测气室内封入 P_2O_5 等干燥剂。检测器使用一段时间后，灵敏度会下降，经重新充气后才能继续使用。

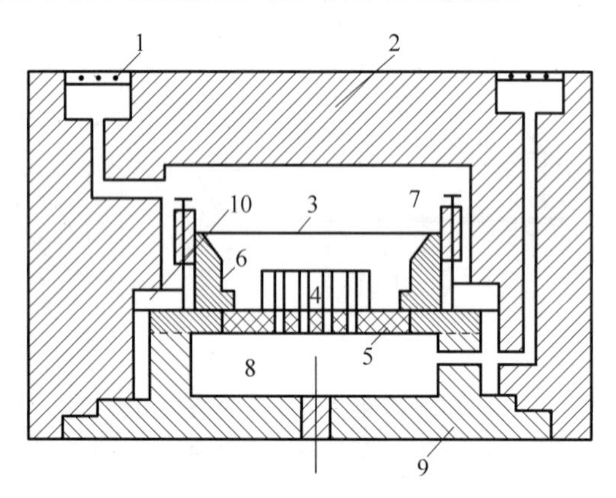

图 13-8 薄膜电容检测器的结构示意图

(2) 时间双光路红外线气体分析仪

随着高科技的迅速发展，近年来人们研制出窄通带的干涉滤光片和高灵敏度的半导体光敏元器件，由此而产生了新型的时间双光路红外线气体分析仪。时间双光路系统与空间双光路系统不同，它只有一支光源、一条光通道和一组气室。图 13-9 所示为时间双光路红外线气体分析器的结构及工作原理图。从光源发出的红外辐射光被光路中的切光盘调制，切光盘上装有 4 组干涉滤光片，如图 13-10 所示。其中两块测量滤光片的透射波长与被分析气体的特征吸收峰波长相同，另两块参比滤光片的透射波长是被分析气样中任何气体均不吸收的波长。在切光盘上还有同步孔(见图 13-9)，当参比滤光片对准气室时，同步灯通过同步孔使光敏管接收到信号，这样就可以区别是测量滤光片还是参比滤光片对准了气室。气室共有两个：一个为参比气室也即滤波气室，它里面密封着与被测气体有重叠吸收峰的干扰成分；另一个为工作气室(也称为测量气室)，被测气体连续地流过它。在切光盘的作用下，两种波长的红外光束交替地通过参比气室和工作气室，最后到达半导体锑化铟光电检测器上，并转化成与红外光强度相对应的电信号。当测量气室中不存在被测组分时，锑化铟接收到的是未被吸收的红外光，测量信号和参比信号相等，两者之差为零。当测量气室中存在被测组分时，测量光束的能量被吸收，锑化铟检测到的信号比参比光束的信号小，它们的差值送到放大器中，得到的输出信号与被测组分的浓度成正比。

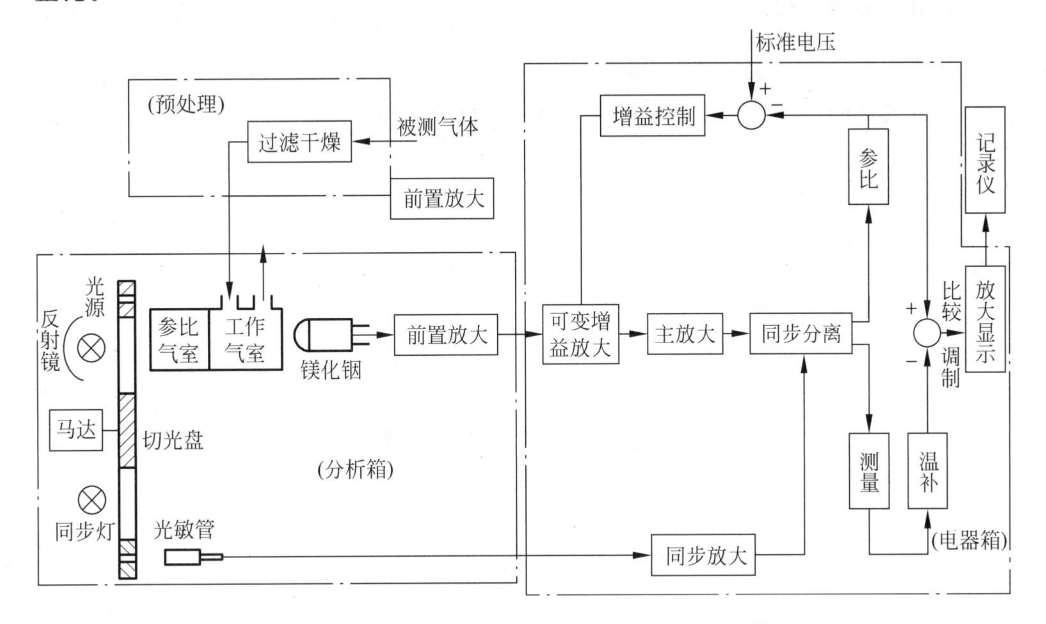

图 13-9 时间双光路红外线气体分析器的结构及工作原理

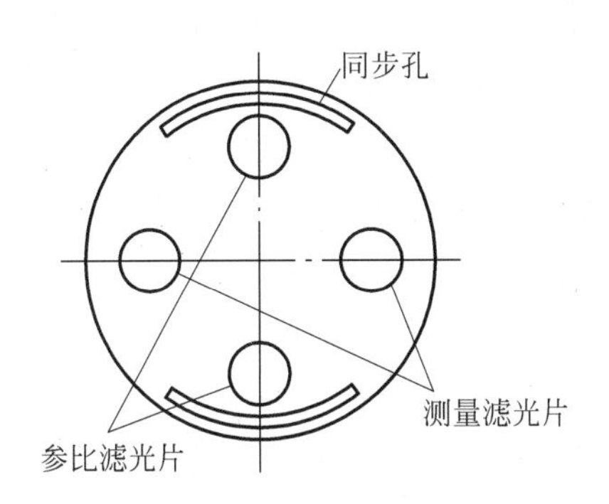

图 13-10 切光盘示意图

在光路中，由测量滤光片和参比滤光片先后把红外线分成两组不同波长的红外光束，这样就使几何单光路的系统按时间不同形成两个光路，对于相同的影响因素都可以通过后面的自动增益控制电路而得到补偿。这种时间双光路系统与普通的空间双光路系统相比，具有更高的选择性和稳定性，同时具有结构简单、体积小、耐振、可靠性高以及对样气的预处理要求低等优点。这种仪器由于采用了先进的滤光片和半导体光敏元件，较好地解决了薄膜电容检测器在密封和防振方面的难题。

对于时间双光路红外线气体分析仪，如果在其切光盘上再增加多组干涉滤光片和同步信号，那么在一台仪器上就可以同时测量多种组分的气体的浓度，完全改变了一台红外线气体分析仪只能测量一种气体浓度的传统模式。

2. 红外线水分仪

固体物质中所含水分的百分数称为固体的含水量，通常以物质中所含水分质量与总质量之比的百分数来表示。测量含水量的传统方法是烘干称重法，此方法的计算公式为

$$G=\frac{W_1-W_2}{W_1}\times 100\% \tag{13-17}$$

式中，W_1 为被测样品的质量，W_2 为烘干后样品的质量。

烘干称重法测量含水量的准确性很好，所以一直作为经典方法被沿用至今，但它的最大缺点就是测量时间长，通常需要若干小时，难以满足生产过程中快速测定的需要，而且有些产品还不能采用烘干法。

生产加工过程中常常需要在线实时检测水分含量，只能采用在线水分测量仪。红外线水分仪属于非接触式在线水分测量仪，它通常可分为两种：反射式和透射式。前者主要用于固体物料的测定，发射与接收系统位于被测物的同一侧；而后者主要用于纸等薄而透光物质的测定，发射与接收系统位于被测物的两侧。

红外线水分仪是根据水在特定红外波段上大量吸收红外辐射的原理进行工作的。图 13-11 所示为水在红外波段的吸收光谱。由图可见，水在近红外波段的特征吸收波长为 1.2μm、1.43μm、1.94μm 和 2.95μm。水的吸收率在 1.2μm 处过小，2.95μm 处过大，都不适用，通常采用 1.43μm 和 1.94μm 这两个波长。对于低含水量（0%～20%）物料的测量，常采用 1.94μm 波长；而高含水量（>20%）的物料则常采用 1.43μm 波长来测量。

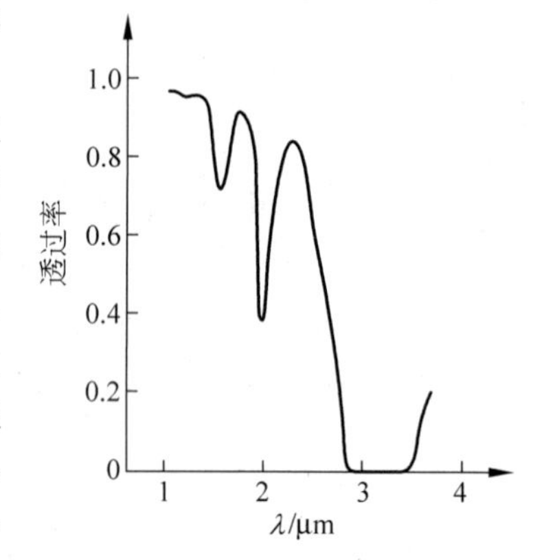

图 13-11 水的红外吸收光谱特性

当红外辐射从物料上反射或透射时，辐射的衰减情况可以反映出物料中水分的含量。但是，由于一般物料的表面形状不平滑导致其表面反射率不固定，而且生产过程中测量距离经常发生变化，所以到达探测器的辐射能量也经常变化。若只利用水的吸收波长来进行测定，这些变化就会形成干扰，引起测量误差。

为消除干扰，一般采用比率法测量。即除了使用水的某一吸收波长外，还使用该波长附近不易被水吸收的波长作为参比波长，测量被测物料对水的特征吸收波长和参比波长两种情况下的辐射能量的反射率之比率，并据此得出物料的含水量。在用比率法测量含水量时，外界干扰对这两种波长的影响基本相同，所以求出的这一

比率可消除外界干扰的影响。这种采用两个红外波长测量水分的方法称为双波长红外线水分仪。但是，实验表明，当被测物的表面状态、颜色和组分等（统称为质地）不同时，其光谱特性曲线往往会发生倾斜。如果其影响严重，测量误差就会变得很大，甚至无法确定测量值。这时，只能使用三波长红外线水分仪。

三波长红外线水分仪比双波长水分仪增加了一个参比波长，位于测量波长另一侧。该仪器把水吸收波长和其两侧难于被水吸收的两个参比波长与物料作用后的信号进行运算，借以消除被测物的质地变化而引起的测量误差。

设水的吸收波长为 λ_0，两个参比波长分别为 λ_1 和 λ_2，λ_0、λ_1、λ_2 的反射能量分别为 S_0、R_1、R_2。因质地引起的倾斜误差为 r，则有

双波长时

$$\frac{S_0}{R_1} \to \frac{S_0}{R_1 + r} \tag{13-18}$$

三波长时

$$\frac{S_0}{R_1 + R_2} \to \frac{S_0}{(R_1 + r) + (R_2 - r)} = \frac{S_0}{R_1 + R_2} \tag{13-19}$$

由式(13-18)可见，双波长红外线水分仪由于质地的影响将产生测量误差，而三波长红外水分仪的测量则不受质地的影响，如式(13-19)所示。

图 13-12 为三波长红外线水分仪的结构示意图。光源发出的光经透镜汇聚，透过切光片上的滤光片。切光片上安装着 4 种光学滤光片，分别可以透过 λ_0、λ_1、λ_2 和可见光。切光片由同步电机带动旋转。透过切光片的光，经平面反射镜反射后，其方向改变 90°，直接射到被测物上。λ_0 的一部分光强被被测物中的水分吸收，剩余部分被漫反射，而 λ_1、λ_2 则全部被漫反射。一部分漫反射光由凹面镜汇集起来，通过红外透镜滤光片后到达探测器上并转变成电信号。经信号处理后，最后输出被测物的水分含量。

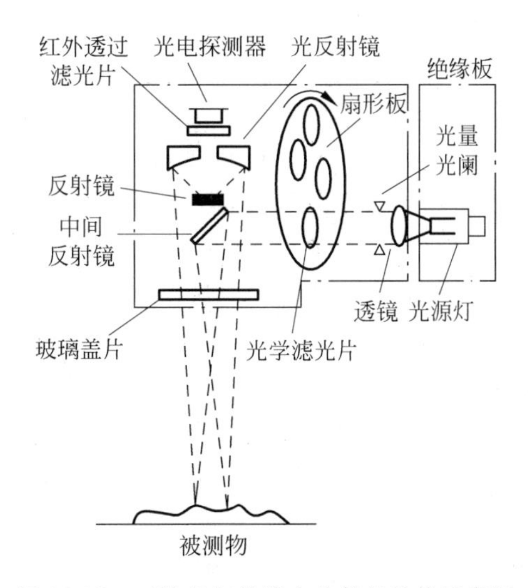

图 13-12　三波长红外线水分仪的结构示意图

13.2.3 红外检测仪的应用

工业过程红外线分析仪选择性好，灵敏度高，测量范围广，精度较高，常量为1～2.5级，低浓度(10^{-6})为2～5级，响应速度快。能吸收红外线的CO，CO_2，CH_4，SO_2等气体、液体都可以用它来进行分析，例如制硫装置烟处理系统中的SO_2含量、发酵尾气中的CO_2含量等。红外线分析仪广泛应用于大气检测、大气污染、燃烧过程、石油及化工过程、热处理气体介质、煤炭及焦炭生产过程等工业生产过程中。此外，还可以用来测定水中的微量油分、医学中的肺功能，并可在水果、粮食的储藏和保管等农业生产中应用。

13.3 水及大气环境质量检测

环境监测是通过对影响环境质量因素的代表值的测定，来确定环境质量(或污染程度)及其变化趋势。环境监测的对象是环境介质中的各种环境质量因素。主要环境介质有水、大气、土壤(岩石)、固体废弃物及生物体。环境质量因素包括物质因素和能量因素。物质因素为无机物(如砷、汞、氰化物等)和有机物(如苯、酚类、有机农药等)。能量(物理)因素为噪声、热、光、辐射等。为了寻求环境质量变化的原因，人们着手调查研究环境中各类污染物的性质、来源、含量及分布状态，并对某些基本化学物质进行定性定量的分析，这就是环境分析(环境检测)。这种分析既可以在现场直接测定，也可以采集样品在实验室中进行。环境分析是环境监测的重要组成部分。

13.3.1 水环境检测

随着人类工农业生产的迅速发展，环境污染越来越严重。为有效控制日趋恶化的水环境质量，各国对水质环境质量标准进行了进一步的修订和实施，同时对水环境质量监测的要求也越来越高。早在1970年，美国和日本等发达国家就对河流和湖泊等地表水开展了自动在线监测，同时对城市和企业的污水处理厂排水也实行自动在线监测，从而可以及时准确地掌握地表水和污水水质及其变化。所采用的方法有实时在线监测和间歇式在线监测两种。测定指标有水温、电导率、氧化还原电位、溶解氧、浊度、氨氮、氟化物和氰化物等。后来由于地表水富营养化的逐渐严重以及执法的严格化和实施总量控制，在20世纪70年代末期又增加了化学需氧量、汞、总氮、总磷等自动在线监测指标。通过远程传输系统把监测数据自动传至各级环保行政主管部门和环境监测执法部门。

自1998年以来，我国已先后在七大水系的10个重点流域建成了100个国家地表水水质自动监测站，各地方根据环境管理需要，也陆续建立了400多个地方级地表水水质自动监测站。地表水测定指标主要有水温、pH 值、溶解氧、电导率、浊度、高锰酸盐指数、氨氮和总有机碳，对湖（库）还将增加总氮、总磷指标。对部分特殊水域（如饮用水源地）还需增加硝酸氮、亚硝酸氮、大肠菌群、挥发酚等指标的测定。同时还应监测河流的水位和流量，以满足环境管理的需要。我国的污水监测指标为 $5+X$，即 pH、化学需氧量（或总有机碳）、氨氮、油类、悬浮物和不同行业排放的特征污染物（X）。

1. 常规五参数及其检测技术

常规五参数是指水温、pH、溶解氧（DO）、电导率和浊度。用于地表水水质监测时，pH 和 DO 可直接用于评价水质类别，而水温、电导率和浊度主要起辅助的水质监测作用。用于污水监测时可选用五参数中的四参数，即水温、pH、电导率和浊度，对污水排放起辅助的监视作用。

（1）水温

水温一般用感温元件如铂电阻、热敏电阻做传感器进行测量。

（2）pH

pH 的测定方法主要有玻璃电极法、比色法、锑电极法、氢醌电极法等。在自动监测仪器中采用国标方法即玻璃电极法，带温度补偿。但在连续在线监测时，若水样中含氟化物，玻璃电极容易被腐蚀，此时可采用锑电极法，但要注意在不同的锑表面状态和样品条件下有时也会产生异常值。

（3）DO

DO 的测定方法主要有化学分析方法和膜电极法，在线监测仪器一般采用膜电极法。膜电极法是通过测量由于 DO 浓度或氧分压产生的扩散电流（或还原电流）的大小再换算成 DO 浓度值的方法。此方法测定时不受水中 pH、盐度、氧化还原性物质、色度和浊度等因素的影响，因而被广泛应用于地表水、工厂排水、污水处理过程中 DO 的测定。但由于膜对氧的透过率受温度的影响较大，所以厂家一般都采用温度补偿的方法来消除温度的影响。膜电极 DO 仪由于是根据膜扩散原理制成的，所以在水样通过仪器时需要有一定的流速，一般需要在 30cm/s 以上。

（4）电导率

电解质溶液依靠离解形成的阴、阳离子，如金属导电一样遵从欧姆定律。电解质溶液的电导率，通常是用电极法（将铂电极或铂黑电极插入待测溶液中）测量两电极间的电阻 R 来确定。通过测定水样的电导率，可以间接推测水中离子成分的总浓度。

（5）浊度

浊度计是测定水体污浊程度的仪器。根据测定方式的不同，浊度计可分为透射方式、表面散射方式、散射和投射方式、散射方式和积分球式。

（6）常规五参数分析仪

常规五参数分析仪经常采用流通式多传感器测量池结构，无零点漂移，无须基线校正，具有一体化生物清洗及压缩空气清洗装置。如：英国 ABB 公司生产的 EIL7976 型多参数分析仪、法国 Polymetron 公司生产的常规五参数分析仪、澳大利亚 GREENSPAN 公司生产的 Aqualab 型多参数分析仪（包括常规五参数、氨氮以及磷酸盐指标）。另一种类型（“4＋1”型）常规五参数自动分析仪的代表是法国 SERES 公司生产的 MP2000 型多参数在线水质分析仪，其特点是仪器结构紧凑。

2. BOD 及其检测技术

生化需氧量（biological oxygen demand，简称 BOD）是指在有溶解氧的条件下，好氧微生物在分解水中有机物的生物化学氧化过程中所消耗的溶解氧的量。同时也包括硫化物、亚铁等还原性物质氧化所消耗的氧量，但这部分通常仅占很小的比例。BOD 不同于化学需氧量、总有机碳，它能相对地表示出微生物可以分解的有机污染物的含量，比较符合水体自净化的实际情况，因而在水质监测和评价方面更具有实际操作意义。作为水质有机污染物综合指标，BOD 是水质常规监测中最重要的指标之一。

BOD 的测定方法有稀释与接种法（HJ 505—2009）、测压法、库仑法、微生物传感器法（HJ/T 86—2002）等。稀释与接种法为实验室常规测定法；测压法、库仑法为半自动式，测定时间仍为五天；微生物膜电极为传感器的 BOD 快速测定仪，可用于自动、间歇式测定。

（1）稀释与接种法

1913 年英国皇家污水处理委员会首次提议，把有机物五天内在 65 F(18.3℃）下进行氧化所需溶解氧的量作为水质有机污染程度的指标，即五日生化需氧量（BOD_5）。1936 年起为美国公共卫生协会标准方法委员会所采用，并已为 ISO/TC147 推荐。我国现行水质标准 HJ 505—2009 也是采用五日标准稀释与接种法。

稀释与接种法是用已溶解足够氧气的稀释水，按一定比例将污水水样稀释后，分装于两个培养瓶中，一瓶测当天的溶解氧（DO_1），另一瓶水样密封后，于 20℃条件下培养五天，测定其溶解氧（DO_5），二者之差即为 BOD_5。

（2）测压法

在密闭的培养瓶中，水样中溶解氧被微生物消耗，微生物因呼吸作用产生与耗氧量相当的 CO_2，当 CO_2 被吸收剂吸收后使密闭系统的压力降低，根据压力计测得的压降可求出水样的 BOD 值。

测压法的特点是：

① 采样量比较大，样品代表性好，特别是悬浮物含量高的样品。

② 在测压法测量范围选择不当时，也不会对污水处理厂的指导运行造成大的影响，选大了量程只会使测量误差增大，选小了量程，可以打开瓶口加氧，继续测量。

③ 可以根据耗氧曲线判断水样的生化速度和测定 BOD_5 值的正确性。

④ 操作简单，节省人力和化学试剂。

(3) 微生物传感器法(微生物电极法)

1976 年，Verrismmen 首先提出了用氧电极接种污泥法测定 BOD 的伟大想法，开创了生物传感技术的新纪元，为 BOD 微生物传感器的研制奠定了坚实基础。1977 年，Karube 等人用微生物固定化技术制成全世界第一台 BOD 微生物传感器，但是由于固定化骨胶原膜被菌酶破坏，仅 10 天传感器便失活。此后关于微生物传感器的研究大多围绕着延长其使用寿命和缩短测定时间等方面开展。1990 年，日本将生物电极法测定 BOD 定为标准方法，各企业纷纷推出相应的测定仪器设备。2002 年底，国家环境保护总局颁布了 BOD 微生物传感器快速测定的标准方法(HJ/T 86—2002)，从而使 BOD 生物传感器走上了标准化和商业化的轨道。

微生物电极是一种将微生物技术与电化学检测技术相结合的传感器，其结构如图 13-13 所示。主要由溶解氧电极和紧贴其透气膜表面的固定化微生物组成。响应 BOD 物质的原理是：当将其插入恒温、溶解氧浓度一定的不含 BOD 物质的底液时，由于微生物的呼吸活性一定，底液中的溶解氧分子通过微生物膜扩散进入氧电极的速率一定，微生物电极输出一稳态电流；如果将 BOD 物质加入底液中，则该物质的分子与氧分子一起扩散进入微生物膜，因为膜中的微生物对 BOD 物质发生同化作用而耗氧，导致进入氧电极的氧分子减少，并在几分钟内降至新的稳态值。在适宜的 BOD 物质浓度范围内，电极输出电流降低值与 BOD 物质浓度之间呈线性关系，而 BOD 物质浓度又和 BOD 值之间有定量关系，以此计算出水样的 BOD 值。通常采用 BOD_5 标准样品比对，以换算出水样的 BOD_5 值。

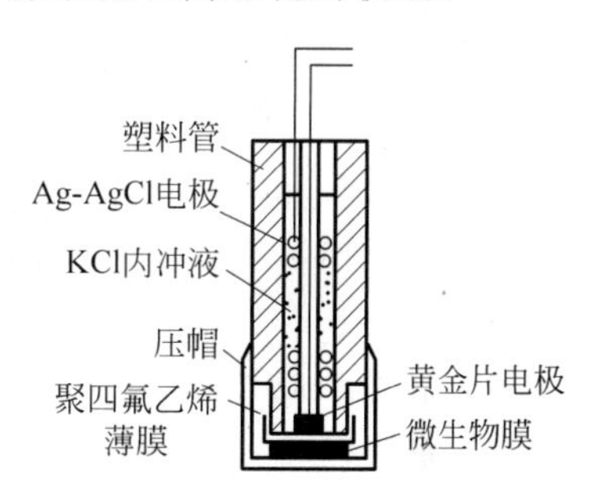

图 13-13　微生物膜电极的结构

微生物传感器测定 BOD 具有测定周期短，重现性好，测定精度高的优点。它的响应时间通常在 10min 内，测定周期为 20～30min。当水样中对 BOD 有贡献的悬浮颗粒物含量较高时，测定结果与标准稀释法相比会有偏差，它不适用于含高浓度杀菌剂、农药类、游离氯及高浓度含氰废水的测定。

随着污水处理及环保工业的不断发展。BOD 的在线监测及控制已经势在必行。目前我国及世界其他国家均未制订 BOD 在线监测的标准分析方法，市场上较成熟的产品一般有以下几类：

(1) 生物反应器法

生物反应器内的特殊中空材料可吸附大量微生物，当待测水样进入反应器后，经搅拌使微生物迅速降解水样中的有机物，通过检测水样反应前后的溶解氧，并与内置的标准曲线对比得到 BOD 值。也可以采用多个反应器连续工作，使其达到在线监测的要求。北京北美仪器公司生产的 BIOX-1010 系列快速 BOD 在线监测仪已经投入市场，该系列可以在线连续测定工业或城市污水的 BOD 值。其反应时间为 3～15min。测量范围分别为 5～1500mg/L、20～1500mg/L、20～100000mg/LBOD。测定时，污水经样品旁路连续进入测定仪。在进入生物反应器前，污水由饱和氧稀释水稀释。BIOX内安装的蠕动泵连续地将污水从旁路引入生物反应器。

（2）微生物电极法

它的工作原理与前面介绍的微生物反应器法原理相同，微生物传感器因为需要定期用标准溶液校准，而标准溶液极易降解，所以必须采用低温及杀菌装置使其能较长时间保存。这种工作原理的在线仪器其结构相对比较复杂，需要定期添加标准溶液并更换进液管路及微生物膜，所以维护工作量较大。属于此种类型的在线分析仪器相对较多。例如北京杜威远大科技有限公司生产的BOD快速测定仪测量范围可达2～4000mg/L。由中科院长春应化所和江苏江分电分析仪器有限公司合作研制的在线生物化学需氧量（BOD）监测仪是采用微生物电极法，将微生物性能与电化学转换器相结合的监测器，可以实时在线对水质进行准确监测。

（3）UV法

UV法采用紫外或紫外-可见光光源，按光源波长分为定波长、多波长及连续扫描等几种。利用有机物在特定波长的吸收光谱，通过光谱吸收强度与待测溶液浓度的关系测定有机物浓度。由于许多有机物在指定波长区间内没有吸收光谱，所以UV法很难精确测定BOD。对于水质相对稳定的水样，重现性较好，测定数据与BOD_5有一定的相关性。

BOD作为水中有机污染的一项重要指标。其反映的可生化降解性是其他参数无法替代的。因为BOD的测量受物理、化学、生物等多因素的影响，所以不论是传统的稀释与接种法还是先后发展起来的各种快速测定法，都有一定的局限性。但是BOD作为反映水质状况的指标具有重要的实际意义。随着环保工业的不断发展，各种新型的在线分析仪器必将蓬勃发展起来。

3. COD及其检测技术

化学需氧量（chemical oxygen demand，简称COD）是指水体中能被氧化的物质在规定的条件下（指特定的氧化剂、温度及反应时间）进行化学氧化所消耗的氧化剂的量，以每升水消耗氧的毫克数表示，单位为mg/L。它是表征水体受还原性物质污染程度的一项综合指标，也是评价水质好坏的主要依据。水中的还原性物质主要是有机物，也包括亚硝酸盐、硫化物、亚铁盐等无机物。COD在我国属于污染物总量控制的必测项目之一。

测定COD的传统分析方法常用重铬酸钾法（COD_{Cr}）和高锰酸盐指数法（COD_{Mn}）。高锰酸盐指数法仅局限于测定地表水、饮用水和生活污水，而重铬酸钾法的应用则要广泛得多，适用于各种类型的含COD值大于10mg/L的水样，目前美国国家环保局（EPA）和国际标准化组织（ISO）的标准方法均为此法。我国于1989年将重铬酸钾法定为测定化学需氧量的国家标准（GB11914—89），同年也颁布了水质高锰酸盐指数测定的国家标准（GB11892—89）。此外，还可以采用《水质 化学需氧量的测定 快速消解分光光度法》（HJ/T 399—2007）。含氯离子浓度在1000～

20000mg/L 的工业废水宜采用《高氯废水 化学需氧量的测定 氯气校正法》(HJ/T 70—2001)测定 COD,氯离子浓度高达数万至十几万 mg/L 的工业废水则采用《高氯废水 化学需氧量的测定 碘化钾碱性高锰酸钾法》(HJ/T 132—2003)。

(1) 重铬酸钾法

样品中的有机物质在 50%硫酸溶液中于回流温度(165℃)下被重铬酸钾氧化(2h),以硫酸银作催化剂,加硫酸汞以除去氯化物的干扰,过剩的重铬酸盐以邻菲洛啉作指示剂,用标准的硫酸亚铁铵滴定。根据实际消耗的重铬酸钾的量,计算水样的化学耗氧量。这就是许多国家所执行的 COD_{Cr} 标准方法,其反应式如下

$$Cr_2O_7^{2-} + 14H^+ + 6e \rightarrow 2Cr^{3+} + 7H_2O$$

$$Cr_2O_7^{2-} + 14H^+ + 6Fe^{2+} \rightarrow 6Fe^{3+} + 2Cr^{3+} + 7H_2O$$

(2) 高锰酸盐指数法

水样中加入一定量的高锰酸钾标准溶液和硫酸(对高盐度水样,有时加入催化剂硝酸银),在沸水浴上加热 30min,高锰酸钾将水中的某些有机物和无机还原性物质氧化,反应后加入过量的草酸钠还原高锰酸钾,再用高锰酸钾标准溶液回滴过量的草酸钠。通过计算得到水样的高锰酸盐指数值。其反应式如下

$$4MnO_4^- + 5C + 12H^+ \rightarrow 4Mn^{2+} + 5CO_2\uparrow + 6H_2O$$

$$5C_2O_4^{2-} + 2MnO_4^- + 16H^+ \rightarrow 2Mn^{2+} + 10CO_2\uparrow + 8H_2O$$

传统 COD 测定方法的分析时间长(2～3h),测定费用高,操作繁琐,已越来越不能满足环境监测和管理的需要。国内外厂家通过对传统分析方法作改进,在加温加压缩短反应时间、使用流动注射(FIA)原理减少试剂用量、改变氧化剂等方面作了有益的尝试,使得 COD 监测仪器有了长足的发展。

(3) 快速消解分光光度法

在试样中加入已知量的重铬酸钾溶液,在强硫酸介质中,以硫酸银作为催化剂,经高温消解后,用分光光度法测定 COD 值。

当试样中 COD 值为 100～1000mg/L,在 600nm±20nm 波长处测定重铬酸钾被还原产生的三价铬(Cr^{3+})的吸光度,试样中 COD 值与三价铬的吸光度的增加值成正比例关系,将三价铬的吸光度换算成试样的 COD 值。

当试样中 COD 值为 15～250mg/L,在 440nm±20nm 波长处测定重铬酸钾未被还原的六价铬(Cr^{6+})和被还原产生的三价铬(Cr^{3+})的两种铬离子的总吸光度;试样中 COD 值与六价铬的吸光度减少值成正比例,与三价铬的吸光度增加值成正比例,与总吸光度减少值成正比例,将总吸光度值换算成试样的 COD 值。

本方法适用于地表水、地下水、生活污水和工业废水中化学需氧量(COD)的测定。对未经稀释的水样,其 COD 测定下限为 15mg/L,测定上限为 1000mg/L,其氯离子浓度不应大于 1000mg/L。对于化学需氧量(COD)大于 1000mg/L 或氯离子含量大于 1000mg/L 的水样,可经适当稀释后进行测定。

COD 在线分析仪的技术原理主要有五大类:重铬酸钾法;高锰酸盐指数法;总有机碳换算法;氢氧基(臭氧)氧化-电化学测量法;紫外分光光度法(254nm)。

(1) 基于重铬酸钾法的在线分析仪

根据检测手段的不同,基于重铬酸钾法的COD在线分析仪又可分为三种:重铬酸钾消解-分光光度测量法、重铬酸钾消解-库仑滴定法和重铬酸钾消解-氧化还原滴定法。

美国HACH CODmax在线监测仪的测量原理属于第一种,即“重铬酸钾消解-分光光度测量法”。测定时,水样、重铬酸钾、硫酸银(反应催化剂,可使直链脂肪族化合物氧化更充分)和浓硫酸的混合液首先被抽送到仪器的消解池中在高温175℃下进行氧化消解。在此过程中,重铬酸钾是强氧化剂,它的Cr^{6+}被水样中的有机物还原成Cr^{3+}从而引起水样颜色的改变,而颜色的改变程度与样品中有机化合物的含量成线性相关关系,检测系统通过检测水样在波长540nm处吸光度的变化量,换算后将样品的COD值直接显示出来。

此仪器可以根据水质情况调整消解系统的反应时间设置以保证污染物被充分氧化,确保测试可靠。传统分析方法中的消解温度仅为146℃,难以保证样品的充分氧化消解。而HACH CODmax在线监测仪采用了特殊工艺,使消解温度高达175℃,同时由于消解池应用了超压安全释放技术,在保证高温高压的消解安全性和稳定性的基础上,使一些传统分析方法难以消解的污染物能被快速氧化分解,大大提高了氧化效率。以难以氧化分解的高浓度有机化合物氨基乙酸(NH_2CH_2COOH)(COD 5000mg/L)为例,消解温度达到175℃,3min后,COD数值就达完全消解值的95%以上,且此数值在随后的20min内一直比较稳定(见图13-14)。

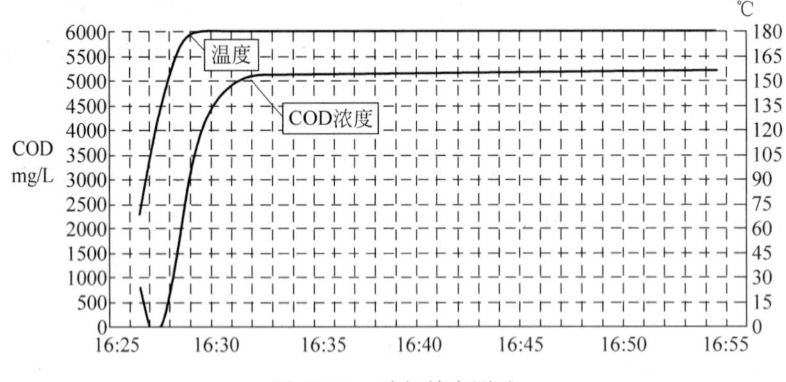

图13-14 消解效率测试

HACH CODmax在线监测仪是基于COD_{Cr}标准方法的实验条件而开发的在线分析仪器。国内利用此原理生产仪器的厂家有十余家,但大都难于摆脱类似问题的困扰,比如:H_2SO_4介质对管道的腐蚀性以及加热对系统造成压力,易使仪器出现堵塞、管道接口澎开、机箱腐蚀等隐患,数据滞后也是通病,另外重铬酸钾和硫酸汞的引入又容易造成二次污染。

(2) 基于高锰酸盐指数法的在线分析仪

根据检测手段的不同,高锰酸盐指数在线自动分析仪主要可分为三种:高锰酸盐氧化-化学测量法;高锰酸盐氧化-电流/电位滴定法和UV计法(与在线COD仪类似)。从原理上讲,前两种方法并无本质区别(只是终点指示方式有差异),在欧美和日本等国是法定方法,与我国的标准方法也一致。将UV计法用于表征水质高锰酸盐指数的方法,在日本已得到较广泛的应用,但在我国尚未推广应用,也未得到行政主管部门的认可。从分析性能上讲,目前的高锰酸盐指数在线自动分析仪已能满足地表水在线自动监测的需要。另外,与采用化学方法的仪器相比,采用氧化还原滴定法的仪器的分析周期一般更长一些(2h),前者一般为15～60min。从仪器结构上讲,两种仪器的结构均比较复杂。

法国Seres公司的高锰酸盐指数在线监测仪的测定原理与实验室测定方法(GB11892—89)基本相同,仅在测定条件上略有差异。这些测定条件包括:加热时间、加热温度、溶液总体积、反应体系中$KMnO_4$的浓度、H_2SO_4的浓度、样品体积和校准样品。由于该仪器具有较高的稳定性和准确性,目前已在我国许多水质自动监测站配置。

德国科泽K301高锰酸指数全自动分析仪是基于全自动非连续反滴定原理,将水样与H_2SO_4、$KMnO_4$一起加热,用乙二酸来还原,再用$KMnO_4$反滴过量的乙二酸,并通过溶液的氧化还原电位(ORP)测量值来判断滴定是否应结束,最终计算高锰酸盐指数值。该仪器的运行过程为:首先精确定量的将待测水样加入到反应室内,然后自动加入定量的硫酸,并自动加热。当温度达到95℃时,加入定量的高锰酸钾溶液,同时使反应室保持该温度10min以使化学反应完成。当上述反应结束后,注入和反应前的高锰酸钾的量相当的乙二酸,由于水样中的有机物和可氧化的无机物在上述反应中已经消耗掉一部分的高锰酸钾,这时反应室内剩余的高锰酸钾就比乙二酸少,通过精确控制高锰酸钾溶液的加入量来反滴定过量的乙二酸,并通过ORP的测量值来判断滴定是否应结束。国内某城市环境监测站曾经同时使用科泽K301高锰酸盐指数全自动分析仪和实验室标准方法(GB11892—89)连续6天对该市的取水口采集水样进行测试,测试结果表明:仪器测定与国标法测得的高锰酸盐指数有良好的一致性,数据的相对误差在−5.3%～0%之间。

(3) 基于总有机碳(TOC)换算法的在线分析仪

水体中TOC的分析技术已经比较成熟,TOC值与COD和BOD值具有相关性,只需乘上一个系数就可给出另一种数据。例如,岛津的TOC—4100型总有机碳在线分析仪就能提供COD数据,但在线TOC仪器的售价很贵是个缺点,数据也有滞后现象。关于能否用TOC分析仪代替COD分析仪的问题,学术界曾有过讨论,但至今尚无结论。

(4) 基于氢氧基(臭氧)氧化-电化学测量法的在线分析仪

德国Elox100型分析仪的测量原理属于"氢氧基氧化-电化学测量法"。在过电压下,电极(PbO_2)在水中电解氧气产生羟基OH^-。羟基的氧化电流比其他氧化剂(如O_3或$KCrO_4$)高,因而可以氧化难以氧化的水中组分。待测溶液中的有机物消耗电极周围的羟基。使得电极又不断产生新的羟基。新羟基的形成在电极系统中产生电流,若将氧化电极(工作电极)的电位保持恒定,那么工作电极的电流强度与有机物浓度及它们在氧化电极的氧化剂(羟基)消耗量成一定的关系,仪器根据此电流值自动换算出 COD 值。

Elox100 型仪器的这种测量原理比传统的 COD 分析方法更容易,不需要有毒或腐蚀性的化学物质和高能耗,操作安全性高。样品处理简单,只需使用低浓度的 Na_2SO_4 溶液,维护成本低。测试量程非常宽($1\sim10^5$mg/L),30s 内就可完成一次 COD 测试。这种灵敏快速的测试使得测量结果总与当前水样相关,非常适合市政及工业过程控制中的 COD 在线分析。该仪器配有专利取样系统 flow sampler,从样品流中反方向抽取样品,这就免除了样品的过滤处理。它在非常恶劣的条件下也能胜任,如工作在污水的入流口。此外,该仪器通过电化学测量原理直接传送电子信号,测量结果与标准的重铬酸盐方法有良好的一致性。

Elox100 型分析仪的组成如图 13-15 所示,其主元件为测量室,测量室中有 3 个电极组件(分别为工作电极、参比电极和计数电极),用于样品传输的小型电动泵,阀门、管道及用于对样品传输进行控制,结果显示和外围设备通讯的内部计算机。仪器还有 4~20mA 模拟输出和继电器输出可选。电解液与去离子水混合加到测量室,目的是保持测量室一定的离子浓度,延长工作电极的疲劳期,保证长时间稳定测量。测量中要求测量室水温在 5~45℃(一般为室温)。为保证这一工作条件,仪器通过计数电极(铂电极)测定测量室的水温,自动对加入的电解液与去离子水进行预热处理,以保证测量室的水温符合要求。仪器的这一功能对于冬季测量水温较低的污水尤其重要。该仪器要求被测水样的酸碱度 pH 值为 3~8。当被测污水的 pH 值超出范围时,最好先进行酸碱度调节。

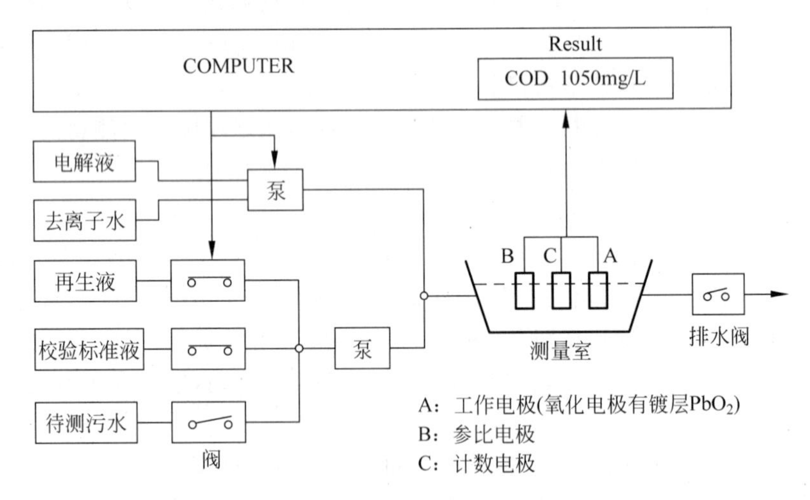

图 13-15 Elox100 的组成示意图

COD 能否准确测定主要取决于氧化剂的氧化能力,氧化力弱则氧化不完全,氧化力强能提高氧化率,但同时又会将氯离子的干扰也统计进去,因此很难调适,从表 13-3 可看出几种氧化剂的性能差别。

表 13-3　几种强氧化剂的性能比较

氧化剂名称	Fenton 试剂	高锰酸钾	过硫酸盐	臭氧#
关键氧化剂	OH^-	MnO_4^-	SO_4^-	O_3
氧化势(V)	2.8	1.7	2.5	2.07
反应速度	快	慢	中等	快
氯离子(Cl^-)	干扰	不干扰	干扰	不干扰
费用	低	低	低	高

注：$SO4^-$ 指过硫酸自由基；# 臭氧作为一种气体，其定量发生与操作均有诸多不便。

Fenton 反应是 1894 年由 H. J. H. Fenton 发现的，就是由亚铁离子催化 H_2O_2 产生羟基自由基 OH^- 的反应。近年来实现了电生 OH^-，氧化势当属目前最强的氧化剂了。所以在室温下，仅需在水样中加一些电解质而不需加其他试剂，OH^- 就可迅速氧化降解几乎所有的有机化合物。国内也有 4～5 个厂家推出与 Elox100 型分析仪同一原理的仪器，能在 1～5min 内给出 COD 的分析结果。但存在的问题是目前所用的 PbO_2 工作电极耐腐蚀性能差，寿命较短。另外，也没有解决氯离子的干扰问题。

(5) 基于紫外分光光度法(254nm)的在线分析仪

不饱和有机物对波长 254nm 的紫外光有最大的吸收效应，而对可见光却吸收甚微。因此，对特定水域或废水，可根据其对紫外光的吸收大小来反对有机物的污染程度，这种方法易实现自动化，同时测定的吸光度 A 与 BOD、COD、TOD 之间有很好的相关性。通过实验数据可以知道，由紫外吸收光度测得的 COD_{Cr} 计算值与 COD_{Cr} 实测值非常接近。

早在 1995 年美国公共健康协会就将紫外吸光度法制定为水和废水中有机物成分测定的标准方法，我国环境保护总局也于 2005 年 9 月发布了“紫外(UV)吸收水质自动在线监测仪技术要求”的标准(HJ/T191—2005)。这都说明紫外吸光度法越来越受到主管部门的重视和公众的认可，可以作为原 COD 分析仪的换代产品，在水质污染综合评价中发挥重要的作用，具有广阔的应用前景。

目前法国 AWA 公司、日本 DKK 公司和美国 HACH 公司都有基于紫外分光光度法(254nm)的 COD 在线分析仪或称有机物污染指数分析仪。

(6) 几种 COD 分析仪的比较

从分析性能上讲，在线 COD 仪的测量范围一般在 10(或 30)～2000mg/L，因此，目前的在线 COD 仪仅能满足污染源在线自动监测的需要，难以应用于地表水的自动监测。另外，与采用电化学原理的仪器相比，采用消解-氧化还原滴定法、消解-光度法的仪器的分析周期一般更长一些(10min～2h)，前者一般为 2～8min。

从仪器结构上讲，采用电化学原理或 UV 计的在线 COD 仪的结构一般比采用消解-氧化还原滴定法、消解-光度法的仪器结构简单，并且由于前者的进样及试剂加入系统简便(泵、管更少)，所以不仅在操作上更方便，而且其运行可靠性也更好。

从维护的难易程度上讲，由于消解-氧化还原滴定法、消解-光度法所采用的试剂种类较多,泵管系统较复杂,因此在试剂的更换以及泵管的更换维护方面较烦琐,维护周期比采用电化学原理的仪器要短,维护工作量大。

从对环境的影响来讲,重铬酸钾消解-氧化还原滴定法(或光度法、或库仑滴定法)均有铬、汞的二次污染问题,废液需要特别的处理。而UV计法和电化学法(不包括库仑滴定法)则不存在此类问题。

4. TOC及其检测技术

总有机碳(total organic carbon,简称TOC)是水中有机物质所含碳的总量,单位为mg C/L。TOC反映了水中总有机物的污染程度,是水质有机污染的综合指标之一。

(1) 测定方法及原理

根据氧化方式的区别,TOC测定方法主要分为两类:燃烧氧化(干式氧化)-非分散红外光度法(NDIR法)(HJ501—2009)和湿式氧化-NDIR(或电导)法。其中,根据燃烧温度的不同,干式氧化又可分为680℃燃烧氧化和900～950℃燃烧氧化这两种。湿式氧化法是指向水样中加入过硫酸钾等氧化剂,采用紫外线照射等方式施加外部能量将水样中的TOC氧化。表13-4列出了燃烧氧化法和湿式氧化法的比较。表13-5比较了两种燃烧氧化法。

表13-4 燃烧氧化法和湿式氧化法的比较

方法性能	燃烧氧化法	湿式氧化法
氧化能力	氧化能力强,几乎所有有机物都能被氧化	氧化能力弱,如对颗粒物、烷基苯磺酸、腐殖酸、咖啡因、海水等较难氧化
检测限	常用情况为几mg/L,特殊用途可达约10μg/L	常用情况为几mg/L,特殊用途可达几μg/L
前处理	不需前处理,直接由TC和IC求出TOC,无挥发性有机物损失	必须前处理,挥发性有机物有损失
可操作性	容易,快速,使用高温炉和催化剂	较复杂,使用氧化剂、酸、UV

表13-5 两种燃烧氧化法的比较

方法性能	900～950℃燃烧氧化法(含GC法)	680℃燃烧氧化法
氧化能力	强	强
灵敏度	10^{-6},检出限为0.5×10^{-6}	可进行10^{-8}的浓度测定
干扰	对海水等高盐度样品的测定有干扰	可测定高盐度的水样,如海水
寿命	燃烧管寿命短	燃烧管及催化剂寿命大幅度延长
可操作性	容易,快速	

燃烧法-非分散红外法的测定原理:将一定量水样注入高温炉内的石英管,在900～950℃温度下,以铂和三氧化二铬为催化剂,使水样中的有机物燃烧裂解转化为二氧化碳,然后用红外线气体分析仪测定CO_2含量,从而确定水样中碳的含量。由于水样中的碳酸盐在高温下也会分解产生CO_2(IC)含量,所以上面测得的是水中

的总碳(TC)含量。

为获得有机碳含量，可采用两种方法：

第一种方法为直接法。将水样预先酸化，通入氮气曝气，驱除各种碳酸盐分解生成的 CO_2 后，再将试样注入高温燃烧管中，可直接测定总有机碳。由于酸化曝气会损失可吹扫有机碳(POC)，故测得总有机碳值为不可吹扫有机碳(NPOC)。

第二种方法为差减法。使用同时带有高温炉和低温炉的 TOC 测定仪。将等量同一水样分别注入高温炉(900℃)和低温炉(150℃)，在高温炉中水样的有机碳和无机碳均转化为 CO_2，而低温炉的石英管中装有磷酸浸渍的玻璃棉，能使无机碳酸盐在 150℃分解为 CO_2，而有机物却不能被分解氧化。将高、低温炉中生成的 CO_2 依次导入非分散红外气体分析仪，分别测得总碳(TC)和无机碳(IC)，二者之差即为总有机碳(TOC)。测定流程见图 13-16 所示，该方法最低检出浓度为 0.5mg C/L。

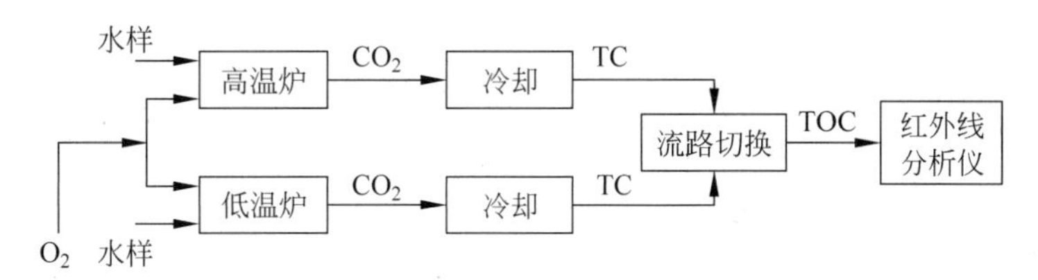

图 13-16 TOC 分析仪流程

(2) TOC 自动分析仪

TOC 自动分析仪在欧美、日本和澳大利亚等国应用较广泛，其主要技术原理有五种：(催化)燃烧氧化-非分散红外光度法(NDIR 法)；UV 催化-过硫酸盐氧化-NDIR 法；UV-过硫酸盐氧化-离子选择电极法(ISE)法；加热-过硫酸盐氧化-NDIR 法；UV-TOC 分析计法。

根据非分散红外线吸收法原理设计的 TOC 自动分析仪有单通道和双通道两种类型。图 13-17 为单通道型仪器流程图。用定量泵连续采集水样并送入混合槽，在混合槽内与以恒定流量输送来的稀盐酸溶液混合，使水样 pH 达 2～3，则碳酸盐分解为 CO_2，经除气槽随鼓入的氮气排出。已除去无机碳化合物的水样和氧气一起进入 900～950℃的燃烧炉(装有催化剂)，则水样中的有机碳转化为 CO_2 经除湿后，用非色散红外分析仪测定，用邻苯二甲酸氢钾作标准物质定期自动对仪器进行校正。图 13-18 为双通道型 TOC 自动分析仪工作原理图。

TOC 自动监测仪采用燃烧或光催化法测定样品，能将水中的有机物全部氧化，因此其测定结果的精密度、准确度比 COD 更高，更能直接标示水中有机物的质量浓度。从分析性能上讲，目前的在线 TOC 仪完全能够满足污染源在线自动监测的需要，并且由于其检测限较低，应用于地表水的自动监测也是可行的。另外，在线 TOC 仪的分析周期一般较短(3～10min)。从仪器结构上讲，除了增加无机碳去除单元外，各类在线 TOC 仪的结构一般比在线 COD 仪简单一些。

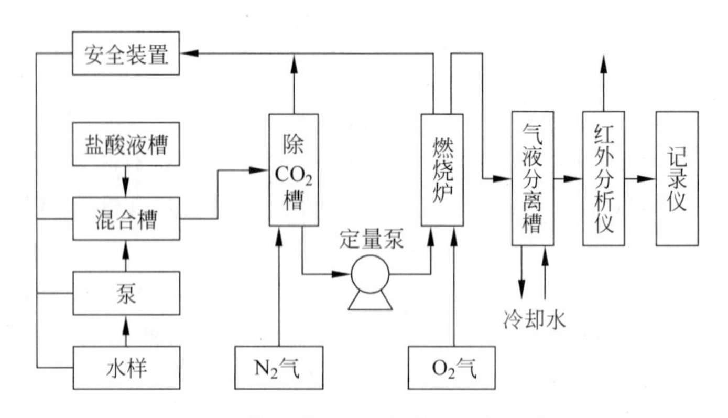

图 13-17 单通道 TOC 自动监测仪工作原理

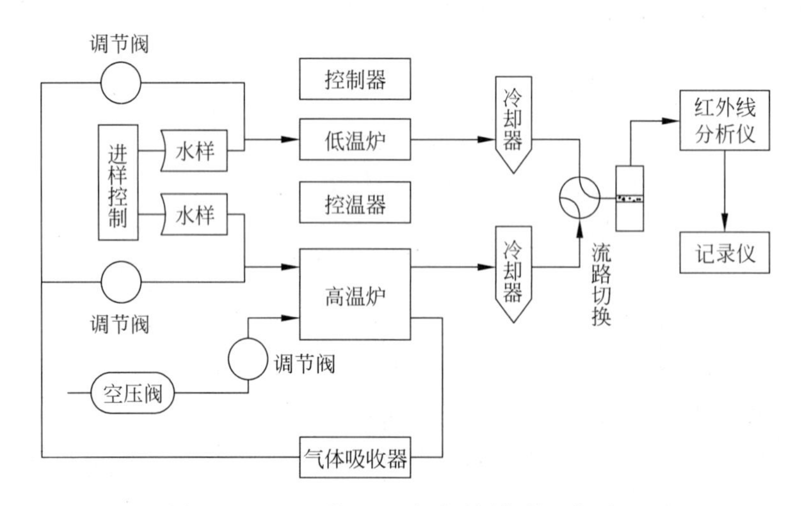

图 13-18 双通道 TOC 自动监测仪器工作原理

5. 总氮及其检测技术

总氮(TN)指可溶性及悬浮颗粒中的含氮量,即水中亚硝酸盐氮、硝酸盐氨、无机铵盐、溶解态氨及大部分有机含氮化合物中氮的总和。总氮含量是衡量水质的主要指标之一。

总氮的实验室测定方法可以采用气相分子吸收光谱法(HJ/T199—2005)和碱性过硫酸钾消解紫外分光光度法(GB 11894—89)。总氮自动分析仪主要采用两类测定原理:过硫酸钾氧化-紫外吸收法和密封燃烧氧化-化学发光分析法。

过硫酸钾氧化-紫外吸收法是以国标 GB11894—89 为基础,以 FIA 为主要测量系统的体系,即将含氮化合物用碱性过硫酸钾在一定温度下分解氧化为 NO_3^-,冷却后用 FIA 紫外法测得总氮。值得注意的是这个方法易受溴化物离子的干扰。

密封燃烧氧化-化学发光分析法的测定原理为:用载气将水样带入装有催化剂的反应管中,通过高温(700～900℃)或低温密闭燃烧将含氮化合物氧化为 NO,再与臭氧发生器产生的 O_3 反应,导入化学发光检测器中测量放射出的化学发光强度。

此方法不受溴化物离子的干扰，被认为是自动在线监测的首选方法。

表 13-6 比较了几种总氮自动分析仪的特点。

表 13-6　几种总氮自动分析仪的特点

测定原理	过硫酸钾分解	过硫酸钾分解	过硫酸钾紫外分解	过硫酸钾紫外、电分解	化学发光法
	UV 法	FIA-UV 法	UV 法	UV 法	高温氧化化学发光
氧化分解	120℃(30min)加热分解	160℃在反应环中加热分解	60℃紫外分解	95℃紫外电分解	700～850℃催化热分解
特征	标准法	缩短分解时间	低温、常压分解	常压分解	不需试剂，可测海水
测定时间/min	60	15	30	60	4
测量范围/(mgN/L)	0～2 0～200	0～2 0～200	0～2 0～1000	0～2 0～200	0～1 0～4000
氧化试剂	过硫酸钾溶液 氢氧化钠溶液	过硫酸钾溶液 氢氧化钠溶液	过硫酸钾溶液 氢氧化钠溶液	过硫酸钾溶液 氢氧化钠溶液	无
pH 调节	用盐酸溶液调节 pH2～3	用盐酸溶液调节 pH2～3	用盐酸溶液调节 pH2～3	用盐酸溶液调节 pH2～3	—
检测	220nm 吸光度测定	220nm 吸光度测定	220nm 吸光度测定	220nm 吸光度测定	注入臭氧，化学发光测定(590～2500nm)
干扰物质	溴离子	溴离子，SS，产生氢氧化物的沉淀	溴离子	溴离子	SS

6. 氨氮及其检测技术

氨氮是指以游离氨(或称非离子氨 NH_3) 和离子氨(NH_4^+) 两种形式存在的氮。这两种形式可以相互转化，二者的组成比例取决于水体的 pH 值。

测定水中氨氮的实验室方法有：纳氏试剂比色法(GB 7479—87)、水杨酸分光光度法(GB 7481—87)、电极法、蒸馏和滴定法(GB 7478—87)和气相分子吸收光谱法(HJ/T 195—2005)。氨氮在线监测仪的技术原理主要有滴定法、比色法和电极法。

(1) 滴定法

其工作原理是基于实验室中测定氨氮的蒸馏和滴定法，是将国标方法(GB7478—87) 实现了自动化。例如江苏绿叶环保科技仪器有限公司的 JHN—Ⅰ、JHN—Ⅱ型氨氮自动检测仪。水样在一定的条件下，经加热蒸馏，释放出的氨冷却后被吸收于硼酸溶液中，再用 HCl 标准溶液滴定，当电极电位滴定至终点时停止滴定，根据 HCl 所消耗的体积，计算出水中氨氮的含量。水样在进入仪器前需进行预处理，可采用过滤或沉降的方法，以除去水样中较大的悬浮物。

测量范围为：0.2～20mg/L (低量程)，10～1500mg/L (高量程)。测定周期为

40min 左右。此类监测仪适于测定氨氮含量高的水样，如污染源排水等。在测定氨氮浓度低的水样时误差较大，水中的挥发性胺类会使测定结果偏高，且由于使用酸、碱试剂，易造成腐蚀，仪器维护工作量较大。

（2）比色法

比色法氨氮在线监测仪的工作原理是基于实验室中的水杨酸分光光度法，是将国标方法(GB7481—87) 实现了自动化。例如美国的 HACH Amtax^{TM} Compact 氨氮在线分析仪。水样被导入一个样品池，与定量的 NaOH 混合，样品中所有的铵盐转换成为气态氨，气态氨扩散到一个装有定量指示剂(水杨酸—次氯酸) 的比色池中，氨气再被溶解，生成 NH_4^+。NH_4^+ 在强碱性介质中，与水杨酸盐和次氯酸离子反应，在亚硝基五氰络铁(Ⅲ) 酸钠(俗称“硝普钠”) 的催化下，生成水溶性的蓝色化合物，仪器内置双光束、双滤光片比色计，测量溶液颜色的改变(测定波长为 670nm，从而得到氨氮的浓度)。可加入酒石酸钾掩蔽除去阳离子(特别是钙镁离子)的干扰。

仪器有 3 个量程：0.2～12.0mg/L；2～120mg/L；20～1200mg/L。测量周期为 5、10、13、15、20、30min（可选）。这种监测仪可以检测工业污水排放口、地表水、污水厂各控制点等处水中氨氮的浓度。监测仪价格较低，运行成本也较低，无二次污染，但由于需要加入显色剂等，需要配置蠕动泵及管线，结构相对较复杂，故障率较高，仪器维护工作量较大。

（3）电极法

电极法又分为氨气敏电极法和铵离子选择电极法两类。根据电极法设计的监测仪结构一般较简单。

法国 SERES1000、SERES2000 氨氮在线分析仪属于直接利用铵离子选择电极监测氨氮浓度的仪器。即利用 2 个样品浓度差异和 2 个电极(选择电极和参比电极)电势差异之间的关系进行浓度测定。其中选择电极上无化学反应，只是在被分析的样品和探头上的电极之间交换元素，参比电极有一个连续的电势(零电动势)，不受样品组成的影响，通过测量参比电极和选择电极之间的电势差，可以计算样品中氨氮的浓度。

测量范围：0～1mg/L NH_4-N；0～100mg/L NH_4-N，高浓度可采用自动稀释。样品分析一般需要 5min，分析间隔时间为 5min。仪器使用、维护简单，电极性能稳定，但抗干扰性能差，较适于污染源排水中氨氮的测定。该方法对水中 Na^+、K^+、H^+、Rb^+、Li^+、Cs^+ 等一价阳离子选择性较差，一价阳离子浓度较高时可使水样的氨氮测定结果偏高。

采用氨气敏电极法的氨氮在线监测仪有 ABB 公司 EIL8232 氨氮分析仪和德国 WTW 公司 TrenCon 氨氮在线分析仪等。其工作原理为：水样经过滤系统(不是必须的)进入仪器，仪器通过蠕动泵将水样和 EDTA、NaOH 试剂定量加入到测量室中，EDTA 用于防止重金属离子在强碱性溶液中水解生成的沉淀阻塞透气膜，加入 NaOH 可调节水样 pH 值为 12 左右，此时水样中的 NH_4^+ 转为气态 NH_3($NH_4^+ + OH^- \rightleftharpoons NH_3 + H_2O$)。氨气通过渗透膜进入到电极内，使得电极内部的平衡反应

($NH_4^+ \rightleftharpoons NH_3 + H^+$) 发生变化，引起电极内部[$H^+$]变化，由 pH 玻璃内电极测得其变化，并产生与样品中铵离子浓度有关的输出电压，得出相应的氨氮浓度。其输出符合能斯特方程($E = E_0 \pm (RT/nF)\ln a$)。

监测仪的量程：0.03～100mg/L。响应时间：5min。氨气敏电极法准确度较高，选择性和抗干扰能力强，在水质自动监测中使用比较广泛。但是电极价格较贵，由于使用了气体渗透膜，易导致气孔堵塞，设备维护工作量较大。

7. 磷酸盐及其检测技术

在地表水和排放污水中，磷多以各种磷酸盐的形式存在，一般为正磷酸盐、偏磷酸盐、焦磷酸盐、聚磷酸盐和有机态含磷化合物，如磷脂质、有机磷农药、杀虫剂、除草剂等。

实验室对水中磷酸盐的测定主要有磷钼蓝比色法(GB1576—2001)、磷钒钼黄分光光度法(GB1576—2001)、离子色谱法(GB/T 14642—93)。

(反应性)正磷酸盐自动分析仪主要的技术原理为光度法。例如，$\text{PHOSPHAX}_{\text{TM}}$ inter2 正磷酸盐在线分析仪采用了钒钼黄测量原理，即在酸性介质中，正磷酸根离子与钼酸盐和钒酸盐反应，生成黄色的磷钼钒多元杂多酸络合物。在测量范围内，其颜色强度和样品中正磷酸根离子的浓度成正比。因此，通过测量颜色变化的程度可以计算出样品中正磷酸盐的浓度。

8. 总磷及其检测技术

总磷(TP)包括溶解的、颗粒的、有机的和无机磷。地表水和污水监测技术规范(HJ/T 91—2002)把总磷列为河流、湖泊水库和集中式饮用水源地的必测项目。磷矿开采、合成洗涤剂、磷肥和氮肥生产、有机磷农药、发酵和酿造工业、宾馆、饭店、游乐场所及公共服务行业、卫生用品制造、生活污水及医院污水等排水单位，也把总磷列为必测项目。

实验室测定总磷可依据钼酸铵分光光度法(GB 11893—89)。用过硫酸钾(或硝酸-高氯酸) 在中性条件下使试样消解，将所含磷全部氧化为正磷酸盐。在酸性介质中，正磷酸盐与钼酸铵反应，在锑盐存在下生成磷钼杂多酸后，立即被抗坏血酸还原，生成蓝色的络合物。该络合物在 700nm 波长有较强吸收，通过测量吸光度值，计算出水中的总磷浓度值。该方法适用于地面水、污水和工业废水。

其实，总磷的监测分析方法一般由两个步骤组成：第一步，将水中各种不同形态的含磷化合物转变为正磷酸盐，主要通过氧化方法使其形态转化，常用的氧化方法有酸性 $K_2S_2O_8$ 氧化法、HNO_3-$HClO_4$、HNO_3-H_2SO_4、$Mg(NO_3)_2$ 或紫外照射法等。第二步，测定氧化形成的正磷酸盐，从而求得总磷含量。而磷酸盐的分析方法可依据前一部分介绍的钼蓝法或钒钼黄法。

总磷自动分析仪的主要技术原理有：过硫酸盐消解-光度法；紫外线照射-钼催化加热消解，FIA-光度法。基于第二种原理的在线总磷仪主要限于日本，它们是日本工业规格协会(JIS)认可的方法之一。过硫酸盐消解-光度法是在线总氮和总磷仪的主选方法,也是各国的法定方法。

各国的总磷自动分析仪大多以钼蓝法为基础(例如美国哈西总磷在线分析仪),仅仅在水样分解方法(加热法)及分解速度方面有所不同。表 13-7 列出了几种总磷自动分析仪的特点。

表 13-7　几种总磷自动分析仪的特点

测定原理	过硫酸钾消解	过硫酸钾消解	过硫酸钾紫外消解	过硫酸钾消解	光催化、紫外电消解
	磷钼蓝紫外吸收法	FIA-磷钼蓝紫外吸收法	磷钼蓝紫外吸收法	FIA-磷钼黄电位滴定法	磷钼蓝紫外吸收法
氧化分解	120℃(30min)加热加压消解	160℃在反应环中加热加压消解	95℃紫外消解	160℃在反应环中加热加压消解	95℃光催化、紫外电消解
特征	标准法	缩短消解时间	常压消解		不用氧化剂
测定时间/min	60	15	30	40	60
测量范围/(mg/L)	0～0.2 0～10	0～2 0～200	0～0.5 0～250	0～0.2 0～10	0～0.5 0～200
氧化试剂	过硫酸钾溶液	过硫酸钾溶液	过硫酸钾溶液	过硫酸钾溶液	无
显色试剂	钼酸铵溶液 抗坏血酸	钼酸铵溶液 抗坏血酸	钼酸铵溶液 抗坏血酸	钼酸铵溶液 硫酸	钼酸铵溶液 抗坏血酸
检测	700nm 吸光度测定	700nm 吸光度测定	700nm 吸光度测定	还原电流法	700nm 吸光度测定
干扰物质	氯离子	氯离子,SS,形成氢氧化物沉淀	氯离子	氯离子,SS,形成氢氧化物沉淀	氯离子

9. 其他在线分析仪

UV 自动分析仪:技术原理为比色法(254nm)。具有简单、快捷、价格低的特点。不适于地表水的自动在线监测,国外一般是用于污染源的自动监测,并经常经换算表示成 COD、TOC 值。应用的前提条件是水质较稳定,在 UV 吸收信号与 COD 或 TOC 值之间有较确定的线性相关关系。

TOD 自动分析仪:技术原理一般为燃烧氧化-电极法。

油类自动分析仪:技术原理一般为荧光光度法。

酚类自动分析仪:技术原理一般为比色法。

硝酸盐和氰化物自动分析仪:技术原理主要有:离子选择电极法;光度法。

氟化物和氯化物自动分析仪:技术原理一般为离子选择电极法。

13.3.2 大气环境检测

通过对环境空气进行质量监测,可以及时了解环境空气质量现状,掌握环境空气质量的时空变化特性和规律,分析影响环境空气质量变化的各种原因,为空气污染防治的立法、管理、规划及相关决策提供科学依据。按照中国环境监测总站的发展方略要求,在未来十年,我国的空气监测技术路线将采用以空气自动监测技术为主导,连续自动采样——实验室分析为基础,被动式吸收采样技术和可移动自动监测技术为辅助的方式。

空气质量的自动监测一般采用湿法和干法两种方式。湿法的测量原理是库仑法和电导法等,需要大量试剂,存在试剂调整和废液处理等问题,操作繁琐,故障率高,维护量大。该法以日本为主,但自 1996 年起,日本在法定的测量方法中增加了干式测量原理,湿法现已处于淘汰阶段。干法基于物理光学测量原理,使样品始终保持在气体状态,没有试剂的损耗,维护量较小。干法以欧美国家为主,代表了目前的发展趋势。

表 13-8 列出了我国目前空气例行质量监测的项目。其中,SO_2、NO_2 和空气中的颗粒物是反映城市空气污染的典型污染物,也是用来评价城市空气质量和污染变化的必要指标。我国要求所有开展空气质量例行监测的城市都必须进行这三方面的项目监测。为加强对日趋严重的机动车排气污染及其影响的控制,我国的重点城市将增加 CO、NO、NMHC(非甲烷总烃)和 O_3 等监测项目。近几年将开展对空气颗粒物中铅(Pb)的监测。部分重点城市将开始监测有机污染物以控制这方面的污染。为观察温室效应,国家级背景站将开展 CH_4 和 CO_2 温室气体的监测。另外,在有特异性污染的城市将视当地污染状况开展特异性污染项目的监测。对于固定的大气污染源的监测项目为 $4+X$,即烟(粉)尘、二氧化硫、氮氧化物、黑度和不同行业排放的特征污染物(X)。

表 13-8　空气例行监测项目表

监测项目	重点城市	一般城市(自动监测)	一般城市(连续采样-实验室分析)	空气背景站	典型区域农村空气监测站
SO_2	★	★	★	★	★
NO_2	★	★	★	★	★
TSP	▲	▲	▲	▲	▲
PM_{10}	★	★	★	★	★
CO	★	▲	▲	★	▲
O_3	★	▲	▲	★	▲
有毒有机物	★	▲	▲	★	▲
NMHC 和 CH_4	★	▲	▲	▲	▲
CO_2				▲	

★:规定的监测项目;▲:根据情况和区域特性选择的监测项目。

表 13-9 列出了我国空气中主要污染物的监测分析方法。接下来,将着重介绍二氧化硫、氮氧化物、飘尘、一氧化氮和臭氧这五个大气污染监测项目及其典型的在线或自动分析器的工作原理及仪器结构。此外还将简要叙述激光在线气体分析仪的测量原理,即单线光谱(DLAS)技术。

表 13-9 空气中主要污染物的监测分析方法

监测项目	自动监测	连续采样-实验室分析
SO_2	① 紫外荧光法(ISO/CD10498) ② DOAS 法	① 四氯汞盐吸收副玫瑰苯胺分光光度法(HJ 483—2009) ② 甲醛吸收副玫瑰苯胺分光光度法(HJ 482—2009)
NO_2	① 化学发光法(ISO7996) ② DOAS 法	Saltzman 法(GB/T15435—95)
TSP	颗粒物自动监测仪(β射线法、TOEM 法)	大流量采样-重量法(GB/T15435—95)
PM_{10}	颗粒物自动监测仪(β射线法、TOEM 法)	重量法(GB/T15432—95)
CO	非分散红外法(GB9801—88)	非分散红外法(GB9801—88)
O_3	① 紫外光度法(GB/T15438—95) ② DOAS 法	靛蓝二磺酸钠分光光度法(HJ 504—2009)
Pb	——	火焰光度原子吸收光度法(GB/T15264—94)
NMHC 和 CH_4	① 气相色谱 FID 法(GB/T15263—94) ② PID 检测法	气相色谱 FID 法(GB/T15263—94)
CO_2	气相色谱 FID 法	气相色谱 FID 法
有毒有机物	GC/GC-MS/HPLC 等	

1. 二氧化硫(SO_2)检测

SO_2 是主要大气污染物之一，主要来源于煤、石油等燃料的燃烧、含硫矿石的冶炼、硫酸等化工产品生产排放的废气。SO_2 是无色、易溶于水、有刺激性的气体，能通过呼吸进入气管，对局部组织产生刺激和腐蚀作用，是诱发支气管炎等疾病的原因之一，当它与烟尘等气溶胶共存时，可加重对呼吸道粘膜的损害。

SO_2 的检测方法很多，如：火焰光度法、溶液电导率法、库仑滴定法、紫外-荧光法等。用火焰光度法可以测定总硫量，再加上色谱柱和合适的选择性过滤器，可对 SO_2、H_2S、硫醇和硫醚等分别进行测定。它的最大优点是选择性好，检出限可达 $0.014mg/m^3$。缺点是采用氢气源，需要增加安全措施。根据电导和库仑原理制成的 SO_2 测定仪器已被广泛使用，这两种类型的电化学仪器，结构简单，使用方便，但是在抗干扰方面不及火焰光度法。紫外-荧光法是一种典型的干法，没有湿化学法中的溶剂消耗问题，也没有其他干法如火焰光度法中的气体消耗问题。该法响应快、灵敏度高、选择性强、稳定性好，它已取代库仑法和电导法等湿式化学检测仪器，成为目前应用最广泛的 SO_2 检测方法，下面将介绍这种方法。

(1) 紫外-荧光法测定 SO_2 的原理

紫外荧光现象是指物质受到紫外光照射时，吸收了一定波长的光之后，发射出比照射光波长长的光，而当紫外光停止照射后，这种光也随之很快消失。紫外-荧光法测定 SO_2 的原理见图 13-19。由光源发射出的紫外光通过光源滤光片进入反应室，样气中的 SO_2 在反应室中吸收紫外光，生成激发态的 SO_2^* 主要通过放射出荧光过程回到基态，其发射的荧光强度与 SO_2 的浓度成正比。通过第二个滤光片，用光电倍增管接收荧光，并转化为电信号，经过放大器输出，即可得到待测样气中的 SO_2 浓度。

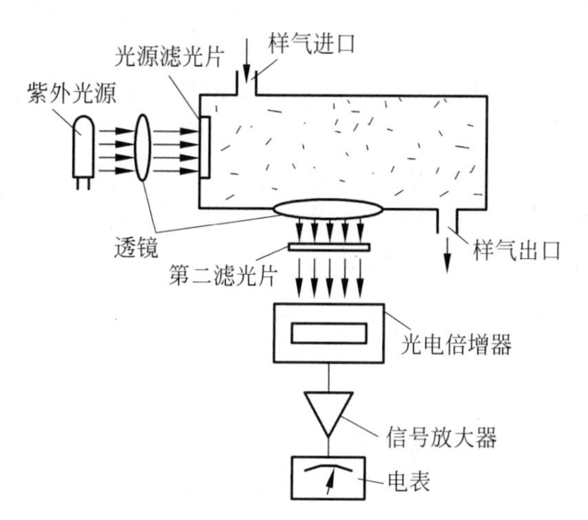

图 13-19　紫外-荧光法测定 SO_2 的原理图

图 13-20 是 SO_2 的紫外吸收光谱。SO_2 在紫外区域有三个吸收带：340～390nm；250～320nm；190～230nm。在波长 340～390nm 范围，SO_2 分子对紫外线的吸收非常弱，测定不出荧光强度。在波长 250～320nm 范围，空气中的 N_2 和 O_2 气引起的"荧光淬灭效应"很强，也得不到足够大的荧光强度。在波长 190～230nm 范围内，SO_2 对紫外线的吸收最强，而且空气中的 N_2 和 O_2 及其他污染物基本不引起淬灭，所以选用此波长范围内的紫外线来激发 SO_2。

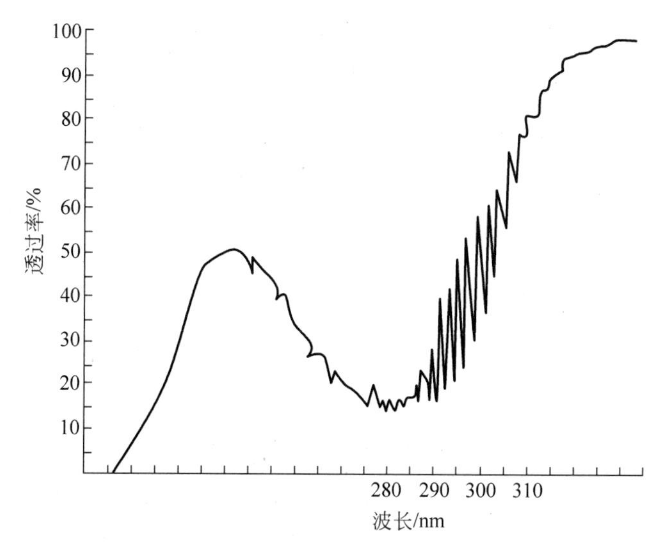

图 13-20　SO_2 的紫外吸收光谱

SO_2 吸收光能生成激发态 SO_2^* 的过程可表示为

$$SO_2 + h\nu_2 \xrightarrow{I_a} SO_2^*$$

吸收光能 I_a 符合朗伯-比尔定律

$$I_a = I_0(1 - e^{-\varepsilon L[SO_2]}) \tag{13-20}$$

式中，I_0 为入射光(激发光)强度；ε 为 SO_2 分子的吸收系数；L 为吸收光路的长度；$[SO_2]$为 SO_2 的浓度。

在图 13-20 中，当 SO_2 的浓度相当低，吸收光路的长度 L 很短，满足条件 $\varepsilon L[SO_2] \ll 1$ 时，入射到光电倍增管的荧光强度(F)可简化为

$$F = K[SO_2] \tag{13-21}$$

式中，K 为常数。由式(13-21)可以看出，即荧光强度 F 与荧光物质 SO_2 的浓度呈线性关系。

(2) 紫外荧光 SO_2 分析仪的结构

紫外荧光 SO_2 分析仪的结构如图 13-21 所示。零气、标气或样气进入仪器是由零气/标定电磁阀和采样电磁阀控制的。样气经过渗透膜干燥器脱水，再经阻力毛细管和除烃器(除烃器的作用是排除某些烃类化合物对荧光测定的影响)进入荧光反应室，SO_2 产生的荧光被光电倍增管接收和放大，并转化为电信号被测量，最后在仪器上直接显示 SO_2 的浓度读数。反应后的干燥气体经流量计测定流量后排出。紫外激发光源采用脉冲点燃技术，可直接获得交流信号，保证零点及跨度的稳定性，同时也可延长紫外灯的使用寿命。该分析仪附有硫化氢转化器，可将大气中的硫化氢在 200～400℃下被氧气氧化成二氧化硫进行荧光测定。

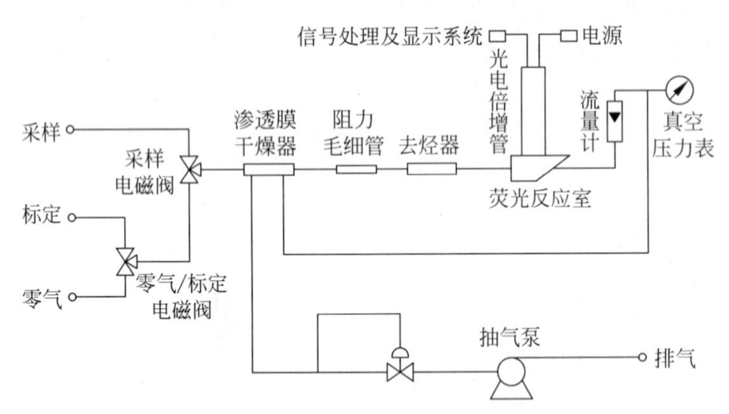

图 13-21 紫外荧光 SO_2 分析仪的结构示意

紫外荧光法测定 SO_2 的主要干扰物质是水分和芳香烃化合物。大气中存在的 O_3、CO、CO_2、NO_2、H_2S 和 CH_4 等成分不干扰测定，而 NO 的等效干扰比为 0.5%。水的影响一方面是由于 SO_2 可溶于水造成损失，另一方面是由于 SO_2 遇水产生荧光猝灭而造成负误差，如果空气中存在 1%(体积比)的水时，可使 SO_2 的浓度信号降低 20%，所以仪器必须装有除湿装置，例如渗透膜干燥器或采用反应室加热法除去水

的干扰。渗透膜干燥器几乎可以排除水分对测定的影响。它的脱水原理是利用氟塑料薄膜内外不同的水分压差，使样气中的水分通过薄膜渗透到膜外部真空系统被抽去，而样气中的 SO_2 则留在气流中进入反应室。芳香烃化合物在 190～230nm 紫外光激发下也能发射荧光造成正误差，必须使用装有特殊吸附剂的过滤器（除烃器）预先除去。该仪器的所有气路系统连接，都应使用聚四氟乙烯等不与 SO_2 起反应的惰性材料。

紫外荧光 SO_2 分析仪的操作简便。开启电源预热 30min，待稳定后通入零气（指 SO_2 含量低于 $0.0005mg/m^3$ 的空气），调节零点，然后通入 SO_2 标准气（由标准气体发生装置产生，SO_2 浓度为仪器满量程的 80%），调节指示标准气浓度值，继之通入零气清洗气路，待仪器指零后即可采样测定。如果采用微机控制，可进行连续自动监测，其最低检测浓度可达 1ppb(10^{-9})。

2. 氮氧化物检测

氮的氧化物有多种形式，如 NO、NO_2、N_2O_3、N_3O_4 和 N_2O_5 等。大气中的氮氧化物主要以 NO 和 NO_2 形式存在，它们主要来源于汽车尾气、石化燃料高温燃烧以及硝酸、化肥等生产排放的废气。NO 是无色无臭、微溶于水的气体，在大气中易被氧化为 NO_2，NO_2 为棕红色气体，具有刺激性臭味，是引起支气管炎等呼吸道疾病的有害物质。

大气中的 NO 和 NO_2 可以分别测定，也可以测定二者的总量。常用的检测仪器有两类：一是采用原电池库仑法，仪器结构简单，但易受空气中常见共存物 H_2S、SO_2、O_3、Cl_2 等的干扰，使用时必须选用前置过滤器滤去干扰组分；二是采用化学发光法，这种分析仪器反应速度快、灵敏度高；选择性好，对于多种物质共存的气体，通过化学发光反应和发光波长选择，可以不经分离地有效测定至 10^{-9}；线性范围宽，通常可达 5～6 个数量级。因此在环境监测、生化分析等领域应用广泛，已被很多国家作为标准方法。

(1) 化学发光法测定氮氧化物的原理

化学发光是指化合物吸收化学能后，被激发到激发态，在由激发态返回至基态时，以光子($h\nu$)形式释放能量。通过测量化学发光强度来对物质进行分析测定的方法称为化学发光法。

对 NO_x 通常采用臭氧化学发光反应来测定，其测量原理见图 13-22，其反应式为

$$NO + O_3 \longrightarrow NO_2^* + O_2 \tag{13-22}$$

$$NO_2^* \longrightarrow NO_2 + h\nu \tag{13-23}$$

式中，h 为普朗克常数；ν 为发射光子的频率。该反应的发射光谱在 600～3200nm 范围内，最强发光波长为 1200nm。

一氧化氮与臭氧反应产生激发态二氧化氮(NO_2^*)，NO_2^* 在返回基态时发射特征光（放出光子），其发光强度可用下式表示

$$I = k \cdot \frac{[NO][O_3]}{[M]} \tag{13-24}$$

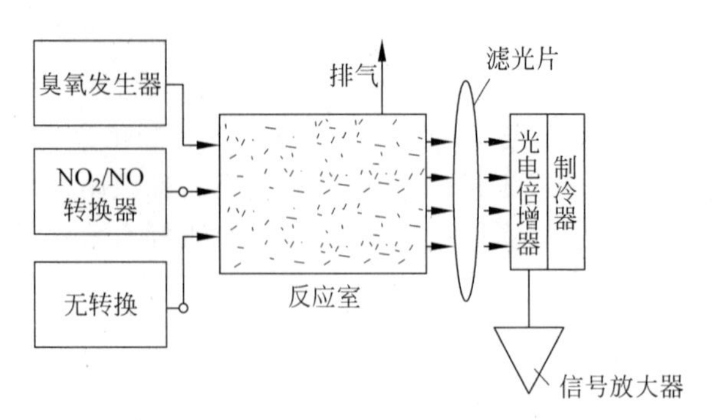

图 13-22　化学发光法的测量原理

式中，I 为发光强度；k 为与化学发光反应温度有关的常数；[NO]为 NO 浓度；[O_3]为 O_3 浓度；[M]为参与反应的第三种物质的浓度，通常是空气。

如果臭氧过量，M 恒定，则发光强度 I 与 NO 浓度成正比。

光子通过滤光片，被光电倍增管接收，并转变为电流，经放大后被测量。由于 NO_2 与 O_3 不会发生反应，所以将样气先通入 NO_2-NO 转化器，在 340～350℃温度下转化剂(10～20 目的石墨化玻璃碳)将 NO_2 还原成 NO，然后再进入反应室进行测量，测量值为总氮氧化物量，总氮氧化物量与 NO 浓度之差即为样气中 NO_2 的浓度。这样，利用本方法就可以测定大气中 NO 和 NO_2 的浓度及其总浓度。

某些共存成分可对本方法产生干扰。例如，样气中含 10%～15%的 CO_2 时会产生负干扰，可以用电子学方法校正。碳基对测定有正干扰，但它在大气试样中的含量很少，不会给结果造成误差。当 SO_2、NH_3、H_2O (蒸汽)进入反应室时，O_3 将 SO_2 氧化成 SO_3，形成雾附着在滤光片上，NH_3、胺及有机硝酸酯等可能会反应生成硝酸盐，从而影响测定。

(2) 化学发光氮氧化物分析仪的结构

以 O_3 为反应剂的氮氧化物分析仪的结构如图 13-23 所示。由图可见，气路分为两部分。一是 O_3 发生气路，空气经过滤器干燥净化后进入 O_3 发生器，在紫外光照射下产生浓度约为 $860mg/m^3$ 的 O_3 送入反应室作为反应气体。O_3 发生量与空气的相对湿度有关，所以进入 O_3 发生器的空气必须先经过干燥净化处理。另一气路与一个三通阀相连。调零时，空气经净化后作为零气进入反应室，调仪器零点。校准时，将标准气(NO 或 NO_2 经转化器)通入反应室，标定仪器的刻度。测量时，样气经过灰尘过滤器后通入反应室。通过旋转 NO_2-NO 转化器前的测量选择三通阀，就可以分别得到样气中总氮氧化物量、NO 以及 NO_2(总氮氧化物量－NO)的浓度值。气样中的 NO 与 O_3 在反应室中发生化学发光反应，产生的光子经反应室端面上的滤光片获得特征波长光射到光电倍增管上，将光信号转换成与气样中 NO_2 浓度成正比的电信号，经放大和信号处理后，送入指示仪表显示测定结果。半导体制冷器能降低光电倍增管的暗电流和噪声，从而增强其灵敏度。反应后的气体经活性炭过滤器处理后排放。

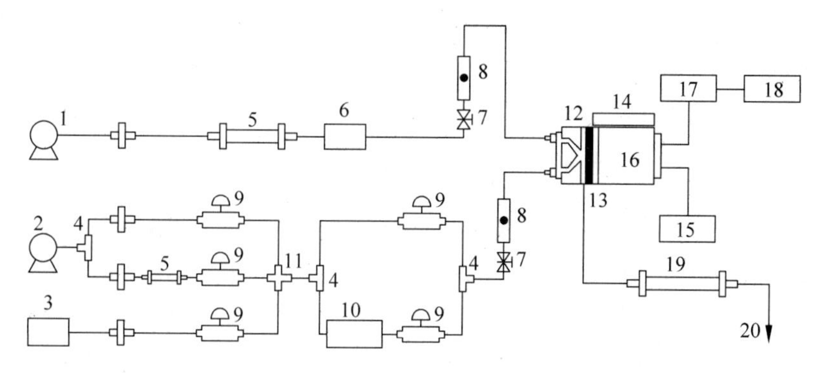

图 13-23　化学发光法氮氧化物分析仪的结构

1—零气薄膜泵；2—样气薄膜泵；3—氮氧化物标准源；4—三通；5—空气净化过滤器；6—O_3 发生器；7—针形阀；8—流量计；9—关闭阀；10—NO_2-NO 转换器；11—四通；12—反应室；13—滤光片；14—半导体制冷器；15—高压电源；16—光电倍增管；17—放大器；18—指示仪；19—活性炭过滤器；20—排气

3. 飘尘(PM10)检测

粒径(严格地说是空气动力学直径)小于 10μm 的大气颗粒物泛称飘尘,也称为可吸入颗粒物,用 IP 或 PM10 表示。据研究,颗粒物直径越小,进入呼吸道的部位越深。直径小于 2.5μm 的颗粒(PM2.5)能通过呼吸过程深入人体肺部,2.5～10μm 的颗粒易沉积在上呼吸道。颗粒物附着在呼吸道的内壁上,能刺激局部组织发生炎症,导致慢性支气管炎、哮喘和肺气肿等疾病,所以可吸入颗粒物对人体健康特别有害。不仅如此,它还能导致大气能见度减弱及引发大气化学反应和光化学反应。

测定飘尘的方法有重量法、压电晶体振荡法、β 射线吸收法及光散射法等。目前的飘尘监测仪器在取样器部分虽然装有分离器和冲击器等装置,但灰尘粒度很难完全控制在可呼吸的 0.1～10μm 范围内。而且对于 PM10 的连续监测目前还没有公认的理想仪器。压电晶体法、β 射线法和光散射法等在准确度上均存在一定的问题,所以一些国家如美国仍采用经典的重量法,即用具有 10μm 切割器的大容量采样器 24h 连续采样再手工分析。这里仅介绍 β 射线吸收法。

(1) β 射线吸收法测定 PM_{10} 的原理

β 射线是一种电子流,当其能量小于 1MeV,穿透物质的质量小于 20mg/cm^2 而被吸收时,吸收量与它所透过的物质质量有关,而与物质的物理、化学性质无关。设同强度的 β 射线穿过空白滤纸和样品滤纸后的强度分别为 I_0(β 粒子计数)和 I(β 粒子计数),则两者关系为

$$I = I_0 \cdot e^{-\mu_m X_m} \tag{13-25}$$

式中,μ_m 为 β 粒子对特定介质的质量吸收系数(cm^2/g)；X_m 为可吸入颗粒物的质量(g/cm^2)。

根据上述吸收原理制成 β 射线飘尘测定仪,在其采样器入口处装有 PM10 切割器和滤纸采样夹,装好滤纸后即可采集空气中的可吸入颗粒物 PM10。采样后,同时

测定相同大小的空白滤纸和样品滤纸在单位时间内通过的β射线计数($I_0>I$)。已知β粒子对特定介质的吸收系数 μ_m、滤纸面积 S 和采样体积 V,即可计算出空气中 PM10 的质量浓度,计算公式如下

$$c=\frac{S}{V\cdot\mu_m}\ln\frac{I_0}{I} \tag{13-26}$$

式中,c 为空气中 PM10 的平均质量浓度(g/m^3);V 为采样体积,即进气流量与采样时间的乘积再换算成标准状况下的值(m^3);S 为样品滤料的过滤面积(cm^2),滤料是指对 0.3μm 粒子的捕集率大于 99.9%的玻璃纤维滤纸或聚四氟乙烯滤膜。

(2) β射线法 PM10 自动分析仪的结构

以 AZFC-1A 型β射线测尘仪为例,其结构如图 13-24 所示。它由样品采集系统——采样入口装置、气路、集尘滤纸、采样泵;尘样检测系统——β射线源、盖格计数管、前置放大器、信号整形电路;微电脑控制及数据处理系统;结果显示系统;电源及操作面板等部分组成,安装在同一小箱体内。

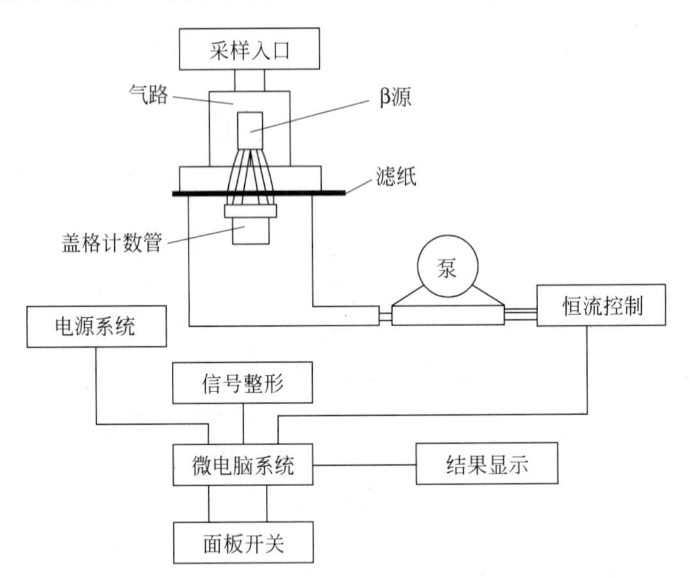

图 13-24 β射线飘尘测定仪的结构示意

该仪器配不同的采样入口装置,可以实现对总粉尘、可吸入性粉尘(飘尘)、呼吸性粉尘(β曲线)的监测。采样泵配有恒流装置,可自动对温度,负载变化进行补偿。β射线源通常采用半衰期长(5730a)、质量吸收系数大($0.28cm^2/mg$)的 ^{14}C,由于 PM10 的测定大多在无人监测站或移动站中进行,所以除了射线源的强度要求按有关规定有所制约(一般不大于 3.7×10^4 Bq)外,还要予以密封和采取不被丢失的措施。大气中的悬浮颗粒被吸附在β源和盖革计数器之间的滤纸表面,抽气前后盖革计数器计数值的改变反映了滤纸上吸附灰尘的质量,由此可以得到单位体积空气中悬浮颗粒的质量浓度,测定值不受颗粒物粒径、成分、颜色及分散状态的影响。仪器可按一次性测量法进行间断测定,也可以按两次性测量法进行自动连续测定。若使

用数据处理就能测出 1h 浓度、24h 平均浓度、最大值、最小值等结果。

4. 一氧化碳(CO)检测

一氧化碳是大气中的一种主要污染物,它主要来自于石油、煤炭燃烧不充分的产物和汽车排气;一些自然灾害如火山爆发、森林火灾等也是其来源之一。CO 是一种无色无味的有毒气体,对人体有强烈的窒息作用,它易与人体血液中的血红蛋白结合,使血液输送氧的能力降低,造成缺氧症,会出现头痛、恶心、心悸亢进,甚至出现虚脱、昏睡,严重时会致人死亡。所以,CO 是大气污染监测的最常用指标之一。

测定大气中 CO 的方法有气体滤波相关红外线吸收法、气相色谱法、电化学传感器法和汞置换法等。在此仅介绍第一种方法。

(1) 气体滤波相关红外线吸收法测定 CO 的原理

气体对红外特定波长能选择性地吸收。当空气中的 CO 被抽入红外气体分析仪,CO 对特定的红外线(4.65μm)有选择性吸收。在一定浓度范围内,根据朗伯-比尔定律,吸收值与 CO 浓度之间呈定量关系,因此,测其吸光度即可确定 CO 的浓度。

气体滤波相关红外线吸收法是对非分散红外法的一种改进,采用了气体滤波相关技术(G. F. C 技术,详见相关文献),即在其他干扰气体存在时,比较样品气中被测气体的红外吸收光谱的精细结构。

(2) 气体滤波相关红外线 CO 分析仪的结构

气体滤波相关红外线 CO 分析仪的结构示于图 13-25。这种仪器的光学部件中有一个可转动的气体滤波相关轮,此轮一半充入纯 CO,另一半充入不吸收红外辐射的纯 N_2。马达带动相关轮旋转,将红外光源的辐射进行调制,即相关轮的 CO 边和 N_2 边的信号交替进入光路,再进入多级反射吸收室,最后到达红外检测器上。由于相关轮一边充有高浓度的 CO 气体,它能消除 CO 吸收的波长的辐射。当 CO 边进入光路时,多级反射吸收室中样气所含的 CO 气体已不会引起能量的减少,它相当于参比光束,红外检测器检测出来的是干扰气体的光谱信号;当相关轮的 N_2 边进入光路时,相当于样品光束,红外检测器得到的信号大小主要取决于多级反射吸收室中样气所含的 CO 的浓度。气体滤波相关轮按一定频率旋转,此时对吸收室来说,从时间上分割为交替的样品光束和参比光束,可以获得一个交变信号,对它进行同步分离和比较就可以测出样气中所含的 CO 的浓度。

气体滤波相关技术与其他传统的半导体红外分析器相比具有很强的横向抗干扰能力。由精细光谱理论可知,CO 周围干扰气体所产生的重叠吸收干扰,它的精细光谱与 CO 是不完全重合的。由于横向干扰气体在光路中对于 CO 边和 N_2 边的影响基本相等,所以干扰气引起的误差就会抵消。

由于水分对本方法有干扰,所以在测定时,应使空气样品经硅胶管干燥后,再进入仪器测定。本仪器可连续测定,用聚四氟乙烯管将被测空气导入仪器中,接上记录仪,可进行 24h 或长期监测空气中 CO 的浓度变化情况。将记录的浓度和时间曲线进行积分计算(或与计算机联机),可得时间加权小时平均和日平均浓度。

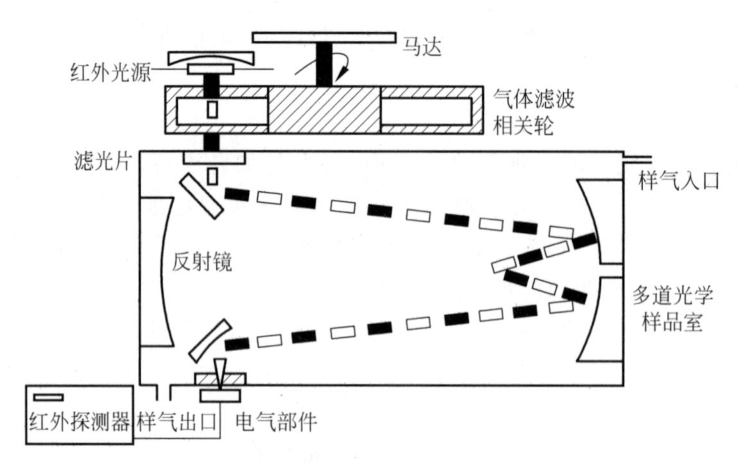

图 13-25 气体滤波相关红外线 CO 分析仪的结构

5. 臭氧(O_3)检测

大气中的臭氧是由氧在太阳紫外线照射下或受雷击形成的,它是高层大气的重要组分,能吸收来自太阳的大部分紫外光,从而保护人和生物免受其辐射。由于臭氧是强氧化剂,在紫外线作用下,它能与烃类和氮氧化物发生光化学反应形成光化学烟雾。另外它还可以起消毒作用,但量大时又会刺激黏膜和损害中枢神经系统,引起支气管炎和头痛等症状。

O_3 测定仪器的常用方法为紫外光度法和化学发光法。紫外光度法测定臭氧浓度是国际标准化组织推荐的标准方法,也是我国规定的标准方法。该法设备简单,无须试剂和气体消耗,避免了乙烯化学发光法测 O_3 的不安全因素,灵敏度高,响应快,线性好,可连续自动监测。在此仅介绍紫外光度法。

(1) 紫外光度法测定 O_3 的原理

该法原理是基于 O_3 分子对波长 254nm 紫外光的特征吸收,直接测定紫外光通过空气样品后减弱的程度,根据朗伯-比尔定律求出 O_3 浓度,其关系式可表示为

$$I = I_0 \cdot e^{-\varepsilon c L} \tag{13-27}$$

式中,I_0 为零空气样品通过吸收池时被光度检测器测定的光强度;I 为含臭氧的空气样品通过吸收池时被光度检测器测定的光强度;ε 为吸光系数;c 为臭氧浓度;L 为吸收池的厚度。

(2) 紫外 O_3 分析仪的结构

紫外 O_3 分析仪的结构如图 13-26 所示,空气样品以恒定的流速进入仪器的气路系统,先经过滤器除去能改变分析器性能及影响臭氧测定的所有颗粒物。然后空气样品交替地或者直接进入吸收池或者经过臭氧涤除器后再进入吸收池,即仪器每一段时间完成一个循环,交变地测量空气样品和除 O_3 后的无 O_3 空气(零空气),以消除背景气中其他成分的干扰,校准仪器零点。另外仪器还需定期输入标准气以进行量程校准。臭氧对 254nm 波长的紫外光有特征吸收,零空气样品、含臭氧的空气样

品通过吸收池时被光度检测器测定的光强度分别为 I_0 和 I,每经过一个循环周期,仪器的数据处理系统就根据朗伯-比尔定律求出 O_3 浓度并直接显示出来。

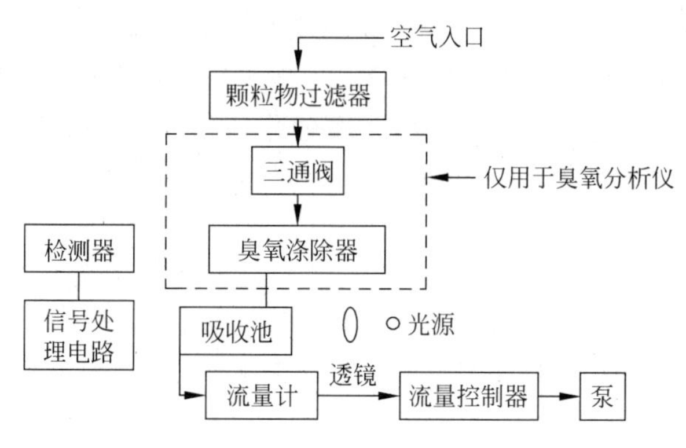

图 13-26 紫外 O_3 分析仪的结构示意

仪器的紫外吸收池、采样管线和颗粒物过滤器中使用的滤膜(孔径 5μm)及支撑物均应由不与臭氧起化学反应的惰性材料制成。本方法不受常见气体的干扰,但少数有机物如苯及苯胺等在 254nm 处吸收紫外线,对测定产生正干扰。而甲苯、过氧化硝酸乙酰酯、2,3-丁二酮、过氧硝酸苯酰酯、硝酸钾酯、硝酸正丙酯、硝酸正丁酯在浓度低于 1ppm 时不产生影响。被测空气中的颗粒物浓度超过 $100\mu g/m^3$ 时也对臭氧测定产生影响。所以当空气中含有浓度较大的有机物和颗粒物时,应先去除后再进行测定。

6. DOAS 大气环境质量监测系统

近年来,国内部分城市引进了瑞典 OPSIS 公司、美国 TE 公司或法国 ESA 公司的基于差分吸收光谱法(也称长光程法)原理的设备来代替测量 SO_2、NO_2、O_3 等参数的仪器。由于一台这类设备就能够分时测量以上三个主要参数和总烃(THC)、甲烷(CH_4)、NMHC(非甲烷总烃)、BTX 等有机污染参数,因此受到一些用户的青睐。

差分吸收光谱法(differential optical absorption spectroscopy,DOAS)是一种长光程空气质量监测技术,光源为高压 Xe 灯,由抛物反射镜准直成平行光出射,经过 100m 甚至 1000m 的长光程,由接收端抛物反射镜将光汇聚耦合进入光纤,通过光纤导入光栅分光系统,在出射狭缝处用光电倍增管探测,得到吸收光谱。吸收光谱包含了大量来自大气分子、气溶胶的散射,灯光谱起伏、反射镜的光谱选择性等造成的宽光谱结构,通过对吸收光谱进行高阶多项式拟合,用原吸收光谱除以多项式拟合曲线获得吸收分子的特征差分光谱,去除宽带成分影响,将差分吸收光谱与实验室获得的吸收分子的标准浓度的参考光谱进行拟合,计算出浓度。由于该系统采用线采样,采样代表性较传统的点式有较大的改善,该方法于 20 世纪 90 年代初开始用于空气质量监测,目前在欧洲得到了较广泛的应用。

20 世纪 80 年代以来,美国、德国、瑞典、法国等国均研制成功了基于常规光源的长光程吸收光谱仪器,并相继用于城市大气污染的常规监测中。由于 DOAS 监测方法采用线采样，样品的代表性明显提高，有利于对空气质量的表征。利用差分技术可以消除大气湍流对信号的影响、不同污染物之间的干扰以及湿度、气溶胶的干扰。设备升级简便快速，系统软件操作方便，能够满足连续监测和实时处理的要求；通过 Enviman 或 Report 软件可以很方便地进行小时均值、日均值、月均值和年均值的统计分析和监测报告，整个系统具有较强的可操作性。系统能够进行远程登录、远程维护、远程控制和分析仪参数调整，并实现局域网内数据共享。仪器维护方便，耗电少，运行费用低。

法国 ESA 公司推出的典型的 SANOA™ 长光程测控系统的基本配置包括：长光程测量系统、标气系统、RS232 变换器和 RS232 扩展器、子站计算机系统、中心站计算机系统。其特点是采用 RS232 串行接口将每台仪器的所有数据通过 MODEM 用电话线与中心站计算机系统相连，随机配套的通讯软件可通过仿真数据采集器和仪器操作面板实现对子站的远程控制和诊断。与干法仪器设备（CO、PM_{10} 等）组合可组成长光程与干法共存的混合系统。其特点是能在长光程主机故障时不影响其他参数的测量。

目前我国的环境空气质量自动监测系统基本上靠引进国外技术和设备，引进设备往往与我国的具体实际结合不够，尤其是在系统结构、数据采集、远程控制与诊断方面与实际需求相差较远。

7. 环境空气质量监测系统的发展趋势

近年来，国外还在致力于发展基于激光光源的监测灵敏度更高的长光程吸收光谱仪，但目前尚处于试验阶段。在大气污染探测激光雷达方面，近年来倾向于发展探测灵敏度很高的差分吸收激光雷达，用于城市大气环境和城市污染源的高时空分辨率探测。德国、美国、意大利和瑞典等国已分别研制成功车载式差分吸收激光雷达样机，并正在进行实用性试验。考虑到差分吸收激光雷达的技术复杂、造价昂贵、可靠性差，对操作和维护人员的技术素质要求太高，估计近期内推广使用有困难。因此世界各国也在发展拉曼激光雷达技术。拉曼激光雷达虽然探测灵敏度较差，但其结构简单、造价较低、性能可靠，使用维护方便，很适合用于对城市大气污染源的流动监测，正好弥补常规光学监测手段对污染源监测能力的不足。

LIDAR（light detection and ranging 的缩写）把短激光（全固态闪光灯泵激的钛 Sapphire 激光器，波长范围 750～870nm，建立在光学非线性晶体上的二倍频和三倍频设备把红外线激光辐射改变成紫外线辐射，波长范围 250～400nm）脉冲发射到大气层，沿着它的轨迹，光被小粒子散射开（米式散射），并且也被空气分子散射开（瑞利散射）。反向散射到 LIDAR 系统的少许光被望远镜和敏感的检测器接收，接收机信号被得到，作为一个时间函数。由于光的等速性，时间与散射器的距离有关，因此空间信息沿着电子束轨迹被检测。

可以从接收到的信号推导出的信息取决于发射光的波长，也取决于探测方法。为了确定污染物的空间分布，要用激光雷达（LIDAR）差分吸收（DIAL，differential absorption lidar technique 的缩写)技术。DIAL 方法利用的是待测气体的吸收和大气(包括气体分子和气溶胶)弹性后向散射的原理,一般在所选择波长(λ_{ON})处的气体吸收截面较大,并且大气气体的弹性后向散射截面很大,回波强度较大易于接收测量。这两个因素结合在一起,形成差分吸收方法测量的高灵敏度,再加上激光雷达的很高的距离分辨率和大范围实时测量的特点,使 DIAL 激光雷达成为测量气体分子浓度空间分布的一种有力工具。其基本过程为:扫描平镜能进行俯仰和方位转动,以实现三维空间立体扫描。通过自动控制指令控制扫描平镜的俯仰和方位转动,使发射光束射向被测大气,被测大气的后向散射光信号由扫描平镜反射到接收望远镜,通过小孔光阑、衰减片、窄带滤光片达到光电倍增管,前置放大器和高速 A/D 转换器对光电倍增管输出的微弱信号进行处理,获取测量数据并转送到计算机,数据处理软件对测量数据进行处理,获取被测污染物的浓度,并实时显示污染物的空间分布。

激光雷达技术在环境监测中的应用在国际上受到了相当的重视。美国、德国、英国、加拿大、日本等发达国家都建有用于大气污染测量的激光雷达系统,并在环境监测中发挥着重要的作用。日本通产省已着手研制能观测三维大气中物质密度和组分的环境监测用激光雷达,以测量都市上空的 NO_x、SO_x、O_3、甲烷等气体的三维立体分布。加拿大的 Optech 公司(1974 年开始研制)和德国的 Elight、OHB 等公司已向环境监测与研究部门提供测污激光雷达样机。例如,1994 年德国 Elight 公司开发制造的 510M 型车载激光雷达,能够监测 5 种污染气体(SO_2、NO_2、O_3、甲苯、苯)和气溶胶,可用来执行二维或三维空气污染监测,获得有关大气变化过程的更广泛信息,但其价格昂贵(120 万美元),国内暂时还不可能装备。

激光雷达已越来越多地应用于大气污染监测以及全球环境监测领域的常规测量或专项试验,必将发挥越来越大的、不可替代的作用。

习题与思考题

13.1　过程分析仪器和实验室分析仪器的区别是什么?

13.2　热导池的结构和工作原理是什么?

13.3　热导检测原理是否适合任何混合气体的测量?有何限制?

13.4　热导式气体分析仪的测量条件有哪些?若被测气样不满足测量条件时应如何处理?

13.5　简要分析空间双光路红外线气体分析仪与时间双光路红外线气体分析仪在工作原理及仪器结构上的区别。

13.6　三波长红外线水分仪比双波长水分仪增加了一个参比波长,有何意义?

13.7　本章介绍的水环境检测指标有哪些?概括说明各自的在线分析仪器的种类及特点。

13.8　简述二氧化硫、氮氧化物、飘尘、一氧化氮和臭氧的典型在线或自动分析仪器的工作原理。

附录1　Pt100铂热电阻分度表(ZB Y301—85)

分度号：Pt100　　　　$R(0℃)=100.00\Omega$ 单位：(Ω)

温度/℃	−100	−0	温度/℃	0	100	200	300	400	500	600	700	800
−0	60.25	100.00	0	100	138.50	175.84	212.02	247.04	280.90	313.59	345.13	375.51
−10	56.19	96.09	10	103.90	142.29	179.51	215.57	250.48	284.22	316.80	348.22	378.48
−20	52.11	92.16	20	107.79	146.06	183.17	219.12	253.90	287.53	319.99	351.30	381.45
−30	48.00	88.22	30	111.67	149.82	186.82	222.65	257.32	290.83	323.18	354.37	384.40
−40	43.87	84.27	40	115.54	153.58	190.45	226.17	260.72	294.11	326.35	357.42	387.34
−50	39.71	80.31	50	119.40	157.31	194.07	229.67	264.11	297.39	329.51	360.47	390.26
−60	35.53	76.33	60	123.24	161.04	197.69	233.17	267.49	300.65	332.66	363.50	
−70	31.32	72.33	70	127.07	164.76	201.29	236.65	270.86	303.91	335.79	366.52	
−80	27.08	68.33	80	130.89	168.46	204.88	240.13	274.22	307.15	338.92	369.53	
−90	22.80	64.30	90	134.70	172.16	208.45	243.59	277.56	310.38	342.03	372.52	
−100	18.49	60.25	100	138.50	175.84	212.02	247.04	280.90	313.59	345.13	375.51	

附录 2　Pt10 铂热电阻分度表(ZB Y301—85)

分度号：Pt10　　　　　　　　　　　　**R(0℃)=10.000Ω 单位：(Ω)**

温度/℃	-100	-0	温度/℃	0	100	200	300	400	500	600	700	800
-0	6.025	10.000	0	10.000	13.850	17.584	21.202	24.704	28.090	31.359	34.513	37.551
-10	5.619	9.609	10	10.390	14.229	17.951	21.557	25.048	28.422	31.680	34.822	37.848
-20	5.211	9.216	20	10.779	14.606	18.317	21.912	25.390	28.753	31.999	35.130	38.145
-30	4.800	8.822	30	11.167	14.982	18.682	22.265	25.732	29.083	32.318	35.437	38.440
-40	4.387	8.427	40	11.554	15.358	19.045	22.617	26.072	29.411	32.635	35.742	38.734
-50	3.971	8.031	50	11.940	15.731	19.407	22.967	26.411	29.739	32.951	36.047	39.026
-60	3.553	7.633	60	12.324	16.104	19.769	23.317	26.749	30.065	33.266	36.350	
-70	3.132	7.233	70	12.707	16.476	20.129	23.665	27.086	30.391	33.579	36.652	
-80	2.708	6.833	80	13.089	16.846	20.488	24.013	27.422	30.715	33.892	36.953	
-90	2.280	6.430	90	13.470	17.216	20.845	24.359	27.756	31.038	34.203	37.252	
-100	1.849	6.025	100	13.850	17.584	21.202	24.704	28.090	31.359	34.513	37.551	

附录 3　Cu100 铜热电阻分度表(JJG229—87)

(*R*0 ＝100.00Ω,－50～150℃的电阻对照)　　　　单位:(Ω)

温度/℃	0	1	2	3	4	5	6	7	8	9
－50	78.49	——	——	——	——	——	——	——	——	——
－40	82.80	82.36	82.04	81.50	81.08	80.64	80.20	79.78	79.34	78.92
－30	87.10	86.68	86.24	85.82	85.38	84.96	84.54	84.10	83.66	83.32
－20	91.40	90.98	90.54	90.12	89.68	89.26	88.82	88.40	87.96	87.54
－10	95.70	95.28	94.84	94.42	93.98	93.56	93.12	92.70	92.36	91.84
－0	100.00	99.56	99.14	98.70	98.28	97.84	97.42	97.00	96.56	96.14
0	100.00	100.00	100.36	101.28	101.72	102.14	102.56	103.00	103.42	103.66
10	104.28	104.72	105.14	105.56	106.00	106.42	106.86	107.28	107.72	108.14
20	108.56	109.00	109.42	109.84	110.28	110.70	111.14	111.56	112.00	112.42
30	112.84	113.28	113.70	114.14	114.56	114.98	115.42	115.84	116.26	116.70
40	117.12	117.56	117.98	118.40	118.84	119.26	119.70	120.12	120.54	120.98
50	121.40	121.84	122.20	122.68	123.12	123.54	123.96	124.40	124.82	125.26
60	125.68	126.10	126.54	126.96	127.40	127.82	128.24	128.68	129.10	129.52
70	129.96	130.38	130.82	131.24	131.66	132.10	132.52	132.96	133.38	133.80
80	134.24	134.66	135.08	135.52	135.94	136.38	136.80	137.24	137.66	138.08
90	138.52	138.94	139.36	139.80	140.22	140.66	141.08	141.52	141.94	142.36
100	142.80	143.22	143.66	144.08	144.50	144.94	145.36	145.80	146.22	146.66
110	147.08	147.50	147.94	148.36	148.80	149.22	149.66	150.08	150.52	150.94
120	151.36	151.80	152.22	152.66	153.08	153.52	153.94	154.38	154.80	155.24
130	155.66	156.10	156.52	156.96	157.38	157.82	158.24	158.68	159.10	159.54
140	159.96	160.40	160.82	161.26	161.68	162.12	162.54	162.98	163.40	163.84
150	164.27	——	——	——	——	——	——	——	——	——

附录4　铂铑30-铂铑6热电偶分度表(B型)

(参比端温度为0℃)　　　　　　　　单位:(mV)

温度/℃ \ 温度端	0	1	2	3	4	5	6	7	8	9
	热电动势									
0	0.000	0.000	0.000	0.000	0.000	−0.001	−0.001	−0.001	−0.001	−0.001
10	−0.001	−0.002	−0.002	−0.002	−0.002	−0.002	−0.002	−0.002	−0.002	−0.002
20	−0.002	−0.002	−0.002	−0.002	−0.002	−0.002	−0.002	−0.002	−0.002	−0.002
30	−0.002	−0.002	−0.001	−0.001	−0.001	−0.001	−0.001	−0.001	−0.000	−0.000
40	−0.000	0.000	0.000	0.000	0.001	0.001	0.002	0.002	0.002	0.002
50	0.003	0.003	0.003	0.004	0.004	0.004	0.005	0.005	0.006	0.006
60	0.007	0.007	0.008	0.008	0.008	0.009	0.010	0.010	0.010	0.011
70	0.012	0.012	0.013	0.013	0.014	0.015	0.015	0.016	0.016	0.017
80	0.018	0.018	0.019	0.020	0.021	0.021	0.022	0.023	0.024	0.024
90	0.025	0.026	0.027	0.029	0.028	0.029	0.030	0.031	0.032	0.033
100	0.034	0.034	0.035	0.036	0.037	0.038	0.039	0.040	0.041	0.042
110	0.043	0.044	0.045	0.046	0.047	0.048	0.049	0.050	0.051	0.052
120	0.054	0.055	0.056	0.057	0.058	0.059	0.060	0.062	0.063	0.064
130	0.065	0.067	0.069	0.069	0.070	0.072	0.073	0.074	0.076	0.077
140	0.078	0.080	0.081	0.082	0.084	0.085	0.086	0.088	0.089	0.091
150	0.092	0.094	0.095	0.097	0.098	0.100	0.101	0.103	0.104	0.106
160	0.107	0.109	0.110	0.112	0.114	0.115	0.117	0.118	0.120	0.122
170	0.123	0.125	0.127	0.128	0.130	0.132	0.134	0.135	0.137	0.139
180	0.141	0.142	0.144	0.146	0.148	0.150	0.152	0.153	0.155	0.157
190	0.159	0.161	0.163	0.165	0.167	0.168	0.170	0.172	0.174	0.176
200	0.178	0.180	0.182	0.184	0.186	0.188	0.190	0.193	0.195	0.197
210	0.199	0.201	0.203	0.205	0.207	0.210	0.212	0.214	0.216	0.218
220	0.220	0.223	0.225	0.227	0.229	0.232	0.234	0.236	0.238	0.241
230	0.243	0.245	0.248	0.250	0.252	0.255	0.257	0.260	0.262	0.264
240	0.267	0.269	0.273	0.274	0.276	0.279	0.281	0.284	0.286	0.289
250	0.291	0.294	0.296	0.299	0.302	0.304	0.307	0.309	0.312	0.315
260	0.317	0.320	0.322	0.325	0.328	0.331	0.333	0.336	0.339	0.341
270	0.344	0.347	0.350	0.352	0.355	0.358	0.361	0.364	0.366	0.369
280	0.372	0.375	0.378	0.381	0.384	0.386	0.389	0.394	0.395	0.398
290	0.401	0.404	0.407	0.410	0.413	0.416	0.419	0.422	0.425	0.428
300	0.431	0.434	0.437	0.440	0.443	0.446	0.449	0.453	0.456	0.459
310	0.462	0.465	0.468	0.472	0.475	0.478	0.481	0.484	0.488	0.491
320	0.494	0.497	0.501	0.504	0.507	0.510	0.514	0.517	0.520	0.524

续表

温度/℃ \ 温度端	0	1	2	3	4	5	6	7	8	9
	热电动势									
330	0.527	0.530	0.534	0.537	0.541	0.544	0.548	0.551	0.554	0.558
340	0.561	0.565	0.568	0.572	0.575	0.579	0.582	0.586	0.589	0.593
350	0.596	0.600	0.604	0.607	0.611	0.614	0.618	0.622	0.625	0.629
360	0.632	0.636	0.640	0.644	0.647	0.651	0.655	0.658	0.662	0.666
370	0.670	0.673	0.677	0.681	0.685	0.689	0.692	0.696	0.700	0.704
380	0.708	0.712	0.716	0.719	0.723	0.727	0.731	0.735	0.739	0.743
390	0.747	0.751	0.755	0.759	0.763	0.767	0.771	0.775	0.779	0.783
400	0.787	0.791	0.795	0.799	0.803	0.808	0.812	0.816	0.820	0.824
410	0.828	0.832	0.836	0.841	0.845	0.849	0.853	0.858	0.862	0.866
420	0.870	0.874	0.879	0.883	0.887	0.892	0.896	0.900	0.905	0.909
430	0.913	0.918	0.922	0.926	0.931	0.935	0.940	0.944	0.949	0.953
440	0.957	0.962	0.966	0.971	0.975	0.980	0.984	0.989	0.993	0.998

附录 5　铂铑 10-铂热电偶分度表(S 型)

(参比端温度为 0℃)　　　　　　　　　　　　　　　　单位:(mV)

测量端温度/℃	0	1	2	3	4	5	6	7	8	9
	热电动势									
0	0.000	0.005	0.011	0.016	0.022	0.028	0.033	0.039	0.044	0.050
10	0.056	0.061	0.067	0.073	0.078	0.084	0.090	0.096	0.102	0.107
20	0.113	0.119	0.125	0.131	0.137	0.143	0.149	0.155	0.161	0.167
30	0.173	0.179	0.185	0.191	0.198	0.204	0.210	0.216	0.222	0.229
40	0.235	0.241	0.247	0.254	0.260	0.266	0.273	0.279	0.286	0.292
50	0.299	0.305	0.312	0.318	0.325	0.331	0.338	0.344	0.351	0.357
60	0.364	0.371	0.347	0.384	0.391	0.397	0.404	0.411	0.418	0.425
70	0.431	0.438	0.455	0.452	0.459	0.466	0.473	0.479	0.486	0.493
80	0.500	0.507	0.514	0.521	0.528	0.535	0.543	0.550	0.557	0.564
90	0.571	0.578	0.585	0.593	0.600	0.607	0.614	0.621	0.629	0.636
100	0.643	0.651	0.658	0.665	0.673	0.680	0.687	0.694	0.702	0.709
110	0.717	0.724	0.732	0.789	0.747	0.754	0.762	0.769	0.777	0.784
120	0.792	0.800	0.807	0.815	0.823	0.830	0.838	0.845	0.853	0.861
130	0.869	0.876	0.884	0.892	0.900	0.907	0.915	0.923	0.931	0.939
140	0.946	0.954	0.962	0.970	0.978	0.986	0.994	1.002	1.009	1.017
150	1.025	1.033	1.041	1.049	1.057	1.065	1.073	1.081	1.089	1.097
160	1.106	1.114	1.122	1.130	1.138	1.146	1.154	1.162	1.170	1.179
170	1.187	1.195	1.203	1.211	1.220	1.228	1.236	1.244	1.253	1.261
180	1.269	1.277	1.286	1.294	1.302	1.311	1.319	1.327	1.336	1.344
190	1.352	1.361	1.369	1.377	1.386	1.394	1.403	1.411	1.419	1.428
200	1.436	1.445	1.453	1.462	1.470	1.479	1.487	1.496	1.504	1.513
210	1.521	1.530	1.538	1.547	1.555	1.564	1.573	1.581	1.590	1.598
220	1.607	1.615	1.624	1.633	1.641	1.650	1.659	1.667	1.676	1.685
230	1.693	1.702	1.710	1.710	1.728	1.736	1.745	1.754	1.763	1.771
240	1.780	1.788	1.797	1.805	1.814	1.823	1.832	1.840	1.849	1.858
250	1.867	1.876	1.884	1.893	1.902	1.911	1.920	1.929	1.937	1.946
260	1.955	1.964	1.973	1.982	1.991	2.000	2.008	2.017	2.026	2.035
270	2.044	2.053	2.062	2.071	2.080	2.089	2.089	2.107	2.116	2.125
280	2.134	2.143	2.152	2.161	2.170	2.179	2.188	2.197	2.206	2.215
290	2.224	2.233	2.242	2.251	2.260	2.270	2.279	2.288	2.297	2.306
300	2.315	2.324	2.333	2.342	2.352	2.361	2.370	2.379	2.388	2.397
310	2.407	2.416	2.425	2.434	2.443	2.452	2.462	2.471	2.480	2.489
320	2.498	2.508	2.517	2.526	2.535	2.545	2.554	2.563	2.572	2.582

续表

测量端温度/℃	0	1	2	3	4	5	6	7	8	9
	热电动势									
330	2.591	2.600	2.609	2.619	2.628	2.637	2.647	2.656	2.565	2.675
340	2.684	2.693	2.703	2.712	2.721	2.730	2.740	2.749	2.759	2.768
350	2.777	2.787	2.796	2.805	2.815	2.824	2.833	2.843	2.852	2.862
360	2.871	2.880	2.890	2.899	2.909	2.918	2.937	2.928	2.946	2.956
370	2.965	2.975	2.984	2.994	3.003	3.013	3.022	3.031	3.041	3.050
380	3.060	3.069	3.079	3.088	3.098	3.107	3.117	3.126	3.136	3.145
390	3.155	3.164	3.174	3.183	3.193	3.202	3.212	3.221	3.231	3.240
400	3.250	3.260	3.269	3.279	3.288	3.298	3.307	3.317	3.326	3.336
410	3.346	3.355	3.365	3.374	3.384	3.393	3.403	3.413	3.422	3.432
420	3.441	3.451	3.461	3.470	3.480	3.489	3.499	3.509	3.518	3.528
430	3.538	3.547	3.557	3.566	3.576	3.586	3.595	3.605	3.615	3.624
440	3.634	3.644	3.653	3.663	3.673	3.682	3.692	3.702	3.711	3.721
450	3.731	3.740	3.750	3.760	3.770	3.779	3.789	3.799	3.808	3.818
460	3.828	3.833	3.847	3.857	3.867	3.877	3.886	3.896	3.906	3.916
470	3.925	3.935	3.945	3.955	3.964	3.974	3.984	3.994	4.003	4.013
480	4.023	4.033	4.043	4.052	4.062	4.072	4.082	4.092	4.102	4.111
490	4.121	4.131	4.141	4.151	4.161	4.170	4.180	4.190	4.200	4.210
500	4.220	4.229	4.239	4.249	4.259	4.269	4.279	4.289	4.299	4.309
510	4.318	4.328	4.338	4.348	4.358	4.368	4.378	4.388	4.398	4.408
520	4.418	4.427	4.437	4.447	4.457	4.467	4.477	4.487	4.497	4.507
530	4.517	4.527	4.537	4.547	4.557	4.567	4.577	4.587	4.597	4.607
540	4.617	4.627	4.637	4.647	4.657	4.667	4.677	4.687	4.697	4.707
550	4.717	4.727	4.737	4.747	4.757	4.767	4.777	4.787	4.797	4.807
560	4.817	4.827	4.838	4.848	4.858	4.868	4.878	4.888	4.898	4.908
570	4.918	4.928	4.938	4.949	4.959	4.969	4.979	4.989	4.999	5.009
580	5.019	5.030	5.040	5.050	5.060	5.070	5.080	5.090	5.101	5.111
590	5.121	5.131	5.141	5.151	5.162	5.172	5.182	5.192	5.202	5.212
600	5.222	5.232	5.242	5.252	5.263	5.273	5.283	5.293	5.304	5.314
610	5.324	5.334	5.344	5.355	5.365	5.375	5.386	5.396	5.406	5.416
620	5.427	5.437	5.447	5.457	5.468	5.478	5.488	5.499	5.509	5.519
630	5.530	5.540	5.550	5.561	5.571	5.581	5.591	5.602	5.612	5.622
640	5.633	5.643	5.653	5.664	5.674	5.684	5.695	5.705	5.715	5.725
650	5.735	5.745	5.756	5.765	5.776	5.787	5.797	5.808	5.818	5.828
660	5.839	5.849	5.859	5.870	5.880	5.891	5.901	5.911	5.922	5.932
670	5.943	5.953	5.964	5.974	5.984	5.995	6.005	6.016	6.026	6.036
680	6.046	6.056	6.067	6.077	6.088	6.098	6.109	6.119	6.130	6.140
690	6.151	6.161	6.172	6.182	6.193	6.203	6.214	6.224	6.235	6.245
700	6.256	6.266	6.277	6.287	6.298	6.308	6.319	6.329	6.340	6.351
710	6.361	6.372	6.382	6.392	6.402	6.413	6.424	6.434	6.445	6.455

续表

测量端温度/℃	0	1	2	3	4	5	6	7	8	9
	热电动势									
720	6.466	6.476	6.487	6.498	6.508	6.519	6.529	6.540	6.551	6.561
730	6.527	6.583	6.593	6.604	6.614	6.624	6.635	6.645	6.656	6.667
740	6.677	6.688	6.699	6.709	6.720	6.731	6.741	6.752	6.763	6.773
750	6.784	6.795	6.805	6.816	6.827	6.838	6.848	6.859	6.870	6.880
760	6.891	6.902	6.913	6.923	6.934	6.945	6.956	6.966	6.977	6.988
770	6.999	7.009	7.020	7.031	7.041	7.051	7.062	7.073	7.084	7.095
780	7.105	7.116	7.127	7.138	7.149	7.159	7.170	7.181	7.192	7.203
790	7.213	7.224	7.235	7.246	7.257	7.268	7.279	7.289	7.300	7.311
800	7.322	7.333	7.344	7.355	7.365	7.376	7.387	7.397	7.408	7.419
810	7.430	7.441	7.452	7.462	7.473	7.484	7.495	7.506	7.517	7.528
820	7.539	7.550	7.561	7.572	7.583	7.594	7.605	7.615	7.626	7.637
830	7.648	7.659	7.670	7.681	7.692	7.703	7.714	7.724	7.735	7.746
840	7.757	7.768	7.779	7.790	7.801	7.812	7.823	7.834	7.845	7.856
850	7.876	7.878	7.889	7.901	7.912	7.923	7.934	7.945	7.956	7.967
860	7.978	7.989	8.000	8.011	8.022	8.033	8.043	8.054	8.066	8.077
870	8.088	8.099	8.110	8.121	8.132	8.143	8.154	8.166	8.177	8.188
880	8.199	8.210	8.221	8.232	8.244	8.255	8.266	8.277	8.288	8.299
890	8.310	8.322	8.333	8.344	8.355	8.366	8.377	8.388	8.399	8.410
900	8.421	8.433	8.444	8.455	8.466	8.477	8.489	8.500	8.511	8.522
910	8.534	8.545	8.556	8.567	8.579	8.590	8.610	8.612	8.624	8.635
920	8.646	8.657	8.668	8.679	8.690	8.702	8.713	8.724	8.735	8.747
930	8.758	8.769	8.781	8.792	8.803	8.815	8.826	8.837	8.849	8.860
940	8.871	8.883	8.894	8.905	8.917	8.928	8.939	8.951	8.962	8.974
950	8.985	9.996	9.007	9.018	9.029	9.041	9.052	9.064	9.075	9.086
960	9.098	9.109	9.121	9.123	9.144	9.155	9.160	9.178	9.189	9.201
970	9.212	9.223	9.235	9.247	9.258	9.269	9.281	9.292	9.303	9.314
980	9.326	9.337	9.349	9.360	9.372	9.383	9.395	9.406	9.418	9.429
990	9.441	9.452	9.464	9.475	9.487	9.498	9.510	9.521	9.533	9.545
1000	9.556	9.568	9.579	9.591	9.602	9.613	9.624	9.636	9.648	9.659
1010	9.671	9.682	9.694	9.705	9.717	9.729	9.740	7.752	9.764	9.775

附录 6　铂铑 13-铂热电偶分度表(R 型)

（参比端温度为 0℃）　　　　　　　　单位：(mV)

温度/℃	0	100	200	300	400	500	600	700	800	900	1000	1100	1200	1300	1400	1500	1600	1700
0	0.00054	0.64776	1.46889	2.40098	3.407104	4.471109	5.582114	6.741119	7.949123	9.203128	10.503133	11.846137	13.224139	14.624141	16.035141	17.445140	18.842139	20.215135
10	0.05457	0.72377	1.55790	2.49898	3.511105	4.580109	5.696114	6.860119	8.072124	9.331129	10.636132	11.983136	13.363139	14.765141	16.176141	17.585141	18.981138	20.350133
20	0.11160	0.80079	1.64791	2.59699	3.616105	4.689110	5.810115	6.979119	8.196124	9.460129	10.768134	12.119138	13.502140	14.906141	16.317141	17.726140	19.119138	20.483133
30	0.17161	0.87980	1.73892	2.695100	3.721105	4.799111	5.925115	7.098120	8.320125	9.589129	10.902133	12.257137	13.642140	15.047141	16.458141	17.866140	19.257138	20.616132
40	0.23264	0.95982	1.83093	2.795101	3.826107	4.910111	6.040115	7.218121	8.445125	9.718130	11.035135	12.394138	13.782140	15.188141	16.599142	18.006140	19.395138	20.748130
50	0.29667	1.04183	1.92394	2.896101	3.933106	5.021111	6.155117	7.339121	8.570126	9.848130	11.170134	12.532137	13.922140	15.329141	16.741141	18.146140	19.533137	20.878128
60	0.36368	1.12484	2.01794	2.997102	4.039107	5.132112	6.272116	7.460122	8.696126	9.978131	11.304135	12.669139	14.062140	15.470141	16.882140	18.286139	19.670137	21.006
70	0.43170	1.20886	2.11196	3.099102	4.146108	5.244112	6.388117	7.582121	8.822127	10.109131	11.439135	12.808138	14.202141	15.611141	17.022141	18.425139	19.807137	
80	0.50172	1.29486	2.20796	3.201103	4.254108	5.356113	6.505118	7.703123	8.949127	10.240131	11.574136	12.946139	14.343140	15.752141	17.163141	18.564139	19.944136	
90	0.57374	1.38088	2.30397	3.304103	4.362109	5.469113	6.623118	7.826123	9.076127	10.371132	11.710136	13.085139	14.483141	15.893142	17.304141	18.703139	20.080135	
100	0.647	1.468	2.400	3.407	4.471	5.582	6.741	7.949	9.203	10.503	11.846	13.224	14.624	16.035	17.415	18.842	20.215	

附录 7　镍铬-镍硅热电偶分度表（K 型）

（参比端温度为 0℃）　　　　单位：（mV）

温度/℃	−100	−0	温度/℃	0	100	200	300	400	500	600	700	800	900	1000	1100	1200	1300
−0	−3.5532 99	0.00039 2	0	0.0003 97	4.0954 13	8.13740 0	12.2074 16	16.3954 23	20.6404 26	24.9024 25	29.1284 19	33.2774 09	37.3253 99	41.2693 88	45.1083 78	48.8283 64	52.3983 49
−10	−3.8532 89	−0.3923 85	10	0.3974 01	4.5084 11	8.53740 5	12.6234 16	16.8184 23	21.0664 27	25.3274 24	29.5474 18	33.6864 09	37.7243 98	41.6573 88	45.4863 77	49.1923 63	52.7473 46
−20	−4.1382 72	−0.7773 79	20	0.7984 05	4.9194 08	8.63840 3	13.0394 17	17.2414 23	21.4934 26	25.7514 25	29.9654 18	34.0954 07	38.1223 97	42.0453 87	45.8633 75	49.5553 61	53.0933 46
−30	−4.4102 59	−1.1563 71	30	1.2034 08	5.3274 06	9.34140 4	13.4564 18	17.6644 24	21.9194 27	26.1764 23	30.3834 16	34.5024 07	38.5193 96	42.4323 85	46.2383 74	49.9163 60	53.4393 43
−40	−4.6692 43	−1.5273 62	40	1.6114 11	5.7334 04	9.74540 6	13.8744 18	18.0884 25	22.3464 26	26.5994 23	30.7994 15	34.9094 06	38.9153 95	42.8173 85	46.6123 73	50.2793 57	53.7823 43
−50	−4.9122 29	−1.8893 54	50	2.0224 14	6.1374 02	10.1514 09	14.2924 20	18.5134 25	22.7724 26	27.0224 23	31.2144 15	35.3144 04	39.3103 93	43.2023 83	46.9853 71	50.6333 57	54.1253 41
−60	−5.1412 13	−2.2433 43	60	2.4364 14	6.5394 00	10.5604 09	14.7124 20	18.9384 25	23.1084 26	27.4454 22	31.6294 13	35.7184 03	39.7033 93	43.5853 83	47.3563 70	50.9903 54	54.4663 41
−70	−5.3541 96	−2.5863 34	70	2.8504 16	6.9393 99	10.9694 12	15.1324 20	19.3634 25	23.6244 26	27.8674 21	32.0424 13	36.1214 03	40.0963 92	43.9683 81	47.7263 69	51.3443 53	54.807
−80	−5.5501 80	−2.9203 22	80	3.2664 15	7.3883 99	11.3814 12	15.5524 22	19.7884 26	24.0504 26	28.2884 21	32.4554 11	36.5244 01	40.4883 91	44.3493 80	48.0953 67	51.6973 52	
−90	−5.7301 61	−3.2423 11	90	3.6814 14	7.7374 00	11.7934 14	15.9744 21	20.2144 26	24.4764 26	28.7094 19	32.8664 11	36.9254 00	40.8793 90	44.7263 79	48.4623 66	52.0493 49	
−100	−5.891	−3.553	100	4.095	8.137	12.207	16.395	20.640	24.902	29.128	33.277	37.325	41.269	45.108	48.828	52.398	

附录 8　镍铬-康铜热电偶分度表(E 型)

（参比端温度为 0℃）　　　　单位：（mV）

温度/℃	−100	−0	温度/℃	0	100	200	300	400	500	600	700	800	900
−0	−5.237	0.000	0	0.000	6.317	13.419	21.033	28.943	36.999	45.085	53.110	61.022	68.783
	443	581		591	679	742	781	801	809	806	797	784	766
−10	−5.680	−0.581	10	0.591	6.996	14.161	21.814	29.744	37.808	45.801	53.907	61.805	69.549
	427	570		601	687	748	783	802	809	806	796	782	761
−20	−6.107	−1.151	20	1.192	7.683	14.909	22.597	30.546	38.617	46.697	54.703	62.588	70.313
	409	558		609	694	752	786	804	809	805	795	780	762
−30	−6.516	−1.709	30	1.801	8.377	15.661	23.383	31.350	39.426	47.502	55.498	63.368	71.075
	391	548		618	701	756	788	805	810	804	794	779	760
−40	−6.907	−2.254	40	2.419	9.078	16.417	24.171	32.155	40.236	48.306	56.291	64.147	71.885
	379	533		628	709	761	790	809	809	803	792	777	758
−50	−7.279	−2.787	50	3.047	9.787	17.178	14.961	32.960	41.045	49.109	57.083	64.924	72.593
	352	519		636	714	764	793	807	808	802	790	776	757
−60	−7.631	−3.306	60	3.683	10.501	17.942	25.754	33.767	41.853	49.911	57.873	65.700	73.350
	332	505		646	721	768	795	807	809	802	790	773	754
−70	−7.963	−3.811	70	4.329	11.222	18.710	26.549	34.574	42.662	50.713	58.663	66.473	74.104
	310	490		653	727	771	796	808	808	800	788	772	753
−80	−8.273	−4.301	80	4.983	11.949	19.481	27.345	35.382	43.470	51.513	59.451	67.245	74.857
	288	476		663	732	775	798	808	808	790	786	770	751
−90	−8.561	−4.777	90	5.646	12.681	20.256	28.143	36.190	44.278	52.312	60.237	68.015	75.608
	263	460		671	738	777	800	809	807	798	785	768	750
−100	−8.824	−5.237	100	6.317	13.419	21.033	28.913	36.999	45.085	53.110	68.022	68.783	76.358

附录 9　铁-康铜热电偶分度表(J 型)

（参比端温度为 0℃）　　　　　　　　　　单位：(mV)

温度/℃	−100	−0	温度/℃	0	100	200	300	400	500	600	700	800	900	1000	1100
−0	−4.632 404	0.000 501	0	0.000 507	5.266 544	10.777 555	16.325 544	21.846 551	27.388 561	33.096 587	39.130 624	45.498 646	51.875 621	57.942 591	63.777 578
−10	−5.036 390	−0.501 494	10	0.507 512	5.812 547	11.332 555	16.879 553	22.397 552	27.949 562	33.683 590	9.754 628	46.144 646	52.496 619	58.522 588	64.355 578
−20	−5.426 375	−0.995 486	20	1.019 517	6.359 548	11.887 555	17.432 552	22.949 552	28.511 564	34.273 594	40.382 631	46.790 644	53.115 614	59.121 587	64.933 577
−30	−5.801 358	−1.481 479	30	1.536 522	6.907 550	12.442 556	17.984 553	23.501 553	29.075 567	34.867 597	41.013 634	47.434 642	53.729 612	59.708 585	65.510 577
−40	−6.519 340	−1.960 471	40	2.058 527	7.457 551	12.998 555	18.537 552	24.054 553	29.642 568	35.464 602	41.647 640	48.076 640	54.431 607	60.293 585	66.087 577
−50	−6.599 322	−2.431 461	50	2.585 530	8.008 552	13.553 555	19.089 551	24.607 554	30.210 572	36.066 605	42.287 639	48.716 638	54.948 605	60.876 583	66.664 576
−60	−6.821 301	−2.892 452	60	3.115 534	8.560 553	14.108 555	19.640 552	25.161 555	30.782 574	36.671 609	42.922 641	49.354 635	55.553 602	61.459 580	67.240 575
−70	−7.122 280	−3.344 441	70	3.649 537	9.113 554	14.663 554	20.192 551	25.716 556	31.356 577	37.280 613	43.563 644	49.989 632	56.155 598	62.039 580	67.815 575
−80	−7.402 257	−3.785 430	80	4.186 539	9.667 555	15.217 554	20.743 552	26.272 557	31.933 580	37.893 617	44.207 615	50.621 628	56.753 596	62.619 580	68.390 574
−90	−7.659 231	−4.215 417	90	4.725 543	10.222 555	15.771 554	21.295 551	26.829 559	32.513 583	38.510 620	44.852 646	51.249 626	57.349 593	63.199 578	68.964 672
−100	−7.890	−4.632	100	5.268	10.777	16.325	21.846	27.388	33.096	39.130	45.498	51.875	57.942	63.777	69.538

附录 10　铜-康铜热电偶分度表(T 型)

（参比端温度为 0℃）　　　　　　　　　　　　　　　　　　　　单位：(mV)

温度/℃	−200	−100	−0	温度/℃	0	100	200	300
−0	−5.603 150	−3.378 278	0.000 333	0	0.000 391	4.277 472	9.286 534	14.860 583
−10	−5.753 136	−3.656 267	−0.383 374	10	0.391 398	4.749 478	9.820 540	15.443 587
−20	−5.889 118	−3.923 254	−0.757 364	20	0.789 407	5.227 485	10.360 5445	16.030 591
−30	−6.007 98	−5.177 242	−1.121 354	30	1.196 415	5.712 492	10.905 551	16.621 596
−40	−6.105 76	−4.419 229	−1.475 344	40	1.611 424	6.204 498	11.456 555	17.217 599
−50	−6.181 51	−4.448 217	−1.819 333	50	2.035 432	6.702 505	12.011 561	17.816 604
−60	−6.632 26	−4.865 204	−2.152 323	60	2.467 441	7.207 511	12.572 565	18.420 607
−70	−6.258	−5.069 192	−2.475 313	70	2.908 449	7.718 517	13.137 570	19.027 611
−80		−5.261 178	−2.788 301	80	3.357 456	8.235 522	13.707 574	19.638 614
−90		−5.439 164	−3.089 289	90	3.813 464	8.757 529	14.281 579	20.252 617
−100		−5.603	−3.378	100	4.277	9.286	14.860	20.869

附录 11　镍铬硅-镍硅热电偶分度表(N 型)

(参比端温度为 0℃)　　　　单位:(mV)

温度/℃	-100	-0	温度/℃	0	100	200	300	400	500	600	700	800	900	1000	1100	1200	1300
-0	-2.407	0.000	0	0.000	2.744	5.912	9.34	12.972	16.744	20.609	24.526	28.456	32.370	36.248	40.076	43.836	47.502
-10	-2.612	-0.2	10	0.261	3.072	6.243	9.695	13.344	17.127	20.999	24.919	28.849	32.760	36.633	40.456	44.207	
-20	-2.807	-0.518	20	0.525	3.374	6.577	10.053	13.717	17.511	21.39	25.312	29.241	33.149	37.018	40.835	44.577	
-30	-2.994	-0.772	30	0.793	3.679	6.914	10.412	14.091	17.896	21.781	25.705	29.633	33.538	37.402	41.213	44.947	
-40	-3.17	-1.023	40	1.064	3.988	7.254	10.772	14.467	18.282	22.172	26.098	30.025	33.926	37.786	41.59	45.315	
-50	-3.336	-1.263	50	1.389	4.301	7.596	11.135	14.844	18.668	22.564	26.491	30.417	34.315	38.169	41.966	45.682	
-60	-3.491	-1.509	60	1.619	4.617	7.940	11.499	15.222	19.055	22.956	26.895	30.808	34.702	38.552	42.342	46.048	
-70	-3.634	-1.744	70	1.902	4.938	8.287	11.865	15.601	19.443	23.348	27.278	31.199	35.089	38.934	42.717	46.413	
-80	-3.766	-1.972	80	2.188	5.258	8.636	12.233	15.981	19.831	23.74	27.671	31.590	35.476	39.315	43.091	46.777	
-90	-3.884	-2.193	90	2.479	5.584	8.987	12.602	16.362	20.22	24.133	28.063	31.908	35.862	39.69	43.464	47.140	
-100	-3.99	-2.407	100	2.774	5.912	9.340	12.972	16.744	20.609	24.526	28.451	32.307	36.248	40.078	43.836	47.502	

参考文献

[1] 周杏鹏，仇国富，王寿荣等. 现代检测技术. 北京：高等教育出版社，2004

[2] 韩九强，张新曼，刘瑞玲. 现代测控技术与系统. 北京：清华大学出版社，2007

[3] 郁有文，常健，程继红等. 传感器原理及工程应用. 西安：西安电子科技大学出版社，2008

[4] 丁天怀，李庆祥. 测量控制与仪器仪表现代系统集成技术. 北京：清华大学出版社，2005

[5] 陈岭丽，冯志华. 检测技术和系统. 北京：清华大学出版社，2005

[6] Ernest O. Doebelin. Measurement systems application and design(Fifth Edition). 北京：机械工业出版社，2005

[7] 王伯雄. 测试技术基础. 北京：清华大学出版社，2003

[8] 杜清府，刘海. 检测原理与传感技术. 济南：山东大学出版社，2008

[9] 张庆玲. 检测技术理论与实践. 北京：北京航空航天大学出版社，2007

[10] 卜云峰. 检测技术. 北京：机械工业出版社，2005

[11] 刘君华，申忠如，郭福田. 现代测试技术与系统集成. 北京：电子工业出版社，2005

[12] 蔡共宣，林富生. 工程测试与信号处理. 武汉：华中理工大学出版社，2006

[13] 刘亮. 先进传感器及其应用. 北京：化学工业出版社，2005

[14] Robert B. Northrop. 测量仪表与测量技术. 北京：机械工业出版社，2009

[15] 林玉池，曾周末. 现代传感技术与系统. 北京：机械工业出版社，2009

[16] 仪器仪表常用标准汇编：工业自动与系统. 北京：机械工业出版社，2009

[17] 林玉池. 测量控制与仪器仪表前沿技术及发展趋势. 第 2 版. 天津：天津大学出版社，2008

[18] 孙传友，孙晓斌. 感测技术基础. 北京：电子工业出版社，2001

[19] 张迎新，雷道振，陈胜等. 非电量测量技术基础. 北京：北京航空航天大学出版社，2001

[20] 范玉久. 化工测量及仪表. 北京：化学工业出版社，2002

[21] 孟华主. 工业过程检测与控制. 北京：北京航空航天大学出版社，2002

[22] 刘迎春，叶湘滨. 传感器原理设计与应用. 第 4 版. 长沙：国防科技大学出版社，2002

[23] 赵负周. 传感器集成电路手册. 北京：化学工业出版社，2002

[24] 樊尚春，周浩敏. 信号与测试技术. 北京：北京航空航天大学出版社，2002

[25] 张宝芬. 自动检测技术及仪表控制系统. 北京：化学工业出版社，2000

[26] 施文康，余晓芬. 检测技术. 北京：机械工业出版社，2000

[27] 陈光楀等. 现代电子测试技术. 北京：国防工业出版社，2000

[28] 韩建国，翁维勤，柯静洁等. 现代电子测量技术基础. 北京：中国计量出版社，2000

[29] 钱政，王中宇，刘桂礼. 测试误差分析与数据处理. 北京：北京航空航天大学出版社，2008

[30] 国家质量技术监督局计量司. 测量不确定度评定与表示指南. 北京：中国计量出版社，2000

[31] 钱绍圣. 测量不确定度：实验数据的处理与表示. 北京：清华大学出版社，2002

[32] 马西泰. 自动检测技术. 北京：机械工业出版社，2000

[33] 常健生. 检测与转换技术. 北京：机械工业出版社，2000

[34] 朱英华，李崇维. 电子测量技术. 第 2 版. 成都：西南交通大学出版社，2008

[35] 张永瑞. 电子测量技术基础. 第 2 版. 西安：西安电子科技大学出版社，2009

[36] 林德杰. 电气测试技术. 北京：机械工业出版社，2000

[37] 刘国林，殷贯西. 电子测量. 北京：机械工业出版社，2003

[38] F. E. Jones and R. M. Schoonover. Handbook of Mass Measurement. CRC Press，New York，2002

[39] S. Soloman. Sensors Handbook. McGraw-Hill,New York,1999
[40] 王寿荣. 硅微型惯性器件理论及应用. 南京：东南大学出版社,2000
[41] 王魁汉. 温度测量实用技术. 北京：机械工业出版社,2007
[42] 刘希民. 热电偶线性温度测量装置. 仪器仪表学报,2007,Vol. 28,No. 4：53～57
[43] Takeshi Kudoh, Shin-Ichiro Ikebe. A high sensitive thermistor Bolometer for a clinical tympanis thermometer. Sensors and Actuators A,1996 (55)：13～17
[44] P. R. Childs,J. R. Greenwood,and C. A. Long. Review of temperature measurement. Review of Scientific Instruments,2008,Vol. 71,No. 8：2959～2978
[45] Satish Chandra Bera. A Low-Cost Noncontact Capacitance-Type Level Transducer for a Conducting Liquid. IEEE TRANSACTIONS ON INSTRUMENTATION AND MEASUREMENT,2006,VOL. 55,NO. 3：778～786
[46] 王继顺,何祥宇. 基于AT89C51单片机的油水界面检测仪. 可编程控制器与工厂自动化,2007(5)：102～104
[47] 陈晓竹,陈乐. 导电介质物位测量的研究. 仪器仪表学报,Vol. 23,No. 6,2003：1～3
[48] Guirong Lu, Mitio Seto and Katsunori Shida. A new proposal of multi-functional level meter. IEEE Conference on Multi-sensor Fusion and Integration for Intelligent Systems 2003：209～213
[49] 蔡武昌,应启戛. 新型流量检测仪表. 北京：化学工业出版社,2006
[50] 姜仲霞,姜川涛,刘桂芳. 涡街流量计. 北京：中国石化出版社,2006
[51] 梁国伟,蔡武昌. 流量测量技术及仪表. 北京：机械工业出版社,2002
[52] Volker Hansa,Harald Windorferb. Comparison of pressure and ultrasound measurements in vortex flow meters. Measurement,2003：121～133
[53] Jan G. Drenthen,Geeuwke de Boer. The manufacturing of ultrasonic gas flow meters. Flow Measurement and Instrumentation,2001(12)：89～99
[54] Yuto Inouea,Hiroshige Kikuraa. A study of ultrasonic propagation for ultrasonic flow rate measurement. Flow Measurement and Instrumentation 2008(19)：223～232
[55] 郝吉明,马广大. 大气污染控制工程. 北京：高等教育出版社,2002
[56] 杨若明,金军. 环境监测. 北京：化学工业出版社,2009
[57] 齐文启,孙宗光,边归国. 环境监测新技术. 北京：化学工业出版社,2004

《全国高等学校自动化专业系列教材》丛书书目

教材类型	编　　号	教材名称	主编/主审	主编单位	备注
本科生教材					
控制理论与工程	Auto-2-(1+2)-V01	自动控制原理(研究型)	吴麒、王诗宓	清华大学	
	Auto-2-1-V01	自动控制原理(研究型)	王建辉、顾树生/杨自厚	东北大学	
	Auto-2-1-V02	自动控制原理(应用型)	张爱民/黄永宣	西安交通大学	
	Auto-2-2-V01	现代控制理论(研究型)	张嗣瀛、高立群	东北大学	
	Auto-2-2-V02	现代控制理论(应用型)	谢克明、李国勇/郑大钟	太原理工大学	
	Auto-2-3-V01	控制理论 CAI 教程	吴晓蓓、徐志良/施颂椒	南京理工大学	
	Auto-2-4-V01	控制系统计算机辅助设计	薛定宇/张晓华	东北大学	
	Auto-2-5-V01	工程控制基础	田作华、陈学中/施颂椒	上海交通大学	
	Auto-2-6-V01	控制系统设计	王广雄、何朕/陈新海	哈尔滨工业大学	
	Auto-2-8-V01	控制系统分析与设计	廖晓钟、刘向东/胡佑德	北京理工大学	
	Auto-2-9-V01	控制论导引	万百五、韩崇昭、蔡远利	西安交通大学	
	Auto-2-10-V01	控制数学问题的 MATLAB 求解	薛定宇、陈阳泉/张庆灵	东北大学	
控制系统与技术	Auto-3-1-V01	计算机控制系统(面向过程控制)	王锦标/徐用懋	清华大学	
	Auto-3-1-V02	计算机控制系统(面向自动控制)	高金源、夏洁/张宇河	北京航空航天大学	
	Auto-3-2-V01	电力电子技术基础	洪乃刚/陈坚	安徽工业大学	
	Auto-3-3-V01	电机与运动控制系统	杨耕、罗应立/陈伯时	清华大学、华北电力大学	
	Auto-3-4-V01	电机与拖动	刘锦波、张承慧/陈伯时	山东大学	
	Auto-3-5-V01	运动控制系统	阮毅、陈维钧/陈伯时	上海大学	
	Auto-3-6-V01	运动体控制系统	史震、姚绪梁/谈振藩	哈尔滨工程大学	
	Auto-3-7-V01	过程控制系统(研究型)	金以慧、王京春、黄德先	清华大学	
	Auto-3-7-V02	过程控制系统(应用型)	郑辑光、韩九强/韩崇昭	西安交通大学	
	Auto-3-8-V01	系统建模与仿真	吴重光、夏涛/吕崇德	北京化工大学	
	Auto-3-8-V01	系统建模与仿真	张晓华/薛定宇	哈尔滨工业大学	
	Auto-3-9-V01	传感器与检测技术	王俊杰/王家祯	清华大学	
	Auto-3-9-V02	传感器与检测技术	周杏鹏、孙永荣/韩九强	东南大学	
	Auto-3-10-V01	嵌入式控制系统	孙鹤旭、林涛/袁著祉	河北工业大学	
	Auto-3-13-V01	现代测控技术与系统	韩九强、张新曼/田作华	西安交通大学	
	Auto-3-14-V01	建筑智能化系统	章云、许锦标/胥布工	广东工业大学	
	Auto-3-15-V01	智能交通系统概论	张毅、姚丹亚/史其信	清华大学	
	Auto-3-16-V01	智能现代物流技术	柴跃廷、申金升/吴耀华	清华大学	

续表

教材类型	编　　号	教材名称	主编/主审	主编单位	备注
本科生教材					
信号处理与分析	Auto-5-1-V01	信号与系统	王文渊/阎平凡	清华大学	
	Auto-5-2-V01	信号分析与处理	徐科军/胡广书	合肥工业大学	
	Auto-5-3-V01	数字信号处理	郑南宁/马远良	西安交通大学	
计算机与网络	Auto-6-1-V01	单片机原理与接口技术	杨天怡、黄勤	重庆大学	
	Auto-6-2-V01	计算机网络	张曾科、阳宪惠/吴秋峰	清华大学	
	Auto-6-4-V01	嵌入式系统设计	慕春棣/汤志忠	清华大学	
	Auto-6-5-V01	数字多媒体基础与应用	戴琼海、丁贵广/林闯	清华大学	
软件基础与工程	Auto-7-1-V01	软件工程基础	金尊和/肖创柏	杭州电子科技大学	
	Auto-7-2-V01	应用软件系统分析与设计	周纯杰、何顶新/卢炎生	华中科技大学	
实验课程	Auto-8-1-V01	自动控制原理实验教程	程鹏、孙丹/王诗宓	北京航空航天大学	
	Auto-8-3-V01	运动控制实验教程	綦慧、杨玉珍/杨耕	北京工业大学	
	Auto-8-4-V01	过程控制实验教程	李国勇、何小刚/谢克明	太原理工大学	
	Auto-8-5-V01	检测技术实验教程	周杏鹏、仇国富/韩九强	东南大学	
研究生教材					
	Auto(*)-1-1-V01	系统与控制中的近代数学基础	程代展/冯德兴	中科院系统所	
	Auto(*)-2-1-V01	最优控制	钟宜生/秦化淑	清华大学	
	Auto(*)-2-2-V01	智能控制基础	韦巍、何衍/王耀南	浙江大学	
	Auto(*)-2-3-V01	线性系统理论	郑大钟	清华大学	
	Auto(*)-2-4-V01	非线性系统理论	方勇纯/袁著祉	南开大学	
	Auto(*)-2-6-V01	模式识别	张长水/边肇祺	清华大学	
	Auto(*)-2-7-V01	系统辨识理论及应用	萧德云/方崇智	清华大学	
	Auto(*)-2-8-V01	自适应控制理论及应用	柴天佑、岳恒/吴宏鑫	东北大学	
	Auto(*)-3-1-V01	多源信息融合理论与应用	潘泉、程咏梅/韩崇昭	西北工业大学	
	Auto(*)-4-1-V01	供应链协调及动态分析	李平、杨春节/桂卫华	浙江大学	

教师反馈表

感谢您购买本书！清华大学出版社计算机与信息分社专心致力于为广大院校电子信息类及相关专业师生提供优质的教学用书及辅助教学资源。

我们十分重视对广大教师的服务，如果您确认将本书作为指定教材，请您务必填好以下表格并经系主任签字盖章后寄回我们的联系地址，我们将免费向您提供有关本书的其他教学资源。

<table>
<tr><td>您需要教辅的教材：</td><td colspan="3">传感器与检测技术(周杏鹏)</td></tr>
<tr><td>您的姓名：</td><td colspan="3"></td></tr>
<tr><td>院系：</td><td colspan="3"></td></tr>
<tr><td>院/校：</td><td colspan="3"></td></tr>
<tr><td>您所教的课程名称：</td><td colspan="3"></td></tr>
<tr><td>学生人数/所在年级：</td><td colspan="3">__________人/　1　2　3　4　硕士　博士</td></tr>
<tr><td>学时/学期</td><td colspan="3">__________学时/__________学期</td></tr>
<tr><td>您目前采用的教材：</td><td colspan="3">作者：______________________________
书名：______________________________
出版社：____________________________</td></tr>
<tr><td>您准备何时用此书授课：</td><td colspan="3"></td></tr>
<tr><td>通信地址：</td><td colspan="3"></td></tr>
<tr><td>邮政编码：</td><td></td><td>联系电话</td><td></td></tr>
<tr><td>E-mail：</td><td colspan="3"></td></tr>
<tr><td colspan="2">您对本书的意见/建议：</td><td colspan="2">系主任签字

盖章</td></tr>
</table>

我们的联系地址：

清华大学出版社　学研大厦 A907 室

邮编：100084

Tel：010-62770175-4409，3208

Fax：010-62770278

E-mail：liuli@tup.tsinghua.edu.cn；hanbh@tup.tsinghua.edu.cn